高等职业教育“十二五”规划教材

工程应用力学

主　编　杨新伟　朱爱军
副主编　冯海昌　闫志刚　田瑞兰
主　审　周敏娟

西南交通大学出版社
·成　都·

图书在版编目（CIP）数据

工程应用力学 / 杨新伟，朱爱军主编. —成都：西南交通大学出版社，2015.3
高等职业教育“十二五”规划教材
ISBN 978-7-5643-3755-1

Ⅰ. ①工… Ⅱ. ①杨… ②朱… Ⅲ. ①工程力学－应用力学－高等职业教育－教材 Ⅳ. ①TB12

中国版本图书馆 CIP 数据核字（2015）第 034110 号

高等职业教育“十二五”规划教材

工程应用力学

主编　杨新伟　朱爱军

责任编辑	曾荣兵
封面设计	墨创文化
出版发行	西南交通大学出版社 （四川省成都市金牛区交大路 146 号）
发行部电话	028-87600564　028-87600533
邮政编码	610031
网址	http://www.xnjdcbs.com
印刷	四川森林印务有限责任公司
成品尺寸	185 mm × 260 mm
印张	24.25
字数	604 千
版次	2015 年 3 月第 1 版
印次	2015 年 3 月第 1 次
书号	ISBN 978-7-5643-3755-1
定价	42.00 元

课件咨询电话：028-87600533
图书如有印装质量问题　本社负责退换

前 言

本书是“十二五”期间高等职业教育规划教材之一。根据教育部对高职高专土建类专业力学课程的基本要求，在本书的编写过程中侧重于实用性、针对性和可操作性；在讲清基本理论的基础上，强调实践操作能力的培养。在介绍基本概念时，配合相应的例题进行说明，以加深学生的印象和理解。每一个章节均安排有相应的案例分析，分析过程严谨、层次分明、逻辑性强，并加强典型工程实例分析，加强实践技能的培养。

本书汲取了目前最新的工程应用力学教材的优点，在保证课程的系统性和完整性的基础上，将传统的理论力学、材料力学和结构力学有机结合在一起，淡化三者之间的明显界限，旨在使学生加深对工程应用力学基本概念、基本理论的理解，掌握杆件及结构的力学分析和计算方法，为后续专业课程的学习打下良好基础。

本书由石家庄铁路职业技术学院组织编写，具体编写分工如下：第一章、第五章、第六章、第七章、第十三章、第十四章由杨新伟编写，第二章、第四章、第八章、第九章、第十章由朱爱军编写，第十一章由冯海昌编写，第十二章由闫志刚编写，绪论、第三章由田瑞兰（石家庄铁道大学）编写。全书由周敏娟主审。

在本书编写的过程中，作者参考了部分有关理论力学、材料力学和结构力学的相关教材，在此对这些教材的作者表示衷心的感谢。鉴于编者水平有限，书中难免有疏漏及不足之处，敬请同行和读者批评指正。

编 者

2014 年 11 月

目 录

绪 论 …… 1

第一章 物体的受力分析 …… 12

第一节 静力学的基本概念 …… 12
第二节 静力学基本公理 …… 14
第三节 约束与约束反力 …… 16
第四节 物体的受力分析与受力图 …… 19
小 结 …… 24

第二章 工程中常见静定结构的支座反力计算 …… 25

第一节 三角架的受力计算 …… 26
第二节 静定梁的支座反力计算 …… 30
第三节 静定刚架的支座反力计算 …… 48
小 结 …… 52

第三章 平面体系的几何组成分析 …… 55

第一节 几何组成分析的目的 …… 55
第二节 平面体系的自由度 …… 55
第三节 几何不变体系的组成规律 …… 59
第四节 瞬变体系 …… 64
小 结 …… 66

第四章 轴向拉压杆的计算 …… 68

第一节 内力及应力的概念 …… 68
第二节 轴向拉（压）的实例和计算简图 …… 70
第三节 轴向拉（压）杆的内力·轴力图 …… 71
第四节 截面上的应力 …… 74
第五节 轴向拉（压）杆的变形 …… 80
第六节 材料在拉伸和压缩时的力学性能 …… 85
第七节 拉压杆的强度计算 …… 92
小 结 …… 97

第五章 连接件与圆轴扭转的计算 …… 99

第一节 剪切与挤压 …… 99

第二节 切应力互等定理·剪切胡克定律……107
第三节 扭转的概念·扭矩及扭矩图……108
第四节 扭转时的应力和强度条件……112
小 结……120

第六章 梁的弯曲计算……122
第一节 梁平面弯曲的概念和计算简图……122
第二节 梁的内力——剪力和弯矩……124
第三节 梁的内力图绘制……127
第四节 弯曲应力及强度计算……141
第五节 弯曲变形……161
小 结……175

第七章 应力状态分析与强度理论……179
第一节 应力状态的概念……179
第二节 平面应力状态分析……182
第三节 强度理论及其简单应用……192
小 结……201

第八章 组合变形……203
第一节 组合变形的概念及其分析方法……203
第二节 拉伸（压缩）与弯曲的组合变形……204
第三节 斜弯曲……210
第四节 偏心压缩（拉伸）……215
小 结……222

第九章 压杆稳定……224
第一节 压杆稳定的概念……224
第二节 细长压杆的临界压力……225
第三节 压杆的稳定计算……233
第四节 提高压杆稳定性的措施……236
小 结……237

第十章 静定结构的内力计算……239
第一节 多跨静定梁及斜梁的内力计算……239
第二节 静定平面刚架的内力计算……245
第三节 三铰拱的内力计算……254
第四节 静定平面桁架的内力计算……263
第五节 静定结构特征……268
小 结……270

第十一章 静定结构位移计算……272
第一节 外力在变形体上的实功·虚功与虚功原理……273
第二节 结构位移公式及应用……275
第三节 静定梁与静定刚架位移计算的图乘法……280
第四节 温度改变和支座移动引起的结构位移计算……285
第五节 互等定理……289
小 结……291

第十二章 力 法……293
第一节 超静定结构……293
第二节 力法的基本原理和典型方程……295
第三节 力法应用举例……298
第四节 利用结构对称性简化计算……304
第五节 超静定结构的位移计算与最后内力图的校核……309
小 结……312

第十三章 位移法……314
第一节 位移法的基本概念……314
第二节 位移法基本未知量与基本结构……319
第三节 位移法的典型方程与计算步骤……322
第四节 位移法应用举例……323
小 结……336

第十四章 影响线及其应用……337
第一节 概 述……337
第二节 用静力法绘制单跨梁的影响线……338
第三节 机动法作影响线……342
第四节 影响线的应用……344
第五节 简支梁的绝对最大弯矩……351
第六节 简支梁的内力包络图……353
小 结……358

附录Ⅰ 截面的几何性质……359
第一节 静矩和形心……359
第二节 惯性矩·极惯性矩和惯性积……364
第三节 平行移轴公式·转轴公式……367
第四节 形心主惯性轴和形心主惯性矩……372

附录Ⅱ 型钢规格表……373

参考文献……380

绪 论

一、工程应用力学的研究对象与任务

“工程应用力学”是工程类专业的一门重要基础课，其研究对象是运动速度远小于光速的宏观物体。工程类专业则以工程中的结构和构件为研究对象，研究它们的受力、平衡、运动、变形等方面的基本规律，并掌握相关计算方法，为后续专业课程的学习奠定基础。

所谓结构，是指在构筑物中承受和传递荷载，起着骨架作用的部分。比如房屋建筑中的墙、立柱、梁、楼板等就构成了建筑的结构，而门、窗等起到围护或划分空间的部分则不能称为结构。构件是指结构的组成部分，比如一根梁、一个立柱或一块楼板就是一个构件。

构件的形状是多种多样的，根据其几何形状可分为杆件［构件一个方向的尺寸远大于另外两个方向的尺寸，见图 0.1（a）、（b）］、薄壁构件［构件两个方向的尺寸远大于另外一个方向，也称为壳体或薄壳，见图 0.1（c）］和实体构件［三个方向的尺寸相差不多，见图 0.1（d）］。如果结构中的构件均为杆件，则称为杆系结构。

对于土建类专业来讲，杆系结构是工程应用力学的主要研究对象。

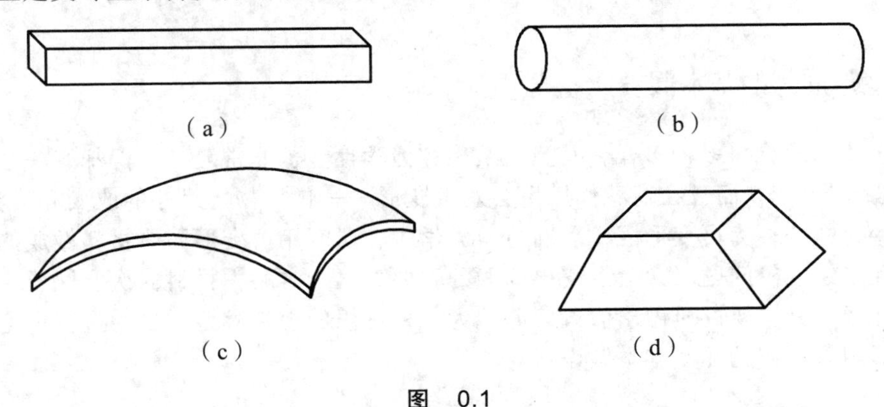

图 0.1

二、工程应用力学的主要任务和内容

工程中的结构或杆件体系，在荷载作用下，一方面会引起周围物体对它们的反作用。例如，桥梁架在桥墩上，桥梁对桥墩有作用力，而桥墩对桥梁也起支撑作用。这样，任何一个构件在设计、施工时，首先要弄清楚它们受到哪些荷载的作用以及周围物体对它们有些什么反作用力。另一方面，当构件受到各种作用力的同时，构件本身还会发生变形，并且存在着失效的可能。在工程中，为了保证每一构件和结构始终能够正常地工作而不失效，在使用过程中，要求构件和结构不发生破坏，即具有足够的强度；要求构件和结构的变形在工程允许的范围内，即具有足够的刚度；要求构件和结构维持其原有的平衡形式，即具有足够的稳定性。结构构件本身具有的这种能力，称为构件的承载能力。这种承载能力的大小与构件的材料性质、截面的几何形状及尺寸、受力性质、工作条件、结构的几何组成等有着密切的关系。在结构和构件的设计中，首先要保证其具有足够的承载能力。同时，还要选用合适的材料，尽可能少用材料，以节省资金或减轻自重，达到既安全、实用又经济的目的。工程应用力学的任务就是为结构和构件的设计提供必要的理论基础和计算方法。

依据知识的传继性和学习规律，工程应用力学将所研究的内容分为静力学、材料力学、结构力学三个部分来讨论：

静力学以刚体为研究对象，而刚体是指不可变形的固体。静力学主要研究结构中各构件及构件之间作用力的问题。因为土建类工程中的结构或构件几乎都是相对地球处于静止不动的平衡状态，因此，构件上所受到的各种力都要符合使物体保持平衡状态的条件。在静力学中，便是以研究力之间的平衡关系作为主题，并把它应用到结构的受力分析中去。

材料力学则是以变形固体为研究对象，而变形固体必须满足五个基本假设。五个基本假设指的是：连续性假设、均应性假设、各向同性假设、小变形假设和线弹性假设。材料力学主要研究构件受力后发生变形时的承载能力问题。在明确了力之间的平衡关系后，进一步对构件变形大小问题及构件会不会破坏的问题深入讨论，并为设计既安全又经济的结构构件选择适当的材料、截面形状和尺寸，以便掌握构件承载能力的计算方法。

结构力学的研究对象是平面杆件结构体系。研究其合理组成及在外力作用下杆系结构的内力、变形计算，以便在后续课程中对工程结构进行强度、刚度计算，以使结构安全、经济地工作。

三、变形固体的基本假设

工程中使用的材料多种多样，其微观结构和力学性能也非常复杂。但却有一个共同的特点，即它们都是固体，而且在荷载作用下会发生变形——包括物体尺寸的改变和形状的改变。因此，这些材料统称为可变形固体。在材料力学中，研究用可变形固体材料做成的构件的强度、刚度和稳定性等问题时，为了突出问题的主要方面，常略去材料的次要性质，保留其主要属性，并根据其主要性质做出假设，简化为一种理想的力学模型，以便进行理论分析。下面是对变形固体所作的几个基本假设：

1. 连续性假设

连续性假设认为，组成变形固体的物质完全填满了固体所占有的几何空间而毫无间隙存在。

从微观的角度观察，组成固体材料的粒子之间存在着间隙，并不是完全紧密的。但这种间隙和构件的尺寸比起来极为微小，在研究固体的宏观性能时可以忽略不计，因而可以假设是紧密而毫无间隙地存在。根据这个假设，在进行理论分析时，与构件性质相关的某些力学量可以看作是固体内点坐标的连续函数，从而可以应用高等数学的工具对其进行分析计算。

2. 均匀性假设

均匀性假设认为，构件中各点处具有完全相同的力学性能。

从微观的角度观察，组成构件材料的各个微粒或晶粒，彼此的性质不一定完全相同。但从宏观角度来看，构件的尺寸远远大于微粒或晶粒的尺寸，构件所包含的微粒或晶粒的数目极多，且无序地排列在整个体积之内，而固体的力学性能是各晶粒力学性能的统计平均值。按照统计学的观点，材料的性质与其所在的位置无关，即材料是均匀的。按照这个假设，在进行理论分析时，可以从构件内任何位置取出无限小的部分进行研究，然后将研究结果应用于整个构件。

3. 各向同性假设

各向同性假设认为，构件中的一点在各个不同方向上的力学性能是相同的。

从微观的角度观察，对于金属等由晶粒组成的材料，各个晶粒的力学性能是具有方向性的。但由于构件中所含晶粒的数目极多，在构件中的排列又是极不规则的，因而，按统计学的观点，从宏观角度来看可以认为金属材料是各向同性的。根据这个假设，当获得了材料在任何一个方向的力学性能后，就可将其结果用于其他方向。这种沿各个方向力学性能相同的材料称为各向同性材料，如金属材料、玻璃等。另外，还有沿各个方向力学性能不同的材料称为各向异性材料，如木材和复合材料。木材可以认为是均匀连续的材料，但木材的顺纹和横纹两个方向的力学性能不同，故是具有方向性的材料。材料力学中所研究的问题将局限于各向同性的材料。实践表明，材料力学的研究结果也可以近似的用于木材。

4. 小变形假设

小变形假设认为，构件受力后的变形量远小于构件的原始几何尺寸。

工程实际中，构件受力后的变形相对于构件的原始尺寸要小得多，因此，在研究构件上力的平衡关系时，仍可以直接利用构件的原始尺寸而忽略变形的影响。在研究和计算变形时，变形的高次幂也可忽略。当构件受到多个荷载共同作用时，根据小变形假设，还可以利用叠加原理来进行分析，从而使计算得到简化。

5. 线弹性假设

线弹性假设认为，当外力的大小没有超过一定的范围时，构件只产生弹性变形，并且外力与变形之间符合线性关系。

工程上所用的材料，在荷载作用下均将发生变形。当荷载不超过一定的范围时，荷载卸去后能完全消失的变形称为弹性变形；当荷载过大时，荷载卸去后变形不能完全消失，而永久保留下来的那一部分变形称为塑性变形。工程中，多数构件在正常工作条件下均要求其材料只发生弹性变形。所以在材料力学中所研究的问题多局限在弹性变形范围内，且外力与变形之间符合线性关系，能够直接利用胡克定律。

概括起来，在材料力学中我们把实际构件的材料看作是均匀的、连续的、各向同性的可变形固体；实际构件发生的变形为小变形且限定在弹性范围内。实践表明，在这些假设的基础上建立起来的理论都是符合工程实际要求的；同时，也简化了某些工程实际问题的分析与计算过程。

四、杆件的基本变形形式

实际工程中构件的几何形状是多种多样的，根据几何形状和尺寸的不同，通常可分为杆件、板壳和块体。材料力学的主要研究对象是工程实际中应用得最为广泛的构件——杆件。工程中把横向尺寸远小于纵向尺寸的构件，统称为杆件。杆件的两个主要几何特征是轴线和横截面。横截面是指垂直于杆件长度方向的截面，各横截面形心的连线为杆件的轴线。

轴线为直线的杆称为直杆，如图 0.2（a）、（b）所示；轴线为曲线的杆称为曲杆，如图 0.2（c）所示。截面形状和尺寸沿长度方向不变的直杆称为等截面直杆，简称等直杆，如图 0.2（a）所示。截面形状和尺寸沿长度方向变化的杆称为变截面杆，如图 0.2（b）所示。材料力学研究的杆件主要是等直杆，它是杆件中最简单也是最常用的一种。

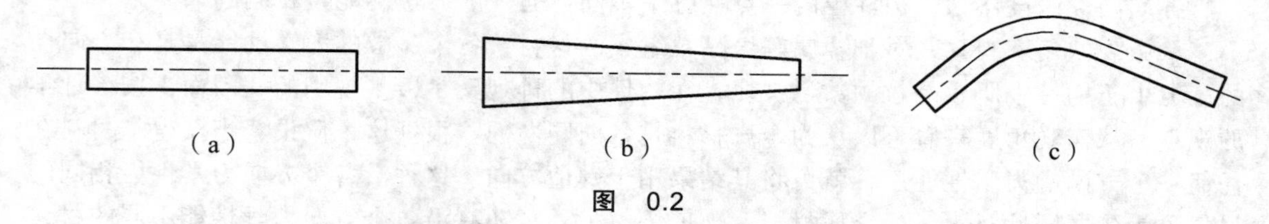

图 0.2

在实际结构中，杆件在外力作用下产生变形的情况很复杂。杆件在不同荷载的作用下，会产生不同的变形。根据荷载本身的性质及荷载作用的位置不同，变形可分为以下四种基本变形形式。

1. 轴向拉伸和压缩

如果外力的合力沿杆件轴线作用，那么杆的变形主要是沿轴线方向的伸长或缩短。当外力的方向背离杆件截面时，杆件因受拉而变长，这种变形称为轴向拉伸，如图 0.3 中三角支架的 *AB* 杆；当外力的方向指向杆件截面时，杆件因受压而变短，这种变形称为轴向压缩，如图 0.3 中三角支架的 *BC* 杆。

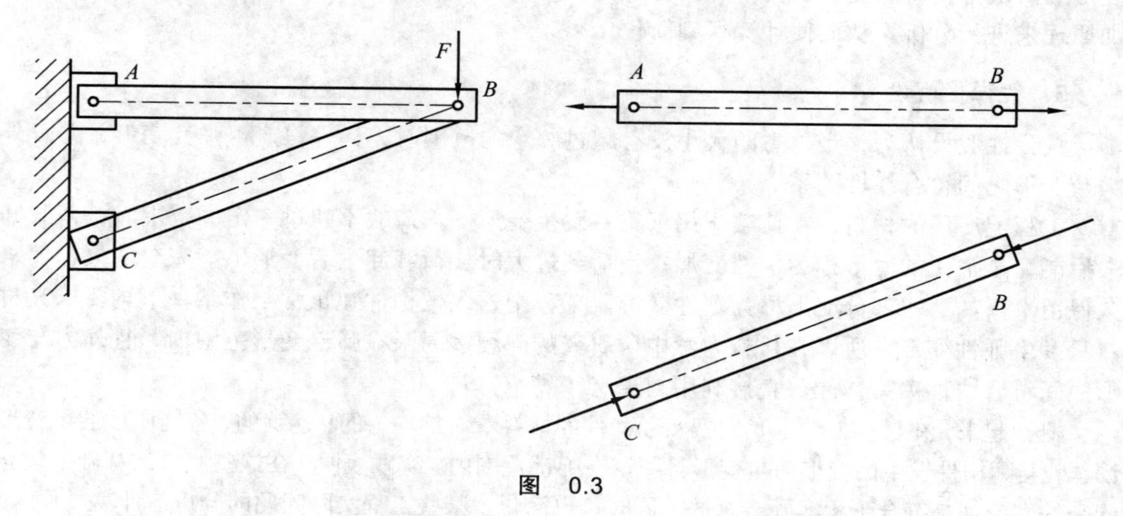

图 0.3

2. 剪　切

如果杆件上受到一对垂直于杆轴线方向的力，它们大小相等、方向相反、作用线平行且相距很近，杆件的横截面将沿外力的作用方向发生相对错动。这种变形称为剪切，如图 0.4 所示连接件中铆钉受力后的变形。

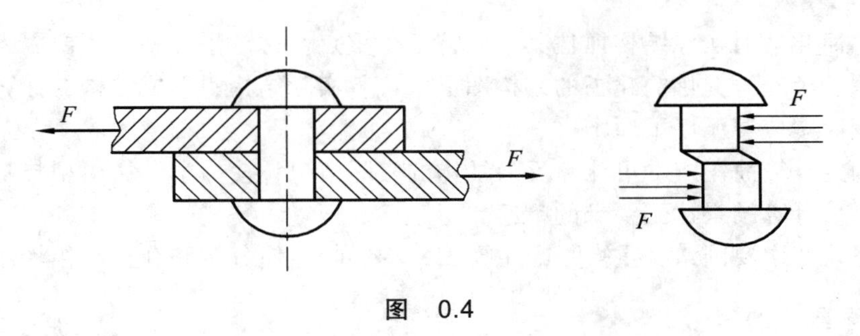

图 0.4

3. 扭 转

如果杆件受到一对外力偶的作用，且二者的大小相等、转向相反，作用面与杆件的轴线垂直，那么杆件的任意两个横截面将绕轴线发生相对转动，这种变形称为扭转，如图 0.5 所示机器的传动轴受力后的变形。

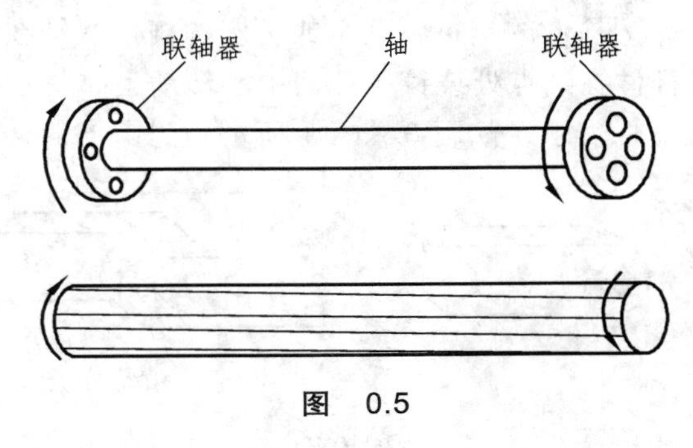

图 0.5

4. 弯 曲

如果杆件受垂直于杆轴线的横向力、分布力或作用面通过杆轴线的力偶作用，杆轴线由直线变为曲线，这种变形称为弯曲，如图 0.6 所示。图 0.6（a）所示为纯弯曲，图 0.6（b）所示为横力弯曲。

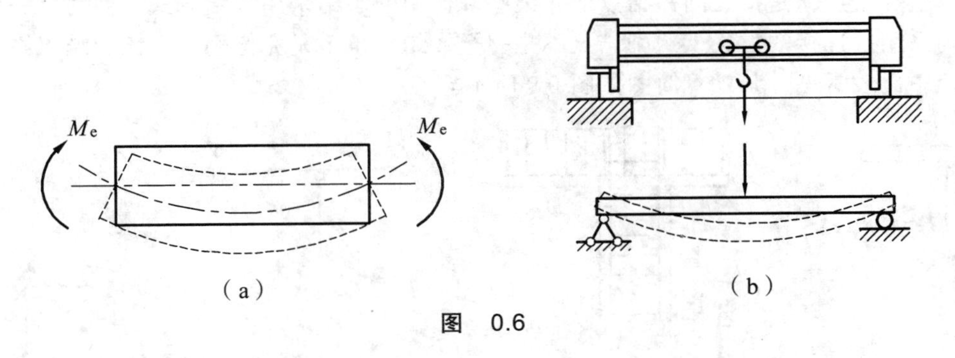

图 0.6

五、结构的计算简图

工程实践中的结构形式繁多，受力复杂，如果完全按照实际情况进行分析，不仅非常困难和繁杂，而且也没有必要。在满足工程计算精度的前提下，对结构或构件进行合理简化，进而使其理论化和模型化。在对结构或构件进行模型化时就需要对构件、约束、支座及荷载等进行必要的简化。对实际结构抓住其主要特征，重点考虑产生影响的主要因素，忽略某些次要问题，用一个经过提炼简化了的结构图形来代替实际结构，形成结构的计算简图。

结构计算简图应遵循以下原则：

（1）结构的计算简图应尽可能地反映结构的实际情况，使力学计算模型与工程结构具有一致性，从而使计算结果达到要求的精度。

（2）忽略某些次要因素，重点考虑主要因素的影响，使分析和计算简化。

1. 构件及结点的简化

工程应用力学的研究对象是杆件，杆件有两个主要的几何特征：横截面和轴线。横截面是与杆件长度方向垂直的截面；轴线是杆件横截面几何形心的连线。轴线与横截面垂直。一般在计算简图中以轴线来表示杆件。

结点是指杆件与杆件联结的地方，一般有铰结点、刚结点和组合结点几种类型。

（1）铰结点，是指用一圆柱形的销钉将两个或更多的杆件联结在一起的装置。铰也称圆柱铰链，它允许被联结的杆件在结点处绕铰的几何中心转动，如图 0.7（a）、（b）所示，其计算简图可以用小圆圈连接杆件表示，如图 0.7（c）所示。门窗上的合页就是典型的铰连接。

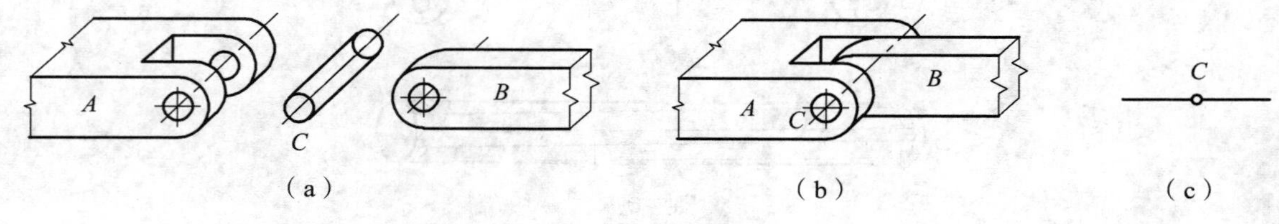

（a）　（b）　（c）

图 0.7

（2）刚结点，是指杆件间的联结比较坚固，被联结的构件间不能产生相互运动。例如，钢材与钢材间的焊接、钢筋混凝土现浇构件间的联结均属于此种类型，如图 0.8（a）、（b）所示，图 0.8（c）表示了刚结点的计算简图。

（3）组合结点，是指在同一结点上，某些杆件间的联结采用刚结方式，而另外一些杆件的联结则采用铰连接的方式，这种结点不是完全铰结，也不是完全刚结。该类结点在后面的梁和刚架中比较常见，其计算简图如图 0.9 所示。

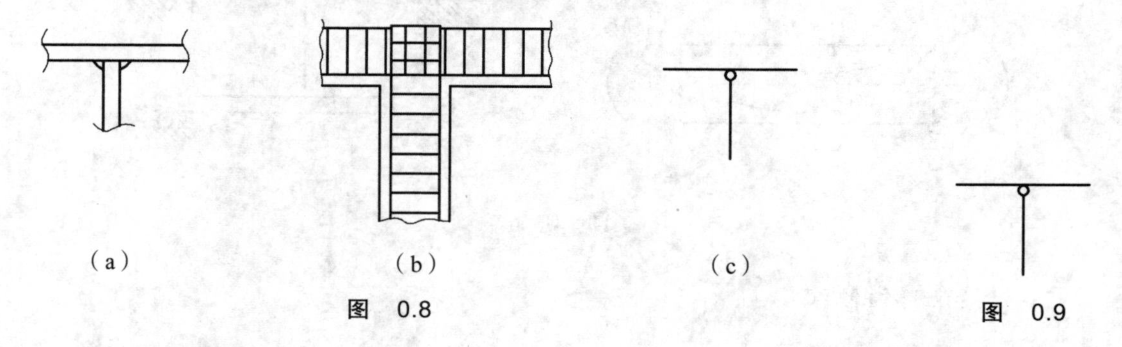

（a）　（b）　（c）

图 0.8

图 0.9

2. 支座的简化

支座是指用来把结构与地基联系起来的装置。支座的构造形式很多，在力学计算简图中，根据支座对结构或构件所产生的作用不同，可以将支座归纳成下列几种类型：

（1）可动铰支座，也称为活动铰支座。这种支座的构造如图 0.10（a）、（b）所示，桥梁中使用的辊轴支座和摇轴支座都属于此种类型。可动铰支座允许构件在支撑处转动和沿平行于支撑面的方向移动，但限制构件沿垂直于支撑面的方向移动。其计算简图如图 0.10（c）所示。通常，可动铰支座也用一根链杆来代替，如图 0.10（d）所示。

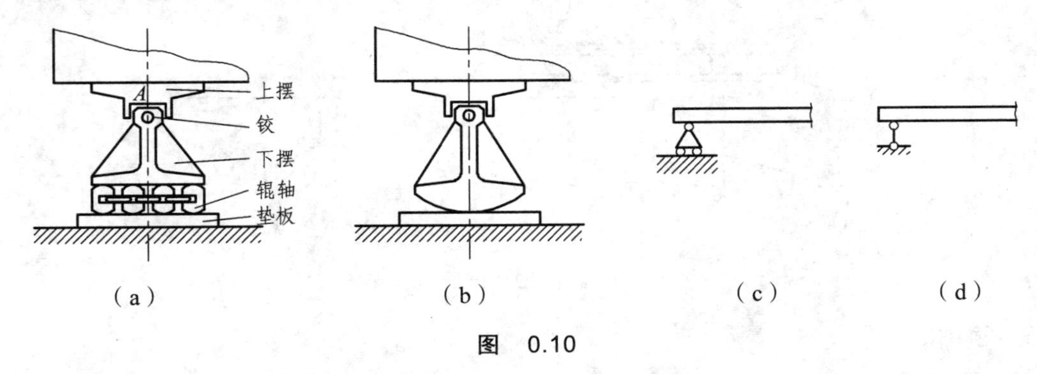

图 0.10

（2）固定铰支座。其构造如图 0.11（a）所示，只允许结构绕铰 A 的几何中心转动，不允许构件作水平和竖直方向的移动。其计算简图如图 0.11（b）所示。

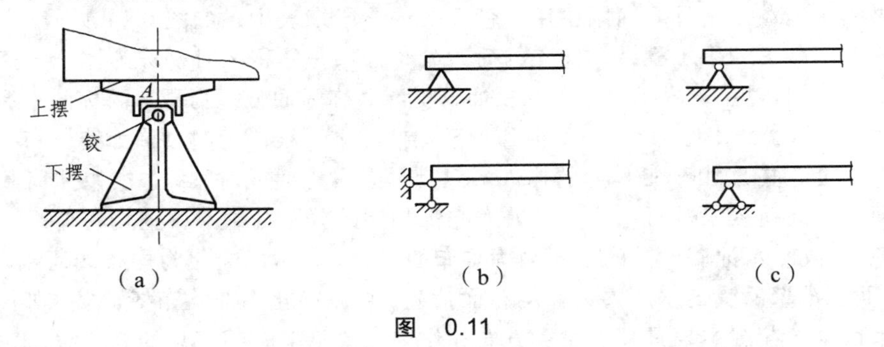

图 0.11

（3）固定端支座。它与构件坚固地连接在一起，不允许结构在支座处产生任何的移动和转动。例如阳台的挑梁与圈梁的联结，如图 0.12（a）所示，当只分析挑梁的受力时，其计算简图如图 0.12（b）所示；柱与基础的联结大多也属于此类型，如图 0.12（c）所示；当只分析柱的受力时，计算简图如图 0.12（d）所示。

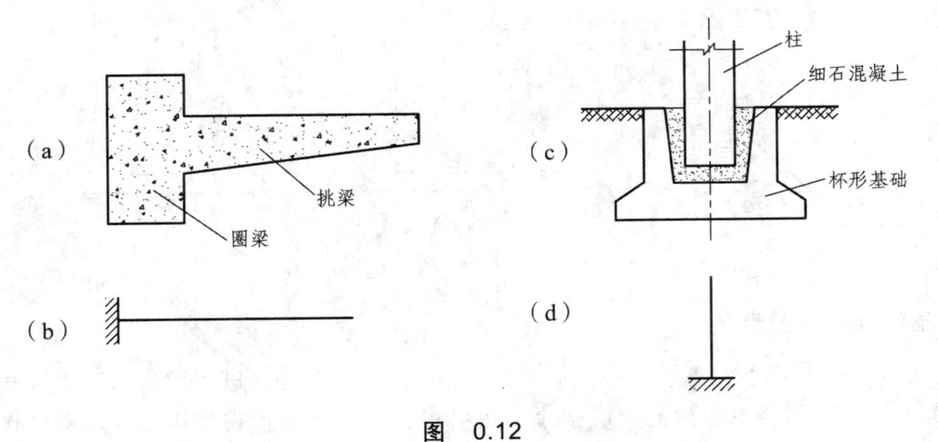

图 0.12

（4）滑动支座。这种支座在土木工程中并不常用，机械工程中气缸对活塞的作用与之相当。它只允许杆件沿支承面平行的方向产生移动，而限制了构件垂直于支承面方向的移动以及绕支座的转动。图 0.13（a）所示推拉门上与滑轨相连的滑块，可视为滑动支座，其计算简图如图 0.13（b）所示。

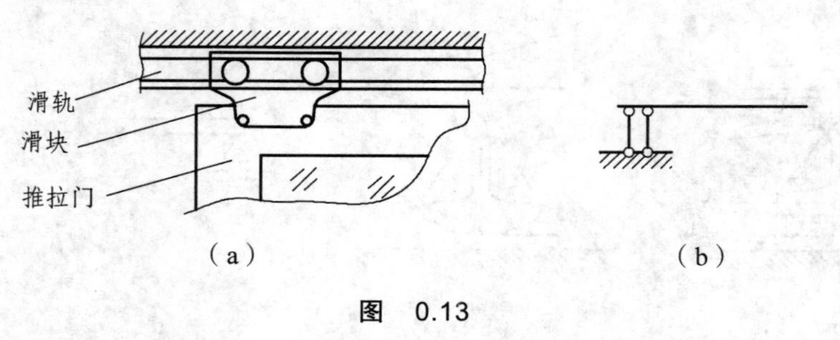

图 0.13

3. 荷载的简化

（1）集中荷载。在物体的受力分析中，使物体产生运动或运动趋势的力称为主动力，在工程中通常称主动力为荷载。如果工程结构所受的荷载作用范围很小，可以认为作用于一个点，可当做集中荷载，在计算简图中用一带箭头的线段来表示，如图 0.14 所示。

（2）分布荷载。如果工程结构所受的荷载分布于某一体积上时，称为体分布荷载，简称体荷载（如构件的自重）；荷载分布于某一面积上时，称为面分布荷载，简称面荷载（如风压力、雪压力、土压力、水压力等）；荷载分布于构件的某一线段上时，称为线分布荷载，简称线荷载（如梁的自重）。由于工程上的构件一般都具有对称面或对称线，所以体荷载和面荷载通常可以简化为线荷载来进行计算。各处大小都相同的分布荷载又称为均布荷载，否则称为非均布荷载。例如，水池底所受的水压力为均布面荷载，并可以简化为均布线荷载，如图 0.15（a）所示；而水池壁所受的水压力为非均布面荷载，可以简化为非均布线荷载，如图 0.15（b）所示。这里讨论的荷载主要是其大小、方向和作用位置不随时间变化的静荷载。

上述的结构简化为计算简图中的基本问题，结构的计算简图是工程应用力学分析的基础，极为重要。对实际结构，确定其计算简图并不是一件容易的事情。特别是对于一些比较复杂的结构，在进行结构简化时，需要有一定的专业知识和实践经验，并能够对结构的构造及各部分之间的受力情况和相互作用进行正确判断，甚至有时还需要利用模型试验和现场测试才能得出正确的结构计算简图。

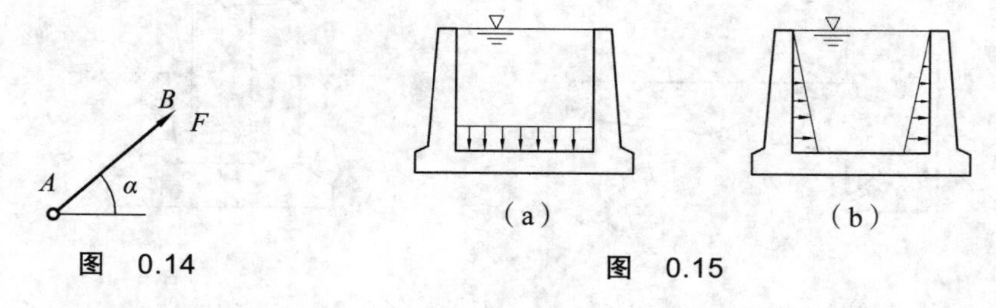

图 0.14　　图 0.15

4. 结构计算简图示例

图 0.16（a）中一根梁架设在两个砖柱上，其上作用一重物。进行简化时，梁以其轴线代替；重物的作用范围相对于梁的长度很小，故可视为一个点，重物的作用效果就简化为一集

中力；综合考虑砖柱与梁端的摩擦和梁沿轴线方向有一定的伸长或缩短，将一端视为可动铰支座，另一端视为固定铰支座，便可得到图 0.16（b）所示的计算简图。

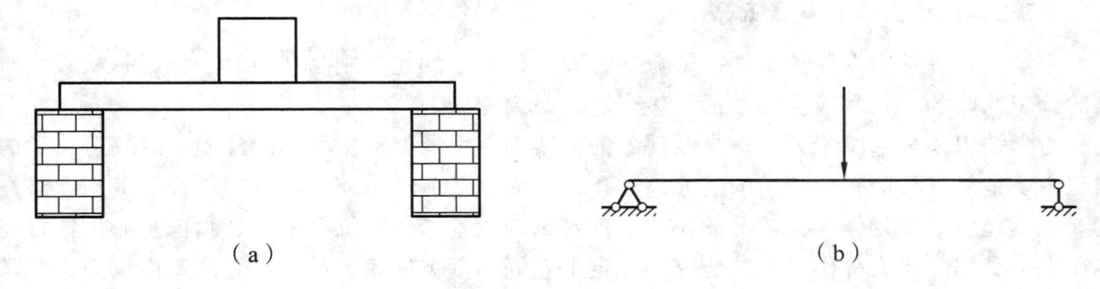

图 0.16

又如图 0.17（a）所示的工厂厂房，其主要构件是梁、柱、基础等，其中的每一横排的梁、柱、基础处于同一平面内，梁与柱、柱与基础的联结都非常牢固，可以把梁与柱的联结看成是刚性结点，柱与基础的联结看成是固定端支座，梁上的荷载简化为均布荷载，从而得到如图 0.17（b）所示的计算简图。

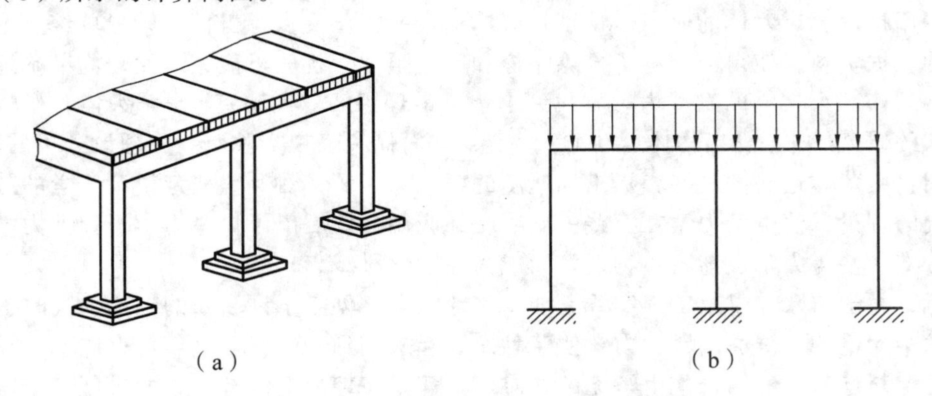

图 0.17

再如图 0.18（a）所示，为一钢筋混凝土屋架，考虑到杆件的主要受力特点，计算时可以采用图 0.18（b）所示的计算简图，即假定每个杆件的联结均为铰结。这样虽然与实际情况不太符合，但可以使计算大大简化，而且计算结果的精度能满足工程所需。如果将杆件间的联结改为刚结，如图 0.18（c）所示，虽然计算结果非常精确，但这样就会使得计算变得十分复杂。

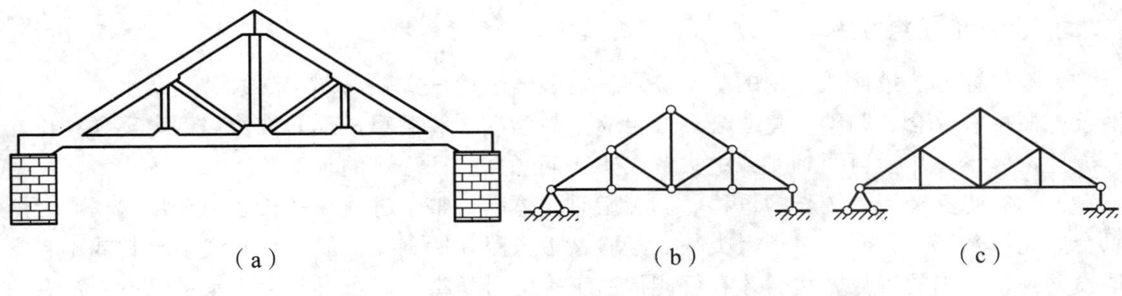

图 0.18

六、工程应用力学的发展概况、研究方法（阅读材料）

1. 工程应用力学的发展概况

力学是物理学中发展最早的一个分支，而物理科学的建立则是从力学，也就是从人类对力的认识开始的。它和人类的生活与生产联系最为密切。

力学知识最早起源于人类对自然现象的观察和在生产劳动中积累的经验。有关静力学的知识主要是从杠杆的平衡开始的。人们在建筑、灌溉等劳动中使用杠杆、斜面、汲水器具，逐渐积累起对平衡物体受力情况的认识。古希腊的阿基米德对杠杆平衡、物体重心位置、物体在水中受到的浮力等作了系统研究，确定了它们的基本规律，虽然这些知识尚属力学科学的萌芽，但初步奠定了静力学即平衡理论的基础。

在古代，人们还从对日、月运行的观察和弓箭、车轮等的使用中了解到一些简单的运动规律，如匀速的移动和转动。但是对力和运动之间的关系，在欧洲文艺复兴之后才逐渐有了正确的认识。16 世纪以后，由于航海、战争和工业生产的需要，力学的研究得到了真正的发展。例如，钟表工业促进了匀速运动理论的发展，水磨机械促进了摩擦和齿轮传动的研究，火炮的运用推动了抛射体的研究。特别是天体运行的规律提供了机械运动最单纯、最直接、最精确的数据资料，使得人们有了排除摩擦和空气阻力干扰的可能，从而较为准确地掌握物体的运动规律。天文学的发展为力学找到了一个最理想的“实验室”——天体，牛顿继承和发展前人的研究成果，提出物体运动的三大定律。而伽利略在实验研究和理论分析的基础上，最早阐明自由落体运动的规律，提出加速度的概念。牛顿、伽利略奠定了动力学的基础，形成了系统的理论，使得动力学在实践中被广泛地应用并发展出了流体力学、弹性力学和分析力学等分支，使得力学逐渐脱离物理学而成为独立学科。

此后，力学与数学以及工程实践更加紧密地结合，创立了许多新的理论，同时也解决了工程技术中大量的关键性问题，力学便蓬勃发展起来。到 20 世纪 60 年代，电子计算机应用日益广泛，与计算机的结合使力学无论在应用上还是在理论上都有了新的进展。

力学在中国的发展经历了一个特殊的过程。与古希腊几乎同时，中国古代对平衡和简单的运动形式就已具备相当水平的力学知识,不同的是没有像阿基米德那样建立起系统的理论。在文艺复兴前的约 1 000 年时间内，整个欧洲的科学技术进展缓慢，而中国科学技术的综合性成果堪称卓著，其中有些在当时居世界领先地位。这些成果反映出丰富的力学知识，但终未形成系统的力学理论。到明末清初，中国科学技术已显著落后于欧洲。经过曲折的过程，到 19 世纪中叶，牛顿力学才由欧洲传入中国。之后，中国力学的发展便随同世界潮流前进。

2. 力学的研究方法

力学研究方法遵循认识论的基本法则：实践—理论—实践。即从观察、实践出发，经过抽象、概括、综合、归纳、建立公理，再应用数学演绎和逻辑推理的方法得到定理和结论，形成理论体系，然后再回到实践中去解决实践问题并验证理论的正确性。

力学的研究经历了漫长的过程。从希腊时代算起，整个过程几乎长达两千年之久。之所以会如此漫长，一方面是由于人类缺乏经验，走弯路在所难免，只有在研究中自觉或不自觉地摸索到了正确的研究方法，才有可能得出正确的科学结论。再就是生产水平低下，没有适当的仪器设备，无从进行系统的实验研究，难以认识和排除各种干扰。例如，摩擦力和空气阻力对力学实验来说恐怕是无处不在的干扰因素。如果不加以分析，只凭直觉进行观察，得到的往往是错误结论。而伽利略和牛顿对物理学的功绩，就是把科学思维和实验研究正确地结合在一起，从而为力学的发展开辟了一条正确的道路。

同时，力学与数学在发展中始终相互推动、相互促进。一种力学理论往往和相应的一个数学分支相伴产生，如运动基本定律和微积分、运动方程的求解和常微分方程、弹性力学及流体力学的基本方程和数学分析理论等。

3. 学习方法

工程应用力学的理论概念性较强、分析方法典型、解题思路清晰，在学习时，要重点理解基本概念，对每一理论的各细节都要搞懂吃透。注意理论与实践相结合，注意观察生活中的力学现象。力学渗透在我们日常生活和工作的方方面面，它所研究的问题其实也是我们生活体验的一部分，一定要将“学以致用”作为学习的原则和动力。

（1）要深刻理解力学的基本概念，基本概念是一切理论推导与演绎分析的基础。

（2）要结合例证，深入掌握并灵活应用力学的定理、定律和计算方法，逐步培养解决工程实际中力学问题的能力。

（3）注意领悟各理论之间的逻辑关系，培养严谨求实的科学作风，提高应用理论知识分析问题和解决问题的能力。

（4）数学是研究力学不可缺少的工具，在学习中要做到数学推理严谨、数值计算准确。

第一章 物体的受力分析

本章先介绍静力学的基本概念、基本公理，具体分析工程实际中常见的几种典型约束的特点和约束反力的性质。最后介绍物体受力分析的基本方法及受力图的画法，这是解决力学问题的重要环节，必须予以充分重视。

第一节 静力学的基本概念

一、刚体的概念

结构或构件在正常使用情况下产生的变形极为微小，这种微小变形对于研究物体的平衡问题影响很小，因而可以将物体视为不变形的理想物体——刚体。**刚体**是指在外界任何力的作用下形状和大小都始终保持不变的物体。

显然，刚体是一种理想化的力学模型，现实的刚体是不存在的。任何物体在力的作用下，总是或多或少地发生一些变形。在材料力学中，进一步研究物体在力的作用下的变形和破坏时，就必须将物体看成变形体。在静力学中，如不作特殊说明，则所有物体均被认为是刚体。

二、力的概念

1. 力的定义

力的概念是从劳动中产生的。人们在生活和劳动中，由肌肉紧张收缩的感觉，逐渐产生了对力的感性认识。随着生产的发展，又逐渐认识到：物体运动状态的改变和物体的变形，都是由于其他物体对该物体施加力的结果。这样，由感性到理性逐步建立了力的概念。

力是物体间的相互机械作用。这种作用，一般有两种情况：一种是通过物体间的直接接触产生的，例如，机车牵引车厢的拉力、物体之间的压力、摩擦力等；另一种是通过“场”，如地球引力场对物体产生的重力、电场对电荷产生的引力或斥力等。在工程中以直接作用的力为主。

2. 力的效应

力对物体作用的效果称为力的效应。力的效应可分为两类：一类是力使物体运动状态发生变化，称为力的运动效应或外效应；另一类是力使物体形状发生变化，称为力的变形效应或内效应。静力学中将物体都视为刚体，因而只研究力的运动效应。

3. 力的三要素

大量实践证明，力对物体的效应取决于三个要素，即：力的大小、力的方向、力的作用点。

力的大小表示物体间机械作用的强弱。在国际单位制中，力的单位为牛顿（牛，N）或千牛（千牛，kN）。

力的方向包含方位和指向两层含义。例如，重力的方向“竖直向下”，其中“竖直”是方位，“向下”是指向。

力的作用点就是力作用在物体上的位置。

由此可知，力是既有大小又有方向的量，是矢量。

4. 集中力和分布力

如果力作用的范围很小，则可以视为作用于一点上。这种作用于物体上某一点处的力称为集中力。对于集中力，我们可以用一个带箭头的线段来表示（见图 1.1）。该线段的长度 *AB* 按一定比例尺绘出表示力的大小；该线段方位和箭头的指向表示力的方向；线段的始端（点 *A*）或终端（点 *B*）表示力的作用点；线段 *AB* 所在的直线表示力的作用线（图 1.1 上的虚线）。规定：用黑斜体字母（如 ***H***）表示力的矢量，而普通斜体字母（如 *F*）表示力的大小。

物体之间相互接触时，其接触处多数情况下并不是一个点，而是一个面。因此，无论是施力物体还是受力物体，其接触处所受的力都是作用在接触面上的，这种分布在一定面积上的力称为分布力。分布力的大小用力的集度表示。例如，水对容器壁的压力是作用在一定面积上的分布力，其大小用面积集度表示，单位为 N/m^2 或 kN/m^2；分布在狭长面积或体积上的力可看作线分布力，其集度单位为 N/m 或 kN/m。

图 1.2 表示在梁 *AB* 上沿长度方向作用着向下的均匀分布力，其集度 $q = 2\ kN/m$ 。

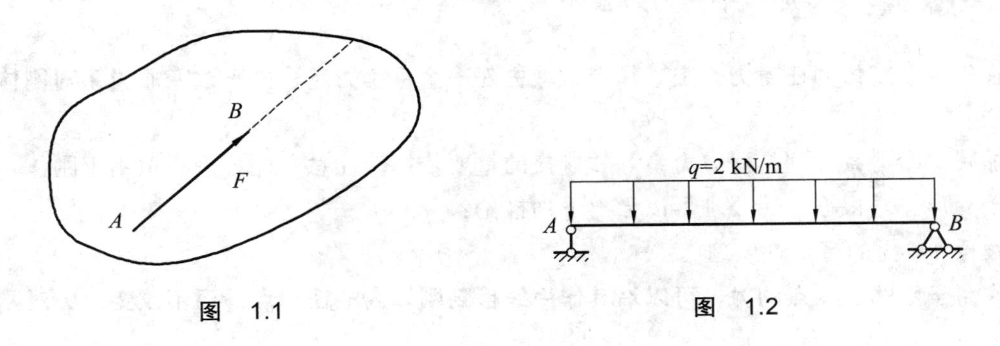

图 1.1　　图 1.2

三、力系、平衡力系、等效力系、合力的概念

作用于一个物体或物体系上的若干个力称为**力系**。如果作用于物体上的力系使该物体处于平衡状态，则称该力系为**平衡力系**。作用于物体上的力系用另一个力系代替，而不改变原力系对物体产生的效应，则称两个力系为等效力系。如果一个力与一个力系等效，则称这个力为该力系的**合力**，而该力系中的每一个力称为此合力的分力。由各分力求合力的过程叫作力的合成，而由合力求分力的过程叫作力的分解。

第二节　静力学基本公理

公理是人类经过长期的观察和经验积累而得到的结论，可以在实践中得到验证而为大家所公认。静力学公理是人们关于力的基本性质的概括和总结，是静力学全部理论的基础。

一、公理一——二力平衡公理

作用于刚体上的两力，使刚体保持平衡的必要和充分条件是：该两力的大小相等、方向相反且作用于同一直线上，即

$$\boldsymbol{F}_1 = -\boldsymbol{F}_2 \tag{1.1}$$

这就是二力平衡公理。二力平衡公理说明了作用于物体上最简单的力系平衡时所必须满足的条件。对于刚体来说，这个条件是充分与必要的。图 1.3 表示了满足公理一的两种情况。这个公理是今后推导、论证平衡条件的基础。

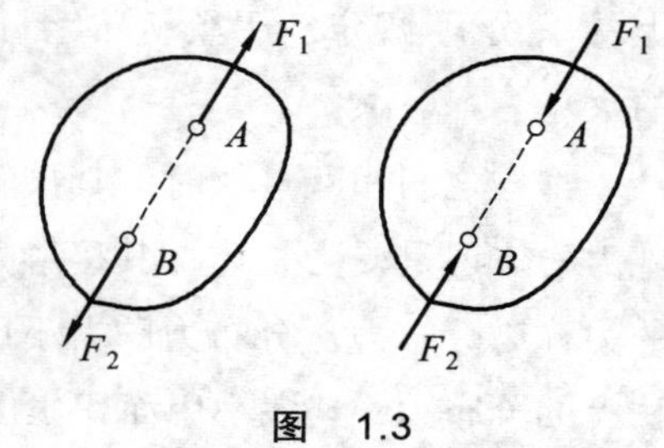

图　1.3

工程上常遇到只受两个力作用而平衡的构件，称为二力构件。如果上述构件是杆件则称为二力杆。根据二力平衡公理，二力构件上的两个力必定等值、反向、共线，且必沿作用点的连线。

二、公理二——加减平衡力系公理

在作用于刚体的任意力系上，加上或减去任一个平衡力系，并不改变原力系对刚体的作用效应。

加减平衡力系公理是研究力系等效变换的重要依据。注意：此公理只适用于刚体，而不适用于变形体。根据上述公理可以导出下列推论：

推论 1　力的可传性原理

作用于刚体上某点的力，可以沿其作用线移到刚体内的任一点，而不改变该力对刚体的作用效应。

证明：设有力 $\boldsymbol{F}$ 作用在刚体上的 A 点，如图 1.4（a）所示。根据加减平衡力系原理，可在力的作用线上任取一点 B，并加上两个相互平衡的力 $\boldsymbol{F}_1$ 和 $\boldsymbol{F}_2$，使 $\boldsymbol{F} = \boldsymbol{F}_1 - \boldsymbol{F}_2$，如图 1.4（b）所示。于是，力系（$\boldsymbol{F}_1$，$\boldsymbol{F}_2$，$\boldsymbol{F}$）与力 $\boldsymbol{F}$ 等效。由于力 $\boldsymbol{F}$ 和 $\boldsymbol{F}_2$ 也是一个平衡力系，故可减去，这样只剩下一个力 $\boldsymbol{F}_1$，如图 1.4（c）所示。故力 $\boldsymbol{F}_1$ 与力 $\boldsymbol{F}$ 等效，即原来的力 $\boldsymbol{F}$ 沿其作用线移到了点 B，而且没有改变对刚体的效应。

由此可见，对于刚体来说，力的作用点已不是决定力的作用效应的要素，它已被作用线代替。这样，作用于刚体上的力不再是定位矢量，而是滑移矢量。

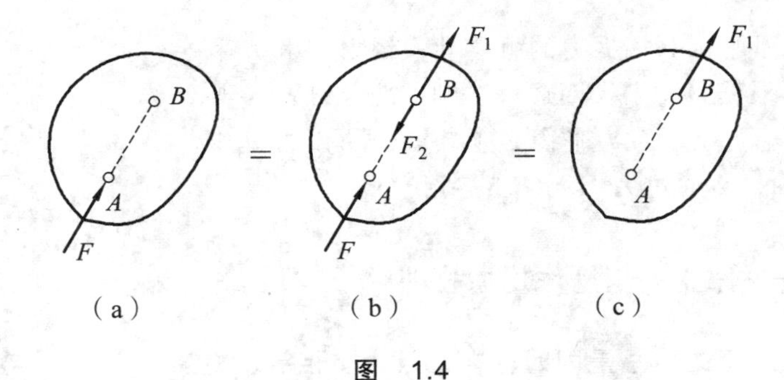

图 1.4

三、公理三——力的平行四边形法则

作用于物体上同一点的两个力，可以合成为一个合力。合力的作用点仍在该点，合力的大小及方向由这两个力所构成的平行四边形的对角线来确定。

设在物体的 $\boldsymbol{A}$ 点作用有力 $\boldsymbol{F}_1$ 和 $\boldsymbol{F}_2$，如图 1.5（a）所示，若以 $\boldsymbol{F}_\mathrm{R}$ 表示它们的合力，则可以写成矢量表达式：

$$\boldsymbol{F}_\mathrm{R}=\boldsymbol{F}_1+\boldsymbol{F}_2 \tag{1.2}$$

即合力 $\boldsymbol{F}_\mathrm{R}$ 等于两分力 $\boldsymbol{F}_1$ 与 $\boldsymbol{F}_2$ 的矢量和。

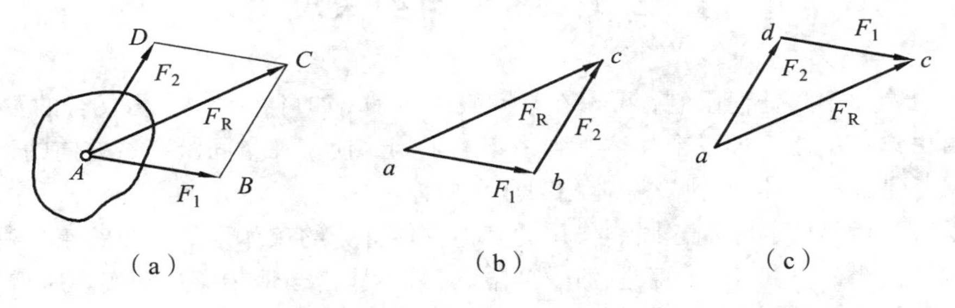

图 1.5

力的平行四边形法则反映了力的方向性的特征。矢量相加与代数量相加不同，必须用平行四边形的关系确定。平行四边形法则是力系简化的重要基础。

因为合力 $\boldsymbol{F}_\mathrm{R}$ 的作用点亦为 A 点，求合力的大小及方向实际上无需作出整个平行四边形，可用下述简单的方法来代替：从任选点 a 作 $\boldsymbol{ab}$ 表示力矢 $\boldsymbol{F}_1$，在其末端 b 作 $\boldsymbol{bc}$ 表示力矢 $\boldsymbol{F}_2$，则 $\boldsymbol{ac}$ 即表示合力矢 $\boldsymbol{F}_\mathrm{R}$，如图 1.5（b）所示。由只表示力的大小及方向的分力矢和合力矢所构成的三角形 abc 称为力三角形，这种求合力矢的作图规则称为力的三角形法则。力三角形图只表示各力的矢，并不表示其作用位置。若先作 $\boldsymbol{ad}$ 表示 $\boldsymbol{F}_2$，再作 $\boldsymbol{dc}$ 表示 $\boldsymbol{F}_1$，同样可得表示 $\boldsymbol{F}_\mathrm{R}$ 的 $\boldsymbol{ac}$，如图 1.5（c）所示，这说明合力矢与分力矢的作图先后次序无关。

推论 2　三力平衡汇交定理

刚体在三个力作用下处于平衡状态，若其中两个力的作用线汇交于一点，则第三个力的作用线也通过该汇交点，且此三力的作用线必在同一平面内。

证明：如图 1.6 所示，在刚体的 A、B、C 三点上，分别作用有 $\boldsymbol{F}_1$、$\boldsymbol{F}_2$、$\boldsymbol{F}_3$ 三个力，已

知刚体在三力作用下平衡。根据力的可传性，将力 $\boldsymbol{F}_1$ 和 $\boldsymbol{F}_2$ 移到汇交点 D，然后根据力的平行四边形法则，得合力 $\boldsymbol{F}_{12}$，则力 $\boldsymbol{F}_3$ 应与 $\boldsymbol{F}_{12}$ 平衡。由于两个力平衡必须共线，所以力 $\boldsymbol{F}_3$ 必定与力 $\boldsymbol{F}_1$ 和 $\boldsymbol{F}_2$ 共面，且通过力 $\boldsymbol{F}_1$ 与 $\boldsymbol{F}_2$ 的交点 D。

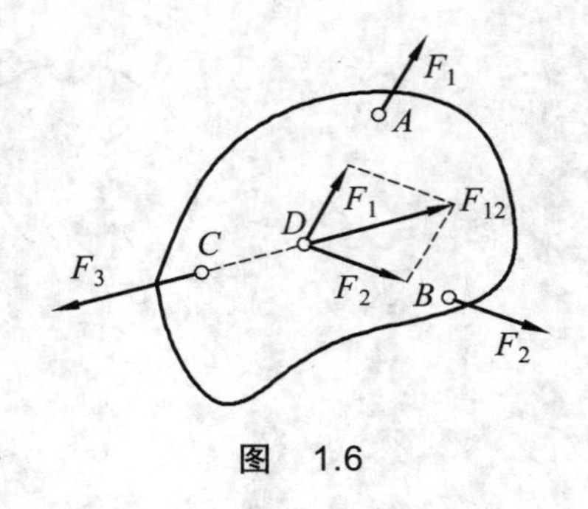

图 1.6

四、公理四——作用力与反作用力公理

两物体间相互作用的力总是同时存在，且大小相等、方向相反、沿同一直线，分别作用在两个物体上。

如将相互作用力之一视为作用力，而另一力视为反作用力，一般用 $\boldsymbol{F}'$ 表示力 $\boldsymbol{F}$ 的反作用力。

作用力与反作用力公理概括了自然界中物体间相互作用的关系，表明作用力与反作用力总是同时存在同时消失，没有作用力也就没有反作用力。根据这个公理，已知作用力则可知反作用力，它是分析物体受力时必须遵循的原则，为研究由一个物体过渡到多个物体组成的物体系统提供了基础。必须注意，作用力与反作用力是分别作用在两个物体上的，不能错误地与二力平衡公理混同起来。

第三节　约束与约束反力

如果一个物体不受任何限制，可以在空间自由运动（如可在空中自由飞行的飞机），则此物体称为**自由体**；反之，如一个物体受到一定的限制，使其在空间沿某些方向的运动成为不可能（如绳子悬挂的物体），则此物体称为**非自由体**。

在力学中，对物体的运动起限制作用的其他物体称为**约束体**，简称为**约束**。机械的各个构件如不按照适当的方式相互联系从而受到限制，就不能恰当地传递运动实现所需要的动作；工程结构如不受到某种限制，便不能承受载荷以满足各种需要。约束是以物体相互接触的方式构成的，例如，沿轨道行驶的车辆，轨道限制车辆的运动，所以轨道就是车辆的约束体；摆动的单摆，绳子限制小球的运动，所以绳子就是小球的约束体；门被合页固定于门框，合页限制门的运动，所以合页就是门的约束体。

在物体的受力中荷载一般为已知条件，它是使物体产生运动或运动趋势的主动力。而约束体阻碍并限制物体的自由运动，改变物体的运动状态，因此约束体必须承受物体的作用力，同时给予物体以等值、反向的反作用力，这种力称为**约束反力**或**约束力**，简称为**反力**。约束反力属于被动力。

我们将工程中常见的约束理想化，归纳为几种基本类型，并根据各种约束的特性分别说明其约束反力。掌握约束反力要从对力的三要素的分析把握入手。力的三要素包括大小、方向、作用点，因为现在受力分析仅是定性的研究，没有定量的计算，所以其大小暂不考虑。一般先找到约束反力的作用点，因为在力的绘制及表述中都习惯先从作用于何处画起、说起；然后找到力的方位，也即力的作用线；最后确定力的指向。

一、柔体约束

属于柔体约束的有绳索、皮带、链条等。这类约束的特点是只能限制物体沿着柔体伸长方向的运动，故只能承受拉力，而不能承受压力和抗拒弯曲。所以柔体的约束反力作用于与物体的接触点，沿着柔体的轴线，指向是背离研究对象，即为拉力。一般用 $\boldsymbol{F}$ 或 $\boldsymbol{F}_{\mathrm{T}}$ 表示，如图 1.7 所示。

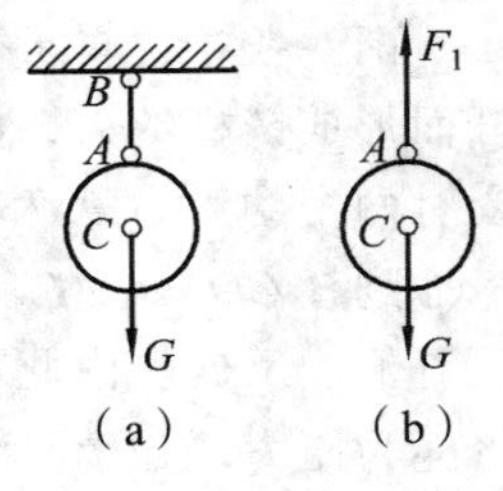

图 1.7

二、光滑接触面约束

对光滑接触面约束，我们忽略接触面间的摩擦，视为理想光滑。其特点是只能限制物体沿两接触表面在接触处的公法线而趋向支承接触面的运动，不论支承接触表面的形状如何，它只能承受压力，不能承受拉力。所以光滑接触面的约束反力作用于两物体的接触点，沿着过接触点处两接触面的公法线方位，指向研究对象。因反力沿法线方向作用，故又称为法向反力，一般用 $\boldsymbol{F}_{\mathrm{N}}$ 表示，如图 1.8 所示。

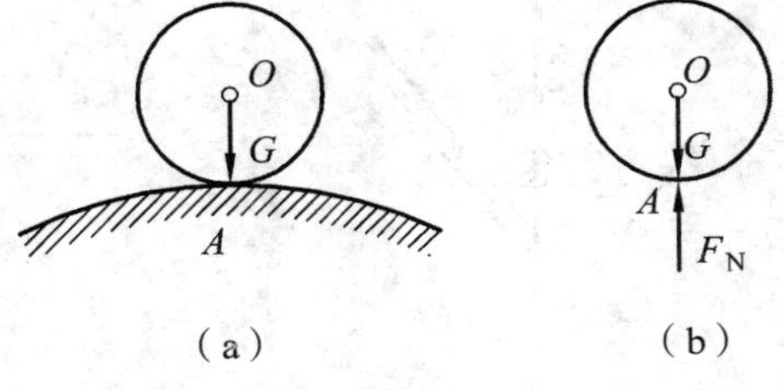

图 1.8

三、光滑圆柱铰链约束

实际工程中，经常遇到两个构件通过光滑圆柱销钉连接，这种约束称为光滑圆柱铰链约束，简称铰链或铰约束。绪论中提到的铰结点即是这种约束，如门上的合页。对这类约束，我们一般忽略摩擦的影响，如图 1.9（a）和 1.9（b）所示，其计算简图如图 1.9（c）所示。这类约束的特点是只能限制物体的任意径向移动，不能限制物体绕圆柱销钉轴线的转动。由于圆柱销钉与圆柱孔是光滑曲面接触，则约束反力应是沿接触线上的一点到圆柱销钉中心的连线且垂直于销钉轴线，因为接触线的位置不能预先确定，所以约束反力的方向也不能预先确定，如图 1.9（d）所示。因此，铰链约束反力作用在垂直于圆柱销钉轴线的平面内，通过圆柱孔中心，其方位任意，指向待定。在进行计算时，为了方便，通常将任意方位的力沿坐标轴方向分解，表示为作用于圆柱孔中心也是铰的中心的两个正交分力 F_x 与 F_y，两分力的指向是假定的。即光滑圆柱铰链约束的约束反力为作用于铰的中心的两个互相垂直的约束反力，其指向未定，如图 1.9（e）所示。

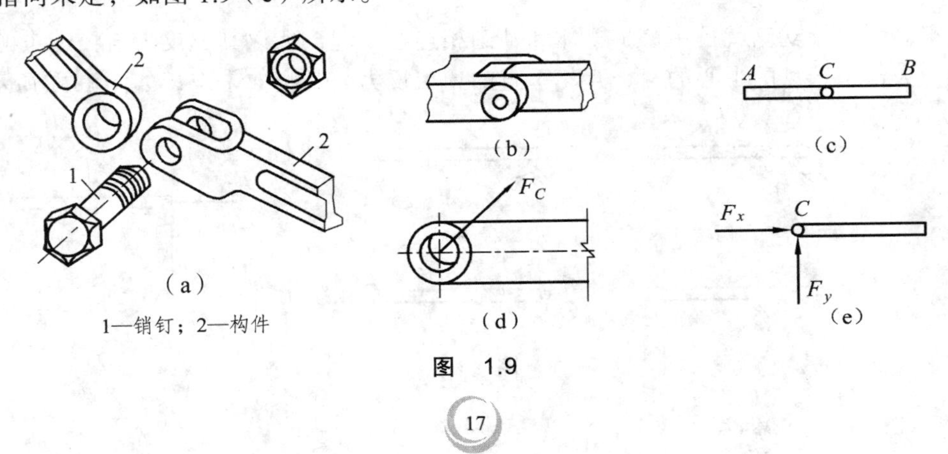

图 1.9

四、链杆约束

两端铰接，自重不计、中间不受力且平衡的直杆称为链杆。链杆常被用来作为拉杆或撑杆而形成链杆约束，如图 1.10（a）所示的 CD 杆。根据光滑铰链的特性，杆在铰链 C、D 处受有两个约束力 $\boldsymbol{F}_C$ 和 $\boldsymbol{F}_D$，这两个约束反力必定分别通过铰链 C、D 的中心，方向暂不确定。考虑到杆 CD 只在 $\boldsymbol{F}_C$、$\boldsymbol{F}_D$ 二力作用下平衡，根据二力平衡公理，这两个力必定沿同一直线，且等值、反向。由此可确定 $\boldsymbol{F}_C$ 和 $\boldsymbol{F}_D$ 的作用线应沿铰链中心 C 与 D 的连线，可能为拉力，也可能为压力，如图 1.10（c）所示。

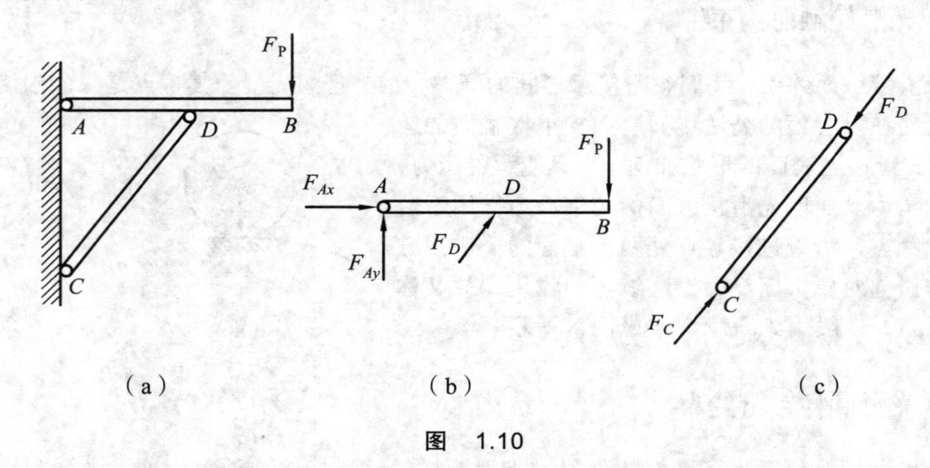

图　1.10

由此可见，链杆为二力杆，链杆约束的反力作用于链杆与被约束物体的接触点（忽略铰的尺寸可看作作用于连接处铰的中心），沿链杆两端铰链中心的连线（也是链杆的轴线）方位，指向未定，如图 1.10（b）所示。

五、支座约束

支座是用于将结构与基础联系起来的装置，支座对物体有着限制、约束的作用。在绪论计算简图的分析中对支座已做过介绍，现在我们再来分析一下这些支座的约束反力，简称支反力。

1. 固定铰支座

其实，固定铰支座就是用铰将物体和基础相连在一起，所以其支反力与铰约束的约束反力相同，为作用于铰的中心的两个互相垂直的约束反力，其指向未定，如图 1.11 所示。

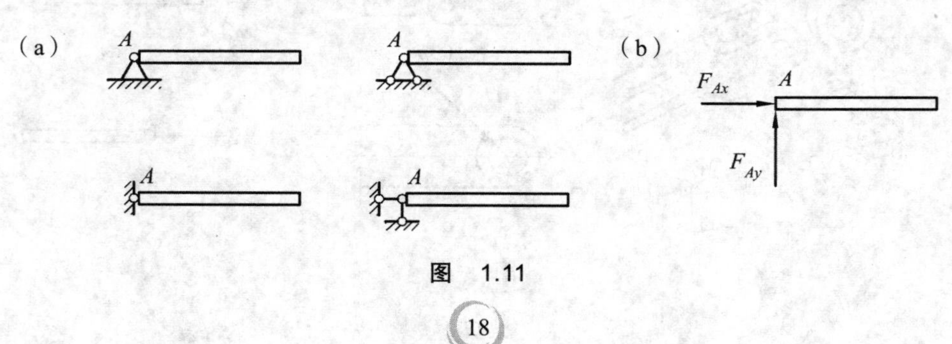

图　1.11

2. 可动铰支座

这种支座的约束反力，根据不同的计算简图类型略有不同。如果采用滑块式简图则只能限制构件沿垂直于支承面方向的移动，所以此种简图对应的可动铰支座的约束反力垂直于支承面，通过圆柱铰链中心，指向待定，如图 1.12（a）所示。而我们经常采用链杆来表示可动铰支座，此时的约束就视为链杆约束，为作用于链杆与被约束物体的接触点，沿链杆的轴线方位，指向未定，一般用 $\boldsymbol{F}_{\mathrm{R}}$ 表示，如图 1.12（b）所示。

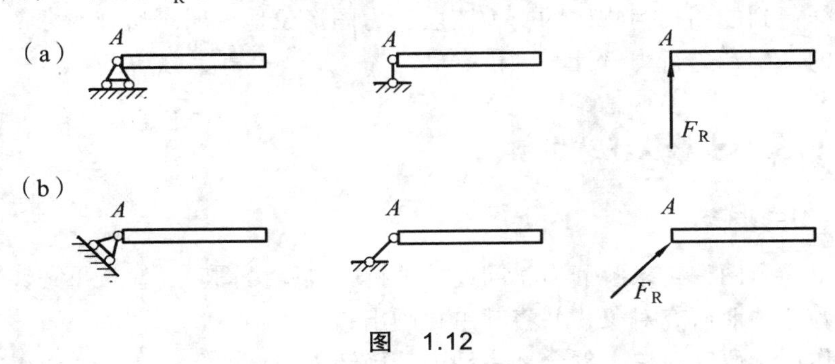

图　1.12

3. 固定端支座

这种支座使构件既不能水平移动，又不能竖直移动，也不能转动。根据这些特点，我们可理解为：构件不能水平移动，那么水平方向一定有约束反力，竖直方向不能移动，同样也应有竖直方向约束反力，不能转动则是因为有约束转动的力偶作用（固定端支座的约束反力中的一些概念，如力偶及平面一般力系的知识将在后面的内容中讲解）。即固定端支座的约束反力为两个相互垂直的分力和一个转向待定的力偶，如图 1.13 所示。

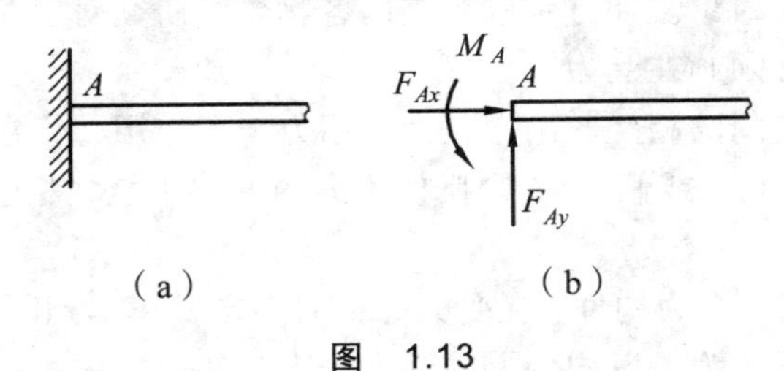

图　1.13

除了以上介绍的几种约束外，还有一些其他形式的约束。在实际问题中所遇到的约束有些并不一定与上面所介绍的形式完全一样，这时就需要对实际约束的构造及其性质进行分析，分清主次，略去一些次要因素，将实际约束简化为上述约束形式之一。

第四节　物体的受力分析与受力图

一、研究对象与受力图的概念

在工程实际中，通常将作用于物体上的力分为两类：一类是能主动使物体运动或有运动趋势的力，称为主动力或荷载；另一类是约束对于物体的约束反力，是未知的被动力。未知的约束反力一般需要根据已知的力求出。为此应该分析物体受到哪些力的作用，其中哪些是已知的、哪些是未知的，这种分析过程称为物体的受力分析。

在解决力学问题时，首先要选定需要进行研究的物体，即确定研究对象，然后分析它的受力情况。为了清晰地表示物体的受力情况，须将研究对象受到的约束全部予以解除，把它从周围的物体中单独分离出来，单独画出其简单的几何形状，这种被解除了约束的物体称为分离体或隔离体。单独画出受力物体的简图，并把研究对象所受的主动力和约束反力全部画到简图上，这样得到的图称为物体的受力图。受力图形象地说明了研究对象的受力情况，是解决力学问题的基础和进行力学计算的依据。

二、画受力图的步骤及注意事项

1. 画受力图的步骤

正确地画出受力图，是求解静力学问题的关键。画受力图时，应按下述步骤进行：

（1）根据题意选取研究对象，并将其单独画出；

（2）画出作用于研究对象上的全部主动力（已知力）；

（3）确定物体上的约束，根据约束类型画出作用于研究对象上的全部约束反力。

2. 画受力图的注意事项

在画受力图时要注意以下几点：

（1）如果研究对象是由几个物体组成的系统，只画系统外的物体对它的作用力（称为外力），而不画系统内各物体之间的相互作用力（称为内力）。但内力与外力的关系是相对的，具体要取决于选取的研究对象。如分别取系统内各物体为研究对象时，系统内其他物体对其的作用力就成为外力，必须画在受力图上。

（2）系统内各物体之间的相互作用力互为作用力与反作用力，在受力图上要画为反向共线。作用力的方向一经确定（或假定），则反作用力的方向必与之相反，不能再任意假设它的方向。

（3）如果结构体系中有二力构件，在受力分析时一定要正确判断，把二力构件分析出来。大多数二力构件的构造形式为，以构件上的两个铰来与其他物体相连接，且构件上没有其他外力。此时的铰就不能按铰约束来分析了，而要把构件统一起来看待，分析为二力杆。根据二力平衡公理，二力的作用线应沿两力作用点的连线，指向为相对或向背。

（4）对于平面内受三个力作用处于平衡状态的构件，若已知两个力的作用线汇交于一点，根据三力平衡汇交定理，可确定第三个力作用线的方位。

正确地画出物体的受力图，是求解静力学问题的关键，读者应熟练掌握。下面举例说明受力图的画法。

【例 1.1】 均质球重 $\boldsymbol{W}$，用绳系住并靠于光滑的斜面上，如图 1.14（a）所示。试分析球的受力情况，并画出受力图。

【解题分析】 据题目要求，研究对象为球，观察分析其上的主动力是自重，在 A、B 两点有两处约束，一处为柔索约束，一处为光滑接触面约束。按约束类型，抓住特点分析即可。

【解】 （1）取球为研究对象，并绘出其分离体。

（2）主动力分析：画出作用于球上的主动力 $\boldsymbol{W}$。作用于球心 O，方向竖直向下。

（3）约束反力分析：画约束反力。A 点为柔体约束，其约束反力 $\boldsymbol{F}_{TA}$ 方向沿柔体中心线，背离球。B 处为光滑接触面约束，约束反力 $\boldsymbol{F}_{NB}$ 方向为沿接触点公法线方向指向球心。此球受三个力而平衡，故满足三力平衡汇交定理。

其受力图如图 1.14（b）所示。

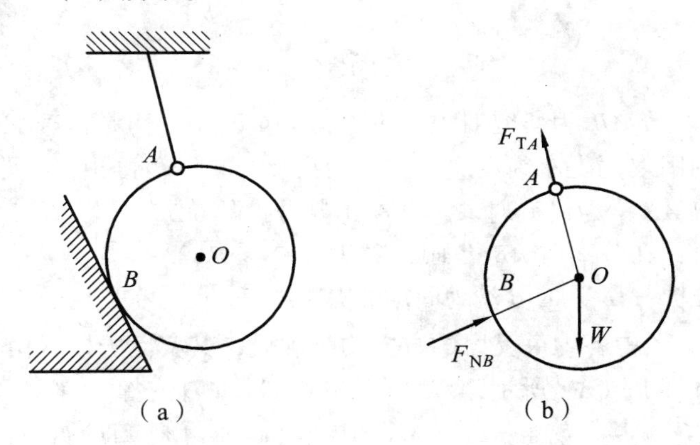

图　1.14

【例 1.2】　水平简支梁 AB 如图 1.15（a）所示，在 C 处作用一集中荷载 $\boldsymbol{F}$，梁自重不计，画出梁 AB 的受力图。

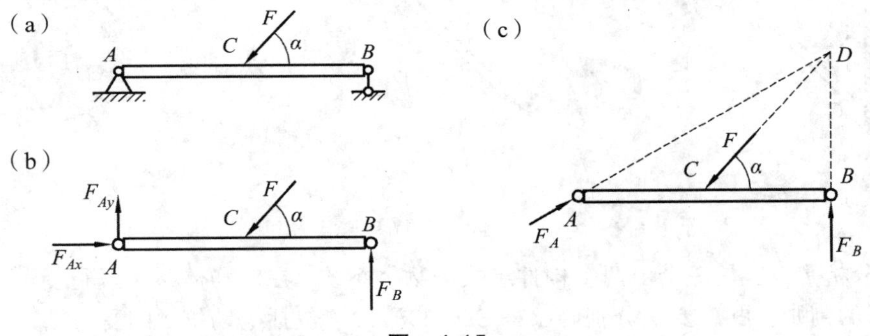

图　1.15

【解题分析】　以梁 AB 为研究对象，不考虑自重，主动力是荷载 $\boldsymbol{F}$。约束是固定铰支座和可动铰支座两个支座，明确约束类型后，按支座的约束特点分析即可。

【解】　（1）取梁 AB 为研究对象，并绘出其分离体。

（2）主动力分析：作用于梁上的 C 点处集中荷载 $\boldsymbol{F}$，其方位与 AB 梁成 α 角。

（3）约束反力分析：A 端为固定铰支座，反力为作用于 A 点的两个相互垂直的约束反力用 $\boldsymbol{F}_{Ax}$ 与 $\boldsymbol{F}_{Ay}$ 表示。B 端为可动铰支座，反力 $\boldsymbol{F}_B$ 沿 B 链杆的方向，垂直于支承面，指向假定为向上。其受力如图 1.15（b）所示。

在此题中，如果把 A 铰约束的两个相互垂直的分力合成，分析为一个任意方向的合力 $\boldsymbol{F}_A$，此时梁上只有三个力，且梁处于平衡。据三力平衡汇交定理，则此三力必汇交于力 $\boldsymbol{F}$ 与 $\boldsymbol{F}_B$ 交点 D。从而确定反力 $\boldsymbol{F}_A$ 沿 A、D 两点连线。其受力图如图 1.15（c）所示。由于后续计算中要采用解析计算，此受力分析方法并不方便，所以较少采用。

【例 1.3】 某悬臂梁 AB 受力如图 1.16（a）所示。梁自重不计，画出梁 AB 的受力图。

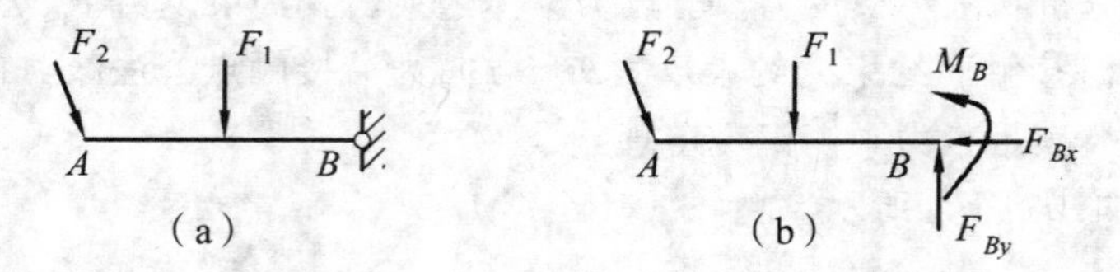

图 1.16

【解题分析】 以梁 AB 为研究对象，不考虑自重。主动力是荷载 $\boldsymbol{F}_1$、$\boldsymbol{F}_2$，约束是固定端支座约束。注意到固定端支座约束应有三个约束反力，既可画出 AB 梁的受力图。

【解】 （1）取 AB 梁为研究对象，并绘出其分离体 AB。

（2）主动力分析：在分离体 AB 上画出主动力 $\boldsymbol{F}_1$、$\boldsymbol{F}_2$。

（3）约束反力分析：AB 梁的 B 端为固定端支座约束，反力有作用于 B 点的 F_{Bx}、F_{By}、M_B 如图 1.16（b）所示。图中各约束反力的方向均为假设，其实际方向可由后续的计算确定。

【例 1.4】 如图 1.17（a）所示，水平梁 AB 用斜杆 CD 支撑，A、C、D 三处均为光滑铰链联结。均质梁重 $\boldsymbol{W}_1$，其上放置一重为 $\boldsymbol{W}_2$ 的电动机。不计杆 CD 的自重，试分别画出杆 CD 和梁 AB（包括电动机）的受力图。

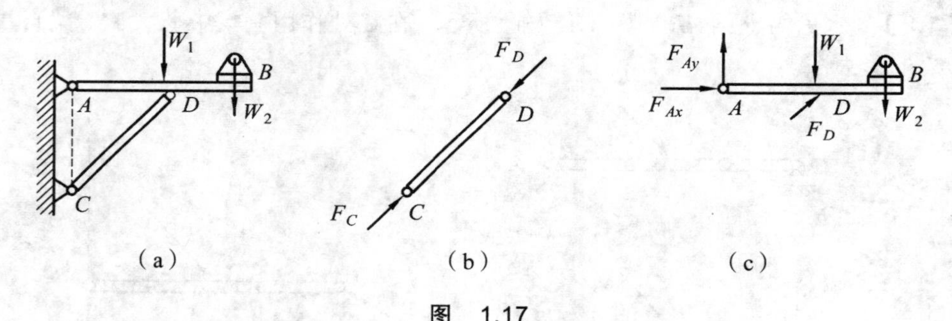

图 1.17

【解题分析】 这是一个由两个构件组成的物体系统。在对物体系统进行受力分析时，应注意二力杆的判别。题意要求分别画出杆 CD 和梁 AB（包括电动机）的受力图，所以应分别取各构件为研究对象进行分析。要注意此题的 CD 杆是二力杆，这是该题的关键。

【解】 （1）分析杆 CD 的受力。

① 取杆 CD 为研究对象，并绘出其分离体。

② 受力分析：由于斜杆 CD 的两端为光滑铰链，自重不计，因此杆仅在 C、D 两处受力 F_C、F_D，则 CD 杆为二力杆。所受两力大小相等，方向相反，沿 C、D 两点连线作用，指向未定，可由经验假定受压力。其受力图如图 1.17（b）所示。（注意：由于 CD 杆为二力杆，所以，此题 C、D 处的约束就不能简单地按铰约束去分析）

（2）分析梁 AB 的受力。

① 取梁 AB（包括电动机）为研究对象，并绘出其分离体。

② 主动力分析：受 $\boldsymbol{W}_1$、$\boldsymbol{W}_2$ 两个主动力的作用。

③ 约束反力分析：梁在 D 处受有二力杆 CD 给它的约束反力 $\boldsymbol{F}'_D$ 的作用。根据作用和反作用公理，$\boldsymbol{F}'_D$ 与 $\boldsymbol{F}_D$ 方向相反。固定铰支座 A 的约束反力由两个互相垂直的约束反力 $\boldsymbol{F}_{Ax}$ 和 $\boldsymbol{F}_{Ay}$

表示。其受力图如图 1.17（c）所示。

【例 1.5】 如图 1.18（a）所示，梯子的两部分 AB 和 AC 在 A 点铰接，又在 D、E 两点用水平绳连接。梯子放在光滑水平面上，自重不计，在 AB 的中点 H 处作用一竖向荷载 $\boldsymbol{F}$。试分别画出绳子 DE 和梯子 AB、AC 部分以及整个系统的受力图。

【解题分析】 这是一个由三个构件组成的物体系统，题意要求分别画出绳子 DE 和梯子 AB、AC 部分以及整个系统的受力图，所以应分别取各构件及整体为研究对象进行分析，分别绘出四个受力图。应当注意，在取整个系统为研究对象时，左右两部分在铰链 A 处所受的力互为作用力与反作用力关系，即 $\boldsymbol{F}_{Ax}=-\boldsymbol{F}'_{Ax}$，$\boldsymbol{F}_{Ay}=-\boldsymbol{F}'_{Ay}$；绳子与梯子连接点 D 和 E 所受的力也分别互为作用力与反作用力关系，即 $\boldsymbol{F}_D=-\boldsymbol{F}'_D$、$\boldsymbol{F}_E=-\boldsymbol{F}'_E$，这些力都是系统内各物体之间相互作用的力，为物体系统的内力，内力成对地作用在整个系统内，它们对系统的作用效应相互抵消，因此可以除去，并不影响整个系统的平衡。故内力在受力图中不必画出，也不应画出。在受力图中只需画出系统以外的物体给系统的作用力，这种力为外力。

【解】（1）分析绳 DE 的受力。

取绳 DE 为研究对象，绘其分离体。绳子为柔体约束，两端 D、E 分别受到梯子对它的拉力 $\boldsymbol{F}_D$、$\boldsymbol{F}_E$ 的作用。也可视其为二力构件，其受力图如图 1.18（b）所示。

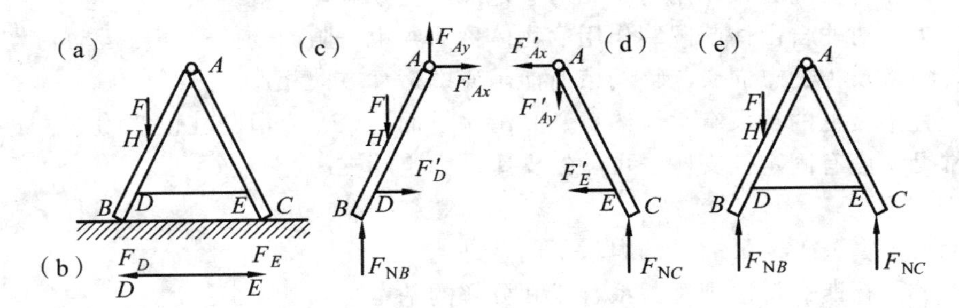

图 1.18

（2）分析梯子 AB 部分的受力。

① 取梯子的 AB 部分为研究对象，并绘出其分离体。

② 主动力分析。H 处的荷载为 $\boldsymbol{F}$。

③ 约束反力分析。约束反力共有三处：A 处铰链的约束反力为 $\boldsymbol{F}_{Ax}$ 和 $\boldsymbol{F}_{Ay}$，D 处受柔体约束 $\boldsymbol{F}'_D$（与 $\boldsymbol{F}_D$ 互为作用力和反作用力），B 点受光滑接触面约束反力 $\boldsymbol{F}_{NB}$。

AB 部分的受力图如图 1.18（c）所示。

（3）分析梯子的 AC 部分的受力。

① 取梯子的 AB 部分为研究对象，并绘出其分离体。

② 该构件无主动力，画出全部约束反力即可。约束反力共有三处：A 处铰链的约束反力 $\boldsymbol{F}'_{Ax}$ 和 $-\boldsymbol{F}'_{Ay}$；E 处受柔体约束 $\boldsymbol{F}'_E$（与 $\boldsymbol{F}_E$ 互为作用力和反作用力）；C 点受光滑接触面约束反力 $\boldsymbol{F}_{NC}$。

AC 部分的受力图如图 1.18（d）所示。

（4）分析整个系统的受力。

① 取整个系统为研究对象，并绘出其分离体。

② 主动力分析。对整个系统来说只有荷载 $\boldsymbol{F}$ 一个主动力。

③ 约束反力分析。前面分析的 $\boldsymbol{F}_{Ax}$、$\boldsymbol{F}'_{Ax}$，$\boldsymbol{F}_{Ay}$、$\boldsymbol{F}'_{Ay}$，$\boldsymbol{F}_{D}$、$\boldsymbol{F}'_{D}$，$\boldsymbol{F}_{E}$、$\boldsymbol{F}'_{E}$ 等力，都是系统内各物体之间相互作用的内力，不应画出。对整个系统，只有 B、C 两处外部约束，其约束反力为 $\boldsymbol{F}_{NB}$、$\boldsymbol{F}_{NC}$。

整个系统的受力图如图 1.18（e）所示。

注意：内力与外力的区分不是绝对的。例如，当我们把梯子的 AC 部分作为研究对象时，$\boldsymbol{F}'_{Ax}$、$\boldsymbol{F}'_{Ay}$ 和 $\boldsymbol{F}'_{E}$ 均属外力，但取整体为研究对象时，$\boldsymbol{F}'_{Ax}$、$\boldsymbol{F}'_{Ay}$ 和 $\boldsymbol{F}'_{E}$ 又成为内力。可见，内力与外力的区分，只有相对于某一确定的研究对象才有意义。

小　结

1. 基本概念

（1）刚体：在外力作用下，几何形状、尺寸的变化可忽略不计的物体。

（2）力的三要素，对刚体而言，力的三要素为：力的大小、力的方向、力的作用线。

（3）平衡：物体在力系作用下，相对于地球静止或做匀速直线运动。

（4）约束，对非自由体起限制作用的物体称为约束。阻碍物体运动或运动趋势的力称为约束反力。约束反力的方向必与该约束所能阻碍的运动方向相反。

（5）工程中常见的约束有柔体约束、光滑接触面约束、光滑圆柱铰链约束、链杆约束。

（6）常见支座有固定铰支座、可动铰支座、固定端支座。

2. 基本公理

（1）二力平衡公理，最简单的力系平衡条件。

（2）力的平行四边形法则，力系合成和分解的基本法则。

（3）加减平衡力系公理，力系等效代换和简化的基础。

（4）作用与反作用定律，揭示了力的存在和传递方式。

推论 1　力的可传性原理

推论 2　三力平衡汇交定理

3. 物体受力分析的基本方法——画受力图

在研究对象上画出全部的约束反力和主动力的简图称为受力图。正确画出受力图是力学计算的基础。

（1）画受力图的步骤：

① 根据题意选取研究对象，并将其单独画出；

② 画出作用于研究对象上的全部主动力（已知力）；

③ 确定物体上的约束，根据约束类型画出作用于研究对象上的全部约束反力。

（2）画受力图时要注意的几点：

① 如果研究对象是由几个物体组成的系统，注意外力、内力的关系。

② 注意系统内各物体之间的相互作用力互为作用力与反作用力。

③ 正确判断出二力构件。

第二章　工程中常见静定结构的支座反力计算

工程中常见的静定结构有三角架、静定梁、静定刚架等。不同的结构所受的外力（包括支座反力）组成了力系。力系按照力的分布情况可分为平面力系和空间力系。不同力系的平衡条件不同，本章主要研究平面力系的平衡条件及常见静定结构的支座反力计算方法。

所谓平面力系，是指力系中所有力的作用线均处于同一平面的力系。

在实践中，各种物体上的受力情况千差万别，形式多样。一般这些物体上所作用的力系其实是在空间分布的，是空间力系。但很多物体在经过结构的简化和力系的简化后，其所受的力系就可视为作用在同一平面内的平面力系。如忽略了“人”字形屋架的厚度，其结构就被视为平面结构，如图 2.1（a）所示，其受到屋顶上构件传来的竖向荷载及侧向的风荷载还有支座的约束反力都处于屋架平面内，组成平面力系，如图 2.1（b）所示；再如结构及其承受的荷载具有共同对称面的楼板，如图 2.2（a）所示，可将其上的受力向对称面简化，也形成平面力系，如图 2.2（b）所示。还有梁、汽车等的受力情况均可如此分析。

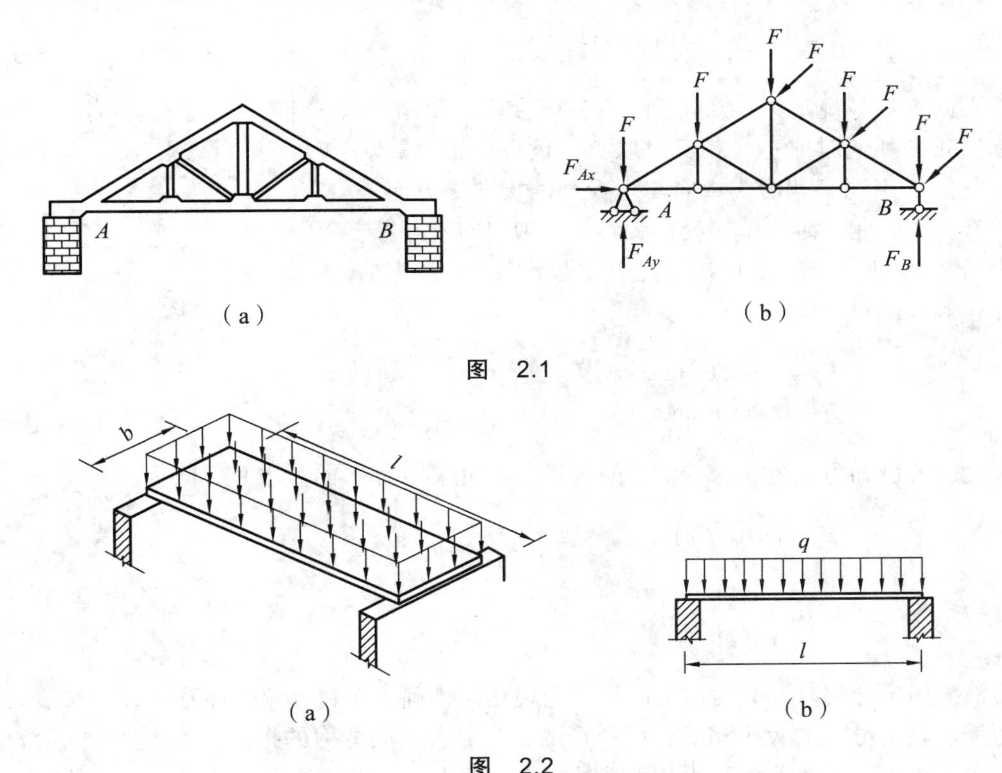

图　2.1

图　2.2

根据平面力系中各力作用线的分布情况，平面力系可划分为平面汇交力系、平面力偶系和平面一般力系。所谓平面汇交力系，就是各力的作用线位于同一平面内且汇交于一点的力系；平面力偶系是指作用面都位于同一平面内的若干个力偶。平面汇交力系和平面力偶系是平面一般力系简化计算的基础，所以，又称这两个力系为平面基本力系。平面一般力系是指力系中各力作用线在同一平面任意分布，即由作用线位于同一平面内，但不完全相交于一点，也不完全相互平行的一些力所组成的力系，也称为平面任意力系，简称平面力系。相对于平面一般力系，有些力系具有特殊的平面分布形式，如平面汇交力系、平面力偶系、平面平行力系等，又称为平面特殊力系。本章将重点研究平面汇交力系、平面力偶系和平面一般力系的简化与平衡问题。

第一节　三角架的受力计算

一、力在直角坐标轴上的投影及合力投影定理

1. 力在直角坐标轴上的投影

力 $\boldsymbol{F}$ 在坐标轴上的投影定义为：由力矢 $\boldsymbol{F}$ 的始端 A 和末端 B 分别向坐标轴作垂线，如图 2.3 所示，垂足分别为 a_1、b_1 和 a_2、b_2。线段 a_1b_1、a_2b_2 的长度分别为力 $\boldsymbol{F}$ 在 x 轴和 y 轴上的投影，记作 X（或 F_x）、Y（或 F_y）：

$$F_x = X = \pm a_1b_1,\ F_y = Y = \pm a_2b_2$$

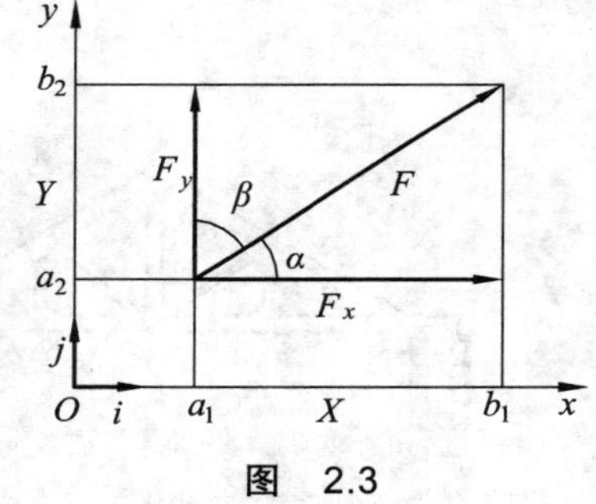

图　2.3

投影的正负号规定为：从 a_1 到 b_1（或 a_2 到 b_2）的指向与坐标轴正向相同时取正，相反时取负。也可以把力的箭头一起投影下来观察其箭头指向与坐标轴的指向，方向一致时符号为正，相反时为负。投影的符号一般可直观判断。

由图 2.3 可见，若已知力 $\boldsymbol{F}$ 的大小及力 $\boldsymbol{F}$ 与 x 轴所夹的锐角 α，则有

$$\left.\begin{aligned} F_x = X = \pm F\cos\alpha \\ F_y = Y = \pm F\sin\alpha \end{aligned}\right\} \tag{2.1}$$

反之，若已知力 $\boldsymbol{F}$ 在 x、y 轴上的投影，则可求出力 $\boldsymbol{F}$ 的大小和方向：

$$\left.\begin{aligned} F = \sqrt{F_x^2 + F_y^2} \\ \tan\alpha = \left|\frac{F_y}{F_x}\right| \end{aligned}\right\} \tag{2.2}$$

力沿坐标轴分解时，分力由力的平行四边形法则确定。在直角坐标系中，力在轴上的投影和力沿该轴的分力的大小相等，而投影的正负号可表明分力的指向，如图 2.3 所示。必须注意，力的投影与力的分解是两个不同的概念，两者不可混淆。力在坐标轴上的投影 X、Y 为代数量，而力沿坐标轴的分量 $\boldsymbol{F}_x$ 和 $\boldsymbol{F}_y$ 为矢量。当 Ox、Oy 两轴不相垂直时，分力 $\boldsymbol{F}_x$、$\boldsymbol{F}_y$

和力在轴上的投影 X、Y 在数值上也不相等，如图 2.4 所示。

力 $\boldsymbol{F}$ 沿平面直角坐标轴分解的表达式为

$$\boldsymbol{F}=\boldsymbol{F}_x+\boldsymbol{F}_y=X_i+Y_j \tag{2.3}$$

式中 i，j——坐标轴 x、y 正向的单位矢量。

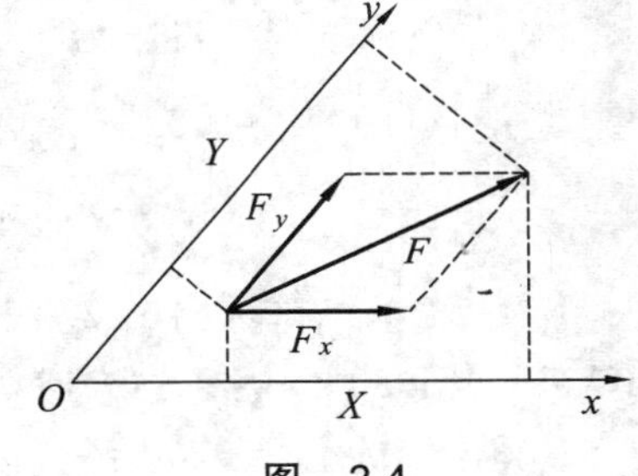

图 2.4

2. 合力投影定理

由于力的投影是代数量，所以可以对各力在同一轴的投影进行代数运算，由图 2.5 不难看出，$\boldsymbol{F}_1$ 和 $\boldsymbol{F}_2$ 的合力 $\boldsymbol{F}_\text{R}$ 在任一坐标轴（x 轴）上的投影为

$$(F_{\text{R}X}=ac=ab+bc=ab+ad=F_{1x}+F_{2x})$$

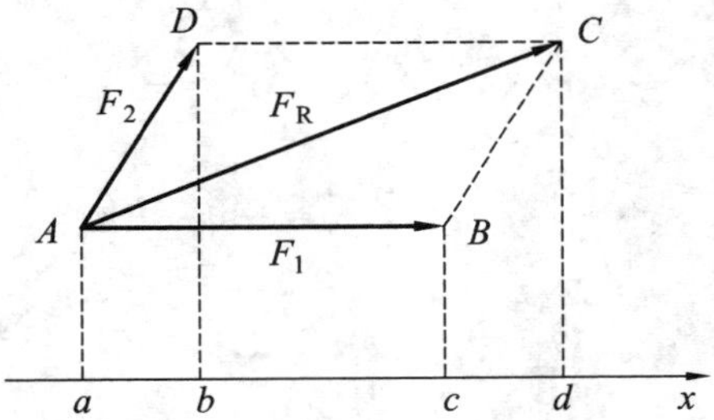

对于多个力组成的力系，以此推广，可得

$$\left.\begin{aligned}F_{\text{R}x}&=F_{1x}+F_{2x}+\cdots+F_{nx}=\sum_{i=1}^{n}F_{ix}\\F_{\text{R}y}&=F_{1y}+F_{2y}+\cdots+F_{ny}=\sum_{i=1}^{n}F_{iy}\end{aligned}\right\} \tag{2.4}$$

图 2.5

式（2.4）称为合力投影定理。式（2.4）可知，力系的合力在某轴上的投影等于力系中各分力在同一轴上投影的代数和。

由式（2.4）及式（2.2），可得合力的大小及方向分别为

$$\left.\begin{aligned}F_\text{R}&=\sqrt{(F_x)^2+(F_y)^2}\\\tan\alpha&=\frac{\sum F_y}{\sum F_x}\end{aligned}\right\} \tag{2.5}$$

【例 2.1】 已知力 $\boldsymbol{F}_1$、$\boldsymbol{F}_2$、$\boldsymbol{F}_3$、$\boldsymbol{F}_4$ 汇交于 O 点，如图 2.6 所示。分别求 $\boldsymbol{F}_1$、$\boldsymbol{F}_2$、$\boldsymbol{F}_3$、$\boldsymbol{F}_4$ 在各坐标轴上的投影。

【解题分析】 直接运用力在坐标轴上的投影公式，计算出各力在坐标轴上的投影。

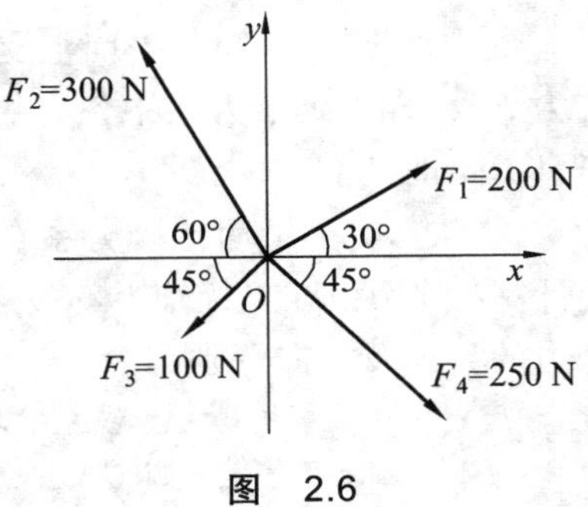

图 2.6

【解】 $\boldsymbol{F}_1$ 在坐标轴上的投影为

$$\begin{cases}F_{1x}=F_1\cos30°=200\times\cos30°=173.21\ \text{(N)}\\F_{1y}=F_1\sin30°=200\times\sin30°=100\ \text{(N)}\end{cases}$$

$\boldsymbol{F}_2$ 在坐标轴上的投影为

$$\begin{cases}F_{2x}=-F_2\cos60°=-300\times\cos60°=-150\ \text{(N)}\\F_{2y}=F_2\sin60°=300\times\sin60°=259.81\ \text{(N)}\end{cases}$$

$\boldsymbol{F}_3$ 在坐标轴上的投影为

$$\begin{cases}F_{3x}=-F_3\cos45°=-100\times\cos45°=-70.71\ \text{(N)}\\F_{3y}=-F_3\sin45°=-100\times\sin45°=-70.71\ \text{(N)}\end{cases}$$

$\boldsymbol{F}_4$ 在坐标轴上的投影为

$$\begin{cases} F_{4x} = F_4\cos 45° = 250\times\cos 45° = 176.78\ \text{(N)} \\ F_{4y} = -F_4\sin 45° = 250\times\sin 45° = -176.78\ \text{(N)} \end{cases}$$

【例 2.2】 试求出图 2.7 中各力的合力在 x 轴和 y 轴上的投影。已知 $F_1 = 20$ kN，$F_2 = 40$ kN，$F_3 = 50$ kN，各力方向如图所示。

【解题分析】 先求出各分力在 x 轴和 y 轴上的投影，利用合力投影定理，即可得到合力在各坐标轴上的投影。

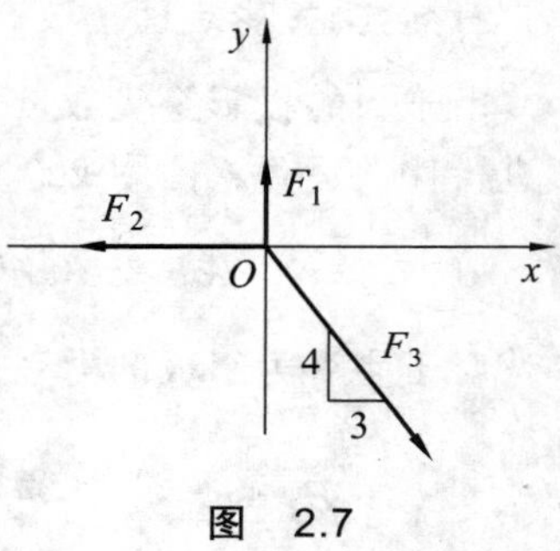

图 2.7

【解】 由合力投影定理可得

$$F_{Rx} = \sum F_x = -F_2 + F_3\times\frac{3}{\sqrt{3^2+4^2}}$$

$$= -40 + 50\times\frac{3}{5} = -10\ \text{(N)}$$

$$F_{Ry} = \sum F_y = F_1 - F_3\times\frac{4}{\sqrt{3^2+4^2}}$$

$$= 20 - 50\times\frac{4}{5} = -20\ \text{(N)}$$

二、平面汇交力系的合成与平衡

1. 平面汇交力系的合成

设有平面汇交力系 $\boldsymbol{F}_1$，$\boldsymbol{F}_2$，…，$\boldsymbol{F}_n$ 于物体上 A 点，如图 2.8 所示。

应用力的平行四边形法则，采用两两逐个合成的方法，最终可合成为一个合力 F_R，即

$$F_R = F_1 + F_2 + F_3 + \cdots + F_n = \sum F \qquad (2.6)$$

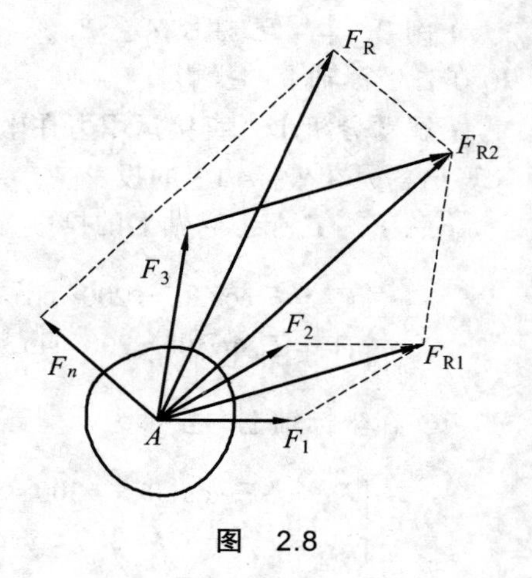

图 2.8

由式（2.6）可知：平面汇交力系合成的结果为一个合力 $\boldsymbol{F}_R$，合力等于力系中各力的矢量和，合力的作用线通过力系的汇交点。

式（2.6）是平面汇交力系合力的矢量计算式。为方便计算，利用力在坐标轴上的投影及合力投影定理，可得合力的大小及方向分别为

$$\left.\begin{aligned} F_R &= \sqrt{(\sum F_x)^2 + (\sum F_y)^2} \\ \tan\alpha &= \left|\frac{\sum F_y}{\sum F_x}\right| \end{aligned}\right\} \qquad (2.7)$$

2. 平面汇交力系的平衡

由于平面汇交力系的合成结果为一个合力，故平面汇交力系平衡的充分且必要条件是合力等于零，即

$$F_R = \sum F = 0$$

由式（2.7）可得

$$\left.\begin{aligned}\sum F_x = 0\\ \sum F_y = 0\end{aligned}\right\} \tag{2.8}$$

式（2.8）称为平面汇交力系的平衡方程。平面汇交力系有两个独立的平衡方程，可以求解两个未知量。解题时未知力的指向可预先假设，若计算结果为正值，则表示所设指向与力的实际指向相同；若计算结果为负值，则表示所设指向与力的实际指向相反。

三、三角架的受力计算

应用平面汇交力系的平衡方程，可以求解平面汇交力系问题中的未知量。其解题的一般步骤如下：

（1）选取研究对象。选取恰当的研究对象是正确解题的关键。一般所选取的研究对象上应该既包含已知条件，也包含未知量，还要方便列方程计算，这样才便于对问题进行分析求解。

（2）绘制受力图。受力图的绘制，要在明确研究对象的基础之上，取出分离体，在分离体上绘出全部主动力和约束反力。

（3）建立坐标系。根据物体的受力情况，选取适当的坐标系，尽量使坐标轴与较多的未知力作用线垂直或平行，以使计算简捷。

（4）列平衡方程求解。

【例 2.3】　如图 2.9（a）所示的平面三角支架，在铰 A 处作用一集中力 $F = 100\ \text{kN}$，杆的自重不计。试求 AB、AC 杆所受的力。

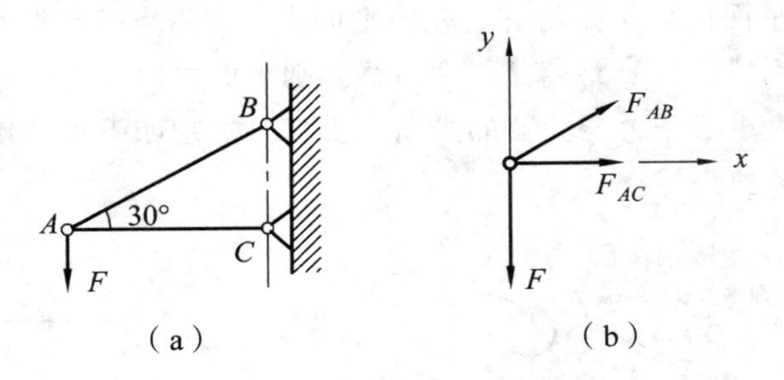

图　2.9

【解题分析】　题目要求三角支架中 AB、AC 杆的受力，应先分析它们的受力。因为，A、B、C 处均为铰接，所以 AB、AC 杆均为二力杆，不宜作为研究对象。可取整体或者结点 A 作受力分析，两者均含有已知力和未知力，因此可作为研究对象。画受力图时，将所求杆的未知力均设为拉力，若所求结果为正，说明杆的受力与所设方向一致；若所求结果为负，说明与所设方向相反，为压力。

【解】　（1）选取三角支架的结点 A 为研究对象。

（2）绘制结点 A 的受力图，建立坐标系，如图 2.9（b）所示。

（3）列出结点 A 的平衡方程，并求解：

$$\begin{cases}\sum F_x = 0 \\ \sum F_y = 0\end{cases} \rightarrow \begin{cases}F_{AB}\cos 30° + F_{AC} = 0 \\ F_{AB}\sin 30° - F = 0\end{cases}$$

将 $F = 100$ kN 代入，解得

$$\begin{cases}F_{AB} = 200 \text{ kN} \\ F_{AC} = -173.2 \text{ kN}\end{cases}$$

求得 F_{AC} 为负值，表明力 F_{AC} 的指向与假定方向相反，即 AC 杆受压力；力 F_{AB} 为正值，说明力 F_{AB} 的指向与假定方向相同，即 AB 杆受拉力。

第二节　静定梁的支座反力计算

一、力对点之矩，合力矩定理

1. 力对点之矩的概念

力对刚体作用的效应有移动效应和转动效应。经验告诉我们，力使刚体绕某点转动的效应，不仅与力的大小及方向有关，而且与此点到该力的作用线的距离有关。例如用扳手拧紧螺母时，扳手绕螺母中心 O 转动（见图 2.10），如果手握扳手柄端，并沿垂直于手柄的方向施力，则较省劲；如果手离螺母中心较近或者所施的力不垂直于手柄，则较费劲。拧松螺母时，则反向施力，扳手也反向转动。由此，我们引入平面内力对点之矩的概念，用以度量力使物体绕一点转动的效应。

如图 2.11 所示，平面内作用一力 $\boldsymbol{F}$，在该平面内任取一点 O，点 O 称为力矩中心，简称**矩心**，矩心 O 到力作用线的垂直距离 d 称为**力臂**。则平面力对点之矩的定义如下：**力对点之矩是一个代数量，其大小等于力与力臂的乘积。正负号规定如下：力使物体绕矩心逆时针转向转动时为正，反之为负。**

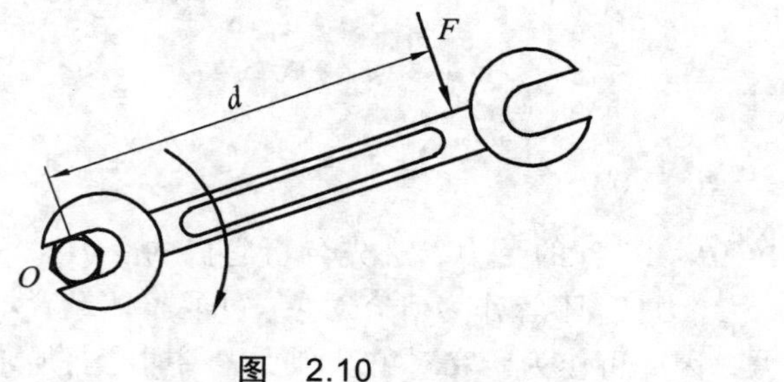

图　2.10

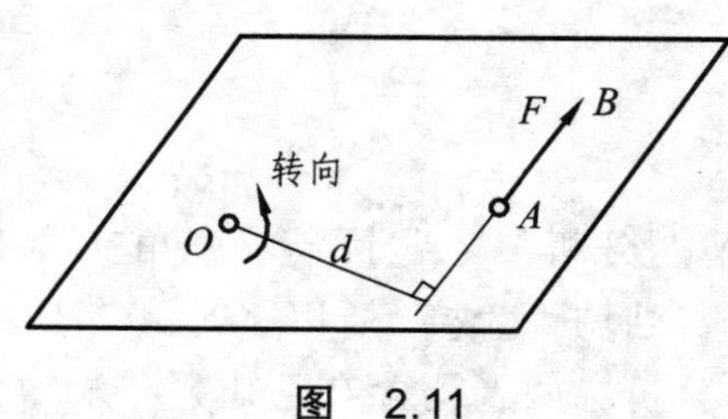

图　2.11

以 $M_O(\boldsymbol{F})$ 表示力 $\boldsymbol{F}$ 对于点 O 之矩，简称力矩。则

$$M_O(\boldsymbol{F}) = \pm F \cdot d \qquad (2.9)$$

根据力矩的定义可知：

（1）力 $\boldsymbol{F}$ 对点 O 之矩，与矩心的位置有关。矩心的位置不同，一般情况下力矩会随之改变。

（2）力 $\boldsymbol{F}$ 对任一点的矩，不因 $\boldsymbol{F}$ 沿其作用线的移动而改变。

力的大小等于零或者力的作用线通过矩心，则力矩等于零。力矩的常用单位为 N·m 或 kN·m。

2. 力矩定理

由于一个力系的合力产生的效应和力系中各分力产生的总效应是一样的，因此，合力对平面内任一点之矩等于各分力对同一点之矩的代数和。这就是**合力矩定理**。即

$$M_O(\boldsymbol{F}_R)=M_O(\boldsymbol{F}_1)+M_O(\boldsymbol{F}_2)+\cdots+M_O(\boldsymbol{F}_n)=\sum_{i=1}^{n}M_O(\boldsymbol{F}_i) \tag{2.10}$$

3. 矩的计算及合力矩定理的应用

力对点之矩的计算是力学计算的基础。计算的方法有两种：一种是用力矩的定义式计算。使用该方法时应当注意：力臂是矩心 O 到力作用线的垂直距离。初学者容易误将力的作用点到矩心的距离当作力臂，所以计算时请注意力臂的分析，同时注意符号的判定。另一种方法是应用合力矩定理进行计算。在计算力矩时，有时力臂值未直接在图上标出，计算也较烦琐。可将力沿图上标注尺寸的方向作正交分解，分别计算各分力的力矩，然后相加得出原力对该点之矩，这样往往可以简化力矩的计算。

【例 2.4】 在图 2.12 中，已知：$AB=0.1\ \text{m}$，$BC=0.08\ \text{m}$，若力 $F=10\ \text{N}$，$\alpha=30°$。试分别计算力 $\boldsymbol{F}$ 对 A、B、C、D 各点的矩。

【解题分析】 该题应用两种方法求解，通过对两种方法的分析对比，体会何时用何种方法计算力对点之距更为简捷。方法一：直接应用力对点之矩的定义进行求解。关键是找出力臂（力矢到矩心的垂直距离）。如图 2.12（a）所示，将力 $\boldsymbol{F}$ 的作用线延长，分别过 A、B、C、D 点向力 $\boldsymbol{F}$ 的作用线作垂线，利用平面几何关系求出每个力偶臂，即可用力对点之矩的定义进行求解。方法二：应用合力矩定理求解。首先将力沿 x、y 轴分解，求出各分力对点之矩，然后判别各分力之矩的正负，求代数和即可得到合力对同一点之矩。

【解】 方法一：直接应用力对点之矩的定义式（2.9）进行求解，各力臂如图 2.12（a）所示。

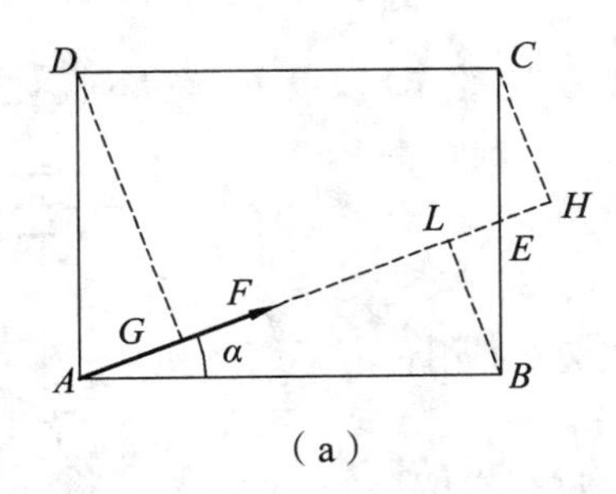

（a）

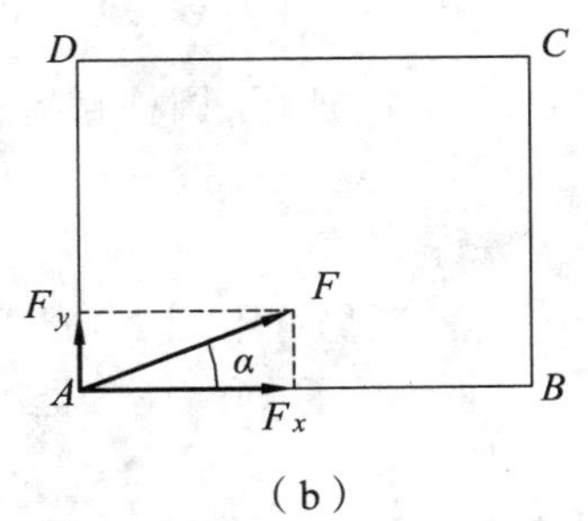

（b）

图 2.12

（1）对 A 点的矩：$M_A(\boldsymbol{F})=\pm F\cdot d=F\times 0=0$

（2）对 B 点的矩：

$$M_B(\boldsymbol{F}) = -F\times BL = -F\times AB\sin 30° = 10\times 0.1\times \sin 30° = -0.5\ (\text{N}\cdot\text{m})$$

（3）对 C 点的矩：

$$BE = AB\tan 30° = 0.1\times \tan 30° = 0.057\,7\ \text{(m)}$$
$$CE = BC - BE = 0.08 - 0.057\,7 = 0.022\,3\ \text{(m)}$$
$$M_C(\boldsymbol{F}) = F\times CH = F\times CE\cos 30° = 10\times 0.022\,3\times \cos 30° = 0.19\ (\text{N}\cdot\text{m})$$

（4）对 D 点的矩：

$$M_D(\boldsymbol{F}) = F\times DG = F\times AD\cos 30° = 10\times 0.08\times \cos 30° = 0.69\ (\text{N}\cdot\text{m})$$

方法二：应用合力矩定理式（2.10）求解，如图 2.12（b）所示，首先将力沿 x、y 轴分解：

$$F_x = F\cos 30° = 10\times \cos 30° = 8.66\ \text{(N)}$$
$$F_y = F\sin 30° = 10\times \sin 30° = 5.0\ \text{(N)}$$

（1）对 A 点的矩：

$$M_A(\boldsymbol{F}) = M_A(\boldsymbol{F}_x) + M_A(\boldsymbol{F}_y) = F_x\times 0 - F_y\times 0 = 0$$

（2）对 B 点的矩：

$$M_B(\boldsymbol{F}) = M_B(\boldsymbol{F}_x) + M_B(\boldsymbol{F}_y) = 0 - F_y\times AB = -5.0\times 0.1 = -0.5\ (\text{N}\cdot\text{m})$$

（3）对 C 点的矩：

$$M_C(\boldsymbol{F}) = M_C(\boldsymbol{F}_x) + M_C(\boldsymbol{F}_y) = F_x\times BC - F_y\times AB$$
$$= 8.66\times 0.08 - 5.0\times 0.1 = 0.19\ (\text{N}\cdot\text{m})$$

（4）对 D 点的矩：

$$M_D(\boldsymbol{F}) = M_D(\boldsymbol{F}_x) + M_D(\boldsymbol{F}_y) = F_x\times BC - F_y\times 0 = 8.66\times 0.08 = 0.69\ (\text{N}\cdot\text{m})$$

【例 2.5】 如图 2.13 所示，圆柱直齿轮受啮合力 $\boldsymbol{F}_\text{n}$ 的作用。设 $F_\text{n} = 1\ \text{kN}$，压力角 $\alpha = 20°$，齿轮的节圆（啮合圆）半径 $r = 60\ \text{mm}$。试计算力 $\boldsymbol{F}_\text{n}$ 对轴 O 的力矩。

【解题分析】 该题仍可用例 2.4 的两种方法求解，繁简程度相差不大，可视个人喜好选择。也不妨两种方法都用，以加深对例 2.4 的体会。

【解】 直接应用力对点之矩的定义式（2.9）进行求解。由图 2.13 有

$$M_O(\boldsymbol{F}_\text{n}) = Fh = Fr\cos\alpha$$
$$= 1\,000\times 0.06\cos 20°$$
$$= 56.38\ (\text{N}\cdot\text{m})$$

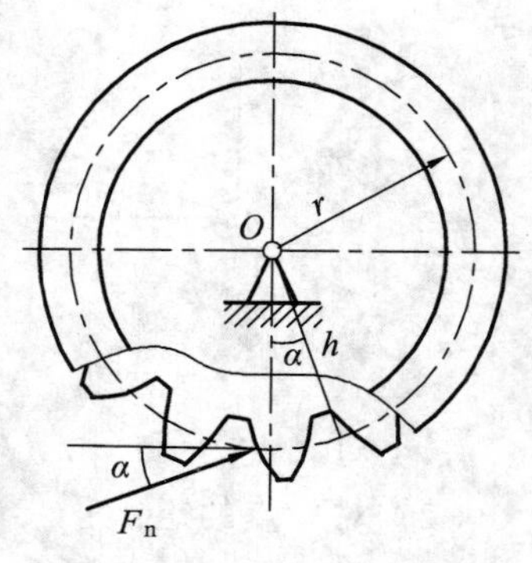

图 2.13

【例 2.6】 图 2.14 所示每 1 m 长挡土墙所受土压力的合力 $\boldsymbol{F}_{\mathrm{R}}$，若 $F_{\mathrm{R}}=150\ \mathrm{kN}$，方向如图所示，求土压力使挡土墙倾覆的力矩。

【解题分析】 土压力 $\boldsymbol{F}_{\mathrm{R}}$ 的作用，使挡土墙有绕 A 点倾覆的可能，故求土压力 $\boldsymbol{F}_{\mathrm{R}}$ 使墙倾覆的力矩，就是求力 $\boldsymbol{F}_{\mathrm{R}}$ 对 A 点的力矩。由已知尺寸求力臂 d 不方便，将 $\boldsymbol{F}_{\mathrm{R}}$ 分解为两个力 $\boldsymbol{F}_{\mathrm{R}x}$ 和 $\boldsymbol{F}_{\mathrm{R}y}$，利用合力矩定理，则可求得 $\boldsymbol{F}_{\mathrm{R}}$ 对 A 点的力矩。

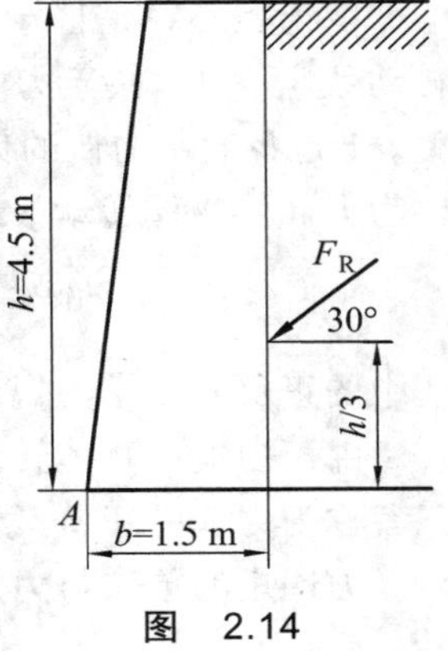

图 2.14

【解】 利用合力矩定理，由图 2.12 可知：

$$\begin{aligned}M_A(\boldsymbol{F}_{\mathrm{R}})&=M_A(\boldsymbol{F}_{\mathrm{R}x})+M_A(\boldsymbol{F}_{\mathrm{R}y})\\&=F_{\mathrm{R}}\cos30^\circ\times\frac{h}{3}-F_{\mathrm{R}}\sin30^\circ\times b\\&=150\times\frac{\sqrt{3}}{2}\times1.5-150\times\frac{1}{2}\times1.5\\&=82.35\ (\mathrm{kN\cdot m})\end{aligned}$$

二、平面力偶系的合成与平衡

1. 力偶的概念

大小相等、方向相反但不共线的两个平行力组成的特殊力系，称为**力偶**。如图 2.15 所示，力 $\boldsymbol{F}$ 和 $\boldsymbol{F}'$ 组成一个力偶，记作（$\boldsymbol{F}$，$\boldsymbol{F}'$）。力偶中两力作用线之间的垂直距离 d 称为**力偶臂**，力偶所在的平面称为**力偶作用面**。

在日常生活与生产实践中，经常见到在物体上作用力偶的情况，如用两个手指拧水龙头或转动钥匙，手指对水龙头或钥匙施加的两个力；汽车司机用双手转动驾驶盘（见图 2.16）等。在力偶中，两力等值反向且相互平行，其矢量和显然等于零，所以，力偶对物体不产生移动效应。但是由于它们不共线，不满足二力平衡条件，不能相互平衡，将使物体产生转动效应。

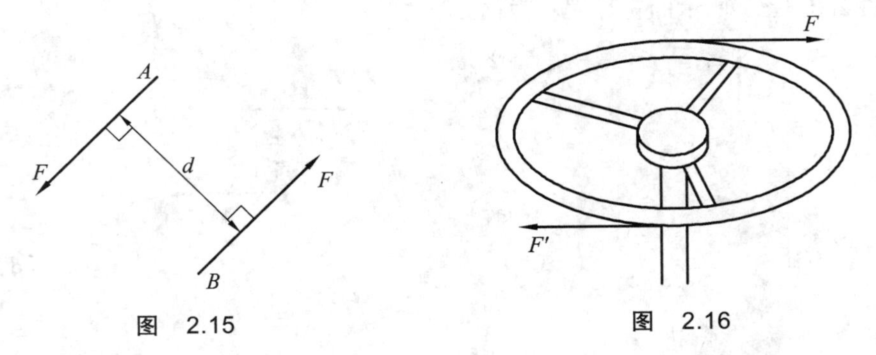

图 2.15　　图 2.16

2. 力偶矩及其计算

力偶是由两力组成的特殊力系，它对物体只产生转动效应。这种转动效应如何度量呢？

设力偶（$\boldsymbol{F}$，$\boldsymbol{F}'$）的力偶臂为 d，如图 2.17 所示。力偶对平面内任意点 O 之矩，等于力偶的两个力对点 O 的矩的代数和，即

$$M_O(\boldsymbol{F})+M_O(\boldsymbol{F}')=F(x+d)-F'x=Fd$$

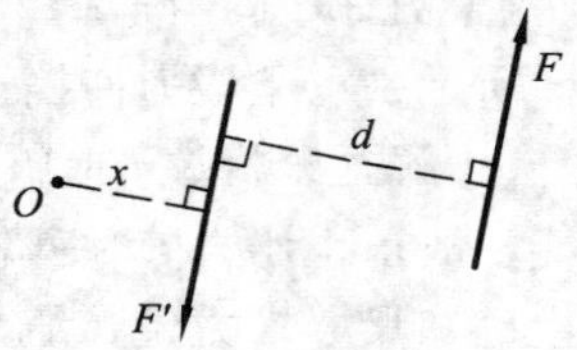

由于矩心 O 是任意选取的，可以看出，力偶对平面内任一点的转动效应，只取决于力的大小和力偶臂的长短，而与矩心的位置无关。于是我们用力偶的任一力的大小与力偶臂的乘积并冠以正负号作为力偶使物体转动效应的度量，称为**力偶矩**，用 M 表示。即

图 2.17

$$M=\pm Fd \tag{2.11}$$

式中的正负号表示力偶的转向。通常规定，力偶使物体逆时针转动时为正，反之为负。

由于力偶使物体转动的效应，完全由力偶矩的大小、转向、力偶的作用面决定，所以这三者称为力偶的三要素。

力偶矩的单位与力矩的单位相同，也是 N · m 或 kN · m。

3. 力偶的性质

性质 1　力偶没有合力，本身又不平衡，是一个基本的力素。

由于力偶中的两个力大小相等、方向相反，故力偶在任一轴上的投影的代数和恒等于零。因此力偶对于物体只有转动效应，没有移动效应。

力偶不能合成为一个力，或用一个力来等效替换；力偶也不能用一个力来平衡，力偶只能和力偶平衡。因此，力和力偶是两个非零的最简单力系，它们是静力学的两个基本要素。

性质 2　力偶对其作用面内任一点之矩均等于力偶矩，而与矩心的位置无关。

性质 3　在同一平面内的两个力偶，只要它们的力偶矩大小相等、转向相同，则这两个力偶等效。这称为力偶的等效性。如图 2.18 中表示的各力偶均等效。

推论　根据以上力偶的性质可知：只要保持力偶矩不变，力偶可在其作用面内任意移动和转动，并可任意改变力的大小和力偶臂的长短，而不改变它对刚体的作用效应，如图 2.18 所示。

因此，力的大小和力偶臂都不是力偶的特征量，只有力偶矩才是力偶作用效应的唯一量度。可用图 2.18（d）所示的符号表示力偶。

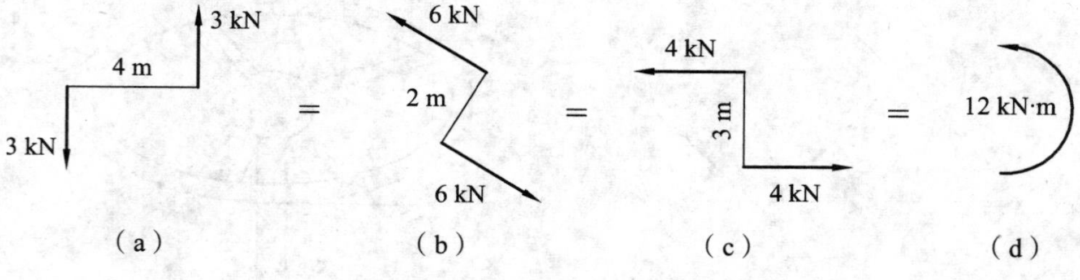

（a）　（b）　（c）　（d）

图 2.18

4. 平面力偶系的合成

设在刚体某一平面内作用有两个力偶 M_1 、M_2 ，如图 2.19（a）所示。根据力偶的等效性质，将 M_1、M_2 的力偶臂分别旋转为水平方位，如图 2.19（b）所示，并令 M_1、M_2 取相同的力偶臂 d ，则

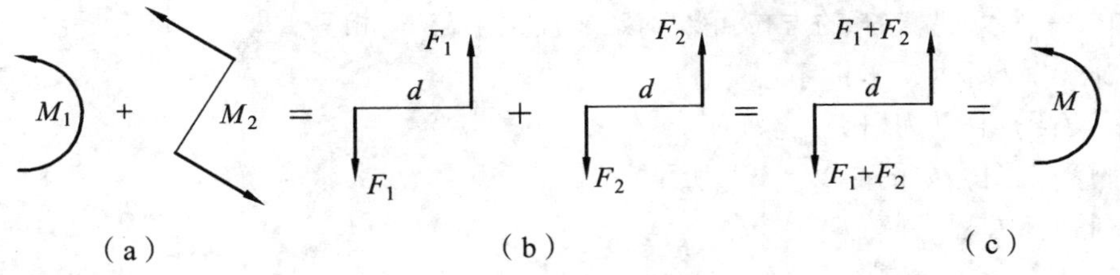

（a）　　　　（b）　　　　（c）

图　2.19

$$F_1=\frac{M_1}{d}，\quad F_2=\frac{M_2}{d}$$

于是，力偶 M_1 与 M_2 可合成为一个合力偶，如图 2.19（c）所示，其矩为

$$M=(F_1+F_2)\cdot d=M_1+M_2$$

将上式推广到任意多个力偶合成的情况可得：平面力偶系可合成为一个合力偶，合力偶的矩等于力偶系中各力偶矩的代数和，即

$$M=M_1+M_2+\cdots+M_n=\sum M \tag{2.12}$$

5. 平面力偶系的平衡

若平面力偶系的合力偶的矩为零，则刚体在该力偶系作用下将不转动而处于平衡；反之，若刚体在平面力偶系作用下处于平衡，则该力偶系的合力偶的矩为零。所以平面力偶系平衡的必要且充分条件是合力偶的矩等于零，即

$$\sum M=0 \tag{2.13}$$

式（2.13）称为平面力偶系的平衡方程。平面力偶系只有一个独立的平衡方程，只能求解一个未知量。

【例 2.7】 如图 2.20（a）所示的水平外伸梁受两个力偶作用，其力偶矩的大小分别为 $M_1=225\,\text{kN}\cdot\text{m}$、$M_2=130\,\text{kN}\cdot\text{m}$，力偶的转向及各部分尺寸、角度如图 2.20 所示。不计梁的自重，试求 A、B 两支座的反力。

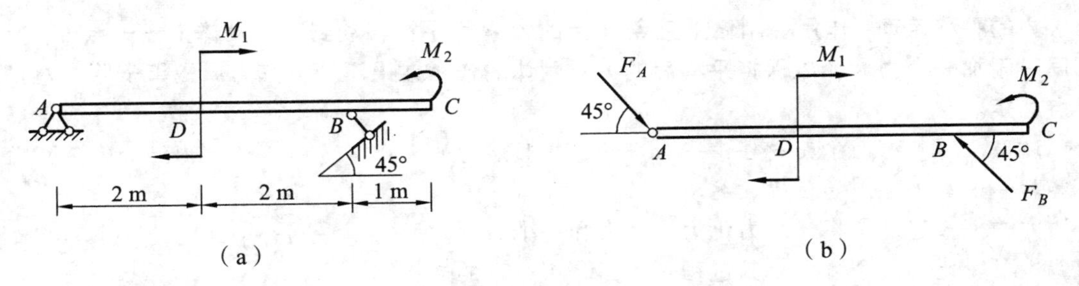

图　2.20

【解题分析】 构件上所受的外力均为力偶，根据力偶只能和力偶平衡的性质可知，当我们把 A 处固定铰支座的反力以一个合力的形式来分析时，则反力 $\boldsymbol{F}_A$ 与 B 处可动铰支座的反

力 $\boldsymbol{F}_B$ 必构成一个力偶。$\boldsymbol{F}_A$ 的方位可以确定，且大小与 $\boldsymbol{F}_B$ 相等，即 $F_A = F_B$。设 $\boldsymbol{F}_A$ 和 $\boldsymbol{F}_B$ 的指向如图 2.20（b）所示，坐标系可略。

【解】（1）取梁为研究对象。

（2）画受力图，如图 2.20（b）所示。

（3）列平衡方程求解：

$$\sum M = 0，\quad 4 \cdot F_A \cdot \sin 45° - M_1 + M_2 = 0$$

得

$$F_A = 33.6 \text{ kN}$$

$$F_B = F_A = 33.6 \text{ kN}$$

三、平面一般力系的简化与平衡

1. 力的平移定理

对“杂乱无章”的平面一般力系进行分析，其思路就是要进行“整理”，就是要把力“搬家”—— 对力进行平移。

在刚体 A 点处作用有一个力 $\boldsymbol{F}$，如图 2.21（a）所示，要将此力平移到此物体上任一点 O，可在 O 点处加一对平衡力 $\boldsymbol{F}'$ 和 $\boldsymbol{F}''$，此两力大小相等且等于力 $\boldsymbol{F}$ 的大小，方向相反且其作用线与力 $\boldsymbol{F}$ 平行，如图 2.21（b）所示。据加减平衡力系公理，加上此两力不影响刚体的运动效果。这时的力 $\boldsymbol{F}$ 与 $\boldsymbol{F}''$ 构成一个力偶，其力偶矩大小为 $M = F \cdot d$，即等于原力 $\boldsymbol{F}$ 对 O 点的力矩 $M_O(\boldsymbol{F})$。此时作用在 O 点的力 $\boldsymbol{F}'$ 大小方向均与原力 $\boldsymbol{F}$ 相同，即相当于把原力 $\boldsymbol{F}$ 从点 O 平移到点 A。但同时还要附加一个力偶 M，如图 2.21（c）所示。

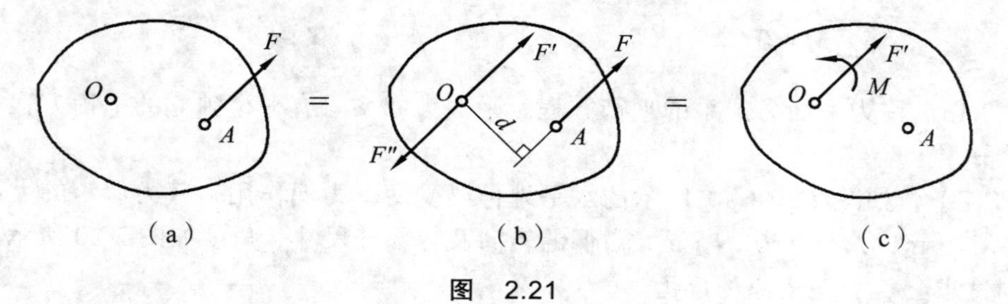

图 2.21

力的平移定理：作用在刚体上某点 A 上的力 $\boldsymbol{F}$ 可平行移动到同一刚体上任一点 O，但必须同时附加一个力偶，以保持平移后的力对刚体的作用效果不变，其力偶矩等于原力对新作用点之矩。

注意：力可以向平面内任意一点平移，平移后力的大小、方向不变，但附加力偶矩的大小和转向则与平移点的位置相关。

力的平移定理是将一个力化为一个力和一个力偶。反之，在同一平面内的一个力和一个力偶也可以化为一个合力，其过程是上面分析过程的逆运算。

可以看出，力的平移定理既是研究一般力系简化的理论依据，也是分析力对物体作用效果的一个重要方法。如图 2.22 所示，同学们可以试着运用力的平移定理解释在足球场上运动员踢出的“香蕉球”或乒乓球中的“弧旋球”。

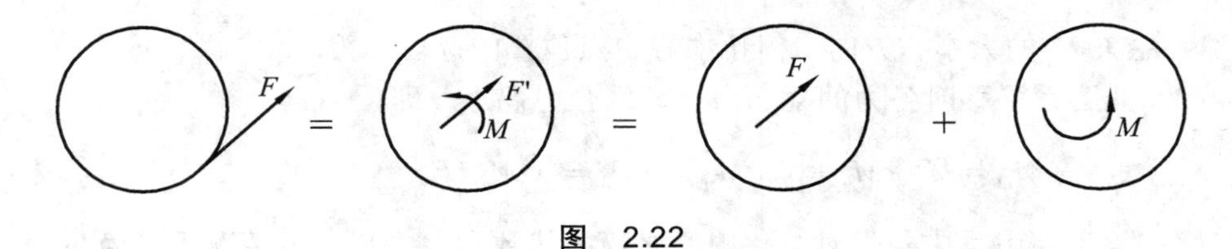

图 2.22

2. 平面一般力系向一点的简化

（1）平面一般力系向一点的平移。

解决平面一般力系问题的思路就是化复杂为简单，把若干个力平移到一点后再进行分析。

假设在某刚体上作用有一平面一般力系 $\boldsymbol{F}_1$，$\boldsymbol{F}_2$，…，$\boldsymbol{F}_n$，如图 2.23（a）所示。首先在平面内任意选取一点 O，O 点称为简化中心。根据力的平移定理，可以将此力系中任意分布的所有力向点 O 平移，得到平面汇交力系 $\boldsymbol{F}_1'$，$\boldsymbol{F}_2'$，…，$\boldsymbol{F}_n'$ 和平面力偶系 M_1，M_2，…，M_n，如图 2.23（b）所示。且有：

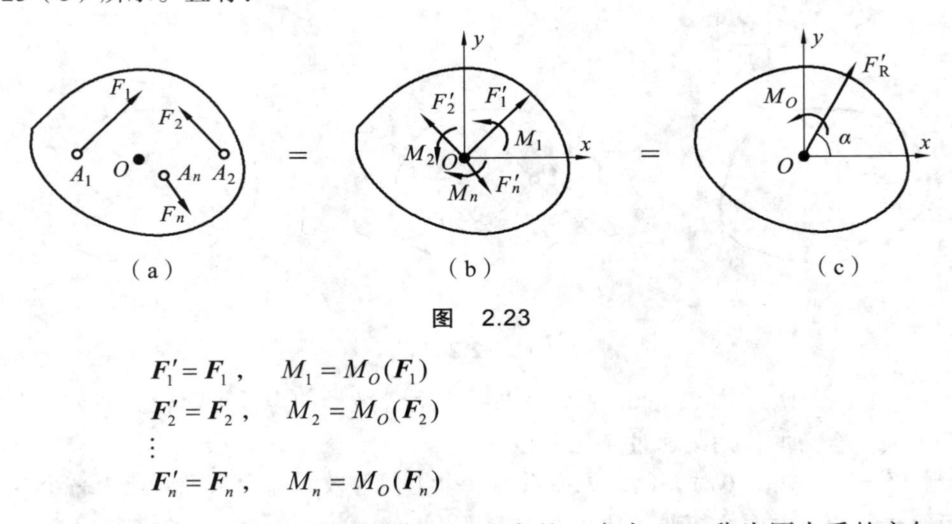

图 2.23

$$
\begin{aligned}
&\boldsymbol{F}_1' = \boldsymbol{F}_1, \quad M_1 = M_O(\boldsymbol{F}_1) \\
&\boldsymbol{F}_2' = \boldsymbol{F}_2, \quad M_2 = M_O(\boldsymbol{F}_2) \\
&\vdots \\
&\boldsymbol{F}_n' = \boldsymbol{F}_n, \quad M_n = M_O(\boldsymbol{F}_n)
\end{aligned}
$$

将所得平面汇交力系合成，则得到作用于 O 点的一个力 $\boldsymbol{F}_{\mathrm{R}}'$，称为原力系的主矢；将平面力偶系合成为合力偶矩 M_O，称为原力系的主矩，如图 2.23（c）所示。此即为平面一般力系向平面内任意一点简化的结果。

（2）主矢和主矩的计算。

主矢 $\boldsymbol{F}_{\mathrm{R}}'$ 是平面汇交力系的合力，即

$$
\boldsymbol{F}_{\mathrm{R}}' = \boldsymbol{F}_1' + \boldsymbol{F}_2' + \cdots + \boldsymbol{F}_n' = \boldsymbol{F}_1 + \boldsymbol{F}_2 + \cdots + \boldsymbol{F}_n = \sum \boldsymbol{F} \tag{2.14}
$$

在平面直角坐标系中，据合力投影定理及力的解析计算，可求得主失的大小和方向：

$$
\left.\begin{aligned}
F_{\mathrm{R}}' &= \sqrt{\left(\sum F_x\right)^2 + \left(\sum F_y\right)^2} \\
\tan\alpha &= \left|\frac{\sum F_y}{\sum F_x}\right|
\end{aligned}\right\} \tag{2.15}
$$

显然，主矢 $\boldsymbol{F}_R'$ 的大小和方向与简化中心 O 点位置的选取无关。

主矩 M_O 是力系平移时各力的附加力偶矩的合力偶矩，即

$$M_O = M_1 + M_2 + \cdots + M_n = \sum M = \sum M_O(\boldsymbol{F}) \tag{2.16}$$

主矩 M_O 等于原力系中各力对简化中心之矩的代数和，主矩一般情况下与简化中心的位置有关。

（3）简化结果的讨论。

平面一般力系向平面内任一点简化，得到一个主矢 $\boldsymbol{F}_R'$ 和一个主矩 M_O。我们对此结果再进一步讨论如下：

① 当 $\boldsymbol{F}_R' \neq 0$，$M_O \neq 0$ 时，根据力的平移定理的逆运算，可将 $\boldsymbol{F}_R'$ 和 M_O 进一步合成为一个合力 F_R，如图 2.24（a）、（b）所示。此合力即为该平面一般力系的合力 $\boldsymbol{F}_R$，其大小、方向与主矢相同，合力作用线不通过简化中心，如图 2.24（c）所示。合力 $\boldsymbol{F}_R$ 的作用线到简化中心 O 的距离为

$$d = \left| \frac{M_O}{F_R'} \right| \tag{2.17}$$

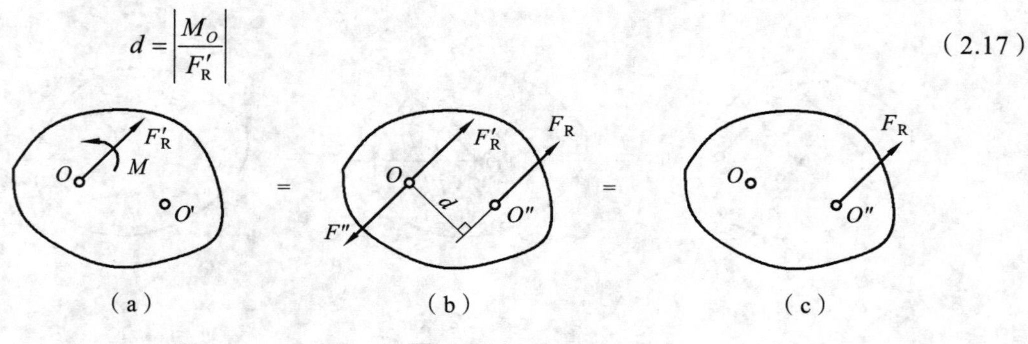

图 2.24

② 当 $\boldsymbol{F}_R' \neq 0$，$M_O = 0$ 时，此时原力系与一个力等效，即力系可简化为一个合力。合力大小等于主矢，合力的作用线通过简化中心。

③ 当 $\boldsymbol{F}_R' = 0$，$M_O \neq 0$ 时，此时原力系与一个力偶等效，即力系可简化为一个合力偶，合力偶矩等于主矩。此时主矩与简化中心位置无关。

④ 当 $\boldsymbol{F}_R' = 0$，$M_O = 0$ 时，此时力系处于平衡状态。

综上所述，平面一般力系简化的结果有三种情况：一是力系可简化为一个力，物体平动；二是力系可简化为一个力偶，物体转动；三是力系的主矢和主矩同时为零，力系处于平衡状态。

【例 2.8】 已知挡土墙自重 $G = 400$ kN，土压力 $F_P = 320$ kN，水压力 $F_Q = 176$ kN，各力的方向与作用线位置如图 2.25（a）所示。试将这三个力向底面 O 点简化，并求其最后的简化结果。

【解题分析】 平面一般力系向平面内任意一点简化的结果为一个主矢和一个主矩，可直接应用式（2.15）和式（2.16）计算主矢和主矩。当主矢和主矩都不为零时，再根据力的平移定理进行逆运算，最终合成为一个合力。

【解】（1）计算主矢和主矩。

以 O 点为简化中心，取坐标系 Oxy，如图 2.25（b）所示，由式（2.15）可求得 $\boldsymbol{F}_R'$ 的大小和方向：

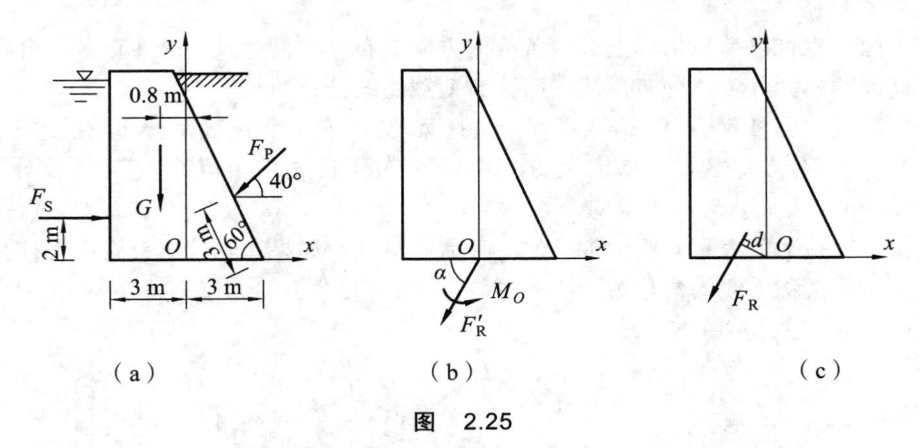

图　2.25

$$\sum F_x = F_S - F_P \cdot \cos 40° = 176\ \text{kN} - 320\ \text{kN} \times 0.766 = -69\ \text{kN}$$

$$\sum F_y = -F_P \sin 40° - G = -320\ \text{kN} \times 0.643 - 400\ \text{kN} = -606\ \text{kN}$$

$$F'_R = \sqrt{(\sum F_x)^2 + (\sum F_y)^2} = \sqrt{(-69\ \text{kN})^2 + (-606\ \text{kN})^2} = 610\ \text{kN}$$

$$\tan\alpha = \left|\frac{\sum F_y}{\sum F_x}\right| = \frac{606\ \text{kN}}{69\ \text{kN}} = 8.78$$

$$\alpha = 83°30'$$

由于 $\sum F_x$ 和 $\sum F_y$ 均为负，故 $\boldsymbol{F}'_R$ 指向第三象限。

再由式（2.16）可求得主矩为

$$\begin{aligned} M_O &= \sum M_O(\boldsymbol{F}) \\ &= -F_S \cdot 2 + F_P \cos 40° \cdot 3 \cdot \sin 60° - F_P \cdot \sin 40° \cdot (3 - 3\cos 60°) + G \cdot 0.8 \\ &= -176\ \text{kN} \times 2\ \text{m} + 320\ \text{kN} \times 0.766 \times 3\ \text{m} \times 0.866 - \\ &\quad 320\ \text{kN} \times 0.643 \times (3\ \text{m} - 3\ \text{m} \times 0.5) + 400\ \text{kN} \times 0.8\ \text{m} \\ &= 296.18\ \text{kN} \cdot \text{m} \end{aligned}$$

（2）最后的简化结果。

由于主矢 $F'_R \neq 0$，主矩 $M_O \neq 0$，如图 2.25（b）所示，因此还可以进一步合成为一个合力 $\boldsymbol{F}_R$，其大小、方向与主矢 $\boldsymbol{F}'_R$ 相同。由式（2.17）可得合力 F_R 的作用线与 O 点距离为

$$d = \left|\frac{M_O}{F'_R}\right| = \frac{296\ \text{mm}}{610\ \text{mm}} = 0.485\ \text{m}$$

由于 M_O 为正，故 $M_O(F_R)$ 也为正，即合力 $\boldsymbol{F}_R$ 应在 O 点左侧，如图 2.25（c）所示。

3. 分布荷载的抽象和简化

在工程实际中，作用在物体上的力系都是处于三维空间的分布状态，力的作用较为复杂。但在我们为分析、运算而建立的力学模型中，需要对力系进行必要的抽象和简化。例如：一个人站在地面上，虽然人的脚与地面有一定的接触面积，但在分析时把人对地面的作用力简化为作用于一点的集中力，忽略接触面积。

在工程结构所承受的荷载中，还有很多荷载不能简单的简化到一点，它们分布于物体中

或物体的表面，也可以是在物体上沿一条线的方向分布，我们称其为分布荷载。分布荷载根据其分布范围的不同分为体分布荷载、面分布荷载、线分布荷载。

对分布荷载的度量我们用“荷载集度”的概念表达，荷载集度表示分布荷载的密集程度，用符号 q 表示。体分布荷载 q_t 的单位为 kN/m^3，面分布荷载 q_m 的单位为 kN/m^2，线分布荷载 q 的单位为 kN/m。

线分布荷载是平面力系问题中常见的一种荷载形式，如果在其分布范围内各处荷载大小均相同的分布荷载称为线均匀分布荷载，简称均布荷载，如图 2.26（a）所示；否则为非均布荷载，如图 2.26（b）、（c）所示。

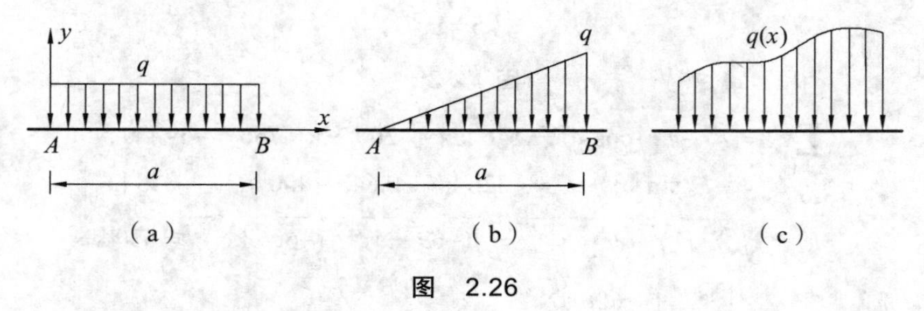

图 2.26

在运算中，分布荷载常需要用到其合力，线分布荷载的合力大小等于荷载集度图的面积，合力的作用线通过荷载集度图的几何形状中心。当求解均布荷载的投影及对点之矩时，以合力投影定理、合力矩定理为依据进行计算。

如图 2.16（a）所示构件上均布荷载，荷载集度 $q=10\ \text{kN/m}$ 的作用范围 $a=2\ \text{m}$，则此均布荷载的合力 $F_R=q\cdot a=20\ \text{kN}$，合力作用线位于均布荷载分布范围的中间。则此均布荷载在 x 轴上的投影，也就是合力 $\boldsymbol{F}_R$ 在 x 轴上的投影为 $\boldsymbol{F}_x=0$；此均布荷载在 y 轴上的投影，就是合力 $\boldsymbol{F}_R$ 在 y 轴上的投影为 $\boldsymbol{F}_y=-20\ \text{kN}$；此均布荷载对 A 点的力矩，也就是合力 $\boldsymbol{F}_R$ 对 A 点的力矩：

$$\boldsymbol{M}_A(q)=-(q\cdot a)\cdot\frac{a}{2}=-\frac{qa^2}{2}=-20\ (\text{kN}\cdot\text{m})$$

式中，$(q\cdot a)$ 表示均布荷载的合力大小；$a/2$ 为矩心 A 点到均布荷载合力的距离，即力臂，负号表示对该点之矩为顺时针。

又如图 2.26（b）所示构件上三角形分布荷载，荷载集度值 $q=18\ \text{kN/m}$，表示三角形顶点处荷载集度值，作用范围为 a，则此均布荷载的合力 $\boldsymbol{F}_R=qa/2=18\ \text{kN}$，合力作用线位于距 B 点 $a/3$ 位置处。此分布荷载对 A 点的力矩：

$$\boldsymbol{M}_A(q)=-\left(\frac{q\cdot a}{2}\right)\cdot\frac{2a}{3}=-\frac{qa^2}{2}=-24\ (\text{kN}\cdot\text{m})$$

式中，$(qa/2)$ 三角形分布荷载的合力大小；$2a/3$ 为矩心 A 点到三角形分布荷载合力的距离，即力臂；负号表示对该点之矩为顺时针。

【例 2.9】 如图 2.27（a）所示为一块预应力钢筋混凝土屋面预制板，宽度为 $b=1.49\ \text{m}$，厚度为 $h=0.16\ \text{m}$，跨度（长）$l=5.97\ \text{m}$，材料的容重为 $\gamma=25.5\ \text{kN/m}^3$。设屋面防水层等形成的面均布荷载为 $q_m=1.2\ \text{kN/m}^2$，求沿跨度方向分布的线荷载集度 q 及其合力 F_R。

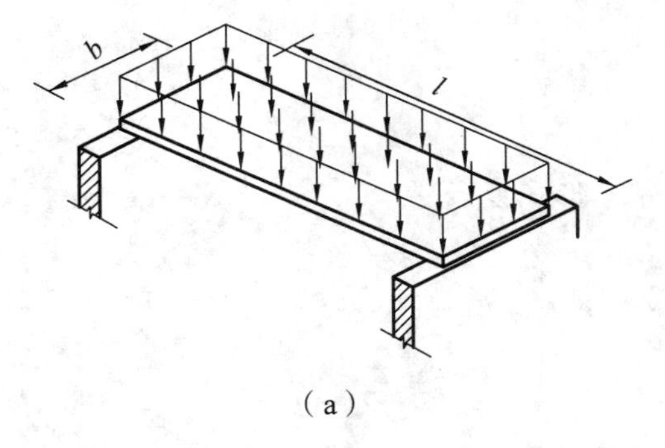

（a）

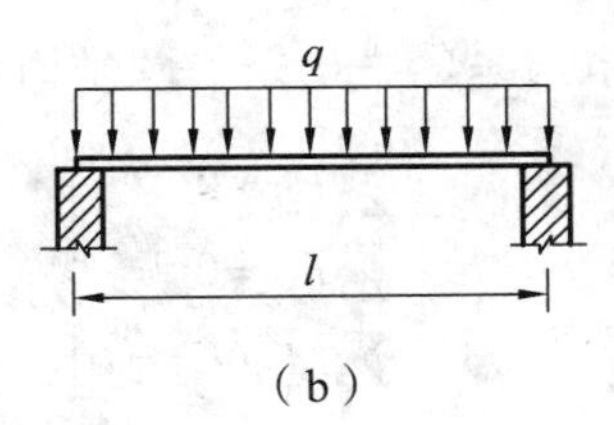

（b）

图　2.27

【解题分析】　在工程计算中往往需要将板面上受到的均布荷载，如图 2.27（a）所示，简化为沿跨度（轴线）方向均分布的线荷载，如图 2.27（b）所示。重力对物体来讲是体分布荷载，构件材料的容重就是体荷载集度。该题是将体荷载转化为面荷载，面荷载简化为线荷载的示范。

【解】　构件材料的容重就是体荷载集度，乘以板的厚度即为自重形成的均布面荷载集度：

$$q_{\mathrm{m1}}=\gamma\cdot h=25.5\ \mathrm{kN/m^3}\times0.16\ \mathrm{m}=4.08\ \mathrm{kN/m^2}$$

另外，已知屋面防水层等形成的均布面荷载为 $q_{\mathrm{m2}}=1.2\ \mathrm{kN/m^2}$，总计得面均布荷载集度为

$$q_{\mathrm{m}}=q_{\mathrm{m1}}+q_{\mathrm{m2}}=4.08\ \mathrm{kN/m^2}+1.2\ \mathrm{kN/m^2}=5.28\ \mathrm{kN/m^2}$$

将面荷载集度乘以板的宽度即是沿板跨方向的均布线荷载集度：

$$q=q_{\mathrm{m}}\cdot b=5.28\ \mathrm{kN/m^2}\times1.49\ \mathrm{m}=7.87\ \mathrm{kN/m}$$

由前所述，均布线荷载合力的大小等于其矩形集度图的面积，且作用线通过该矩形的中心，即

$$F_{\mathrm{R}}=q\cdot l=7.87\ \mathrm{kN/m}\times5.97\ \mathrm{m}=46.98\ \mathrm{kN}$$

作用于板跨的中点。

4. 平面一般力系的平衡方程

（1）平面一般力系的平衡方程形式。

由力的平移定理可知，平面一般力系向任一点简化得到主矢 $\boldsymbol{F}'_{\mathrm{R}}$ 和主矩 M_O，当两者都等于零时，该力系平衡。反之，如果力系平衡，则必有 $\boldsymbol{F}'_{\mathrm{R}}=0$，且 $M_O=0$。所以，平面一般力系平衡的必要和充分条件是：力系的主矢和主矩都等于零。即

$$\begin{cases}F'_{\mathrm{R}}=0\\M_O=0\end{cases}$$

由式（2.14）可知对 $\boldsymbol{F}'_{\mathrm{R}}=0$，需且只须满足：

$$\begin{cases}\sum F_x=0\\\sum F_y=0\end{cases}$$

欲使 $M_O = 0$，需且只需满足：

$$\sum M_O(\boldsymbol{F}) = 0$$

故平面一般力系的平衡条件及平衡方程的基本形式为

$$\left.\begin{aligned} \sum F_x &= 0 \\ \sum F_y &= 0 \\ \sum M_O(\boldsymbol{F}) &= 0 \end{aligned}\right\} \tag{2.18}$$

根据上述分析，平面一般力系平衡的必要与充分条件为：力系中所有各力在两坐标轴中每一轴上的投影代数和都等于零；力系中所有各力对平面上任意一点的力矩代数和等于零。

式（2.18）称为平面一般力系平衡方程的基本形式。其中，前两个式子计算的是投影，称为投影方程或投影式；第三个式子计算的是力矩，称为力矩方程或力矩式。

为加强对平衡条件也即平衡方程的理解，对于投影方程，可以理解为物体在力系作用下沿 x 轴或 y 轴方向不可能移动；对于力矩方程，可以理解为物体在力系作用下不可能绕任一矩心转动。当物体所受的力满足这三个平衡方程时，物体既不能移动，也不能转动，只能处于平衡状态。

根据平面一般力系的平衡条件，对同一平衡力系，可通过改变坐标或选取不同的矩心，从而列出不同的平衡方程。如此可列出无数个平衡方程，但所列的平衡方程中只有三个独立的平衡方程，只能求解出三个未知量，其他平衡方程均为同解方程。同解方程不可能求解出新的未知量，但可以通过形式的变化列出平衡方程的其他形式，以使求解更为简便。

① 二矩式平衡方程：

$$\left.\begin{aligned} \sum \boldsymbol{F}_x &= 0 \\ \sum M_A(\boldsymbol{F}) &= 0 \\ \sum M_B(\boldsymbol{F}) &= 0 \end{aligned}\right\} \tag{2.19}$$

使用条件：式中 A、B 两点连线不与 x 轴垂直。

② 三矩式平衡方程：

$$\left.\begin{aligned} \sum M_A(\boldsymbol{F}) &= 0 \\ \sum M_B(\boldsymbol{F}) &= 0 \\ \sum M_C(\boldsymbol{F}) &= 0 \end{aligned}\right\} \tag{2.20}$$

使用条件：式中 A、B、C 三点不共线。

以上两种平衡方程形式均带有成立条件，其中原因可以举反例加以证明。

（2）平衡方程的应用。

应用平面一般力系的平衡方程可以求解平面一般力系问题中的未知量，在实践中主要是求解构件的约束反力。平衡方程的应用是力学课程的基本功。其解题步骤如下：

① 选取恰当的研究对象。选取恰当的研究对象是正确解题的关键。简单的问题一般是只有一个构件，比较容易明确研究对象。对于结构中有多个构件的物体系统问题，如何正确选

取研究对象就显得特别重要。一般所选取的研究对象上应该既包含已知条件，同时也应该包含未知量，还要方便列方程计算，这样才能对问题进行分析求解。

② 绘制受力图。受力图的绘制，要在明确研究对象的基础之上，取出分离体，在分离体上绘出全部主动力和约束反力。

③ 建立坐标系。根据物体的受力情况，选取适当的坐标系，尽量使坐标轴与较多的未知力作用线垂直或平行，以使计算简捷。

④ 列平衡方程求解。选取合适的平衡方程形式，列出平衡方程。

平衡方程形式的选取，以方程计算方便与否为原则。如果要选投影式，则所选投影轴尽量与较多未知力作用线垂直；如果要选力矩式，其矩心最好选在多个未知力的交点上。

选择平衡方程的形式可以灵活多样，但在选用二矩式、三矩式时应注意满足平衡方程成立的条件。

在解题的形式上，为使解题思路、解题过程表达清晰，并使版面整洁，在列平衡方程求解过程中，建议采用三个大括号“{”的解题形式。

第一个大括号“{”可称为概念式，列出为解决问题所须列出的平衡方程的各含义式。

如，列一般式$\begin{cases}\sum F_x=0\\ \sum F_y=0\\ \sum M_O(\boldsymbol{F})=0\end{cases}$　或二矩式$\begin{cases}\sum F_x=0\\ \sum M_A(\boldsymbol{F})=0\\ \sum M_B(\boldsymbol{F})=0\end{cases}$就表达要用这样的方程形式来解题。概念式反映了解题思路。

第二个大括号“{”可称为表达式，列出概念式中平衡方程各含义式的具体表达。如$\sum M_O(\boldsymbol{F})=0$，表示力系中所有力对平面中$O$点的力矩代数和等于零。那么在表达式中就要一一列出力系中所有的力对O点的力矩，进行代数和计算，并使之等于零。

第三个大括号“{”列出求解结果。

⑤ 校核。可以再列出一个非独立的平衡方程对计算结果校核。

四、静定梁的支座反力计算

在外力因素作用下，全部支座反力都可由平面一般力系的平衡条件确定的梁即为静定梁，静定梁是没有多余约束的几何不变体系，其反力只用平衡方程就能确定，这是静定梁的基本静力特征。工程常用的静定梁有三种，分别是悬臂梁、简支梁和外伸梁，如图 2.28 所示。

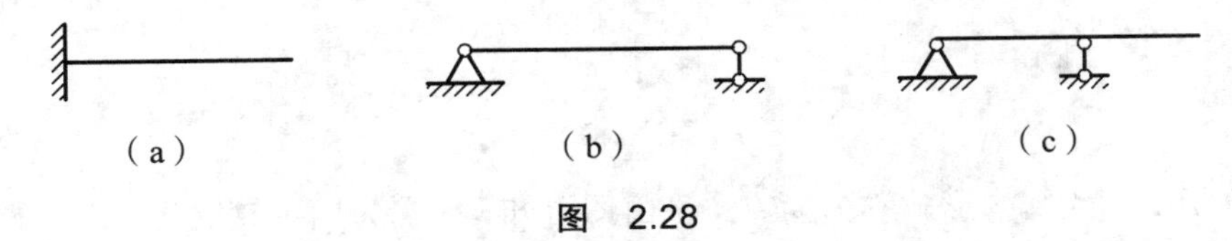

图　2.28

【例 2.10】　如图 2.29（a）所示的悬臂梁，梁 AB 的一端是固定端支座，另一端无约束。已知梁上荷载为 $q=5\ \text{kN/m}$，$M=20\ \text{kN}\cdot\text{m}$，$F=10\ \text{kN}$，$\alpha=45°$。不计梁的自重，求支座 A 的反力。

【解题分析】　此结构形式称为悬臂梁。支座 A 处为固定端约束，应有 F_{Ax}、F_{Ay}、M_A 三个约束反力。这是一个平面一般力系的平衡问题。欲求支座反力可取 AB 梁为研究对象，进行受力分析，通过平衡列方程进行求解。列平衡方程时应注意：力矩式宜选取 A 点为矩心，因为两未知力对 A 点之矩等于零，这样解题简便。由于力偶的两个力在任一轴上的投影代数和恒为零，故力偶在投影方程中不出现；由于力偶对其作用面内任一点之矩恒等于其力偶矩，而与矩心位置无关，故在力矩方程中可直接将该力偶矩列入。请注意 $\sum M_A(\boldsymbol{F})=0$ 与约束反力偶 M_A 的区别。

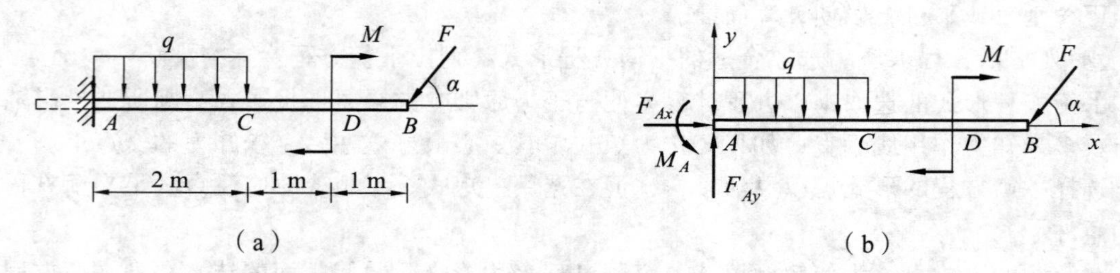

图 2.29

【解】（1）取 AB 梁为研究对象，建立坐标系，画其受力图，如图 2.29（b）所示。其中支座反力的指向是假定的，梁上所受的荷载和支座反力组成平面一般力系。

（2）列平衡方程求解：

$$\begin{cases}\sum F_x=0\\ \sum F_y=0\\ \sum M_A(\boldsymbol{F})=0\end{cases} \quad 即 \quad \begin{cases}F_{Ax}-F\cos\alpha=0\\ F_{Ay}-F\sin\alpha-q\times 2\ \text{m}=0\\ M_A-F\sin\alpha\times 4\ \text{m}-M-q\times 2\ \text{m}\times 1\ \text{m}=0\end{cases}$$

解得

$$\begin{cases}F_{Ax}=F\cdot\cos\alpha=7.07\ \text{kN}\\ F_{Ay}=F\cdot\sin\alpha+ql=17.07\ \text{kN}\\ M_A=F\cdot\sin\alpha\times 4\ +M+q\times 2\ \text{m}\times 1\ \text{m}=58.28\ \text{kN}\cdot\text{m}\end{cases}$$

【例 2.11】 梁 AB 的一端是固定铰支座，另一端是活动铰支座。受力如图 2.30（a）所示，不计梁的自重，求 A、B 处的支座反力。

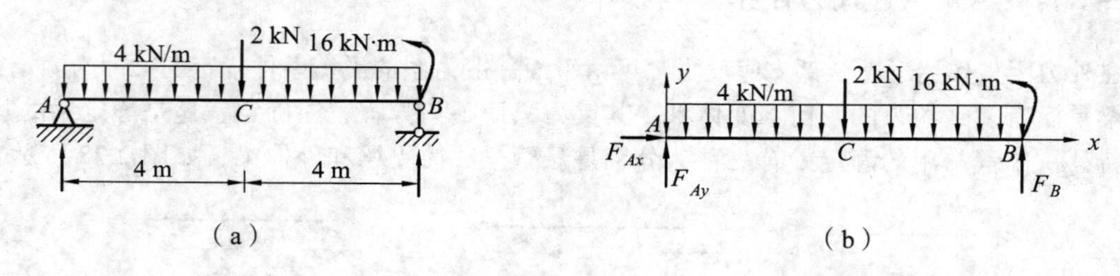

图 2.30

【解题分析】 此结构形式称为简支梁。由图可知，A 端为固定铰支座，应有两个约束反力；B 端为活动铰支座，有一个约束反力。这是一个平面一般力系的平衡问题。欲求支座反力可取 AB 为研究对象，进行受力分析，通过平衡列方程进行求解。选用二矩式平衡方程较为简便。请注意二矩式的使用条件。

【解】（1）选 AB 梁为研究对象，建立坐标系，画受力图如图 2.30（b）所示。图中各未知力的方向均为假设。

（2）列平衡方程求解：

$$\begin{cases}\sum F_x=0\\ \sum M_A(\boldsymbol{F})=0\\ \sum M_B(\boldsymbol{F})=0\end{cases}$$

即
$$\begin{cases}F_{Ax}=0\\ F_B\times 8-4\times 8\times 4-2\times 4+16=0\\ -F_{Ay}\times 8+4\times 8\times 4+2\times 4+16=0\end{cases}$$

解得
$$\begin{cases}F_{Ax}=0\\ F_B=15\ \text{kN}\\ F_{Ay}=19\ \text{kN}\end{cases}$$

平衡方程使用了二矩式，这里所用力矩方程的两个点 A、B 连线与投影轴 x 不垂直。符合二矩式的使用条件。

（3）校核：

$$\sum F_y=F_{Ay}+F_B-4\times 8-2=19+15-32-2=0$$

证明解题正确。

【例 2.12】 梁 ABC 的 B 端是固定铰支座，C 端是活动铰支座。受力如图 2.31（a）所示，不计梁的自重，求 B、C 处的支座反力。

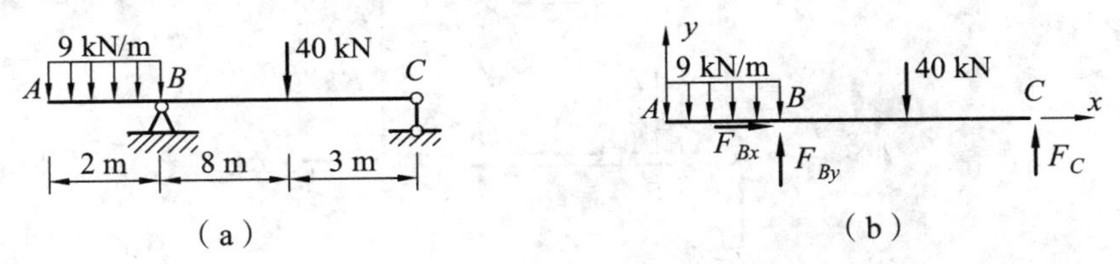

图　2.31

【解题分析】 此结构形式称为简支外伸梁。由图可知，B、C 两端共有三个约束反力，是一个平面一般力系的平衡问题。欲求支座反力，可取 ABC 为研究对象进行受力分析，通过平衡列方程进行求解。可选用二矩式平衡方程较为简便。请注意二矩式的使用条件。

【解】（1）选 ABC 梁为研究对象，建立坐标系，画受力图，如图 2.31（b）所示。图中各未知力的方向均为假设。

（2）列平衡方程求解：

$$\begin{cases}\sum F_x=0\\ \sum M_C(\boldsymbol{F})=0\\ \sum M_B(\boldsymbol{F})=0\end{cases}$$

即
$$\begin{cases}F_{Bx}=0\\ -F_{By}\times 6+40\times 3+9\times 2\times (6+1)=0\\ F_C\times 6-40\times 3+9\times 2\times 1=0\end{cases}$$

解得 $\begin{cases} F_{Bx}=0 \\ F_{By}=41\ \text{kN} \\ F_C=17\ \text{kN} \end{cases}$

平衡方程使用了二矩式，这里所用力矩方程的两个点 C、B 连线与投影轴 x 不垂直。符合二矩式的使用条件。

（3）校核：

$$\sum F_y = F_{By}+F_C-9\times2-40=41+17-18-40=0$$

证明解题正确。

【例 2.13】 已知多跨静定梁所受荷载如图 2.32（a）所示。已知 $F_1=30\ \text{kN}$，$F_2=20\ \text{kN}$，试求支座 A、B、D 及铰 C 处的约束反力。

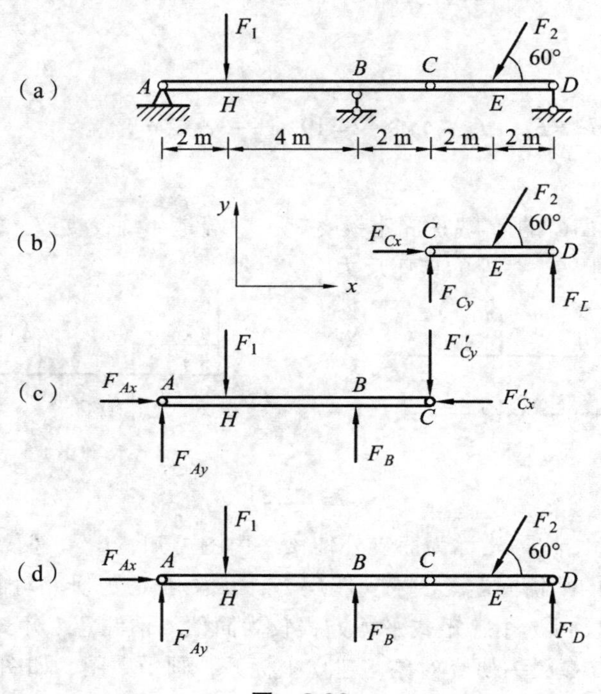

图 2.32

【解题分析】 此梁由 AC 和 CD 两段梁在 C 处用铰联结，属物体系统的平衡问题。在确定研究对象之前，应先对物体系统的各个构件及整体进行受力分析，为选择合适的研究对象提供依据。CD 梁、AC 梁及整体梁的受力图如图 2.32（b）、（c）、（d）所示。若先取整体梁为研究对象，则共有 $\boldsymbol{F}_{Ax}$、$\boldsymbol{F}_{Ay}$、$\boldsymbol{F}_B$、$\boldsymbol{F}_D$ 四个未知量，而独立的平衡方程只有 3 个，不能完全求解。

若先取 AC 梁为研究对象，同样也不能完全求解。若先取 CD 梁为研究对象，就可以求出 $\boldsymbol{F}_{Cx}$、$\boldsymbol{F}_{Cy}$ 和 $\boldsymbol{F}_D$，然后，研究 AC 梁或系统整体，即可求解 F_{Ax}、F_{Ay}。

【解】（1）先取 CD 梁为研究对象分析计算。

① 取 CD 梁为研究对象。

② 画其受力图，如图 2.32（b）所示。

③ 列平衡方程求解（坐标轴略）：

$$\begin{cases} \sum F_x = 0 \\ \sum F_y = 0 \\ \sum M_C(\boldsymbol{F}) = 0 \end{cases}$$

即
$$\begin{cases} F_{Cx} - F_2 \cdot \cos 60° = 0 \\ F_{Cy} + F_D - F_2 \cdot \sin 60° = 0 \\ F_D \times 4 - F_2 \cdot \sin 60° \times 2 = 0 \end{cases}$$

得
$$\begin{cases} F_{Cx} = 10\ \text{kN} \\ F_{Cy} = 8.66\ \text{kN} \\ F_D = 8.66\ \text{kN} \end{cases}$$

（2）再取 AC 梁为研究对象分析计算。

① 取 AC 梁为研究对象。

② 受力图如图 2.32（c）所示。

其中，F'_{Cx}、F'_{Cy} 分别与 F_{Cx}、F_{Cy} 互为作用力反作用力，数值相等。

③ 列平衡方程求解（坐标轴可略）：

$$\begin{cases} \sum F_x = 0 \\ \sum F_y = 0 \\ \sum M_A(\boldsymbol{F}) = 0 \end{cases}$$

即
$$\begin{cases} F_{Ax} - F'_{Cx} = 0 \\ F_{Ay} + F_B - F_1 - F'_{Cy} = 0 \\ F_B \cdot 6 - F_1 \cdot 2 - F'_{Cy} \cdot 8 = 0 \end{cases}$$

得
$$\begin{cases} F_{Ax} = 10\ \text{kN} \\ F_{Ay} = 17.11\ \text{kN} \\ F_B = 21.55\ \text{kN} \end{cases}$$

④ 校核：取整体梁，受力图如图 2.32（d）所示。由于 F_{Cx} 与 F'_{Cx}、F_{Cy} 与 F_{Cy} 是内力，彼此抵消，所以在整体梁受力图中没有反映出来。列出平衡方程：

$$\sum F_x = F_{Ax} - F_2 \cdot \cos 60° = 10\ \text{kN} - 20\ \text{kN} \times 0.5 = 0$$

$$\begin{aligned} \sum F_y &= F_{Ay} + F_B + F_D - F_1 - F_{2_2} \cdot \sin 60° \\ &= 17.11\ \text{kN} + 21.55\ \text{kN} + 8.66\ \text{kN} - 30\ \text{kN} - 20\ \text{kN} \times 0.866 = 0 \end{aligned}$$

可见解题正确。

第三节 静定刚架的支座反力计算

刚架（也称框架）由横梁和柱组成，具有刚结点（部分或全部）的结构。凡由静力平衡条件即可确定全部反力和内力的平面刚架，称为静定平面刚架。其常用的类型主要有以下三种：

（1）简支刚架，如图 2.33（a）所示。刚架本身为几何不变体系且无多余约束，它用一个固定铰支座和一个可动铰支座与地基相连。

（2）悬臂刚架，如图 2.33（b）所示。刚架本身为几何不变体系且无多余约束，它用固定端支座与地基相连。

（3）三铰刚架，如图 2.33（c）所示。刚架本身由两构件组成，中间用铰相连，其底部用两个固定铰支座与地基相连。

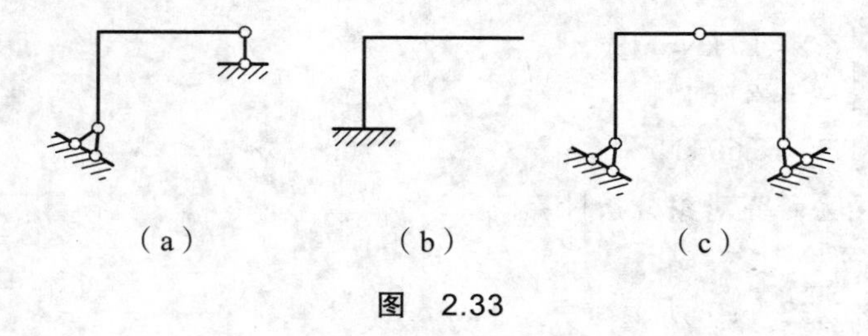

图 2.33

一、简支刚架和悬臂刚架的支座反力计算

【例 2.14】 简支刚架所有荷载及支撑情况如图 2.34（a）所示，$M_B=10\ \text{kN}\cdot\text{m}$，刚架自重不计，试求 A、C 处的支座反力。

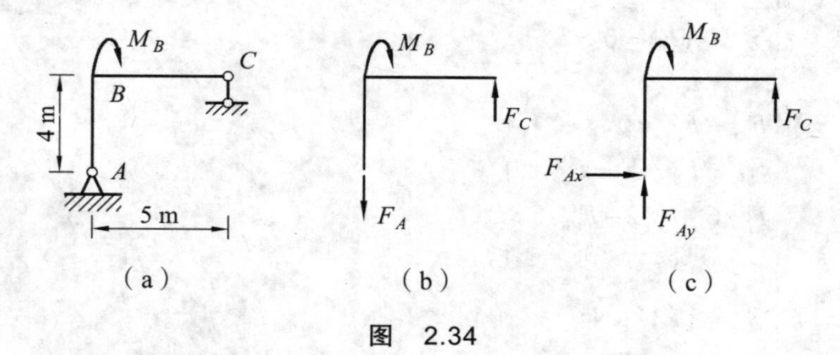

图 2.34

【解题分析】 此刚架是一个简支刚架，求解可用两种方法：一种方法是根据支座的约束类型做受力分析，A 处为固定铰支座，有 2 个约束反力；C 处为可动铰支座，有一个沿支座链杆方向的约束反力。整个刚架的受力构成一个平面一般力系，可按平面一般力系的平衡方程求解。另一种方法是由于此刚架仅受一中力偶的作用，根据力偶的性质，支座 A、C 处的约束反力必形成一个与 M_B 大小相等、转向相反的力偶，故支座 A、C 处的约束反力必大小相等、方向相反，即 $F_A=-F_C$，可用力偶系的平衡条件直接求解。

解法一：

【解】（1）取简支刚架为研究对象，由力偶系的平衡条件，绘制受力图，如图 2.34（b）所示。

（2）建立平衡方程：

$$\sum M=0,\ F_C\cdot 5-M_B=0$$

可得

$$F_A=F_C=2\ \text{kN}$$

解法二：

【解】（1）取刚架为研究对象，画受力图，如图 2.34（c）所示。

（2）建立平衡方程：

$$\begin{cases}\sum \boldsymbol{F}_x=0\\ \sum \boldsymbol{F}_y=0\\ \sum M_A=0\end{cases}\Rightarrow\begin{cases}F_{Ax}=0\\ F_{Ay}+F_C=0\\ F_C\times 5-M_B=0\end{cases}$$

解得

$$\begin{cases}F_{Ax}=0\\ F_{Ay}=-2\ \text{kN}(\downarrow)\\ F_C=2\ \text{kN}\end{cases}$$

【例 2.15】 试求图 2.35（a）所示刚架的支座反力。

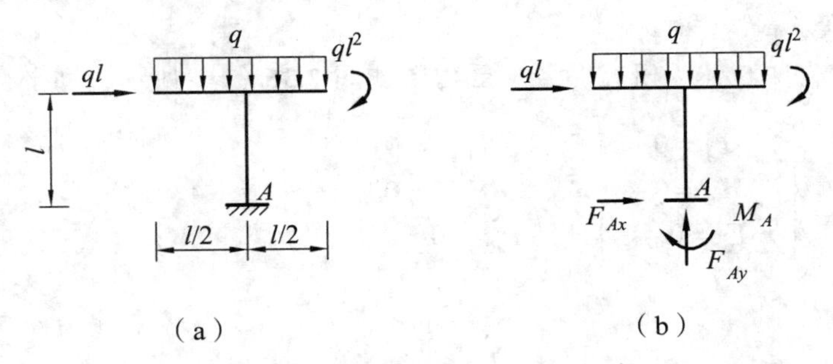

图　2.35

【解题分析】 该刚架是一悬臂刚架，注意 A 点是一个固定端支座，因此在 A 点受到 2 个相互垂直的分力和 1 个力偶的作用，建立平衡条件列方程求解。

【解】（1）取悬臂刚架为研究对象，由力系的平衡条件，绘制受力图，如图 2.35（b）所示。

（2）建立平衡方程：

$$\sum \boldsymbol{F}_x=0,\quad F_{Ax}+ql=0,\quad F_{Ax}=-ql$$

$$\sum \boldsymbol{F}_y=0,\quad F_{Ay}-ql=0,\quad F_{Ay}=ql$$

$$\sum M_A=0,\quad M_A+ql\times l+ql^2=0,\quad M_A=-2ql^2(\text{逆时针转})$$

二、三铰刚架的平衡计算

【例 2.16】 如图 2.36（a）所示，三铰刚架受到一集中力的作用，已知 $F_1=60\ \text{kN}$，刚

架的自重不计，求支座 A、B 及铰链 C 的约束反力。

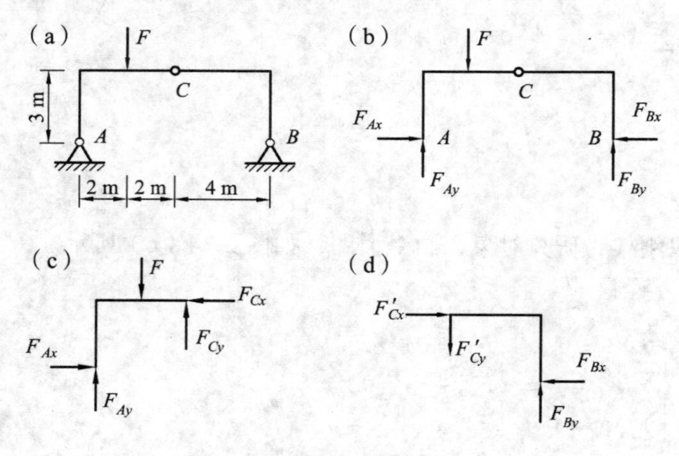

图 2.36

【解题分析】 三铰刚架由左右两部分组成。解题之前应先做受力分析，画出左、右及整体的受力图，如图 2.36（b）、（c）、（d）所示。由受力图可以看出，不论先取整体还是先取部分，均有 4 个未知力。该题的突破点在于先取整体为研究对象，因为 A、B 支座在同一水平线上，利用力矩平衡方程可以减少方程中的未知量，先求出 F_{Ay} 或 F_{By} 后，再取左（或右）半部分研究较为简便。

【解】（1）先取整体为研究对象，受力图如图 2.36（b）所示，列平衡方程求解：

$$\begin{cases}\sum \boldsymbol{M}_A = 0\\ \sum \boldsymbol{M}_B = 0\\ \sum \boldsymbol{F}_x = 0\end{cases} \rightarrow \begin{cases}F_{By}\cdot 8 - F_1\cdot 2 = 0\\ F_{Ay}\cdot 8 + F_1\cdot 6 = 0\\ F_{Ax} - F_{Bx} = 0\end{cases}$$

可得

$$\begin{cases}F_{By} = 15\ \text{kN}\\ F_{Ay} = 45\ \text{kN}\\ F_{Ax} = F_{Bx}\end{cases}$$

注：这里使用了二矩式平衡方程，注意 A、B 的连线不能与 x 轴垂直。

（2）再取右半部分为研究对象，受力图如图 2.36（d）所示，列平衡方程求解：

$$\begin{cases}\sum \boldsymbol{M}_C = 0\\ \sum \boldsymbol{F}_y = 0\\ \sum \boldsymbol{F}_x = 0\end{cases} \rightarrow \begin{cases}F_{By}\cdot 4 - F_{Bx}\cdot 3 = 0\\ F_{By} - F'_{Cy} = 0\\ F'_{Cx} - F_{Bx} = 0\end{cases} \rightarrow \begin{cases}F_{Bx} = 20\ \text{kN}\\ F'_{Cy} = 15\ \text{kN}\\ F_{Cx} = 20\ \text{kN}\end{cases}$$

进一步可得

$$F_{Ax} = F_{Bx} = 20\ \text{kN}$$

【例 2.17】 如图 2.37（a）所示，一个三铰刚架上作用一集中力 $F = 80\ \text{kN}$，刚架自重不计。求支座 A、B 及铰链 C 的约束反力。

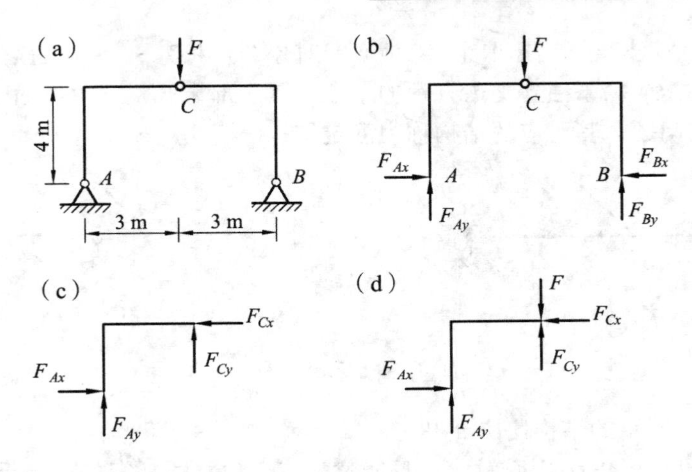

图 2.37

【解题分析】 本题与上例属于同一类型，不同之处在于集中力 F 作用在铰链 C 上，在取左半部分或者右半部分时该集中力的处理方法不同。

【解】 （1）取整体为研究对象，受力图如图 2.37（b）所示，建立平衡方程并求解：

$$\begin{cases}\sum \boldsymbol{M}_A=0\\ \sum \boldsymbol{M}_B=0\\ \sum \boldsymbol{F}_x=0\end{cases}\rightarrow\begin{cases}F_{By}\cdot 6-F\cdot 3=0\\ F_{Ay}\cdot 6+F\cdot 3=0\\ F_{Ax}-F_{Bx}=0\end{cases}\rightarrow\begin{cases}F_{By}=40\ \text{kN}\\ F_{Ay}=40\ \text{kN}\\ F_{Ax}=F_{Bx}\end{cases}$$

（2）再取左半部分为研究对象，可将力 $\boldsymbol{F}$ 放在右半部分，受力如图 2.37（c）所示，建立平衡方程：

$$\begin{cases}\sum \boldsymbol{M}_C=0\\ \sum \boldsymbol{F}_y=0\\ \sum \boldsymbol{F}_x=0\end{cases}\rightarrow\begin{cases}F_{Ax}\cdot 4-F_{Ay}\cdot 3=0\\ F_{Ay}-F_{Cy}=0\\ F_{Ax}-F_{Cx}=0\end{cases}\rightarrow\begin{cases}F_{Ax}=30\ \text{kN}\\ F_{Cy}=40\ \text{kN}\\ F_{Cx}=30\ \text{kN}\end{cases}$$

进一步可得 $F_{Ax}=F_{Bx}=30\ \text{kN}$。

（3）若将集中力 $\boldsymbol{F}$ 放在左半部分上，再做受力分析，如图 2.37（d）所示，建立平衡方程并求解：

$$\begin{cases}\sum \boldsymbol{M}_C=0\\ \sum \boldsymbol{F}_y=0\\ \sum \boldsymbol{F}_x=0\end{cases}\rightarrow\begin{cases}F_{Ax}\cdot 4-F_{Ay}\cdot 3=0\\ F_{Ay}+F_{Cy}-F=0\\ F_{Ax}-F_{Cx}=0\end{cases}\rightarrow\begin{cases}F_{Ax}=30\ \text{kN}\\ F_{Cy}=40\ \text{kN}\\ F_{Cx}=30\ \text{kN}\end{cases}$$

结论： 当荷载作用在结构的铰接点时，若需要对结构进行某一部分的受力分析，可将该荷载放到该铰接构件的任何一部分，而不会影响其计算结果，但不能重复考虑。

三、静定、超静定的概念

在平衡计算中，选取一个研究对象只能建立三个独立的平衡方程，求解三个未知量。如

图 2.38（a）所示的简支梁，当选取梁 AB 为研究对象即可将其 A 、B 支座的支反力求解。这类未知量的数目等于或少于独立平衡方程的系数，其全部未知量都可以通过静力平衡方程解出的问题称为静定问题，其对应的结构称为静定结构。

图 2.38

而图 2.38（b）所示的结构比图 2.38（a）结构多加了一个可动铰支座，其上的未知量数目变成了 4 个，但以梁 AB 为研究对象，只能建立三个独立的平衡方程，无法完全求解 4 个未知量。这样的未知量数目多于独立平衡方程的数目，仅用静力平衡方程无法求解全部未知量的问题称为超静定问题或静不定问题，其对应的结构称为**超静定结构**。

对超静定结构，可通过考虑结构变形等情况建立补充方程求解。有关内容将在后续的结构力学部分介绍。

小　结

本章的主要内容是介绍常见的工程结构所受平面力系的平衡条件和平衡方程。平衡条件及平衡方程是工程应用力学的重要内容，是以后对结构进行受力分析的基础知识，希望读者一开始就能正确理解。对平面力系的平衡方程要求能熟练掌握，灵活应用。现对本章的重点内容概括如下：

1. 力的投影和合力投影定理

（1）力的投影。

沿力 $\boldsymbol{F}$ 的两端向坐标轴作垂线，垂足 a 、b 在轴上截下的线段 ab 就称为力在坐标轴上的投影。投影是代数量，有正负之分。

（2）合力投影定理。

合力在直角坐标轴上的投影（ $F_{\mathrm{R}x}$ ，$F_{\mathrm{R}y}$ ）等于各分力在同一轴上投影的代数和，即

$$\begin{cases} F_{\mathrm{R}x} = F_{1x} + F_{2x} + \cdots + F_{nx} = \sum\limits_{i=1}^{n} F_{ix} \\ F_{\mathrm{R}y} = F_{1y} + F_{2y} + \cdots + F_{ny} = \sum\limits_{i=1}^{n} F_{iy} \end{cases}$$

2. 力矩和合力矩定理

（1）力对点之矩是一个代数量，其大小等于力与力臂的乘积。正负号规定如下：力使物体绕矩心逆时针转向转动时为正，反之为负。

（2）合力矩定理

合力对平面内任一点的矩等于各分力对同一点的矩的代数和，即

$$M_O(\boldsymbol{F}_\mathrm{R})=M_O(\boldsymbol{F}_1)+M_O(\boldsymbol{F}_2)+\cdots+M_O(\boldsymbol{F}_n)=\sum_{i=1}^{n}M_O(\boldsymbol{F}_i)$$

3. 力偶的性质

（1）力偶是大小相等、方向相反但不共线的两个平行力组成的力系，是基本的力素。力偶在任一轴上的投影的代数和恒等于零。

（2）力偶对其作用面内任一点之矩均等于力偶矩，而与矩心的位置无关。

（3）力偶只能和力偶等效。

推论：只要保持力偶矩不变，力偶可在其作用面内任意移动和转动，并可任意改变力的大小和力偶臂的长短，而不改变它对刚体的作用效应。

4. 力的平移定理

作用在刚体上某点 A 上的力 $\boldsymbol{F}$ 可平行移动到同一刚体上任一点 O，但必须同时附加一个力偶，以保持平移后的力对刚体的作用效果不变，其力偶矩等于原力对新作用点之矩。

力的平移定理是平面一般力系简化的依据。

5. 平面一般力系向平面内任一点简化

（1）简化方法与结果如下：

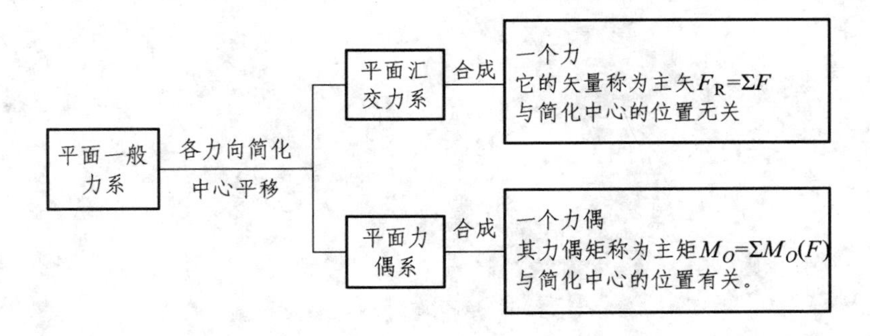

（2）简化结果的讨论如下：

主矢与主矩	最后结果
1. $F_\mathrm{R}'\neq 0,\ M_O\neq 0$	一个力。作用线与简化中心相距 $d=\left\lvert\dfrac{M_O}{F_\mathrm{R}'}\right\rvert$，$F_\mathrm{R}=F_\mathrm{R}'$
2. $F_\mathrm{R}'\neq 0,\ M_O=0$	一个力。作用线通过简化中心，$F_\mathrm{R}=F_\mathrm{R}'$
3. $F_\mathrm{R}'=0,\ M_O\neq 0$	一个力偶。$M_O=\sum M_O(F)$
4. $F_\mathrm{R}'=0,\ M_O=0$	平　衡

6. 平面力系的平衡方程

（1）各种力系的平衡方程如下：

力系	平衡方程	使用条件	可求未知量数目
汇交力系	$\sum F_x = 0,\ \sum F_y = 0$		2个
力偶系	$\sum M = 0$		1个
平行力系	$\sum F_y = 0,\ \sum M_O = 0$		2个
	$\sum M_A = 0,\ \sum M_B = 0$	AB 连线不平行于各力作用线	
一般力系	$\sum F_x = 0,\ \sum F_y = 0,\ \sum M_O = 0$		3个
	$\sum F_x = 0,\ \sum M_A = 0,\ \sum M_B = 0$	AB 连线不垂直于 x 轴	
	$\sum M_A = 0,\ \sum M_B = 0,\ \sum M_C = 0$	A、B、C 三点不共线	

（2）平衡方程的应用。

应用平面力系的平衡方程，可以求解单个物体及物体系统的平衡问题。求解时要通过受力分析，恰当地选取研究对象，画出受力图。对于平面一般力系，还要选取合适的平衡方程形式，选择好矩心和投影轴，尽量做到一个方程只含有一个未知量，以便简化计算。

第三章　平面体系的几何组成分析

第一节　几何组成分析的目的

杆件结构是由若干杆件组成的杆件体系，按不同的组成形式有不同的几何形状。如图 3.1（a）所示的矩形体系，各杆均为铰接，在稍微施一点力以后，其几何形状就将发生显著变化，变成平行四边形（如图中虚线所示），这种变化主要是由于杆件间产生刚体运动而引起的。又如图 3.1（b）所示的三角结构，在施力以后，其杆件间不会产生刚体运动，几何形状也不会发生显著变化，只是由于材料的应变会引起一点微小的形状改变，但这种形状改变量与结构的原来尺寸相比，一般来说是很微小的，并不影响结构的正常工作。在几何组成分析中，我们将不考虑这种微小变形的影响，而把杆件当作刚性的，只考虑杆件间的刚体运动。如果结构在承受荷载以后，其几何形状或各杆的相对位置不发生任何变化（即杆件间不会产生机械运动）的体系，称为几何不变体系；如果在荷载作用下，其几何形状或各杆的相对位置发生变化的体系，则称为几何可变体系。如图 3.1（a）所示属几何可变体系，而图 3.1（b）所示则属几何不变体系。

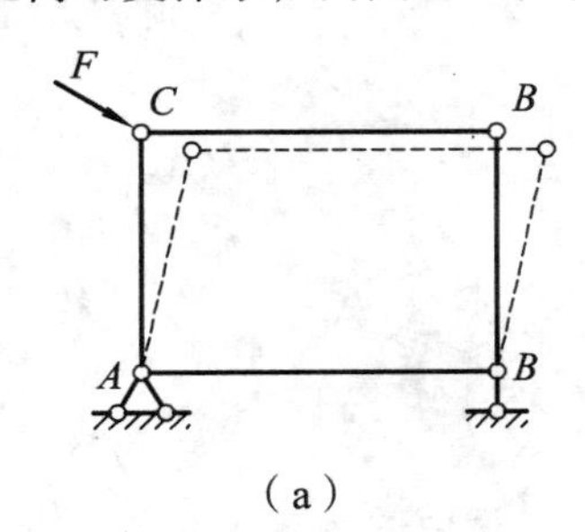

（a）

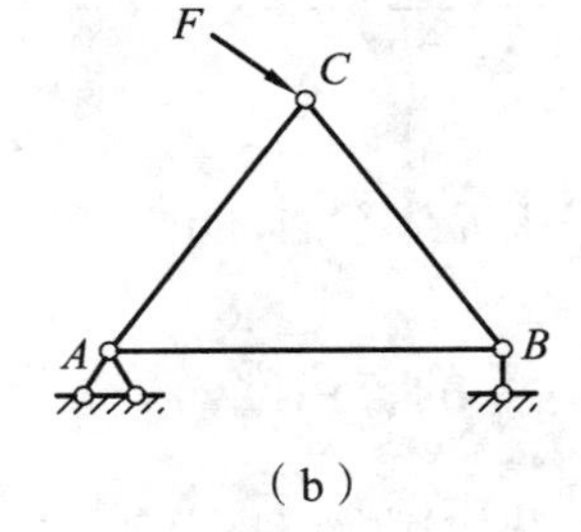

（b）

图　3.1

在建筑工程中，各种结构都可能承受一定的荷载，而可变体系在荷载作用下不能维持平衡，因此建筑结构不能采用可变体系，而必须采用几何不变体系。作为结构设计者，首先，应当具备几何分析的知识，以保证结构具有可靠的几何组成，避免工程中出现可变的结构，这就是进行几何分析的主要目的；其次，通过几何组成分析也可以了解体系中各个部分的相互依赖或独立的关系，从而改善和提高结构的性能，且可以有条不紊地计算结构的内力。

第二节　平面体系的自由度

为了确定一个体系是否可变，最好先弄清楚该体系的自由度。一个体系的自由度就是体系运动时可以独立改变的几何参数的个数，也就是完全确定体系的位置所需要的独立坐标数。

先研究一个点在平面内运动的自由度。如图 3.2 所示一点 A，设它在 xy 平面内可自由运动，即有沿 x 轴运动的自由，也有沿 y 轴运动的自由，也即点 A 在 xy 平面内的位置应由 x 和 y 两个坐标确定。因此，一个点在平面内运动的自由度是 2。

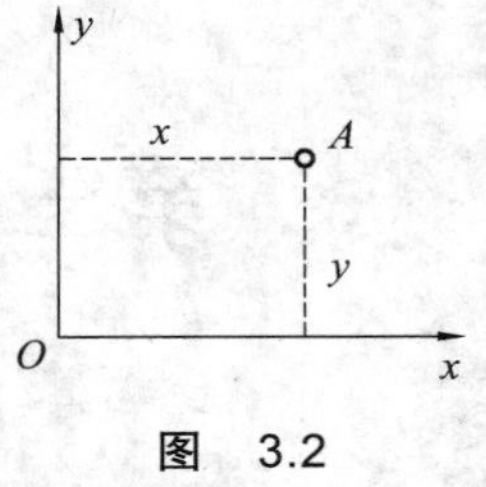

图 3.2

再研究一个刚片在平面内运动的自由度。如图 3.3 所示一几何形状不变的刚片 AB，此刚片在平面内除了有沿 x 轴和 y 轴运动的自由外，还有绕刚片内任意一点转动的自由。或者说，其位置可以由刚片内任意点 A 的坐标 x 和 y 以及过 A 点在刚片上的任一直线 AB 的倾角 φ 来表示。无论刚片运动到 xy 平面的任何位置（图中虚线表示运动后的位置），只要分别给出 x、y 和 φ 这三个独立参数的数值，则刚片在平面内的位置便可完全确定。因此，一个刚片在平面内运动的自由度是 3。

在几何分析中，可能遇到各式各样的杆件或其的组成部分，但不论具体形式如何，只要其本身确实是几何不变的，就可看作刚片。如图 3.4 中的 1、2、3、4、5 等构件都可看作刚片。

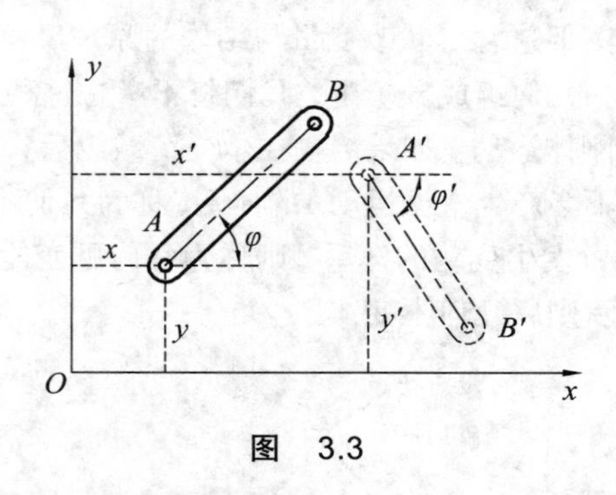

图 3.3

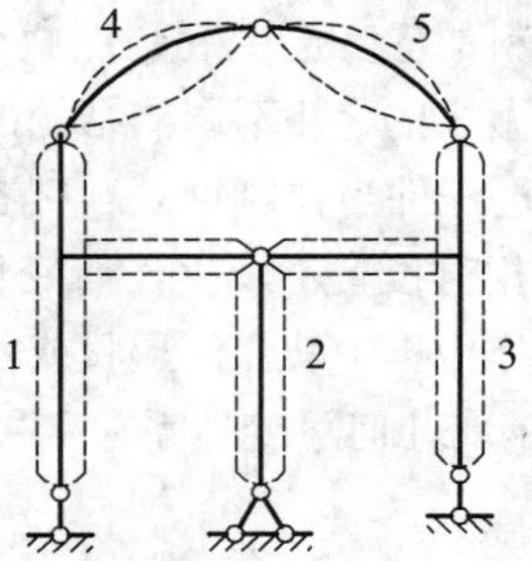

图 3.4

下面讨论两类平面体系的自由度。

一、平面刚片系的自由度

每个平面杆件结构通常都是由若干杆件（刚片）互相用铰连接而成，并用一定的支承链杆与地基相连，所有这样的体系都可称为刚片系。图 3.5 所示就是一任意布置的刚片系。要研究刚片系的自由度，首先可设想铰和支承链杆都不存在，于是每个刚片均可在平面内自由运动，各自的自由度为 3，以 m 表示刚片数，则体系的总自由度为 $3m$。实际上铰和支承链杆的存在都使体系的自由度减少，下面分别讨论铰与支承链杆对自由度的影响。

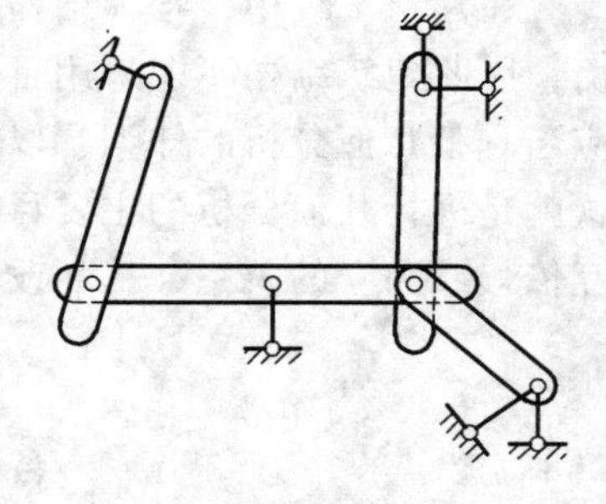
图 3.5

两个互不相连的刚片，共有 6 个自由度，若用一铰把两个刚片连接起来，如图 3.6（a）所示，则此刚片系的自由度为 4。因为用三个坐标可先确定刚片Ⅰ的位置；刚片Ⅱ则只能绕 A 点转动，只要一个坐标参数便可确定刚片Ⅱ的位置。因此由于铰 A 的存在，刚片Ⅰ和Ⅱ的自由度由 6 减为 4。将连接两刚片的铰称为简单铰（也称单铰）。一个单铰可以减少 2 个自由度，其作用相当于 2 个联系（约束）。如图 3.6（b）所示三个刚片，若无联系，则共有 9 个自由度。现将刚片Ⅰ和Ⅱ用铰 A 相连，刚片Ⅱ和Ⅲ用铰 B 相连，两个单铰共减少 4 个自由度，相当于 4 个约束，刚片系的自由度由 9 减为 5。

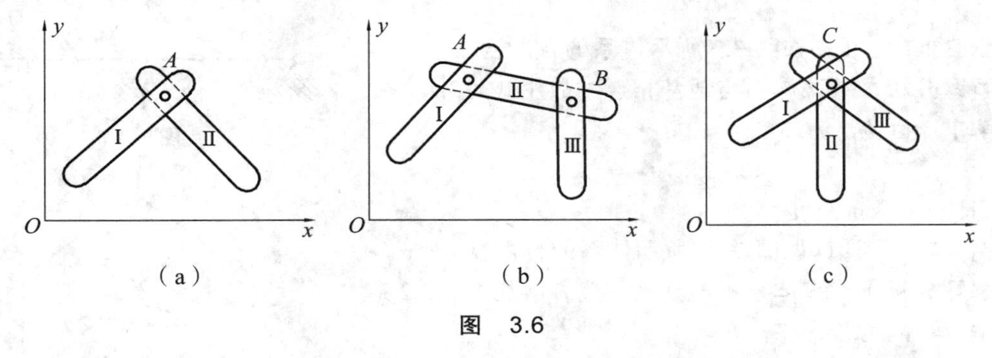

图 3.6

若将铰 A 和 B 合并在一起，如图 3.6（c）所示，即把三个刚片同时连接在一个铰 C 上，这样的铰属于复铰。用三个坐标可先确定其中一个刚片的位置，其余两个刚片则还可分别绕铰 C 转动，即还有 2 个自由度，因此体系的自由度为 5。由此可见，连接三个刚片的复铰可减去 4 个自由度，相当于两个单铰的作用。由此可推知，连接 n 个刚片的复铰可以当作 $n-1$ 个单铰，即具有 $2(n-1)$ 个约束能力。这里还要注意刚片数的计算，如图 3.7 所示的三个图中似乎都是一个铰结点上有三个刚片，但实际上只有图（a）中 A 结点上有三个刚片，铰 A 相当于两个单铰，而结点 B 和 C 只连接着两个刚片，铰 B 和 C 各相当于一个单铰。为了避免混淆，我们把铰 A 称为完全铰，而把铰 B 和 C 称为不完全铰。

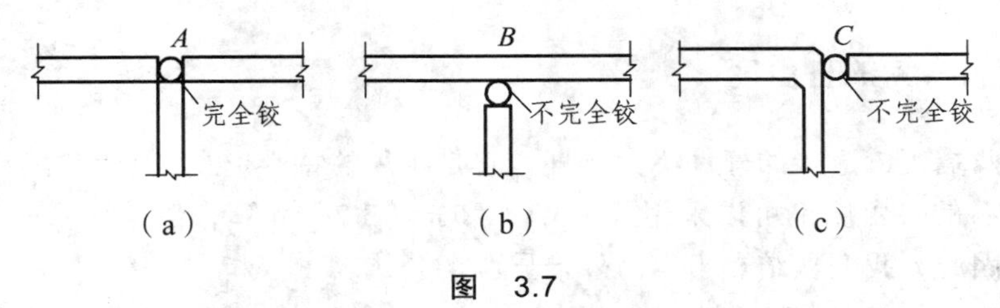

图 3.7

此外，如图 3.8 所示用一根沿 y 方向的支承链杆把刚片上的点 A 与地基相连，则刚片失去了沿 y 轴运动的自由，只有沿 x 轴运动和绕 A 点转动的自由，因此刚片的自由度由 3 减为 2，即失去了 1 个自由度。由此可知，一根支承链杆可约束 1 个自由度，即相当于 1 个联系（约束）。

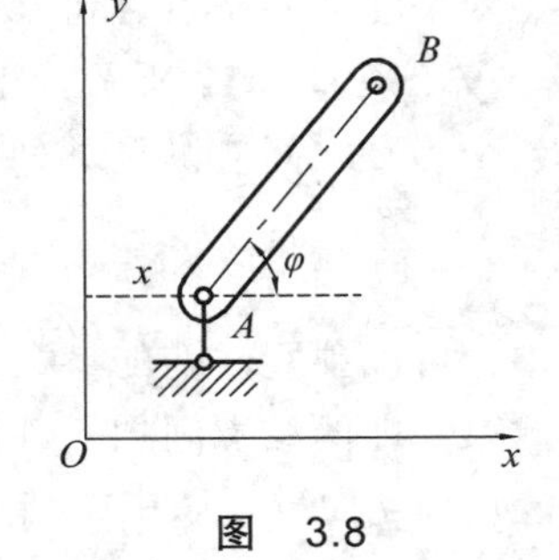

图 3.8

综上所述，现设体系中的刚片数为 m，单铰数为 h（若遇复铰，先化为单铰数计算），支承链杆数为 r，则体系的自由度 W 为

$$W=3m-2h-r \tag{3.1}$$

应用式（3.1）时，必须注意单铰数 h 只包括刚片与刚片之间相互连接所用的铰，而不包括刚片与支承链杆相连接所用的铰。

当体系不与地基相连，即 $r=0$ 的情况下，体系对地基必有 3 个自由度，此时只需研究体系本身各部分之间相对运动的自由度，简称内部可变度，用 V 表示，则 $W=V+3$。将此式与

$r=0$ 代入式（3.1），则体系的可变度为

$$V=W-3=3m-2h-3 \tag{3.2}$$

【例 3.1】 计算如图 3.9 所示体系的自由度。

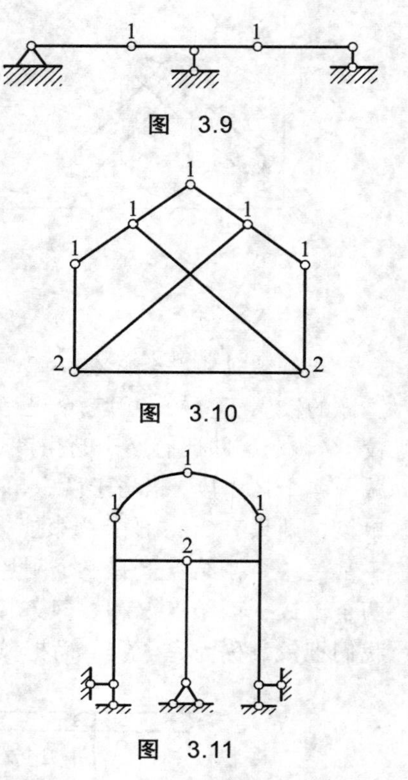

图 3.9

图 3.10

图 3.11

【解题分析】 该体系与地基相连，故用式（3.1）。

【解】 因为 $m=3$，$h=2$，$r=4$

所以 $$W=3\times3-2\times2-4=1$$

即体系具有 1 个自由度。

【例 3.2】 计算如图 3.10 所示体系的自由度。

【解题分析】 该体系不与基础相连，故用式（3.2）。

【解】 因为 $m=7$，$h=9$

所以 $$V=3\times7-2\times9-3=0$$

即体系可变度为 0。

【例 3.3】 计算如图 3.11 所示体系的自由度。

【解题分析】 该体系与地基相连，故用式（3.1）。

【解】 因为 $m=5$，$h=5$，$r=6$

所以 $$W=3\times5-2\times5-6=-1$$

即体系无自由度，且有一个多余约束。这里所说的“多余约束”，即没有它，体系已有足够的约束可使自由度为 0。

二、平面链杆系的自由度

仅在杆的两端用铰连接的杆件称为链杆，它是刚片的特殊形式，通常桁架都是由这类杆件组成。链杆系的自由度也可以采用式（3.1）和式（3.2）计算，但链杆系中复铰较多，计算有所不便。因此，我们从结点出发另外推导两个公式。

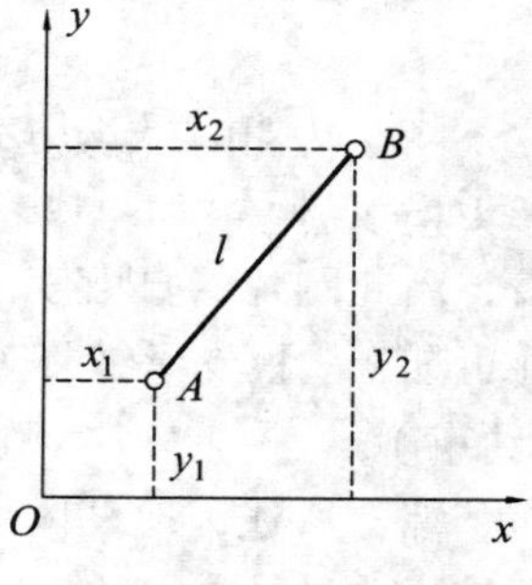

在链杆系中，假如各结点都是互不相连地独立存在，则每一结点在平面内运动的自由度为 2。

两个独立的结点 A 和 B 应有 4 个自由度，即 4 个参数 x_1、y_1、x_2、y_2，如图 3.12 所示。当两结点由一链杆相连后，A、B 两点的 4 个参数之间应满足下列关系：

$$(x_2-x_1)^2+(y_2-y_1)^2=l^2$$

图 3.12

其中，可以独立改变的参数只有 3 个。因此，一根链杆相当于一个约束，即两结点间加一链杆，则减少 1 个自由度。

现以 j 为链杆系中的结点数，b 为链杆数，r 为支承链杆数，则链杆系的自由度 W 为

$$W=2j-(b+r)$$

即 $$W=2j-b-r \tag{3.3}$$

应用式（3.3）时，应注意结点 j 的计算，凡连接杆端或连接杆件与支承链杆的铰都应算做结点，但链杆（或支承链杆）与地基连接的铰则不计入。

当体系不与地基相连，体系内部可变度则为

$$V = W - 3$$
$$V = 2j - b - 3 \tag{3.4}$$

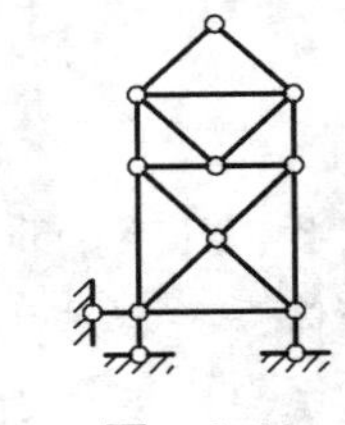

图　3.13

【例 3.4】　计算如图 3.13 所示体系的自由度。

【解题分析】　体系中的杆件都是链杆，用式（3.3）计算。

【解】　因为　$j = 9$，$b = 16$，$r = 3$

所以　　　$W = 2j - b - r = 2\times9 - 15 - 3 = -1$

即体系自由度为 - 1，有一个多余约束。

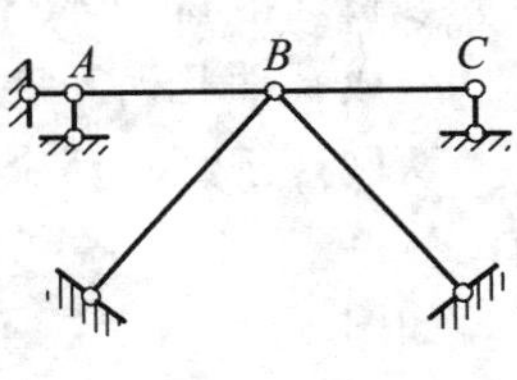

图　3.14

【例 3.5】　计算如图 3.14 所示体系的自由度。

【解题分析】　图中只有 A、B、C 算做结点，其余与地基相连的铰不算入结点数 j 内（因为两斜杆视做支承链杆）。

【解】　因为　$j = 3$，$b = 2$，$r = 5$

所以　　　$W = 2j - b - r = 2\times3 - 2 - 5 = -1$

即体系无自由度，且有一个多余约束。

第三节　几何不变体系的组成规律

应用式（3.1）~（3.4）计算自由度时，可能遇到以下三种情况：

（1）$W > 0$ 或 $V > 0$。

（2）$W = 0$ 或 $V = 0$。

（3）$W < 0$ 或 $V < 0$。

第一种情况表明体系存在自由度，体系肯定是几何可变的。

第二种情况表明体系的约束数正好等于体系中刚片全无联系时的自由度数，因此体系有可能几何不变，但还不一定能保证体系是几何不变。如图 3.15 所示的三种情况，都是一根杆件（刚片）用三根支承链杆与地基相连，用式（3.1）计算，结果都是 $W = 0$，但除了图（a）所示简支梁形式的体系我们已知它是几何不变之外，图（b）中由于三根支承链杆交汇于一点，杆件可绕铰转动，图（c）三根支承链杆相互平行，杆件可做水平运动，因此图（b）、（c）所示的两种体系都是几何可变的。

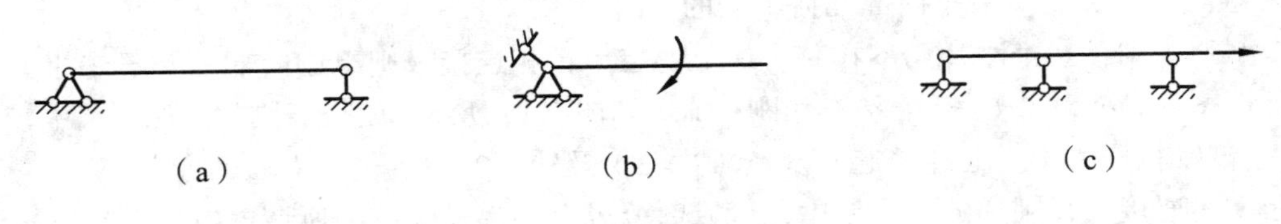

图　3.15

第三种情况表明体系有多余约束，但体系也不一定就保证是几何不变的。这同理可由图 3.16 所示的三种情况，用式（3.1）计算，结果都是 $W = -1$，但显然只有图（a）所示体系示几何不变的，而图（b）、（c）所示的两种体系都是几何可变的。

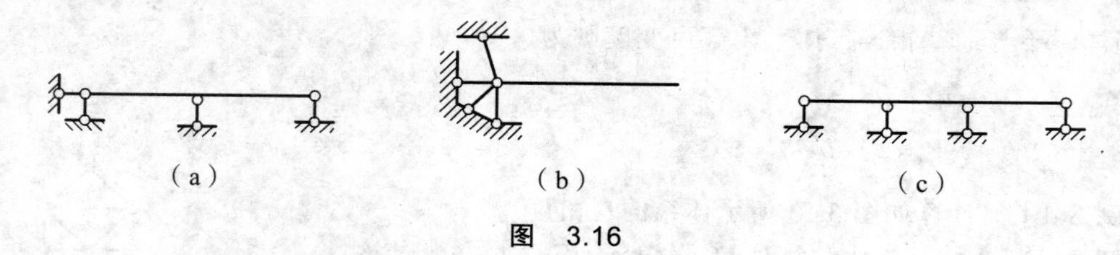

图 3.16

因此，体系的自由度为 0 或小于 0（有多余约束）只表明该体系有足够的约束数，但并不保证体系一定是几何不变的。这还要由杆件、支承链杆的布置情况而定。因此，用式（3.1）算得体系自由度等于 0，只是体系几何不变的必要条件，而不是充分条件，还必须通过几何组成分析才能得出体系可变或不变的结论。

组成平面几何不变体系的一般规律有以下 3 条：

两刚片规则：两个刚片用不交于一点且不相互平行的三根链杆连接，则组成内部几何不变的体系。

如图 3.17（a）所示的刚片Ⅰ和Ⅱ，它们由交于点 P 的两链杆 ab 和 cd 相连，组成四链杆结构。由运动学知识可知，点 P 是刚片Ⅰ和Ⅱ的相对转动瞬心，很明显这是一个可变体系。若再加一根不通过 P 的链杆 ef，如图 3.17（b）所示，它与链杆 cd 相交于点 K，与链杆 ab 相交于点 L，点 K 与点 L 是刚片Ⅰ和Ⅱ的另两个相对转动瞬心。这样刚片Ⅰ和Ⅱ同时会绕三个瞬心作相对转动，这是不可能的。因此，我们说两个刚片用不交于一点且不相互平行的三根链杆相连，可组成一个内部几何不变的体系；至于三根链杆，若相互平行，两个刚片则可作相对平动，自然是几何可变的体系了。

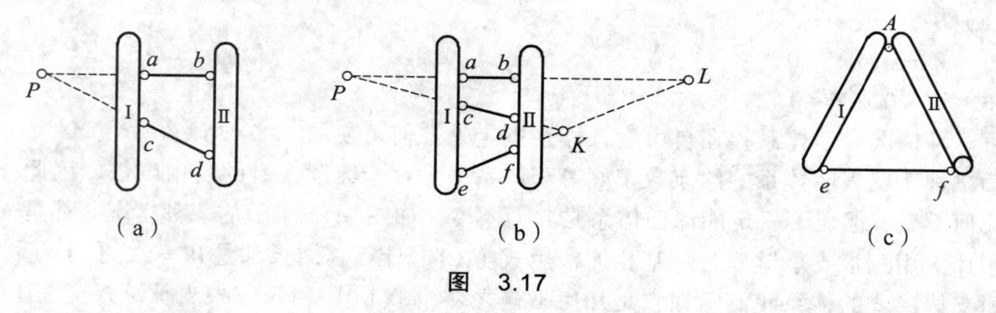

图 3.17

以上规则也可推广叙述如下：两个刚片用一个铰和一根链杆相连，可组成内部几何不变的体系。因为一根链杆等于 1 个约束，一个单铰等于 2 个约束，如图 3.17（c）所示，只要链杆 ef 不通过铰 A，则体系是内部几何不变的。

三刚片规则：三个刚片用不在一直线上的三个铰相连接，则组成内部几何不变的体系。

若把图 3.17（c）中的链杆 ef 看作刚杆Ⅲ，如图 3.18 所示，就得三刚片规则。图中铰（1，2）表示该铰将刚片Ⅰ、Ⅱ连接起来。铰（1，3）及铰（2，3）也是类似的标志。

在上述连接三个刚片的三个铰中，可以部分或全部都是虚铰。所谓虚铰，就是连接两个刚片的两根链杆的交点。如图（3.19）中所示的铰（1，3）及铰（2，3）就是虚铰，而铰（1，2）是实铰。并且注意，只有连接相同的两个刚片的两根链杆的交点才能称为铰或虚铰，以用于几何组成分析中。

二元体规则：从一个刚片上用两根链杆连接一新结点，则组成内部几何不变的体系。

如图 3.20 所示，若把链杆 1 和链杆 2 看作两个刚片，即变成三个刚片用三个不在一直线上的铰相连，所以是内部几何不变体系。通常把链杆 1 和链杆 2 及铰 *A* 称作二元体，因此称之为二元体规则，并有以下特点：加（或减）二元体于体系上，不改变原体系的自由度。

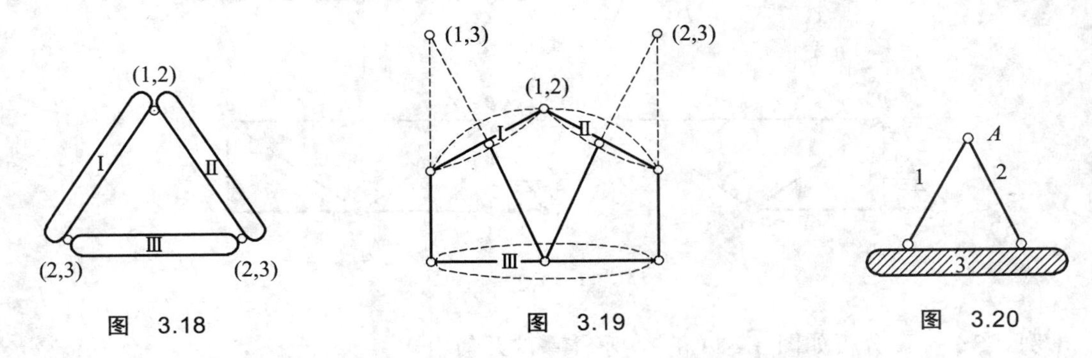

图　3.18　　图　3.19　　图　3.20

下面通过一些例题说明如何运用这些规律分析体系的几何组成。

【例 3.6】　试分析图 3.21（a）所示体系的几何构造。

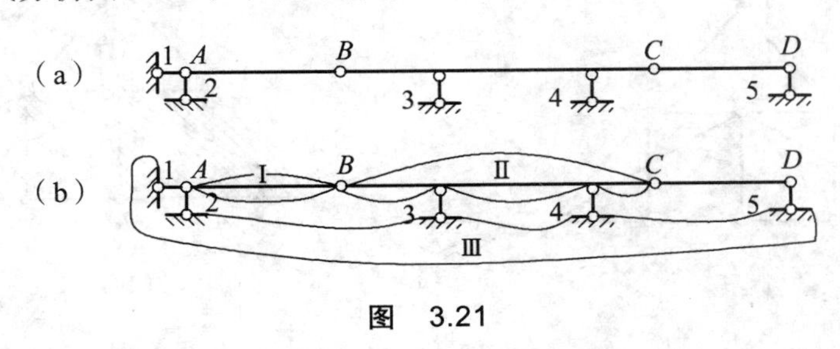

图　3.21

【解题分析】　体系与地基有五根链杆相连，应将地基视为刚片。*C-D-5* 为二元体，可先去除，以简化分析。

【解】　（1）去除二元体 *C-D-5*，不改变原体系的几何构造。

（2）将地基视为刚片Ⅰ，*AB* 视为刚片Ⅱ，*BC* 视为刚片Ⅲ，如图（b）所示，三个刚片用实铰 *A*、*B* 和链杆 3、4 形成的虚铰两两相连，符合三刚片规则。

（3）结论：该体系为无多余约束的几何不变体。

【例 3.7】　试分析图 3.22（a）所示体系的几何组成。

【解题分析】　体系与地基有三根既不完全平行也不交于一点的链杆相连，符合两刚片规则。应从分析体系自身的几何组成入手。从一个刚片出发，用增加二元体的方法扩张体系。

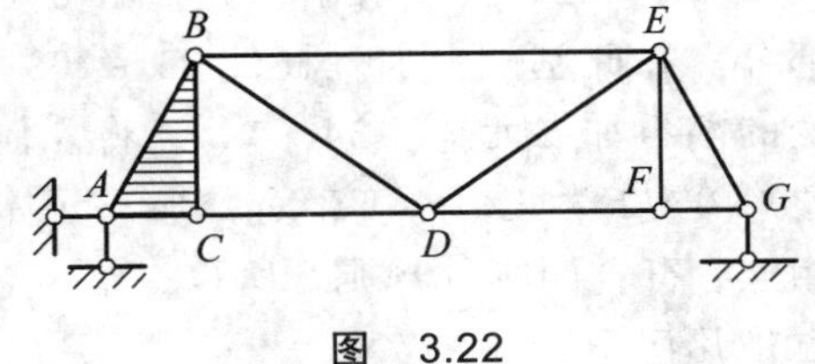

图　3.22

【解】　（1）将三角形 *ABC* 视为刚片，在该刚片上依次增加二元体，*B-D-C*、*B-E-D*、*E-F-D*、*E-G-F* 形成的体系仍为无多余约束的几何不变体，如图 3.23 所示。

（2）将地基视为刚片Ⅰ，*ABEGD* 视为刚片Ⅱ，两刚片由三根既不完全平行，也不完全相交的链杆相连，符合两刚片规则。

（3）结论：该体系为无多余约束的几何不变体。

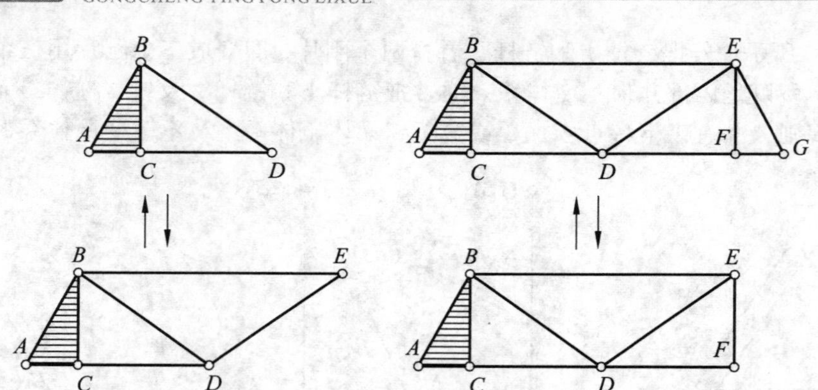

图 3.23

【例 3.8】 试分析如图 3.24（a）所示体系的几何组成。

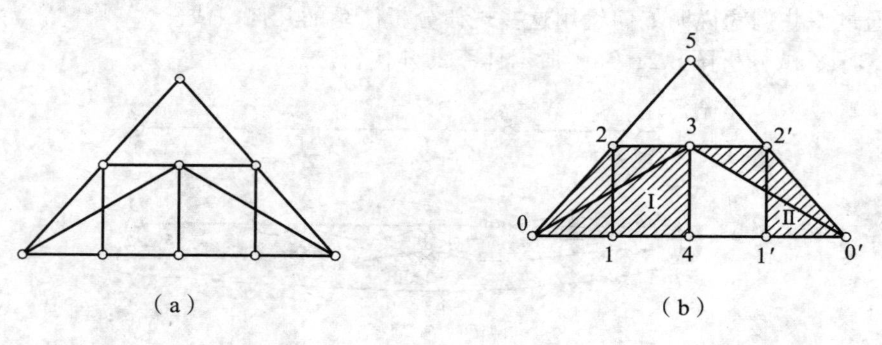

图 3.24

【解题分析】 可先选择适当的公式计算体系的自由度，计算结果若 $W>0$ 或 $V>0$，可肯定体系是可变的，就无须作几何组成分析。若 $W\leqslant 0$ 或 $V\leqslant 0$，就应再进行分析。

【解】 （1）用式（3.4）计算体系的可变度 V：

从图中可知 $j=9$，$b=15$

所以 $V=2j-b-3=2\times 9-15-3=0$

（2）进行几何组成分析：

如图 3.24（b）所示，先找出 012 部分，它是三角形，符合三刚片规则，是几何不变部分。在此基础上加上杆件 23 及 03，得一新结点 3，符合二元体规则，所以也是几何不变的。再加二元体（34，14），将几何不变部分扩展到结点 4，形成整个刚片 I。又以三角形 0′1′2′为几何不变部分，加二元体（2′3，0′3），得刚片 II。刚片 I 与 II 用铰 3 及杆 41′相连，符合两刚片规则，所以 022′0′整个部分都是几何不变的。再加上二元体（25，2′5），也是几何不变。

因此，整个体系是内部几何不变的。

【例 3.9】 试分析如图 3.25（a）所示体系的几何组成。

【解题分析】 同例 3.8。

【解】 （1）用式（3.3）计算体系的自由度：

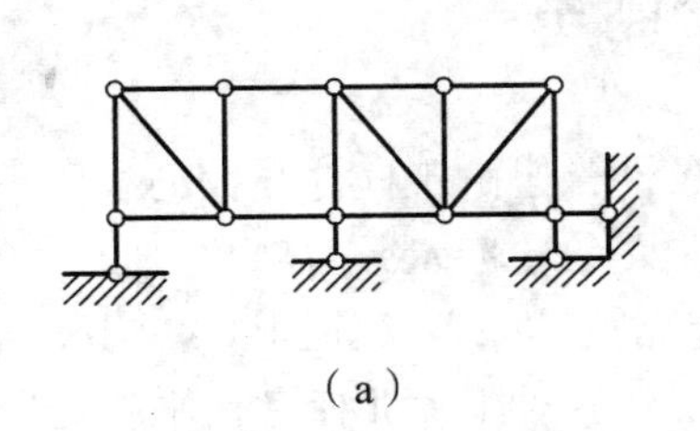
(a)

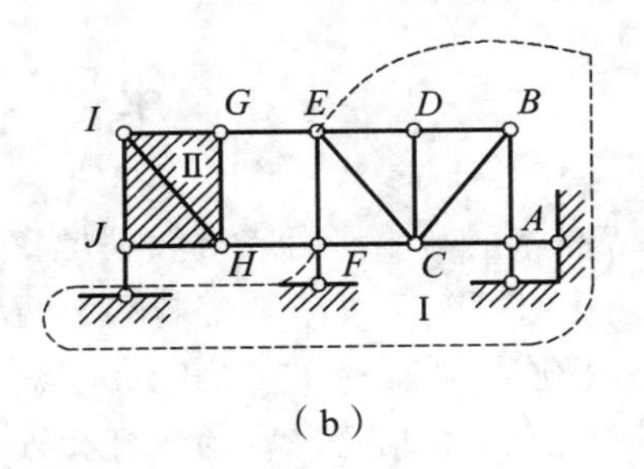

(b)

图 3.25

从图中可知 $j=10$，$b=16$，$r=4$

所以 $W=2j-b-r=2\times10-16-4=0$

（2）进行几何组成分析：

如图 3.25（b）所示，ABC 部分是三角形几何不变，依次加上二元体（BD，CD）、（DE，CE）、（EF，CF），也为几何不变。再在铰 A 与铰 F 处加上三根支承链杆与地基相连，得一几何不变刚片Ⅰ。体系左边有阴影线部分，是三角形加二元体，也是几何不变，记为刚片Ⅱ。刚片Ⅰ与Ⅱ之间用 EG、FH 链杆及 J 点处的支承链杆相连，符合两刚片规则。

因此，整个体系是几何不变的。

【例 3.10】 试分析图 3.26（a）所示体系的几何组成。

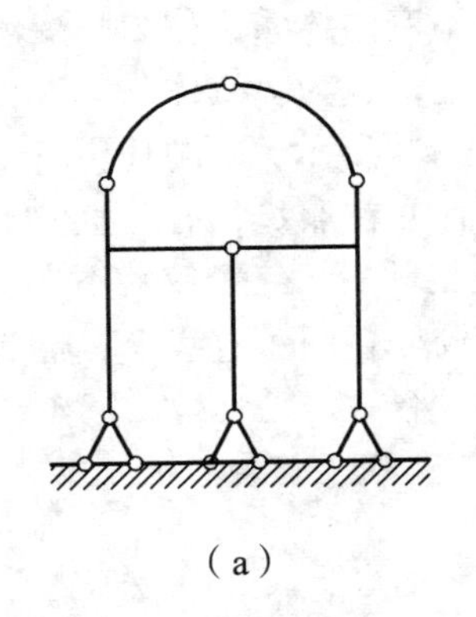
(a)

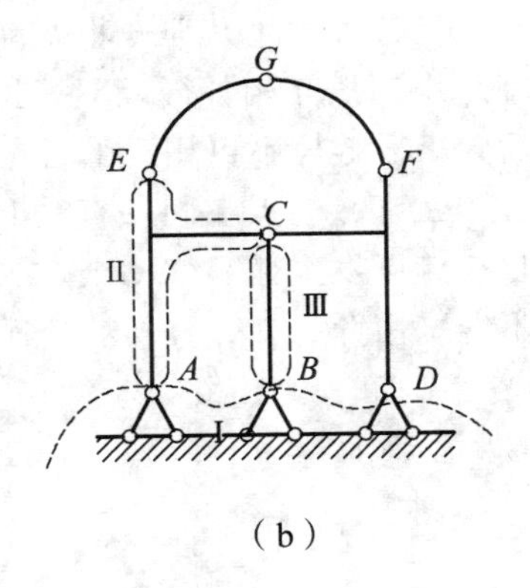

(b)

图 3.26

【解题分析】 此体系的自由度已在例题 3.3 中算出，结果是 $W=-1$，即有一个多余约束，再进行几何组成分析。

【解】 如图 3.26（b）所示，地基连同固定铰支座可视做一刚片，称为Ⅰ，ACE 可视做刚片Ⅱ，而杆 BC 可视做刚片Ⅲ，这三刚片用铰 A、B、C 相连，符合三刚片规则，因此构成一个几何不变部分。再看 CDF 部分，视做一刚片，这刚片与原先的几何不变部分用铰 C 及铰 D 相连。

按两刚片规则，两刚片只需要一个铰和一根链杆相连就可保证几何不变，现用两个铰相连，当然是几何不变，而且有一个约束是多余的（例如，支座 D 去掉一根支承链杆也可以，它就是多余约束）。在此基础上，再加上二元体（EG、FG），自然不会影响其几何不变性。

因此，整个体系是几何不变的，且有一个多余约束。

第四节　瞬变体系

如果结构体系的几何组成虽然满足$W(V)\leqslant 0$的条件，但由于杆件与铰的布置不好，仍为几何可变。几何可变又可分常变与瞬变两种。如图 3.27（a）所示，两刚片之间用相交于一点的三根链杆相连，则刚片Ⅰ可绕铰A任意转动，这是常变体系。又如图 3.27（b）所示，两刚片之间用三根等长而相互平行的链杆相连，则刚片Ⅰ可相对刚片Ⅱ任意作平移，所以也是常变体系。

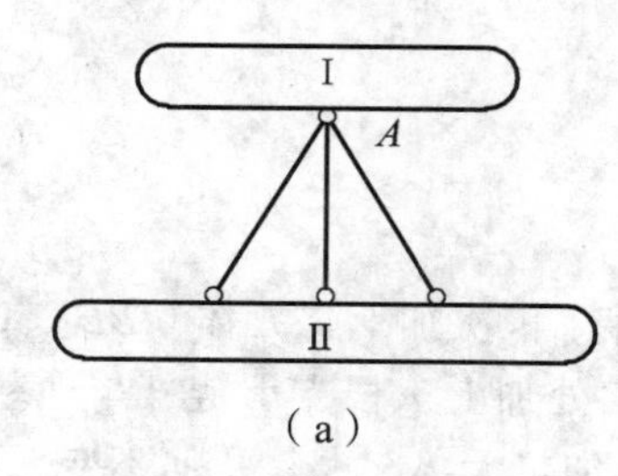

（a）

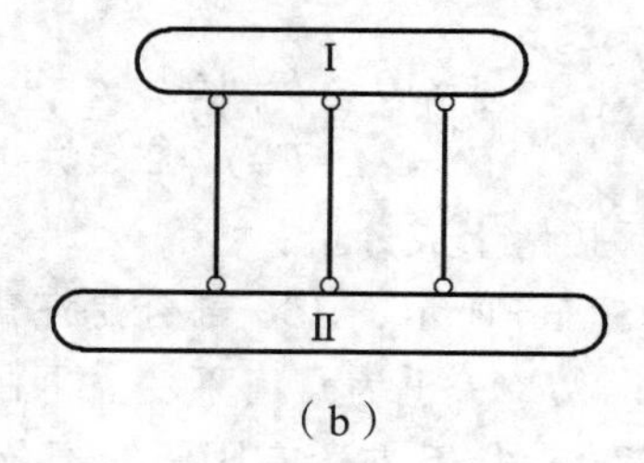

（b）

图　3.27

如图 3.28（a）所示，两刚片用三根延长可交于点O（虚铰）的链杆相连，因此两刚片可以绕它们的相对瞬心O做相对转动，但经微小转动后，三根链杆就不再交于一点，因而体系也转入不变状态。像这种发生几何微小变动后即转为不变的体系，称为瞬变体系。如图 3.28（b）所示，两刚片用三根互相平行但不等长的链杆相连，也为瞬变体系，因为刚片Ⅰ相对刚片Ⅱ稍作移动后，三根链杆不再相互平行。如图 3.28（c）所示，三刚片用三个在一直线上的铰相连，由于A、B、C三点在同一直线上，杆Ⅰ与杆Ⅱ在点C都有垂直向下的相同的运动方向，所以这时C点可发生微小变动至C'点，但一经变动后，三个铰就不在一直线上，因此体系转入几何不变。由此可知，连接三个刚片的三个铰处在同一直线上，也是构成瞬变的几何特征。

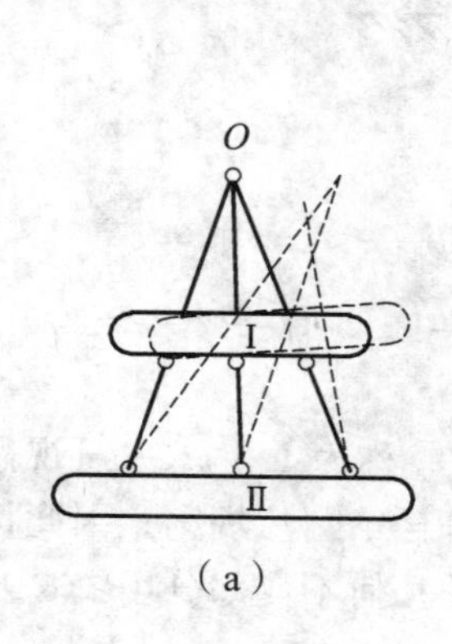

（a）

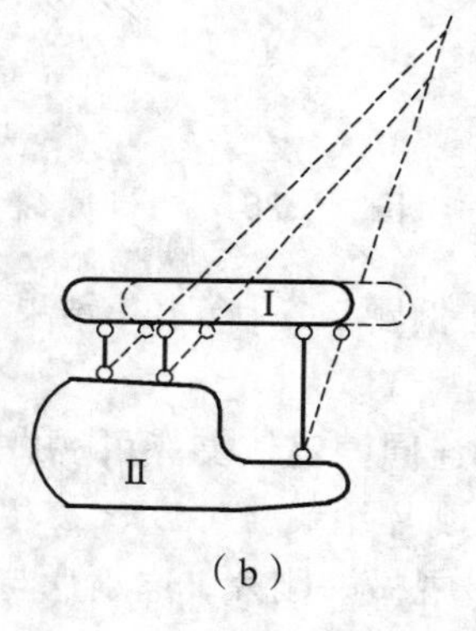

（b）

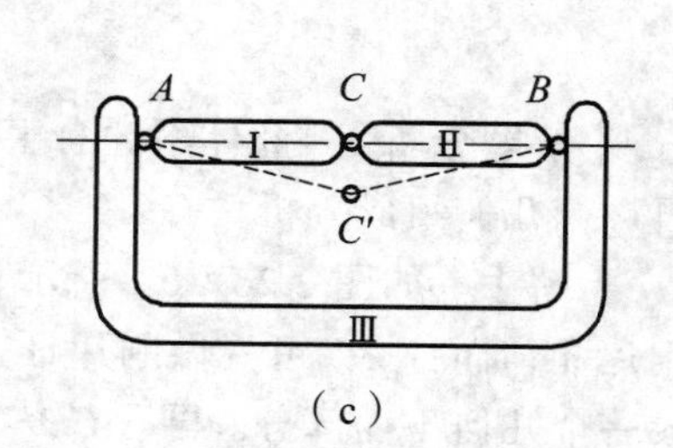

（c）

图　3.28

常变体系在工程上固然不能采用；瞬变体系从理论上来说虽然只发生很小的几何变形，但它很接近几何可变的形式，同时这种体系即使承受很少的荷载也能产生导致结构破坏的巨大内力，所以在工程中也不能采用。

如图 3.29（a）所示的瞬变体系，设在 C 点有一竖向荷载 F 作用。当 C 点移至 C' 点以后体系才能平衡，杆 AC 和 BC 的内力可由结点 C 的平衡条件，即

$$\begin{cases}\sum x=0,\ -F_{NAC}\cos\alpha+F_{NBC}\cos\alpha=0\\ \sum y=0,\ F_{NAC}\sin\alpha+F_{NBC}\sin\alpha-F=0\end{cases},$$

求得
$$F_{NAC}=F_{NBC}=\frac{F}{2\sin\alpha}\ （拉力）$$

若 $\alpha=0$，则 $\sin\alpha=0$，此时：

$$F_{NAC}=F_{NBC}=\frac{F}{2\times0}=\frac{F}{0}=\infty$$

（a）

（b）

图　3.29

即力 F 虽然非常小，但也能产生无限大的内力。就算考虑 C 点有微小位移，α 角度不等于 0，但仍是非常小的数值，此时 $\sin\alpha$ 很接近零值，所以杆件内力也是非常大，这种情况应当避免。

【例 3.11】　试分析如图 3.30（a）所示体系的几何组成。

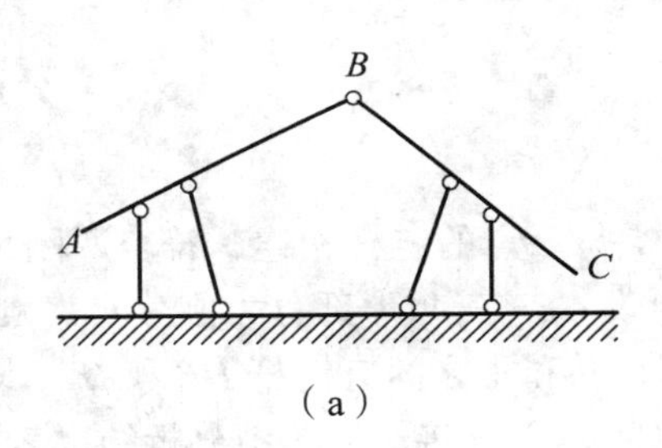

（a）

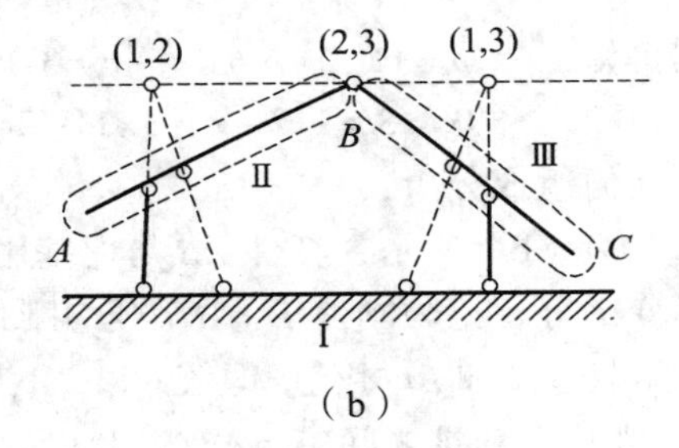

（b）

图　3.30

【解题分析】　首先计算自由度，如果自由度大于 0，可判定为几何可变，如果等于或者小于 0，再根据瞬变体系的组成规则进行分析进行。

【解】（1）计算自由度：

因体系属刚片系，且与地基相连，应用式（3.1）计算自由度。

由图可知　　$m=2$，$h=1$，$r=4$

所以　　$W=3m-2h-r=3\times2-2\times1-4=0$

（2）几何组成分析：

一个几何不变部分与地基相连，只需三根链杆便组成整体不变的体系。现图中有 4 根链杆与地基相连，而从自由度 $W=0$ 看却没有多余联系，这些说明上部（内部）缺少一联系，而外部则有一多余联系，内部不足可由外部来补足。遇到这一类情况，可连同地基一起来分析。如图 3.30（b）所示，设地基为刚片Ⅰ，再设 AB 和 BC 分别为刚片Ⅱ和Ⅲ。选定刚片后再检查这三个刚片间的连接情况。刚片Ⅱ、Ⅲ之间有实铰（2，3）连接；刚片Ⅱ和Ⅰ之间有两链杆相连，其虚铰为（1，2）；刚片Ⅲ和Ⅰ之间有两链杆相连，虚铰为（1，3），如图所示。由于连接三刚片的三个铰（2，3）、（1，2）和（1，3）在一条直线上，所以体系是一瞬变体系。

【例 3.12】　试分析如图 3.31（a）所示体系的几何组成。

【解题分析】 同上一例题。

【解】 （1）计算自由度：

因体系属刚片系，且与地基相连，应用式（3.1）计算自由度。

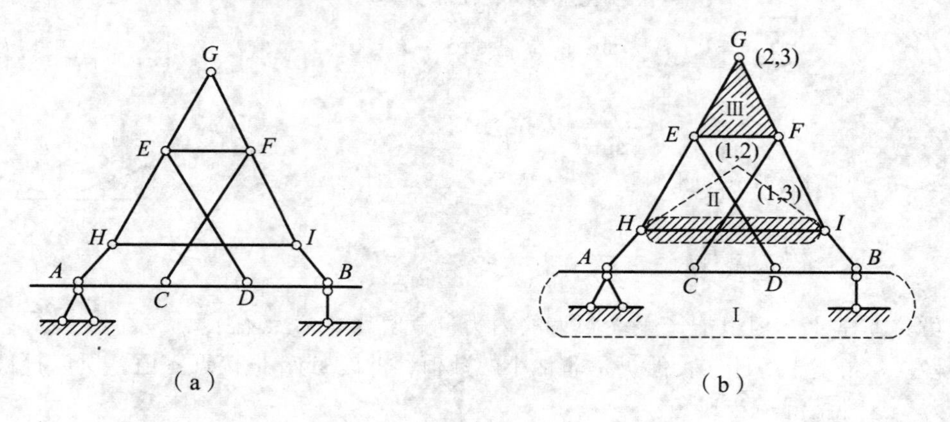

图 3.31

由图可知 $m=11$， $h=15$，$r=3$

所以 $W=3m-2h-r=3\times11-2\times15-3=0$

（2）几何组成分析：

如图 3.31（b）所示，杆件 *AB* 与地基用三条不交与一点的链杆相连，符合两刚片规则，是几何不变部分，记为刚片Ⅰ。*HI* 杆为刚片Ⅱ，再设 *GEF* 三角形部分为刚片Ⅲ。刚片Ⅰ和Ⅱ之间有链杆 *AH* 和 *BI* 相连，即铰（1，2）连接；刚片Ⅱ和Ⅲ之间有链杆 *HE* 和 *IF*，即铰（2，3）连接；刚片Ⅰ和Ⅲ之间有链杆 *CF* 和 *DE*，即铰（1，3）连接。从图中分析结果表明，（1，2）、（2，3）和（1，3）三个虚铰在一条直线上，因此体系是一瞬变体系。

通过上面两例，可以知道判断自由度为 0 的体系是否瞬变体系的一种方法。此方法的要点是：把体系一些部分作为三个刚片，其余杆件作为连接刚片的链杆（或用实铰连接刚片）；看连接刚片的三个铰（实铰或虚铰）是否在一直线上（包括三铰是否交于一点），若是则为瞬变体系，否则是几何不变体系。要注意，分析过程中体系内每一杆件都要用上，或视做刚片，或视做链杆，不能有所漏掉，而且每根杆件只能用一次，不能重复使用。

小　结

本章我们学习了几何不变体系（无多余约束和有多余约束）、几何可变体系（恒变和瞬变）的概念；约束个数概念和体系自由度计算；无多余约束几何不变体系的三个组成规则以及对杆件组成的体系作几何组成性质分析的方法。

几何不变体系：在受到任意方向的外力作用或外部干扰时，如果不考虑杆件的弯曲或伸缩变形，几何形状或各部分的位置都不发生改变的体系。在平面问题中，几何不变体系又叫刚片。几何不变体系分为无多余约束和有多余约束两类。

几何可变体系：在受到任意方向的外力作用或外部干扰时，即使不考虑杆件的弯曲或伸缩变形，几何形状或各部分的位置也会发生改变的体系。几何可变体系分为几何瞬变体系和几何恒变体系两类。

几何组成性质：体系是几何不变的或几何可变的这一特性称为体系的几何组成性质。

几何组成分析：确定一个体系几何组成性质的分析过程。

自由度：体系或其部分在空间中运动的可能方式数目。平面内不受约束的一个点有 2 个自由度，一个链杆或一个刚片有 3 个自由度。

1 个约束：能减少体系 1 个自由度的装置。平面内一根链杆可看作 1 个约束，一个单铰（只连接两个刚片的铰）可看作 2 个约束，一个刚性连接可看作 3 个约束。

虚铰：不共用同一个铰的两根链杆延长线的交点。

复铰：连接 3 个及以上刚片的铰。连接 n 个刚片的复铰相当于 $n-1$ 个单铰。

几何不变体系的组成规则。

（1）两刚片规则：两刚片规则一，两刚片用一个铰和一根链杆相连，只要铰与链杆不共线，则构成无多余约束的几何不变体系；两刚片规则二，两刚片用三根链杆相连，只要三根链杆不全平行或交于一点，则构成无多余约束的几何不变体系。

（2）三刚片规则：三刚片用三个铰两两相连，只要三个铰不共线，则构成无多约束的几何不变体系。

（3）二元体规则：在一个体系中增加或拆除二元体，不会改变原体系的几何组成性质。

体系几何组成分析方法：通过例题学习和解题，可归纳出几何组成分析方法如下：

（1）依次拆除体系中的二元体，拆除得越多越好。

（2）尽量扩大体系余下部分中的每一刚片（包括地基），扩得越大越好。

第四章 轴向拉压杆的计算

第一节 内力及应力的概念

一、内力的概念

1. 内力的定义

我们知道，物体是由无数质子组成的，在未受到外力作用时，其内部各质子间就存在着相互作用的力，称为固有内力。这种内力相互平衡，使得各质子之间保持一定的相对位置，以维持它们之间的联系及物体的形状。当物体受到外力作用时，各质子间的相对位置将发生改变，引起物体变形；同时，各质子间的固有内力也将发生变化。材料力学中所讨论的内力，就是这种因外力作用而引起的固有内力的改变量，称为附加内力，简称**内力**。这种内力随外力的增加而增大，当内力增大到一定限度时就会引起构件破坏，因此它与构件的强度问题密切相关。所以，研究构件的内力是材料力学的重要内容之一。

2. 内力的求解方法——截面法

为研究构件在外力作用下某一截面位置的内力，应将构件在该截面处分离，即假想地把构件沿该截面截开分成两个部分，以便显示并计算该截面的内力，这种方法称为截面法。截面法是材料力学求解构件内力的基本方法。可将其归纳为以下三个步骤：

（1）截取：为了显示内力，沿需要分析内力的截面假想地将构件截开成两部分，取其中任一部分作研究对象，另一部分舍弃。

（2）画力：画所取研究对象的受力图，注意把弃去部分对留下部分的作用以截面上的内力代替。

（3）平衡：根据研究对象的受力图列出静力平衡方程，求得截面内力。

无论构件的受力简单还是复杂，均可用截面法求解构件的内力。具体的使用方法将在以后讨论各种变形的内力时详述。

二、应力的概念

1. 应力的概念

应用截面法可以求出构件的内力，但是仅仅求出内力还不能解决构件的强度问题。因为同样大小的内力作用在不同大小的横截面上时，会产生不同的结果。众所周知，两根材料相同、横截面面积不等的直杆，若受相同的轴向拉力（此时横截面上的内力也相同），则随着拉力的增加，细杆将先被拉断（破坏）。这说明，相等的内力分布在较大的面积上时，比较安全；分布在较小的面积上时，就比较危险。也就是说，构件的危险程度取决于截面上分布内力的密集程度，而不是取决于分布内力的总和。因此，为了解决强度问题，还必须研究内力在截面上某一点处的密集程度，这种密集程度用分布在单位面积上的内力来衡量，称为该点的应力。

2. 截面上一点处的应力

在构件的截面上，围绕任一点 M 取微小面积 ΔA，如图 4.1（a）所示。其上连续地分布着内力，设 ΔA 上分布的内力的微合力为 ΔF，定义 ΔA 上内力的平均密集度为 p_{m}，称 p_{m} 为微面积 ΔA 上的平均应力。即

$$p_{\mathrm{m}}=\frac{\Delta F}{\Delta A}$$

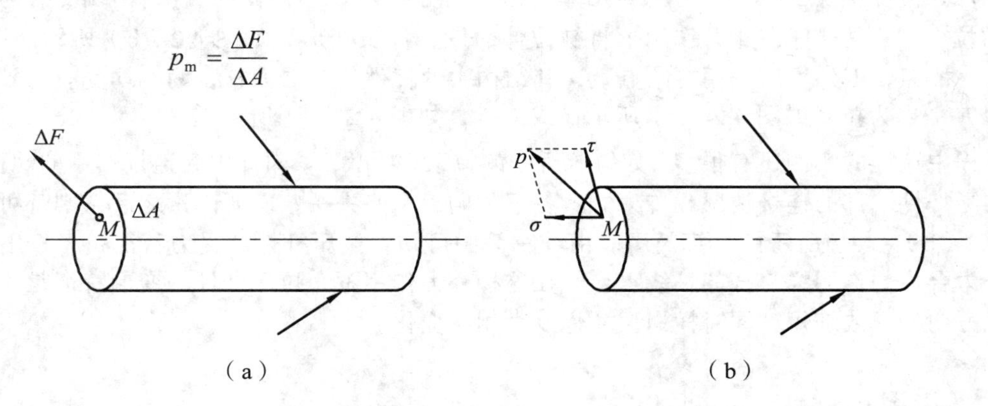

图 4.1

一般情况下，由于内力是非均匀分布的，平均应力 p_{m} 还不能真实地表明一点处内力的密集程度。利用高等数学中极值的概念，令上式中的 ΔA 趋于零，则 p_{m} 的极限值 p 称为 M 点处的应力，即

$$p=\lim_{\Delta A\to 0}p_{\mathrm{m}}=\lim_{\Delta A\to 0}\frac{\Delta F}{\Delta A}=\frac{\mathrm{d}F}{\mathrm{d}A} \tag{4.1}$$

式（4.1）即为应力的定义式。它表明：应力是一点处内力的密集度。也可以说，应力是单位面积上的内力。应力 p 是矢量，一般既不与截面垂直，也不与截面相切。通常把它分解为两个分量，如图 4.1（b）所示。垂直于截面的法向分量 σ，称为正应力；相切于截面的切向分量 τ，称为剪切应力。

3. 应力的单位

国际单位制中，应力的单位是（$\mathrm{N/m^2}$），简称 Pa（帕）。由于这个单位很小，使用不便，工程中常采用 Pa 的倍数单位，如 kPa（千帕）、MPa（兆帕）、GPa（吉帕）。它们与 Pa 的关系为

$$1\ \mathrm{kPa}=10^3\ \mathrm{Pa}\qquad 1\ \mathrm{MPa}=10^6\ \mathrm{Pa}\qquad 1\ \mathrm{GPa}=10^9\ \mathrm{Pa}$$

工程中构件的截面尺寸常以 $\mathrm{mm^2}$ 表示，又由于

$$1\ \text{MPa}=10^6\ \text{Pa}=10^6\times\frac{\text{N}}{\text{m}^2}=10^6\times\frac{\text{N}}{10^6\times\text{mm}^2}=1\frac{\text{N}}{\text{mm}^2}$$

所以在计算中常直接使用：$1\frac{\text{N}}{\text{mm}^2}=1\ \text{MPa}$。

第二节　轴向拉（压）的实例和计算简图

轴向拉伸和压缩变形是杆件的基本变形形式。在工程中，经常会遇到承受轴向拉伸或压缩的杆件。例如图 4.2（a）为一悬臂吊车，由受力分析知 *CD* 杆为二力杆，两端受有与轴线重合的拉力 F，*CD* 杆在此力作用下将被拉伸而发生伸长变形，如图 4.2（b）所示。图 4.2（c）为一桁架，因外力均作用在结点上，其结构中的杆件均为二力杆，两端均受有与轴线重合的力 F（或为拉，如图 4.2（b）所示；或为压，如图 4.2（d）所示）。

工程中这样的实例还有很多，如斜拉桥中的拉索、桥墩，紧固件中起连接作用的螺栓等。虽然实际杆件端部的连接情况或传力方式各不相同，在略去一些次要因素之后，则都可抽象为图 4.2（b）、（d）所示的计算简图。由计算简图可知，拉压杆件的受力特征是：杆上的外力或外力合力的作用线与杆的轴线重合。在这种外力作用下，拉压杆件的变形特征是：杆件沿轴线方向伸长或缩短，同时横向尺寸也发生相应变化。

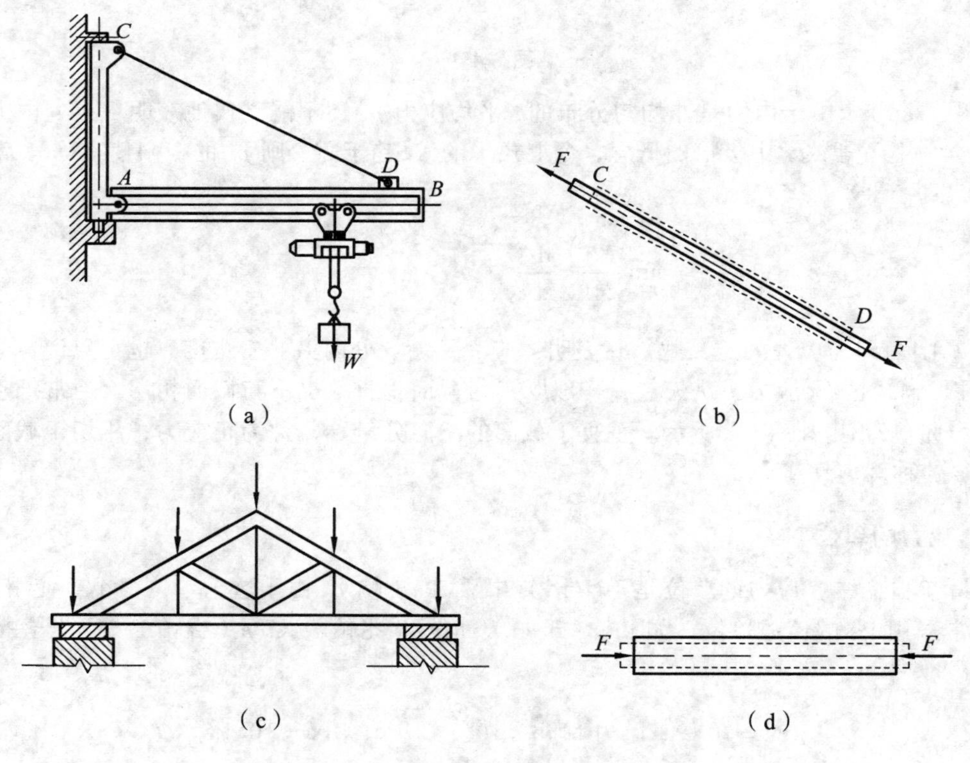

图　4.2

第三节　轴向拉（压）杆的内力·轴力图

一、轴向拉（压）杆的内力

工程中，把承受轴向拉伸或压缩的杆件称为轴向拉（压）杆。现在先来分析轴向拉（压）杆的内力，以图 4.3（a）所示一受轴向外力拉伸的杆件为例，欲求某一截面 $m—m$ 上的内力，用截面法的方法步骤分析。

（1）截取：假想将杆件沿 $m—m$ 截面截开，取 $m—m$ 截面以左（或以右）为研究对象，另一部分舍弃。

（2）画力：画出所取研究对象的受力图，如图 4.3（b）所示。左段上除受到力 F 的作用外，还受到右段对它的作用力，此即截面 $m—m$ 上的内力。根据连续性、均匀性假设，截面 $m—m$ 上将有均匀、连续分布的内力，称为分布内力。F_N 是 $m—m$ 截面上分布内力的合力，因与杆的轴线重合，故称该分布内力的合力 F_N 为轴力。

（3）平衡：列出研究对象的静力平衡方程，求得 $m—m$ 截面的内力。因为杆件整体是平衡的，假想地截开后左（右）段仍应处于平衡状态，因此可列出平衡方程。即

$$\sum F_x = 0\,,\qquad F_N - F = 0$$

得

$$F_N = F$$

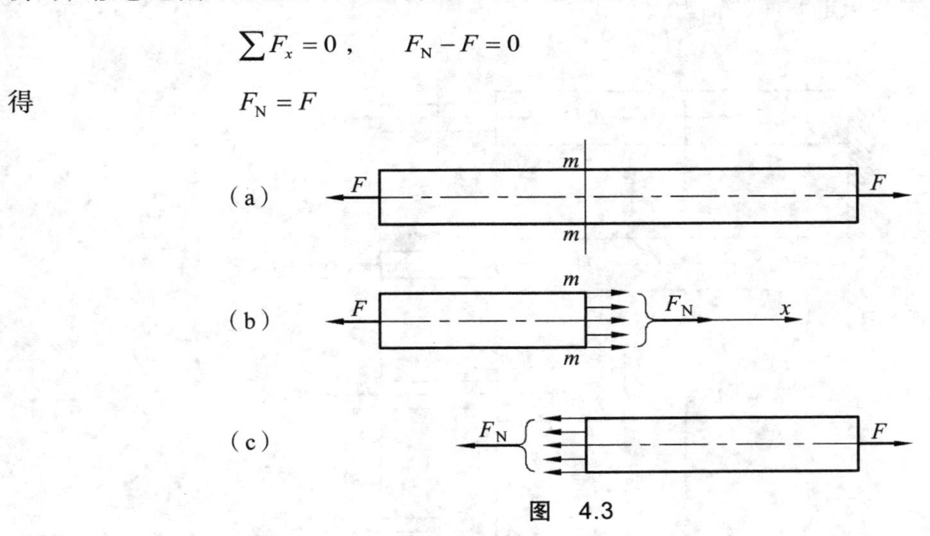

图　4.3

如果以右段为研究对象，受力图如图 4.3（c）所示。按上述步骤进行同样的计算，也可求得 $m—m$ 截面上的轴力为 $F_N = F$。由此可见，用截面法求内力时，无论取哪一部分为研究对象，所求得的内力数值完全相同，但方向相反。显然，这是因为它们是作用力与反作用力的关系。为保证取任一部分为研究对象时得到的同一截面上的轴力不仅数值相等，而且符号相同，材料力学以变形来确定内力的正负号。规定：使杆件产生拉伸变形的轴力为正；使杆件产生压缩变形的轴力为负。即轴力方向背离截面为正，指向截面为负。图 4.3（b）、（c）上分别表示的 F_N，虽然方向相反，但同为拉力（背离截面），故均为正号。

注意：在计算轴力时，通常将未知轴力假设为正。若计算结果为正，则表示轴力的实际指向与所设指向相同，轴力为拉力；若计算结果为负，则表示轴力的实际指向与所设指向相反，轴力为压力。

二、轴向拉（压）杆的轴力图

工程中常有一些杆件，其上受到多个轴向外力的作用，这时杆在不同截面上的内力（轴力）将不同。为了表明内力随截面位置的变化规律，选取一个平面直角坐标系，以平行于杆轴线的坐标表示横截面的位置，垂直于杆轴线的坐标表示相应截面上的内力（轴力），从而绘出内力与截面位置关系图线，称为内力图。因此时的截面内力为轴力，也常称为轴力图或 F_N 图。

轴力图的具体作法是：

（1）将杆件按外力变化情况分段，并用截面法求出各段控制截面的轴力。

（2）建立一直角坐标系，其中 x 轴与杆的轴线方向一致，表示杆件截面的位置；F_N 轴垂直于 x 轴，表示轴力的大小；通常，坐标原点与杆端对应。

（3）根据各段轴力的大小绘出图线，标出纵标线、纵标值、正负号、图名、单位。

【例 4.1】 求图 4.4（a）所示杆件 1—1、2—2、3—3 截面的轴力，并绘出轴力图。

【解题分析】 要绘轴力图，必须求出各控制截面的内力。将杆件按外力变化情况分为 AB、BC、CD 段，每段有一个控制截面，如 1—1、2—2、3—3 截面。而要求截面内力，就要应用截面法。

【解】（1）求各指定截面的轴力：

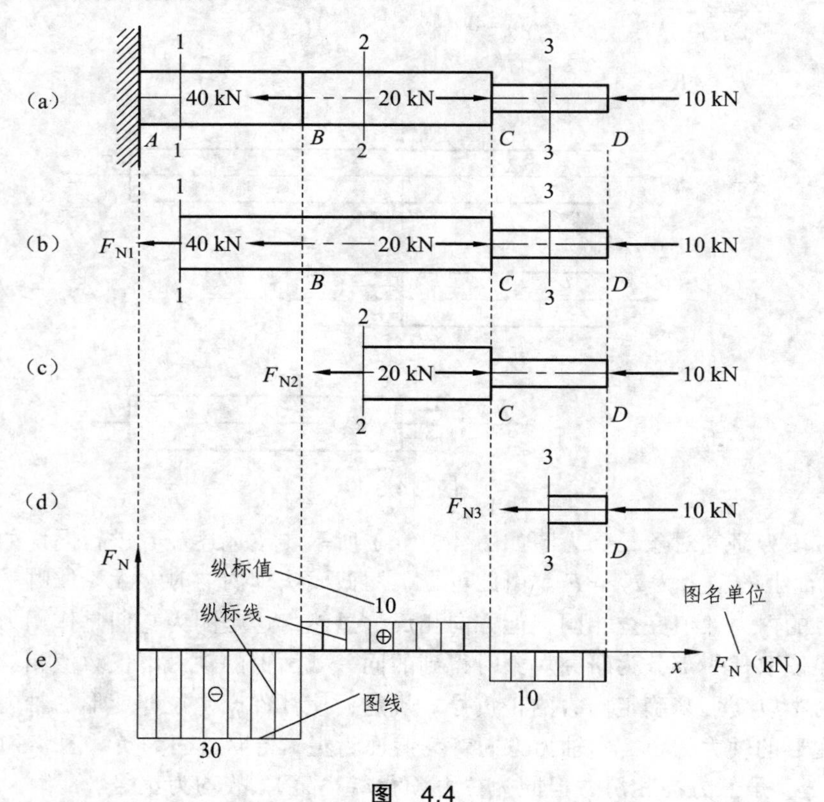

图 4.4

① 求 AB 段 1—1 截面的轴力。

a. 截取：将杆件沿 1—1 截面切开，取截面以右为研究对象（也可取截面以左为研究对象，但须先求出支座 A 处的支座反力）。

b. 画力：画出 1—1 截面以右的受力图，如图 4.4（b）所示。F_{N1} 是 1—1 截面上的轴力，用设正法画出（背离截面）。

c. 平衡：列出研究对象的静力平衡方程，求得 1－1 截面内力，即

$$\sum F_x = 0\ ,\quad -F_{N1} - 40\ \text{kN} + 20\ \text{kN} - 10\ \text{kN} = 0$$
$$F_{N1} = -30\ \text{(kN)}$$

算得的结果为负，表明 F_{N1} 与所设方向相反，指向截面，为压力。

② 求 BC 段 2—2 截面的轴力。

a. 截取：将杆件沿 2—2 截面切开，取截面以右为研究对象。

b. 画力：画出 2—2 截面以右的受力图，如图 4.4（c）所示。F_{N2} 是 2—2 截面上的轴力，用设正法画出（背离截面）。

c. 平衡：列出研究对象的静力平衡方程，求得 2—2 截面内力，即

$$\sum F_x = 0\ ,\quad -F_{N2} + 20\ \text{kN} - 10\ \text{kN} = 0$$
$$F_{N2} = 10\ \text{(kN)}$$

算得的结果为正，表明 F_{N2} 与所设方向一致，背离截面为拉力。

③ 求 CD 段 3—3 截面的轴力。

a. 截取：将杆件沿 3—3 截面截开， 取截面以右为研究对象。

b. 画力：画出 3—3 截面以右的受力图，如图 4.4（d）所示。F_{N3} 是 3—3 截面上的轴力，用设正法画出（背离截面）。

c. 平衡：列出研究对象的静力平衡方程，求得 3—3 截面内力，即

$$\sum F_x = 0\ ,\quad -F_{N3} - 10\ \text{kN} = 0$$
$$F_{N3} = -10\ \text{(kN)}$$

算得的结果为负，表明 F_{N3} 与所设方向相反，指向截面，为压力。

（2）建立坐标系，并根据所求杆段各截面的轴力绘制轴力图，如图 4.4（e）所示。

通过该例的计算可以看出，杆件截面上的内力大小与杆件的截面尺寸无关，而只与杆件所受外力有关。要解决杆件的强度问题，还需进一步求出截面上的应力。

【例 4.2】 立柱 AB 受力如图 4.5（a）所示，其横截面为正方形，边长为 a，柱高为 h，材料的重力密度为 ρ。（1）不考虑柱的自重，试绘出其轴力图；（2）考虑柱的自重，试绘出其轴力图。

【解题分析】 不考虑柱的自重时，柱上的荷载只有 F，各截面轴力为常数；考虑柱的自重时，柱的自重可看作沿柱轴线均匀分布的荷载，轴力随截面位置不同会有变化。但解题的基本方法不变，都是利用截面法求解。

【解】 （1）不考虑柱的自重，绘轴力图。具体步骤如下：

① 截取：由截面法沿高度为 x 的任意截面 n—n 截开，取 n—n 截面以上为研究对象。

② 画力：画出 n—n 截面以上的受力图，如图 4.5（b）所示，F_N 是 n—n 截面的轴力，用设正法画出（背离截面为正）。

③ 平衡：列出研究对象的静力平衡方程，求得 n—n 截面的内力，即

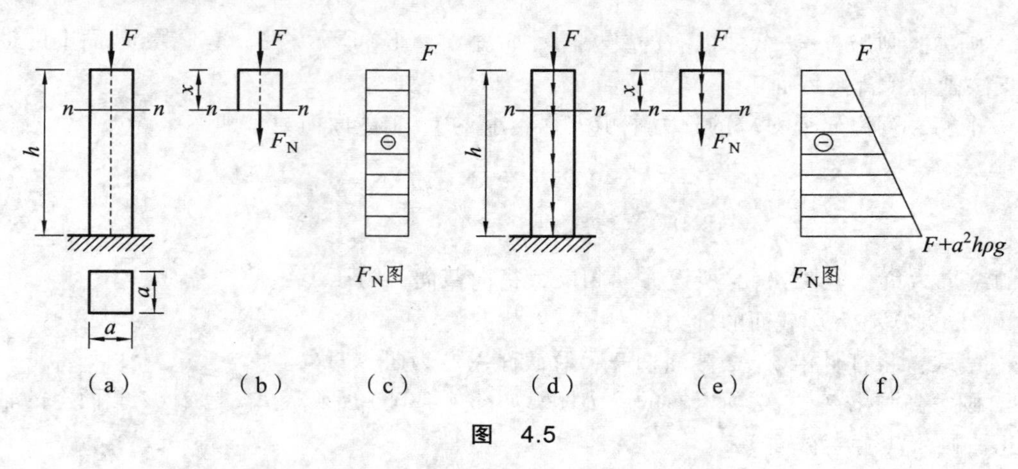

图 4.5

$$\sum F_x = 0, \quad -F_N - F = 0$$

所以 $F_N = -F$

计算结果为负值，表明与所设方向相反，指向截面，为压力。

根据所求任意截面的轴力，绘制轴力图，如图 4.5（c）所示。

（2）考虑柱的自重，绘轴力图。

考虑柱的自重时，柱的自重可看作沿柱轴线均匀分布的荷载，如图 4.5（d）所示。具体步骤如下：

① 截取：由截面法沿高度为 x 的任意截面 $n—n$ 截开，取 $n—n$ 截面以上为研究对象。

② 画力：画出 $n—n$ 截面以上的受力图，如图 4.5（e）所示，F_N 是 $n—n$ 截面的轴力，用设正法画出（背离截面为正）。

③ 平衡：列出研究对象的静力平衡方程，求得 $n—n$ 截面的内力。即

$$\sum F_x = 0, \quad -F_N - F - a^2 x\rho = 0$$

所以 $F_N = -F - a^2 x\rho$

计算结果为负值，表明与所设方向相反，指向截面，为压力。

根据所求任意截面的轴力，可以看出轴力是 x 的一次函数，轴力图应为一条斜直线。求出：

$x = 0$ 时，$F_N = -F$；

$x = h$ 时，$F_N = -F - a^2 h\rho$

由此绘制轴力图，如图 4.5（f）所示。

第四节　截面上的应力

一、拉压杆横截面上的应力

由上述分析可知，拉压杆横截面上分布内力的合力沿截面的法线方向，所以横截面上只有正应力 σ。欲计算正应力，必须知道其在截面上的分布规律。由于内力与变形之间存在着一定的关系，可通过观察拉压杆的变形，来确定内力的分布情况。

如图 4.6（a）所示，取一等直杆，在其侧表面上画出一系列平行于轴线的纵向线和垂直于轴线的横向线。然后，在杆的两端施加一对轴向拉力 F。拉伸后可观察到横向线 ab、cd 分别平行移到了 $a'b'$、$c'd'$ 的位置，但仍为直线，且仍垂直于杆轴，如图 4.6（b）所示。根据这一现象，可假设变形前为平面的横截面变形后仍保持为平面，这个假设称为平面假设。设想杆是由许多纵向纤维所组成的，根据平面假设，可断定杆变形时任意两横截面间各纵向纤维的伸长量相等。又根据均匀连续性假设，各条纤维的性质相同，因而它们的受力必定相等。所以横截面上的法向分布内力是均匀分布的，即正应力 σ 沿横截面均匀分布，其分布情况如图 4.6（c）所示。这个结论对于压杆也是成立的。

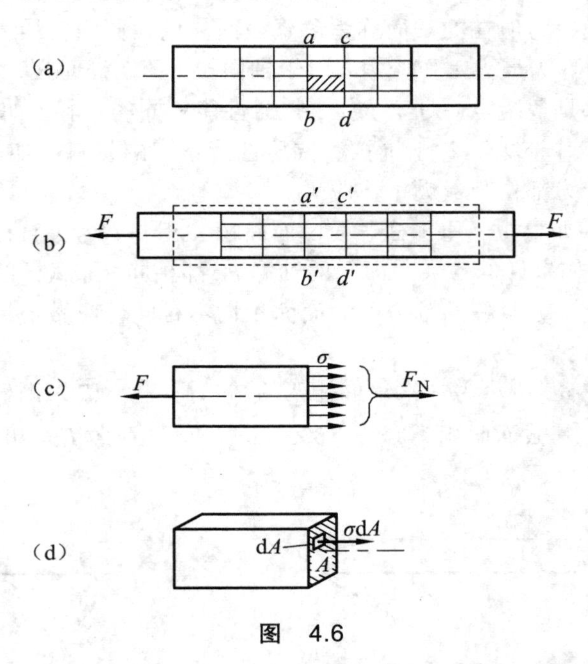

图　4.6

若在横截面上任取一微面积 $\mathrm{d}A$，其上的微内力为 $\sigma\cdot\mathrm{d}A$，如图 4.6（d）所示。若杆的横截面面积为 A，横截面上的轴力为 F_{N}，则横截面上所有微面积 $\mathrm{d}A$ 上的微内力 $\sigma\cdot\mathrm{d}A$ 之和应等于轴力 F_{N}，即

$$F_{\mathrm{N}}=\int_A \sigma\cdot\mathrm{d}A$$

因为横截面上的正应力 σ 是均匀分布的，即 σ 等于常量，上式可写为

$$F_{\mathrm{N}}=\int_A \sigma\cdot\mathrm{d}A=\sigma\cdot A$$

于是得到

$$\sigma=\frac{F_{\mathrm{N}}}{A} \tag{4.2}$$

式（4.2）就是拉压杆横截面上任意点正应力的计算公式。

正应力 σ 的符号和轴力 F_N 的符号规定相同，即拉应力为正，压应力为负。

必须指出，这一结论实际上只在杆上离外力作用点稍远的部分才正确。因为在外力作用点附近截面上的应力分布情况比较复杂，实际上杆端外力一般总是通过各种不同的连接方式传递到杆上的。研究表明，当外力的合力沿轴向作用时，只会使与杆端距离不大于杆的横向尺寸的范围内受到影响，但对稍远处的应力分布影响很小，可以忽略，这就是圣维南原理。根据这一原理，除了外力作用点附近范围以外，都可用式（4.2）计算应力。至于杆端的计算则与其连接方式有关，将在第三章讨论。

在对拉（压）杆进行强度计算时，还需要知道杆件各横截面上正应力的最大值，称为杆的最大正应力。最大正应力所在的截面称为危险截面。危险截面上最大应力所在的点称为危险点，危险点处的应力称为最大工作应力。对于轴向拉（压）杆而言，只要判断出危险截面，危险截面上的任一点都是危险点。对于抗拉、抗压性能相同的材料（如低碳钢），只需要取绝对值最大的 σ 为最大工作应力。对于抗拉、抗压性能不同的材料（如木材、铸铁），则要把最大拉应力和最大压应力都作为最大工作应力。

由式（4.2）可知，如果拉（压）杆各横截面面积 A 相同，为等直杆，则最大正应力发生在轴力最大的截面上；如果杆的各横截面上的轴力 F_N 都相同，那么杆的最大正应力发生在截面面积最小的横截面上。如果杆的轴力、截面面积均不相同，应做定量计算比较后才能确定最大正应力和危险截面。

【例 4.3】 图 4.7（a）所示为一三角形托架的结构简图。AB 为钢杆，其截面面积为 $A_1 = 420\ \text{mm}^2$；BC 为木杆，其截面面积为 $A_2 = 8\ 000\ \text{mm}^2$。已知荷载 $F = 40\ \text{kN}$，求各杆横截面上的正应力。

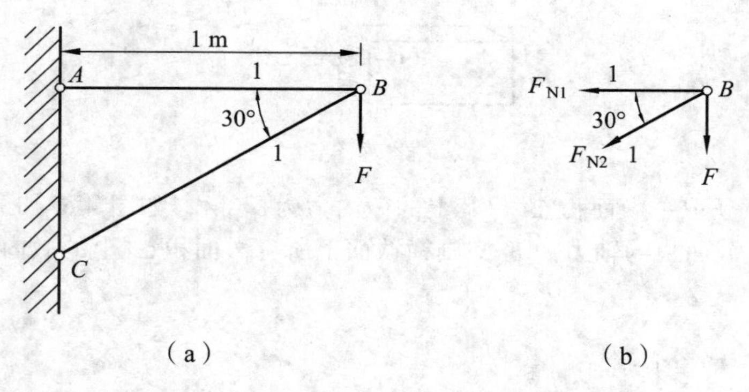

图 4.7

【解题分析】 题目欲求 AB、BC 杆横截面上的正应力，须用正应力的计算公式。截面面积 A 为已知，需求出各杆的轴力 F_N，便可计算各杆的正应力了。图示结构中 AB、BC 均为二力杆，用截面法沿任意截面截开即可求得杆件的轴力。（注意：应用截面法时，各未知力均设为正，即背离截面。）

【解】 （1）用截面法计算杆的轴力。将三角托架沿 1—1 截面截开，取截面以右结点 B 为研究对象，受力如图 4.7（b）所示。

列平衡方程：

$$\sum F_x = 0\ ,\quad -F_{N1} - F_{N2} \cdot \cos 30^\circ = 0$$

$$\sum F_y = 0\text{，}\ -F_{N2} \cdot \sin 30° - F = 0$$

将 $F = 40\ \text{kN}$ 代入，解得

AB 杆的轴力：　　　　$F_{N1} = 69.28\ \text{kN}$

BC 杆的轴力：　　　　$F_{N2} = -80\ \text{kN}$

（2）计算各杆的正应力。由式（4.2）知 *AB*、*BC* 杆的正应力分别为

$$\sigma_1 = \frac{F_{N1}}{A_1} = \frac{69.28 \times 10^3\ \text{N}}{420\ \text{mm}^2} = 164.95\ \text{MPa}\text{（拉应力）}$$

$$\sigma_2 = \frac{F_{N2}}{A_2} = \frac{-80 \times 10^3\ \text{N}}{8\ 000\ \text{mm}^2} = -10\ \text{MPa}\text{（压应力）}$$

（3）讨论。题中提及杆的材料：*AB* 为钢杆，*BC* 为木杆，但在计算过程中我们仅用了静力平衡方程和拉（压）杆的正应力计算公式。这表明，仅用静力平衡方程就能完全确定全部未知力的结构，其内力、应力与杆的材料无关。

【例 4.4】　如图 4.8（a）所示，一正方形截面的混凝土柱，已知 $F = 50\ \text{kN}$，$F_1 = 30\text{kN}$。求该混凝土柱的最大正应力。

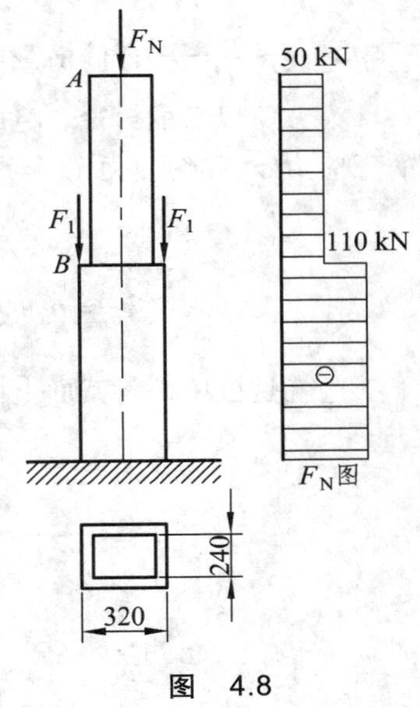

图　4.8

【解题分析】　该柱分 *AB*、*BC* 两段，两段所受外力不同，F_1 虽然没有直接作用在轴线上，但其合力与轴线重合，可视为轴向力作用。其内力也不相同，可用截面法分别求出各段的内力，并绘出轴力图。又因为两段的截面面积不同，其最大正应力便不能通过定性分析确定，而需分别对 *AB*、*BC* 段的正应力进行定量计算，通过比较找得出最大正应力。

【解】　（1）用截面法求得 *AB*、*BC* 段的轴力分别为

$$F_{NAB} = -50\ \ \text{kN}$$

$$F_{NBC} = -110\ \ \text{kN}$$

根据所求轴力可绘出轴力图，如图 4.8（b）所示。

（2）计算各段的正应力。由式（4.2）得

$$\sigma_{AB} = \frac{F_{NAB}}{A_{AB}} = \frac{-50 \times 10^3\ \text{N}}{240^2\ \ \text{mm}^2} = -0.87\ \ \text{MPa}$$

$$\sigma_{BC} = \frac{F_{NBC}}{A_{BC}} = \frac{-110 \times 10^3\ \text{N}}{320^2\ \ \text{mm}^2} = -1.07\ \text{MPa}$$

计算结果为负，表示该柱受到的是压应力。经比较可知，混凝土柱的最大正应力发生在柱的 *BC* 段各横截面上，其值可表示为

$$\sigma_{\max} = -1.07\ \ \text{MPa}\text{（压应力）}$$

二、拉（压）杆斜截面上的应力

以上讨论了轴向拉压杆横截面上的正应力，而通过杆内任一点可以做无数个截面，横截

面只是其中的一个特殊截面。在其他方向截面上的应力情况如何？那些截面上的应力是否会比横截面上的应力更大，而使杆件破坏呢？为了全面了解杆的强度，还需要分析任意斜截面上的应力情况。

以图 4.9（a）为例，利用截面法，假想沿任一斜截面 $m—m$ 将杆截开，斜截面的方位以其外法线 On 与 x 轴的夹角 α 表示。并规定：角度 α 自杆轴至斜截面外法线以逆时针转向为正，反之为负。取 $m—m$ 截面以左为研究对象，受力如图 4.9（b）所示。

由 $\sum F_x = 0$，可得斜截面 $m—m$ 截面上的内力：$F_{N\alpha} = F = F_N$

仿照横截面上正应力均匀分布的推理过程，也可推断斜截面 $m—m$ 上的应力 p_α 是均匀分布且与杆轴平行，如图 4.9（b）所示。设杆件横截面的面积为 A，斜截面 $m—m$ 的面积为 A_α，则有

$$A_\alpha = \frac{A}{\cos\alpha}$$

由图 4.9（b）可知 $$F_{N\alpha} = p_\alpha \cdot A_\alpha = p_\alpha \cdot \frac{A}{\cos\alpha}$$

所以 $$p_\alpha = \frac{F_{N\alpha}}{A} \cdot \cos\alpha = \frac{F}{A} \cdot \cos\alpha = \sigma \cdot \cos\alpha$$

式中 $\sigma = \frac{F}{A}$ —— 杆件横截面上的正应力。

为方便以后的讨论，将应力 p_α 沿截面的法向和切向分解，如图 4.9（c）所示。斜截面上的正应力 σ_α 和切应力 τ_α 分别为

$$\left.\begin{aligned}\sigma_\alpha &= p_\alpha \cdot \cos\alpha = \sigma \cdot \cos^2\alpha \\ \tau_\alpha &= p_\alpha \cdot \sin\alpha = \sigma \cdot \cos\alpha \cdot \sin\alpha = \frac{\sigma}{2}\sin 2\alpha\end{aligned}\right\} \tag{4.3}$$

这就是拉压杆斜截面上的应力计算公式。

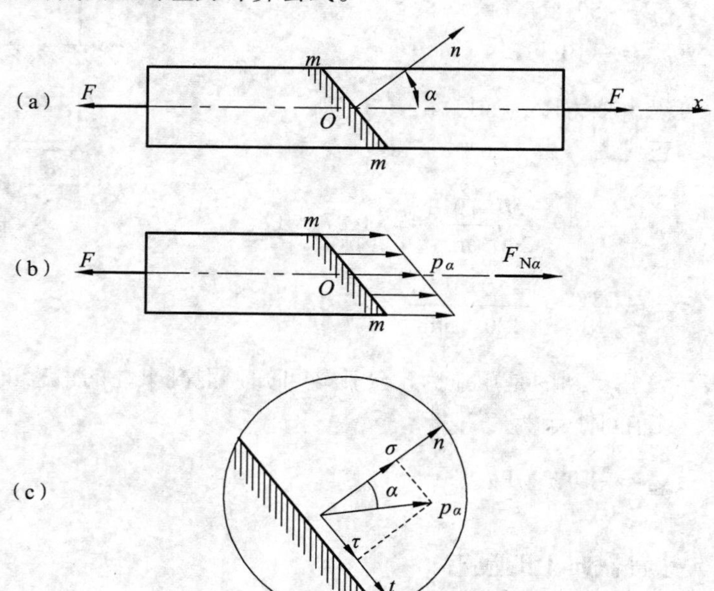

图 4.9

利用式（4.3）对斜截面上的应力进行讨论分析，可得出如下结论：

（1）在通过拉（压）杆内任一点的各个截面上，一般都存在正应力σ_α和切应力τ_α，其大小和方向随α角作周期性变化。

（2）轴向拉压杆内任一点处的最大正应力发生在杆的横截面上，即当$\alpha = 0°$时，$\sigma_{0°} = \sigma \cdot \cos^2 0° = \sigma = \sigma_{max}$，$\sigma$为横截面上的正应力。

（3）轴向拉压杆内任一点处的最大切应力发生在45°斜截面上，其值等于该点处最大正应力的一半。即当$\alpha = \pm 45°$时，

$$\tau_{45°} = \frac{\sigma}{2}\sin 2\times 45° = \frac{\sigma}{2} = \tau_{max}$$

（4）轴向拉压杆在平行于杆轴线的纵向截面上不产生任何应力。即当$\alpha = \pm 90°$时，

$$\sigma_{90°} = 0,\quad \tau_{90°} = 0$$

在利用式（4.3）计算斜截面上的应力时，必须注意式中各量的正负号。规定：正应力σ_α仍以拉应力为正，压应力为负。切应力τ_α则以其沿截面顺时针错动为正，反之为负。图4.10（a）所示各量均为正值，而图4.10（b）所示各量均为负值，可对照理解、练习。

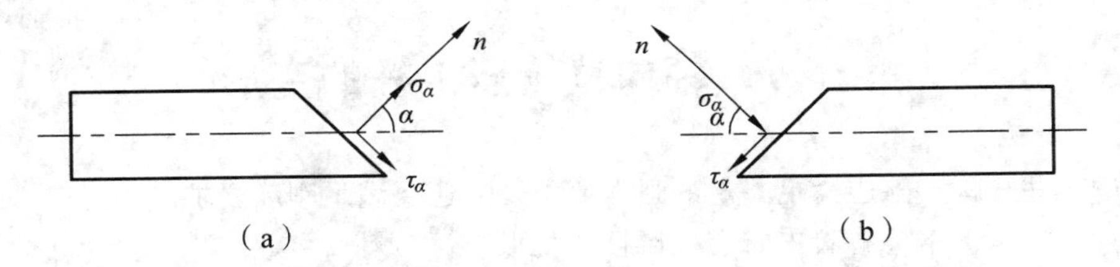

图　4.10

【例4.5】　图4.11（a）所示为一轴向受压等截面直杆，已知其横截面面积$A = 200\ mm^2$，轴向压力$F = 25\ kN$。试分别计算$\alpha_1 = 45°$和$\alpha_2 = -45°$斜截面上的正应力和切应力。

【解题分析】　由式（4.3）知，过一点的所有斜截面上的正应力σ_α和切应力τ_α，都与横截面上的正应力σ有确定的关系。欲求斜截面上的正应力和切应力，须先求出横截面上的正应力，再利用式（4.3）计算即可。

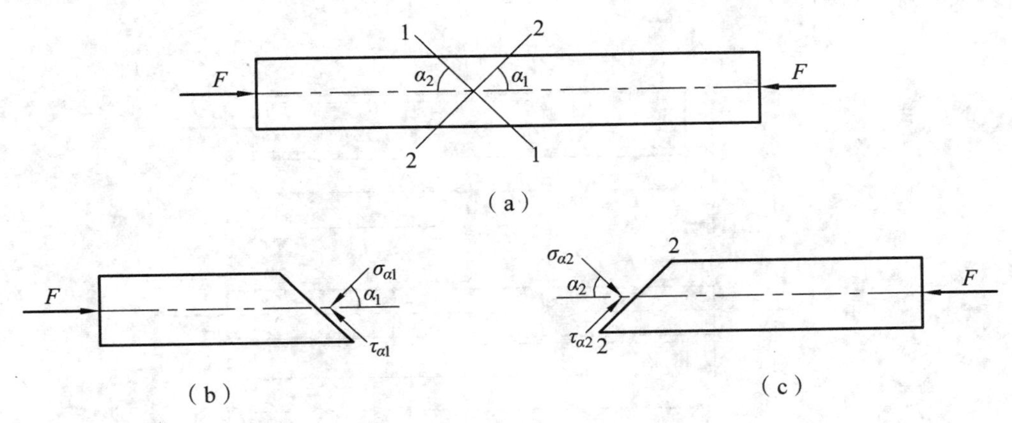

图　4.11

【解】（1）求压杆横截面上的正应力：

$$\sigma=\frac{F_{\mathrm{N}}}{A}=\frac{-F}{A}=\frac{-25\times10^{3}\ \mathrm{N}}{200\ \mathrm{mm}^{2}}=-125\ \mathrm{MPa}$$

（2）求斜截面上的正应力和切应力，由式（4.3）可知，$\alpha_1=45°$时，斜截面1—1上的正应力和切应力分别为

$$\sigma_{45°}=\sigma\cdot\cos^{2}\alpha=-125\times\cos^{2}45°=-62.5\ \mathrm{MPa}$$

$$\tau_{45°}=\frac{\sigma}{2}\cdot\sin2\alpha=\frac{-125}{2}\sin(2\times45°)=-62.5\ \mathrm{MPa}$$

$\alpha_2=-45°$时，斜截面2—2上的正应力和切应力分别为

$$\sigma_{-45°}=\sigma\cdot\cos^{2}\alpha=-125\times\cos^{2}(-45°)=-62.5\ \mathrm{MPa}$$

$$\tau_{-45°}=\frac{\sigma}{2}\cdot\sin2\alpha=\frac{-125}{2}\sin(-2\times45°)=62.5\ \mathrm{MPa}$$

将上面求得的应力分别表示在它们所作用的截面上，如图4.11（b）、（c）所示。

第五节　轴向拉（压）杆的变形

工程中有些杆件，除应满足一定的强度要求外，还要满足刚度要求。为此，必须研究杆件变形的计算方法。本节将着重研究拉压杆的变形。

杆件在轴向拉伸或压缩时，所产生的主要变形是沿轴线方向的伸长或缩短，称为轴向变形或纵向变形；与此同时，垂直于轴线方向的横向尺寸也有所缩小或增大，称为横向变形。

一、纵向变形

如图4.12所示，设拉、压杆的原长为l，在轴向外力F的作用下，长度变为l_1，杆的纵向变形用Δl表示，则

$$\Delta l=l_1-l$$

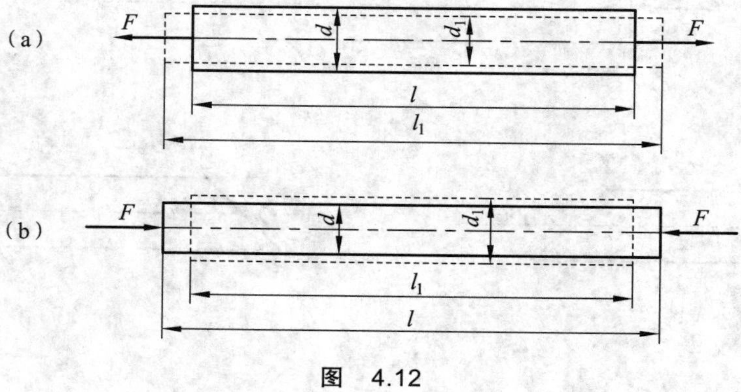

（a）　F　d　d_1　F　l　l_1

（b）　F　d　d_1　F　l_1　l

图　4.12

对于拉杆，Δl 为正值，表示纵向伸长，如图 4.12（a）所示。对于压杆，Δl 为负值，表示纵向缩短，如图 4.12（b）所示。由于纵向变形 Δl 的大小与杆的原长 l 有关，所以它并不能真实地反映杆的变形程度。为了更加准确地描述杆的变形程度，用单位长度的变形量作为衡量变形的其本度量，称为线应变，并将沿轴线方向的线应变称为纵向线应变，用 ε 表示，即

$$\varepsilon = \frac{\Delta l}{l} \tag{4.4}$$

显然，拉伸时 $\varepsilon > 0$，称为拉应变；压缩时 $\varepsilon < 0$，称为压应变。由式（4.4）可知，纵向线应变 ε 是一个无量纲的量。

二、横向变形与泊松比

1. 横向变形

如图 4.12 所示，设拉、（压）杆在变形前、后的横向尺寸分别为 d 与 d_1，杆的横向变形用 Δd 表示，则

$$\Delta d = d_1 - d$$

与之相应的应变称为横向线应变，用 ε' 表示。由线应变定义可知：

$$\varepsilon' = \frac{\Delta d}{d} \tag{4.5}$$

2. 泊松比

由式（4.4）、式（4.5）可知，拉伸时：$\varepsilon > 0$、$\varepsilon' < 0$，压缩时：$\varepsilon < 0$、$\varepsilon' > 0$。大量的试验表明，当杆的变形为弹性变形时，横向线应变 ε' 与纵向线应变 ε 之间保持一定的比例关系，但符号恒相反，即

$$\mu = -\frac{\varepsilon'}{\varepsilon} \quad 或 \quad \varepsilon' = -\mu \cdot \varepsilon \tag{4.6}$$

此比值 μ 称为泊松比或横向变形系数。它是一个无量纲的量，其值随材料不同而异，由试验测定。利用上式，可由纵向线应变求横向线应变；反之亦然。

3. 胡克定律

现在来讨论拉（压）杆受力与变形量之间的关系。这种关系与材料的性能有关，需要通过试验来获得。大量的试验表明，当杆的变形为弹性变形时，杆的纵向变形 Δl 与外力 F 及杆的原长 l 成正比，而与杆的横截面面积 A 成反比，即

$$\Delta l \propto \frac{Fl}{A}$$

引进比例常数 E，则有

$$\Delta l = \frac{F \cdot l}{E \cdot A}$$

由于若横截面上的轴力 $F_{\mathrm{N}}=F$，故则上式可改写为

$$\Delta l=\frac{F_{\mathrm{N}}\cdot l}{E\cdot A} \tag{4.7}$$

上式所反映的称为胡克定律，是拉（压）杆的变形计算公式。式中的比例常数 E 称为弹性模量，其值随材料不同而异，是衡量材料抵抗弹性变形能力的一个指标。E 的数值需通过试验测定，E 的单位与应力的单位相同。弹性模量 E 和泊松比 μ 是材料固有的两个弹性常数，以后将会经常用到。工程中一些常用材料的 E 、μ 值，可从相关工程材料手册中查得。

使用式（4.7）计算变形时应注意：

（1）轴向变形 Δl 的正负表明杆件伸长或缩短，Δl 与轴力 F_{N} 的符号相同。

（2）式中 EA 称为杆的拉压刚度，它与 Δl 成反比。可见 EA 代表了杆件抵抗拉、(压变形的能力。

（3）此式只适用于在 l 杆段内 F_{N} 、E 和 A 均为常数的变形计算；若全杆的轴力 F_{N} 、截面面积 A 和弹性模量 E 中的其中之一分段变化时，则应按式（4.7）分别计算各段的轴向变形，然后求其代数和，即可得全杆总的轴向变形 Δl。即

$$\Delta l=\sum\Delta l_i=\sum\frac{F_{\mathrm{N}i}\cdot l_i}{E_i\cdot A_i} \tag{4.7a}$$

若杆件的轴力沿轴线连续变化，即 F_{N} 是 x 的函数。则杆件总的轴向变形 Δl 应通过对微段 $\mathrm{d}x$ 的轴向变形 $\mathrm{d}(\Delta l)$ 积分求得。即

$$\Delta l=\int_l \mathrm{d}(\Delta l)=\int_l\frac{F_{\mathrm{N}}(x)\cdot \mathrm{d}x}{E\cdot A} \tag{4.7b}$$

整理式（4.7），并代入式（4.2）、式（4.4）可得

$$\sigma=E\cdot\varepsilon \tag{4.8}$$

上式是胡克定律的另一表达式，它不仅适用于拉（压）杆，而且还可以更普遍地用于所有的单项应力状态。故通常又称其为单项应力状态下的胡克定律。它表明：在弹性范围内，一点处的正应力与该点处的线应变成正比。该式还常用于实验应力分析。

【例 4.6】 一阶梯杆由两种材料组成。AB 段的材料为铸铁，其弹性模量 $E_1=100\ \mathrm{GPa}$；BC 和 CD 段的材料为钢，其弹性模量 $E_2=E_3=200\ \mathrm{GPa}$。所受轴向荷载如图 4.13（a）所示。已知 $F_1=F_2=5\ \mathrm{kN}$，$F_3=10\ \mathrm{kN}$。各段的长度分别为 $l_1=l_3=1.2\ \mathrm{m}$，$l_2=1\ \mathrm{m}$，各段的横截面面积分别为 $A_1=60\ \mathrm{mm}^2$，$A_2=A_3=100\ \mathrm{mm}^2$。试求杆 AD 总的轴向变形 Δl 和 B 截面的位移。

【解题分析】 题目有两个要求：一是要求杆的总变形。由于杆件各段的材料不同、所受荷载不同、截面尺寸不同，因此求变形时应先分段计算各段的变形量 Δl_1、Δl_2 和 Δl_3，欲求变形量又须先求出各段的轴力。然后，再用式（4.7a）求总变形 Δl。二是求 B 截面的位移。由于 D 端固定，所以 B 截面的位移即为 B 截面相对于 D 截面的位移，而两截面的相对位移等于该两截面间杆件的变形，因此要求 B 截面的位移，应先求出 BC 、CD 段的变形 Δl_2 和 Δl_3。

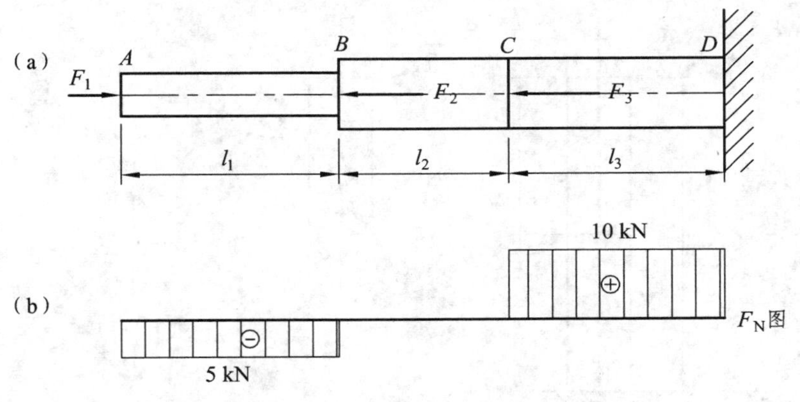

图　4.13

【解】　（1）计算杆的轴力并绘轴力图。

由截面法可得各段的轴力为 $F_{N1}=-5\ \text{kN}$，$F_{N2}=0$，$F_{N3}=10\ \text{kN}$。其轴力图如图 4.13（b）所示。

（2）分别计算各段变形。

由式（4.7）知：

$$\Delta l_{AB}=\frac{F_{N1}\cdot l_1}{E_1\cdot A_1}=\frac{-5\times10^3\times1.2\times10^3}{100\times10^3\times60}=-1\ \text{(mm)}$$

$$\Delta l_{Bc}=\frac{F_{N2}\cdot l_2}{E_2\cdot A_2}=0$$

$$\Delta l_{CD}=\frac{F_{N3}\cdot l_3}{E_3\cdot A_3}=\frac{10\times10^3\times1.2\times10^3}{200\times10^3\times100}=0.6\ \text{(mm)}$$

（3）计算杆 AD 总的轴向变形。

由式（4.7a）知：

$$\Delta l=\sum\Delta l_i=\Delta l_{AB}+\Delta l_{BC}+\Delta l_{CD}=-1+0+0.6=-0.4\ \text{(mm)}$$

总变形 Δl 为负值，表示杆 AD 在外力作用下产生压缩变形。

（4）计算 B 截面的位移。

$$\delta_B=\delta_{BD}=\Delta l_{BC}+\Delta l_{CD}=0+0.6=0.6\ \text{(mm)}$$

所得结果为正，表示 B 截面向左位移。

讨论：（1）由本例的变形计算可知，有内力必有变形。如杆的 AB、CD 段均有内力，则两段均有变形；而 BC 段无内力，则该段无变形。说明了变形与内力的相互依存关系。

（2）由本例的位移计算可知，位移和变形是两个不同的概念。如 BC 段虽无内力，也无变形，但该段各横截面相对固定端 D 均有位移，这是因为 CD 段的变形使 BC 段产生刚性位移。说明位移与内力之间没有绝对的依存关系。

【例 4.7】　图 4.14（a）所示为一均质等直杆，其顶部受轴向荷载 F 的作用。已知杆的长度为 l，横截面面积为 A，材料的容重为 γ，弹性模量为 E，试求杆件在自重及荷载 F 的作用下杆顶端面 B 处的位移（δ_B）（$\varDelta_B$）。

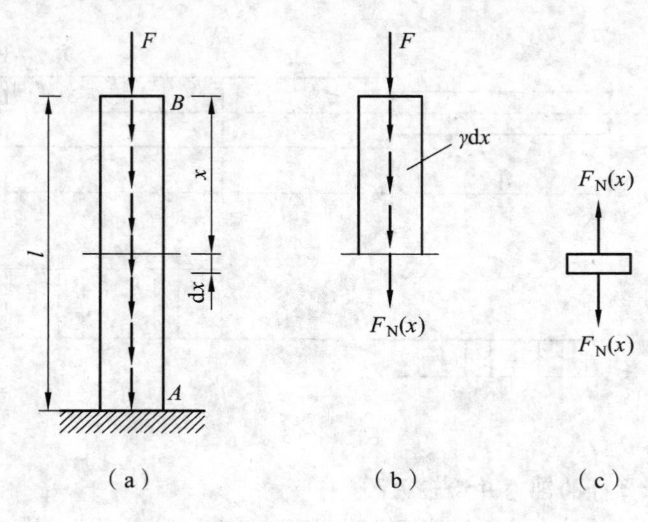

图 4.14

【解题分析】 题目欲求顶端 B 处的位移，求出杆 AB 的总变形即可。该题因考虑杆的自重，轴力沿轴线连续变化，即 F_N 是 x 的函数。则杆总的轴向变形 Δl 应通过对微段 dx 的轴向变形 $d(\Delta l)$ 积分求得。即杆的变形需用式（4.7b）计算。要用式（4.7b）计算，须先找出轴力与截面位置 x 的函数关系，即 $F_N(x)$。

【解】（1）确定杆的轴力与截面位置 x 的函数关系。应用截面法将杆件从距杆端 B 为 x 的截面处截开，设该截面上的内力为 $F_N(x)$。画受力图如图 4.14（b）所示，由平衡条件知：

$$\sum F_x = 0, \quad F_N(x) + F + \gamma \cdot A \cdot x = 0$$

即

$$F_N(x) = -(F + \gamma \cdot A \cdot x)$$

微段 dx 如图 4.14（c）所示，由于是微段，可略去两端内力的微小差值，则微段的变形为

$$d(\Delta l) = \frac{F_N(x)dx}{EA}$$

（2）求顶端 B 处的位移：

$$\varDelta_B = \Delta l = \int_l d(\Delta l) = \int_l \frac{F_N(x) \cdot dx}{E \cdot A} = \int_0^l \frac{-(F + \gamma \cdot A \cdot x)}{E \cdot A} dx = -\left(\frac{F \cdot l}{E \cdot A} + \frac{\frac{W}{2} \cdot l}{E \cdot A} \right)$$

式中 $W = \gamma \cdot A \cdot l$ —— 杆的自重。

讨论：（1）由本例计算结果可知，等直杆由自重引起的变形，等于将杆重的一半作用于杆端所引起的变形。

（2）在本例中，若将自重作为集中力作用于重心，所得结果与上述结果相同，但这种计算方法是错误的，因为荷载的简化会导致杆的内力和变形的变化，如图 4.15（b）、（d）所示。

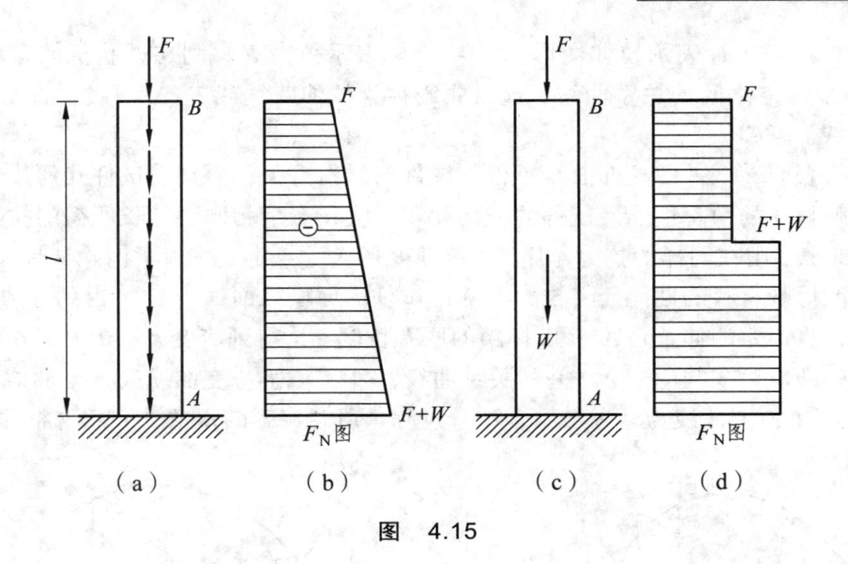

图　4.15

第六节　材料在拉伸和压缩时的力学性能

材料的力学性能是材料在外力作用下其强度和变形等方面表现出来的性质，它是构件强度计算及材料选用的重要依据。材料性能的各项指标都是通过试验测定的。在常温、静载（指从零缓慢地增加到标定值的荷载）条件下，最基本的材料试验是拉伸试验和压缩试验。

本节以工程中广泛使用的低碳钢（含碳量 < 0.25%）和铸铁两类材料为例，介绍材料在常温、静载下拉伸或压缩时的力学性能和相关的力学性能指标。

一、材料在拉伸时的力学性能

1. 低碳钢在拉伸时的力学性能

为了便于比较不同材料的试验结果，试件的形状和尺寸必须符合国家标准的规定。金属材料常用的标准拉伸试件如图 4.16 所示。标记 m 与 n 之间的杆段为试验段，试验段的长度 l_0 称为标距，标距内试件的直径为 d_0 。国家标准规定：

$$l_0 = 10d_0 \quad 或 \quad l_0 = 5d_0$$

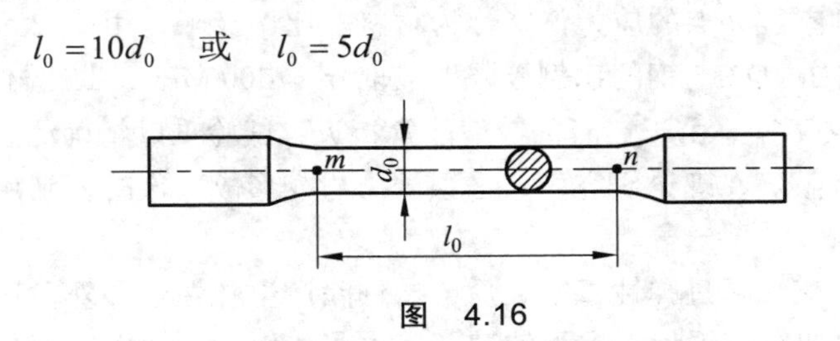

图　4.16

拉伸试验一般是在万能材料试验机上进行的。试验时将试件的两端装在试验机的上、下夹头内，然后开动试验机，缓慢平稳地加载。随着荷载 F 的增加试件逐渐被拉长，直至拉断。通过试验，可以看到随着拉力 F 的逐渐增加，试件的伸长量 Δl 也在增加。如若取一直角坐标系，用横坐标表示拉伸变形 Δl，纵坐标表示拉力 F，则在试验机的自动绘图装置上可以画出 Δl 与 F 之间的关系曲线，这条曲线称为拉伸曲线或 F-Δl 曲线。图 4.17 为 Q235 钢的拉伸曲线。

试验结果表明，试件的拉伸曲线不仅与试件的材料有关，而且受试件几何尺寸的影响，不能直接反映材料的力学性能。试件的截面面积越大，产生相同的伸长所需的拉力就越大；试件的标距越长，则在同样的拉力作用下，拉伸变形 Δl 也会越大。为了消除试件尺寸的影响，使试验结果能反映材料的性能，将拉力 F 除以试件的原横截面面积 A_0，得到应力 $\sigma = F / A_0$，作为纵坐标；将标距的伸长量 Δl 除以标距的原有长度 l_0，得到应变 $\varepsilon = \Delta l / l_0$，作为横坐标。这样就得到一条应力 σ 与应变 ε 之间的关系曲线，称为应力-应变曲线或 σ-ε 曲线，如图 4.18 所示。现以应力-应变曲线为基础，结合试验过程中所观察到的现象，介绍材料的力学性能。

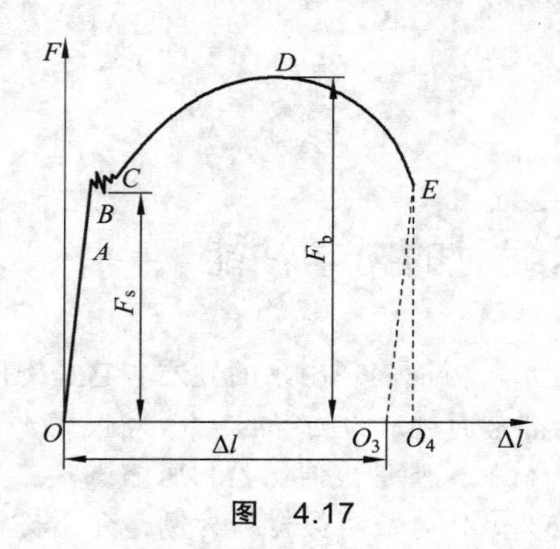

图 4.17

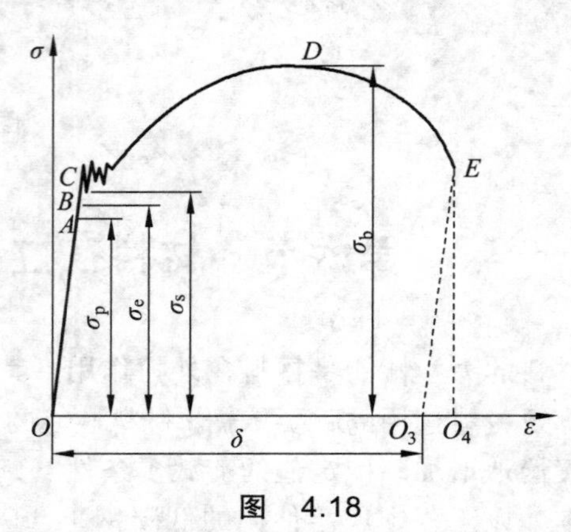

图 4.18

低碳钢是工程中广泛应用的金属材料，其应力-应变曲线具有典型的意义。由图 4.18 可见，在拉伸试验的不同阶段，应力与应变关系的规律不同。根据应力-应变曲线可知低碳钢的拉伸过程可分为以下四个阶段：

（1）弹性阶段。

在应力-应变曲线 OB 段内，如果卸除荷载，则变形能够完全消失，即试件发生的变形是弹性变形，故称为弹性阶段。弹性阶段的应力最高值称为弹性极限，用 σ_e 表示，即 B 点处的应力值。

在 OA 段内，应力-应变曲线为一直线，说明在此阶段内应力与应变成正比，称为线弹性阶段。而 σ-ε 曲线上对应于 A 点的应力值，称为材料的比例极限，用 σ_p 表示。在此阶段内，材料服从胡克定律。例如，Q235 钢的比例极限一般取 $\sigma_p = 200\ \text{MPa}$。虽然材料的比例极限 σ_p 和弹性极限 σ_e 物理意义不同，由于二者的数值非常接近，试验难以精确测定，工程上通常不作区分，统称为弹性极限。在理论研究中，当强调力与变形成正比时，则用“比例极限”。

（2）屈服阶段。

随着荷载的增加，应力超过弹性极限之后，试件除产生弹性变形外，还会产生部分塑性变形。在此阶段，σ-ε 曲线成锯齿形上下波动，应力基本保持不变而应变却急剧增加，材料暂时失去了抵抗变形的能力，这种现象称为屈服。故 BC 段称为屈服阶段。在屈服阶段中，对应于锯齿状曲线最低点 C 的应力称为材料的屈服极限，用 σ_s 表示。例如，Q235 钢的屈服极限一般取 $\sigma_s = 235\ \text{MPa}$。

如果试件表面光滑，则当材料屈服时，试件表面会出现一些与试件轴线约成 45° 的条纹，如图 4.19 所示。这些条纹是材料组成原子沿着最大剪应力的方向发生滑移的结果，称为滑移线。材料屈服时产生显著的塑性变形，这是构件正常工作所不允许的，因此屈服极限 σ_s 是衡量材料强度的重要指标。

（3）强化阶段。

经过屈服阶段以后，材料恢复了对变形的抵抗能力，要使材料继续变形，必须增大应力，这种现象称为材料的强化。这一阶段称为强化阶段。强化阶段曲线最高点 D 所对应的应力值称为材料的强度极限，用 σ_b 表示。例如，Q235 钢的强度极限一般取 $\sigma_b = 400\ \text{MPa}$ 。在此阶段内，当应力达到强化阶段任一点 K 时，逐渐卸除荷载，则应力与应变之间的关系将沿着与 OA 近乎平行的直线 KK_1 回到 K_1 点，如图 4.20 所示。K_1K_2 这部分弹性应变消失，而 OK_1 这部分塑性应变则永远残留。如果卸载后再重新加载，则应力与应变曲线将大致沿着 K_1KDE 的曲线变化，直至断裂。由此可以看出，重新加载后材料的比例极限提高了，而断裂后的塑性应变减少了。因此，如果将卸载后已有塑性变形的试件当做新试件从新进行拉伸试验，其比例极限将得到提高，而断裂时的塑性变形将减小。这种在常温下将钢材拉伸超过屈服阶段，卸载后再重新加载，比例极限 σ_p 提高而塑性变形降低的现象称为材料的冷作硬化。在实际工程中常利用冷作硬化，以提高某些构件在线弹性范围内所能承受的最大荷载。但是由于冷作硬化后材料的塑性降低，有些时候则要避免或设法消除冷作硬化。

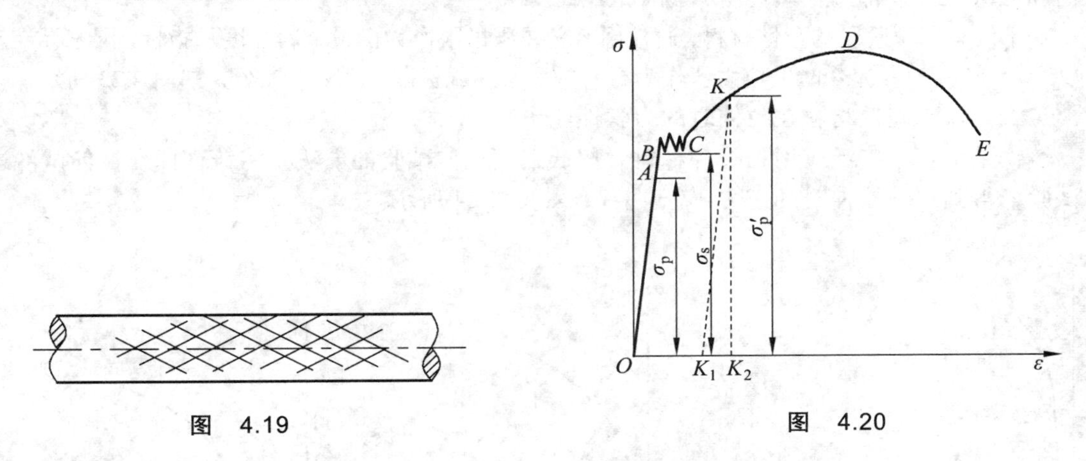

图　4.19　　　　图　4.20

（4）颈缩阶段。

在应力达到强度极限 σ_b 之前，沿试件的长度变形是均匀的。当应力达到强度极限 σ_b 后，在试件的某一局部区域内，横截面面积出现迅速收缩，这种现象称为颈缩现象，如图 4.21 所示。由于局部截面的收缩，试件继续变形所需拉力逐渐减小，直至在曲线的 E 点，试件被拉断，DE 段称为颈缩阶段。

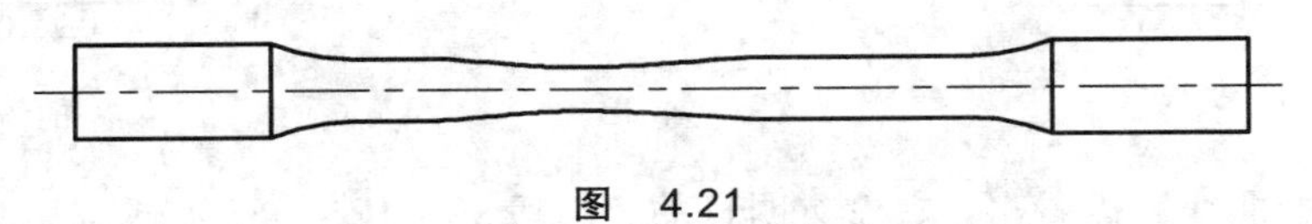

图　4.21

工程中反映材料塑性性能的两个指标分别为延伸率（用 δ 表示）和断面收缩率（用 ψ 表示），其值均可由试验测定。在试件拉断后，如图 4.17 所示，O_3O_4 作为弹性应变恢复，OO_3

作为塑性应变永远残留。将试件的断口对接，量取试件工作段的长度（由 l_0 伸长到 l），横截面面积（由原来的 A_0 缩减到现在断口处的 A），则

延伸率：$$\delta=\frac{l-l_0}{l}\times 100\% \tag{4.9}$$

断面收缩率：$$\psi=\frac{A_0-A}{A}\times 100\% \tag{4.10}$$

例如，Q235 钢的延伸率 $\delta=20\%\sim 30\%$，断面收缩率 $\psi=60\%\sim 70\%$。

工程中常把 $\delta>5\%$ 的材料称为塑性材料，如碳钢、黄铜、铝合金等；而把 $\delta<5\%$ 的材料称为脆性材料，如铸铁、陶瓷、玻璃、混凝土等。

2. 其他材料在拉伸时的力学性能

（1）其他塑性材料在拉伸时的力学性能。

其他材料的拉伸试验与低碳钢的拉伸试验做法相同，但由于材料不同，各自所显示的力学性能和应力-应变图也有明显差别。图 4.22 给出了几种塑性材料的应力-应变曲线。可以看出，对于其他金属材料来讲，其 σ-ε 曲线并不都像低碳钢那样具备四个阶段。一些材料没有明显的屈服阶段，但它们的弹性阶段、强化阶段和颈缩阶段则比较明显；另外一些材料则只有弹性阶段和强化阶段而没有屈服阶段和颈缩阶段。这些材料的共同特点是延伸率 δ 均较大，它们和低碳钢一样都属于塑性材料。

对于没有屈服阶段的塑性材料，通常用名义屈服极限作为衡量材料强度的指标。国家标准规定以产生 0.2% 塑性应变时的应力值作为材料的名义屈服极限，用 $\sigma_{0.2}$ 表示，如图 4.23 所示。

（2）铸铁等脆性材料在拉伸时的力学性能。

铸铁是工程中广泛应用的一种材料。按低碳钢拉伸试验的方法，将铸铁标准拉伸试件进行试验，得到铸铁拉伸时的应力-应变曲线，如图 4.24 所示。

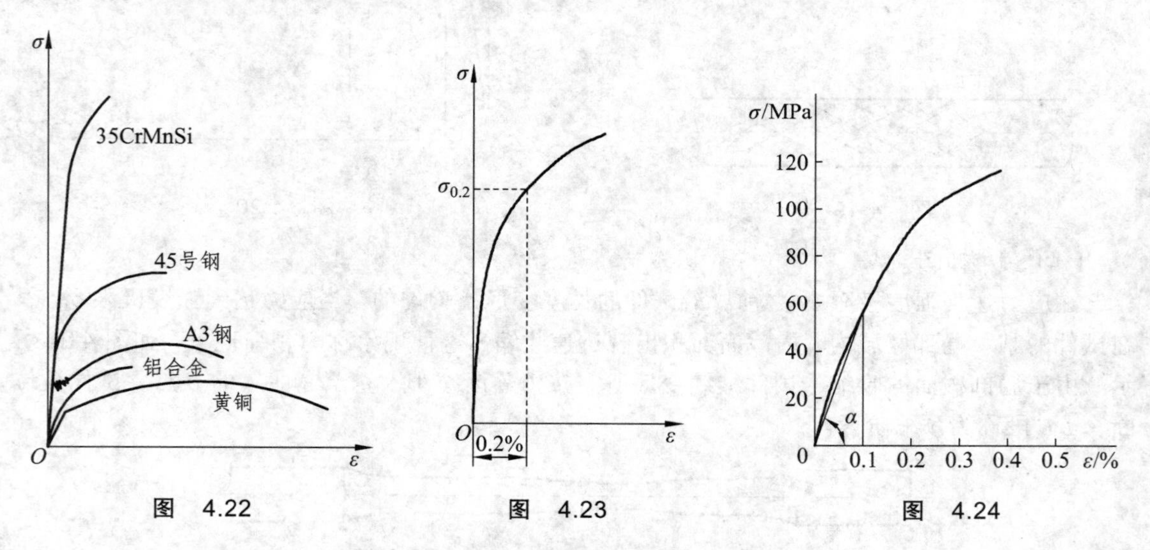

图 4.22　　图 4.23　　图 4.24

由应力-应变曲线可以看出，它没有明显的直线段，应力与应变不成正比关系。在工程计算中通常以产生 0.1% 的总应变所对应的曲线的割线斜率来表示材料的弹性模量 E，即 $E=\tan\alpha$。铸铁在拉伸过程中，没有屈服阶段，也没有颈缩现象。拉断时断口沿横截面方向，

应变很小，为 0.4% ~ 0.5%，是典型的脆性材料。拉断时的应力称为强度极限或抗拉强度，用 σ_b 表示。它是衡量脆性材料强度的唯一指标。常用灰铸铁的抗拉强度很低，为 120 ~ 180 MPa。由于铸铁等脆性材料拉伸的强度极限很低，因此不宜用于制作受拉构件。

二、材料在压缩时的力学性能

1. 塑性材料在压缩时的力学性能

材料在压缩时的力学性能由压缩试验测定。根据国家标准，金属材料的压缩试件一般采用短而粗的圆柱形试件，试件高度 h 与截面直径 d 的比值 $h/d = 1.5 \sim 3$。低碳钢压缩时的应力-应变曲线如图 4.25 所示。将低碳钢压缩时的应力-应变曲线与拉伸时的应力-应变图（图中虚线）相比较，可以看出，在屈服阶段之前，低碳钢拉伸与压缩的应力-应变曲线基本重合。因此，低碳钢压缩时的弹性模量 E、弹性极限 σ_e、屈服极限 σ_s 都与拉伸试验的结果基本相同。屈服阶段后，随着压力的不断增加，试件出现了显著的塑性变形，试件越压越扁，由于横截面不断增大，要继续产生压缩变形，就要进一步增加压力，因此由 $\sigma = F/A$ 得出的 σ-ε 曲线呈上升趋势。此时试件只产生显著的塑性变形，由于上下压板与试件之间的摩擦力约束了试件两端的横向变形，试件被压成鼓形，直至压成薄饼，而不会发生断裂破坏。因此，无法测出低碳钢压缩时的强度极限。但由于发生了较大的塑性变形，如图 4.25 所示。工程中已不能正常使用，由此可见，低碳钢压缩时的一些性能指标，可通过拉伸试验测出，而不必再作压缩试验。

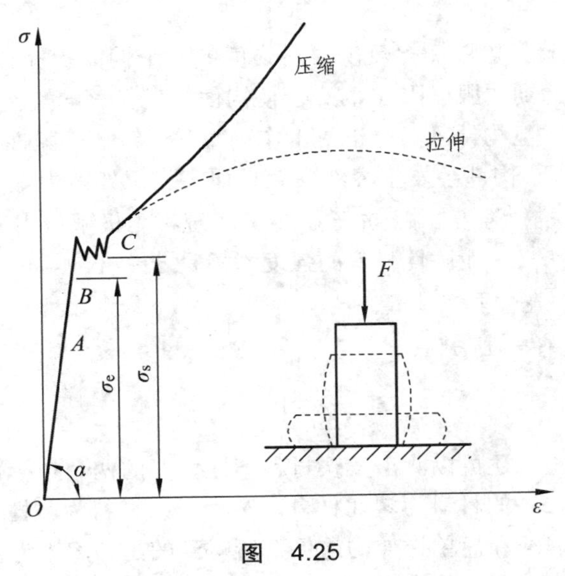

图　4.25

2. 脆性材料在压缩时的力学性能

脆性材料在压缩时的力学性能与拉伸时有较大差异。图 4.26 所示为铸铁压缩时的应力-应变曲线，与铸铁拉伸时的应力-应变曲线（图中虚线）相比较，铸铁拉、压时的应力-应变曲线都没有明显的屈服阶段，但压缩时塑性变形较明显。铸铁的抗压强度 σ_c 远大于抗拉强度 σ_b，为其抗拉强度的 4 ~ 5 倍。破坏的形式也与拉伸时不同，不再沿横截面破坏，而是沿与轴线成 45°~55° 的斜截面发生破坏，如图 4.26 所示。这说明铸铁压缩时，破坏是由于沿最大剪应力面发生错动而被剪断。由于铸铁等脆性材料的抗压强度远远高于抗拉强度，所以，铸铁等脆性材料宜用于制作承压构件，如底座、桥墩、基础等。

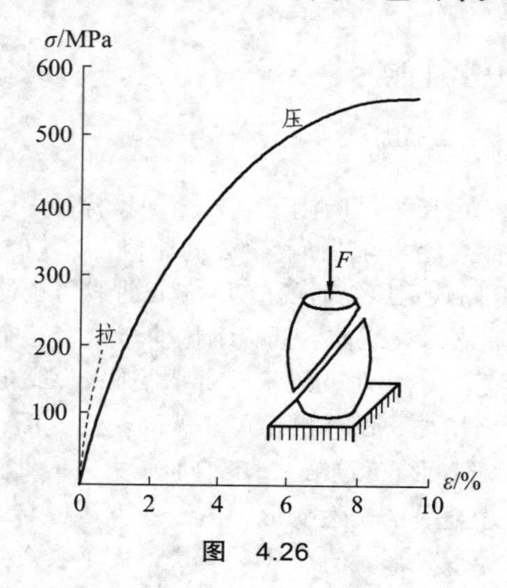

图 4.26

三、塑性材料和脆性材料的主要性能指标

1. 强度指标

通过拉伸和压缩试验，可以测出反映材料强度的两个性能指标，即 σ_s 和 σ_b。对于低碳钢等塑性材料，当应力达到屈服极限 σ_s 时，会使构件产生显著的塑性变形。此时，虽然没有发生实质性的断裂破坏，但构件已不能正常工作；而对于铸铁等脆性材料，当应力达到抗拉强度 σ_b 或抗压强度 σ_c 时，构件会发生突然断裂，而丧失工作能力。工程中将塑性材料的屈服极限 σ_s 和脆性材料的抗拉强度 σ_b（抗压强度 σ_c）统称为极限应力，用 σ^0 表示。所以塑性材料的强度指标是 σ_s 或 $\sigma_{0.2}$，而脆性材料的强度指标是 σ_b 或 σ_c。即：

对于塑性材料：$\sigma^0=\sigma_s$ 或 $\sigma^0=\sigma_{0.2}$

对于脆性材料：$\sigma^0=\sigma_b$ 或 $\sigma^0=\sigma_c$

2. 塑性指标

通过拉伸和压缩试验，还可以测出反映材料塑性性能的两个指标，即延伸率 δ 和断面收缩率 ψ。我们知道：$\delta>5\%$ 的材料为塑性材料，$\delta<5\%$ 的材料为脆性材料。必须指出，材料的上述划分是以常温、静载和简单拉伸的前提下所得到的延伸率 δ 为依据的，而环境温度、加载速度、受力状态和热处理等都会影响材料的性质，材料的塑料和脆性在一定条件下可以相互转化。在常温静载条件下，Q235 钢的延伸率 $\delta=20\%\sim30\%$，是典型的塑性材料；而铸铁的延伸率 $\delta=0.4\%\sim0.5\%$，是典型的脆性材料。

3. 塑性材料和脆性材料的主要力学性能特点

（1）塑性材料的延伸率大，塑性好，在屈服阶段前抗拉、压能力基本相同，使用范围广。

塑性材料适宜制作需进行锻压、冷拉或受冲击荷载、动力荷载的构件，受拉构件一般也采用塑性材料。而脆性材料则不宜。

（2）脆性材料的延伸率小，塑性差。脆性材料抗压能力远大于抗拉能力，且价格低廉又便于就地取材，所以适宜制作受压构件。

表 4.1 给出了部分材料在拉伸和压缩时的一些力学性能参数，以供参考。

表 4.1　常用材料的力学性能参数

材料名称	弹性模量 E/GPa	泊松比 ν	屈服极限 σ_s/MPa	拉伸强度极限 σ_s/MPa	压缩强度极限 σ_s/MPa	延伸率 δ_s/%
普通碳素钢（Q235）	190～210	0.24～0.28	235	375～500		21～26
优质碳素钢（45）	205	0.24～0.28	355	600		16
低合金钢（16Mn）	200	0.25～0.30	345	510		21
合金钢（30CrMnSi）	210	0.25～0.30	885	1080		10
铝合金（LY12）	380	0.33	274	412		19
灰铸铁（HT150）	60～162	0.23～0.27		150	640～1 100	

四、最大工作应力、许用应力、安全因数

由拉压试验知，无论是塑性材料还是脆性材料，都存在着一个极限应力 σ^0。我们将构件工作时构件内的最大应力称为最大工作应力，用 σ_{max} 表示。那么，当构件内的最大工作应力达到材料的极限应力 σ^0 时，构件就会发生突然断裂破坏或因变形较大而丧失工作能力。这在工程实际中是不允许的。因此，为了保证构件能够正常工作，要求构件的最大工作应力必须小于材料的极限应力 σ^0。而且，考虑到材料的不均匀性、计算简图与实际结构之间存在的差异、荷载简化带来的偏差以及构件在工作期间遇到意外不利情况所必需的强度储备等诸多因素，必须将构件的工作应力限制在比极限应力 σ^0 更低的范围内，即将材料的极限应力打一个折扣，除以一个大于 1 的因数 n 以后，作为构件最大工作应力所不允许超过的数值。这个应力值称为许用应力，用 $[\sigma]$ 表示，即

$$[\sigma]=\frac{\sigma^0}{n} \tag{4.11}$$

对于塑性材料：　$[\sigma]=\dfrac{\sigma_s}{n_s}$　或　$[\sigma]=\dfrac{\sigma_{0.2}}{n_s}$　（4.12）

对于脆性材料： $[\sigma]=\dfrac{\sigma_b}{n_b}$ 或 $[\sigma]=\dfrac{\sigma_c}{n_b}$ （4.13）

式中 n_s，n_b——塑性材料、脆性材料的安全因数。

从安全程度看，脆性断裂是突然发生的破坏，比塑性屈服产生的破坏更危险，所以一般 $n_b > n_s > 1$。安全因数的选取关系到构件的安全与经济，安全因数取得过大，会使构件粗大笨重，浪费材料而不经济；取得过小，则可能使构件的安全得不到保证。所以，安全因数的确定并不单纯是力学问题，它同时还包括了工程上诸多因素的考虑以及复杂的经济问题，本课程对此不作深入研究。一般情况下，可从有关部门指定的安全因数规范或设计手册中查用。

第七节 拉压杆的强度计算

一、拉压杆的强度条件

根据拉（压）杆的最大工作应力、材料的许用应力及安全因数等相关概念可知，要保证拉压杆不致因强度不足而破坏，拉（压）杆应满足的强度条件是：杆内的最大工作应力 σ_{max} 不超过材料的许用应力 $[\sigma]$，即

$$\sigma_{max} \leqslant [\sigma] \tag{4.14}$$

对于等直杆，由于 $\sigma_{max}=\dfrac{F_{N\max}}{A}$，所以强度条件可写为

$$\sigma_{max}=\frac{F_{N\max}}{A} \leqslant [\sigma] \tag{4.15}$$

二、拉压杆的强度计算

根据强度条件，可以解决工程中三种不同类型的强度计算问题：

（1）强度校核。

已知杆的构件材料的 $[\sigma]$、横截面尺寸 A 和承受的荷载（用截面法可求出 $F_{N\max}$），通过比较 σ_{max} 与 $[\sigma]$ 的大小，检验杆件是否满足强度要求。即检验式（4.16）是否成立。

（2）设计截面尺寸。

已知杆构件材料的 $[\sigma]$、承受的荷载（间接可求出 $F_{N\max}$），根据强度条件确定横截面面积或尺寸。为此，将式（4.15）改写为

$$A \geqslant \frac{F_{N\max}}{[\sigma]} \tag{4.15a}$$

由式（4.15a）可算出为满足强度条件，杆件的横截面所需的最小面积。若已知横截面形状，可进一步确定横截面尺寸。当选用标准截面时，可能会遇到为了满足强度条件而选用过大截面的情况。为经济起见，此时可以考虑选用小一号的截面，但由此而引起的杆的最大正应力超过许用应力的百分数，在设计规范上有具体规定，一般限制在 5% 以内，即

$$\frac{\sigma_{max}-[\sigma]}{[\sigma]}\times100\%<5\% \qquad (4.15b)$$

（3）确定许用荷载。

已知杆件的材料$[\sigma]$和截面尺寸A，可以先由截面法找出荷载与内力之间的关系；再根据强度条件计算各杆所能承受的最大荷载F_{max}；最后，根据计算结果比较确定所能承受荷载的最大值F_{max}。

【例 4.8】 已知某钢板受力如图 4.27（a）所示，铆钉孔直径$d=16$ mm，钢板的宽度$b=90$ mm，厚度$t=10$ mm，$[\sigma]=170$ MPa。试校核该钢板的拉伸强度。

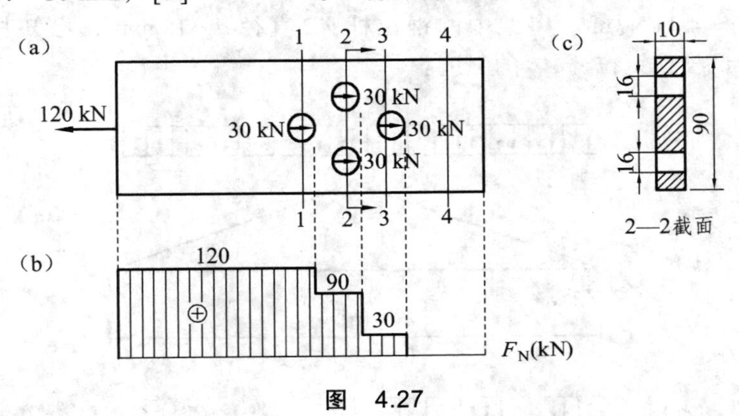

图 4.27

【解题分析】 该题是工程中连接件计算的一部分，铆钉孔的受力虽然不全在轴线上，但沿轴线对称分布，可视为轴向荷载。欲校核钢板的拉伸强度，需做出轴力图，确定危险截面。

【解】（1）绘制轴力图。

由截面法分别求得各控制截面 1—1、2—2、3—3、4—4 的轴力分别为

$$F_{N1}=120\text{ kN}$$
$$F_{N2}=90\text{ kN}$$
$$F_{N3}=30\text{ kN}$$
$$F_{N4}=0\text{ kN}$$

由此绘制轴力图，如图 4.27（b）所示。

（2）确定危险截面、校核钢拉板的强度。

1—1 截面与 3—3 截面面积相同，但

$$F_{N1}=120\text{ kN}>F_{N3}=30\text{ kN}$$

所以 1—1 截面为危险截面。

1—1 截面的轴力大于 2—2 截面的轴力，但

$$A_1=10\times90-1\times10\times16=740\ (\text{mm}^2)$$
$$A_2=10\times90-2\times10\times16=580\ (\text{mm}^2)$$

故$A_1>A_2$。

所以 2—2 截面也可能是危险截面，因此需校核 1—1、2—2 两个截面的强度。

对于 1—1 截面：

$$\sigma_{N1}=\frac{F_{N1}}{A_1}=\frac{120\times10^3}{740}=162.16\ \text{MPa}<[\sigma]=170\ \text{MPa}$$

对于 2—2 截面：

$$\sigma_{N2}=\frac{F_{N2}}{A_2}=\frac{90\times10^3}{580}=155.17\ \text{MPa}<[\sigma]=170\ \text{MPa}$$

所以，钢板满足拉伸强度条件。

【例 4.9】 三铰屋架的计算简图如图 4.28（a）所示，它所承受的竖向均布荷载沿水平方向的集度为 $q=4.8\ \text{kN/m}$。屋架中的钢拉杆 AB 直径 $d=18\ \text{mm}$，已知材料的许用应力 $[\sigma]=170\ \text{MPa}$，试校核钢拉杆 AB 的强度。

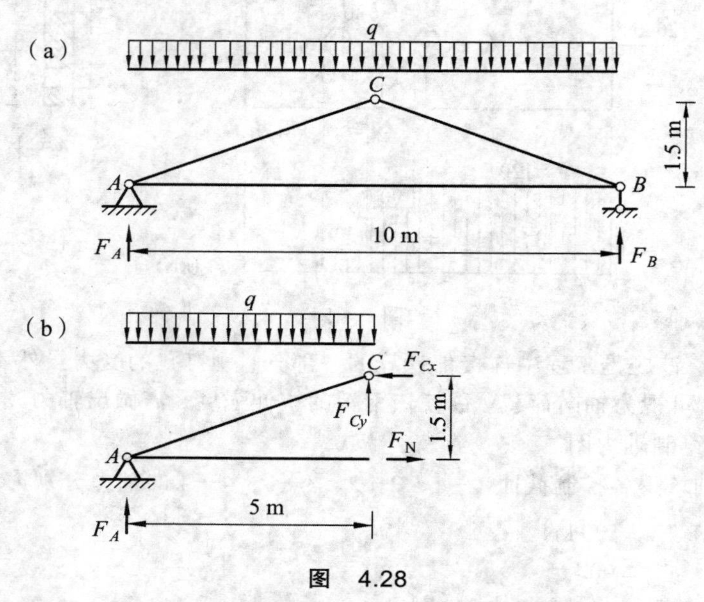

图 4.28

【解题分析】 本题要求校核钢拉杆 AB 的强度。首先判定 AB 杆为二力杆，因钢拉杆 AB 为等截面直杆，且 $A=\frac{\pi d^2}{4}$、$[\sigma]$ 已知。可用强度条件式（4.15）进行检验，但应先用截面法求 AB 杆的最大工作轴力 F_{max}。要求 F_{max} 需先求支座 A、B 的反力。

【解】（1）求支座反力。取整体为研究对象，如图 4.28（a）所示，利用对称性得

$$F_A=F_B=\frac{1}{2}\times10\ \text{m}\times q=\frac{1}{2}\times10\ \text{m}\times4.8\ \text{kN/m}=24\ \text{kN}$$

（2）求钢拉杆 AB 的轴力。由截面法，取屋架的左半部分为研究对象，画受力图，如图 4.28（b）所示，则

$$\sum M_C=0,\qquad F_N\times1.5\ \text{m}+5\ \text{m}\times q\times\frac{5\ \text{m}}{2}-F_A\times5\ \text{m}=0$$

将 $F_A=24\ \text{kN}$ 代入上式解得

$$F_N=40\ \text{kN}$$

（3）求最大工作正应力、校核强度。

因钢拉杆 AB 为等截面直杆，所以

$$\sigma_{\max}=\frac{F_N}{A}=\frac{F_N}{\frac{\pi}{4}d^2}=\frac{40\times10^3\ \text{N}}{\frac{\pi}{4}\times18^2\ \text{mm}^2}=157.19\ \text{MPa}<[\sigma]=170\ \text{MPa}$$

（4）结论：钢拉杆 AB 满足强度要求。

【例 4.10】 钢制桁架受力如图 4.29（a）所示，桁架的所有各杆均采用材料为 Q235 的工字钢制成，其许用应力 $[\sigma]=170\ \text{MPa}$，试为杆 CD 选择所需工字钢的型号。

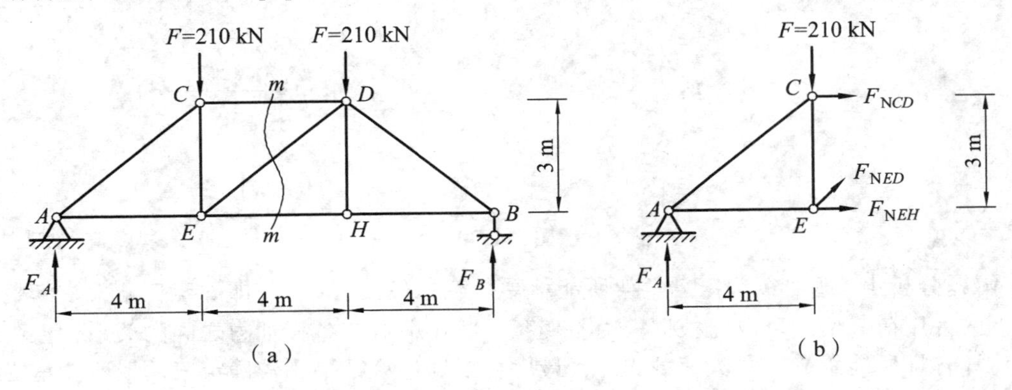

图 4.29

【解题分析】 由附录Ⅱ“型钢规格表”知，工字钢的型号不同则其截面尺寸不同。题目要求选择所需工字钢的型号，即为确定工字钢的截面尺寸。由强度条件知：$A\geqslant\frac{F_{N\max}}{[\sigma]}$，式中 $[\sigma]$ 已知，需先求出 CD 杆的最大工作轴力 $F_{N\max}$；而要求 $F_{N\max}$ 需先求支座 A、B 的反力。

【解】 （1）求支座反力。取整体为研究对象，如图 4.29（a）所示。利用对称性得

$$F_A=F_B=F=210\ \text{kN}$$

（2）求杆 CD 的轴力。用截面法沿 m—m 截面截开，取桁架的左半部分为研究对象，画受力图如图 4.29（b）所示。由平衡知：

$$\sum M_E=0,\qquad -F_{NCD}\times3\ \text{m}-F_A\times4\ \text{m}=0$$

将 $F_A=210\ \text{kN}$ 代入上式解得：

$$F_{NCD}=-280\ \text{kN}$$（负号说明 CD 杆受压力）

（3）计算 CD 杆所需截面面积。由强度条件知：

$$A\geqslant\frac{F_{N\max}}{[\sigma]}=\frac{280\times10^3\ \text{N}}{170\ \text{MPa}}=1\ 647.06\ \text{mm}^2$$

（4）查附表选择工字钢的型号。

型钢是工程中常用的标准截面，工字钢是型钢的一种。它的型号用工字钢的“工”字加其高度 h 的厘米数来表示。现由型钢规格表查得，高度 $h=126\ \text{mm}$ 的工字钢其截面面积为 $A=$

$18.1\ \text{cm}^2=1\,810\ \text{mm}^2$，稍大于 $1\,647\ \text{mm}^2$，因此，选用“工$_{12.6}$”。

【例 4.11】 图 4.30(a)所示为一简易三角架，AB 杆由两根∟50×6的等边角钢组成，BC 杆由两根 5 号槽钢焊成一箱形截面组成，材料的许用应力 $[\sigma]=170\ \text{MPa}$，试确定三角架所能承受荷载的最大值 F_{max}。

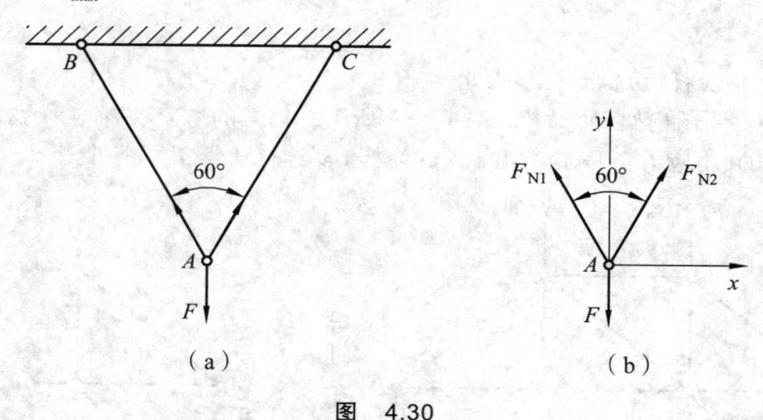

图 4.30

【解题分析】 题目欲确定三角架所能承受荷载的最大值 F_{max}，即确定三角架在满足强度要求下的许用荷载值。可以先根据静力平衡条件找出荷载与各杆轴力之间的关系；再由强度条件计算各杆所能承受的最大荷载 F_{max}；最后，根据计算结果比较确定三角架所能承受荷载的最大值 F_{max}。该题目两杆均为型钢截面，所以在计算之前，还应先从型钢规格表中查出各杆的横截面面积。

【解】 （1）由型钢规格表查得各杆横截面面积。

AB 杆由两根∟50×6的等边角钢组成，所以

$$A_1=2\times5.688\ \text{cm}^2=2\times568.8\ \text{mm}^2$$

AC 杆由两根 5 号槽钢焊成一箱形截面，所以

$$A_2=2\times6.93\ \text{cm}^2=2\times693\ \text{mm}^2$$

（2）根据受力平衡，求两杆的轴力与荷载的关系。

取结点 A 为研究对象，画受力图，如图 4.30（b）所示。由平衡方程知：

$$\sum F_x=0,\quad -F_{N1}\times\sin30°+F_{N2}\times\sin30°=0$$
$$\sum F_y=0,\quad F_{N1}\times\cos30°+F_{N2}\times\cos30°-F=0$$

联立解得
$$F_{N1}=F_{N2}=\frac{1}{\sqrt{3}}F$$

（3）计算各杆所能承受的最大荷载 F_{max}。

对于 AB 杆，由强度条件知：

$$\sigma_1=\frac{F_{N1}}{A_1}=\frac{\frac{1}{\sqrt{3}}F}{A_1}\leqslant[\sigma]$$

所以，AB 杆的许用荷载为

$$F \leqslant \sqrt{3}A_1 \cdot [\sigma] = \sqrt{3} \times 2 \times 568.8\ \text{mm}^2 \times 170\ \text{MPa} = 334\ 965\ \text{N} \approx 334.97\ \text{kN}$$

同理，对于 AC 杆由强度条件知：

$$\sigma_2 = \frac{F_{N2}}{A_2} = \frac{\frac{1}{\sqrt{3}}F}{A_2} \leqslant [\sigma]$$

所以，AC 杆的许用荷载为

$$F \leqslant \sqrt{3}A_2 \cdot [\sigma] = \sqrt{3} \times 2 \times 693\ \text{mm}^2 \times 170\ \text{MPa} = 408\ 106\ \text{N} \approx 408.11\ \text{kN}$$

（4）确定许用荷载。为了保证两杆都能安全地工作，比较两杆的计算结果可知荷载 F 的最大值为 $F_{\max} = 334.97\ \text{kN}$。

小　结

本章的主要内容是研究杆件发生轴向拉伸、压缩变形时，其内力、应力、变形的分析方法及强度的计算。拉（压）杆强度问题的研究方法，反映了材料力学研究问题的基本方法，如图 4.31 所示。

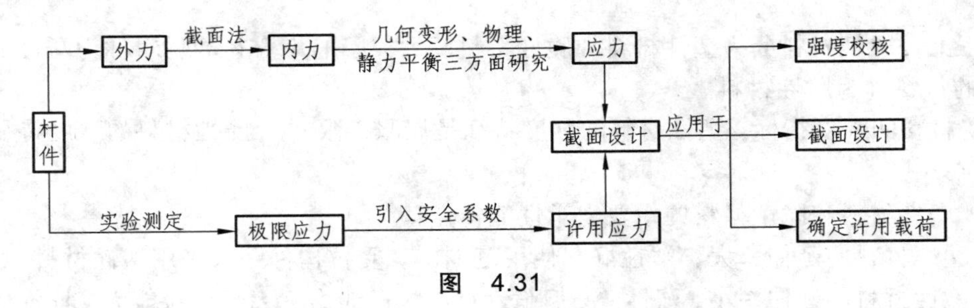

图　4.31

应力、强度、变形计算，材料在拉伸、压缩时的力学性能为本章重点。具体内容概括如下：

1. 轴向拉压杆的内力、轴力图

（1）轴向拉、压杆件横截面上的内力称为轴力，计算轴力的方法是截面法。

（2）轴力图是表示杆件各横截面上轴力变化规律的图线。根据轴力图，可确定轴力的最大值及其所在截面位置，以便进行强度计算。

2. 截面上的应力

（1）轴向拉、压杆件横截面上的应力为正应力，横截面上任意点正应力的计算公式为 $\sigma = \frac{F_N}{A}$。确定正应力 σ 方向的方法和确定轴力 F_N 方向的方法相同，即拉为正，压为负。

（2）等截面直杆的最大正应力出现在轴力最大的截面上。

（3）对斜截面上的应力进行讨论分析，得出的结论是：

最大正应力发生在杆的横截面上；最大剪应力发生在 45° 斜截面上；在平行于杆轴线的纵向截面上不产生任何应力。

3. 轴向拉（压）杆的变形、胡克定律

（1）变形：杆件在轴向拉伸或压缩时，所产生的主要变形是沿轴线方向的伸长或缩短，称为轴向变形或纵向变形。与此同时，垂直于轴线方向的横向尺寸也有所缩小或增大，称为横向变形。

（2）应变：用单位长度的变形量作为衡量变形的其本度量，称为线应变，并将沿轴线方向的线应变称为纵向线应变，用 ε 表示，即 $\varepsilon=\dfrac{\Delta l}{l}$。

（3）胡克定律的三种形式及应用：

$$\Delta l=\frac{F_{\mathrm{N}}\cdot l}{E\cdot A},\qquad \Delta l=\sum\Delta l_i=\sum\frac{F_{\mathrm{N}i}\cdot l_i}{E_i\cdot A_i},\qquad \sigma=E\cdot\varepsilon$$

式中，E 称为弹性模量，其值随材料不同而异，是衡量材料抵抗弹性变形能力的一个指标。E 的数值需通过试验测定。

4. 材料在拉伸、压缩时的力学性能

低碳钢的拉伸试验是最具有代表性的试验，低碳钢的拉伸过程有弹性变形、屈服、强化和颈缩四个阶段。其应力-应变曲线能揭示出典型金属材料的应力-应变关系。铸铁的压缩试验是最具有代表性的压缩试验。通过拉伸和压缩试验，可以测出反映材料性能指标的参数。

（1）材料的塑性指标。

延伸率　　$\delta=\dfrac{l-l_0}{l}\times100\%$

工程上一般把材料分为塑性材料和脆性材料两大类，把 $\delta>5\%$ 的材料称为塑性材料，把 $\delta<5\%$ 的材料称为脆性材料。

（2）材料的强度指标。塑性材料的强度特征是屈服极限 σ_{s}；脆性材料的强度特征是强度极限 σ_{b} 或 σ_{c}。

（3）塑性材料和脆性材料的主要力学性能特点：

① 塑性材料的延伸率大，塑性好，使用范围广。受拉构件一般采用塑性材料。

② 脆性材料的延伸率小，塑性差。但脆性材料抗压能力远大于抗拉能力，且价格低廉又便于就地取材，所以适宜制作受压构件。

（4）材料的许用应力：

① 对于塑性材料：　$[\sigma]=\dfrac{\sigma_{\mathrm{s}}}{n_{\mathrm{s}}}$　或　$[\sigma]=\dfrac{\sigma_{0.2}}{n_{\mathrm{s}}}$

② 对于脆性材料：　$[\sigma]=\dfrac{\sigma_{\mathrm{b}}}{n_{\mathrm{b}}}$　或　$[\sigma]=\dfrac{\sigma_{\mathrm{c}}}{n_{\mathrm{b}}}$

5. 拉压杆的强度条件及强度计算

对于等直杆，轴向拉伸和压缩时，强度条件可写为

$$\sigma_{\max}=\frac{F_{\mathrm{N\,max}}}{A}\leqslant[\sigma]$$

利用强度条件可以对轴向拉（压）杆进行强度校核、截面设计、确定许可荷载等三种类型的强度计算。

第五章　连接件与圆轴扭转的计算

第一节　剪切与挤压

一、剪切的概念

工程中一些杆件常受到一对垂直于杆件轴线方向的力，它们大小相等、方向相反、作用线平行且相距很近，如图 5.1（a）中所示的铆钉 。此时，杆件的横截面将沿外力的作用方向发生相对错动，这种变形称为剪切变形；杆件在横向外力的作用下发生歪斜的区域称为剪切区；在剪切区内与错动方向平行的截面称为剪切面，如图 5.1（b）所示的 m—m 面。剪切面上与剪切面相切的作用力称为**剪力**，用 F_S 表示，如图 5.1（c）所示。

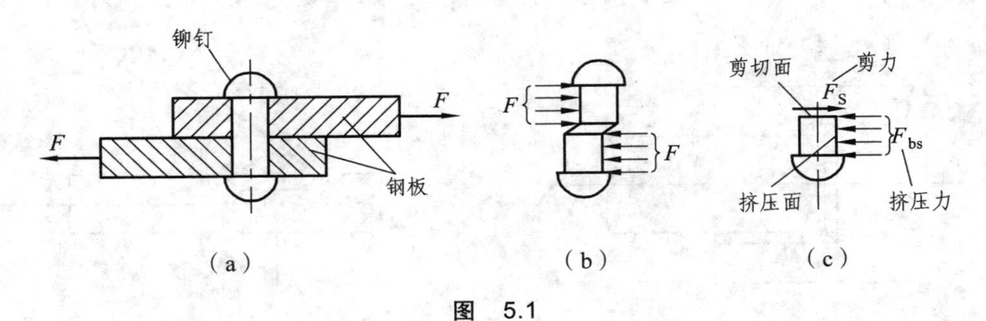

图　5.1

二、挤压的概念

连接件在受剪切的同时，一般同时还受到挤压的作用。如图 5.1（a）所示，铆钉在受剪切的同时，在钢板和铆钉的相互接触面上还会出现局部受压，这种现象称为挤压。这种挤压作用有可能使接触处局部区域内的材料发生较大的塑性变形而破坏。作用在接触表面上的压力称为**挤压力**，用 F_{bs} 表示。连接件与被连接件的相互接触面，称为**挤压面**，如图 5.1（c）所示。

三、剪切与挤压的实例

工程结构中起连接作用的部件称为连接件，连接件在工作中主要承受剪切和挤压作用。常见的连接件有铆钉、螺栓、销轴以及键等，如图 5.2 所示。

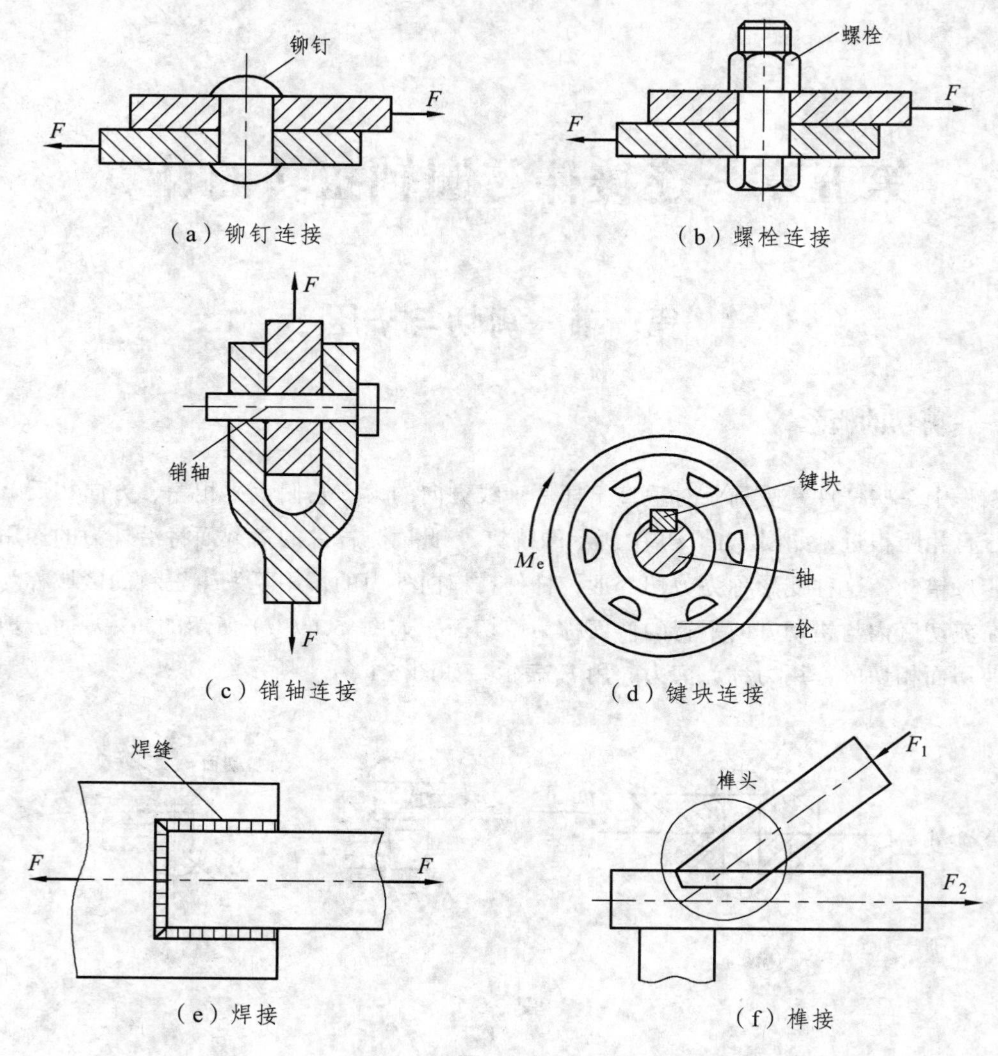

（a）铆钉连接　（b）螺栓连接

（c）销轴连接　（d）键块连接

（e）焊接　（f）榫接

图 5.2

连接件破坏的有三种：以铆钉连接为例，铆钉沿 m—m 截面因剪切而被剪断，如图 5.3（a）所示；铆钉与钢板在相互接触面上因挤压而产生过大塑性变形或被压溃，导致连接松动，如图 5.3（b）所示；钢板在铆钉孔截面 n—n 处因拉伸强度不足而被拉断，如图 5.3（c）所示。其他类型的连接也都有类似的可能性。对于第三种情况，可按拉伸强度计算。本章主要介绍连接件剪切与挤压的概念及其实用计算方法。

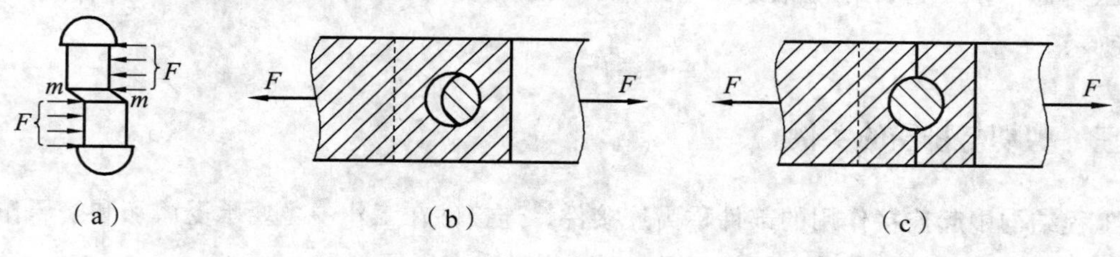

（a）　（b）　（c）

图 5.3

四、剪切与挤压的实用计算

剪切与挤压均发生在构件的局部范围，其变形与应力分布情况一般都比较复杂，而且还受到加工工艺的影响。精确分析连接件的应力比较困难，也不实用，工程中通常采用简化的分析方法，又称为实用计算法。这种方法的思路是：一方面对连接件的受力与应力分布作出假设，进行一些简化，计算出各部分的“名义应力”；另一方面对同类连接件进行破坏试验，并采用和计算“名义应力”相同的计算方法，由破坏荷载确定材料的极限应力，作为强度计算的依据。实践表明，只要简化合理，有充分的实验依据，实用计算方法是可靠的。

1．剪切的实用计算

（1）受力分析。

构件受外力作用发生剪切变形时，往往还伴随有其他形式的变形发生。现以图 5.4（a）所示铆钉连接为例，分析铆钉的受力与变形特征。在铆钉的受力图 5.4（b）中，两个力 F 的作用线并不重合，形成一对力偶，会对铆钉产生转动效应；为保持静力平衡，必还有一对力 R 作用在铆钉头部，与 F 形成一对反力偶，铆钉相应地要发生拉伸和弯曲变形。但与剪切变形相比，此时拉伸和弯曲产生的变形很小，可忽略不计。

为讨论剪切面上的内力，采用截面法，在图 5.4（b）中沿剪切面 m—m 截开，取 m—m 截面以下部分为研究对象，做出其受力图，如图 5.4（c）所示。内力 F_S 称为剪切面 m—m 上的剪力，其值可由静力平衡方程确定，即

$$\sum F_x = 0\,,\qquad F - F_S = 0$$

则

$$F_S = F$$

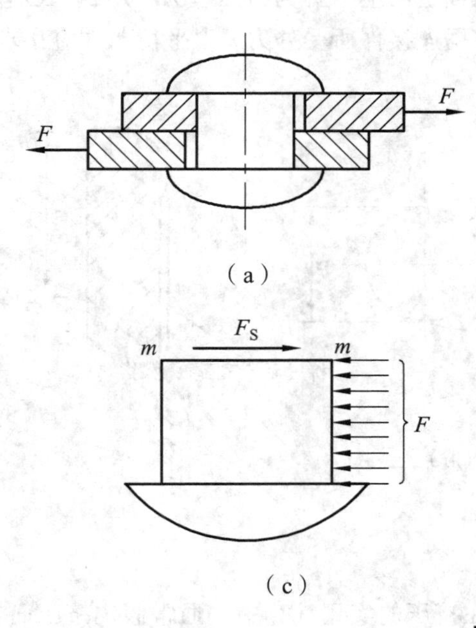

（a）

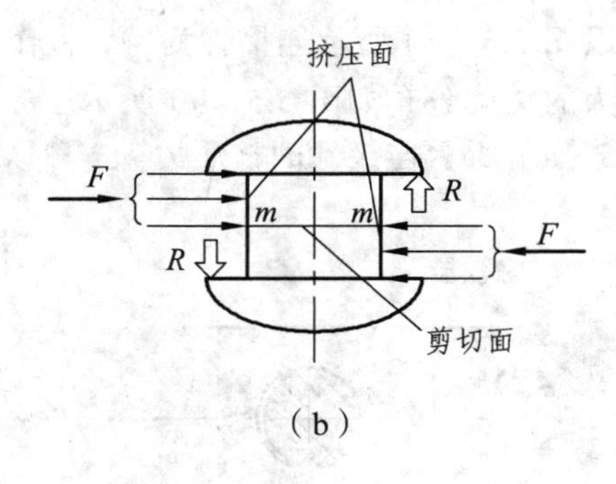

（b）

（c）

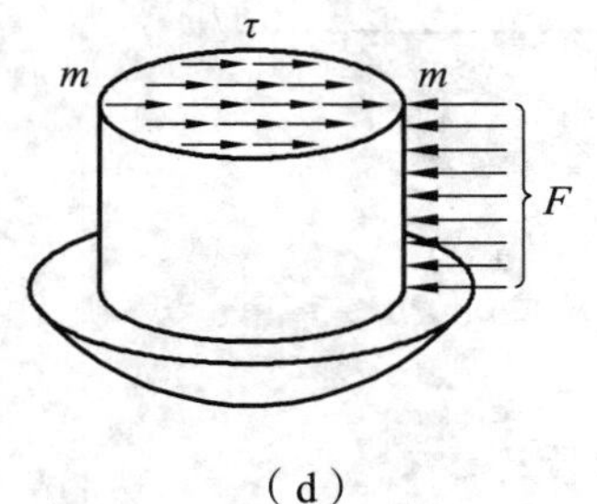

（d）

图　5.4

（2）应力计算。

剪力 F_s 是截剪切面上分布切应力 τ 的合力。因切应力在截面上的分布规律较为复杂，在剪切的实用计算中，通常假定剪切面上的切应力 τ 均匀分布，如图 5.4（d）所示。因而有

$$\tau=\frac{F_S}{A_S} \tag{5.1}$$

式中 τ—— 剪切面上的切应力；

A_S—— 剪切面面积；

F_S—— 剪切面上的剪力。

（3）强度计算。

要保证连接件不致因剪切强度不足而破坏，应使剪切面上的切应力不超过材料的许用切应力 $[\tau]$，即剪切的强度条件为

$$\tau=\frac{F_S}{A_S}\leqslant[\tau] \tag{5.2}$$

式中 $[\tau]$——连接件所用材料的许用切应力，由剪切破坏试验测定。可在有关手册中查得。

根据剪切强度条件，即可进行构件的剪切强度计算。同样可以解决三种类型的问题：① 剪切强度校核；② 连接件的截面设计；③ 确定许用荷载。解决这类问题时，关键是正确判断构件的危险剪切面，并计算出该剪切面上的剪力 F_S。

2. 挤压的实用计算

（1）受力分析。

以图 5.5（a）所示连接件为例，将作用在挤压面上的应力称为挤压应力，用 σ_{bs} 表示。挤压应力的精确分布如图 5.5（b）所示。挤压力可根据连接件所受外力，由平衡条件直接求得。图 5.5（a）所示连接件的挤压力 $F_{bs}=F$。

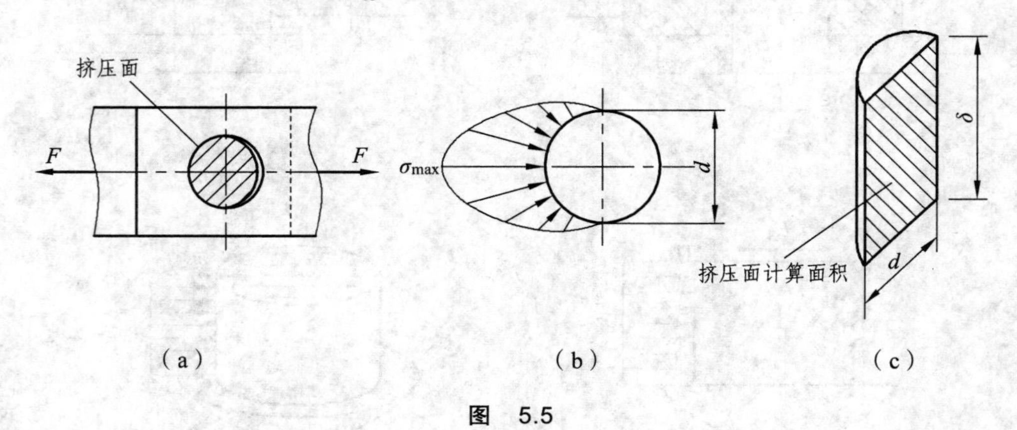

图 5.5

（2）应力计算。

因挤压应力在截面上的分布规律较为复杂，在挤压的实用计算中，通常假定挤压面上的挤压应力 σ_{bs} 均匀分布。因而有

$$\sigma_{bs}=\frac{F_{bs}}{A_{bs}} \tag{5.3}$$

式中 F_{bs}—— 挤压面上的挤压力；

A_{bs}—— 挤压面的计算面积。

注意：当挤压面为平面时（如键连接），计算面积 A_{bs} 即为挤压面的实际面积；当挤压面为半圆柱面时（如铆钉、螺栓连接），计算面积 A_{bs} 为挤压面在其直径平面上投影的面积，即如图 5.5（c）中阴影线部分的面积。

（3）强度计算。

要保证连接件不致因挤压强度不足而破坏，应使挤压面上的挤压应力不超过材料的许用挤压应力 $[\sigma_{bs}]$，即挤压的强度条件为

$$\sigma_{bs}=\frac{F_{bs}}{A_{bs}}\leqslant[\sigma_{bs}] \tag{5.4}$$

式中 $[\sigma_{bs}]$——材料的挤压许用挤压应力，由试验测定，也可在有关手册中查得。

根据挤压强度条件即可进行构件的挤压强度计算。同样也可以解决三种类型的问题：① 挤压强度校核；② 连接件的截面设计；③ 确定许用荷载。解决这类问题时，关键是正确判断构件的危险挤压面，并计算出该挤压面上的挤压力 F_{bs}。

【例 5.1】 正方形截面的混凝土柱边长 $a=200$ mm，受力如图 5.6（a）所示。假设地基对混凝土板的支反力为均匀分布 q，正方形混凝土板的边长 $b=1\,000$ mm，许用切应力 $[\tau]=1.5$ MPa，问使柱不致穿过混凝土板，混凝土板所需的最小厚度 t 应为多少？

【解题分析】 该例是混凝土柱对混凝土板的剪切计算。解决力学问题的关键是受力分析，受力分析时要注意混凝土柱、板、地基之间的受力关系；并应注意到正方形混凝土柱若穿透混凝土板，应有 4 个剪切破坏面。

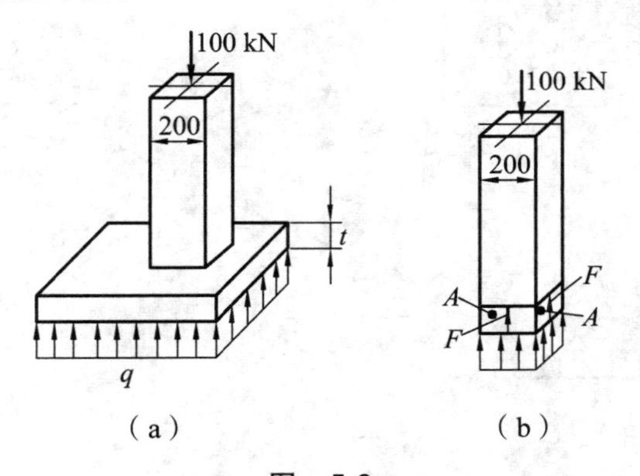

图 5.6

【解】 （1）取整体为研究对象，受力分析如图 5.6（a）所示，由平衡方程：

$$\sum F_x=0,\qquad -F+qb^2=0$$

得 $$q=100\ \text{kN/m}^2$$

（2）求柱穿透混凝土板时所需剪力，取穿透混凝土板的柱为研究对象，如图 5.6（b）所示。

由平衡方程：$\sum F_x = 0,\quad -F + qa^2 + 4F_S = 0$

可得 $F_S = 24\ \text{kN}$

（3）由剪切强度条件确定混凝土板厚度 t。

$$\tau = \frac{F_S}{A} = \frac{24\times10^3}{A} \leqslant [\tau] = 1.5\ \text{MPa}$$

所以 $A = at = 200t \geqslant \dfrac{24\times10^3}{1.5}$

可得 $t \geqslant 80\ \text{mm}$

【例 5.2】 用四个铆钉搭接两块钢板，如图 5.7（a）所示。已知拉力 $F = 110\ \text{kN}$，铆钉直径 $d = 16\ \text{mm}$，钢板宽 $b = 90\ \text{mm}$、厚 $t = 10\ \text{mm}$。钢板与铆钉材料相同，$[\sigma_{bs}] = 320\ \text{MPa}$，$[\tau] = 140\ \text{MPa}$，$[\sigma] = 160\ \text{MPa}$。试校核该连接件的强度。

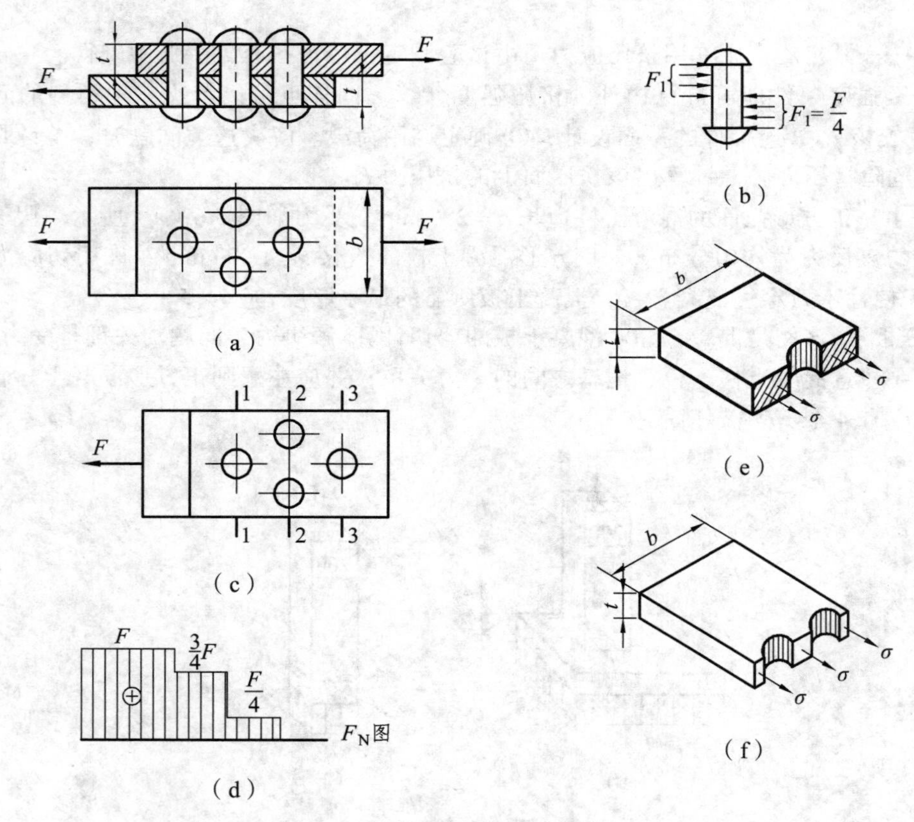

图 5.7

【解题分析】 连接件存在三种破坏的可能：① 铆钉被剪断；② 铆钉或钢板发生挤压破坏；③ 钢板由于钻孔，横截面面积减小，在钻孔处被拉断。要使连接件安全可靠，必须同时满足以上三方面的强度条件。

【解】（1）铆钉的剪切强度校核。

四个铆钉均匀、对称分布，各铆钉所传递的压力相同，即

$$F_1 = \frac{F}{4} = \frac{110\ \text{kN}}{4} = 27.50\ \text{kN}$$

现取一个铆钉为研究对象，画其受力，如图 5.7（b）所示。由截面法可得剪切面上的剪力：

$$F_S = F_1 = 27.50\ \text{kN}$$

由剪切强度条件：

$$\tau = \frac{F_S}{A} = \frac{27.5\times10^3\ \text{N}}{\frac{\pi\cdot16^2\ \text{mm}^2}{4}} = 136.84\ \text{MPa} < [\tau] = 140\ \text{MPa}$$

所以，铆钉满足剪切强度条件。

（2）挤压强度校核。

挤压面的计算面积为铆钉直径平面面积，即

$$A_{bs} = t\cdot d = 10\ \text{mm}\times16\ \text{mm} = 160\ \text{mm}^2$$

每个铆钉的挤压力：$F_{bs} = F_1 = 27.50\ \text{kN}$，由挤压强度条件：

$$\sigma_{bs} = \frac{F_{bs}}{A_{bs}} = \frac{27.5\times10^3\ \text{N}}{160\ \text{mm}^2} = 171.88\ \text{MPa} < [\sigma_{bs}]$$

所以，铆钉满足挤压强度条件。

（3）钢板的拉伸强度校核。

危险截面分析：两块钢板的受力及开孔情况相同，只要校核其中一块即可，取下面一块钢板研究。绘出其受力图和轴力图，如图 5.7（c）、（d）所示。由图可知，截面 1—1 和 3—3 的净面积相同，如图 5.7（e）所示，而截面 3—3 的轴力较小，故截面 3—3 肯定不是危险截面。截面 2—2 的轴力虽比截面 1—1 小，但净面积也小，如图 5.7（f）所示。故需对截面 1—1 和 2—2 进行拉伸强度校核。

截面 1—1：

$$F_{N1} = F = 110\ \text{kN}$$

$$A_1 = (b-d)\cdot t = (90\ \text{mm} - 16\ \text{mm})\times10\ \text{mm} = 740\ \text{mm}^2$$

$$\sigma_1 = \frac{F_{N1}}{A_1} = \frac{110\times10^3\ \text{N}}{740\ \text{mm}^2} = 148.65\ \text{MPa} < [\sigma] = 160\ \text{MPa}$$

截面 2—2：

$$F_{N2} = \frac{3F}{4} = 82.5\ \text{kN}$$

$$A_1 = (b-2d)\cdot t = (90\ \text{mm} - 2\times16\ \text{mm})\times10\ \text{mm} = 580\ \text{mm}^2$$

$$\sigma_2 = \frac{F_{N2}}{A_2} = \frac{82.5\times10^3\ \text{N}}{580\ \text{mm}^2} = 142.24\ \text{MPa} < [\sigma] = 160\ \text{MPa}$$

所以，钢板满足拉伸强度条件。

结论：经三方面校核，连接件满足强度要求。

【例 5.3】 如图 5.8（a）所示，拖车挂钩用销轴连接。已知销轴材料的许用应力 $[\tau]=50\ \text{MPa}$，$[\sigma_{bs}]=100\ \text{MPa}$，挂钩与被连接件的板件厚度分别为 $\delta_1=8\ \text{mm}$，$\delta_2=12\ \text{mm}$，拖车的拉力为 $F=15\ \text{kN}$。试确定销轴的直径 d。

【解题分析】 销轴在正常工作状态下，既不能因拖车挂钩的拉力作用产生剪切破坏，也不能在挤压力作用下产生挤压破坏。因此，要确定销轴的直径 d，必须使其同时满足剪切强度条件和挤压强度条件。计算前先要对销轴进行受力分析，关键是正确判断销轴的危险剪切面和危险挤压面，并计算出该剪切面上的剪力 F_S，挤压面上的挤压力 F_{bs}。

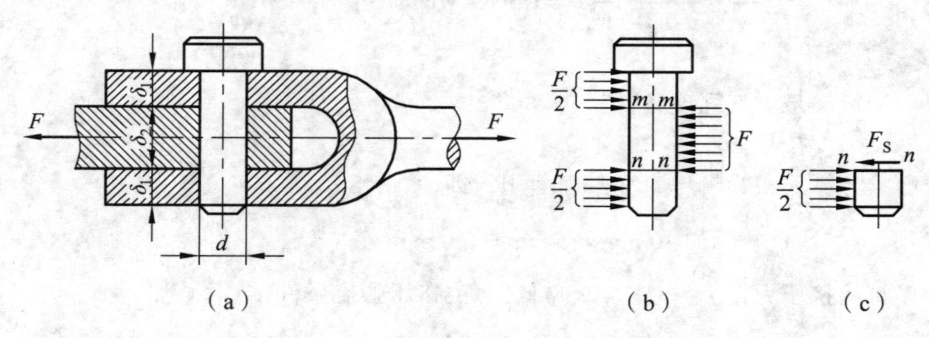

图 5.8

【解】（1）由剪切强度条件确定销轴直径。

取销轴为研究对象，画受力分析图，如图 5.8（b）所示，销轴有 m—m 和 n—n 两个剪切面。用截面法求剪力 F_S，沿 n—n 截面截开，取 n—n 截面以下部分研究，受力如图 5.8（c）所示。由平衡方程

$$\sum F_x=0\,,\quad \frac{F}{2}-F_S=0$$

得
$$F_S=\frac{F}{2}$$

根据剪切强度条件：

$$\tau=\frac{F_S}{A_S}=\frac{\dfrac{F}{2}}{\dfrac{\pi d^2}{4}}\leqslant[\tau]$$

可得
$$d\geqslant\sqrt{\frac{2F}{\pi[\tau]}}=\sqrt{\frac{2\times15\times10^3\ \text{N}}{\pi\times50\ \text{MPa}}}=13.82\ \text{mm}$$

（2）由挤压强度条件确定销轴直径。

由图 5.8（b）可知：销轴上段和下段的挤压力均为 $F_{bs}=F/2$，挤压面计算面积均为 $A_{bs}=\delta_1 d=8d$，则挤压应力为

$$\sigma_{bs上、下}=\frac{F_{bs}}{A_{bs}}=\frac{\dfrac{F}{2}}{8d}=\frac{F}{16d}$$

销轴中段挤压力 $F_{bs}=F$，挤压面计算面积为 $A_{bs}=\delta_2 d=12d$，则挤压应力为

$$\sigma_{bs中}=\frac{F_{bs}}{A_{bs}}=\frac{F}{12d}$$

比较上下段与中段的挤压应力 σ_{bs}，可知最大挤压应力发生在销轴的中段，即中段的挤压面为销轴的危险挤压面，故应按中段进行挤压强度计算。

根据挤压强度条件可得

$$d\geqslant\frac{F}{12[\sigma_{bs}]}=\frac{15\times10^3\ \text{N}}{12\ \text{mm}\times100\ \text{MPa}}=12.5\ \text{mm}$$

（3）结论。

比较以上计算结果，按规范应选取销轴直径 $d=14$ mm。

第二节　切应力互等定理·剪切胡克定律

一、切应力互等定理

为了进一步理解剪切变形的概念，可以通过研究薄壁圆筒的扭转来实现。图 5.9（a）所示的薄壁圆筒在两端受一对平衡的力偶作用，用横截面和纵截面从图 5.9（a）中截取一个微小的正六面体，其尺寸为 dx、dy、dz，称为单元体，如图 5.9（b）所示。

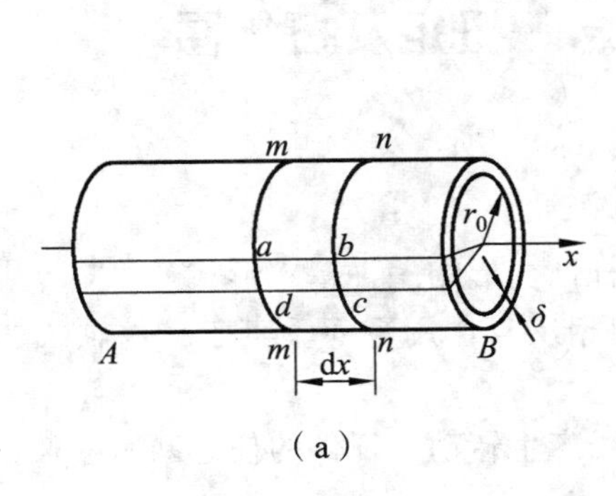

（a）

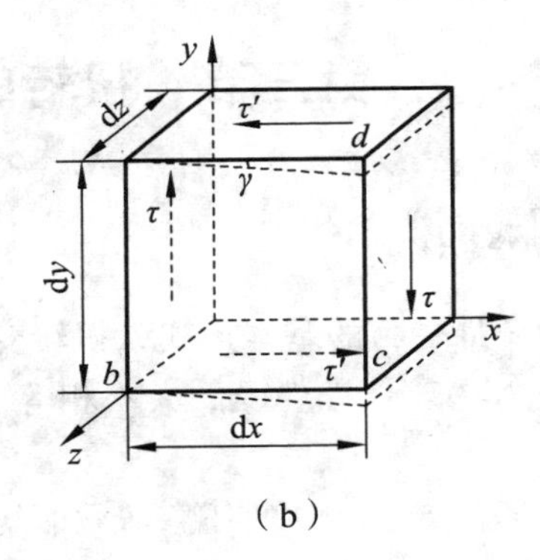

（b）

图　5.9

当圆筒两端有外力偶作用时，其横截面上有切应力 τ，即单元体左、右面上有切应力 τ。根据平衡条件，两面上的切应力大小相等、方向相反，并组成一对力偶，其力偶矩为 $(\tau \mathrm{d}y\mathrm{d}z)\mathrm{d}x$。为平衡这个力偶矩，单元体的上下两平面上的剪切力应组成一个方向相反的力偶，设其上的切应力为 τ'，则相应力偶矩为 $(\tau'\mathrm{d}x\mathrm{d}z)\mathrm{d}y$，由平衡方程 $\sum M_z=0$，得

$$(\tau\mathrm{d}y\mathrm{d}z)\mathrm{d}x=(\tau'\mathrm{d}x\mathrm{d}z)\mathrm{d}y$$

故

$$\tau=\tau' \tag{5.5}$$

上式表明，两相互垂直平面上的切应力 τ 和 τ' 数值相等，且均指向（或背离）该两平面

的交线，称为切应力互等定律。图 5.9（b）所示单元体在其两对互相垂直的平面上只有切应力而没有正应力，这种情况称为纯剪切。切应力互等定理不仅适用于纯剪切情况，在其他应力情况下也同样成立。

二、剪切胡克定律

图 5.9（b）所示单元体在切应力τ、τ'作用下将产生剪切变形，原来的直角都改变了一个微小的角度γ，γ称为切应变或角应变。根据薄壁圆筒的扭转试验知，当切应力不超过材料的剪切比例极限τ_{p}时，切应力τ与切应变γ成正比，如图 5.10 所示。这就是剪切胡克定律，可以写成

$$\tau = G \cdot \gamma \tag{5.6}$$

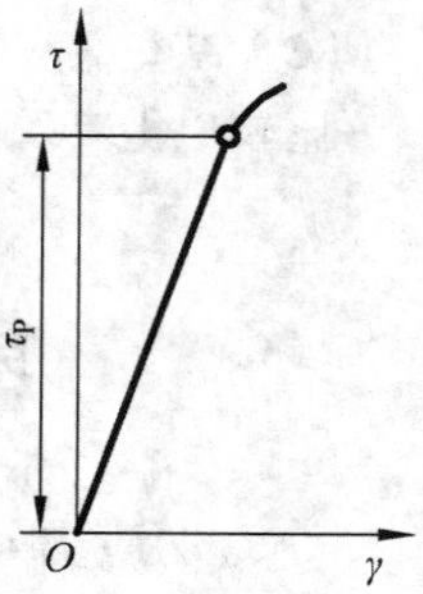

式中，G为材料的剪切弹性模量，单位与弹性模量E相同，其值可通过试验测定。G值越大，表示材料抵抗剪切变形的能力越强。

弹性模量E、剪切弹性模量G和泊松比μ是材料的三个弹性常数。对于各向同性的弹性材料，它们之间存在如下关系：

$$G = \frac{E}{2(1+\mu)} \tag{5.7}$$

图 5.10

利用式（5.7），可由三个弹性常数中的任意两个，求出其第三个。

第三节　扭转的概念·扭矩及扭矩图

一、扭转的概念

扭转是杆件受力的基本形式，扭转变形是杆件变形的一种基本形式。

扭转受力特点：杆件受到大小相等、方向相反且作用平面垂直于杆件轴线的外力偶矩作用。

扭转变形特点：杆件的任意横截面绕杆轴线产生转动。杆件的任意两个横截面绕轴线相对转动一个角度φ，称为扭转角，如图 5.11 所示。

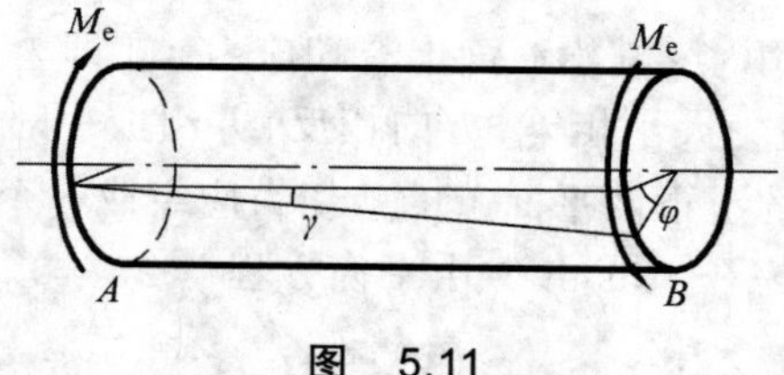

图　5.11

工程中以扭转变形为主的杆件很多，例如，钻机钻杆、机械传动轴、房屋边梁等，如图 5.12 所示。

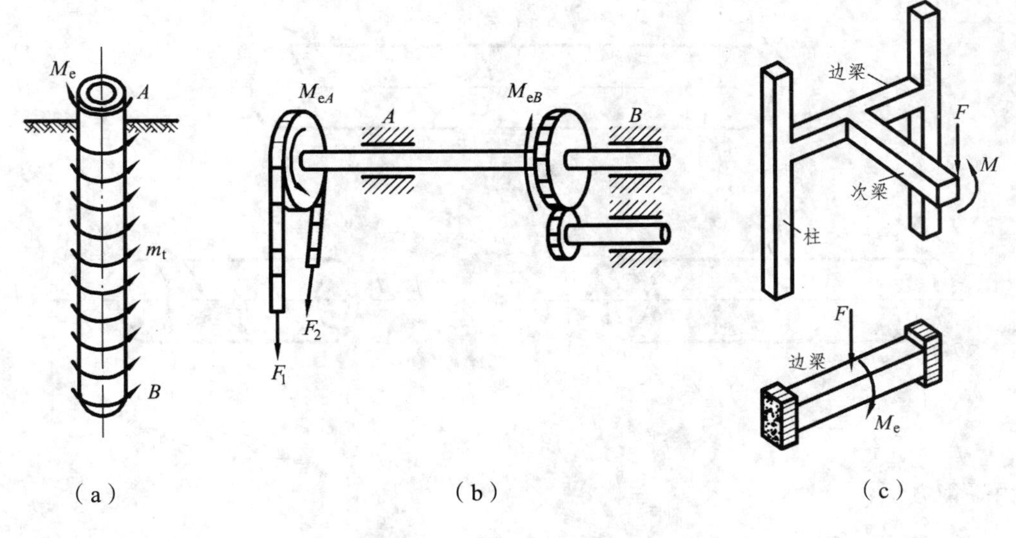

图 5.12

以扭转变形为主的杆件通常称为轴，最常用的是圆截面轴。本章主要介绍圆轴扭转时的内力、应力、强度与刚度等问题。

二、外力偶矩 扭矩和扭矩图

1. 外力偶矩

作用在轴上的外力偶矩一般可根据已知的外荷载，由静力平衡方程确定。然而，实际工程中的传动轴，往往只给出轴的转速和所传递的功率，这时，需通过计算来确定外力偶矩。若已知传动轴的转速为 n（单位：r/min），所传递的功率为 P（单位：kW），则外力偶矩 M_e 的计算公式为

$$M_e = 9\,549 \frac{P}{n} \ (\text{N} \cdot \text{m}) \tag{5.8}$$

若功率 P 用马力表示（1 马力=0.735 5 kW），则可以换算为

$$M_e = 7\,024 \frac{P}{n} \ (\text{N} \cdot \text{m}) \tag{5.9}$$

2. 扭 矩

外力偶矩确定之后，再来研究杆件扭转时的内力。如图 5.13（a）所示等直圆截面轴，在外力偶矩 M_e 作用下处于平衡状态，仍采用截面法确定任意横截面 $m—m$ 上的内力。

用一假想平面将轴沿横截面 $m—m$ 截为两段，任取其中一段，例如取左段为研究对象，如图 5.12（b）所示。因力偶只能与力偶平衡，因此横截面 $m—m$ 上的内力应是一个力偶，它是截面上分布内力的合力偶矩。该力偶的作用效果是使截面发生绕轴线的转动，所以称为扭矩，用符号 T 表示。扭矩的大小可根据平衡条件确定。

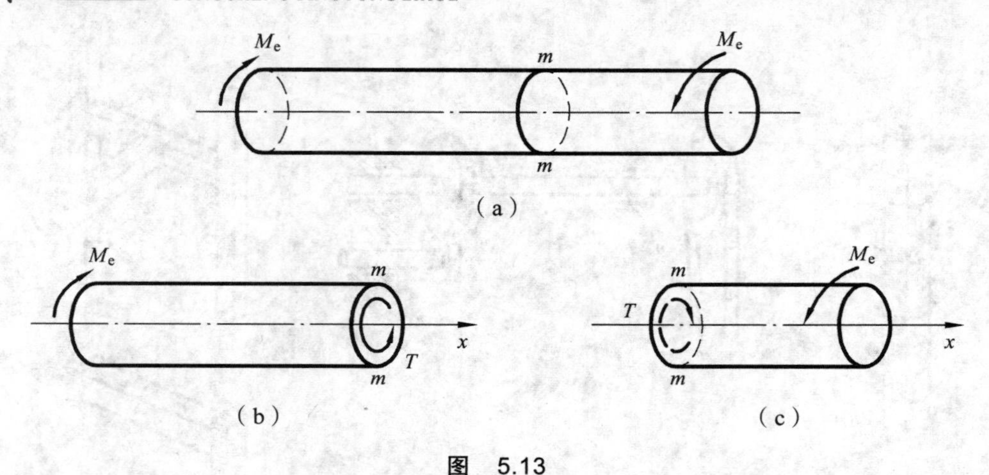

图 5.13

由平衡方程：

$$\sum M_x = 0 \text{，} T - M_e = 0$$

得 $$T = M_e$$

如果取轴的右段为研究对象，扭矩 T 也可得到相同的结果，如图 5.13（c）所示。与轴向拉伸（或压缩）时杆件的轴力一样，无论由左段或由右段求得同一截面的内力，应该具有相同的正负符号。为此，作如下规定：按右手螺旋法则，使右手四指的握向与扭矩的转向一致，若右手拇指指向背离截面，则扭矩为正（ + ）；反之为负（ – ）。图 5.14（a）所示为正扭矩，图 5.14（b）所示为负扭矩。与求轴力的方法相似，用截面法计算扭矩时，截面上的扭矩通常采用设正法设出。

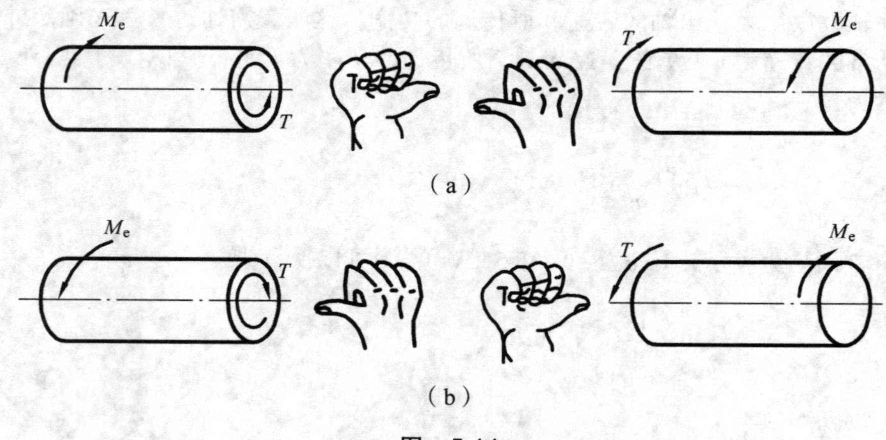

图 5.14

3. 扭矩图

为了形象地表示扭矩沿杆轴线的变化规律，以沿杆轴线方向的坐标表示横截面的位置，以垂直于杆轴线的另一坐标表示相应截面上扭矩的数值，这样的图线称为扭矩图。绘制扭矩图时，选取适当的比例，通常把正扭矩画在横坐标的上方，负扭矩画在下方，如图 5.15（b）所示。

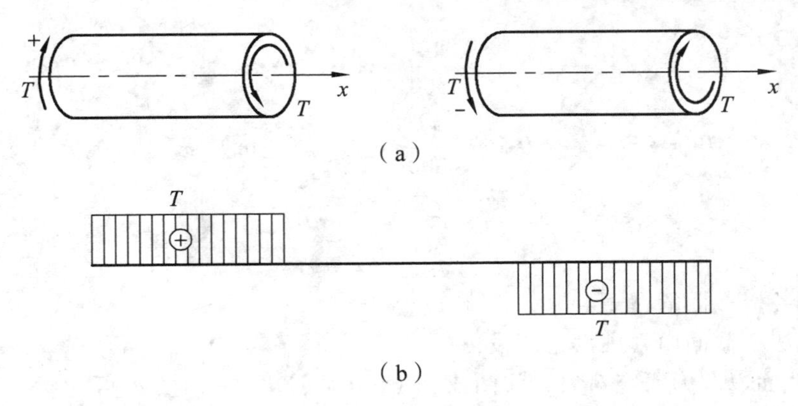

图 5.15

【例 5.4】 图 5.16（a）所示为实心圆截面传动轴，已知转速 $n=300\ \mathrm{r/min}$。A 为主动轮，输入功率 $P_A=45\ \mathrm{kW}$；B、C、D 为从动轮，输出功率分别为 $P_B=10\ \mathrm{kW}$，$P_C=15\ \mathrm{kW}$，$P_D=20\ \mathrm{kW}$。试做传动轴的扭矩图。

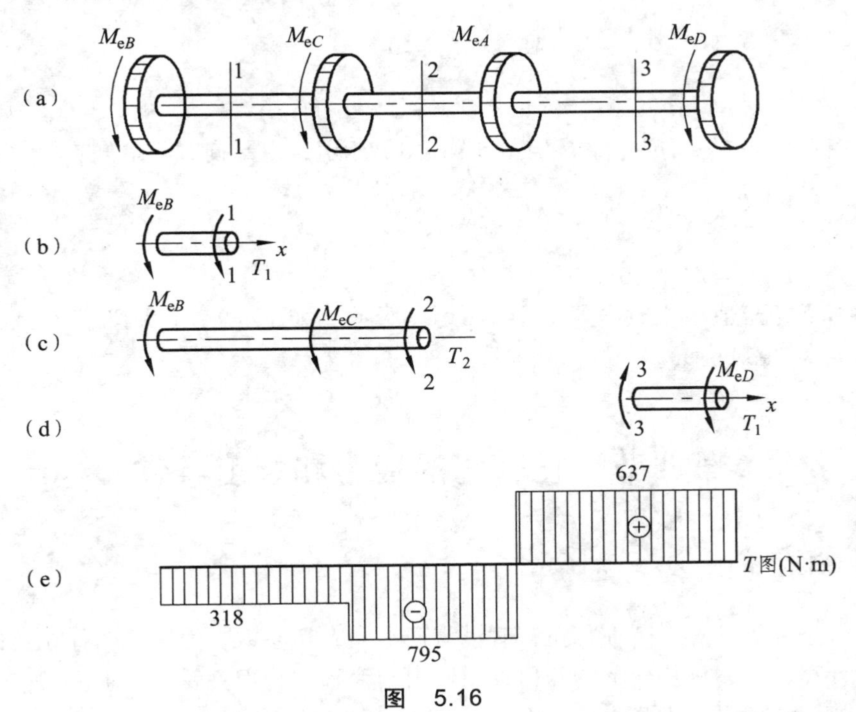

图 5.16

【解题分析】 首先必须计算作用在各轮上的外力偶矩，根据外力偶矩所作用的位置将传动轴分为三段来考虑，用截面法分别计算各段截面的内力，最后绘出扭矩图。

【解】（1）计算外力偶矩。

由式（5.8），得

$$M_{eA}=9\ 549\frac{P_A}{n}=9\ 549\times\frac{45}{300}=1\ 432\ (\mathrm{N\cdot m})$$

$$M_{eB}=9\ 549\frac{P_B}{n}=9\ 549\times\frac{10}{300}=318\text{（N·m）}$$

$$M_{eC}=9\ 549\frac{P_C}{n}=9\ 549\times\frac{15}{300}=477\text{（N·m）}$$

$$M_{eD}=9\ 549\frac{P_D}{n}=9\ 549\times\frac{20}{300}=637\text{（N·m）}$$

（2）计算各横截面的扭矩。

利用截面法，截面内力用设正法设出。

取 1—1 截面以左为研究对象，如图 5.16（b）所示，由平衡方程可知：

$$\sum M_x=0\text{，}\quad T_1+M_{eB}=0$$

得

$$T_1=-M_{eB}=-318\ \text{N·m}$$

取 2—2 截面以左为研究对象，如图 5.16（c）所示，由平衡方程可知：

$$\sum M_x=0\text{，}\quad T_2+M_{eB}+M_{eC}=0$$

得

$$T_2=-M_{eB}-M_{eC}=-318-477=-795\ \text{(N·m)}$$

取 3—3 截面以右为研究对象，如图 5.16（d）所示，由平衡方程可知：

$$\sum M_x=0\text{，}\quad T_3-M_{eD}=0$$

得

$$T_3=M_{eD}=637\ \text{N·m}$$

根据各截面扭矩值绘扭矩图，如图 5.16（e）所示。由图可见，最大扭矩 T_{max} 发生在 AC 段内，其绝对值为 795 N·m。

第四节　扭转时的应力和强度条件

一、横截面上的应力

在小变形条件下，等直圆轴在扭转时横截面上只有切应力。为求得圆杆在扭转时横截面上的切应力计算公式，先从变形的几何关系和力与变形的物理关系方面求得切应力在横截面上的分布规律，然后再考虑静力学关系来求解。

1. 几何关系

为研究横截面上任一点处切应变随点的位置而变化的规律，在等直圆轴的表面上做出任意两个相邻的圆周线和纵向线，如图 5.17（a）所示。当轴的两端施加一对力矩为 M_e 的外力偶后，可以发现：两圆周线绕杆轴线相对转动了一个角度，圆周线的长度和形状均未改变；在变形微小的情况下，圆周线的间距也未变化，纵向线则倾斜了一个角度 γ，如图 5.17（b）所示。

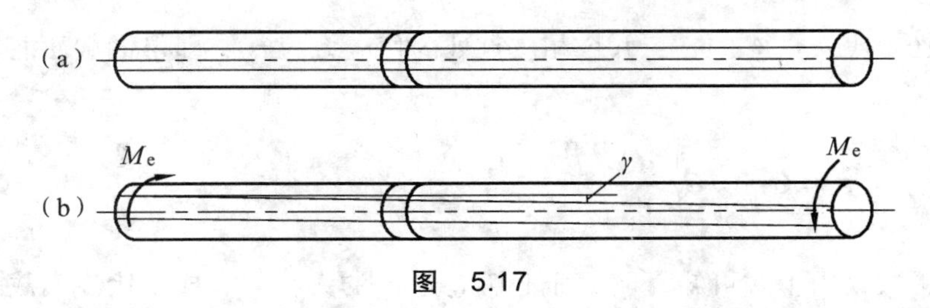

图　5.17

根据所观察到的现象，可以假设圆轴的横截面如同刚性平面一样绕轴线作相对转动，且大小和形状保持不变，这一假设称为圆轴扭转时的平面假设。试验指出，在圆轴扭转变形后只有等直圆轴的圆周线才仍在垂直于轴线的平面内，所以上述假设只适用于等直圆轴。

为确定横截面上任一点处的切应变随点的位置而变化的规律，假想截取长为 dx 的微段进行分析。由平面假设可知，微段变形后的情况如图 5.18（a）所示。截面 b—b 相对于截面 a—a 绕轴线 O_1O_2 转动一个角度 dφ，因此，其上的任意半径 O_2D 也转动了相同大小的角度 dφ。由于截面转动，轴表面上的纵向线 AD 倾斜了一个角度 γ，图 5.18（a）所示，纵向线的倾斜角就是横截面周边任一点 A 处的切应变。同时，经过半径 O_2D 上任意点 G 的纵向线 EG 在轴变形后也倾斜了一个角度 γ_ρ，即为横截面半径上任一点 E 处的切应变。应该注意，上述切应变均在垂直于半径的平面内。设 G 点至横截面圆心的距离为 ρ，由图 5.18（a）所示的几何关系可得

$$\gamma_\rho \approx \tan\gamma_\rho = \frac{\overline{GG'}}{\overline{EG}} = \rho\frac{\mathrm{d}\varphi}{\mathrm{d}x}$$

即

$$\gamma_\rho = \rho\frac{\mathrm{d}\varphi}{\mathrm{d}x} \tag{5.10}$$

式中的 $\frac{\mathrm{d}\varphi}{\mathrm{d}x}$ 表示相对扭转角 φ 沿杆长度的变化率，在同一横截面上 $\frac{\mathrm{d}\varphi}{\mathrm{d}x}$ 为一个常量。因此，在同一半径 ρ 的圆周上各点处的切应变 γ_ρ 均相同，且与 ρ 成正比。

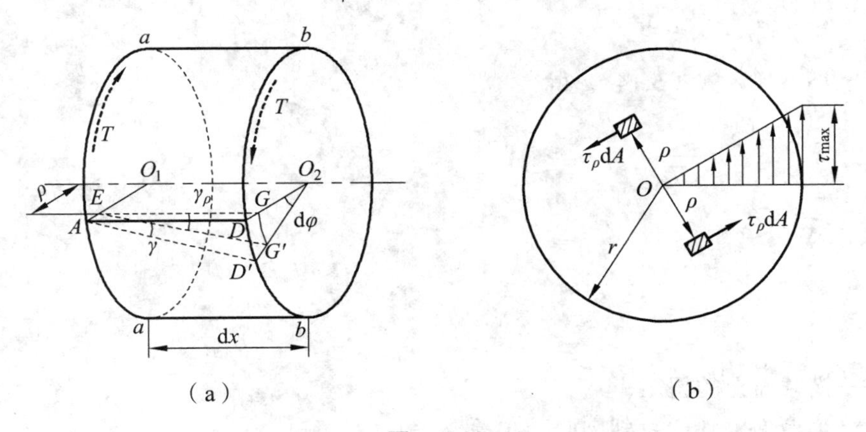

图　5.18

2. 物理关系

由剪切胡克定律可知，在线弹性范围内，切应力与切应变成正比，即

$$\tau = G\gamma \tag{5.11}$$

将式（5.10）代入式（5.11），并令相应点处的切应力为τ_ρ，即得横截面上切应力变化规律的表达式：

$$\tau_\rho = G\gamma_\rho = G\rho\frac{\mathrm{d}\varphi}{\mathrm{d}x} \tag{5.12}$$

因为$G\cdot\dfrac{\mathrm{d}\varphi}{\mathrm{d}x}$为常数，由上式可知，横截面上切应力$\tau_\rho$的大小与$\rho$成正比。横截面边缘各点处的切应力最大。切应力沿任一半径的变化规律如图 5.18（b）所示。

3. 静力学关系

横截面上切应力变化规律表达式（5.12）中的$\dfrac{\mathrm{d}\varphi}{\mathrm{d}x}$是个待定参数，为确定该参数，需要根据静力平衡条件来分析。由于在横截面任一直径上距圆心等远的两点处的内力元素$\tau_\rho \mathrm{d}A$等值而反向，如图 5.18（b）所示，因此，整个横截面上的内力元素$\tau_\rho \mathrm{d}A$的合力必等于零，并组成一个力偶，即为横截面上的扭矩T。因为τ_ρ的方向垂直于半径，故内力元素$\tau_\rho \mathrm{d}A$对圆心的力矩为$\rho\tau_\rho \mathrm{d}A$。于是，由静力学中的合力矩定理可得

$$\int_A \rho\tau_\rho \mathrm{d}A = T \tag{5.13}$$

将式（5.12）代入式（5.13），整理得

$$G\frac{\mathrm{d}\varphi}{\mathrm{d}x}\int_A \rho^2 \mathrm{d}A = T \tag{5.14}$$

式（5.14）中的积分$\int_A \rho^2 \mathrm{d}A$仅与横截面的几何量有关，称为横截面的极惯性矩，并用$\boldsymbol{I}_\mathrm{p}$表示，其单位为$\mathrm{m}^4$或$\mathrm{mm}^4$。即

$$I_\mathrm{p} = \int_A \rho^2 \mathrm{d}A \tag{5.15}$$

将式（5.15）代入式（5.14），得

$$\frac{\mathrm{d}\varphi}{\mathrm{d}x} = \frac{T}{GI_\mathrm{p}} \tag{5.16}$$

将其代入式（5.12），得

$$\tau_\rho = \frac{T\cdot\rho}{I_\mathrm{p}} \tag{5.17}$$

式中　T——横截面上的扭矩；

ρ——横截面上任一点到圆心的距离；

I_p——截面对圆心的极惯性矩，单位为mm^4或m^4。

式（5.17）即为等直圆轴在扭转时横截面上任一点处切应力的计算公式。切应力的方向垂直于半径，并与扭矩的转向一致。

由式（5.17）及图 5.18（b）可见，当ρ等于横截面的半径r时，即在横截面周边上的各

点处，切应力将达到其最大值 $\tau_{\max}$，其值为

$$\tau_{\max}=\frac{T\cdot R}{I_{\mathrm{p}}}$$

在上式中令：

$$W_{\mathrm{p}}=\frac{I_{\mathrm{p}}}{R} \tag{5.18}$$

则有

$$\tau_{\max}=\frac{T}{W_{\mathrm{p}}} \tag{5.19}$$

式中，W_{p} 称为扭转截面系数，其单位为 m^3 或 mm^3。此公式仅适用于圆截面的轴。极惯性矩 I_{p} 和扭转截面系数 W_{p} 是只与截面形状、尺寸有关的几何量，利用高等数学知识，由式（5.15）及式（5.18）可求得直径为 D 的圆截面对圆心的极惯性矩和扭转截面系数分别为

$$I_{\mathrm{p}}=\frac{\pi D^4}{32} \tag{5.20}$$

$$W_{\mathrm{p}}=\frac{I_{\mathrm{p}}}{R}=\frac{\pi D^3}{16} \tag{5.21}$$

设空心圆截面的内、外直径分别为 d 和 D，其比值 $\alpha=\dfrac{d}{D}$，则空心圆截面的极惯性矩和扭转截面系数分别为

$$I_{\mathrm{p}}=\frac{\pi D^4}{32}(1-\alpha^4) \tag{5.22}$$

$$W_{\mathrm{p}}=\frac{\pi D^3}{16}(1-\alpha^4) \tag{5.23}$$

二、斜截面上的应力

已知等直圆轴扭转时横截面上周边各点处的切应力最大，为全面了解轴内的应力情况，需进一步讨论这些点处斜截面上的应力。为此，在圆轴的表面处用横截面、径向截面以及与表面平行的面截取一单元体，如图 5.19（a）所示。由于这种单元体的前、后两面上无任何应力，故可将其用图 5.19（b）所示的平面图形表示。

现在分析单元体内垂直于前、后两平面的任一斜截面 ef 上的应力，斜截面的外向法线 n 与 x 轴间的夹角为 α，并规定从 x 轴至截面外向法线逆时针转动时 α 为正值，反之为负值。应用截面法，研究斜截面 ef 左边部分的平衡，受力分析如图 5.19（c）所示。设斜截面 ef 的面积为 $\mathrm{d}A$，则 eb 面和 bf 面的面积分别为 $\mathrm{d}A\cos\alpha$ 和 $\mathrm{d}A\sin\alpha$。选择参考轴 ξ 和 η 分别与斜截面 ef 平行和垂直，列平衡方程：

$$\sum F_{\eta}=0,\quad \sigma_{\alpha}\mathrm{d}A+(\tau\mathrm{d}A\cos\alpha)\sin\alpha+(\tau'\mathrm{d}A\sin\alpha)\cos\alpha=0$$

$$\sum F_{\xi}=0\,,\quad \sigma_{\alpha}\mathrm{d}A-(\tau\mathrm{d}A\cos\alpha)\cos\alpha+(\tau'\mathrm{d}A\sin\alpha)\sin\alpha=0$$

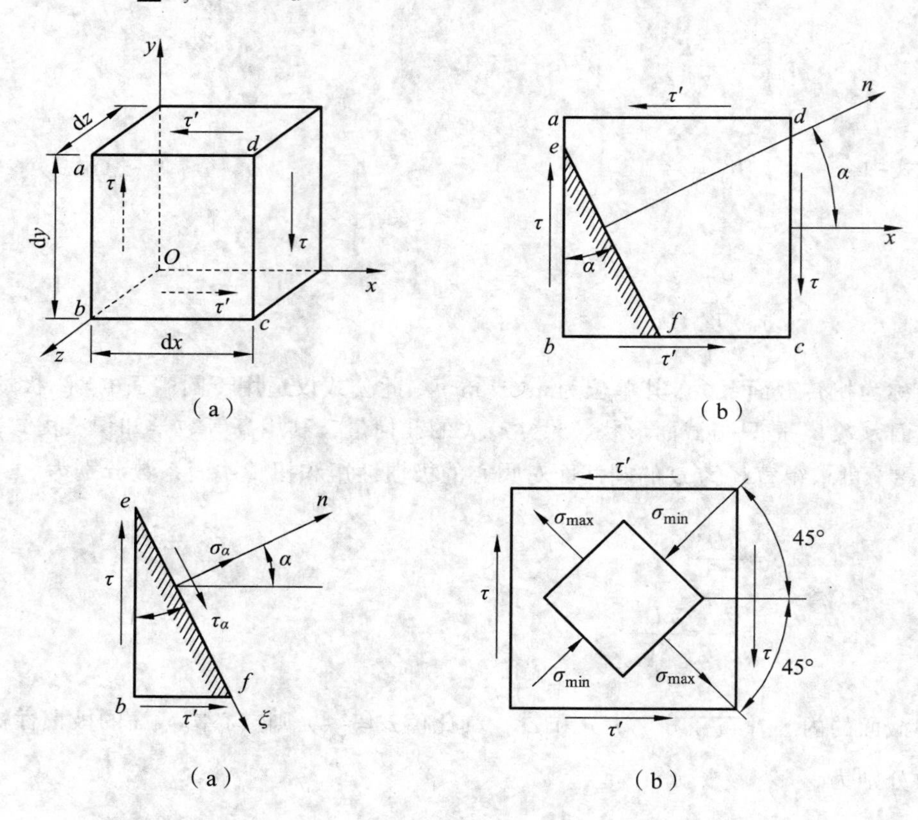

图 5.19

利用切应力互等定理，整理后即得任一斜截面 ef 上的正应力和切应力的计算公式分别为

$$\sigma_{\alpha}=-\tau\sin 2\alpha \tag{5.24}$$

$$\tau_{\alpha}=\tau\cos 2\alpha \tag{5.25}$$

由式（5.24）可知，在 $\alpha=-45^\circ$ 和 $\alpha=45^\circ$ 两斜截面上的正应力分别为

$$\sigma_{\max}=\sigma_{-45^\circ}=\tau\,,\quad \sigma_{\min}=\sigma_{45^\circ}=-\tau$$

由式（5.25）可知，在 $\alpha=0^\circ$ 时，即横截面上切应力最大，其最大绝对值等于 τ 。

该两截面上的正应力分别为 σ_{α} 中的最大值和最小值，即一为拉应力，另一为压应力，其绝对值均等于 τ，且最大、最小正应力的作用面与最大切应力的作用面之间成 45°，如图 5.19（d）所示。

在圆轴的扭转试验中，对于剪切强度低于拉伸强度的材料（如低碳钢），破坏是从轴的最外层沿横截面发生剪切产生的，如图 5.20（a）所示；而对于拉伸强度低于剪切强度的材料（如铸铁），其破坏是由轴的最外层沿与轴线约成 45° 倾角的螺旋形曲面发生拉伸断裂而产生的，如图 5.20（b）所示。

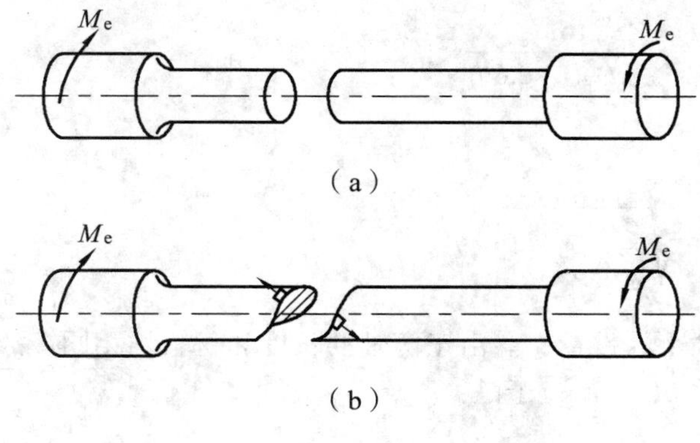

图 5.20

【例 5.5】 如图 5.21(a)、(b)所示，实心圆截面轴Ⅰ和空心圆截面轴Ⅱ的材料、扭转力偶矩 M_e 和长度 l 均相同，最大切应力也相等。若空心圆截面内、外直径之比 $\alpha=0.6$，试求：1)空心圆截面的外径与实心圆截面直径之比；(2)两轴的重量比。

【解题分析】 因为 $\tau_{实}=\dfrac{T_1}{W_{p1}}$，$\tau_{空}=\dfrac{T_2}{W_{p2}}$，利用最大切应力相等的条件，可求比值 D_2/d_1。由于轴的重量为 γAl，再利用两轴的长度 l 和材料 γ 均相同的条件，求轴Ⅱ与轴Ⅰ的重量比等于其横截面面积 A_2 和 A_1 之比。

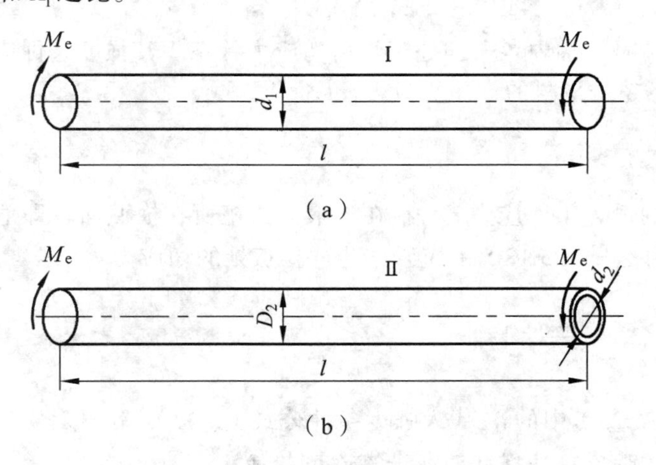

图 5.21

【解】 (1)设实心圆截面直径和空心圆截面内、外直径分别为 d_1 和(d_2，D_2)。利用最大切应力相等的条件，先求比值 D_2/d_1。Ⅰ、Ⅱ两轴截面的扭转截面系数分别为

$$W_{p1}=\frac{\pi d_1^3}{16}，\quad W_{p2}=\frac{\pi D_2^3}{16}(1-\alpha^4)$$

分别代入式(5.20)，即得两轴的最大切应力为

$$\tau_{1,\max}=\frac{T_1}{W_{p1}}=\frac{16T_1}{\pi d_1^3}，\quad \tau_{2,\max}=\frac{T_2}{W_{p2}}=\frac{16T_2}{\pi D_2^3(1-\alpha^4)}$$

将 $\alpha=0.6$ 和 $T_1=T_2=M_e$ 代入以上两式，并引用已知条件 $\tau_{1,\max}=\tau_{2,\max}$，即得

$$\frac{16M_e}{\pi d_1^3}=\frac{16M_e}{\pi D_2^3(1-0.6^4)}$$

由此得

$$\frac{D_2}{d_1}=\sqrt[3]{\frac{1}{1-0.6^4}}=1.047$$

（2）计算轴Ⅱ与轴Ⅰ的重量比。由于两轴的长度和材料均相同，故轴Ⅱ与轴Ⅰ的重量比等于其横截面面积 A_2 和 A_1 之比，于是：

$$\frac{A_2}{A_1}=\frac{\frac{\pi}{4}(D_2^2-d_2^2)}{\frac{\pi}{4}d_1^2}=\frac{D_2^2(1-\alpha^2)}{d_1^2}=1.047^2\times(1-0.6^2)=0.702$$

由此可见，在最大切应力相等的情况下，空心圆轴的自重比实心圆轴轻，比较节约材料。当然，在设计轴时，还应全面地考虑加工等因素，不能在任何情况下都采用空心圆轴。

三、强度条件

等直圆轴在扭转时，轴内各点均处于纯剪切应力状态。其强度条件应该是横截面上的最大工作切应力 τ_{max} 不超过材料的许用切应力 $[\tau]$，即

$$\tau_{max}\leqslant[\tau] \tag{5.26}$$

由于等直圆轴的最大工作应力 τ_{max} 存在于最大扭矩所在横截面，即危险截面的周边上任一点处，故强度条件公式（5.18）中应以这些危险点处的切应力为依据。则有

$$\tau_{max}=\frac{T_{max}}{W_p}\leqslant[\tau] \tag{5.27}$$

将式（5.21）或式（5.23）中的 W_p 代入强度条件公式（5.27），就可对实心或空心圆截面轴进行强度计算，即校核强度、选择截面或计算许可荷载。

【例 5.6】 图 5.22（a）所示阶梯状圆轴，AB 段直径 $d_1=120\ \text{mm}$，BC 段直径 $d_2=100\ \text{mm}$。扭转力偶矩为 $M_A=22\ \text{kN}\cdot\text{m}$，$M_B=36\ \text{kN}\cdot\text{m}$，$M_C=14\ \text{kN}\cdot\text{m}$。已知材料的许用切应力 $[\tau]=80\ \text{MPa}$，试校核该轴的强度。

【解题分析】 为校核强度需先确定全轴的最大切应力，为求最大切应力需先求最大扭矩。首先用截面法求得 AB、BC 段的扭矩，并绘制扭矩图。该轴为阶梯轴，各段的扭转截面系数 W_p 不同，应分段考虑。根据各段的扭矩值，利用强度计算公式分别校核两段轴的强度。

【解】 （1）用截面法求得 AB、BC 段的扭矩，并绘出扭矩图，如图 5.22（b）所示。

（2）分别校核两段轴的强度。

由扭矩图可见，AB 段的扭矩比 BC 段的扭矩大，但 AB 段轴的直径也大，因此需分别校核两段轴的强度。

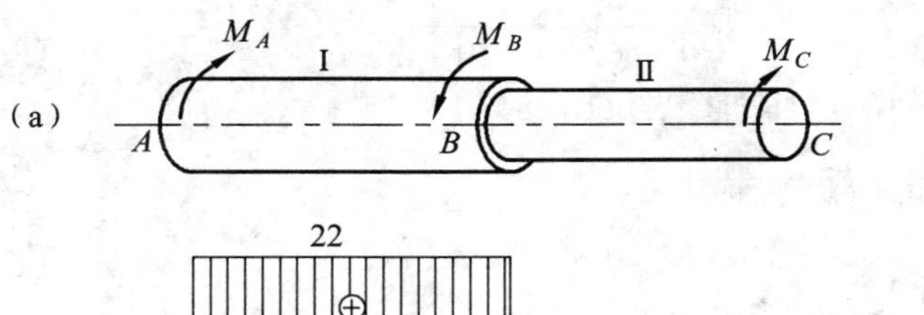

图 5.22

AB 段内： $$\tau_{AB}=\frac{T_1}{W_{p1}}=\frac{22\times10^6\ \text{N}\cdot\text{mm}}{\dfrac{\pi}{16}\times120^3\ \text{mm}^3}=64.84\ \text{MPa}<[\tau]=80\ \text{MPa}$$

BC 段内： $$\tau_{BC}=\frac{T_2}{W_{p2}}=\frac{14\times10^6\ \text{N}\cdot\text{mm}}{\dfrac{\pi}{16}\times100^3\ \text{mm}^3}=71.30\ \text{MPa}<[\tau]=80\ \text{MPa}$$

因此，该轴满足强度条件的要求。

【例 5.7】 已知某受扭圆轴危险截面上的扭矩 $T_{\max}=6.28\ \text{kN}\cdot\text{m}$，材料的许用切应力 $[\tau]=80\ \text{MPa}$。（1）按实心圆截面选择直径 D；（2）选择空心圆截面的外径 D，内外径比值 $d/D=0.8$；（3）比较两种轴的横截面面积。

【解题分析】 本题前两问属于根据圆轴扭转的强度条件进行截面设计，第 3 问是对前两问计算结果的比较分析。利用圆轴扭转的强度条件式（5.26）可分别对前两问进行计算。

【解】 （1）按实心圆截面选择直径 D，利用强度条件式（5.26）得

$$\tau_{\max}=\frac{T_{\max}}{W_p}=\frac{T_{\max}}{\dfrac{\pi D^3}{16}}\leqslant[\tau]$$

因此有

$$D\geqslant\sqrt[3]{\frac{16T_{\max}}{\pi[\tau]}}=\sqrt[3]{\frac{16\times6.28\times10^3\ \text{N}\cdot\text{m}}{3.14\times80\times10^6\,\text{Pa}}}=7.37\times10^{-2}\ \text{m}=73.7\ \text{mm}$$

（2）按实心圆截面选择直径 D，空心圆截面的扭转系数为

$$W_p=\frac{\pi D^3}{16}(1-\alpha^4)=\frac{3.14D^3}{16}(1-0.8^4)=0.116D^3$$

利用强度条件有

$$\tau_{\max}=\frac{T_{\max}}{W_p}=\frac{T_{\max}}{0.116D^3}\leqslant[\tau]$$

因此有

$$D \geqslant \sqrt[3]{\frac{T_{\max}}{0.116[\tau]}}=\sqrt[3]{\frac{6.28\times10^3\ \text{N}\cdot\text{m}}{0.116\times80\times10^6\ \text{Pa}}}=8.78\times10^{-2}\ \text{m}=87.8\ \text{mm}$$

（3）比较两种轴的横截面面积。

实心圆的面积：

$$A_{实}=\frac{\pi D^2}{4}=\frac{3.14\times73.7^2}{4}=4.26\times10^3\ (\text{mm}^2)$$

空心圆的面积：

$$A_{空}=\frac{\pi(D^2-d^2)}{4}=\frac{3.14\times[87.8^2-(87.8\times0.8)^2]}{4}=1.21\times10^3\ (\text{mm}^2)$$

$$\frac{A_{实}}{A_{空}}=\frac{4.26\times10^3\ \text{mm}^2}{1.21\times10^3\ \text{mm}^2}=3.52$$

显然空心圆截面比较节省材料。

小　结

本章的主要内容是研究连接件发生剪切、挤压变形时，其内力、应力的简化分析方法，工程中连接件的实用计算方法。其中，关于连接件剪切的实用计算、挤压的实用计算为本章重点。具体内容概括如下：

1. 剪切及其实用计算

（1）剪切的受力特点：杆件受到一对垂直于杆轴线方向的力，它们大小相等、方向相反，作用线平行且相距很近。

（2）剪力：剪切产生的内力，用 F_S 表示。

（3）剪切的实用计算：

剪切强度条件：　$\tau=\dfrac{F_S}{A_S}\leqslant[\tau]$

根据剪切强度条件即可进行构件的剪切强度计算。同样可以解决三种类型的问题：剪切强度校核；连接件的截面设计；确定许用荷载。其中，关键是正确判断构件的危险剪切面，并计算出该剪切面上的剪力 F_S。

2. 挤压及其实用计算

（1）挤压的受力特点：在接触表面局部受力，且作用力与受力面垂直。

（2）挤压力：作用在连接件局部挤压面上的压力，用 F_{bs} 表示。

（3）挤压的实用计算：

挤压强度条件：　$\sigma_{bs}=\dfrac{F_{bs}}{A_{bs}}\leqslant[\sigma_{bs}]$

注意，式中的 A_{bs} 为计算挤压面积：对于平面，A_{bs} 为实际面积；对于柱面，A_{bs} 为该圆柱的径面面积。

根据挤压强度条件即可进行构件的挤压强度计算。同样也可以解决三种类型的问题：① 挤压强度校核；② 连接件的截面设计；③ 确定许用荷载。其中，关键是正确判断构件的危险挤压面，并计算出该挤压面上的挤压力 F_{bs}。

3. 切应力互等定理及剪切胡克定律

（1）切应力互等定理：两相互垂直平面上的切应力 τ 和 τ' 数值相等，且均指向（或背离）该两平面的交线，称为切应力互等定律，即 $\tau = \tau'$。

（2）剪切胡克定律：当切应力不超过材料的剪切比例极限 τ_P 时，切应力 τ 与切应变 γ 成正比，即 $\tau = G \cdot \gamma$。

4. 基本概念

扭转——杆件变形基本形式。其特征是，外力偶作用在垂直于杆件轴线的平面内，杆件的任意两截面之间绕轴线作相对转动。

扭矩——扭转时杆件的内力。扭矩是横截面上分布内力系构成的矢量方向垂直于杆件横截面的内力偶矩。确定扭矩的基本方法是截面法。

扭转角——扭转时，杆件两横截面间绕轴线相对旋转的角度。

单位长度扭转角——扭转角与横截面间距离之比。

5. 外力偶矩与扭矩的计算

若已知传动轴的功率 P(kW) 和转速 n(r/min)，可按式 $M_e = 9\ 549\dfrac{P}{n}(\text{N}\cdot\text{m})$ 计算作用在轴上的外力偶矩。扭矩的计算仍采用截面法。

6. 圆轴扭转时横截面上的应力与强度条件

基本分析方法与结论：通过对变形现象的观察作出平面假设，推断横截面某点的剪应力与该点到圆心的距离成正比；最后利用静力学关系，建立圆轴扭转变形的基本关系式（$\dfrac{d\varphi}{dx} = \dfrac{T}{GI_p}$）和横截面扭转剪应力的计算公式（$\tau_\rho = \dfrac{T\rho}{I_p}$）。

为保证圆轴具有足够的强度，应使圆轴最大工作扭转剪切应力不超过材料的许用切应力，这就是强度条件（$\tau_{max} = \dfrac{T_{max}}{W_p} \leqslant [\tau]$）。根据强度条件，可进行圆轴的强度校核、截面设计和确定许可载荷等计算。

7. 圆轴扭转的变形与刚度条件

由圆轴扭转变形的基本关系式（$\dfrac{d\varphi}{dx} = \dfrac{T}{GI_p}$），建立了实用的圆轴扭转变形计算公式（$\varphi = \dfrac{Tl}{GI_p}$）。圆轴扭转的刚度条件为 $\dfrac{T_{max}}{GI_p} \times \dfrac{180}{\pi} \leqslant [\theta]$。根据刚度条件，可进行轴的刚度校核、截面设计和确定许可载荷等。

第六章　梁的弯曲计算

第一节　梁平面弯曲的概念和计算简图

一、弯曲的工程实例

在工程中经常遇到这样一类构件，它们所承受的荷载是作用线垂直于杆件轴线的横向力或者位于通过杆轴纵向平面内的外力偶。在这些外力的作用下，杆件的横截面要发生相对的转动，杆件的轴线也要弯成曲线，这种变形称为弯曲变形。凡是以弯曲变形为主要变形的构件，通常称为梁。

梁是工程结构中应用得非常广泛的一种构件。图 6.1 所示的混凝土公路桥梁、房屋建筑的阳台挑梁，以及水利工程的水闸立柱等均为梁。

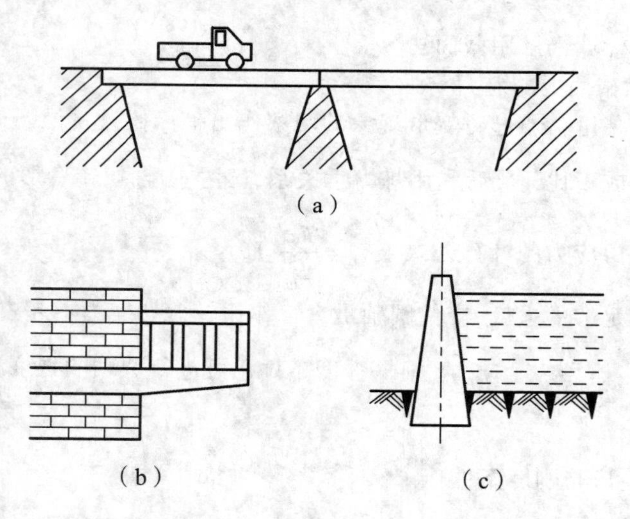

图　6.1

二、梁的平面弯曲的概念

梁的轴线方向称为纵向，垂直于轴线的方向称为横向。梁的横截面是指梁的垂直于轴线的截面，一般都存在着对称轴，常见的有圆形、矩形、工字形和 T 形等。梁的纵向平面是指过梁的轴线的平面，有无穷多个，但通常所说的纵向平面是指梁横截面的纵向对称轴与梁的轴线所构成的平面，称为梁的纵向对称面。如果梁的外力和外力偶都作用在梁的纵向对称面内，那么梁的轴线将在此对称面内弯成一条平面曲线，这样的弯曲变形称为**平面弯曲**，如图

6.2 所示。产生平面弯曲变形的梁，称为平面弯曲梁。

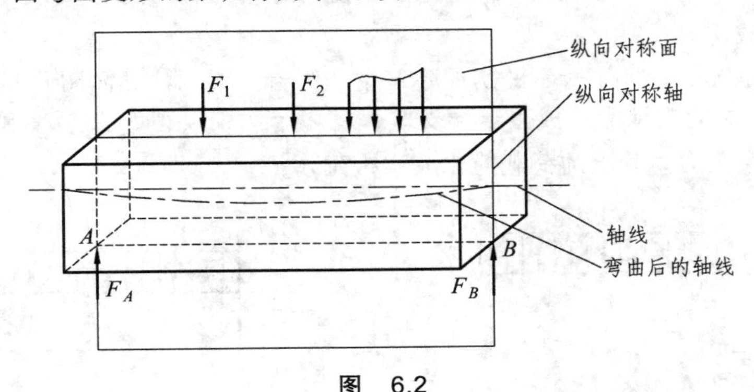

图　6.2

平面弯曲梁是工程中最常见的构件。平面弯曲是最基本的弯曲问题，掌握它的计算对于工程应用及进一步研究复杂的弯曲问题都有十分重要的意义。本章主要研究平面弯曲问题。

作用线垂直于梁的轴线的集中力，称为横向外力。平面弯曲梁在横向外力作用下发生的弯曲变形称为横力弯曲，如图 6.3（a）所示。平面弯曲梁在平面外力偶的作用下发生的弯曲变形称为纯弯曲，如图 6.3（b）所示。

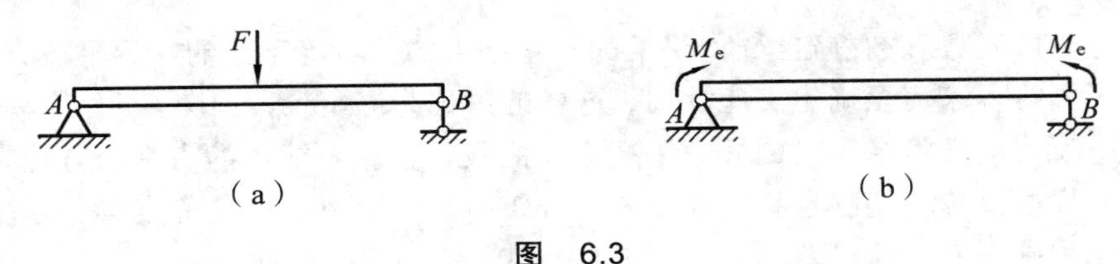

图　6.3

三、梁的计算简图

在进行梁的工程分析和计算时，不必把梁复杂的工程图照原样原原本本地画出来，而是以能够代表梁的结构、荷载情况，按照一定的规律简化出来的图形代替，这种简化后的图形称为梁的计算简图。计算简图可通过对梁作以下三方面的简化得到。

1. 梁本身的简化

梁本身可用其轴线来代表，但要在图上注明梁的结构尺寸数据，必要时也要把梁的截面尺寸用简单的图形表示出来。

2. 荷载的简化

梁上的荷载一般简化为集中力、集中力偶和均布荷载，分别用 F 、q 、M_e 表示。集中力和均布荷载的作用点简化在轴线上，集中力偶的作用面简化在纵向对称面内。

3. 支座的简化

梁的支承情况很复杂，但为了计算的方便，可以简化为活动铰支座、固定铰支座和固定端支座三种情况。

图 6.4（a）是图 6.1（a）所示的混凝土公路桥第一跨的计算简图。其中，公路桥梁本身用直线 AB 代表，左端的支承简化成固定铰支座，有两个约束反力 F_{Ax} 和 F_{Ay} ；梁端的支承简

化成活动铰支座，有一个约束反力 F_{By}；正在行驶中的汽车简化成集中力 F，桥梁本身的自重简化成均布荷载 q。

图 6.4（b）是图 6.1（b）所示的房屋建筑中的阳台挑梁的计算简图。其中，挑梁本身用直线 AB 代表，左端的支承简化成固定端支座，有三个约束反力 F_{Ax}、F_{Ay} 和 M_A；右端是一个自由端，无约束反力。其上的荷载简化成均布荷载 q。

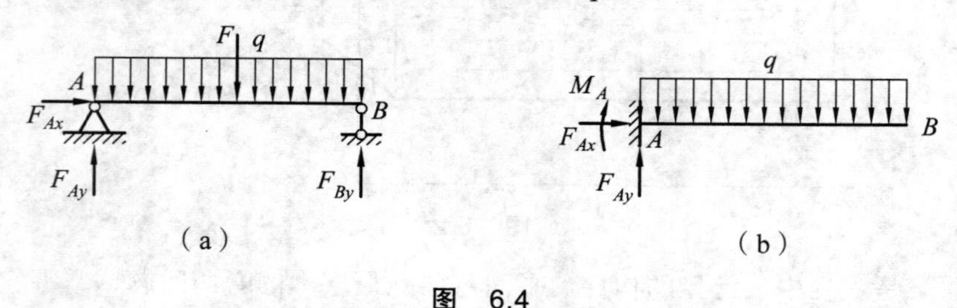

图 6.4

四、梁的基本形式

1. 静定梁与超静定梁的概念

梁可以分为静定梁和超静定梁。如果梁的支座反力的数目等于梁的静力平衡方程的数目，可以由静力平衡方程来完全确定支座反力，这样的梁称为静定梁，如图 6.5（a）所示。反之，如果梁的支座反力的数目多于梁的静力平衡方程的数目，就不能由静力平衡方程来完全确定支座反力，这样的梁称为超静定梁，如图 6.5（b）所示。本书仅讨论静定梁，超静定梁则放到结构力学课程中研究。

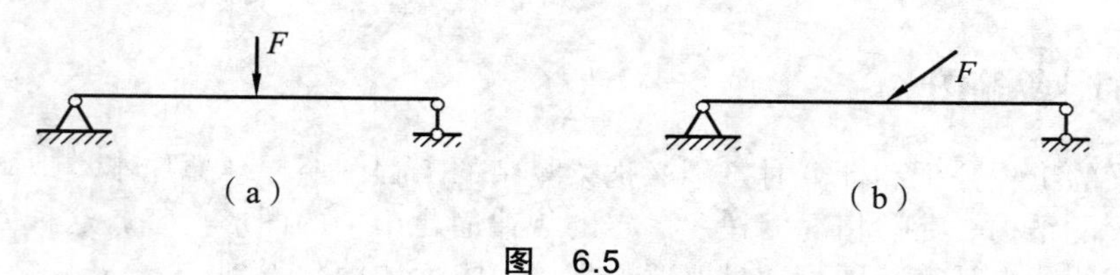

图 6.5

2. 静定梁的三种形式

静定梁有三种形式：简支梁、悬臂梁和外伸梁，计算简图分别如图 6.6 所示。

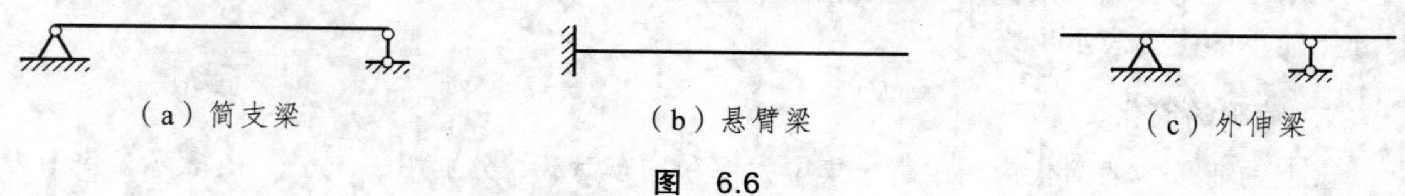

图 6.6

第二节 梁的内力——剪力和弯矩

一、梁的内力

梁的任一横截面上的内力，在作用于梁上的外力确定后，可由截面法求得。图 6.7（a）

为受集中力 F 作用的简支梁，现在求其任意横截面 $m—m$ 上的内力。

首先沿截面 $m—m$ 假想地把梁 AB 截成左、右两段，然后取其中的一段作为研究对象。例如，取梁的左段为研究对象，梁的右段对左段的作用则以截面上的内力来代替，如图 6.7（b）所示。根据静力平衡条件，在截面 $m—m$ 上必然存在着一个沿截面方向的内力 F_S。由平衡方程：

$$\sum F_y = 0\,,\quad F_A - F_S = 0$$

得

$$F_S = F_A$$

F_S 称为剪力，它是横截面上分布内力系在截面方向的合力。由图 6.7（b）中可以看出，剪力 F_S 和支座反力 F_A 组成了一个力偶，因而，在横截面阶 $m—m$ 上还必然存在着一个内力偶 M 与之平衡。由平衡方程：

$$\sum M_O = 0\,,\quad M - F_A x = 0$$

得

$$M = F_A x$$

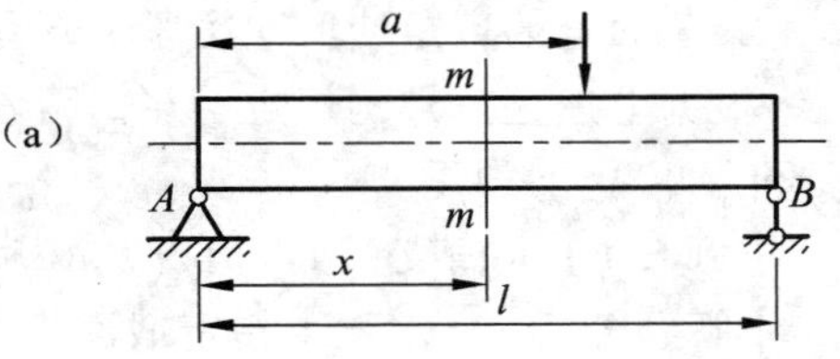
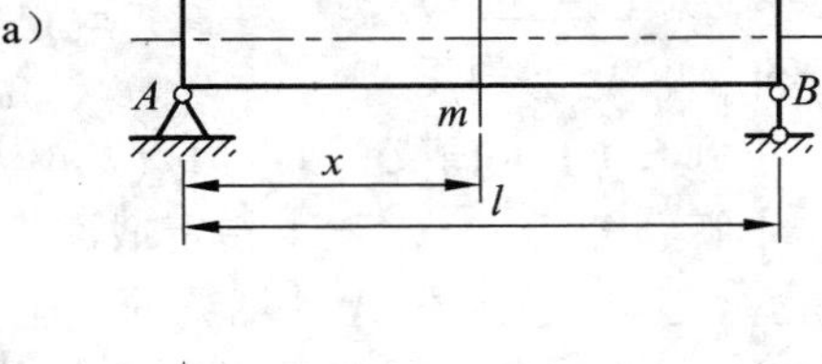

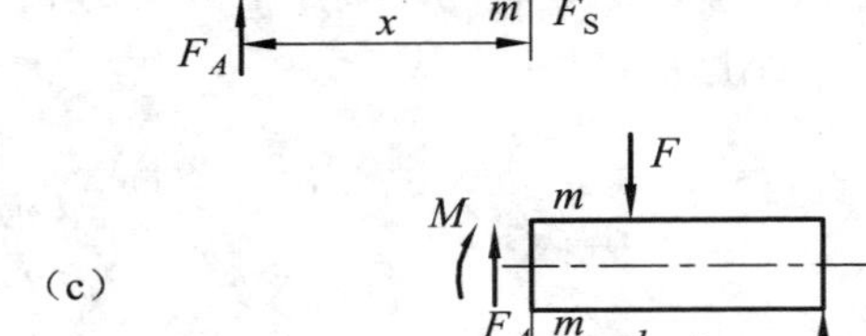

图 6.7

M 称为弯矩，它是横截面上分布内力系的合力偶矩。

二、剪力和弯矩的符号规定

在上面的讨论中，如果取右段梁为研究对象，同样也可求得横截面 $m—m$ 上的剪力 F_S 和弯矩 M，如图 6.7（c）所示。但是，根据力的作用与反作用定律，取左段梁与右段梁作为研究对象求得的剪力 F_S 和弯矩 M 虽然大小相等，但方向相反。为了使无论取左段梁还是右段梁得到的同一截面上的 F_S 和 M 不仅大小相等，而且正负号一致，需要根据梁的变形来确定 F_S 和 M 的符号。

1. 剪力的符号规定

梁截面上的剪力对所取梁段内任一点的矩为顺时针方向转动时为正，反之为负，如图 6.8（a）所示。

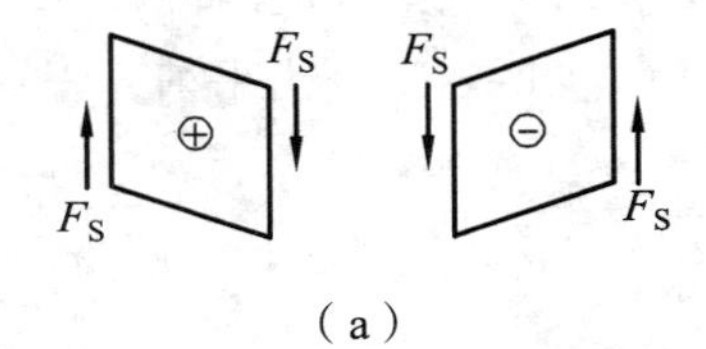

（a）

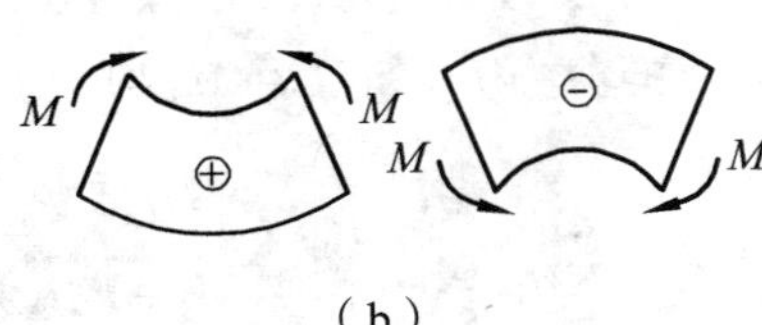

（b）

图 6.8

2. 弯矩的符号规定

梁截面上的弯矩使所取梁段上部受压、下部受拉时为正，反之为负，如图 6.8（b）所示。

根据上述正负号的规定，在如图 6.7（b）、（c）所示两种情况中，横截面 *m*—*m* 上的剪力 F_S 和弯矩 M 均为正。

【例 6.1】 简支梁如图 6.9（a）所示，求横截面 1—1、2—2、3—3 上的剪力和弯矩。

【解题分析】 求梁上指定截面内力的基本方法是截面法。使用截面法的前提是构件所受外力为已知，为此需先计算梁的支座反力。注意：使用截面法时截面内力 F_S、M 应设为正。

【解】（1）求支座反力。由梁的平衡方程求得支座 A、B 处的反力为 $F_A = F_B = 20\ \text{kN}$。

（2）求横截面 1—1 上的剪力和弯矩。沿截面 1—1 假想地把梁截成两段，取受力较简单的左段为研究对象，设截面上的剪力 F_S、弯矩 M 均为正，如图 6.9（b）所示。

列出平衡方程：

$$\sum F_y = 0, \qquad F_A - F_{S1} = 0$$
$$\sum M_O = 0, \qquad M_1 - F_A \times 1\ \text{m} = 0$$

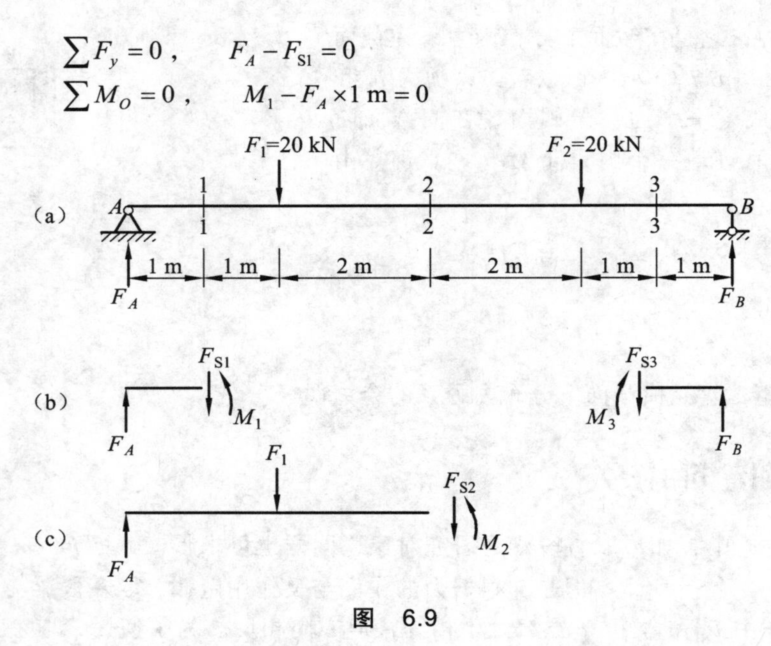

图 6.9

得

$$F_{S1} = F_A = 20\ \text{kN}$$
$$M_1 = F_A \times 1\ \text{m} = 20\ \text{kN} \cdot \text{m}$$

计算结果 F_{S1} 和 M_1 为正，表明二者的实际方向与假设的相同，即 F_{S1} 为正剪力，M_1 为正弯矩。

（3）求横截面 2—2 上的剪力和弯矩。沿截面 2—2 假想地把梁分成两段，取左段为研究对象，设截面上的剪力 F_{S2} 和弯矩 M_2 均为正，如图 6.9（c）所示。列出平衡方程：

$$\sum F_y = 0, \qquad F_A - F_1 - F_{S2} = 0$$
$$\sum M_O = 0, \qquad M_2 - F_A \times 4\ \text{m} + F_1 \times 2\ \text{m} = 0$$

得

$$F_{S2}=F_A-F_{S1}=0$$
$$M_2=F_A\times 4\text{ m}-F_1\times 2\text{ m}=40\text{ kN}\cdot\text{m}$$

由计算结果可知，M_2 为正弯矩。

（4）求横截面 3—3 上的剪力和弯矩。沿截面 3—3 假想地把梁分成两段，取右段为研究对象，设截面上的剪力 F_{S3} 和弯矩 M_3 均为正，如图 6.9（d）所示。列出平衡方程

$$\sum F_y=0,\quad F_B+F_{S3}=0$$
$$\sum M_O=0,\quad F_B\times 1\text{ m}-M_3=0$$

得

$$F_{S3}=-F_B=-20\text{ kN}$$
$$M_3=F_B\times 1\text{ m}=20\text{ kN}\cdot\text{m}$$

计算结果明，F_{S3} 的实际方向与假设的相反，为负剪力；M_3 为正弯矩。

从上述例题的计算过程中可以总结出如下规律：

（1）梁的任一横截面上的剪力，在数值上等于该截面左边（或右边）梁上所有外力在截面方向投影的代数和，即 $F_S=\sum F_{左}$ 或 $F_S=\sum F_{右}$。

截面左边梁上向上的外力或右边梁上向下的外力在该截面方向上的投影为正，反之为负。可简单记为：左上为正，右下为正。

（2）梁的任一横截面上的弯短矩，在数值上等于该截面左边（或右边）梁上所有外力对该截面形心的矩的代数和，即 $M=\sum M_{左}$ 或 $M=\sum M_{右}$。

截面的左边以左段梁上的外力对该截面形心的矩为顺时针转向时为正，或右边截面以右段梁上的外力对该截面形心的矩为逆时针转向时为正，反之为负。可简单记为：左顺为正，右逆为正。

利用上述规律，可以直接根据横截面左边或右边梁上的外力来求该截面上的剪力或弯矩，而不必列出平衡方程。

第三节　梁的内力图绘制

一、用内力方程法绘制剪力图和弯矩图

梁横截面上的内力有剪力和弯矩，因此梁的内力图也分为剪力图和弯矩图。剪力图表示梁横截面上的剪力沿梁轴线的变化规律；弯矩图表示梁横截面上的弯矩沿梁轴线的变化规律。由内力图可以确定梁的最大内力的数值及其所在的位置，为梁的强度和刚度计算提供必要的依据。

梁的剪力图和弯矩图绘制的方法主要有内力方程法、微分关系法和区段叠加法。

1. 剪力方程和弯矩方程内力方程

由例 6.1 可以看出，在一般情况下，梁横截面上的剪力和弯矩是随着截面位置变化而变

化的。沿梁的轴线建立 x 坐标轴，以坐标 x 表示梁横截面的位置，则梁横截面上的剪力和弯矩都可以表示为坐标 x 的函数，即

$$F_S = F_S(x) \tag{6.1}$$

$$M = M(x) \tag{6.2}$$

以上两个函数表达式分别称为梁的剪力方程和弯矩方程。写方程时，一般是以梁的左端为 x 坐标的原点；在特殊情况下，为了便于计算，也可以把坐标原点取在梁的右端。

关于剪力方程和弯矩方程的定义域问题，作如下的说明：

（1）在集中力作用的截面上，剪力是突变的，故该截面不包括在剪力方程的定义域中。

（2）在集中力偶作用的截面上，弯矩是突变的，故该截面不包括在弯矩方程的定义域中。

2. 用内力方程法绘制剪力图和弯矩图的绘制

与轴力图和扭矩图一样，剪力图和弯矩图是用来表示梁各横截面上的剪力与弯矩随截面位置 x 变化规律的。绘制时以平行于梁轴线的 x 轴为横坐标，表示截面的位置，以截面上的剪力值或弯矩值为纵坐标，按适当的比例分别绘出剪力方程和弯矩方程的图线，称为剪力图和弯矩图。这种利用内力方程绘制内力图的方法称为内力方程法，是绘制内力图的基本方法。

在绘制剪力图时，正的剪力绘制在 x 轴线的上方，负的剪力绘制在 x 轴线的下方，并标明大小和正负号。土木工程中，弯矩图的绘制有其特殊的规定，即弯矩图绘制在梁的受拉侧，只标明大小，不标注正负号。

【例 6.2】 绘制图 6.10（a）所示简支梁的剪力图和弯矩图。

【解题分析】 用内力方程法绘制剪力图和弯矩图时，关键是正确地列出剪力方程和弯矩方程，可以利用上一节例 6.1 总结出来的规律直接写出剪力方程和弯矩方程。为列内力方程需先求出支座反力。

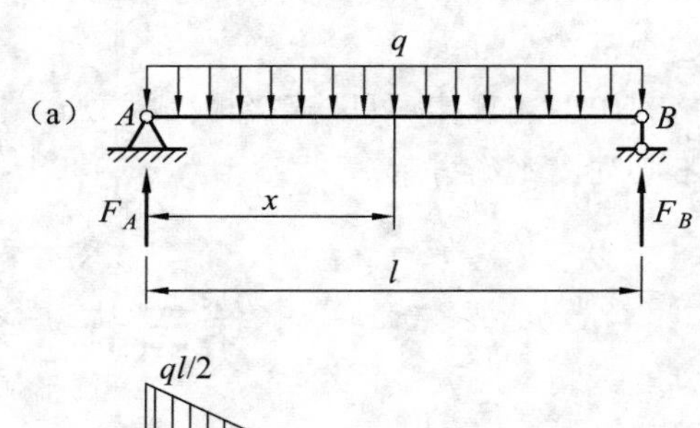

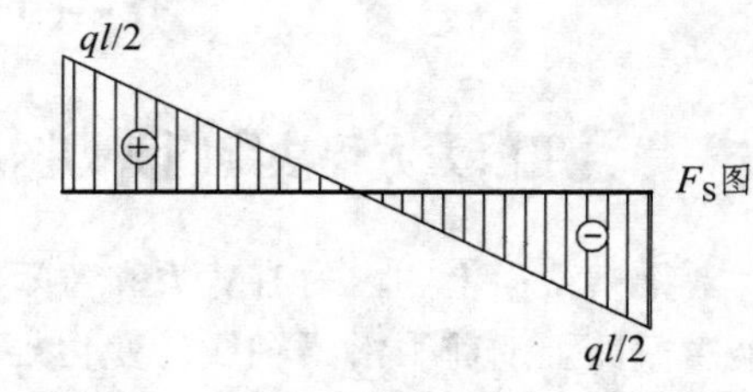

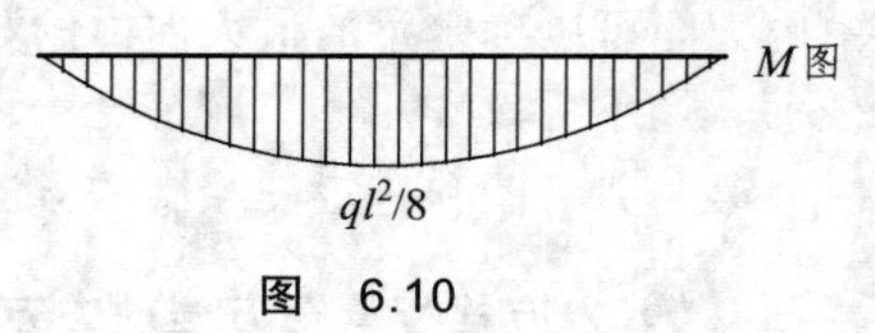

图 6.10

【解】（1）求支座反力。取梁整体为研究对象，由平衡方程 $\sum M_A = 0$、$\sum M_B = 0$，得

$$F_A = F_B = \frac{ql}{2}$$

（2）列剪力方程和弯矩方程。取图中的 A 点为坐标原点，建立 x 坐标轴，由坐标为 x 的横截面左边梁上的外力列出剪力方程和弯矩方程：

$$F_S(x) = F_A - qx = \frac{ql}{2} - qx \quad (0 < x < l)$$

$$M(x) = F_A x - q\frac{x^2}{2} = \frac{ql}{2}x - \frac{q}{2}x^2 \quad (0 \leqslant x \leqslant l)$$

在支座 A、B 两处有集中力作用，剪力在此两截面处有突变，因而剪力方程的适用范围为（0，l）；支座 A、B 两处虽有集中力作用，但弯矩在两截面处没有突变，因而弯矩方程的适用范围为[0，l]。

（3）绘剪力图和弯矩图。由剪力方程可以看出，该梁的剪力图是一条直线，只要算出两个点的剪力值就可以绘出：

$x=0$ 时，$F_{SA}=\dfrac{q}{2}l$

$x=l$ 时，$F_{SB}=-\dfrac{q}{2}l$

弯矩图是一条二次抛物线，至少要算出三个点的弯矩值才能大致绘出：

$x=0$ 时，$M_A=0$

$x=l$ 时，$M_B=0$

$x=\dfrac{1}{2}l$ 时，$M_C=\dfrac{ql^2}{8}$

根据求出的各值，绘出梁的剪力图和弯矩图分别如图 6.10（b）、（c）所示。由图可见，最大剪力发生在 A、B 两支座的内侧截面上，其值为 $|F_S|_{max}=\dfrac{1}{2}ql$，而此两处的弯矩值为零；最大弯矩发生在梁的中点截面上，其值为 $M_{max}=\dfrac{1}{8}ql^2$，而该截面的剪力为零。

【例 6.3】 绘制图 6.11（a）所示简支梁的剪力图和弯矩图。

【解题分析】 因为梁上 C 点处有集中力 F，所以 AC、CB 段的内力方程不同，必须分段分别列出。

【解】（1）求支座反力。取梁整体为研究对象，由平衡方程 $\sum M_A=0$、$\sum M_B=0$，得

$$F_A=\frac{Fb}{l},\ F_B=\frac{Fa}{l}$$

（2）列剪力方程和弯矩方程。取图中的 A 点为坐标原点，建立 x 坐标轴。两段的内力方程分别如下：

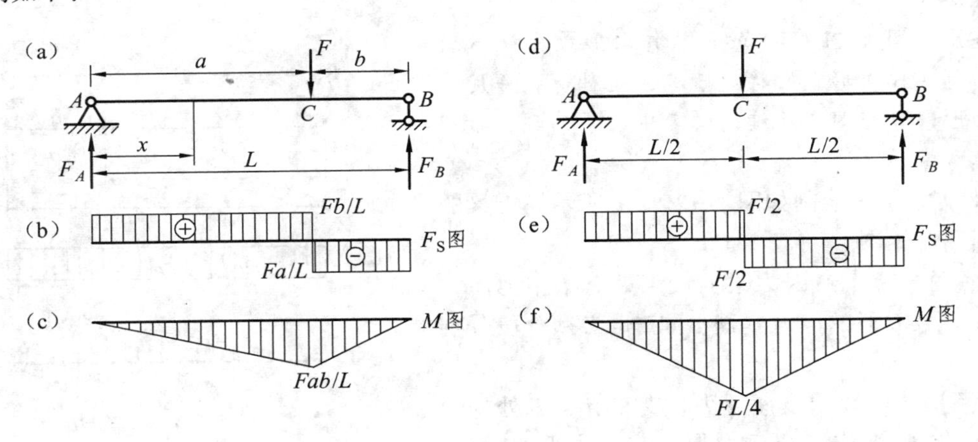

图 6.11

AC段

$$F_S(x)=F_A=\frac{Fb}{l}\quad (0<x<a)$$

$$M(x)=F_A x=\frac{Fb}{l}x\quad (0\leqslant x\leqslant a)$$

BC段：

$$F_S(x)=F_A-F=-\frac{Fa}{l}\quad (a<x<l)$$

$$M(x)=F_S(l-x)=\frac{Fa}{l}\quad (a\leqslant x\leqslant l)$$

支座A、B和集中力作用点C处均有剪力突变，因而，两段剪力方程的适用范围分别为（0，a）和（a，b）。

（3）绘剪力图和弯矩图。

由剪力方程可以看出，梁的剪力图为两条水平线，在向下的集中力F作用点C处剪力图产生突变，突变值等于集中力的大小。由弯矩方程可以看出，梁的弯矩图为两条斜率不同的斜直线，在集中力的作用点C处相交，形成向下凸的尖角。梁的剪力图和弯矩图分别如图 6.11（b）、（c）所示。

由剪力图可以看出：如果$a>b$，则最大剪力发生在CB梁段任一横截面上，其值为$|F_S|_{max}=\frac{Fa}{l}$；由弯矩图可以看出：最大弯矩发生在集中力作用的截面上，其值为$M_{max}=\frac{Fab}{l}$，也恰好是剪力图改变正、负号的截面。

（4）该例中，当荷载作用在跨中时，即$a=b=\frac{l}{2}$时简支梁的受力，如图 6.11（d）所示。此时将$a=b=\frac{l}{2}$分段代入梁的剪力方程，同理可绘得图 6.11（d）的剪力图，如图 6.11（e）所示；将$a=b=\frac{l}{2}$分段代入梁的弯矩方程，同理可绘得图 6.11（d）的弯矩图，如图 6.11（f）所示。

注意：图 6.11（d）的荷载作用形式是图 6.11（a）的荷载作用形式的特殊情况，这种荷载作用下的剪力图、弯矩图在后续的学习中经常用到，希望读者熟练掌握。

【例 6.4】 绘制如图 6.12（a）所示简支梁的剪力图和弯矩图。

【解题分析】 因为梁上C点处有集中力偶，所以AC、CB段的内力方程不同，也必须分段分别列出。

【解】 （1）求支座反力。支座A、B处的反力F_A和与F_B组成一个反力偶，与外力偶M相平

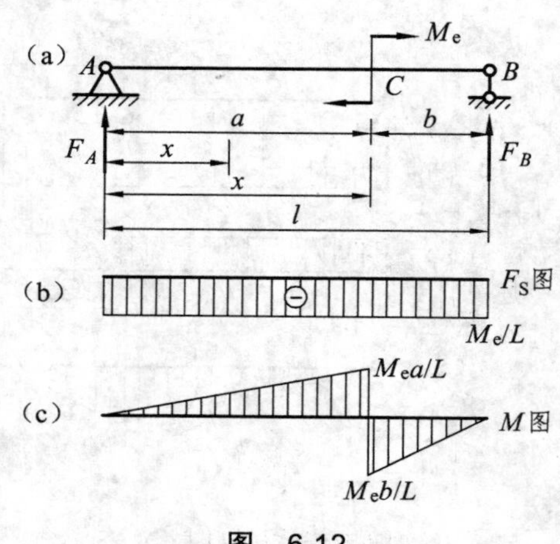

图 6.12

衡，于是

$$F_A = F_B = \frac{M_e}{l}$$

（2）列剪力方程和弯矩方程。取图中的 A 点为坐标原点，建立 x 坐标轴，AC、CB 两段的内力方程分别为

$$F_S(x) = -F_A = -\frac{M_e}{l} \quad (0 < x \leqslant a)$$

AC 段：

$$M(x) = -F_A x = -\frac{M_e}{l}x \quad (0 \leqslant x \leqslant a)$$

$$F_S(x) = -F_B = -\frac{M_e}{l} \quad (a \leqslant x < l)$$

CB 段：

$$M(x) = F_B(l-x) = \frac{M_e}{l}(l-x) \quad (a < x \leqslant l)$$

在集中力偶作用的 C 截面处，弯矩有突变，因而，两段梁的弯矩方程的适用范围分别为 $[0,\ a]$、$(a,\ l)$。

（3）绘剪力图和弯矩图。由剪力方程可以看出，梁的剪力图是一条与梁轴线平行的直线；由弯矩方程可以看出，弯矩图是两条互相平行的斜直线，在集中力偶作用的 C 截面处，弯矩出现突变，突变值等于集中力偶短的大小。梁的剪力图和弯矩图分别如图 6.12（b）、（c）所示。

由剪力图可以看出，无论集中力偶作用在梁的哪一个位置，剪力的大小和正负都不会改变，可见集中力偶的作用位置不影响剪力图。由弯矩图可以看出，如果 $a > b$，则最大弯矩发生在集中力偶作用点 C 的左侧截面上，其值为 $M_{\max} = \frac{M_e a}{l}$。

【例 6.5】 绘制图 6.13（a）所示悬臂梁的剪力图和弯矩图。

【解题分析】 悬臂梁由于有自由端的存在，求解有一定的特殊性。可以不求支座反力，而从自由端直接计算。因此，取如图 6.13（a）所示的 B 点为坐标原点，列出剪力方程和弯矩方程。

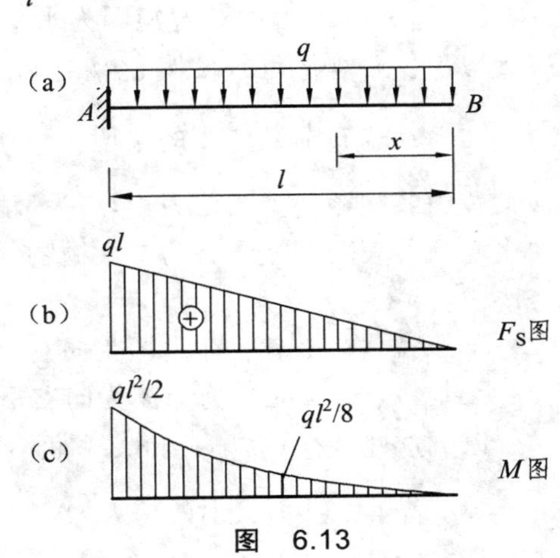

图　6.13

【解】（1）列剪力方程和弯矩方程：

$$F_S(x) = qx \quad (0 \leqslant x < l)$$

$$M(x) = -\frac{1}{2}qx^2 \quad (0 \leqslant x < l)$$

（2）绘剪力图和弯矩图。

由剪力方程可以看出，剪力图是一条斜直线；由弯矩方程可以看出，弯矩图是一条二次抛物线。绘出的剪力图和弯矩图分别如图 6.13（b）、（c）所示。由图可见，最大剪力和最大弯矩都发生在 A 端的右侧截面上，其值分别为 $F_{S\max}=ql$ 和 $|M|_{\max}=ql^2/2$。

二、用微分关系法绘制剪力图和弯矩图

1. 弯矩、剪力、分布荷载集度之间的微分关系

在前面的例 6.2 中，如果规定向下的分布荷载集度 q 为负，则将弯矩 $M(x)$ 对 x 求导数，就得到剪力 $F_S(x)$，再将 $F_S(x)$ 对 x 求导数，就得到分布荷载集度 $q(x)$。可以证明，在直梁中普遍存在如下关系：

$$\frac{dF_S(x)}{dx}=q(x) \tag{6.3}$$

$$\frac{dM(x)}{dx}=F_S(x) \tag{6.4}$$

由上两式还可以进一步得到

$$\frac{dM^2(x)}{dx^2}=q(x) \tag{6.5}$$

以上三式就是弯矩、剪力与分布荷载集度之间的微分关系。

根据式（6.3）~（6.5），可得出剪力图和弯矩图的如下规律：

（1）在无荷载作用的梁段上，$q(x)=0$。由 $\frac{dF(x)}{dx}=q(x)$ 可知，该梁段内各横截面上的剪力 $F_S(x)$ 为常数，表明剪力图为平行于 x 轴的直线。同时，根据 $\frac{dM(x)}{dx}=F_S(x)=$ 常数可知，弯矩 $M(x)$ 是 x 的一次函数，这表明弯矩图为斜直线，其倾斜方向由剪力符号决定：

① 当 $F_S(x)>0$ 时，弯矩图为向右下倾斜的直线；

② 当 $F_S(x)<0$ 时，弯矩图为向右上倾斜的直线；

③ 当 $F_S(x)=0$ 时，弯矩图为水平直线。

以上这些规律可以从例 6.3 和例 6.4 的剪力图和弯矩图中得到验证。

（2）在均布荷载作用的梁段上，$q(x)=$ 常数 $\neq 0$。由 $\frac{d^2M(x)}{dx^2}=\frac{dF_S(x)}{dx}=q(x)=$ 常数可知，该梁段内各横截面上的剪力 $F_S(x)$ 为 x 的一次函数，表明剪力图必为斜直线；弯矩 $M(x)$ 为 x 的二次函数，表明弯矩图必为二次抛物线。剪力图的倾斜方向和弯矩图的凹凸情况由 $q(x)$ 的符号决定：

① 当 $q(x)>0$ 时，剪力图为向右上倾斜的直线，弯矩图为向上凸的抛物线；

② 当 $q(x)<0$ 时，剪力图为向右下倾斜的直线，弯矩图为向下凸的抛物线。

以上这些规律可以从例 6.2 和例 6.5 的剪力图和弯矩图中得到验证。

（3）若梁的某截面上的剪力为零，即 $F_S(x)=0$，则由 $\frac{dM(x)}{dx}=F_S(x)=0$ 可知，该截面的弯

矩 $M(x)$ 必为极值，表明梁的最大弯矩有可能发生在剪力为零的截面上。这个规律可以从例 6.2 的剪力图和弯矩图中得到验证。

（4）集中力的作用处，剪力图有突变，其差值等于该集中力的大小。由于剪力值的突变，弯矩图在此处形成尖角。这个规律可以从例 6.3 的剪力图和弯矩图中得到验证。

（5）集中力偶的作用处，剪力图没有变化，弯矩图有突变，其差值等于该集中力偶矩的大小。同时，由于该处的剪力图是连续的，该处两侧的弯矩图的切线应相互平行。这个规律可以从例 6.4 的剪力图和弯矩图中得到验证。

（6）根据弯矩、剪力与分布荷载集度之间的微分关系，还可以进一步得出：若梁段上作用有按线性规律分布的荷载，即 $q(x)$ 为 x 的一次函数，则剪力图为一条二次抛物线，弯矩图为一条三次抛物线。

2. 弯矩、剪力、分布荷载集度之间的积分关系

由式（6.3）可以得出：在 $x=a$ 和 $x=b$ 处的两个横截面间的积分为

$$\int_a^b \mathrm{d}F_{\mathrm{S}}(x)=\int_a^b \mathrm{d}q(x)$$

可写为

$$F_{\mathrm{S}B}-F_{\mathrm{S}A}=\int_a^b \mathrm{d}q(x) \tag{6.6}$$

式中　$F_{\mathrm{S}A}$，$F_{\mathrm{S}B}$ —— 在 $x=a$ 和 $x=b$ 两个横截面上的剪力。

式（6.6）表明：任何两个截面上的剪力之差，等于这两个截面间梁段上的荷载图的面积。

同理，由式（6.4）可以得出

$$M_B-M_A=\int_a^b \mathrm{d}F_{\mathrm{S}}(x) \tag{6.7}$$

式中　M_A，M_B —— 在 $x=a$ 和 $x=b$ 两个横截面上的弯矩。

式（6.7）表明：任何两个截面上的弯矩之差，等于这两个截面间梁段上的剪力图的面积。

式（6.6）和式（6.7）即为弯矩、剪力和分布荷载集度之间的积分关系，它们可以用于梁的剪力图和弯矩图的绘制，但在应用时要注意式中的各量都是代数量。

3. 用微分关系法绘制梁的剪力图和弯矩图

利用弯矩、剪力、分布荷载集度之间的微分关系和积分关系，可以简捷地绘制梁的剪力图和弯矩图。其步骤如下：

（1）根据梁的受力情况，将梁分成若干段，并判断各段梁的剪力图和弯矩图的形状。

（2）计算特殊截面上的剪力值和弯矩值。

（3）根据剪力图、弯矩图的形状和特殊截面上的剪力值和弯矩值，逐段绘出剪力图和弯矩图。

【例 6.6】　用微分关系法绘制图 6.14（a）所示简支梁的剪力图和弯矩图。

【解题分析】　根据梁的外力情况，将梁分为 AC、CD、DE 和 EB 四段。先根据梁上荷

载逐段绘制剪力图，再根据剪力图绘制弯矩图。

【解】（1）求支座反力。由梁的平衡方程 $\sum M_A = 0$、$\sum M_B = 0$，得

$$F_A = 16\ \text{kN}, \quad F_B = 24\ \text{kN}$$

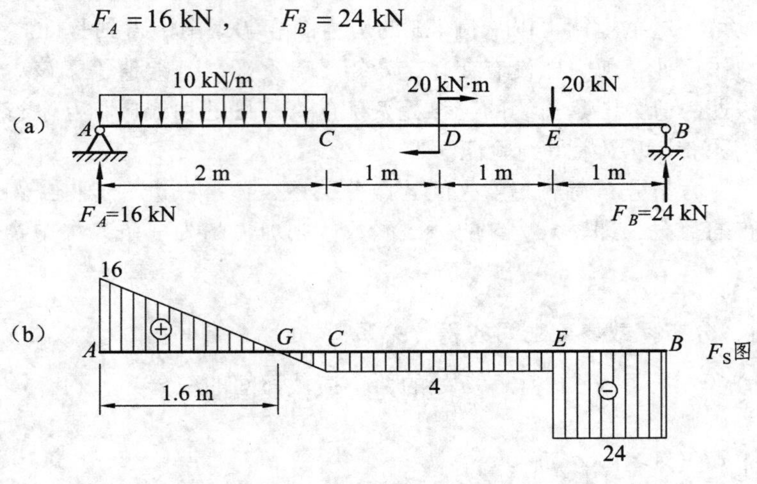

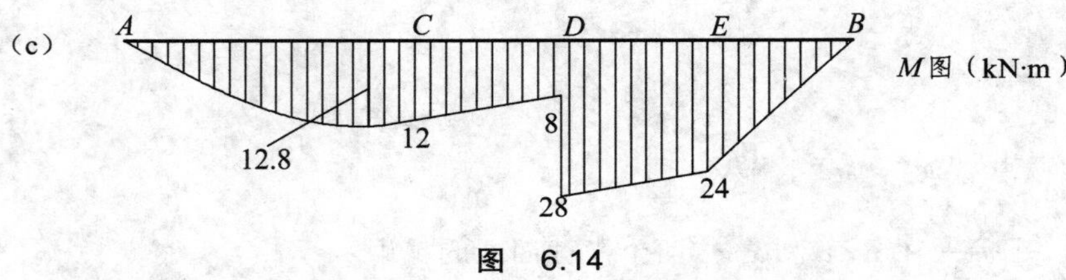

图　6.14

（2）绘剪力图。

AC 段的剪力图是一条向右下倾斜的直线，只要知道 F_{SA}^{R} 和 F_{SC} 的大小，就可以方便地绘出。在支座 A 处，作用支座反力 $F_A = 16\ \text{kN}$，A 的右侧截面的剪力值向上突变，突变值等于 F_A 的大小，即

$$F_{SA}^{R} = 16\ \text{kN}$$

由式（6.6）知，C 截面上的剪力为

$$F_{SC} = F_{SA}^{R} - 10\ \text{kN/m} \times 2\ \text{m} = -4\ \text{kN}$$

由 AC 段的剪力方程 $F_{SA}^{R} - qx = 16 - 10x = 0$，得到剪力为零的截面 G 的位置为

$$x = \frac{F_S^R}{q}$$

即 $x_G = 1.6\ \text{m}$。

C 截面到 E 的左侧截面这个梁段，除在 D 处作用集中力偶外，无其他荷载作用，剪力图是水平直线，其值等于 C 截面上的剪力值 -4 kN。E 截面受向下的集中力作用，剪力图向下突变，突变值为集中力的大小 20 kN。EB 段上无荷载作用，剪力图也为水平线，剪力值均为 -34 kN。支座 B 处作用支反力 $F_B = 24\ \text{kN}$，剪力图向上突变，突变值等于支反力的大小，恰

使 B 的右侧截面上的剪力为零，这从一个侧面验证了剪力图绘制的正确性。全梁的剪力图如图 6.14（b）所示。

（3）绘弯矩图。AC 段受向下的均布荷载作用，弯矩图为向下凸的抛物线。截面 A 上的弯矩 $M_A=0$，由式（6.7）知截面 G 上的弯矩为

$$M_G = M_A + \frac{1}{2}\times 16\ \text{kN}\times 1.6\ \text{m} = 12.8\ \text{kN}\cdot\text{m}$$

截面 C 上的弯矩为

$$M_C = M_G - \frac{1}{2}\times 4\ \text{kN}\times 0.4\ \text{m} = 12\ \text{kN}\cdot\text{m}$$

CD 段无荷载作用，且剪力为负，故弯矩图为向上倾斜的直线。由式（6.7）知 D 的左侧截面上的弯矩为

$$M_D^{\text{L}} = M_C - 4\ \text{kN}\times 1\ \text{m} = 8\ \text{kN}\cdot\text{m}$$

截面 D 受集中力偶作用，力偶矩为顺时针转向，故弯矩图向下突变，突变值为集中力偶矩的大小，D 的右侧截面上的弯矩为

$$M_D^{\text{R}} = M_D^{\text{L}} + 20\ \text{kN}\cdot\text{m} = 28\ \text{kN}\cdot\text{m}$$

DE 段无荷载作用，且剪力为负，故弯矩图为向上倾斜的直线。由式（6.7）知截面 E 上的弯矩为

$$M_E = M_D^{\text{R}} - 4\ \text{kN}\times 1\ \text{m} = 24\ \text{kN}\cdot\text{m}$$

EB 段无荷载作用，且剪力为负，故弯矩图为向上倾斜的直线。截面 B 上的弯矩 $M_B=0$。全梁的弯矩图如图 6.14（c）所示。全梁的最大弯矩发生在 D 的右侧截面上，其值为 $M_{\max}=38\ \text{kN}\cdot\text{m}$

【例 6.7】 用微分关系法绘制图 6.15（a）所示外伸梁的剪力图和弯矩图。

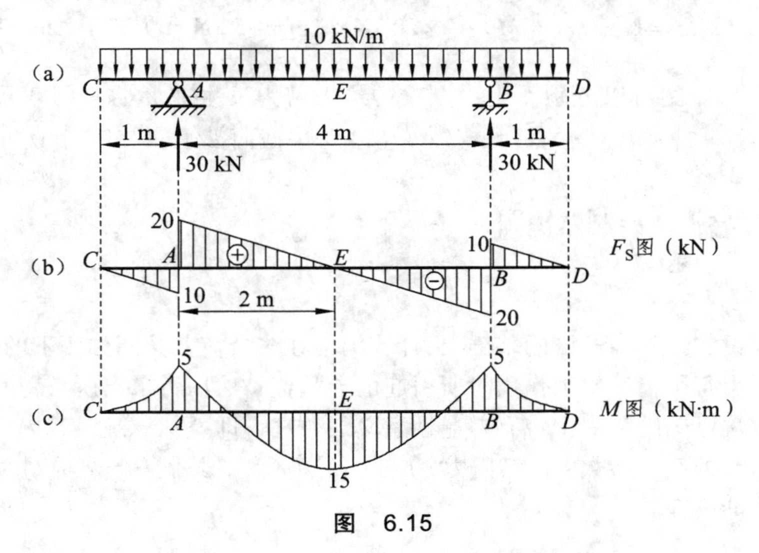

图 6.15

【解题分析】 全梁受向下的均布荷载作用，因为 A、B 处有支座反力，故将梁分成 CA、AB、BD 三段。注意到全梁受均布荷载作用，因此全梁的剪力图的斜率应相同，而弯矩图均为二次抛物线。

【解】（1）求支座反力。

利用对称性可知支座反力为

$$F_A = F_B = 30\ \text{kN}$$

（2）绘剪力图。

三段梁的剪力图都应是向右下倾斜的直线。A、B 两支座处分别受向上的集中反力的作用，剪力图在 A 截面和 B 截面处产生向上突变，其值分别等于 F_A、F_B 的大小。利用积分关系式（6.6）计算有关截面上的剪力为

$$\begin{aligned}
&F_{SC} = 0 \\
&F_{SA}^{L} = F_{SC} - 10\ \text{kN/m} \times 1\ \text{m} = -10\ \text{kN} \\
&F_{SA}^{R} = F_{SA}^{L} + F_A = -10\ \text{kN/m} \times 1\ \text{m} + 30\ \text{kN} = 20\ \text{kN} \\
&F_{SB}^{L} = F_{SB}^{R} - 10\ \text{kN/m} \times 4\ \text{m} = 20\ \text{kN} - 40\ \text{kN} = -20\ \text{kN} \\
&F_{SB}^{R} = F_{SB}^{L} + F_B = -20\ \text{kN} + 30\ \text{kN} = 10\ \text{kN} \\
&F_{SD} = 0
\end{aligned}$$

并由 $F_{SA}^{R} - qx = 20\ \text{kN} - 10x = 0$，得剪力为零的截面位置为 $x_R = 2\ \text{m}$。

根据以上分析和计算的结果，绘出全梁的剪力图，如图 6.15（b）所示。

（3）绘弯矩图。

根据全梁受向下均布荷载 q 作用，CA、AB 和 BD 三段梁的弯矩图都是下凸的抛物线。由式（6.7）计算有关截面上的弯矩为

$$M_C = 0，\ M_A = M_C - \frac{1}{2} \times 10\ \text{kN} \times 1\ \text{m} = -5\ \text{kN} \cdot \text{m}$$

$$M_D = 0，\ M_E = M_A + \frac{1}{2} \times 20\ \text{kN} \times 2\ \text{m} = -5\ \text{kN} \cdot \text{m} + 20\ \text{kN} \cdot \text{m} = 15\ \text{kN} \cdot \text{m}$$

由剪力图和弯短图可以分别看出：全梁的最大剪力发生在 A 的右侧截面和 B 的左侧截面，其值为 $|F_S|_{max} = 2qa$。全梁的最大弯短发生在跨中截面 E 上，其值为 $M_{max} = 3qa^2/2$。

三、用区段叠加法绘制弯矩图

1. 叠加原理

在小变形假设和线弹性假设的基础上，计算构件在多个荷载共同作用下的某一个参数时，可以先分别计算出每个荷载单独作用时所引起的参数值，然后再求出所有荷载引起的参数值的总和。这种方法可归纳为一个带有普遍性意义的原理，即叠加原理。其内容可以表述为：由几个外力所引起的某一参数（包括内力、应力、位移等），其值等于各个外力单独作用时所引起的该参数值的总和。

梁的弯矩图可以利用叠加原理来绘制，即先分别做出梁在各项荷载单独作用下的弯矩图，然后将其相对应的纵坐标叠加，就可得出梁在所有荷载共同作用下的弯矩图。

对梁的整体，利用叠加原理来绘制弯矩图事实上是比较烦琐的，并不实用。如果先对梁进行分段处理，再在每一个区段上运用叠加原理进行弯矩图的叠加，这样就方便和实用得多，这种方法通常称为区段叠加法。

2. 区段叠加法

（1）讨论如图 6.16（a）所示简支梁弯矩图的绘制。

如图 6.16（a）所示，简支梁上作用的荷载分两部分：跨间均布荷载 q 和端部集中力偶荷载 M_A 和 M_B。当端部集中力偶荷载 M_A 和 M_B 单独作用时，梁的弯矩图为一条直线，如图 6.16（b）所示。当跨间均布荷载 q 单独作用时，梁的弯矩图为一条二次抛物线，如图 6.16（c）所示。当跨间均布荷载 q 和端部集中力偶 M_A 和 M_B 共同作用时，梁的弯矩图如图 6.16（d）所示，它是图 6.16（b）和图 6.16（c）所示两个图形的叠加。

值得注意的是：弯矩图的叠加，是指纵坐标的叠加。即在图 6.16（d）中，纵坐标 M_q 与 M、M_F 一样垂直于杆轴线 AB，而不垂直图中虚线。

（2）讨论图 6.17（a）所示梁中任意直线段 AB 的弯矩图的绘制。

取梁中 AB 段为研究对象，其上作用的力除均布荷载 q 外，还有 A、B 两个端面上的内力，如图 6.17（b）所示。比较 AB 段梁和图 6.16（a）所示简支梁（也可称为 AB 段梁的相应简支梁），发现二者的受力是完全相同的，因而二者的弯矩图也应相同。于是，绘制梁的任意直杆段弯矩图的问题就归结成了作相应简支梁弯矩图的问题。而如前所述，相应简支梁的弯矩图可利用叠加原理绘制。这就是利用叠加原理绘制结构直杆段弯矩图的区段叠加法。图 6.17（d）所示就是采用区段叠加法绘出的直梁 AB 段的弯矩图。

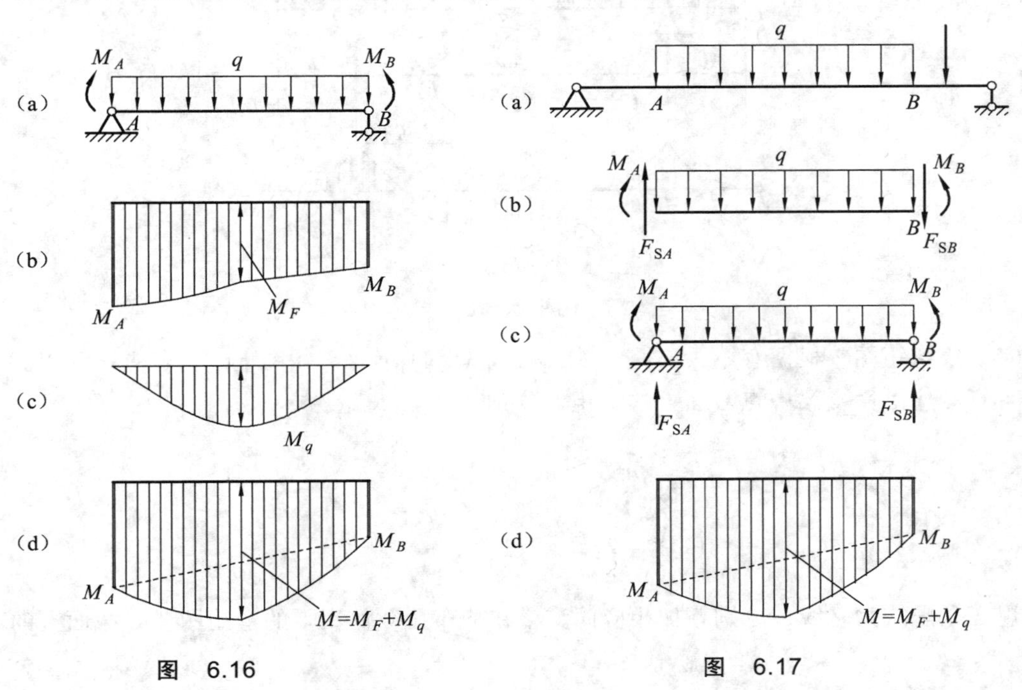

图 6.16　　图 6.17

3. 用区段叠加法绘制梁的弯矩图

采用区段叠加法绘制梁的弯矩图，可归结成如下的两个主要步骤：

（1）在梁上选取外力的不连续点（如集中力、集中力偶作用点、均布荷载作用的起点和终点等）作为控制截面，并求出控制截面上的弯矩值。

（2）用区段叠加法分段绘出梁的弯矩图。如控制截面间无荷载作用时，用直线连接两控制截面上的弯矩值就绘出了该段的弯矩图；如控制截面间有均布荷载作用时，先用虚直线连接两控制截面上的弯矩值，然后以此虚直线为基线，叠加该段在均布荷载单独作用下的相应简支梁的弯矩图，从而绘制出该段的弯矩图。

【例 6.8】 用区段叠加法绘制图 6.18（a）中外伸梁的弯矩图。

【解题分析】 区段叠加法的关键是分区段，确定控制截面，并求出控制截面上的弯矩值。然后根据梁上荷载选择线形（直线、虚线、抛物线）连线。即在梁上选取外力的不连续点 C、A、B、D 作为控制截面，即可进行相应的计算。

【解】 （1）求支座反力。前面已求出，支座反力：

$$F_A = F_B = 3qa$$

（2）计算控制截面上的弯矩值，如图 6.18（a）所示。前面已计算出各控制截面上的弯矩值，分别为

$$M_C = M_D = 0\,,\qquad M_A = M_B = -\frac{1}{2}qa^2$$

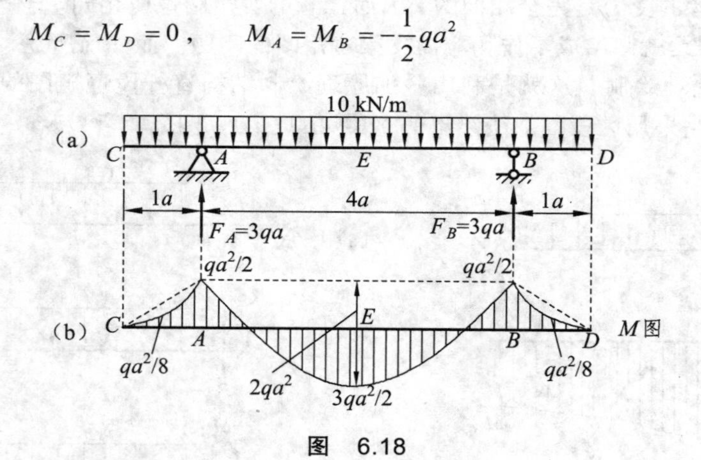

图 6.18

（3）绘弯矩图。根据弯矩 M_C、M_A、M_B 和 M_D 的值，在 M 图上定出各点，并以虚线相连。计算相应的简支梁中点截面上的弯矩值分别为

$$M_{qCA} = M_{qBD} = \frac{1}{8}qa^2$$

$$M_{qAB} = \frac{1}{8}q \times (4a)^2 = 2qa^2$$

以三条虚线为基线，分别叠加相应简支梁在均布荷载作用下的弯矩图。E 截面上的弯矩值为

$$M_E = \frac{-\frac{1}{2}qa^2 - \frac{1}{2}qa^2}{2} + 2qa^2 = \frac{3}{2}qa^2$$

整个梁的弯矩图如图 6.18（b）所示。由图可以看出，全梁的最大弯矩发生在截面 E 上，其值为

$$M_{\max} = \frac{3}{2}qa^2$$

【例 6.9】 用区段叠加法绘制如图 6.19（a）所示简支梁的弯矩图。

【解题分析】 在梁上选取外力的不连续点 A、C、D 作为控制截面，用截面法求出各控制截面的弯矩值，然后根据梁上荷载选择线形（直线、虚线、抛物线）连线，即可绘出弯矩图。

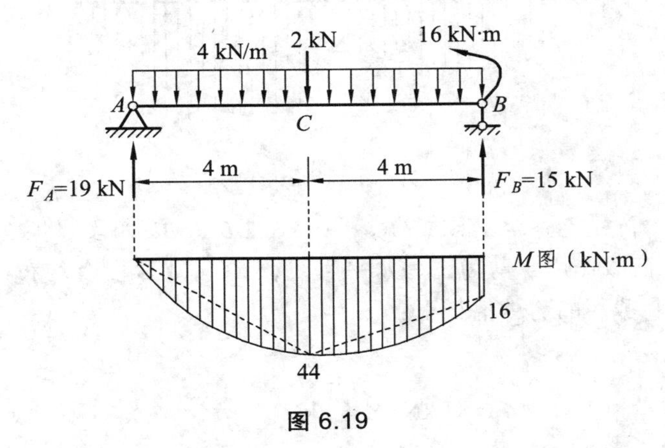

图 6.19

【解】 （1）求支座反力，标于图上。

（2）用截面法计算各控制截面的弯矩值：

$$M_A = 0$$
$$M_B = 16\ \text{kN} \cdot \text{m}$$
$$M_C = 19 \times 4 - 4 \times 4 \times 2 = 44\ \text{kN} \cdot \text{m}$$

（3）绘弯矩图。按叠加法因为 AC、CB 段均有分布荷载，先用虚线连接 A、C、B 点，再以各段虚线为基线分别叠加分布荷载下的抛物线，即可绘出图 6.19（b）所示弯矩图。

【例 6.10】 绘制如图 6.20（a）所示外伸梁的剪力图和弯矩图，并求出梁的最大弯矩。

【解题分析】 工程中绘制梁的剪力图和弯矩图，并不要求用固定的某种方式，而是以方便、快捷为准。一般剪力图可用微分关系法快速绘出。欲求最大弯矩时，弯矩图也可用区段叠加法绘出（根据微分关系可知梁的最大弯矩发生在剪力为零的截面上，利用该段梁的剪力方程，求出剪力为零的截面位置，再用截面法求出该截面的最大弯矩）。

【解】 （1）求支座反力。由梁的平衡方程可以求出支座反力为

$$F_A = 7\ \text{kN},\ F_B = 5\text{kN}$$

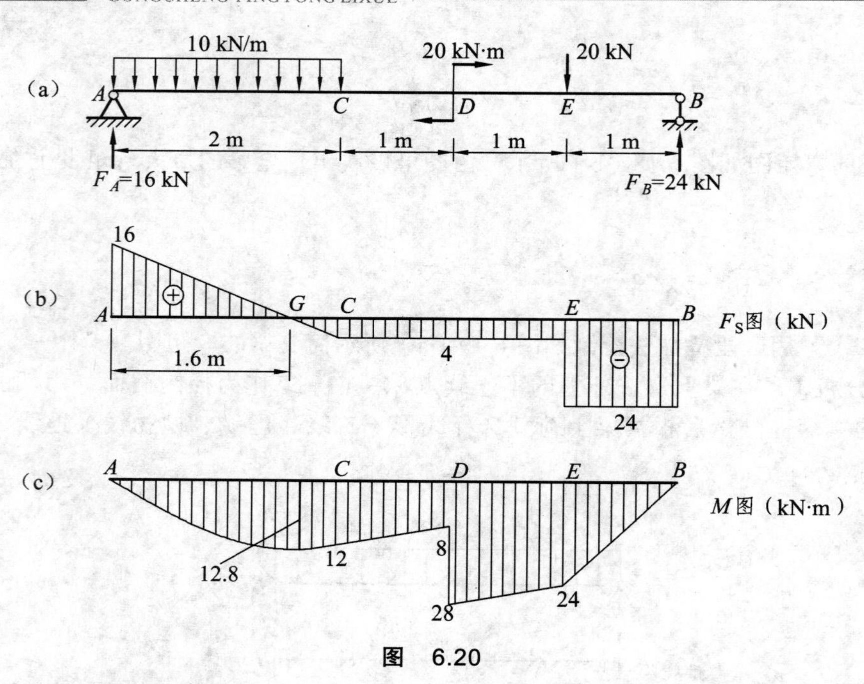

图 6.20

（2）绘剪力图。首先把整个梁分成 AC 、CD 、DB 、BE 四段。各段的剪力图均为直线，其中 DB 、BE 段无荷载作用，剪力图为水平直线，AC 、CD 段有均布荷载作用，剪力图为斜直线。计算各控制截面的剪力值如下：

$$F_{SA}=7\ \text{kN}$$
$$F_{SC}^{L}=7\ \text{kN}-4\ \text{m}\times1\ \text{kN/m}=3\ \text{kN}$$
$$F_{SC}^{R}=3\ \text{kN}-2\ \text{kN}=1\ \text{kN}$$
$$F_{SD}=1\ \text{kN}-4\ \text{m}\times1\ \text{kN/m}=-3\ \text{kN}$$
$$F_{SB}^{R}=2\text{kN}$$

整个梁的剪力图如图 6.20（b）所示。

（3）绘弯矩图。弯矩图可用区段叠加法绘出。选取 A 、C 、D 、B 和 E 作为控制截面，求出各控制截面上的弯矩值如下：

$$M_A=M_E=0$$
$$M_C=7\ \text{kN}\times4\ \text{m}-1\ \text{kN/m}\times4\ \text{m}\times2\ \text{m}=20\ \text{kN}\cdot\text{m}$$
$$M_D^{L}=7\ \text{kN}\times8\ \text{m}-1\ \text{kN/m}\times8\ \text{m}\times4\ \text{m}-2\ \text{kN}\times4\ \text{m}=16\ \text{kN}\cdot\text{m}$$
$$M_D^{R}=16\ \text{kN}\cdot\text{m}-13\ \text{kN}\cdot\text{m}=3\ \text{kN}\cdot\text{m}$$
$$M_B=-3\ \text{kN}\times3\ \text{m}=9\ \text{kN}\cdot\text{m}$$

依次在 M 图上定出各点。在 DB 和 BE 两段无荷载作用，连接两点的直线即为弯矩图。而在有均布荷载作用的 AC 、CD 段，先连虚线，再叠加上相应简支梁在均布荷载作用下的弯矩。整个梁的弯矩图如图 6.20（c）所示。

（4）求最大弯矩。梁的最大弯矩发生在 CD 段内剪力为零的截面上，该段梁的剪力方程为

$$F_S(x) = 7 - 2 - x$$

令 $F_S(x) = 0$，得 $x = 5\ \text{m}$。即在 $x = 5\ \text{m}$ 处的横截面上，存在最大弯矩。由截面法可求得该截面上的弯矩为 $M_{max} = 20.5\ \text{kN}\cdot\text{m}$。

第四节 弯曲应力及强度计算

一、概 述

在求出梁横截面上的剪力和弯矩后，还必须进一步研究内力在横截面上的分布情况，找出各点应力分布规律及计算公式，从而解决梁的强度问题。

1. 内力与应力的关系

弯曲时梁横截面上的内力一般有剪力和弯矩，相应的横截面上同时有切应力和正应力，如图 6.21 所示。我们知道内力是由横截面上各点的应力合成的：剪力 F_S 是由与横截面相切的切应力合成的；而弯矩 M 是由与横截面垂直的正应力合成的内力偶矩。即

$$F_S = \int_A \tau \text{d}A,\quad M = \int_A y \cdot \sigma \text{d}A$$

在小变形情况下切应力仅与剪力 F_S 有关，正应力仅与弯矩 M 有关。本章将分别讨论两种应力和相应的强度条件及梁的强度计算。

2. 纯弯曲与横力弯曲

在图 6.22 所示梁中，AC 和 DB 两段内各横截面上有弯矩又有剪力，因而各横截面上既有正应力又有切应力，这两段梁的弯曲称为横力弯曲。CD 段内，各横截面上弯矩等于常量而剪力等于零，因而各横截面上只有正应力而无剪应力，这段梁的弯曲称为纯弯曲。为了集中讨论弯矩与正应力的关系，下面取纯弯曲情况来推导正应力的计算公式。

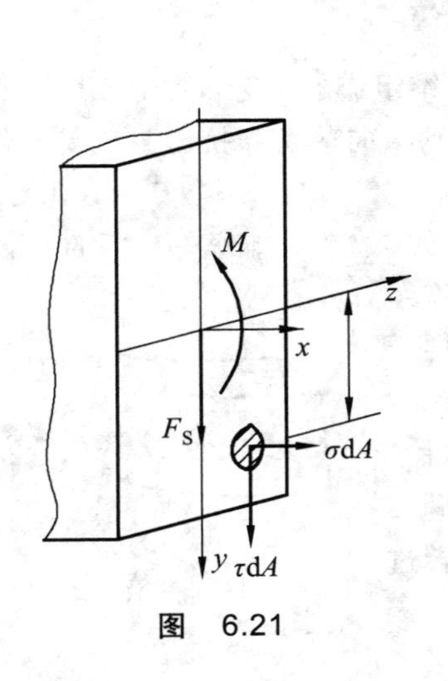

图 6.21

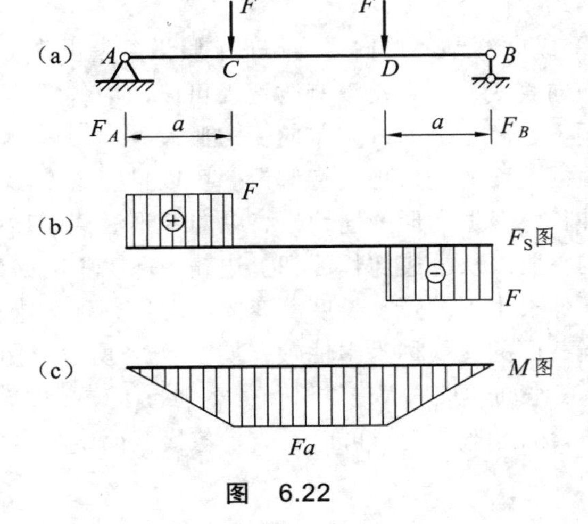

图 6.22

二、梁横截面上的正应力

1. 纯弯曲时梁横截面上的正应力

在纯弯曲的情况下，采用与推导圆轴扭转切应力公式相似的方法来推导正应力。下面从变形的几何关系、应力与应变的物理关系、静力平衡关系三个方面进行分析：

（1）变形的几何关系。

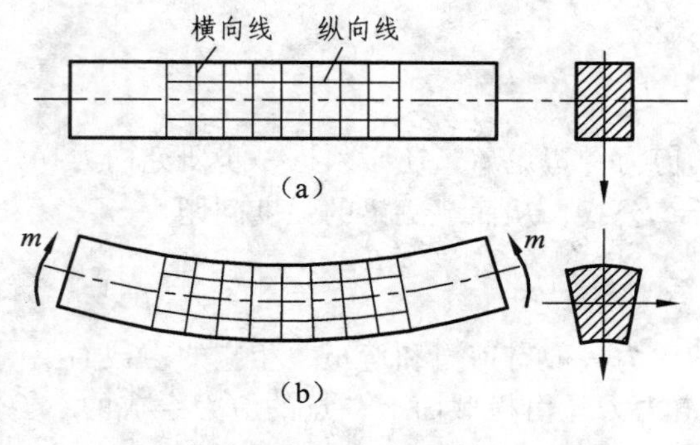

图 6.23

为了找出梁横截面上正应力的变化规律,必须先找出纵向线应变在该截面上的变化规律。为此，作弯曲试验观察梁的变形。取一根矩形截面梁，在其表面上画上一些垂直于轴线的横向线和平行于轴线的纵向线，如图 6.23（a）所示；然后在梁两端纵向对称面内施加一对大小相等、转向相反的外力偶矩，使梁发生纯弯曲变形，如图 6.23（b）所示。梁变形后可观察到如下现象：① 纵向线变成圆弧线，上部（凹边）纵向线缩短，下部（凸边）纵向线伸长。② 横向线仍保持为直线，只是相对转动了一个角度，但仍与弯曲后的轴线垂直（正交）。③ 横截面宽度变化在纵向伸长区，梁的宽度减小；在纵向线缩短区，梁的宽度增大，如图 6.23（b）所示，情况与轴向拉（压）时的变形相似。

根据观察到的表面现象，对梁的内部变形情况进行推断，做出如下假设：

① 平面假设：横截面变形后仍保持为一平面，且垂直于变形后的轴线，只是各横截面绕某轴转动了一个角度。

② 纵向纤维的单向受力假设：假设梁是由许多纵向纤维组成的，变形后由于纵向直线垂直于横向直线，即直角没有改变，可以认为各纤维没有受到横向剪切和挤压，只受拉伸或压缩作用。这就是纵向纤维单向受力假设。

根据上面的变形现象和假设，可以推想梁变形后上部（凹边）纤维缩短、下部（凸边）纤维伸长，根据变形的连续性，纵向纤维沿截面高度应是连续变化的，所以从下边伸长区到上边缩短区，中间必然有一层纤维既不伸长也不缩短、长度不变的过渡层，称为中性层。中性层与横截面的交线称为中性轴，如图 6.24 所示，用 z 轴表示。显然，在平面弯曲时，中性轴 z 必然垂直于横截面的对称轴 y。因此，梁的纯弯曲变形可以看成是各横截面绕各自中性轴转过一个角度。

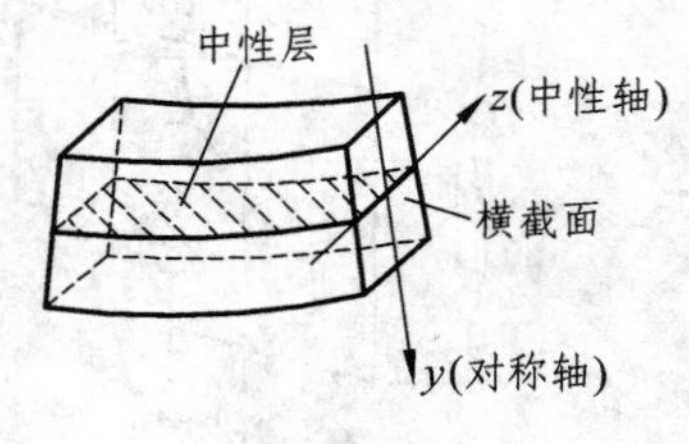

图 6.24

如图 6.25（a）所示，现在分析横截面上距离中性层为 y 处的某纵向纤维 ab 的线应变。为此，用横截面 1—1 和 2—2 从纯弯曲梁中截取微段 dx，设 y 轴为横截面的对称轴，z 轴为中性轴（具体位置尚待确定）。梁变形后，如图 6.25（b）所示，由平面假设可知 1—1 和 2—2 截面仍保持为平面，两横截面相对转角为 $d\theta$，中性层上纤维的曲率半径为 ρ。纵向纤维 ab 变形后的长度为 $a'b'=(\rho+y)d\theta$，中性层上纤维 O_1O_2 的长度在梁变形后是不变的，即 $O_1O_2=ab=dx=\rho d\theta$，则纵向纤维 ab 的线应变为

$$\varepsilon=\frac{a'b'-ab}{ab}=\frac{a'b'-dx}{dx}=\frac{(\rho+y)d\theta-\rho d\theta}{\rho d\theta}=\frac{y}{\rho} \tag{6.8}$$

对于同一截面 ρ 为常量。因此，式（6.8）表明横截面上某点处的线应变与它到中性轴的距离 y 成正比。

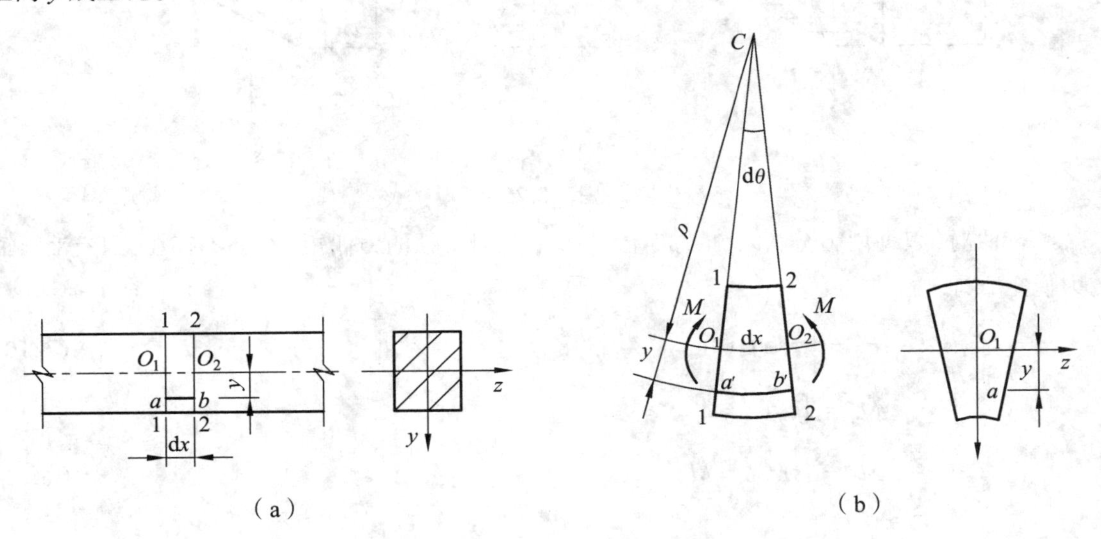

图　6.25

（2）物理关系。

根据各纵向纤维单向受力假设，当材料在弹性范围内时，即可应用胡克定律 $\sigma=E\varepsilon$。由此得横截面上某点的正应力为

$$\sigma=E\varepsilon=\frac{Ey}{\rho} \tag{6.9}$$

上式表明横截面上正应力的分布规律：横截面上任一点处的正应力与该点到中性轴的距离 y 成正比。即正应力随着截面高度按直线规律变化，中性轴上各点处的正应力为零，离中性轴最远的上下边缘处正应力最大，如图 6.26 所示。由图可以看出，横截面上 y 坐标相同各点的正应力相同。但是，式（6.9）尚不能用来计算正应力。因为式中 ρ 为变形后中性轴的曲率半径，没有求出，且中性轴的位置也没有确定。这就需要考虑静力平衡关系来解决。

（3）静力平衡关系。

如图 6.26 所示，纯弯曲梁的横截面上只有正应力，而无切应力。在横截面上取一微面积

dA，其上有法向微内力 σdA，横截面上各点处的法向微内力组成一空间平行力系。这样的平行力系可简化成三个内力分量，即平行于轴线 x 的轴力 F_N，对 z 轴的内力偶矩 M_z 和对 y 轴的内力偶矩 M_y，它们分别是：

$$F_N = \int_A \sigma dA, \quad M_y = \int_A z\sigma dA, \quad M_z = \int_A y\sigma dA$$

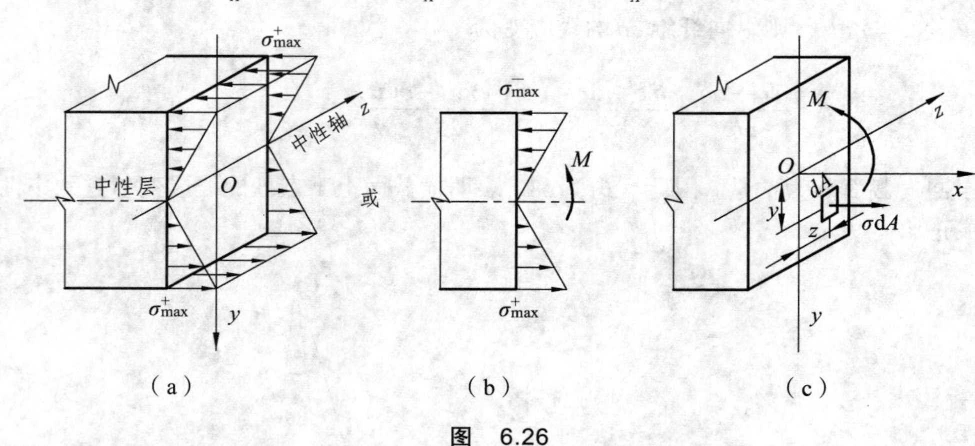

图 6.26

纯弯曲时，根据内力分析可知截面上轴力 F_N 和对 y 轴的力偶矩 M_y 都不存在，只有对 z 轴的力偶矩，即

$$F_N = \int_A \sigma dA = 0 \tag{6.10}$$

$$M_y = \int_A z\sigma dA = 0 \tag{6.11}$$

$$M_z = \int_A y\sigma dA = M \tag{6.12}$$

① 中性轴的位置。

将（6.9）式代入（6.10）式得

$$F_N = \int_A \frac{Ey}{\rho} dA = \frac{E}{\rho}\int_A y dA = \frac{E}{\rho}\cdot S_z = 0$$

上式中，由于 E/ρ 为常数且不等于零，要满足上式，只有 $S_z = 0$。由截面的几何性质可知，只有当 z 轴通过截面的形心时，截面对 z 轴的静矩才可能等于零。这就确定了中性轴的位置：中性轴必须通过横截面的形心，即中性轴是形心轴。

将（6.9）式代入（6.11）式得

$$M_y = \int_A z\sigma dA = \int_A z\frac{Ey}{\rho} dA = \frac{E}{\rho}\int_A zy dA = \frac{E}{\rho}\cdot I_{yz} = 0$$

要满足上式，只有 $I_{yz} = 0$。而 $I_{yz} = 0$ 是横截面对 y 和 z 轴的惯性积，由截面的几何性质可知 z、y 轴为主惯性轴，因为已知 z 轴为形心轴，所以中性轴是截面的形心主惯性轴。

② 曲率 $1/\rho$ 的确定。

将（6.9）式代入（6.12）式得

$$M_z = \int_A y\sigma \mathrm{d}A = \int_A y\frac{Ey}{\rho}\mathrm{d}A = \frac{E}{\rho}\int_A y^2 \mathrm{d}A = \frac{E}{\rho}\cdot I_z = M$$

于是得到梁弯曲时中性层的曲率表达式为

$$\frac{1}{\rho} = \frac{M}{EI_z} \tag{6.13}$$

式中 I_z—— 横截面对中性轴的惯性矩；

$\frac{1}{\rho}$—— 梁轴线变形后的曲率，它反映了梁变形的程度。

式（6.13）是研究梁弯曲变形的基本公式。由该式可知，当弯矩 M 一定时，EI_z 值越大，则曲率越小，梁就越不易弯曲。因此，EI_z 表示梁抵抗弯曲变形的能力，称为梁的弯曲刚度。

③ 正应力公式。

将式（6.13）代入式（6.9）得纯弯曲时梁横截面上任一点正应力计算公式:

$$\sigma = \frac{M\cdot y}{I_z} \tag{6.14}$$

式中 M—— 横截面上的弯矩；

y—— 横截面上欲求正应力点到中性轴的距离。

横截面上的最大正应力值为

$$\sigma_{\max} = \frac{M\cdot y_{\max}}{I_z} \tag{6.15}$$

令

$$W_z = \frac{I_z}{y_{\max}} \tag{6.16}$$

则最大正应力可表示为

$$\sigma_{\max} = \frac{M}{W_z} \tag{6.17}$$

式中，W_z 为截面对中性轴的弯曲截面系数，只与横截面的形状、尺寸有关，是衡量截面抗弯能力的几何量，其常用单位是 mm^3 或 m^3。

图 6.27 所示几种常用截面的 I_z、W_z 如下：

矩形截面： $I_z = \frac{bh^3}{12}$， $W_z = \frac{bh^2}{6}$ （6.18）

圆形截面： $I_z = \frac{\pi D^4}{64}$， $W_z = \frac{\pi D^3}{32}$ （6.19）

空心圆形截面： $I_z = \frac{\pi D^4}{64}(1-\alpha^4)$，$W_z = \frac{\pi D^3}{32}(1-\alpha^4)$，$\alpha = \frac{d}{D}$ （6.20）

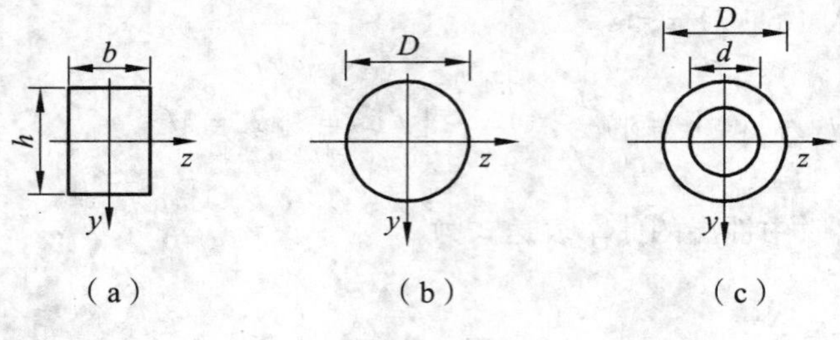

（a）　（b）　（c）

图　6.27

各种常用型钢的惯性矩 I_z 和弯曲截面系数 W_z 可从型钢规格表中查得。

注意：a. 若截面为非对称截面，中性轴 z 不是横截面的对称轴时，横截面上的最大拉应力和最大压应力不相等，须利用式（6.15）分别进行计算。

b. 应用以上公式计算正应力 σ 时，M 及 y 均以绝对值代入，正应力 σ 的正负号可直接观察梁的变形来判断。当 M 为正时，中性轴上部截面受压，下部截面受拉，如图 6.28（a）所示；当 M 为负时，中性轴上部截面受拉，下部截面受压，如图 6.27（b）所示。根据所求正应力点的位置可知，若在受拉区，则 σ 为正；若在受压区，则 σ 为负。

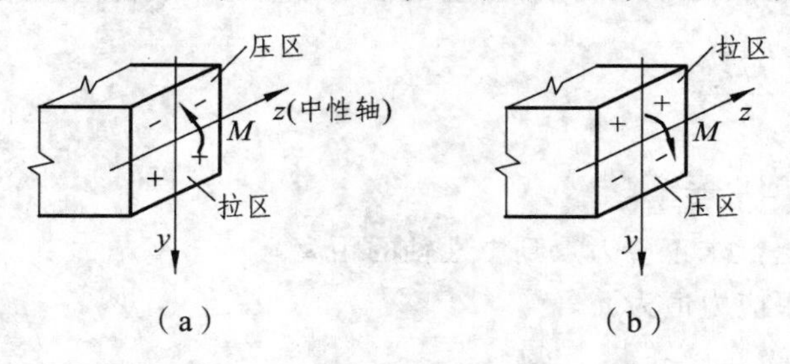

（a）　（b）

图　6.28

2. 正应力公式的使用条件及推广

（1）使用条件。

① 平面弯曲的梁：正应力公式是在平面弯曲的前提下推导出的，所以公式只能用于发生平面弯曲（外力作用平面与轴线的弯曲平面为同一平面）的梁。

② 材料处于弹性范围内：正应力公式在推导过程中应用了胡克定律，因此公式只是在材料处于弹性范围内时才适用。

（2）正应力公式的推广。

① 正应力公式是由矩形截面梁推导出来的，但对具有一个纵向对称轴（如工字形、T字形、圆形等）的梁也都适用，因为在推导公式的过程中并没有用到矩形的几何性质。

② 正应力公式是在纯弯曲情况下以平面假设为基础推导出来的，在横力弯曲时，由于横截面上有切应力存在，会使截面发生翘曲，不再成为平面。特别在剪力不为常数时，剪力对正应力有影响。但由精确分析证明，当梁的跨度 l 和截面高度 h 之比 $l/h>5$（即细长梁）时，剪力带来的影响很小。因此，正应力公式可推广应用于横力弯曲时梁的正应力计算。

【例 6.10】 矩形截面梁如图 6.29（a）所示，求梁固定端 A 的右侧截面上 a、b、c、d 四点处的正应力，并指出该截面的最大拉应力和最大压应力。截面尺寸如图 6.29（b）所示。

【解题分析】 由梁上荷载可知该梁为纯弯曲梁，题目欲求指定截面任意点的正应力，由式（6.14）可知，欲求 σ，须先求出 A 截面上的弯矩 M 和截面对中性轴的惯性矩 I_z。

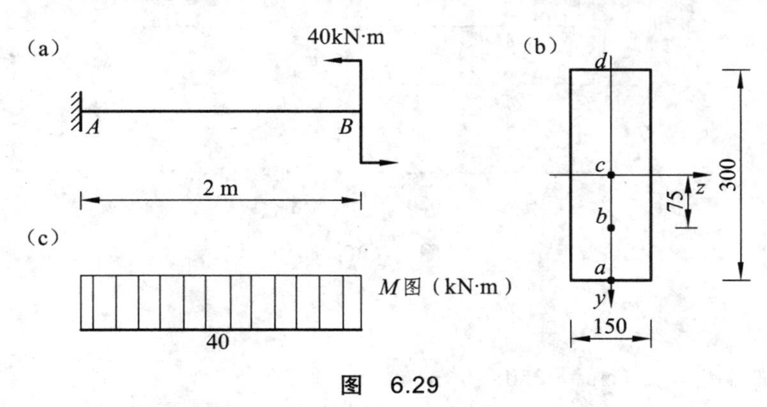

图　6.29

【解】（1）绘弯矩图如图 6.29（c），可知 A 的右侧截面上的弯矩为

$$M_A = 40\ \text{kN}\cdot\text{m}$$

（2）计算截面对中性轴的惯性矩：

$$I_z = \frac{bh^3}{12} = \frac{150\ \text{mm}\times 300^3\ \text{mm}^3}{12} = 33.75\times 10^7\ \text{mm}^4$$

（3）计算各点处的正应力：

$$\sigma_a = \frac{M\cdot y_a}{I_z} = \frac{40\times 10^6\ \text{N}\cdot\text{mm}\times\dfrac{300}{2}\ \text{mm}}{33.75\times 10^7\ \text{mm}^4} = 17.78\ \text{MPa}\ （拉应力）$$

$$\sigma_b = \frac{M\cdot y_b}{I_z} = \frac{40\times 10^6\ \text{N}\cdot\text{mm}\times 75\ \text{mm}}{33.75\times 10^7\ \text{mm}^4} = 8.88\ \text{MPa}\ （拉应力）$$

$$\sigma_c = \frac{M\cdot y_c}{I_z} = \frac{40\times 10^6\ \text{N}\cdot\text{mm}\times 0\ \text{mm}}{33.75\times 10^7\ \text{mm}^4} = 0$$

$$\sigma_d = \frac{M\cdot y_d}{I_z} = \frac{40\times 10^6\ \text{N}\cdot\text{mm}\times\dfrac{300}{2}\ \text{mm}}{33.75\times 10^7\ \text{mm}^4} = 17.78\ \text{MPa}\ （压应力）$$

A 截面的最大拉应力发生在下边缘处：$\sigma_{\text{t}\max} = \sigma_a = 17.78\ \text{MPa}$

A 截面的最大压应力发生在上边缘处：$\sigma_{\text{c}\max} = \sigma_d = 17.78\ \text{MPa}$

【例 6.11】 求图 6.30 所示工字形截面梁的最大拉应力和最大压应力。已知工字钢的型号为 40b。

【解题分析】 由梁上荷载及截面图形可知，该梁为横力弯曲的对称截面梁，因此最大拉应力与最大压应力等值。此时只需考虑全梁弯矩的绝对值最大的截面，即可求得该梁的最大拉应力和最大压应力，所以必须先绘出梁的弯矩图，即可求得绝对最大弯矩。

【解】（1）绘弯矩图，如图 6.30（c）所示。由图知梁的最大弯矩发生在 A 截面处，其值为

$$M_{A\max} = 40\ \text{kN}\cdot\text{m}$$

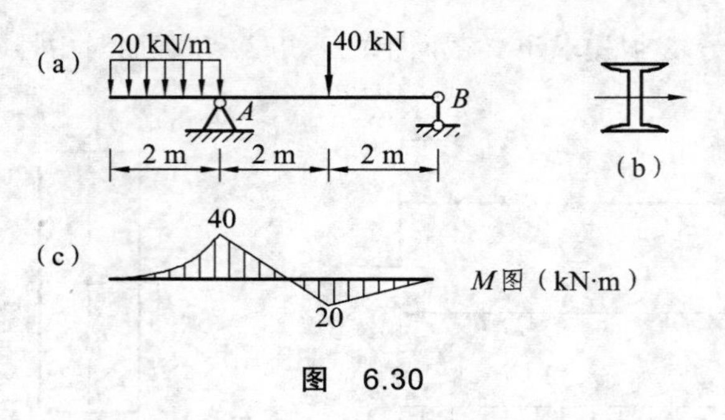

图 6.30

其截面为 20b 工字钢，查附录表 3 可知

$$W_z = 250\ \text{cm}^3 = 250 \times 10^3\ \text{mm}^3$$

（2）计算最大拉应力和最大压应力：

$$\sigma_{tA\max} = \sigma_{cA\max} = \frac{M_B}{W_Z} = \frac{40 \times 10^6}{250 \times 10^3} = 160\ (\text{MPa})$$

最大拉应力发生在 A 截面的上边缘处：$\sigma_{tA\max} = 160\ \text{MPa}$

最大压应力发生在 A 截面的下边缘处：$\sigma_{cA\max} = 160\ \text{MPa}$

【例 6.12】 求图 6.31 所示 T 形截面梁的最大拉应力和最大压应力。已知 $I_z = 7.64 \times 10^6\ \text{mm}^4$，$y_1 = 52\ \text{mm}$，$y_2 = 88\ \text{mm}$。

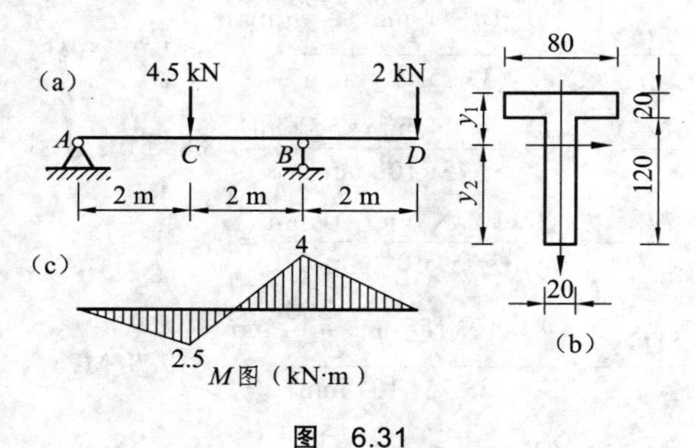

图 6.31

【解题分析】 由梁上荷载及截面图形可知，该梁为横力弯曲的非对称截面梁。欲求最大应力，应用公式（6.15）计算。因为截面为非对称截面，正、负最大弯矩都要考虑，所以必须绘出弯矩图，得出最大正、负弯矩。通过分别计算比较，求得全梁的最大拉应力和最大压应力。

【解】（1）绘弯矩图，如图 6.31（c）所示，由图可知梁的最大正弯矩发生在截面 C 上，梁的最大负弯矩发生在截面 B 上，其值分别为

$$M_C = 2.5\ \text{kN}\cdot\text{m}，\quad M_B = 4\ \text{kN}\cdot\text{m}$$

（2）计算截面 C 上的最大拉应力和最大压应力：

$$\sigma_{tC}=\frac{M_C\cdot y_2}{I_z}=\frac{2.5\times10^6\ \text{N}\cdot\text{mm}\times88\ \text{mm}}{7.64\times10^6\ \text{mm}^4}=28.80\ \text{MPa}$$

$$\sigma_{cC}=\frac{M_C\cdot y_1}{I_z}=\frac{2.5\times10^6\ \text{N}\cdot\text{mm}\times52\ \text{mm}}{7.64\times10^6\ \text{mm}^4}=17.0\ \text{MPa}$$

（3）计算截面 B 上的最大拉应力和最大压应力：

$$\sigma_{tB}=\frac{M_B\cdot y_1}{I_z}=\frac{4\times10^6\ \text{N}\cdot\text{mm}\times52\ \text{mm}}{7.64\times10^6\ \text{mm}^4}=27.23\ \text{MPa}$$

$$\sigma_{cB}=\frac{M_B\cdot y_2}{I_z}=\frac{4\times10^6\ \text{N}\cdot\text{mm}\times88\ \text{mm}}{7.64\times10^6\ \text{mm}^4}=46.07\ \text{MPa}$$

（4）比较以上计算结果可知：

最大拉应力发生在截面 C 的下边缘处，即

$$\sigma_{t\max}=\sigma_{tC}=28.80\ \text{MPa}$$

最大压应力发生在截面 B 的下边缘处，即

$$\sigma_{c\max}=\sigma_{cB}=46.07\ \text{MPa}$$

三、梁横截面上的切应力

梁横力弯曲时，横截面上既有弯矩又有剪力，因而横截面上既有正应力又有切应力。前面研究了梁的正应力，现在研究梁的切应力。由于梁的切应力在横截面上的分布规律与截面形状有关，本节以矩形截面梁为例，对切应力公式进行推导，并对其他几种常用截面梁的切应力作简要介绍。

1. 矩形截面梁横截面上的切应力

（1）切应力分布假设。

① 假设来源。因为梁的侧面上没有切应力，根据切应力互等定理，在横截面上靠近两侧面边缘的切应力方向一定平行于横截面的侧边。又因为矩形截面宽度相对于高度较小，所以推断沿截面宽度方向切应力大小和方向都不会有明显的变化。

② 假设。横截面上各点处的切应力方向一定平行于横截面的侧边，且横截面上各点处的切应力大小沿截面宽度均匀分布，如图 6.32（b）所示。

（2）横截面上切应力公式推导。

图 6.32（a）所示简支梁为横力弯曲梁，取其微段 dx 研究。假设微段 dx 上无横向外力作用，则根据弯矩、剪力和均布荷载集度三者之间的微分关系可以推断出横截面 m—m 和 n—n 的受力，如图 6.32（c）所示。

如图 6.32（b）所示，根据切应力分布规律假设，横截面上距中性轴 z 为 y 处的切应力应互相平行且相等，均为 τ。为计算 τ，将微段 dx 在 y 处用一个假想的水平面 p—p 切开。取下半部分研究，设 m—m—p—p 和 n—n—p—p 截面的面积为 A^*，截面上由弯曲正应力构成的轴向力分别为 F_1 和 F_2。由于两侧截面上的弯矩不等，所以 $F_1\neq F_2$。根据切应力互等定理，在切

开后下面部分的顶面 $p—p—p—p$ 上存在着 τ'，由 τ' 构成了该顶面上的剪力 F_S，如图 6.32(d)、(e) 所示。

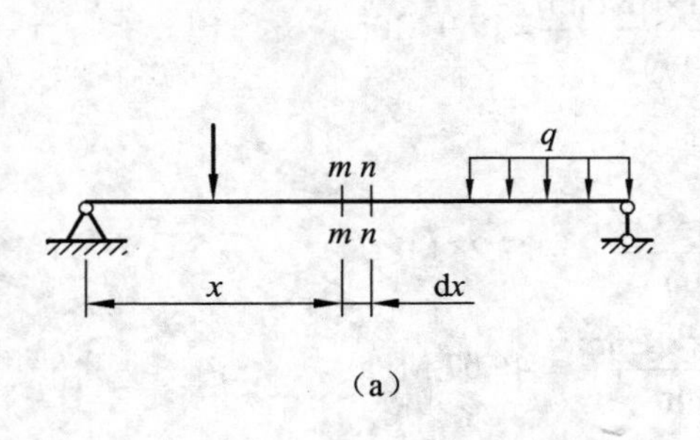

(a)

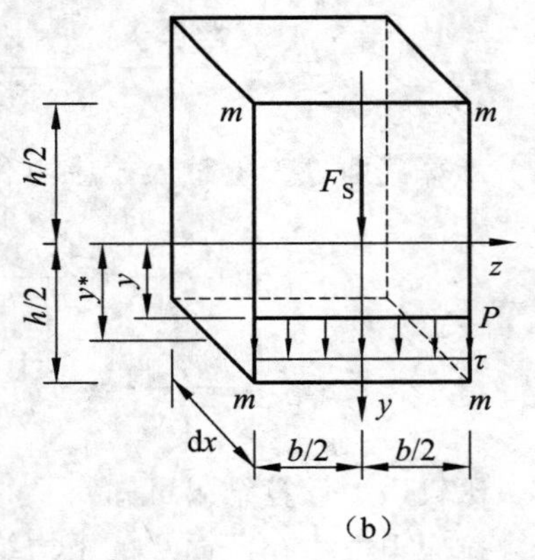

(b)

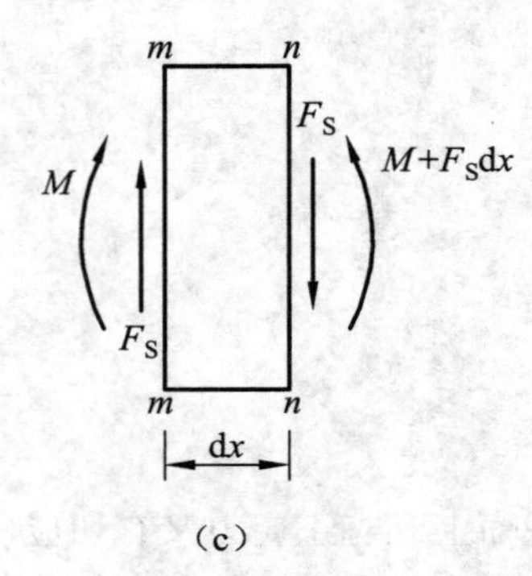

(c)

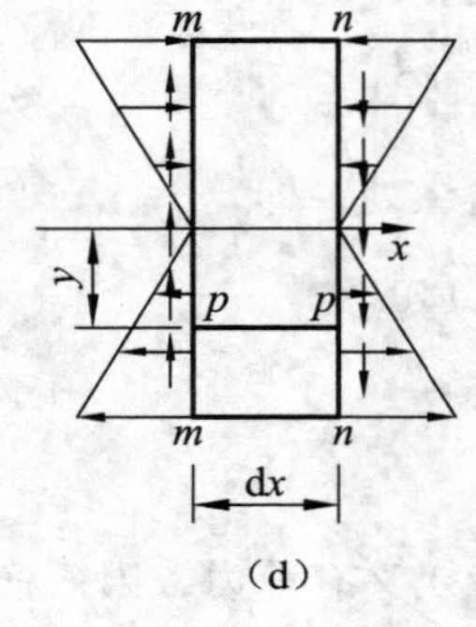

(d)

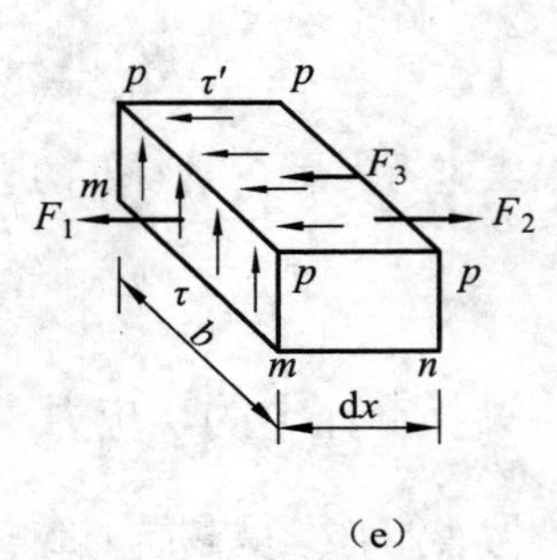

(e)

图 6.32

由 $\sum F_x = 0$，得

$$F_2 - F_1 - F_3 = 0 \tag{6.21}$$

式中，

$$F_1 = \int_{A^*} \sigma_1 \mathrm{d}A = \int_{A^*} \frac{My^*}{I_z} \mathrm{d}A = \frac{M}{I_z} \int_{A^*} y^* \mathrm{d}A = \frac{MS_z^*}{I_z} \tag{6.22}$$

$$\begin{aligned} F_2 &= \int_{A^*} \sigma_2 \mathrm{d}A = \int_{A^*} \frac{M + F_S \mathrm{d}x}{I_z} y^* \mathrm{d}A \\ &= \frac{M + F_S \mathrm{d}x}{I_z} \int_{A^*} y^* \mathrm{d}A = \frac{M + F_S \mathrm{d}x}{I_z} S_z^* \end{aligned} \tag{6.23}$$

$$F_3 = \tau' \cdot b\mathrm{d}x = \tau \cdot b\mathrm{d}x \tag{6.24}$$

将式（6.22）~（6.24）代入式（6.21）得

$$\tau \cdot b\mathrm{d}x = \frac{M + F_S \mathrm{d}x}{I_z} S_z^* - \frac{M}{I_z} S_z^*$$

经整理得

$$\tau = \frac{F_S S_z^*}{bI_z} \tag{6.25}$$

式（6.25）即为横截面上任一点切应力的计算公式。

式中 $S_z^* = \int_{A^*} y^* \mathrm{d}A$——横截面上所求切应力点水平线以上或以下部分面积 A^* 对中性轴 z 的静矩。

（3）矩形截面梁横截面切应力分布规律及最大剪应力。

由式（6.25）知，对于如图 6.33 所示的矩形截面，若计算截面上任意一点 K 处的切应力，应先计算：

$$S_z^* = A^* \times y_c' = \left(\frac{h}{2} - y\right) b \times \left[y + \frac{1}{2}\left(\frac{h}{2} - y\right)\right] = \frac{b}{2}\left[\left(\frac{h}{2}\right)^2 - y^2\right]$$

$$I_z = \frac{bh^3}{12}$$

将上两式代入式（6.25），得

$$\tau = \frac{3}{2} \cdot \frac{F_S}{bh}\left(1 - 4\frac{y^2}{h^2}\right)$$

上式表明；矩形截面梁的切应力沿横截面高度呈抛物线规律分布，如图 6.31（b）所示。在截面的上、下边缘处，切应力等于零，在中性轴处，切应力最大，且最大值为

$$\tau_{\max} = \frac{3}{2} \cdot \frac{F_S}{bh} = \frac{3}{2} \cdot \frac{F_S}{A} \tag{6.26}$$

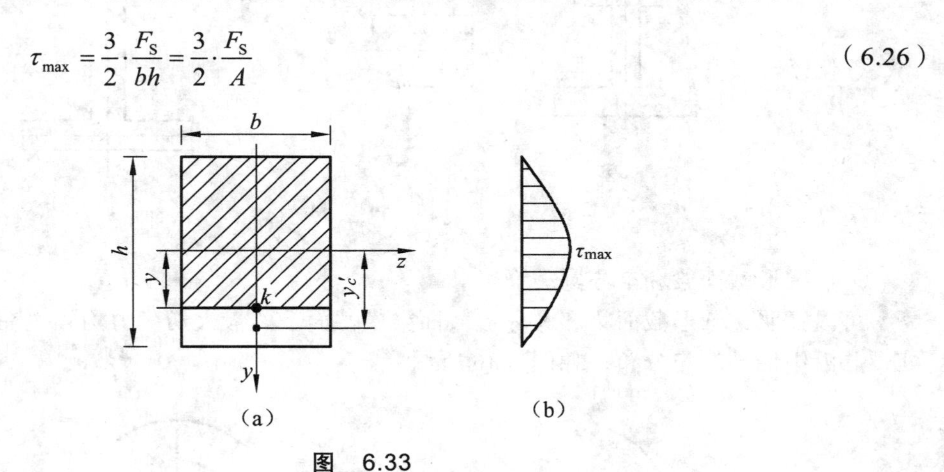

图 6.33

2. 其他形状截面梁横截面上的切应力

（1） 工字形截面梁。

工字形截面由上、下翼缘和腹板组成，如图 6.34（a）所示，翼缘和腹板上均存在切应力，但计算表明，截面上剪力 F_S 的 95% ~ 97% 由腹板承担，故只考虑腹板上的切应力。而腹板是一个狭长矩形，对矩形截面切应力两个假设均适用（τ 方向与 F_S 一致，沿宽度均布），由矩形截面任意一点的切应力计算公式（6.25）可得工字形截面腹板上任一点的切应力为

$$\tau_f = \frac{F_S S_z^*}{I_z d} \tag{6.27a}$$

式中 S_z^*——腹板上所求切应力点以上或以下部分 面积 A^* 对中性轴 z 的静矩。

d——腹板的宽度，可由型钢表查得。

腹板上切应力的分布规律如图 6.34（b）所示。其最大切应力仍发生在中性轴上各点处，在腹板与翼缘交接处，由于翼缘面积对中性轴的静矩仍然有一定值，所以切应力较大，使得整个腹板上的切应力接近于均匀分布。于是可以近似认为

$$\tau_{\max} \approx \frac{F_S}{h_f d} = \frac{F_S}{A_f} \tag{6.27b}$$

工字形截面梁翼缘的全部面积都距中性轴较远，每一点的正应力都很大，所以工字梁的最大特点是：翼缘承担大部分弯矩，腹板承担大部分剪力。

（2） T 字形截面梁。

T 字形截面可视为由两个矩形截面组合而成，如图 6.35 所示，竖向的矩形截面与工字形截面的腹板相似，水平的矩形为翼缘。截面上切应力形成“切应力流”。竖向矩形部分的切应力计算公式与工字形截面梁腹板部分 τ 的计算公式相同。

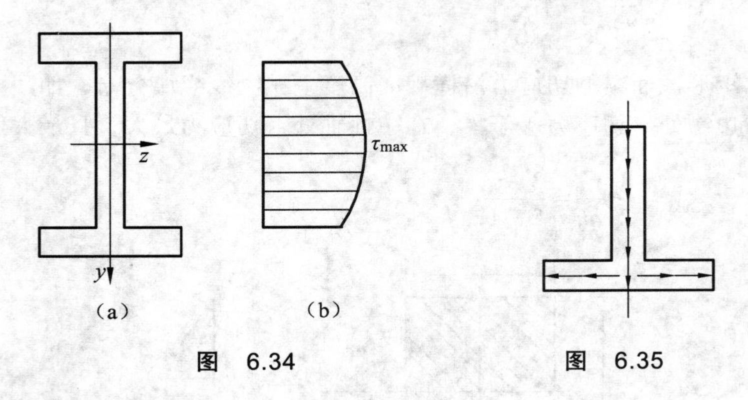

图 6.34　　图 6.35

（3）圆形截面梁和空心圆截面梁。

可以证明，圆形截面梁和圆环形截面梁横截面上的最大切应力均发生在中性轴上的各点处，并沿中性轴均匀分布，如图 6.36 所示。

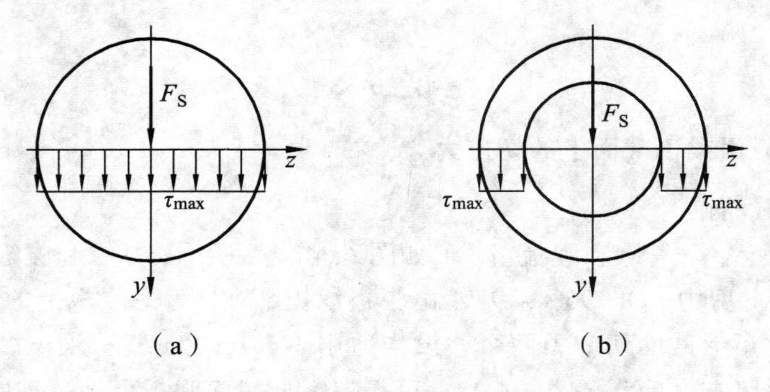

图 6.36

计算公式分别为

圆形截面：$$\tau_{\max} = \frac{4}{3} \cdot \frac{F_S}{A} \tag{6.28}$$

空心圆截面：$$\tau_{\max} = 2 \cdot \frac{F_S}{A} \tag{6.29}$$

式中　F_S——横截面上的剪力；

　　　A——横截面面积。

【例 6.13】　已知梁横截面上剪力 $F_S = 100\ \text{kN}$，试分别计算图 6.37 所示矩形和工字形横截面上 a、b 点处的切应力。

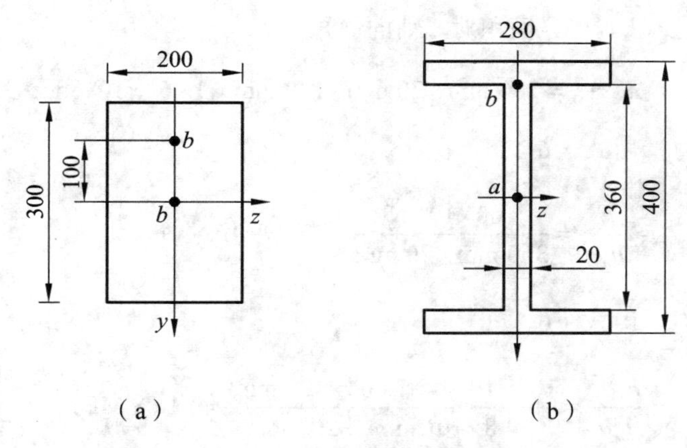

图　6.37

【解题分析】　由切应力分布规律可知，a 点为最大切应力所在点，可直接用矩形、工字形的最大切应力公式计算。b 点为任意点，应分别用式（6.25）和式（6.27）计算。在公式的应用中应注意截面几何性质 I_z 和 S_z^* 的计算。

【解】　（1）矩形截面切应力的计算

① a 点的切应力，由式（6.26）得

$$\tau_a = \tau_{\max} = \frac{3}{2} \cdot \frac{F_S}{bh} = \frac{3}{2} \cdot \frac{100 \times 10^3\ \text{N}}{300\ \text{mm} \times 200\ \text{mm}} = 2.5\ \text{MPa}$$

② b 点的切应力。

b 点所在水平横线以上部分面积对 z 轴的静矩：

$$S_z^* = A^* \cdot y_C^* = 200\ \text{mm} \times 50\ \text{mm} \times 125\ \text{mm} = 1.25 \times 10^6\ \text{mm}^3$$

横截面对 z 轴的惯性矩：

$$I_z = \frac{bh^3}{12} = \frac{200\ \text{mm} \times 300^3\ \text{mm}^3}{12} = 4.5 \times 10^8\ \text{mm}^4$$

由式（6.25）得

$$\tau_b = \frac{F_S S_z^*}{b I_z} = \frac{100 \times 10^3\ \text{N} \times 1.25 \times 10^6\ \text{mm}^3}{200\ \text{mm} \times 4.5 \times 10^8\ \text{mm}^4} = 1.39\ \text{MPa}$$

（2）工字形截面切应力的计算。

① 计算截面的几何参数。

$$I_z=\frac{bh^3}{12}-2\times\frac{b_1h_1^3}{12}$$

$$=\frac{280\ \text{mm}\times400^3\ \text{mm}^3}{12}-2\times\frac{130\ \text{mm}\times360^3\ \text{mm}^3}{12}=4.8\times10^8\ \text{mm}^4$$

b 点所在水平横线以上部分面积对 z 轴的静矩：

$$S_z^*=A^*\cdot y_C^*=280\ \text{mm}\times20\ \text{mm}\times190\ \text{mm}=1.064\times10^6\ \text{mm}^3$$

② a 点的切应力。由式（6.27b）得

$$\tau_{\max}\approx\frac{F_S}{h_f d}=\frac{100\times10^3\ \text{N}}{360\ \text{mm}\times20\ \text{mm}}=13.89\ \text{MPa}$$

③ b 点的切应力。由式（6.27a）得

$$\tau_f=\frac{F_S S_z^*}{I_z d}=\frac{100\times10^3\ \text{N}\times1.064\times10^6\ \text{mm}^3}{4.8\times10^8\ \text{mm}^4\times20\ \text{mm}}=11.08\ \text{MPa}$$

【例 6.14】 图 6.38 所示矩形截面简支梁，受均布荷载 q 作用。求梁的最大正应力和最大切应力，并进行比较。

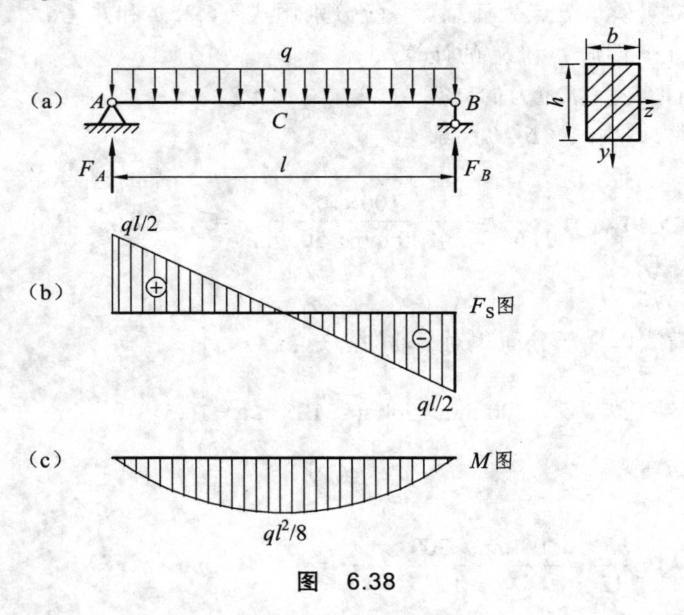

图 6.38

【解题分析】 梁的横截面为矩形，属对称截面梁。求最大正应力，可使用公式（6.17）计算。求最大切应力可使用公式（6.26）计算。由公式可知，欲求最大正应力和最大切应力，须先求出全梁的最大弯矩和最大剪力。

【解】（1）绘制梁的剪力图和弯矩图，分别如图 6.38（b）、（c）所示。由图可知：

$$F_{S\max}=\frac{1}{2}ql\text{，}\quad M_{S\max}=\frac{1}{8}ql^2$$

（2）计算最大正应力和最大切应力。由式（6.17）和式（6.26）可知：

$$\sigma_{\max}=\frac{M}{W_z}=\frac{\frac{1}{8}ql^2}{\frac{bh^2}{6}}=\frac{3ql^2}{4bh^2}$$

$$\tau_{\max}=\frac{3}{2}\cdot\frac{F_S}{bh}=\frac{3}{2}\cdot\frac{\frac{1}{2}ql}{bh}=\frac{3ql}{4bh}$$

（3）计算最大正应力和最大切应力的比值：

$$\frac{\sigma_{\max}}{\tau_{\max}}=\frac{\frac{3ql^2}{4bh^2}}{\frac{3ql}{4bh}}=\frac{l}{h}$$

从本例可以看出：梁的最大正应力和最大切应力的比值为梁的跨度l与梁的截面高度h之比。因为一般梁的跨度远大于其高度，所以，梁内的主要应力是正应力。

四、梁的强度计算

工程中所用的梁多为横力弯曲梁，在梁的横截面上同时存在着正应力和切应力。为了保证梁的安全工作，不论是正应力还是切应力，都不能超出一定的限度，即要满足梁的强度条件。梁的最大正应力发生在横截面上离中性轴最远的各点处，此处切应力为零，是单向拉伸或压缩；梁的最大切应力发生在中性轴上各点处，此处正应力为零，是纯剪切。因此，可以分别建立梁的正应力强度条件和切应力强度条件。

有些类型截面的梁，例如工字形截面梁，存在着一些特殊的点，例如翼缘和腹板的交界处，正应力和切应力有可能均有较大的数值，已不是单纯的单向拉伸、压缩或纯剪切状态。这类问题属于正应力和切应力联合作用下的强度问题，不能简单地应用梁的正应力强度条件或切应力强度条件解决，而要应用梁的主应力强度条件解决，这类问题将在强度理论中加以研究。

1. 梁的危险截面和危险点

对于等截面直梁，梁的最大正应力发生在最大弯矩所在的横截面上距离中性轴最远的各点处。最大弯矩所在的横截面称为正应力的危险截面，在该危险截面上，离中性轴最远的各点处的正应力值最大，称为正应力的危险点。

同理，等截面直梁的最大切应力发生在最大剪力所在的横截面上的中性轴上的各点处。最大剪力所在横截面称为切应力的危险截面，该危险截面上的中性轴上各点称为切应力的危险点。

2. 梁的正应力强度条件和强度计算

梁的正应力危险点处有梁的最大正应力$\sigma_{\max}$，若梁的许用正应力为$[\sigma]$，则梁的正应力

强度条件为

$$\sigma_{\max} \leqslant [\sigma] \tag{6.30}$$

对于等截面直梁，利用式（6.17），上式改写为

$$\sigma_{\max} = \frac{M_{\max}}{W_z} \leqslant [\sigma] \tag{6.31}$$

对于脆性材料，由于$[\sigma_t] \neq [\sigma_c]$，则要求梁的最大拉应力$\sigma_{t\max}$不超过材料的许用拉应力$[\sigma_t]$，最大压应力$\sigma_{c\max}$不超过材料的许用压应力$[\sigma_c]$，即

$$\sigma_{t\max} \leqslant [\sigma_t] \tag{6.32}$$

$$\sigma_{c\max} \leqslant [\sigma_c] \tag{6.33}$$

利用正应力强度条件，可以对梁进行正应力强度校核、设计截面尺寸和确定许用荷载等三方面的强度计算。

（1）当梁的材料、横截面形状和尺寸、荷载已经确定，即$[\sigma]$、W_z和$M_{\max}$确定时，可以根据式（6.22）是否成立来判断梁的安全状况，即进行强度校核。

（2）当梁的材料和荷载已经确定，即$[\sigma]$和$M_{\max}$确定时，可以根据式（6.31）确定W_z的取值，从而设计截面的尺寸。

（3）当梁的材料和横截面已经确定，即$[\sigma]$和W_z确定时，可以根据式（6.31）确定梁的许用弯矩$M_{\max}$，再根据弯矩与荷载的关系，确定梁的许用荷载。

【例 6.15】 图 6.39（a）是由一根 40a 号工字钢制成的悬臂梁，在自由端作用一集中荷载$F = 25.3$ kN。已知钢的许用应力$[\sigma] = 160$ MPa，若考虑梁的自重，试校核梁的正应力强度。

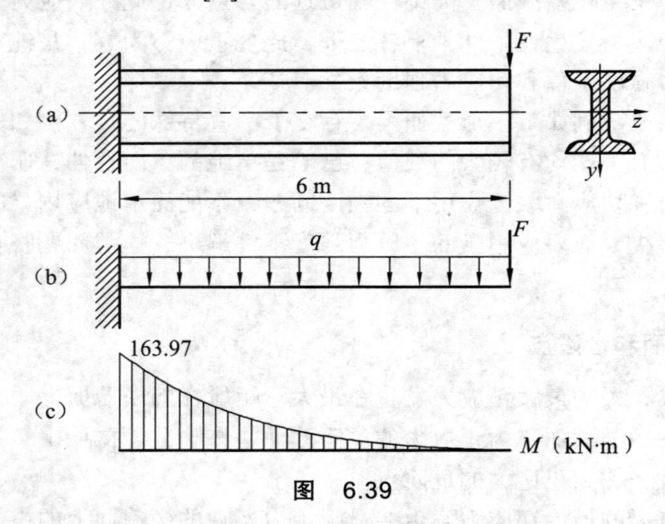

图 6.39

【解题分析】 校核梁的正应力强度，对于等截面直梁而言，关键是确定全梁的最大弯矩。本例的梁由型钢制成，考虑梁的自重时，梁的自重q可从型钢规格表中查得，相关的截面几何性质参数也可从型钢规格表中查得。

【解】 （1）查表确定q及截面几何参数。

查型钢规格表可知，40a 号工字钢的自重为

$$q = 67.6\ \text{kg/m} = 676\ \text{N/m}，\ W_z = 1\,090\ \text{cm}^3 = 1.09\times10^6\ \text{mm}^3$$

（2）绘制梁考虑自重后的弯矩图，如图 6.39（c）所示，由图可知：

$$M_{\max} = 163.97\ \text{kN}\cdot\text{m}$$

（3）校核梁的正应力强度：

$$\sigma_{\max} = \frac{M_{\max}}{W_z} = \frac{163.97\times10^6\ \text{N}\cdot\text{mm}}{1.09\times10^6\ \text{mm}^3} = 150.43\ \text{MPa} < [\sigma] = 160\ \text{MPa}$$

所以，该梁满足正应力强度要求。

【例 6.16】 在例 6.12 中，如果材料的许用拉应力 $[\sigma_{\text{t}}] = 30\ \text{MPa}$，许用压应力 $[\sigma_{\text{t}}] = 90\ \text{MPa}$，试校核该梁的正应力强度。

【解题分析】 本例所给材料的 $[\sigma_{\text{t}}] \neq [\sigma_{\text{c}}]$，截面不对称于中性轴，且弯矩图有正有负，梁的危险截面可能分别是最大正弯矩和最大负弯矩所在的截面，梁的正应力强度计算应对这两个截面分别进行。

【解】 利用例 6.12 的计算结果，在 C 截面的下边缘各点处的应力为

$$\sigma_{\text{t}\max} = 28.80\ \text{MPa} < [\sigma_{\text{t}}] = 30\ \text{MPa}$$

在 B 截面的下边缘各点处的应力为

$$\sigma_{\text{c}\max} = 46.07\ \text{MPa} < [\sigma_{\text{c}}] = 90\ \text{MPa}$$

所以，该梁满足正应力强度要求。

3. 梁的切应力强度条件和强度计算

梁的切应力危险点处有最大切应力 $\tau_{\max}$，若梁的许用切应力为 $[\tau]$，则梁的切应力强度条件为

$$\tau_{\max} \leqslant [\tau] \tag{6.34}$$

对于等截面直梁，上式可以改写为

$$\tau_{\max} = \frac{F_{\text{S}\max} S_{x\max}}{I_x b} \leqslant [\tau] \tag{6.35}$$

与梁的正应力强度条件的应用相似，利用切应力强度条件，也可以对梁进行切应力强度校核、设计截面尺寸和确定许用荷载等三方面的计算。

在进行梁的强度计算时，必须同时满足正应力和切应力两种强度条件。对于一般的跨度与横截面高度的比值较大的梁，其主要应力是正应力，通常只按正应力强度条件进行强度计算，而切应力强度能自然满足。但在以下几种特殊情况下还必须进行梁的切应力强度计算。

（1）梁的最大弯矩较小，而最大剪力却很大。例如，支座附近受集中荷载作用或跨度与横截面高度的比值较小的短粗梁。

（2）自行焊接的薄壁截面梁，当其腹板部分的厚度与高度之比小于型钢横截面的相应比值时。

（3）木梁。由于梁的最大切应力发生在中性轴上的各点处，根据切应力互等定理，在梁的中性层上要产生 τ_{max}，而木材沿纵向纤维方向的抗剪切能力较低，易发生中性层剪切破坏。因而，对木梁还应该进行切应力强度计算。

【例 6.17】 矩形截面简支梁如图 6.40（a）所示，已知 $h=20\ \text{mm}$，$b=150\ \text{mm}$，$q=3.6\ \text{kN/m}$，$l=5\ \text{m}$。如果材料为木材，许用正应力 $[\sigma]=120\ \text{MPa}$，许用切应力 $[\tau]=1.2\ \text{MPa}$，试校核该梁的强度。

【解题分析】 题目要求校核梁的强度，而没有明确指出是校核正应力强度，还是切应力强度。此时应首先判断是否要校核切应力强度。由于该题梁的材料为木材，故还应校核梁的切应力强度。

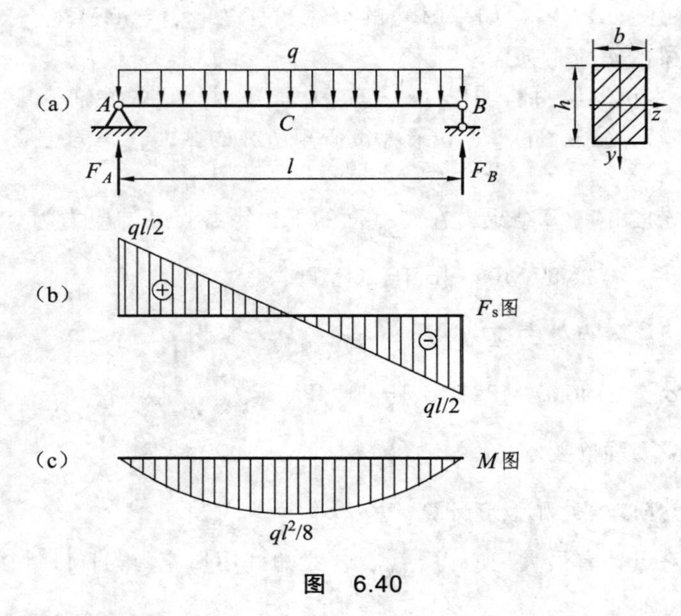

图 6.40

【解】（1）绘制剪力图和弯矩图如图 6.40（b）、（c）所示，由图可知最大剪力和最大弯矩分别为

$$F_{S\max}=9\ \text{kN}, \quad M_{\max}=11.25\ \text{kN}\cdot\text{m}$$

（2）正应力强度校核。由式（6.17）可知梁的最大正应力为

$$\sigma_{\max}=\frac{M_{\max}}{W_z}=\frac{11.25\times10^6\ \text{N}\cdot\text{mm}}{\dfrac{150\ \text{mm}\times200^2\ \text{mm}^2}{6}}=11.25\ \text{MPa}<[\sigma]=12\ \text{MPa}$$

可见梁满足正应力强度要求。

（3）切应力强度校核。由式（6.26），梁的最大切应力为

$$\tau_{\max}=\frac{3}{2}\cdot\frac{F_S}{bh}=\frac{3}{2}\cdot\frac{9\times10^3\ \text{N}}{150\ \text{mm}\times200\ \text{mm}}=0.45\ \text{MPa}<[\tau]=1.2\ \text{MPa}$$

可见梁的切应力强度也满足要求。

【例 6.18】 图 6.41（a）所示工字形截面外伸梁，已知材料的许用应力$[\sigma]=160\ \text{MPa}$，$[\tau]=100\ \text{MPa}$，试选择工字钢型号。

【解题分析】 题目要求选择工字钢的型号，即为截面设计。须先求出支座反力，绘出剪力图和弯矩图。即可按正应力强度条件式（6.31）确定W_z，然后查型钢表选择截面尺寸。虽然是标准型钢，由于支座B处有较大支座反力，还应进行切应力的强度校核。

【解】（1）绘剪力图和弯矩图，如图 6.41（b）、（c）所示。由图可知，最大剪力和最大弯矩分别为

$$F_{\text{Smax}}=36\ \text{kN}\text{，}\quad M_{\max}=42\ \text{kN}\cdot\text{m}$$

（2）按正应力强度条件选择工字钢型号。

由式（6.31），得

$$W_z \geqslant \frac{M_{\max}}{[\sigma]}=\frac{42\times10^6\ \text{N}\cdot\text{mm}}{160\ \text{MPa}}=26.25\times10^4\ \text{mm}^3=262.5\ \text{cm}^3$$

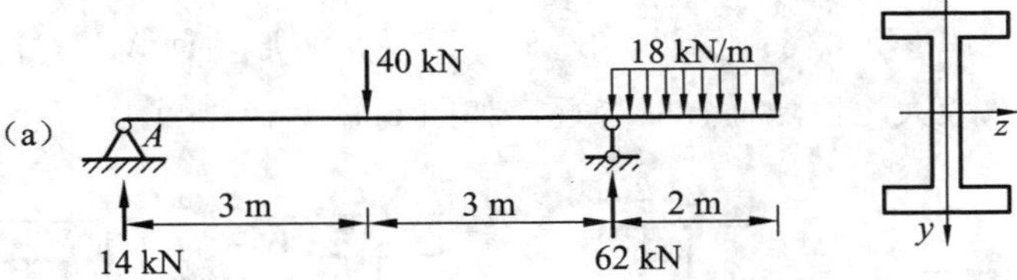

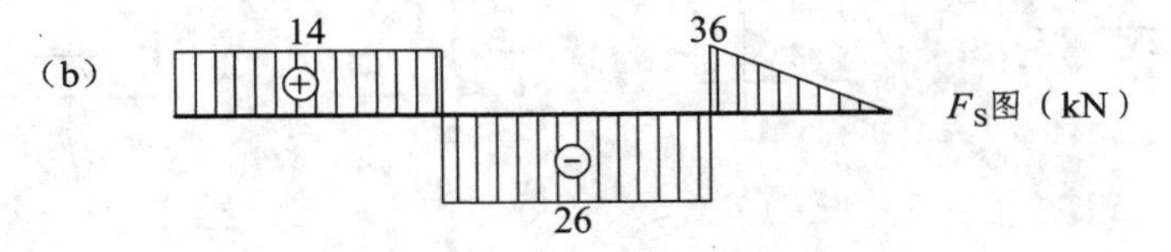

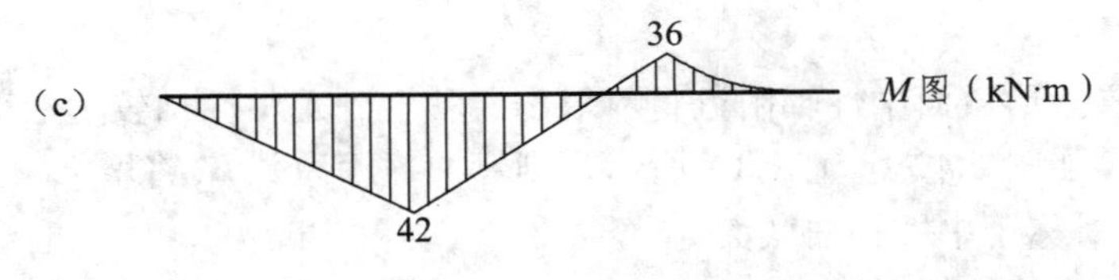

图 6.41

查型钢规格表，选用 22a 号工字钢，其$W_z=309\ \text{cm}^3>262.5\ \text{cm}^3$，可满足要求。

（3）校核切应力强度。查型钢规格表可得 22a 号工字钢的如下数据：

$$I_z:S_z=18.9\ \text{cm}=189\ \text{mm},\quad d=7.5\ \text{mm}$$

于是：

$$\tau_{\max}=\frac{F_{\text{Smax}}S_z}{I_z d}=\frac{36\times10^3\ \text{N}}{189\ \text{mm}\times7.5\ \text{mm}}=25.40\ \text{MPa}<[\tau]=100\ \text{MPa}$$

可见满足切应力强度条件，因此可选用 22a 号工字钢。

4. 梁的合理截面

梁的合理截面主要是从安全性和经济性两个方面考虑的，即在保证梁的安全性的前提下通过合理选择梁的截面，达到节约材料和降低制造费用的目的。

梁的强度主要取决于梁的正应力强度条件式（6.31），从公式中可以看出，当梁的最大弯矩 $M_{\max}$ 和材料 $[\sigma]$ 一定时，梁的强度仅与弯曲截面系数 W_z 有关。提高弯曲截面系数 W_z 就可以提高梁的强度。提高弯曲截面系数的简单方法是加大横截面尺寸，但是这会增加构件的自重和制造费用。应该采用尽可能小的截面面积，通过设计合理的截面形状而提高弯曲截面系数。工程中经常采用以下几个方面的措施：

（1）将材料配置于离中性轴较远处。

弯曲正应力分布规律是沿横截面高度呈线性分布，最大值在远离中性轴的边缘各点处。当最大正应力达到许用应力时，中性轴附近各点的正应力值仍然很小，即中性轴附近的材料没有得到充分地利用。因此，应将较多材料配置在远离中性轴的部位，以使构件的材料得到充分地利用，从而提高梁的抗弯能力。

图 6.42（b）所示为矩形截面，高度为 h，宽度为 b。当 z 轴为中性轴时，$W_z = bh^2/6$；当 y 轴为中性轴时，$W_y = b^2h/6$。显然，$W_z > W_y$，说明矩形截面竖置时因为较多材料远离中性轴，弯曲截面系数较大，而比横置时合理，如图 6.42（a）所示。

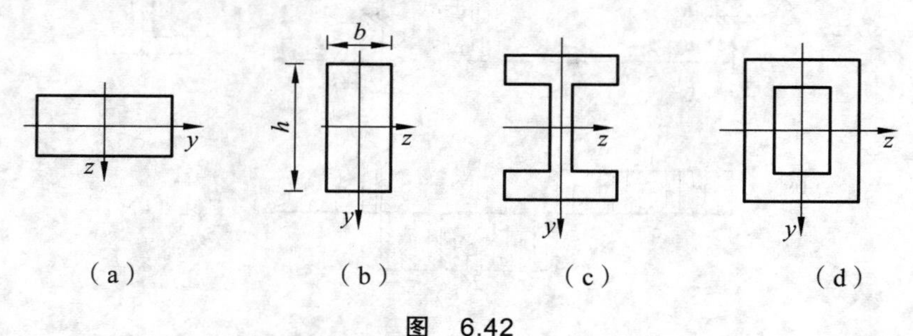

图 6.42

进一步将竖置矩形截面中性轴附近材料取出，移置到距中性轴较远的部位，形成工字形截面或箱形截面，如图 6.42（c）、（d）所示，则弯曲截面系数 W_z 将增大很多，也更合理。

（2） 采用不对称于中性轴的截面。

对于抗压强度大于抗拉强度的脆性材料，如果采用对称于中性轴的截面，则由于弯曲拉应力达到材料许用拉应力时，弯曲压应力还没有达到许用压应力，受压一侧的材料不能得到充分利用。因此，应采用不对称于中性轴的截面，如图 6.43（a）、（b）所示，并使中性轴尽量靠近受拉的一侧，如图 6.43（c）所示。理想的情况是满足下式：

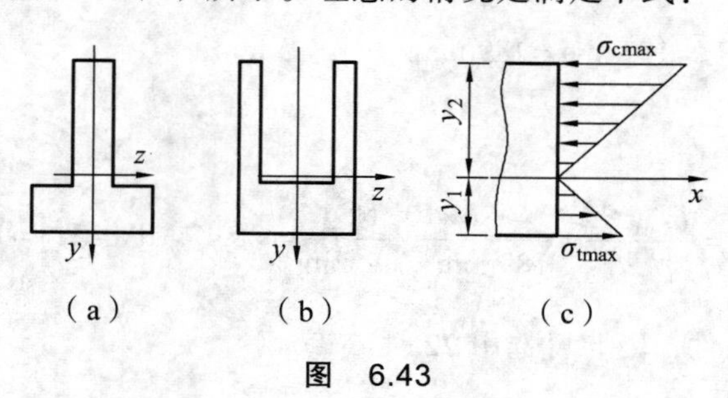

图 6.43

$$\frac{y_1}{y_2}=\frac{[\sigma_t]}{[\sigma_c]}$$

（3）采用变截面梁。

对于等截面梁，当梁危险截面上危险点处的应力值达到许用应力时，其他截面的应力值均小于许用应力，材料不能被充分利用。为提高材料的利用率、减轻梁的自重，可以将梁设计成变截面的形式，使各截面的 W_z 随截面的弯矩 M 变化。这种各截面应力值同时达到许用应力值的梁又称为“等强度梁”。等强度梁的弯曲截面系数 W_z，可按下式确定：

$$W_z(x)=\frac{M(x)}{[\sigma]}$$

等强度梁是合理的结构形式，但由于其外形复杂、加工难度大，工程中一般是采用近似等强度梁的变截面梁。

上面对截面合理形状的分析，是从梁的正应力强度方面来考虑的，通常这是决定截面形状的主要因素。此外，还应考虑刚度、稳定及制造、使用等方面的因素。在选择梁的截面形式时，应全面考虑各种因素。例如，设计矩形截面梁时，从强度方面考虑，加大截面的高度，减小截面的宽度，可在截面面积相同的情况下，得到较大的抗弯截面模量 W_z。但是，如果片面地强调这方面，使截面的高度过大、宽度过小，梁就可能在荷载作用下发生较大的侧向变形而失去稳定。又如，从强度方面看，箱形截面比矩形截面好，但是，箱形截面的施工工艺要比矩形截面复杂得多。省了材料，增加了施工成本，哪一个更经济就要综合考虑了。

第五节　弯曲变形

一、概　述

工程中对某些受弯杆件除有强度要求外，往往还有刚度要求，即要求它变形不能过大。以车床主轴为例，若其变形过大，将影响齿轮的啮合和轴承的配合，造成磨损，产生噪声，降低寿命，还会影响加工精度。再以吊车梁为例，当变形过大时，将使梁上小车行走困难，出现“爬坡”现象，还会引起较严重的振动。所以变形超过允许数值，也认为是失效的一种。此外，在求解超静定梁及讨论稳定与动荷载问题时，都会涉及变形的计算。因此，研究梁的变形非常重要。

在外力作用下，梁的轴线由直线变为曲线，变弯后的梁轴线称为挠曲线。它是一条连续而光滑的曲线，如图 6.44 所示。如果作用在梁上的外力均位于梁的同一纵向对称面内，则挠曲线为一平面曲线，并位于该对称面内。若沿变形前的梁轴线建立 x 轴，沿梁端截面的纵向对称轴建立 y 轴，并忽略剪力引起的截面翘曲，则当梁发生弯曲变形时，各横截面仍保持平面，并在 x-y 平面内发生移动与转动。

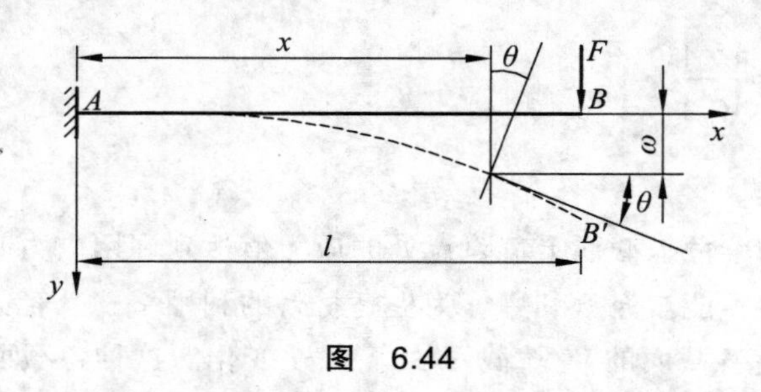

图 6.44

梁的弯曲变形引起的位移用两个基本量来描述：

1. 挠　度

横截面形心的线位移可以分解成沿梁轴线的水平线位移和垂直于梁轴线的线位移。由于材料力学研究的是小变形，沿梁轴线的位移可以忽略不计，而直接用垂直于梁轴线的线位移代表横截面形心的线位移，称为该横截面的挠度，用符号 ω 表示。规定沿 ω 轴正向（即向下）的挠度为正，反之为负。

2. 转　角

梁的横截面除了在形心处产生线位移外，还要绕本身的中性轴转动一个角度，称为该截面的转角，用符号 θ 表示。规定转角顺时针转向时为正，反之为负。根据平面假设，梁变形后的横截面仍保持为平面并与挠曲线正交，因而横截面的转角也等于挠曲线在该截面处的切线与 x 轴的夹角，如图 6.44 所示。

梁横截面的挠度 ω 和转角 θ 都随着截面的位置 x 而变化，是 x 的连续函数，即

$$\omega=\omega(x),\quad \theta=\theta(x)$$

上两式分别称为梁的挠曲线方程和转角方程。在小变形的条件下，挠曲线上任一点处切线的斜率等于该处横截面的转角，即

$$\theta=\tan\theta=\frac{\mathrm{d}\omega}{\mathrm{d}x} \tag{6.36}$$

所以，只要知道了梁的挠曲线方程 $\omega=\omega(x)$，就可以求解梁的任一横截面的挠度和转角。

二、挠曲线近似微分方程

在前面的学习中，已推导出梁在纯弯曲时的曲率公式为：$1/\rho=M/(EI)$。横力弯曲时，除了弯矩，剪力也将引起弯曲变形。但对于跨度远远大于横截面高度的梁，剪力引起的弯曲变形可以忽略不计。于是，曲率公式可以写成下式：

$$\frac{1}{\rho(x)}=\frac{M(x)}{EI} \tag{6.37}$$

由高等数学的知识，可知平面曲线的曲率可以写成下式：

$$\frac{1}{\rho(x)}=\pm\frac{\dfrac{\mathrm{d}^2\omega}{\mathrm{d}x^2}}{\left[1+\left(\dfrac{\mathrm{d}\omega}{\mathrm{d}x}\right)^2\right]^{3/2}} \tag{6.38}$$

在小变形时，梁的挠曲线是一条平缓的曲线，$\mathrm{d}\omega/\mathrm{d}x$（即转角 θ）的数值很小，因此 $(\mathrm{d}\omega/\mathrm{d}x)^2$ 为高阶微量，其值与 1 相比可以忽略不计，于是上式可以近似写成

$$\frac{1}{\rho(x)}=\pm\frac{\mathrm{d}^2\omega}{\mathrm{d}x^2} \tag{6.39}$$

将式（6.39）代入式（6.37），得

$$\pm\frac{\mathrm{d}^2\omega}{\mathrm{d}x^2}=\frac{M(x)}{EI} \tag{6.40}$$

根据弯矩和挠度的符号规定可知弯矩 M 和 $\mathrm{d}^2\omega/\mathrm{d}x^2$（见图 6.45）恒为异号，所以

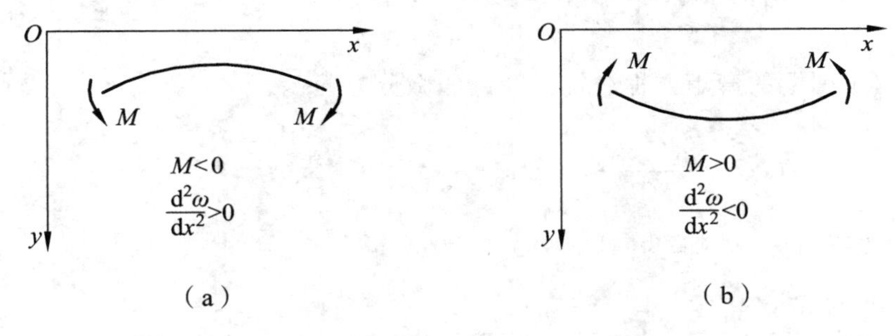

（a）（b）

图 6.45

$$\frac{\mathrm{d}^2\omega}{\mathrm{d}x^2}=-\frac{M(x)}{EI} \tag{6.41}$$

公式（6.41）称为梁的挠曲线近似微分方程。对此方程积分，便可得到转角方程（一次积分）和挠曲线方程（二次积分），进而求得梁任一截面的挠度和转角。

三、用积分法求梁的变形

对挠曲线近似微分方程（6.41）进行积分，可以得到转角的通解和挠曲线的通解如下：

$$\theta=\frac{\mathrm{d}\omega}{\mathrm{d}x}=-\int\frac{M}{EI}\mathrm{d}x+C \tag{6.42}$$

$$\omega=-\iint\frac{M}{EI}\mathrm{d}x\mathrm{d}x+Cx+D \tag{6.43}$$

式中的 C 和 D 为积分常数，可以通过位移边界条件和变形连续条件来确定。位移边界条件是指梁在某些截面处的已知位移条件。例如，梁在固定铰支座处的挠度为零，在固定端处的挠

度和转角都为零。变形连续条件是指梁在任意截面处，有唯一的挠度和转角，即梁的挠曲线是一条连续、光滑的曲线，不会出现图 6.46 所示不连续（截面挠度不唯一）、不光滑（截面转角不唯一）的情况。

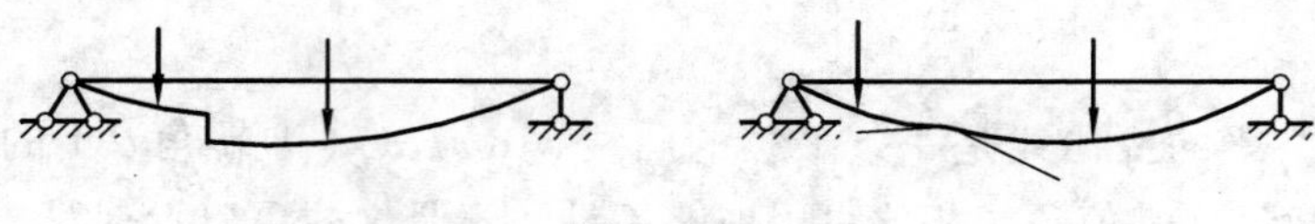

图 6.46

积分常数确定后，将其代入式（6.42）和式（6.43）中，便可以得到梁的转角方程和挠曲线方程，从而求解梁任一截面的挠度和转角。这种求挠度和转角的方法称为积分法。

【例 6.19】 试求图 6.47 所示悬臂梁的挠曲线方程和转角方程，并计算梁的最大挠度和最大转角。设 EI 为常数。

【解题分析】 挠曲线方程和转角方程是对挠曲线近似微分方程（6.41）进行积分得到。由式（6.41）知，挠曲线近似微分方程与梁的弯矩方程 $M(x)$ 有直接关系，所以应先列出梁的弯矩方程 $M(x)$，再由位移边界条件确定积分常数。

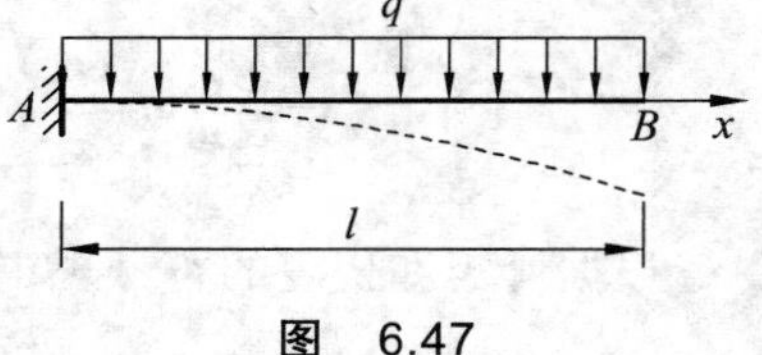

图 6.47

【解】（1）列梁的弯矩方程、挠曲线近似微分方程：

$$M(x)=-\frac{q(l-x)^2}{2}$$

梁的挠曲线近似微分方程为

$$\frac{\mathrm{d}^2\omega}{\mathrm{d}x^2}=-\frac{M(x)}{EI}=\frac{1}{EI}\cdot\frac{q(l-x)^2}{2} \tag{6.44}$$

（2）积分求解转角方程和挠曲线方程。

对式（6.44）积分一次得

$$\theta=\frac{\mathrm{d}\omega}{\mathrm{d}x}=\frac{1}{EI}\left(\frac{1}{2}ql^2x-\frac{1}{2}qlx^2+\frac{1}{6}qx^3\right)+C \tag{6.45}$$

对式（6.45）积分一次得

$$\omega=\frac{1}{EI}\left(\frac{1}{4}ql^2x^2-\frac{1}{6}qlx^3+\frac{1}{24}qx^4\right)+Cx+D \tag{6.46}$$

固定端 A 处的位移边界条件是：$x=0$ 时，$\theta_A=0$，$\omega_A=0$。

代入式（6.45）和式（6.46）中得：$C=0$，$D=0$，所以转角方程和挠曲线方程分别为

$$\theta=\frac{\mathrm{d}\omega}{\mathrm{d}x}=\frac{1}{6EI}(3ql^2x-3qlx^2+qx^3)$$

$$\omega=\frac{1}{24EI}(6ql^2x^2-4qlx^3+qx^4)$$

（3）求解最大转角和最大挠度。

观察梁的变形，可知最大挠度和最大转角都发生在自由端 B 处。将 $x=l$ 代入转角方程和挠曲线方程，得

$$\theta_{\max}=\theta_B=\frac{ql^3}{6EI},\quad \omega_{\max}=\omega_B=\frac{ql^4}{8EI}$$

所得 θ_B 和 ω_B 均为正值，说明横截面 B 顺时针转动，截面形心向下移动。

【例 6.20】 试求图 6.48 所示简支梁的挠曲线方程和转角方程，并确定梁的最大挠度和最大转角。设 EI 为常数。

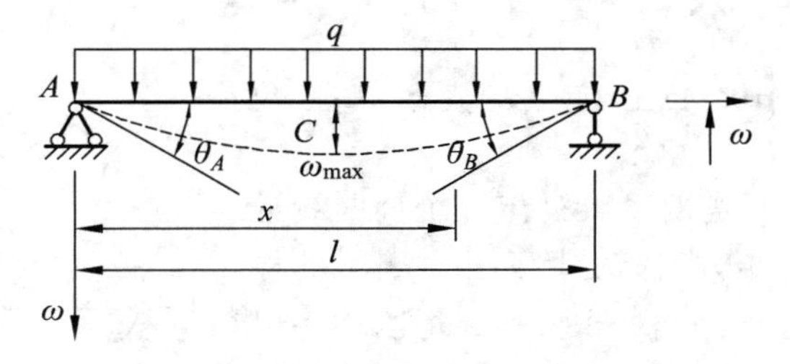

图　6.48

【解题分析】 同例 6.19。本题仍从求解梁的弯矩方程 $M(x)$ 入手，再由位移边界条件确定积分常数。

【解】（1）梁的弯矩方程：

$$M(x)=-\frac{q(x^2-lx)}{2}$$

梁的挠曲线近似微分方程为

$$\frac{\mathrm{d}^2\omega}{\mathrm{d}x^2}=\frac{q(x^2-lx)}{2EI}\tag{6.47}$$

（2）积分求解转角方程和挠曲线方程。

对式（6.47）积分一次得

$$\theta=\frac{q}{2EI}\left(\frac{x^3}{3}-\frac{lx^2}{2}\right)+C\tag{6.48}$$

对式（6.48）积分一次得

$$\omega=\frac{q}{2EI}\left(\frac{x^4}{12}-\frac{lx^3}{6}\right)+Cx+D\tag{6.49}$$

由位移边界条件知：支座 A 处 $x=0,\ \omega=0$；支座 B 处 $x=l,\ \omega=0$，分别代入式（6.49）中得

$$C=\frac{ql^3}{24EI},\quad D=0$$

所以转角方程和挠曲线方程分别为

$$\theta=\frac{q}{24EI}(4x^3-6lx^2+l^3)\ ,\quad \omega=\frac{q}{24EI}(x^4-2lx^3+l^3x)$$

（3）求解最大转角和最大挠度。

观察梁的变形，可知最大挠度发生在梁跨中截面 C 处。将 $x=l/2$，代入挠曲线方程得

$$\omega_{\max}=\omega_C=\frac{5ql^4}{384EI}$$

最大转角发生在支座 A 或支座 B 处，其值为

$$\theta_{\max}=\theta_A=\frac{ql^3}{24EI},\quad \theta_B=-\theta_{\max}=-\frac{ql^3}{24EI}$$

例 6.19 和例 6.20 都只需对全梁列出一个挠曲线近似微分方程，但当梁的弯矩方程需分段列出时，梁的挠曲线近似微分方程也需分段列出，积分后，每段均将出现两个积分常数。为确定这些积分常数，除利用已知位移边界条件外，还需利用分段处的连续性条件。例如，图 6.49 所示的简支梁，集中力 F 将全梁分为 AC、CB 两段，这时两段梁的挠曲线近似微分方程及其转角和位移方程分别为

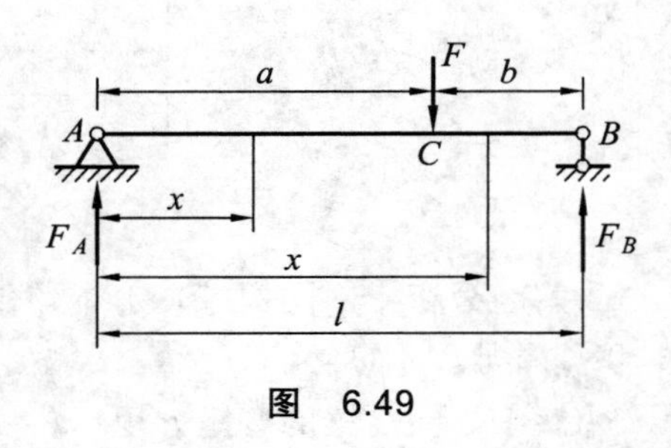

图 6.49

AC 段 $(0\leqslant x\leqslant a)$：

$$\frac{d^2\omega_1}{dx^2}=-\frac{Fb}{EIl}x\ ,\quad \theta=\frac{d\omega_1}{dx}=-\frac{Fb}{2EIl}x^2+C_1\ ,\quad \omega_1=-\frac{Fb}{6EIl}x^3+C_1x+D_1$$

CB 段 $(a\leqslant x\leqslant l)$：

$$\frac{d^2\omega_2}{dx^2}=-\frac{Fa}{EIl}(l-x)\ ,\quad \theta=\frac{d\omega_2}{dx}=-\frac{Fa}{2EIl}(2lx-x^2)+C_2\ ,\quad \omega_2=-\frac{Fa}{6EIl}(3lx^2-x^3)+C_2x+D_2$$

积分后一共出现四个积分常数，需要四个已知的变形条件才能确定。

简支梁的已知位移边界条件有两个，即

在 $x=0$ 处，$\omega_1=\omega_A=0$，在 $x=l$ 处，$\omega_2=\omega_B=0$

简支梁在分段处的连续条件也有两个，即

在 $x=a$ 处，$\theta_1=\theta_2,\ \omega_1=\omega_2$

用这两个已知位移的边界条件和两个连续条件即可确定四个积分常数。积分常数确定后，两段梁的转角方程和挠曲线方程也就可以求得。以下的演算与前面两例类似，读者可自行练习，其最终的挠曲线方程为

$$\omega_1=\frac{Fbx}{6EIl}(l^2-x^2-b^2)\ (0\leqslant x\leqslant a)$$

$$\omega_2=\frac{Fa(l-x)}{6EIl}(2lx-x^2-a^2)\ (a\leqslant x\leqslant l)$$

四、用叠加法求梁的变形

积分法是求梁的挠度和转角的基本方法，其优点是可以求出梁的挠曲线方程和转角方程，进而可求得梁的任一横截面的挠度和转角；缺点是计算烦琐，不适宜梁上荷载复杂的情况。

在小变形及线弹性变形的前提下，梁的挠度和转角都与梁上的荷载成线性关系。当梁上同时作用多个荷载时，可以根据叠加原理，先分别求出每个荷载单独作用下梁横截面的挠度和转角，然后进行叠加，求出全部荷载共同作用下的挠度和转角。这种方法称为叠加法。

为了便于用叠加法求梁的挠度和转角，把梁在简单荷载作用下的挠度和转角列于表 6.1 中，以备查用。

表 6.1 简单荷载作用下梁的变形

序号	梁的计算简图	挠曲线方程	转角	挠度
1	A, B, F, x, l, ω	$\omega=\dfrac{Fx}{6EI}(3l-x)$	$\theta_B=\dfrac{Fl^2}{2EI}$	$\omega_B=\dfrac{Fl^3}{3EI}$
2	q, A, B, x, l, ω	$\omega=\dfrac{qx^2}{24EI}(6l^2-4lx+x^2)$	$\theta_B=\dfrac{ql^3}{6EI}$	$\omega_B=\dfrac{ql^4}{8EI}$
3	M_e, A, B, x, l, ω	$\omega=\dfrac{M_e x^2}{2EI}$	$\theta_B=\dfrac{M_e l}{EI}$	$\omega_B=\dfrac{M_e l^2}{2EI}$
4	$\frac{l}{2}$, F, A, C, B, x, l, ω	$\omega=\dfrac{Fx}{48EI}(3l^2-4x^2)$ $(0\leqslant x\leqslant l/2)$ $\omega=\dfrac{F(l-x)}{48EI}(-l^2+8lx-4x^2)$ $(l/2\leqslant x\leqslant l)$	$\theta_A=\dfrac{Fl^2}{16EI}$ $\theta_B=-\dfrac{Fl^2}{16EI}$	$\omega_C=\dfrac{Fl^3}{48EI}$
5	$\frac{l}{2}$, F, C, D, A, B, x, a, b, ω	$\omega=\dfrac{Fbx}{6lEI}(l^2-x^2-b^2)$ $(0\leqslant x\leqslant a)$ $\omega=\dfrac{Fa(l-x)}{6lEI}(2lx-x^2-a^2)$ $(a\leqslant x\leqslant l)$	$\theta_A=\dfrac{Fab(l+b)}{6lEI}$ $\theta_B=-\dfrac{Fab(l+a)}{6lEI}$	$a>b$: $\omega_C=\dfrac{Fb}{48EI}(3l^2-4b^2)$ $\omega_{\max}=\dfrac{Fb}{9\sqrt{3}lEI}(l^2-b^2)^{3/2}$ $(x=\sqrt{(l^2-b^2)/3}$处)
6	$\frac{l}{2}$, q, A, B, C, x, l, ω	$\omega=\dfrac{qx^2}{24EI}(6l^2-4lx+x^2)$	$\theta_A=\dfrac{ql^3}{24EI}$ $\theta_B=-\dfrac{ql^3}{24EI}$	$\omega_C=\dfrac{5ql^4}{384EI}$

续表

序号	梁的计算简图	挠曲线方程	转　角	挠　度
7		$\omega=\dfrac{M_e l}{6lEI}(l^2-x^2)$	$\theta_A=\dfrac{M_e l}{6EI}$ $\theta_B=-\dfrac{M_e l}{3EI}$	$\omega_C=\dfrac{M_e l^2}{16EI}$ $\omega_{\max}=\dfrac{M_e l^2}{9\sqrt{3}EI}$ ($x=l/\sqrt{3}$处)
8		$\omega=\dfrac{M_e x}{6lEI}(l^2-3b^2-x^2)$ $(0\leqslant x\leqslant a)$ $\omega=\dfrac{M_e(l-x)}{6lEI}(3a^2-2lx+x^2)$ $(a\leqslant x\leqslant l)$	$\theta_A=\dfrac{M_e}{6lEI}(l^2-3b^2)$ $\theta_B=\dfrac{M_e}{6lEI}(l^2-3a^2)$ $\theta_D=\dfrac{M_e}{6lEI}$ $(l^2-3a^2-3b^2)$	$\omega_{1\max}=\dfrac{M_e}{9\sqrt{3}lEI}$ $(l^2-3b^2)^{3/2}$ ($x=\sqrt{(l^2-3b^2)/3}$处) $\omega_{2\max}=\dfrac{M_e}{9\sqrt{3}lEI}$ $(l^2-3a^2)^{3/2}$ ($x=\sqrt{(l^2-3a^2)/3}$处)
9		$\omega=\dfrac{Fax}{6lEI}(x^2-l^2)$ $(0\leqslant x\leqslant l)$ $\omega=\dfrac{F(l-x)}{6lEI}[a(3x-l)-(x-l)^2]$ $(l\leqslant x\leqslant l+a)$	$\theta_A=-\dfrac{Fal}{6EI}$ $\theta_B=\dfrac{Fal}{3EI}$ $\theta_D=\dfrac{Fa}{6EI}(2l+3a)$	$\omega_{1\max}=-\dfrac{Fal^2}{9\sqrt{3}EI}$ ($x=l/\sqrt{3}$处) $\omega_D=\omega_{2\max}=\dfrac{Fa^2}{3EI}(l+a)$
10		$\omega=\dfrac{M_e x}{6lEI}(x^2-l^2)$ $(0\leqslant x\leqslant l)$ $\omega=\dfrac{M_e}{6EI}(l^2-4lx+3x^2)$ $(l\leqslant x\leqslant l+a)$	$\theta_A=-\dfrac{M_e l}{6EI}$ $\theta_B=\dfrac{M_e l}{3EI}$ $\theta_D=\dfrac{M_e}{3EI}(l+3a)$	$\omega_{1\max}=\dfrac{M_e l^2}{9\sqrt{3}lEI}$ ($x=l/\sqrt{3}$处) $\omega_D=\omega_{2\max}=\dfrac{M_e a}{6EI}$ $(2l+3a)$
11		$\omega=\dfrac{qa^2x}{12lEI}(x^2-l^2)$ $(0\leqslant x\leqslant l)$ $\omega=\dfrac{q(x-l)}{24lEI}[2a^2x(x+l)-$ $2a(2l+a)(x-l)^2+$ $l(x-l)^3]$ $(l\leqslant x\leqslant l+a)$	$\theta_A=-\dfrac{qa^2l}{12EI}$ $\theta_B=\dfrac{qa^2l}{6EI}$ $\theta_D=\dfrac{qa^2}{6EI}(l+a)$	$\omega_{1\max}=-\dfrac{qa^2l^2}{18\sqrt{3}EI}$ ($x=l/\sqrt{3}$处) $\omega_D=\omega_{2\max}=\dfrac{qa^3}{24EI}$ $(4l+3a)$

利用叠加法计算位移时，通常会遇到两类情况：一类情况是梁上的荷载可以分成若干个典型荷载，其中的每个荷载都可以直接查表求出位移，然后进行叠加计算；另一类情况是梁

上的荷载不能化成可以直接查表的若干个典型荷载，需要将梁上荷载经过适当转化后，才能利用表中的结果进行叠加运算。前一类情况称为直接叠加或荷载叠加；后一类情况称为间接叠加或位移叠加，也称为逐段刚化法。

1. 直接叠加计算梁的位移

当计算梁在若干个典型荷载同时作用下的位移时，可以查表求出每一个典型荷载单独作用时的位移，然后进行叠加，得出最后结果。

【例 6.21】 图 6.50 所示简支梁，同时受均布荷载 q 和集中荷载 F 作用，试用叠加法计算梁的最大挠度。设 EI 为常数。

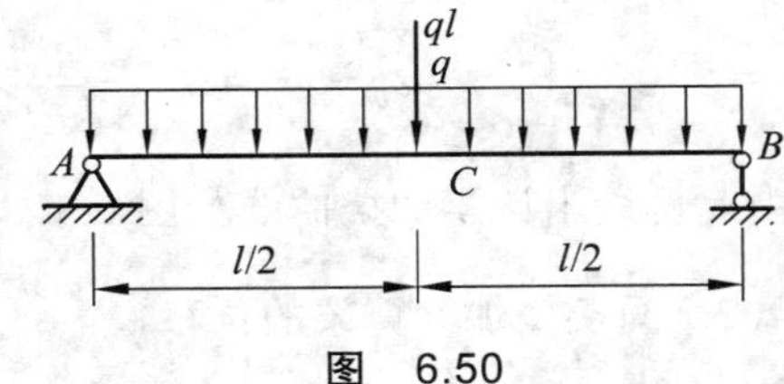

图 6.50

【解题分析】 简支梁所受荷载可以分解成跨中集中力荷载和满跨均布荷载。查表求出简支梁在集中力荷载和均布荷载单独作用下的最大挠度后，再将结果进行叠加就可以得到集中力荷载和均布荷载共同作用下的最大挠度。

【解】 （1）查表 6.1 中（4）和（6），简支梁在集中力荷载和均布荷载单独作用下的最大挠度都发生在跨中：

$$\omega_{Cq}=\frac{5ql^4}{384EI}\ (\downarrow)$$

$$\omega_{CF}=\frac{(ql)l^3}{48EI}=\frac{ql^4}{48EI}\ (\downarrow)$$

（2）在荷载 q 和 F 共同作用下，该梁的最大挠度为

$$\omega_{\max}=\omega_{Cq}+\omega_{CF}=\frac{5ql^4}{384EI}+\frac{ql^4}{48EI}=\frac{13ql^4}{384EI}\ (\downarrow)$$

【例 6.22】 等截面悬臂梁 AB 受力如图 6.51（a）所示，已知 EI 为常数，试用叠加法计算梁的最大挠度，并绘出挠曲线。

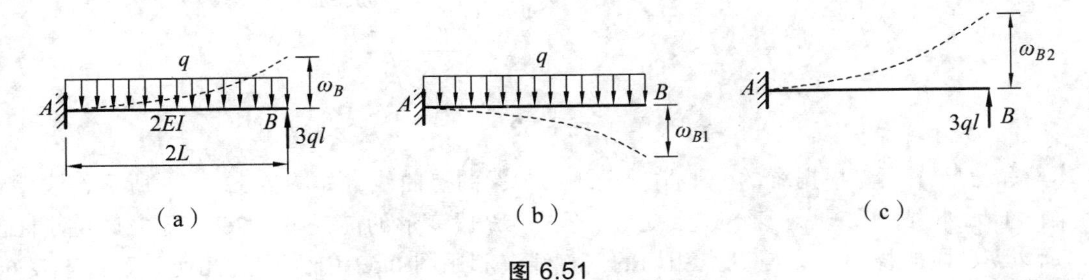

图 6.51

【解题分析】 叠加法解决问题的关键是分解荷载。悬臂梁所受荷载可以分解成分布荷载和集中力分别作用，如图 6.51（b）、（c）所示。图中虚线为各荷载单独作用时的挠曲线，可见最大挠度发生在悬臂梁的自由端 B 处。利用叠加原理查表 6.1 即可求得最大挠度 ω_B。

【解】 （1）计算图 6.51（b）B 截面处的挠度。查表 6.1（2），注意到表中梁的长度 l、刚度 EI 与实际梁的不同得

$$\omega_{B1}=\frac{q(2l)^4}{8(2EI)}=\frac{ql^4}{EI}(\downarrow)$$

（2）计算图 6.51（c）B 截面处的挠度。查表 6.1（1），注意到表中梁的受力方向、长度 l、刚度 EI 与实际梁的不同得

$$\omega_{B2}=-\frac{3ql(2l)^3}{3(2EI)}=-\frac{4ql^4}{EI}(\uparrow)$$

（3）在分布荷载和集中力的共同作用下，由叠加原理可得该梁的最大挠度为

$$\omega_B=\omega_{B1}+\omega_{B2}=\frac{ql^4}{EI}-\frac{4ql^4}{EI}=-\frac{3ql^4}{EI}(\uparrow)$$

并由此可绘出该梁的挠曲线如图 6.51（a）中的虚线。

2. 间接叠加计算梁的位移

在荷载作用下，杆件的整体变形是由各个微段变形积累的结果。同样，杆件在某点处的位移也是各部分变形在该点处引起的位移的叠加。杆件常常可以被看成由两部分组成：基本部分和附属部分。基本部分的变形将使附属部分产生刚体位移，称为牵连位移；附属部分由于自身变形引起的位移，称为附加位移。因此，附属部分的实际位移等于牵连位移与附加位移之和，这就是间接叠加法。在计算外伸梁、变截面悬臂梁和折杆的位移时常用到这种方法。

【例 6.23】 图 6.52（a）为变截面悬臂梁，设 EI 为常数。试用叠加法计算 C 截面的挠度 ω_C 和转角 θ_C。

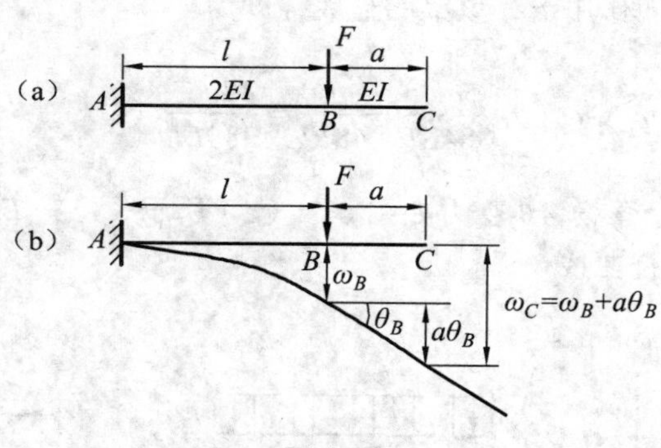

图 6.52

【解题分析】 先根据梁的变形情况画出 AC 梁的挠曲线，如图 6.52（b）所示，注意到 BC 梁段上无外力，BC 段自身不产生变形。但在 AB 段变形的前提下，BC 段随之产生刚性位移，所以 BC 段的挠曲线为与 B 点相切的斜直线。利用图 6.52（b）中的几何关系，查表 6.1 求得 ω_B 和 θ_B 后即可求得截面 C 处的挠度和转角。

【解】 （1）计算 B 截面处的挠度和转角。查表 6.1 中 1 得

$$\theta_B=\frac{Fl^2}{2EI}(\curvearrowright)$$

（2）计算 C 截面处的挠度和转角。利用图 6.52（b）中的几何关系，考虑到梁的变形为

小变形，可求得 C 截面处的挠度和转角为

$$\theta_C=\theta_B=\frac{Fl^2}{2EI}(\curvearrowright),\quad \omega_C=\omega_B+a\theta_B=\frac{Fl^3}{6EI}+a\frac{Fl^2}{2EI}(\downarrow)$$

【例 6.24】 图 6.53（a）所示为变截面悬臂梁，设 EI 为常数。试用叠加法计算：

（1）梁 B 截面处的挠度和转角。

（2）梁自由端 C 处的挠度和转角。

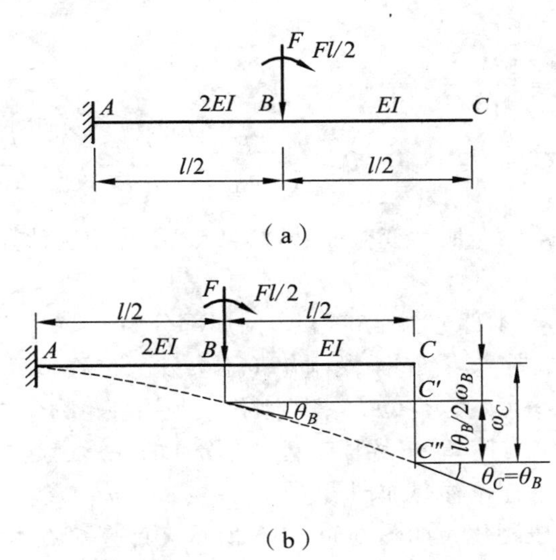

图 6.53

【解题分析】 （1）求梁 B 截面处的挠度和转角，可采用直接叠加法。查表 6.1 中的（1）和（3），计算时注意表 6.1 公式中的梁长 l，应代 $l/2$。（2）求梁自由端 C 处的挠度和转角，注意到 BC 段上无外力，BC 段自身不产生变形。但在 AB 段变形的前提下，BC 段随之产生刚性位移，所以 BC 段的挠曲线为与 B 点相切的斜直线。求得 ω_B 和 θ_B 后，利用几何关系即可求得截面 C 处的挠度和转角。

【解】 （1）计算梁 B 截面处的挠度和转角。

查表 6.1（1）得

$$\theta_{B1}=\frac{Fl^2}{2EI}=\frac{F\cdot\left(\frac{l}{2}\right)^2}{2(2EI)}=\frac{F\cdot l^2}{16EI}\ (\curvearrowright),\quad \omega_{B1}=\frac{Fl^3}{3EI}=\frac{F\cdot\left(\frac{l}{2}\right)^3}{3(2EI)}=\frac{F\cdot l^3}{48EI}\ (\downarrow)$$

查表 6.1（3）得

$$\theta_{B3}=\frac{Mel}{EI}=\frac{\frac{Fl}{2}\cdot\left(\frac{l}{2}\right)}{(2EI)}=\frac{F\cdot l^2}{8EI}\ (\curvearrowright),\quad \omega_{B3}=\frac{Mel^2}{2EI}=\frac{\frac{Fl}{2}\cdot\left(\frac{l}{2}\right)^2}{2(2EI)}=\frac{F\cdot l^3}{32EI}\ (\downarrow)$$

叠加可得 B 截面的挠度和转角分别为

$$\theta_B=\theta_{B1}+\theta_{B3}=\frac{F\cdot l^2}{16EI}+\frac{F\cdot l^2}{8EI}=\frac{3F\cdot l^2}{16EI}\ (\curvearrowright)$$

$$\omega_B=\omega_{B1}+\omega_{B3}=\frac{F\cdot l^3}{48EI}+\frac{F\cdot l^3}{32EI}=\frac{5F\cdot l^3}{96EI}\ (\downarrow)$$

（2）计算梁自由端 C 处的挠度和转角。

利用几何关系，考虑到梁的变形为小变形，由图 6.53（b）即可求得截面 C 处的挠度和转角：

$$\theta_C=\theta_B=\frac{3F\cdot l^2}{16EI}\ (\curvearrowright)$$

$$\omega_C=CC'+C'C''=\omega_B+\theta_B\cdot\frac{l}{2}=\frac{5F\cdot l^3}{96EI}+\frac{3F\cdot l^2}{16EI}\times\frac{l}{2}=\frac{7F\cdot l^3}{48EI}\ (\downarrow)$$

【例 6.25】 如图 6.54（a）所示变截面悬臂梁，试用叠加法计算梁自由端 C 处的挠度和转角。设 EI 为常数。

【解题分析】 该梁的基本部分为 AB 梁段，附属部分为 BC 梁段。所求 C 点位移是由 AB 段和 BC 段共同变形引起。首先将 AB 梁段刚化（不会发生位移），计算 BC 梁段在外荷载作用下 C 点的位移（附加位移）。然后将 BC 梁段刚化，利用理论力学中的刚体荷载平移定理，将集中力荷载 F 平移到 B 点，计算 AB 梁段（基本部分）的变形引起的 C 点位移（牵连位移）。最后将 C 点的附加位移和牵连位移叠加即可。

【解】 （1）将 AB 梁段刚化，如图 6.54（b）所示。计算 C 点附加位移。

查表 6.1（1）得

$$\omega_{C1}=\frac{F\left(\frac{l}{2}\right)^3}{3EI}=\frac{Fl^3}{24EI}\ (\downarrow),\quad \theta_{C1}=\frac{F\left(\frac{l}{2}\right)^2}{2EI}=\frac{Fl^2}{8EI}\ (\curvearrowright)$$

（2）BC 梁段刚化，计算 C 点牵连位移。

BC 梁段刚化后，将集中力荷载 F 由 C 点平移至 B 点，如图 6.54（c）所示。

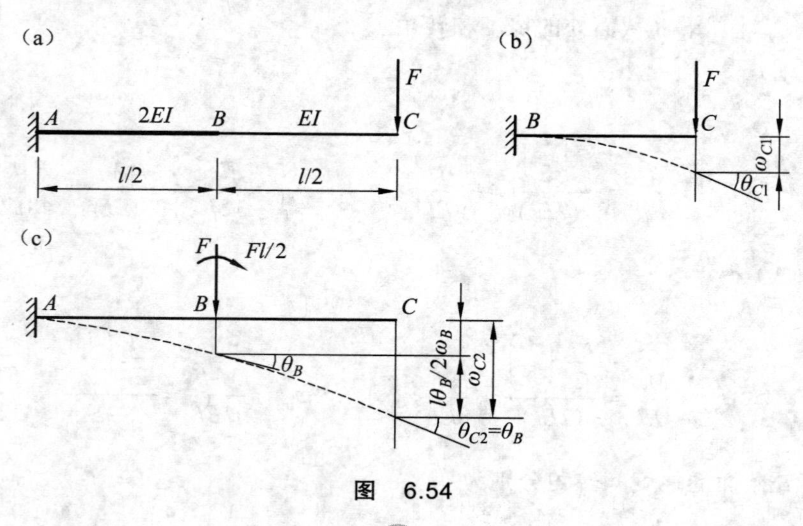

图 6.54

查表 6.1（1）、（3）得截面 B 的挠度和转角（可直接利用例 6.24 中的计算结果）：

$$\omega_B = \frac{Fl^3}{48EI} + \frac{Fl^3}{32EI} = \frac{5Fl^3}{96EI}\ (\downarrow),\quad \theta_B = \frac{Fl^2}{16EI} + \frac{Fl^2}{8EI} = \frac{3Fl^2}{16EI}\ (\curvearrowright)$$

C 点的牵连位移（悬臂梁 AB 变形引起的 BC 段平移）为

$$\omega_{C2} = \omega_B + \frac{l}{2}\theta_B = \frac{5Fl^3}{96EI} + \frac{l}{2}\cdot\frac{Fl^2}{16EI} = \frac{7Fl^3}{48EI}\ (\downarrow)$$

$$\theta_{C2} = \theta_B = \frac{3Fl^2}{16EI}\ (\curvearrowright)$$

（3）叠加求解 C 的位移：

$$\omega_C = \omega_{C1} + \omega_{C2} = \frac{Fl^3}{24EI} + \frac{7Fl^3}{48EI} = \frac{3Fl^3}{16EI}\ (\downarrow)$$

$$\theta_C = \theta_{C1} + \theta_{C2} = \frac{Fl^2}{8EI} + \frac{3Fl^2}{16EI} = \frac{5Fl^2}{16EI}\ (\curvearrowright)$$

五、梁的刚度计算

1. 梁的刚度条件

在工程中，根据强度条件对梁进行设计后，往往还要进行梁的刚度校核，检查梁的位移是否在规定的范围内，防止梁的变形过大。例如，桥梁的挠度如果太大，当车辆通过时就会产生很大的震动；机床的主轴如果挠度过大，就会影响工件的加工精度；传动轴在支座处的转角过大，将导致轴承发生严重的磨损，等等。

为了使梁有足够的刚度，应满足下列刚度条件：

$$\left.\begin{aligned} |\omega_{\max}| &\leqslant [\omega] \\ |\theta_{\max}| &\leqslant [\theta] \end{aligned}\right\} \tag{6.50}$$

式中的 $[\omega]$ 和 $[\theta]$ 为规定的许可挠度和许可转角，根据梁的用途，$[\omega]$ 和 $[\theta]$ 的值可在有关设计规范中查得。

对于土木、建筑工程中的梁，一般不必进行转角的校核。常常采用最大挠度和跨度之比小于许用挠跨比的刚度条件对梁的刚度进行计算，即

$$\frac{\omega_{\max}}{l} \leqslant \left[\frac{\omega}{l}\right] \tag{6.51}$$

式中的 $[\omega/l]$ 为梁的许用挠跨比，可以查阅相关设计规范获得，一般为 1/1 000 ~ 1/100。

【例 6.26】 圆木简支梁受分布荷载作用，如图 6.55 所示。已知 $l = 4\ \text{m}$，$q = 1.5\ \text{kN/m}$，材料的许用正应力 $[\sigma] = 10\ \text{MPa}$，弹性模量 $E = 10^4\ \text{MPa}$，许用挠跨比 $[\omega/l] = 1/200$。求解梁横截面所需直径 d。

【解题分析】 结合前面的知识，需要同时保证梁的强度条件和刚度条件。根据强度条件

求得一个最小直径的解，再根据刚度条件求得一个最小直径的解，两者中取大值，即是同时满足强度条件和刚度条件的横截面直径。

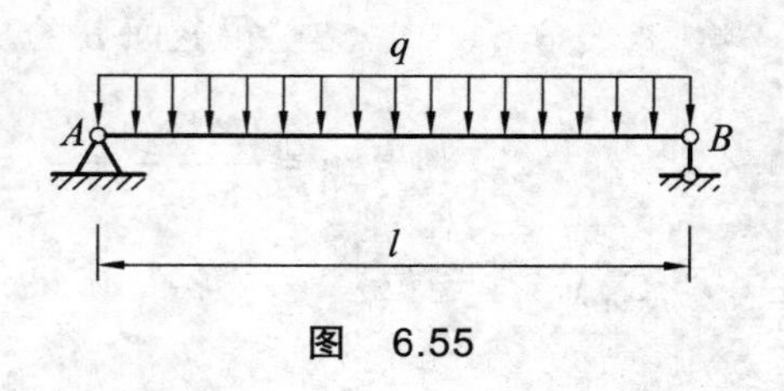

图 6.55

【解】（1）根据强度条件：

$$\sigma_{\max}=\frac{M_{\max}}{W}\leqslant[\sigma]$$

其中，最大弯矩发生在跨中截面 $M_{\max}=\frac{ql^2}{8}$，$W=\frac{\pi\cdot d^3}{32}$，代入上式得

$$\frac{\frac{ql^2}{8}}{\frac{\pi d^3}{32}}\leqslant[\sigma]$$

整理得

$$d\geqslant\sqrt[3]{\frac{4ql^2}{\pi[\sigma]}}=\sqrt[3]{\frac{4\times1.5\times10^3\ \text{N}/10^3\ \text{mm}\times4^2\times10^6\ \text{mm}^2}{\pi\times10\ \text{MPa}}}=145.14\ \text{mm}$$

（2）刚度条件为

$$\frac{\omega_{\max}}{l}\leqslant\left[\frac{\omega}{l}\right]$$

其中，最大挠度发生在跨中截面，由表 6.1 可知 $\omega_{\max}=5ql^4/(384EI)$，$I=\pi d^4/64$，代入上式得

$$\frac{5ql^3}{384E\frac{\pi d^4}{64}}\leqslant\left[\frac{\omega}{l}\right]$$

整理得

$$d\geqslant\sqrt[4]{\frac{5ql^3}{6\pi E\left[\frac{\omega}{l}\right]}}=\sqrt[4]{\frac{5\times1.5\times10^3\ \text{N}/10^3\ \text{mm}\times(4\times10^3\ \text{mm})^3}{6\pi\times10^4\ \text{MPa}\times(1/200)}}=150.24\ \text{mm}$$

为了同时满足强度条件和刚度条件，该圆木梁所需最小直径 $d=155\ \text{mm}$。

2. 提高梁抗弯能力的主要途径

从表 6.1 中可以看出，梁的挠度和转角与荷载情况、支座条件、跨度长短、梁的截面惯性矩及其材料的弹性模量有关。因此，为了减小梁的弯曲变形，应该从考虑这些因素入手。一般可采取如下途径：

（1）增大梁的抗弯刚度 EI。

抗弯刚度包括弹性模量 E 和惯性矩 I 两个因素。应当指出，对于钢材而言，采用高强度的钢材可以大大提高梁的强度，但却不能增大梁的刚度，因为高强度钢材与普通低碳钢的 E

值相差不大。因此，主要应设法增大 I 值，这样不仅可以提高梁的抗弯刚度，而且往往也能提高梁的强度。所以，工程中常采用工字梁、箱形、槽形等形状的截面。

（2）调整跨长和改变结构。

从表 6.1 中可以看到，梁的挠度和转角与梁长的 n 次幂成正比（在不同的荷载形式下，n 分别等于 1、2、3、4）。如果在满足使用要求的前提下，能设法缩短梁的跨长，就能显著地减小梁的挠度和转角。例如，桥式起重机的钢梁通常采用双外伸梁［见图 6.56（a）]，其 $\omega_{\max}=\dfrac{0.11ql^4}{384EI}$，而不是简支梁［见图 6.56（b）]，$\omega_{\max}=\dfrac{5ql^4}{384EI}$，这样可使最大挠度减小许多。

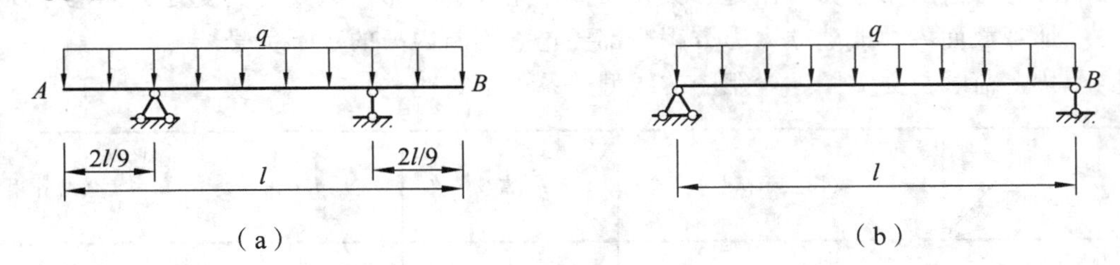

图 6.56

在跨度不能缩短的情况下，可采取增加支座的方法来减小梁的变形。例如，在悬臂梁的自由端或简支梁的跨中增加支座，都可以显著减小梁挠度。当然，增加支座后，原来的静定梁就成为超静定梁。有关超静定梁的求解，将在结构力学课程中介绍。

小　结

平面弯曲是杆件的基本变形形式之一，在土建工程中经常遇到。对梁作内力分析及绘制剪力图、弯矩图是计算梁的强度和刚度的前提，同时，这部分内容在后继课程中反复用到，故应熟练掌握。本章还主要研究了梁平面弯曲时，横截面上正应力和切应力的分布规律及其计算，并在此基础上建立了强度条件，进行梁的强度计算。它们都是材料力学中重要的和基本的内容，其中的正应力计算和梁的正应力强度计算尤为重要。最后，本章研究了梁的变形计算和梁的刚度计算。本章中介绍了两种计算位移的方法，即积分法和叠加法。本章各个重点归纳如下：

1. 平面弯曲时，梁横截面上有两个内力分量——剪力 F_S 和弯矩 M

它们的正负号规定是：

剪力：截面上的剪力使所考虑的梁段有顺时针方向转动的趋势时为正；反之，为负。

弯矩：截面上的弯矩使所考虑的梁段产生向下凸的变形时为正；反之，为负。

2. 计算截面内力的方法

（1）截面法计算截面内力：假想将梁在指定截面处截开后，画出脱离体的受力圈，列出静力平衡方程求解内力。这是求内力的基本方法，是计算内力的各种方法的基础，必须足够重视。不能因有许多简捷方法而忽视这种基本方法。

（2）运用剪力和弯矩的规律直接由外力来确定截面上内力的大小和正负。

3. 画剪力和弯矩图有三种方法

（1）内力方程法：根据所列的剪力方程和弯矩方程画剪力图和弯矩图。

（2）微分关系法：运用 M 、F_S 、q 之间的微分关系画剪力图和弯矩图。

（3）用叠加法画弯矩图（含区段叠加法）。

根据内力方程画内力图是基本的方法，应注意掌握好。运用 M 、F_S 、q 之间的微分关系来绘制内力图，是简捷实用的方法。在熟悉几种简单荷载作用下梁的 M 图后，应用叠加法画弯矩图是一种简便而有效的方法。

应用前两种方法画内力时，应注意以下几点：

（1）重视校核支座反力的正确性。

（2）注意分段。集中力作用处、集中力偶作用处、分布荷载集度突变处等都是分段点。

（3）计算截面内力或建立内力方程时都要正确判断内力的正、负号。

（4）梁上荷载与剪力图、弯矩图的线型关系如下：

荷载类型 / 图线 / 内力图	梁段上无荷载			q=常数		集中力 F 作用处		集中力偶 M 作用处	
剪力图	（水平线）	（水平线）	（水平线）	$q<0$↓	$q>0$↑	F↓ 向下突变	F↑ 向上突变	剪力图无变化	
弯矩图	$F_S>0$ 时 下斜线	$F_S=0$ 时 水平线	$F_S<0$ 时 上斜线	曲线下凸	曲线上凸	有转折		M 向下突变	M 向上突变

4. 梁弯曲时横截面上的正应力、切应力及其分布规律

截面形状 / 公式 / 截面内		矩形	工字形	圆形	空心圆形
正应力	公式	任意一点的：$\sigma=\dfrac{M\cdot y}{I_z}$；非对称截面的：$\sigma_{max}=\dfrac{M\cdot y_{max}}{I_z}$；对称截面的：$\sigma_{max}=\dfrac{M}{W_z}$			
	分布规律	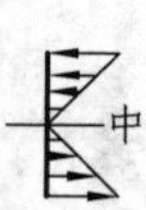 中性轴 中性轴处正应力为零 上下边缘处出现最大拉应力或最大压应力			
切应力	公式	任一点切应力：$\tau=\dfrac{F_S S_z^*}{bI_z}$ 最大切应力：$\tau_{max}=\dfrac{3}{2}\cdot\dfrac{F_S}{bh}=\dfrac{3}{2}\cdot\dfrac{F_S}{A}$	任一点切应：$\tau_f=\dfrac{F_S S_z^*}{I_z d}$ 最大切应力：$\tau_{max}\approx\dfrac{F_S}{h_f d}$	最大切应力：$\tau_{max}=\dfrac{4}{3}\cdot\dfrac{F_S}{A}$	最大切应力：$\tau_{max}=2\cdot\dfrac{F_S}{A}$
	分布规律	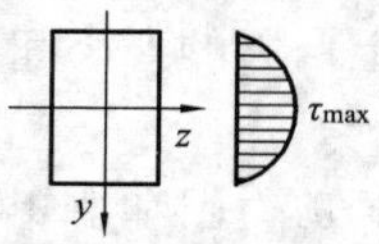 z y τ_{max}	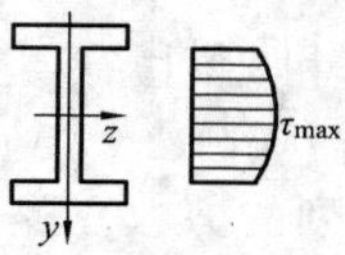 z y τ_{max}	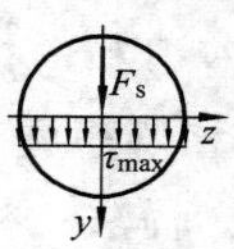 F_S z y τ_{max}	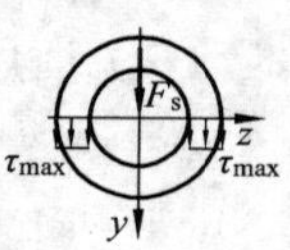 F_S z y τ_{max} τ_{max}

对表中的公式，应有透彻的理解，并能正确应用。使用中应注意明确式中各项符号的力学意义。为了简便，对应力的正负号常采用直观法来确定。即在计算某点的正应力时，对公式中的 M 和 y 都只取其绝对值，至于应力的正、负（是拉应力还是压应力）则由梁的变形来确定。即当截面上的弯矩为正时，梁产生下凸变形，则中性轴以下为拉应力，中性轴以上为压应力；当弯矩为负时，则相反。在计算某点的切应力时，式中各量也以绝对值代入，而切应力 τ 的方向，可直接由截面上剪力 F_S 的方向来确定，即 τ 与 F_S 的方向一致。

5. 梁弯曲时的强度计算

（1）强度条件。

在进行梁的强度计算时，必须同时满足以下两个条件：

正应力强度条件：$\sigma_{max}=\dfrac{M_{max}}{W_z}\leqslant[\sigma]$

切应力强度条件：$\tau_{max}=\dfrac{F_{S\max}S_{z\max}}{I_z b}\leqslant[\tau]$

对于一般的跨度与横截面高度的比值较大的梁，其主要应力是正应力，故通常只按正应力强度条件进行强度计算。但在以下几种特殊情况下还必须进行梁的切应力强度计算：

① 梁的最大弯矩较小，而最大剪力却很大。例如，支座附近受集中荷载作用或跨度与横截面高度的比值较小的短粗梁。

② 自行焊接的薄壁截面梁，当其腹板部分的厚度与高度之比小于型钢横截面的相应比值时。

③ 木梁。木材沿纵向纤维方向的抗剪切能力较低，易发生中性层剪切破坏。因而，对木梁还应该进行切应力强度计算。

（2）对梁进行强度计算的一般步骤：

① 绘制梁的剪力图和弯矩图，从而确定最大弯矩和最大剪力所在的截面，即确定危险截面。

② 根据截面上的正应力和切应力的分布规律确定 σ_{max} 和 τ_{max} 的所在点。

③ 分别按正应力强度条件和切应力强度条件进行强度计算。

注意：对非对称截面梁进行强度计算时，由于中性轴不是截面的对称轴，梁上同时存在正、负弯矩时，最大正应力（拉应力或压应力）不一定发生在弯矩绝对值最大的截面上。因此，进行强度计算时，应对具有最大正弯矩和最大负弯矩两个截面上的正应力进行分析比较。

6. 梁的挠曲线近似微分方程

（1）变弯后的梁轴线称为挠曲线，它是一条连续平滑的曲线，挠度和转角是描述梁弯曲变形的两个基本量。

（2）$\dfrac{d^2\omega}{dx^2}=-\dfrac{M(x)}{EI}$ 称为梁的挠曲线近似微分方程。对此方程积分，便可得到转角方程（一次积分）和挠曲线方程（二次积分），进而求得梁任一截面的挠度和转角。

7. 积分法求梁的变形

（1）用积分法计算位移的步骤：

① 选取并在图上标明坐标系。

② 列梁的弯矩方程和挠曲线的近似微分方程（梁上有荷载变化时应注意分段列出）。

③ 对挠曲线的近似微分方程进行积分。

④ 根据梁的边界条件（若分段还需用变形连续条件）确定积分常数。

⑤ 将有关的 x 值代入转角方程和挠曲线方程计算该截面的转角和挠度。

（2）用积分法计算位移时的注意事项：

① 当列弯矩方程与挠曲线近似微分方程不需分段时，积分常数只有两个，这时利用边界条件就可确定这些常数；当需分段时，必须同时利用边界条件和变形连续条件。

② 对变截面梁，因为各段的 EI 不同，无论变截面处有无荷载作用，均需分段列出弯矩方程与挠曲线近似微分方程。

8. 叠加法求梁的变形

（1）直接叠加计算梁的位移：当计算梁在若干个典型荷载同时作用下的位移时，可以查表求出每一个典型荷载单独作用时的位移，然后进行叠加，得出最后结果。

（2）间接叠加计算梁的位移：求解外伸梁、变截面悬臂梁的位移时，杆件常常可以被看成由两部分组成：基本部分和附属部分。基本部分的变形将使附属部分产生牵连位移；附属部分由于自身变形引起附加位移。因此，附属部分的实际位移等于牵连位移与附加位移之和。

（3）用叠加法计算位移时应注意：

① 明确各简单荷载作用下位移的正、负号。为了便于判定各简单荷载作用下位移的正负，可先画出梁在各简单荷载作用下挠曲线的大致形状，这样，某截面的挠度向下还是向上、转角是顺时针还是逆时针转，便可一目了然。

② 利用叠加法计算位移时，需要对梁进行分析和某些处理后，才能使用表中的公式。

9. 梁的刚度计算

（1）梁的刚度条件。引入梁的刚度条件，主要是为了防止梁的变形过大。刚度条件一般为

$$|\omega_{\max}| \leqslant [\omega] \text{ 和 } \theta_{\max} \leqslant [\theta]$$

或

$$\frac{\omega_{\max}}{l} \leqslant \left[\frac{\omega}{l}\right]$$

（2）提高梁抗弯能力的主要途径。梁的挠度和转角与荷载情况、支座条件、跨度长短、梁的截面惯性矩及其材料的弹性模量有关。因此，为了减小梁的弯曲变形，一般可采取如下途径：① 增大梁的抗弯刚度 EI；② 调整跨长 l 和改变结构。

第七章　应力状态分析与强度理论

第一节　应力状态的概念

在前面几章中，研究杆件在各种基本变形下的应力时，主要是研究杆件横截面上的应力，并根据横截面上的最大应力建立相应的强度条件。但是，在工程中对某些受力构件来说，仅知道杆件横截面上的应力和强度是不够的。例如，铸铁试件在压缩时，沿与轴线大约成 45° 的斜截面发生破坏，如图 7.1（a）所示。由拉（压）杆斜截面上的应力公式知，这是由于在与轴线成 45° 的斜截面上存在最大切应力所引起的。又如，混凝土梁弯曲时，除了在跨中底部会发生竖向裂缝外，在靠近支座部位还会发生斜向裂缝，如图 7.1（b）所示。斜向裂缝是在裂缝方向的斜截面上存在最大拉应力所引起的。另外，在工程中还会遇到一些受力复杂的杆件，例如同时受扭转和弯曲的杆件，其危险点处同时存在着较大的正应力和切应力，杆件的破坏是由这两种应力共同作用的结果，必须在综合考虑危险点处正应力和切应力影响的基础上，建立新的强度准则，才能解决这类杆件的强度问题。

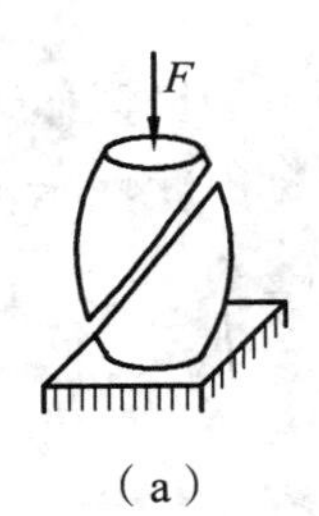

（a）

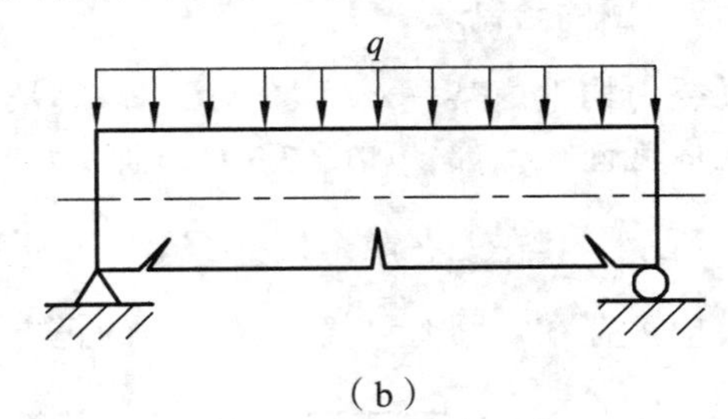

（b）

图　7.1

一、一点处的应力状态

为了分析破坏现象以及解决复杂受力构件的强度问题，必须首先研究通过受力构件内一点处所有截面上应力的变化规律。我们把通过受力构件内一点处的各个不同方位截面上应力的大小和方向情况，称为一点处的应力状态。

应用前几章的知识可以分析构件中一点处的应力状态。例如，如图 7.2（a）所示，研究拉伸构件中的任一点 k，在横截面方向上 k 点只有正应力，而在斜截面上 k 点既有正应力又有切应力。如图 7.2（b）所示，在受扭圆轴的横截面上，若所取点的位置不同，则应力的大小、方向不同。又如图 7.2（c）所示，在受横力弯曲的矩形截面梁的横截面上，a 点处只有正应力，b 点处只有切应力，c 点处既有正应力又有切应力。可见，构件内点的方位不同、位置不同，都会使点的应力状态发生变化。

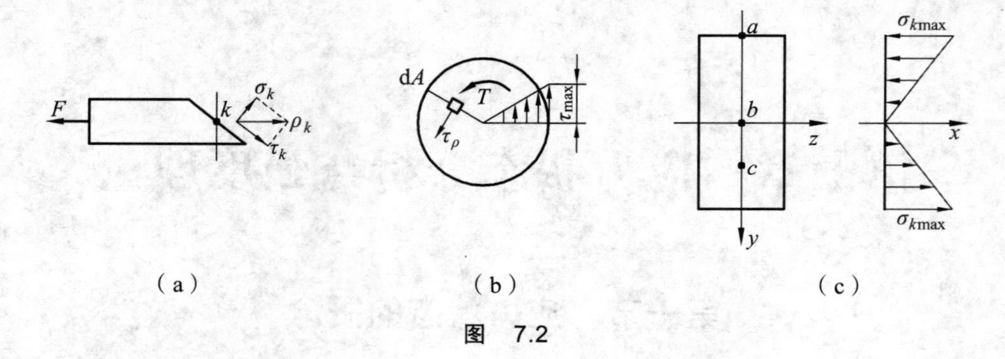

（a）　（b）　（c）

图 7.2

二、应力状态的表示

1. 单元体

为了研究受力构件内一点处的应力状态，可围绕该点取出一个边长为微分量的正六面体，称为单元体，并分析单元体六个面上的应力。由于单元体的边长无限小，可以认为在单元体的每个面上应力都是均匀分布的，且在单元体内相互平行的截面上应力都是相同的。如果知道了单元体的三个互相垂直平面上的应力，其他任意截面上的应力都可以通过截面法求得，则该点处的应力状态就可以确定了。因此，可用单元体的三个互相垂直平面上的应力来表示一点处的应力状态。

2. 单元体应力图的绘制

一般的，在受力构件内某一点处取单元体，总是将其一对面取为横截面，其他两对面则是互相垂直的纵向截面。例如，如图 7.3（a）所示，在轴向受拉杆内任一点 A 处，取出单元体如图 7.3（b）所示，其左、右两个横截面上只有正应力 $\sigma=\dfrac{F_{\mathrm{N}}}{A}=\dfrac{F}{A}$，前、后、上、下四个纵向截面上没有应力存在，因此可简化为微小的正方形，如图 7.3（c）所示。

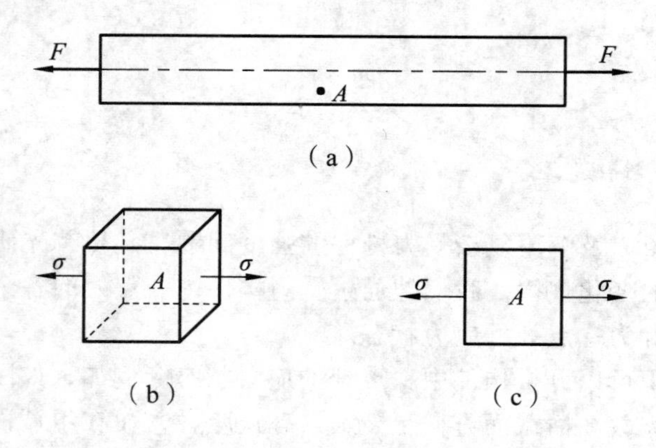

（a）

（b）　（c）

图 7.3

图 7.4（a）为一受扭圆轴，其内表层任一点 A 处的单元体可用一对横截面、一对径向截面和一对同轴圆柱面来截取，横截面上的应力分布情况如图 7.4（b）所示。单元体如图 7.4

（c）所示，左、右两个横截面上受切应力 $\tau = T/W_p = M_e/W_p$ 作用，根据切应力互等定律，单元体上、下两个面上也存在切应力。单元体前、后两个面上没有应力存在，因此可简化为如图 7.4（d）所示的微小正方形。

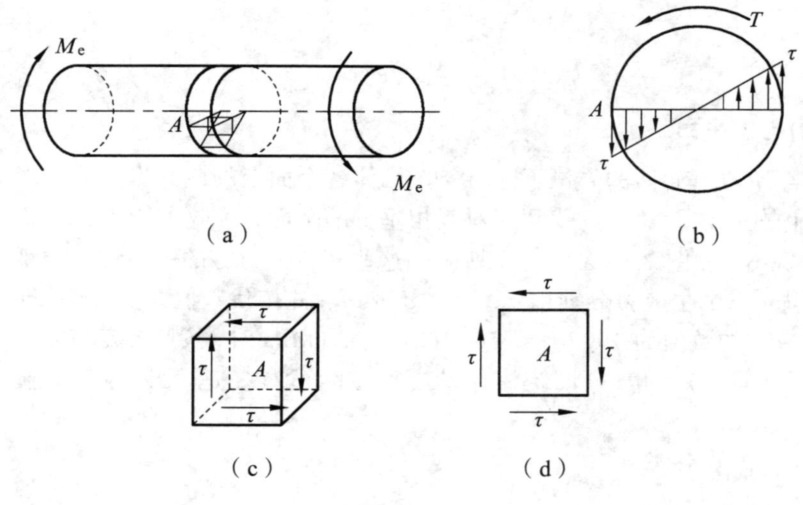

图　7.4

发生横力弯曲的矩形截面梁及横截面上的应力分布情况如图 7.5 所示，在梁内同一横截面上 A、B、C、D、E 各点处取出的单元体分别如图 7.6［（a）、（b）、（c）、（d）、（e）］所示。单元体各个面上的应力可以根据弯曲正应力、切应力的分布规律、计算公式和切应力互等定理确定。

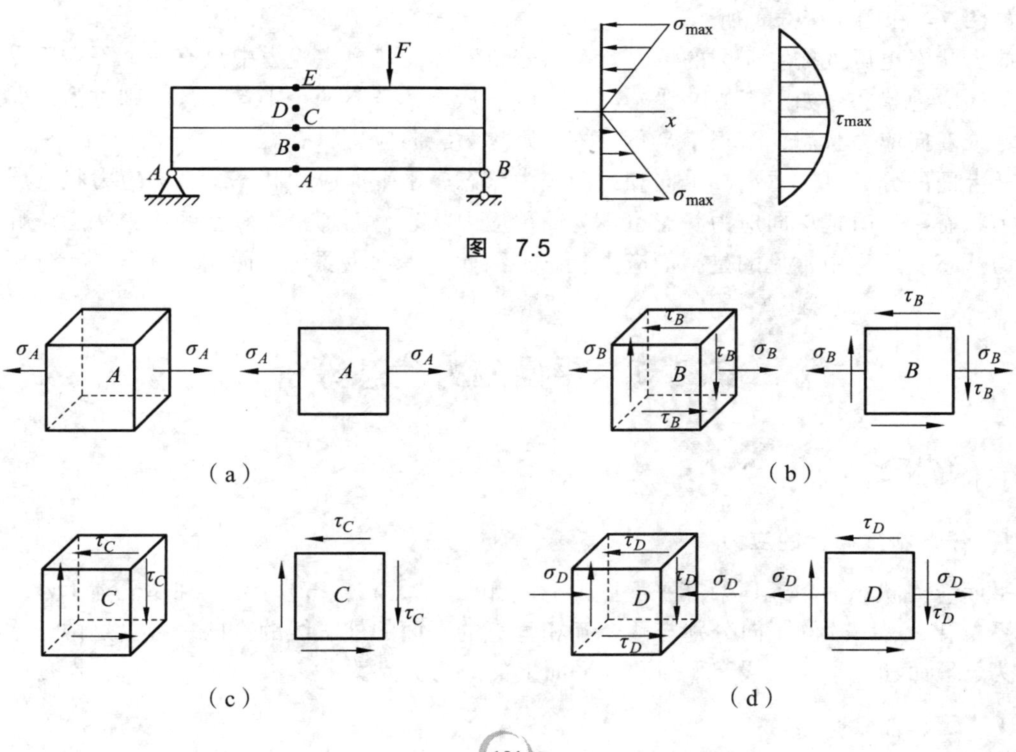

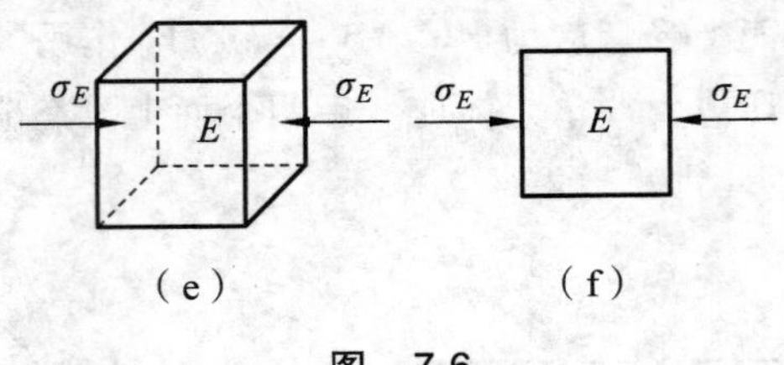

图 7.6

3. 主应力与主平面

当围绕一点所取单元体的方位不同时，单元体各个面上的应力也不同。理论分析证明，对于受力构件内任一点，总可以找到三对互相垂直的平面，在这些面上只有正应力而没有切应力，如图 7.3（b）和图 7.6（a）、（e）所示，这些切应力为零的平面称为主平面，其上的正应力称为主应力。三个主应力分别用 σ_1、σ_2、σ_3 表示，并按代数值大小排序，即 $\sigma_1 \geqslant \sigma_2 \geqslant \sigma_3$。例如当三个主应力的数值为 100 MPa、50 MPa、– 150 MPa 时，按照规定应是：$\sigma_1 = 100$ MPa、$\sigma_2 = 50$ MPa、$\sigma_3 = -150$ MPa。围绕一点按三个主平面取出的单元体称为主应力单元体。

三、应力状态的分类

为了应力状态分析的方便，需要对应力状态进行分类。如果单元体上的全部应力都位于同一平面内，则称为平面应力状态，例如图 7.3、图 7.4 和图 7.6 所示中各点处的应力状态。如果单元体上的全部应力不都位于同一平面内，则称为空间应力状态。例如从地层深处某点取出的单元体，它在三个方向都受到压力的作用，处于空间应力状态。

若平面应力状态的单元体中，正应力都等于零，仅有切应力作用，则称为纯剪切应力状态，如图 7.4 和图 7.6（c）所示。

应力状态也可以按主应力的情况分类。若单元体的三个主应力中只有一个不等于零，则称为单向应力状态，如图 7.3 和图 7.6（a）、（e）所示；若有两个不等于零，则称为二向应力状态，或双向应力状态；若三个全不为零，则称为三向应力状态。

从上面的分类可以看出，单向和二向应力状态属于平面应力状态，三向应力状态属于空间应力状态。有时把单向应力状态也称为简单应力状态，而把平面和空间应力状态统称为复杂应力状态。工程中常见的是平面应力状态，因此，本章主要对平面应力状态进行分析。

第二节　平面应力状态分析

一、解析法

1. 任一斜截面上的应力

平面应力状态的单元体及其平面图形分别如图 7.7（a）、（b）所示，在单元体上建立直角坐标系，让 x、y 轴的正向分别与两个互相垂直的平面的外法线的方向一致。这两个平面分别称为 x 平面和 y 平面。设 x 平面和 y 平面上的应力分别为 σ_x、τ_x 和 σ_y、τ_y。设任一斜截

面 ef 的外法线 n 与 x 轴的夹角为 α ，该斜截面也称为 α 截面。现在用截面法求单元体上任一斜截面 ef 上的应力。

在以下的计算中，规定从 x 轴正向到外法线 n 为逆时针转向时， α 为正，反之为负。应力的符号规定与以前相同，即对正应力，规定拉应力为正，压应力为负；对于切应力，规定其对单元体内任一点的矩为顺时针转动方向时为正，反之为负。如图 7.7（c）所示中的 σ_x 、τ_x 和 σ_y 、σ_α 、τ_α 均为正值，τ_y 为负值。

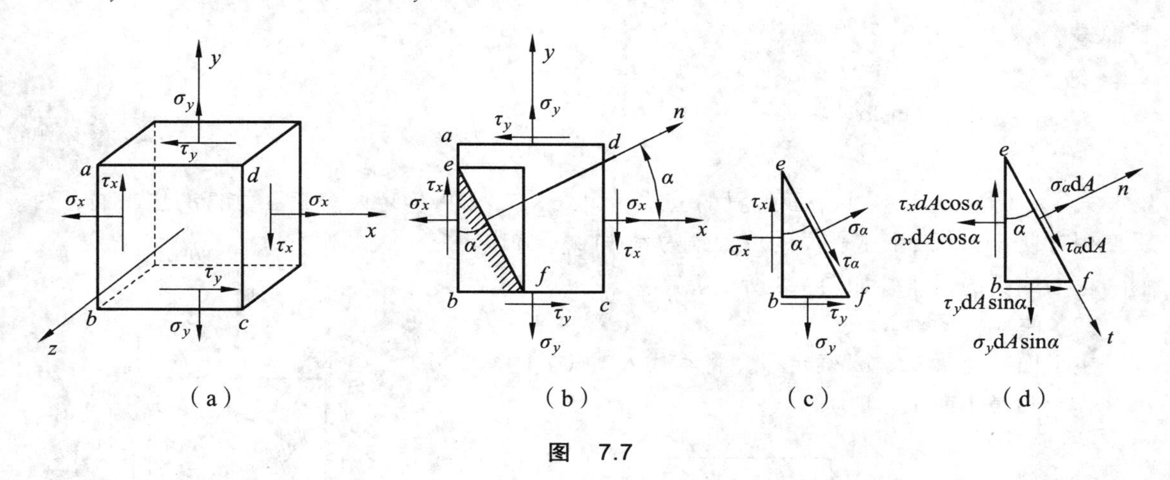

图　7.7

用 α 截面将单元体截开，取左边部分 ebf 为研究对象，α 截面上的应力用 σ_α 、τ_α 来表示，如图 7.7（c）所示。设斜截面 ef 的面积为 $\mathrm{d}A$ ，则 eb 面积为 $\mathrm{d}A\cos\alpha$ ， bf 面的面积为 $\mathrm{d}A\sin\alpha$ 。将作用于楔形体上所有的力分别向 n 和 t 轴投影，如图 7.7（d）所示，列出平衡方程：

$$\sum n=0,$$

$$\sigma_\alpha \mathrm{d}A+(\tau_x \mathrm{d}A\cos\alpha)\sin\alpha-(\sigma_x \mathrm{d}A\cos\alpha)\cos\alpha+(\tau_y \mathrm{d}A\sin\alpha)\cos\alpha-(\sigma_y \mathrm{d}A\sin\alpha)\sin\alpha=0$$

$$\sum t=0,$$

$$\tau_\alpha \mathrm{d}A-(\tau_x \mathrm{d}A\cos\alpha)\cos\alpha-(\sigma_x \mathrm{d}A\cos\alpha)\sin\alpha+(\tau_y \mathrm{d}A\sin\alpha)\sin\alpha+(\sigma_y \mathrm{d}A\sin\alpha)\cos\alpha=0$$

利用三角函数关系，将上面的式子整理后，可以得到任意斜截面上正应力 σ_α 和切应力 τ_α 的计算公式为

$$\sigma_\alpha=\frac{\sigma_x+\sigma_y}{2}+\frac{\sigma_x-\sigma_y}{2}\cos 2\alpha-\tau_x\sin 2\alpha \tag{7.1}$$

$$\tau_\alpha=\frac{\sigma_x-\sigma_y}{2}\sin 2\alpha+\tau_x\cos 2\alpha \tag{7.2}$$

式中各量均以代数值代入。利用式（7.1）和式（7.2）可求解单元体任意斜截面上的正应力和切应力，此法称为解析法。使用这两个公式时，一定要注意式中各量的正负号。

2. 主平面和主应力

对于平面应力状态，因为单元体有一对面上没有应力，所以这一对面就是主平面，且必有一个数值为零的主应力。下面分析单元体的其余两个主平面和主应力。

（1）确定主平面的位置。

由主平面的定义可知，切应力为零的平面为主平面。设在 $\alpha=\alpha_0$ 斜截面上，切应力 $\tau_{\alpha0}=0$，由式（7.2）有

$$\tau_{\alpha0}=\frac{\sigma_x-\sigma_y}{2}\sin 2\alpha_0+\tau_x\cos 2\alpha_0=0$$

整理得

$$\tan 2\alpha_0=-\frac{2\tau_x}{\sigma_x-\sigma_y} \tag{7.3}$$

式（7.3）就是确定主平面位置的公式。由式（7.3）可确定两个相互垂直的主平面，为了使用方便，设这两个主平面的位置角为 α_0 和 α_0'，并限定它们为正的或负的锐角，如图 7.8 所示。

（2）主应力的计算。

主平面的位置 α_0、α_0' 确定后，将其代入式（7.1），即可得到最大和最小两个主应力：

$$\sigma_{\substack{\max\\ \min}}=\frac{\sigma_x+\sigma_y}{2}\pm\sqrt{\left(\frac{\sigma_x-\sigma_y}{2}\right)^2+\tau_x^2} \tag{7.4}$$

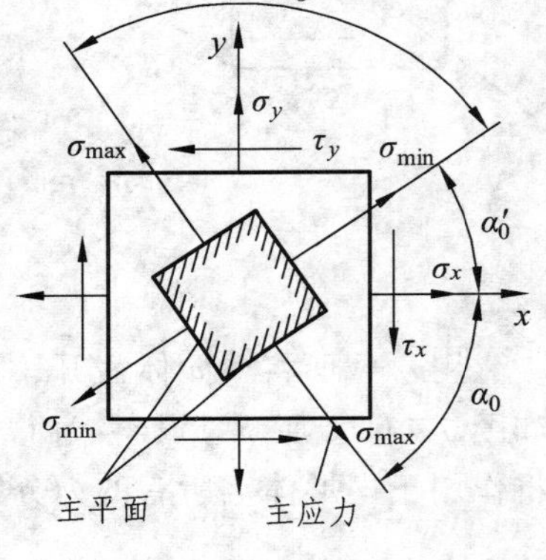

图 7.8

将式（7.4）中两式相加，得

$$\sigma_{\max}+\sigma_{\min}=\sigma_x+\sigma_y \tag{7.5}$$

上式表明，单元体两个相互垂直的截面上的正应力之和为一定值。式（7.5）常用来检验主应力计算的正确与否。

（3）主应力和主平面之间的对应关系。

理论分析证明，由单元体上 τ_x（或 τ_y）所在平面，顺 τ_x（或 τ_y）方向转动而得到的那个主平面上的主应力为 $\sigma_{\max}$；逆 τ_x（或 τ_y）方向转动而得到的那个主平面上的主应力为 $\sigma_{\min}$，如图 7.8 所示。简述为：顺 τ 转最大，逆 τ 转最小。

上述法则称为 τ 判别法。在确定了两个主平面和主应力后，利用这个结论可以解决主应力与主平面之间的对应关系，如图 7.8 所示。

【例 7.1】 已知矩形截面简支梁受力及截面尺寸如图 7.9（a）、（b）所示。绘出危险截面上 a、b、c 各点应力状态的单元体图，并求出 a、b、c 各点的主应力。

【解题分析】 首先确定危险截面，求解简支梁在外荷载作用下的最大弯矩，其所在截面即为危险截面；然后求解此截面 a、b、c 各点处的正应力和切应力，绘出各点单元体图；最后根据单元体主应力计算公式（7.4）求解各点处的主应力。

【解】（1）确定危险截面，求出危险截面的最大弯矩和剪力。

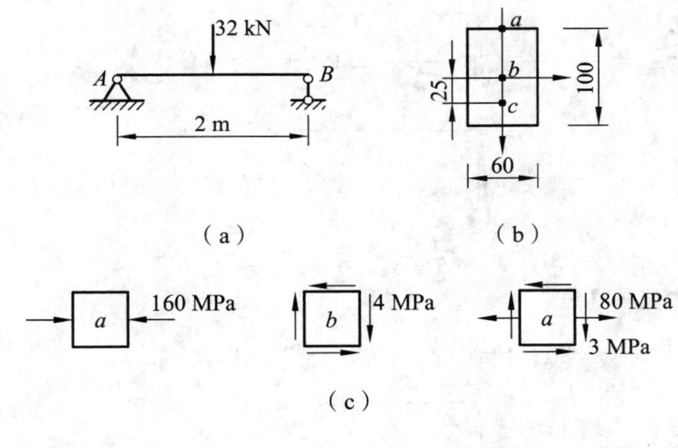

图　7.9

C 截面为危险截面，其弯矩和剪力分别为

$$M_C=\frac{Fl}{4}=\frac{32\times 2}{4}=16\ \text{kN}\cdot\text{m}$$

$$F_{SC}=F_A=16\ \text{kN}$$

（2）计算 C 截面 a、b、c 各点处的正应力和切应力，绘出各点单元体图：

对于 a 点：

$$\sigma_a=\frac{M}{W_z}=\frac{16\times 10^6}{\dfrac{60\times 100^2}{6}}=160\ (\text{MPa})$$

$$\tau_a=0$$

对于 b 点：

$$\sigma_b=0$$

$$\tau_b=\frac{3}{2}\cdot\frac{F_S}{A}=\frac{3\times 16\times 10^3}{2\times 60\times 100}=4\ (\text{MPa})$$

对于 c 点：

$$\sigma_c=\frac{M\cdot y}{I_z}=\frac{16\times 10^6\times 25}{\dfrac{60\times 100^3}{12}}=80\ (\text{MPa})$$

$$\tau_c=\frac{F_S S_z^*}{bI_z}=\frac{16\times 10^3\times 25\times 60\times\left(25+\dfrac{25}{2}\right)}{60\times\dfrac{60\times 100^3}{12}}=3\ (\text{MPa})$$

（3）根据单元体主应力计算公式（7.4）求解各点处的主应力。

对于 a 点，由单元体图知：

$$\sigma_x=\sigma_a=-160\ \text{MPa},\quad \sigma_y=0,\quad \tau_x=0$$

所以

$$\sigma_1=\sigma_2=0,\quad \sigma_3=-160\ \text{MPa}$$

对于 b 点，由单元体图知：

$$\sigma_x=\sigma_y=0,\quad \tau_x=\tau_b=4\ \text{MPa}$$

所以
$$\sigma_{\max}=\frac{\sigma_x+\sigma_y}{2}+\sqrt{\left(\frac{\sigma_x-\sigma_y}{2}\right)^2+\tau_x^2}=\tau_b=4\ (\text{MPa})$$

$$\sigma_{\min}=\frac{\sigma_x+\sigma_y}{2}-\sqrt{\left(\frac{\sigma_x-\sigma_y}{2}\right)^2+{\tau_x}^2}=-\tau_b=-4\ (\text{MPa})$$

即
$$\sigma_1=4\ (\text{MPa}),\ \sigma_2=0,\ \sigma_3=-4\ (\text{MPa})$$

对于 c 点，由单元体图知：

$$\sigma_x=\sigma_c=80\ (\text{MPa}),\ \sigma_y=0,\ \tau_x=3\ (\text{MPa})$$

所以
$$\begin{aligned}\sigma_{\max}&=\frac{\sigma_x+\sigma_y}{2}+\sqrt{\left(\frac{\sigma_x-\sigma_y}{2}\right)^2+\tau_x^2}\\&=\frac{80+0}{2}+\sqrt{\left(\frac{80-0}{2}\right)^2+3^2}\\&=40+40.11=80.11\ (\text{MPa})\\\sigma_{\min}&=\frac{\sigma_x+\sigma_y}{2}-\sqrt{\left(\frac{\sigma_x-\sigma_y}{2}\right)^2+\tau_x^2}\\&=\frac{80+0}{2}-\sqrt{\left(\frac{80-0}{2}\right)^2+3^2}\\&=40-40.11=-0.11\ (\text{MPa})\end{aligned}$$

即
$$\sigma_1=80.11\ \text{MPa},\ \sigma_2=0,\ \sigma_3=-0.11\ \text{MPa}$$

二、图解法（应力圆法）

1. 应力圆的概念

将式（7.1）改写为

$$\sigma_\alpha-\frac{\sigma_x+\sigma_y}{2}=\frac{\sigma_x-\sigma_y}{2}\cos 2\alpha-\tau_x\sin 2\alpha$$

将上式和式（7.2）两边分别平方后相加，整理得

$$\left(\sigma_\alpha-\frac{\sigma_x+\sigma_y}{2}\right)^2+\tau_\alpha^2=\left(\frac{\sigma_x-\sigma_y}{2}\right)^2+\tau_x^2$$

在 o-σ-τ 直角坐标系中，上式表示一个圆，其圆心坐标为 $\left(\frac{\sigma_x+\sigma_y}{2},\ 0\right)$，半径为 $\sqrt{\left(\frac{\sigma_x-\sigma_y}{2}\right)^2+\tau_x^2}$，如图 7.10 所示。

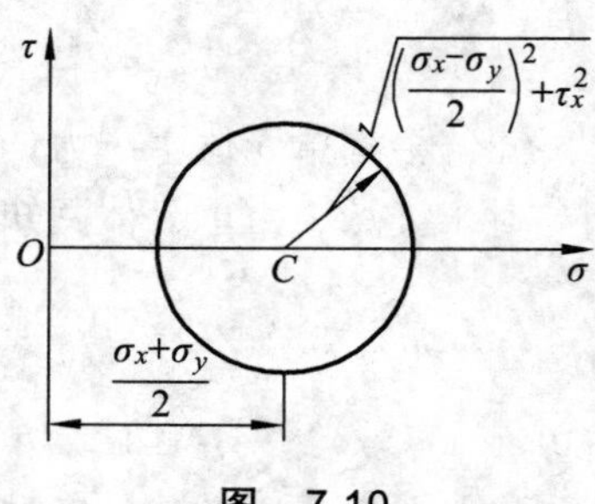

图 7.10

此圆称为应力圆，也称为莫尔圆（因它由德国工程师莫尔在 1882 年首次提出，故命名）。

2. 应力圆的绘制方法

若单元体的应力状态如图 7.11（a）所示，设$\sigma_x > \sigma_y > 0$，$\tau_x > 0$，其应力圆的绘制方法如下：

（1）以σ为横坐标轴，以τ为纵坐标轴，建立直角坐标系O-σ-τ，取定比例尺。

（2）取横坐标$OB_1 = \sigma_x$，纵坐标$B_1D_1 = \tau_x$，确定$D_1(\sigma_x,\ \tau_x)$点，取横坐标$OB_2 = \sigma_y$，纵坐标$B_2D_2 = \tau_y$，确定$D_2(\sigma_y,\ \tau_y)$点。

（3）连接D_1和D_2两点，连线与横坐标轴相交于C点，C点即为圆心。

（4）以C点为圆心，以CD_1或CD_2为半径作圆，即为应力圆，如图 7.11（b）所示。

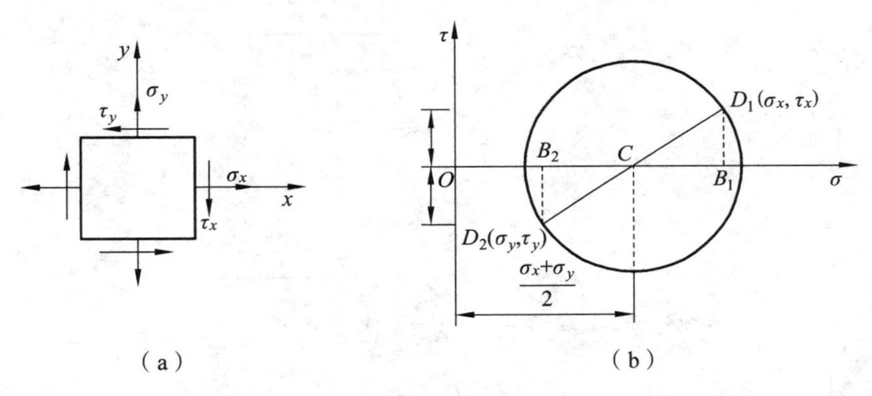

图 7.11

3. 单元体与相应应力圆之间的对应关系

（1）点面对应。

应力圆上某一点的坐标值对应着单元体某一方位面上的正应力和切应力。如应力圆上D_1点坐标$(\sigma_x,\ \tau_x)$对应着单元体x面上的应力值，应力圆上D_2点坐标$(\sigma_y,\ \tau_y)$对应着单元体y面上的应力值。

（2）二倍角转向相同。

应力圆上D_1点的半径CD_1逆时针转过 180°，到达CD_2的位置，而单元体上x面的法线只要转过 90° 就能到达y面法线的位置。可见，应力圆上对应点处半径转过的角度是其单元体对应面上法线转过角度的 2 倍，且转向相同。

4. 应力圆的应用

（1）求解单元体任意斜截面上的应力。

欲求如图 7.12（a）所示单元体任意α截面上的应力σ_α、τ_α，按应力圆的绘制方法绘出应力圆后，只要将应力圆的半径CD_1按α的方向转动2α角，得到半径CD_α，则圆周上的D_α点的横、纵坐标的值就是α截面的正应力σ_α和切应力τ_α，由图可量得$\sigma_\alpha = OB_\alpha$，$\tau_\alpha = B_\alpha D_\alpha$。

（2）求解单元体的主平面和主应力。

根据主平面和主应力的定义，在绘制出的应力圆上，应力圆与σ轴的交点A_1、A_2即为主平面所在位置，如图 7.13 所示。由图可量得：

① 主应力数值为$\sigma_{\max} = OA_1$，$\sigma_{\min} = OA_2$。

由图 7.13（b）中的几何关系可以证明计算主应力大小的计算公式（7.4）：

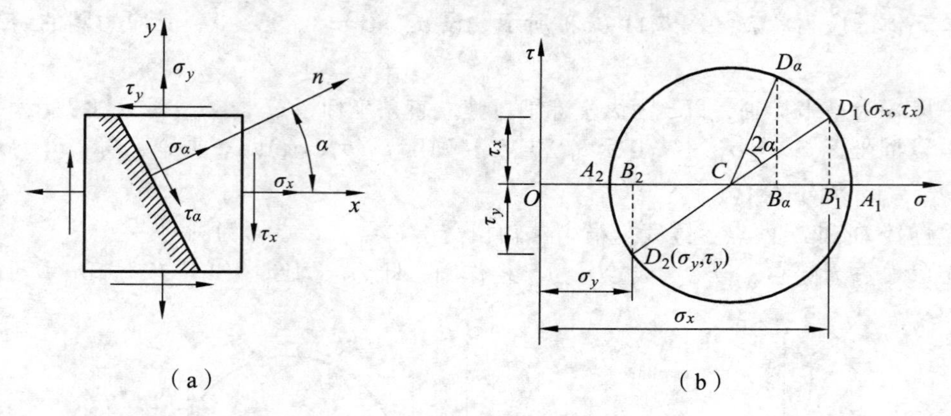

图 7.12

$$\sigma_{\max} = OA_1 = OC + CA_1 = \frac{\sigma_x + \sigma_y}{2} + \sqrt{\left(\frac{\sigma_x - \sigma_y}{2}\right)^2 + \tau_x^2}$$

$$\sigma_{\min} = OA_2 = OC - CA_2 = \frac{\sigma_x + \sigma_y}{2} - \sqrt{\left(\frac{\sigma_x - \sigma_y}{2}\right)^2 + \tau_x^2}$$

② 主平面的方位角为 $2\alpha_0$ 和 $2\alpha_0'$。

与单元体的对应关系如图 7.13（a）所示，注意：在应力圆上最大主应力所在位置，是从表示 x 截面的 D_1 点顺时针转过 $2\alpha_0$。则在单元体上，最大主应力应从 x 截面顺时针转过 α_0。

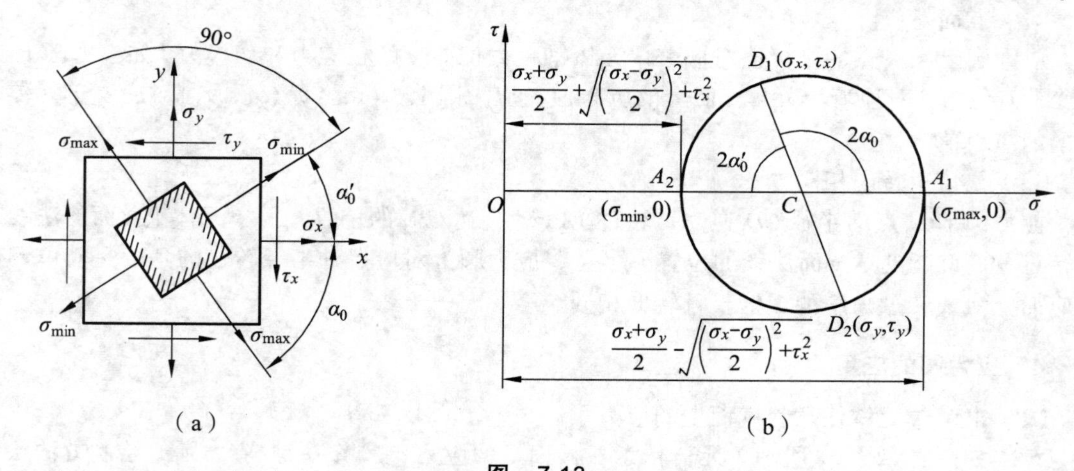

图 7.13

【例 7.2】 从受力构件内某点处取出的单元体的应力状态，如图 7.14（a）所示。求该点处 $\alpha = 30°$ 斜截面上的应力。

【解题分析】 求单元体任意斜截面上的应力，可以用解析法直接套用式（7.1）和式（7.2）求解；也可以准确绘制应力圆，按照应力圆与单元体任意斜截面应力的对应法则求解。无论用哪一种方法，都要注意正确判断单元体上正应力、切应力的正负号。

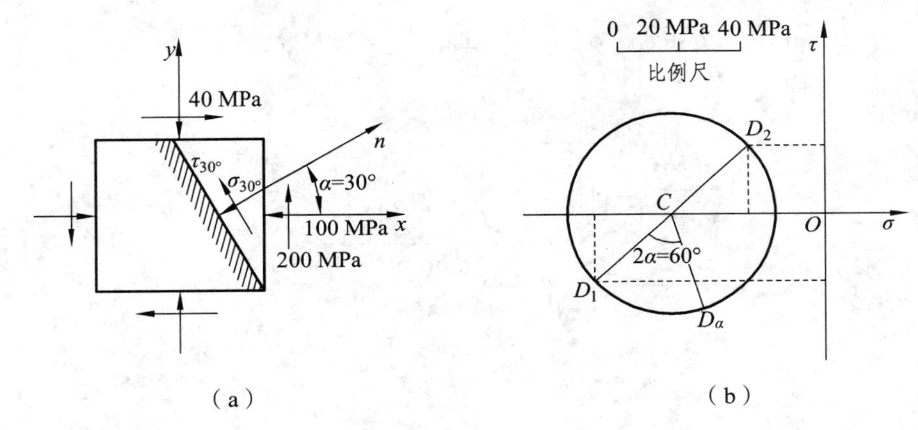

图　7.14

【解】　（1）解析法求解。

由单元体图根据应力的符号规定，可知：

$$\sigma_x = -100\ \text{MPa}\ ,\quad \tau_x = -20\ \text{MPa}\ ,\quad \sigma_y = -40\ \text{MPa}$$

代入式（7.1）得

$$\begin{aligned}\sigma_{30°} &= \frac{\sigma_x+\sigma_y}{2}+\frac{\sigma_x-\sigma_y}{2}\cos(2\times30°)-\tau_x\sin(2\times30°)\\ &= \frac{-100+(-40)}{2}+\frac{-100-(-40)}{2}\cos60°-(-20)\sin60°\\ &= -67.68\ \ \text{MPa}\end{aligned}$$

代入式（7.2）得

$$\begin{aligned}\tau_{30°} &= \frac{\sigma_x-\sigma_y}{2}\sin(2\times30°)+\tau_x\cos(2\times30°)\\ &= \frac{-100-(-40)}{2}\sin60°+(-20)\cos60°\\ &= -35.98\ \ \text{MPa}\end{aligned}$$

求得的应力表示在单元体上，如图 7.14（a）所示。

（2）图解法求解。

应用应力圆求解，按绘制应力圆的步骤，建立坐标系，选取适当的比例尺，绘制单元体相应的应力圆，如图 7.14（b）所示。自半径 CD_1 按 α 转向（逆时针）转过 $2\alpha=60°$ 角度到达 D_α 点，按同一比例尺量得 D_α 点的横坐标和纵坐标分别为 $\sigma_{30°}=-67\ \text{MPa}$，$\tau_{30°}=-36\ \text{MPa}$。

【例 7.3】　已知受力构件内危险点处单元体的应力状态，如图 7.15（a）所示。（1）求主应力和主平面，并在单元体上表示出来。（2）用应力圆校核计算结果。

【解题分析】　可以用解析法直接套用公式（7.4）求解单元体的主应力，再根据公式（7.3）求出主平面的方位角；也可以正确绘制应力圆，按照应力圆与单元体的对应法则直接量取。

【解】　（1）求主应力。

由单元体图根据应力的符号规定，有

$$\sigma_x = -10\ \text{MPa}\ ,\quad \sigma_y = -20\ \text{MPa}\ ,\quad \tau_x = 10\ \text{MPa}$$

由式（7.4），得

$$\begin{aligned}\sigma_{\substack{\max\\\min}} &= \frac{\sigma_x+\sigma_y}{2} \pm \sqrt{\left(\frac{\sigma_x-\sigma_y}{2}\right)^2+\tau_x^2}\\ &= \frac{-10+(-20)}{2} \pm \sqrt{\left(\frac{-10-(-20)}{2}\right)^2+10^2}\\ &= \begin{cases}-3.82\ \text{MPa}\\ -26.18\ \text{MPa}\end{cases}\end{aligned}$$

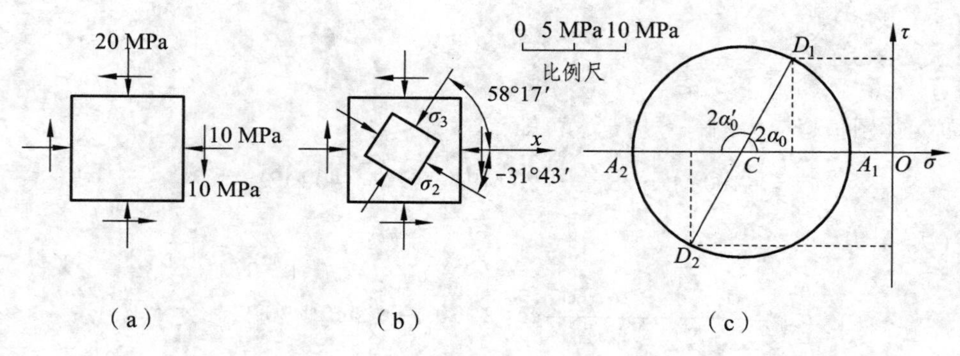

图 7.15

三个主应力按代数值排序为

$$\sigma_1 = 0\ ,\quad \sigma_2 = -3.82\ \text{MPa}\ ,\quad \sigma_3 = -26.18\ \text{MPa}$$

用（7.5）式检验：

$$\begin{aligned}&\sigma_{\max}+\sigma_{\min} = -3.82+(-26.18) = -30\ \text{MPa}\\ &\sigma_x+\sigma_y = -10+(-20) = -30\ \text{MPa}\end{aligned}$$

所以 $\sigma_{\max}+\sigma_{\min}=\sigma_x+\sigma_y$，计算结果正确。

（2）求主平面。

由式（7.3）得

$$\tan 2\alpha_0 = -\frac{2\tau_\alpha}{\sigma_x-\sigma_y} = -2$$

故

$$\begin{aligned}&2\alpha_0 = -63°26',\ \alpha_0 = -31°43'\\ &\alpha_0' = \alpha_0+90° = -31°43'+90° = 58°17'\end{aligned}$$

第三对主平面平行于纸面。主平面、主应力及其两者之间的对应关系如图 7.15（b）所示。

（3）用应力圆校核计算结果。

建立直角坐标系 $O\sigma\tau$，确定 $D_1(-10,\ 10)$ 和 $D_2(-20,\ 10)$ 两点，连接 D_1 和 D_2 交 σ 轴于 C 点，

以 C 点为圆心，CD_1 为半径绘出应力圆，如图 7.15（c）所示。

应力圆上 A_1 和 A_2 两点横坐标即为两个主应力的数值，从图中量取 $\sigma_{\max} = -3.8\ \text{MPa}$，$\sigma_{\min} = -26.1\ \text{MPa}$，于是三个应力为：$\sigma_1 = 0$，$\sigma_2 = -3.8\ \text{MPa}$，$\sigma_3 = -26.1\ \text{MPa}$。

再量取 $\angle D_1CA_1$ 和 $\angle D_1CA_2$，得到主平面的方位角：$\alpha_0 = -32°$，$\alpha_0' = 58°$。

【例 7.4】　如图 7.16（a）、（b）所示悬臂梁，梁长 $l = 2\ \text{m}$，$q = 100\ \text{kN/m}$，梁由 45a 号工字钢制成。求危险截面上 a 点处的主应力。

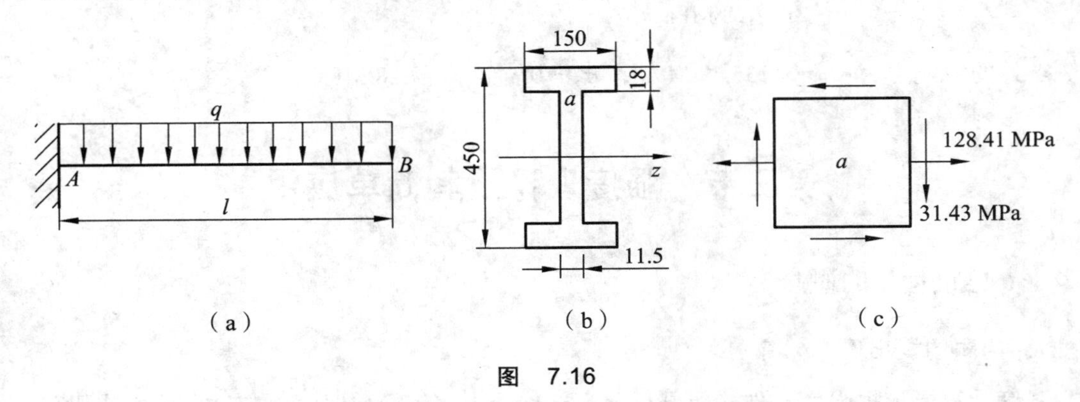

图　7.16

【解题分析】　首先确定危险截面，求解悬臂梁在外荷载作用下的最大弯矩，其所在截面即为危险截面；然后求解此截面 a 点处的正应力和切应力，建立单元体，根据单元体主应力计算公式求解 a 点处的主应力。

【解】　（1）确定危险截面处的正应力和切应力。

梁固定端 A 截面右侧截面为危险截面，其上有最大弯矩和最大剪力：

$$M_{\max} = \frac{1}{2}ql^2 = \frac{1}{2}\times 100\ \text{kN/m}\times(2\ \text{m})^2 = 200\ \text{kN}\cdot\text{m}$$

$$F_{\text{Smax}} = ql = 100\ \text{kN/m}\times 2\ \text{m} = 200\ \text{kN}$$

查型钢规格表得：$I_z = 32\ 240\ \text{cm}^4 = 322.4\times10^6\ \text{mm}^4$。由图 7.16（b）计算 a 点以下面积对 z 轴的静矩为

$$S_z^* = 150\ \text{mm}\times 18\ \text{mm}\times\left(\frac{450\ \text{mm}}{2} - \frac{18\ \text{mm}}{2}\right) = 583.2\times10^3\ \text{mm}^3$$

危险截面上 a 点处的正应力和切应力分别为

$$\sigma_x = \frac{M\cdot y}{I_z} = \frac{200\times10^6\ \text{N}\cdot\text{mm}\times\left(\dfrac{450\ \text{mm}}{2} - 18\ \text{mm}\right)}{322.4\times10^6\ \text{mm}^4} = 128.41\ \text{MPa}$$

$$\tau_x = \frac{F_S S_z^*}{I_z d} = \frac{200\times10^3\ \text{N}\times 583.2\times10^3\ \text{mm}^3}{322.4\times10^6\ \text{mm}^4\times 11.5\ \text{mm}} = 31.43\ \text{MPa}$$

所以：

$$\sigma_{\substack{\max\\\min}}=\frac{\sigma_x+\sigma_y}{2}\pm\sqrt{\left(\frac{\sigma_x-\sigma_y}{2}\right)^2+\tau_x^2}$$

$$=\frac{128.41+0}{2}\pm\sqrt{\left(\frac{128.41-0}{2}\right)^2+31.43^2}$$

$$=\begin{cases}135.69\ \text{MPa}\\-7.28\ \text{MPa}\end{cases}$$

故 a 点处的主应力为：$\sigma_1=135.69\ \text{MPa}$，$\sigma_2=0$，$\sigma_3=-7.28\ \text{MPa}$。

第三节　强度理论及其简单应用

一、强度理论的概念

1. 问题的提出

强度计算要依据强度条件才能进行，当杆件受力比较简单时，例如轴向拉压或扭转，杆件的危险点处于单向应力状态或纯剪切应力状态，据此建立强度条件。但是，对于受力比较复杂的构件，其危险点处往往同时存在正应力和切应力，处于复杂应力状态。实践表明，将两种应力分开来建立强度条件是错误的。这是因为材料的破坏是由这两种应力共同作用的结果，不能将它们的影响分开来考虑。但若仿照以前直接通过试验测定材料的极限应力来建立强度条件，是根本不可能的。因此，必须建立复杂应力状态下构件的强度条件。

2. 强度理论

在长期的生产实践中，人们不断地观察材料的破坏现象，研究影响材料破坏的因素，根据积累的资料和经验，假定某一因素或几个因素是材料破坏的主要原因，提出了一些关于材料破坏的假说，那些被实践证明在一定范围内成立的假说通常称为强度理论。

通过大量的观察和研究，人们发现，尽管材料的破坏现象比较复杂，但材料的破坏形式是有规律的，大体可分为两种类型：一种是脆性断裂破坏。例如，铸铁试件在拉伸（或扭转）时，未产生明显的塑性变形，就沿横截面（或 45° 螺旋面）断裂。另一种是塑性屈服破坏。例如，低碳钢试件在拉伸（或扭转）时当应力达到屈服极限后，会产生明显的塑性变形而失去正常工作的能力。强度理论认为，不论材料处于何种应力状态，只要材料的破坏类型相同，材料的破坏就是由同一因素引起的。这样就可以将复杂应力状态与单向应力状态联系起来，利用轴向拉伸的试验结果，建立复杂应力状态下的强度条件。

3. 强度理论的分类

相应于材料破坏的两种类型，强度理论也分为两类：第一类是关于脆性断裂破坏的强度理论，常用的有最大拉应力理论和最大拉应变理论；第二类是关于塑性屈服破坏的强度理论，常用的有最大切应力理论和形状改变比能理论。这四个基本的强度理论按提出的先后次序，又分别称为第一至第四强度理论。

二、四个基本的强度理论

1. 第一强度理论——最大拉应力理论（1638年由伽利略提出）

这个理论认为：引起材料发生脆性断裂破坏的主要因素是最大拉应力。无论材料处于何种应力状态，只要构件内危险点处的最大拉应力达到材料在单向拉伸时发生脆性断裂的极限应力值，材料就会发生脆性断裂。破坏条件为

$$\sigma_1 = \sigma_b$$

将极限应力 σ_b 除以安全因数，得到许用应力 $[\sigma]$。因此，按这个理论建立的强度条件为

$$\sigma_1 \leqslant [\sigma] \tag{7.6}$$

这一理论只适用于砖、石、铸铁等脆性材料。该理论能很好地解释铸铁材料在拉伸、扭转或在二向、三向应力状态下所产生的破坏现象。但是，这个理论没有考虑其他两个主应力的影响，而且对于单向压缩、三向压缩等没有拉应力的应力状态，也无法应用。

2. 第二强度理论——最大拉应变理论（1682年由马略特提出）

这个理论认为：引起材料发生脆性断裂破坏的主要因素是最大拉应变。无论材料处于何种应力状态，只要构件内危险点处的最大拉应变 ε_1 达到材料在单向拉伸时发生脆性断裂的极限线应变，材料就会发生脆性断裂。破坏条件为

$$\varepsilon_1 = \varepsilon_b$$

设材料在破坏前服从胡克定律，则有 $\varepsilon_b = \sigma_b / E$，最大拉应变 ε_1 可以由广义胡克定律求得，故上式可写为

$$\frac{1}{E}[\sigma_1 - \mu(\sigma_2 + \sigma_3)] = \frac{\sigma_b}{E}$$

或

$$\sigma_1 - \mu(\sigma_2 + \sigma_3) = \sigma_b$$

考虑安全因数后，可得根据这一理论建立的强度条件：

$$\sigma_1 - \mu(\sigma_2 + \sigma_3) \leqslant [\sigma] \tag{7.7}$$

尽管这一理论既考虑了主应力 σ_1，也考虑了另外两个主应力 σ_2 和 σ_3 对脆性材料破坏的影响，但该理论与许多试验结果不相吻合，因此目前已很少被采用。

3. 第三强度理论——最大切应力理论（1773年由库仑提出，1868年由特雷斯卡完善）

这个理论认为：引起材料发生塑性屈服破坏的主要因素是最大切应力。无论材料处于何种应力状态，只要构件内危险点处的最大切应力达到材料在单向拉伸时发生塑性屈服的极限切应力 τ_s，材料就会发生塑性屈服破坏。破坏条件为

$$\tau_{max} = \tau_s$$

由单向拉伸试验可知，当横截面上的正应力达到 σ_s 时，与构件轴线成 45° 的斜截面上的切应力达到极限值 $\tau_{max} = \sigma_s / 2$。另外，在复杂应力状态下，一点处的最大切应力为

$$\tau_{max}=\frac{1}{2}(\sigma_1-\sigma_3)$$

因此，破坏条件为

$$\sigma_1-\sigma_3=\sigma_s$$

考虑安全因数后，可得根据这一理论建立强度条件：

$$\sigma_1-\sigma_3\leqslant[\sigma] \tag{7.8}$$

该理论已被许多塑性材料的塑性屈服破坏的试验所证实，并且稍偏于安全，加之提供的算式较简单，因而得到广泛应用。

4. 第四强度理论——形状改变比能理论（1904 年由胡贝尔提出）

构件在外力作用下发生变形的同时，其内部也积储了能量，称为变形能。例如，用手拧紧钟表的发条，发条在变形的同时积储了能量，带动指针转动。构件单位体积内存储的变形能称为比能。比能可分为两部分，即体积改变比能和形状改变比能。

形状改变比能理论认为：引起材料发生塑性屈服破坏的主要因素是形状改变比能。无论材料处于何种应力状态，只要构件内危险点处的形状改变比能达到材料在单向拉伸时发生塑性屈服的极限形状改变比能，该点处的材料就会发生塑性屈服破坏。

可以证明，根据这一理论建立的强度条件为

$$\sqrt{\frac{1}{2}[(\sigma_1-\sigma_2)^2+(\sigma_2-\sigma_3)^2+(\sigma_3-\sigma_1)^2]}\leqslant[\sigma] \tag{7.9}$$

该理论与许多塑性材料的塑性屈服试验结果相符。由于它考虑了三个主应力对屈服破坏的综合影响，所以比第三强度理论更接近试验结果，更为经济。

按照上述四个强度理论所建立的强度条件可统一写成如下的形式：

$$\sigma_r\leqslant[\sigma] \tag{7.10}$$

式中　$[\sigma]$——材料的许用应力；

　　σ_r——是主应力的某种组合。

这样，复杂应力状态下构件的强度条件与单向拉伸时杆件的强度条件在形式上完全相同，σ_r 在安全程度上与单向拉伸时的拉应力相当，故称为相当应力。四个强度理论的相当应力分别为

$$\left.\begin{aligned}&\sigma_{r1}=\sigma_1\\&\sigma_{r2}=\sigma_1-\mu(\sigma_2+\sigma_3)\\&\sigma_{r3}=\sigma_1-\sigma_3\\&\sigma_{r4}=\sqrt{\frac{1}{2}[(\sigma_1-\sigma_2)^2+(\sigma_2-\sigma_3)^2+(\sigma_3-\sigma_1)^2]}\end{aligned}\right\} \tag{7.11}$$

对于钢梁，若按最大切应力理论建立强度条件，则相当应力为

$$\sigma_{r3}=\sigma_1-\sigma_3=\sqrt{\sigma^2+4\tau^2} \tag{7.12}$$

若按形状改变必能理论建立强度条件，则相当应力为

$$\sigma_{r4}=\sqrt{\frac{1}{2}[(\sigma_1-\sigma_2)^2+(\sigma_2-\sigma_3)^2+(\sigma_1-\sigma_3)^2]}=\sqrt{\sigma^2+3\tau^2} \tag{7.13}$$

三、莫尔强度理论

莫尔强度理论是在最大切应力理论基础上发展起来的一个理论。该理论认为：材料沿某一截面发生的剪切滑移破坏，主要是由于构件内某一个截面上的切应力达到了一定的限度，但还与该截面上的正应力有关。因为剪切的结果必然会使材料沿剪切面发生相对滑动，而相对滑动的表面之间会产生摩擦力。此摩擦力的大小则取决于该面上的正应力。当该截面上的正应力为压应力时，压应力越大则材料越不容易沿该截面滑动（破坏）；反之，当该截面上的正应力为拉应力时，拉应力越大材料越容易沿该截面发生滑动（破坏）。因此，材料的破坏并不一定沿最大切应力作用面发生，而是沿切应力与正应力达到某种最不利组合的截面发生。

与前面所讨论的各种强度理论相比，莫尔强度理论并不是简单地假设材料的破坏是由某个因素达到了其极限值而引起的，而是以各种应力状态下材料的破坏试验结果为依据，建立起来的具有一定经验性的强度理论。它是以莫尔应力圆出发提出的一种判断材料破坏强度的图解方法。

1. 极限应力圆和强度极限曲线

由应力状态的知识可知，当受力构件内某一点处的三个主应力 σ_1、σ_2、σ_3 已知时，可绘出该点处的三向应力圆，其中由 σ_1、σ_3 绘出的主应力圆控制了一点处的主应力和切应力的变化范围，且最大、最小主应力和最大切应力都在这个圆上。

材料破坏时的主应力圆称为极限应力圆。若把某一材料做成一组试样，在不同的主应力比值（$\sigma_1:\sigma_2:\sigma_3$）下进行破坏试验，每一个试样可得一个极限应力圆。把每一个试样极限应力圆都画在同一坐标系中，这样就能得到圆心同在 σ 坐标轴上的一组极限应力圆。这些极限应力圆具有一条公共的包络线，如图 7.17 所示，称为材料的强度极限曲线。莫尔强度理论认为，当构件内危险点处的主应力圆与其材料的强度极限曲线相切时，该点处的材料就会发生破坏；如果主应力圆在强度极限曲线内部，则该点处的材料不会破坏。为安全起见，考虑安全周数，将强度极限曲线向 σ 轴平移若干倍，得到强度许用曲线，如图 7.17 中虚线所示。若构件内危险点的主应力圆不超过强度许用曲线的范围，则构件的强度是足够的。

2. 强度条件

由上可知，在用莫尔强度理论判断构件是否安全之前，必须先确定构件材料的强度极限曲线。确定强度极限曲线需要做一系列的试验，这是一件繁重的工作。而且莫尔强度理论不像前面介绍的四个强度理论那样有简洁的强度条件表达式。因此，工程中常采用简化的方法来确定强度极限曲线，即只做单向拉伸和单向压缩试验，以所得到的两个极限应力圆的公切

线作为强度极限曲线，如图 7.18 所示。莫尔强度理论经过上述简化后，可以得出它的强度条件表达式。

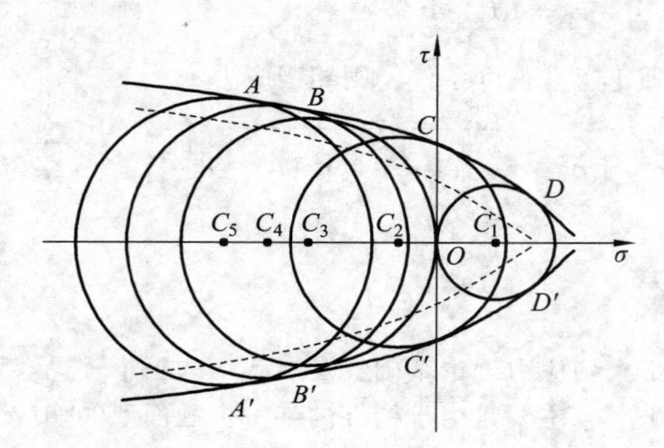

图 7.17

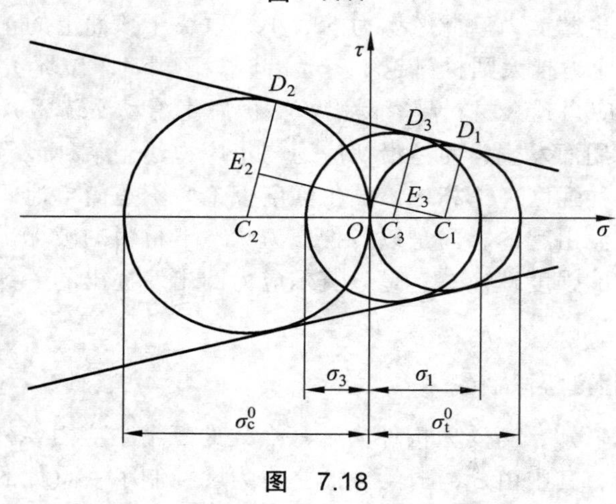

图 7.18

莫尔强度理论的强度条件为

$$\sigma_1-\frac{[\sigma_{\rm t}]}{[\sigma_{\rm c}]}\sigma_3\leqslant[\sigma_{\rm t}] \tag{7.14}$$

式中 $[\sigma_{\rm t}]$——材料的许用拉应力；

$[\sigma_{\rm c}]$——材料的许用压应力（以绝对值计算）。

莫尔强度理论的相当应力为

$$\sigma_{\rm r}M=\sigma_1-\frac{[\sigma_{\rm t}]}{[\sigma_{\rm c}]}\sigma_3 \tag{7.15}$$

对于一般塑性材料，其$[\sigma_{\rm t}]=[\sigma_{\rm c}]$，上式即为

$$\sigma_1-\sigma_3\leqslant[\sigma]$$

这就是最大切应力强度理论。莫尔强度理论不但适用于塑性材料，而且也适用于脆性材料，特别适用于抗拉压性能不同的低塑性材料，广泛用于土力学、岩石力学的强度计算。

四、强度理论的选用原则

前面介绍的几个强度理论都是对某种确定的破坏形式（断裂或屈服）才是适用的。在实际工程问题中，究竟选择哪一个强度理论较为合适，是一个比较复杂的问题，这里仅作简单介绍。

就一般情况而言，对于脆性材料，如混凝土、石料、铸铁等，通常发生脆性断裂破坏；对于塑性材料，如碳钢、铜、铝等，通常发生塑性屈服破坏。但应力状态对材料的破坏形式有很大影响。例如，低碳钢在单向拉伸时会发生明显的屈服现象，而用低碳钢制成的丝杆承受拉伸时，其螺纹根部由于应力集中处于三向拉伸的应力状态，而发生脆性断裂破坏，且断口平齐与铸铁拉伸试件的断口相仿。又如，淬火钢球压在铸铁板上时，铸铁板上会出现明显的塑性凹坑，这是因为接触点附近的铸铁材料处于三向压缩的应力状态，尽管铸铁是脆性材料，但在该种情况下也会发生塑性变形。

由以上分析，可得到选择强度理论的一般性原则：

（1）对于混凝土、石料、铸铁等脆性材料，通常发生脆性断裂破坏拉应力理论、最大拉应变理论或莫尔强度理论。

（2）对于碳钢、铜、铝等塑性材料，通常发生塑性屈服破坏，宜采用最大切应力理论或形状改变比能理论。最大切应力理论的计算式简单，计算结果偏于安全；形状改变比能理论更符合实际。

（3）在三向拉伸应力状态下，不论是脆性材料还是塑性材料，通常发生脆性断裂破坏，宜采用最大拉应力理论或莫尔强度理论。

（4）在三向压缩应力状态下，不论塑性材料还是脆性材料，通常发生塑性屈服破坏，宜采用最大切应力理论或形状改变比能理论。

（5）目前土力学、岩石力学、地质力学大都采用莫尔强度理论。

应该指出，在不同的情况下究竟如何选用强度理论，这并不单纯是个力学问题，而与有关工程部门长期积累的经验，以及根据这些经验制定的一整套计算方法和规定的许用应力数值都有关系。所以不同的工程技术部门，对于在不同情况下如何选用强度理论的问题看法上并不完全一致。

五、强度理论应用举例

【例 7.5】 已知铸铁构件内危险点处的应力状态如图 7.19 所示。若铸铁的许用拉应力 $[\sigma_t]=30\ \text{MPa}$，试校核其强度。

【解题分析】 铸铁为脆性材料，在平面双向拉伸应力状态下，宜采用最大拉应力理论进行强度校核。强度理论的相当应力均以主应力表示，因此应先求出单元体的主应力。

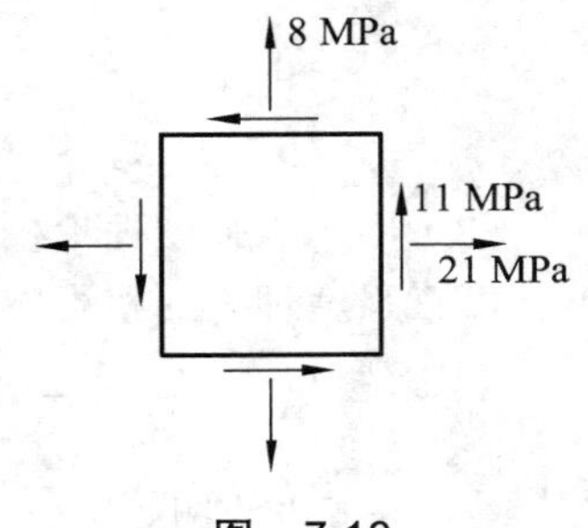

图　7.19

【解】 （1）求单元体的主应力。

由单元体图知：$\sigma_x = 21\ \text{MPa}$，$\sigma_y = 8\ \text{MPa}$，$\tau_x = -11\ \text{MPa}$。由式（7.4）可知：

$$\sigma_{\substack{\max\\ \min}}=\frac{\sigma_x+\sigma_y}{2}\pm\sqrt{\left(\frac{\sigma_x-\sigma_y}{2}\right)^2+\tau_x^2}$$

$$=\frac{21+8}{2}\pm\sqrt{\left(\frac{21-8}{2}\right)^2+(-11)^2}$$

$$=\begin{cases}27.28\ \text{MPa}\\1.72\ \text{MPa}\end{cases}$$

所以，单元体的主应力为：$\sigma_1=27.28\ \text{MPa}$，$\sigma_2=1.72\ \text{MPa}$。$\sigma_3=0\ \text{MPa}$。

（2）强度校核。

根据强度理论的选用原则，宜采用最大拉应力理论：

$$\sigma_{r1}=\sigma_1=27.28\ \text{MPa}<[\sigma_t]=30\ \text{MPa}$$

所以，构件满足强度要求。

【例 7.6】 钢制构件，其危险点处的应力状态如图 7.20（a）所示。已知正应力 $\sigma=120\ \text{MPa}$，切应力 $\tau=40\ \text{MPa}$，材料的许用应力 $[\sigma]=160\ \text{MPa}$，试分别用第三、第四强度理论校核其强度。

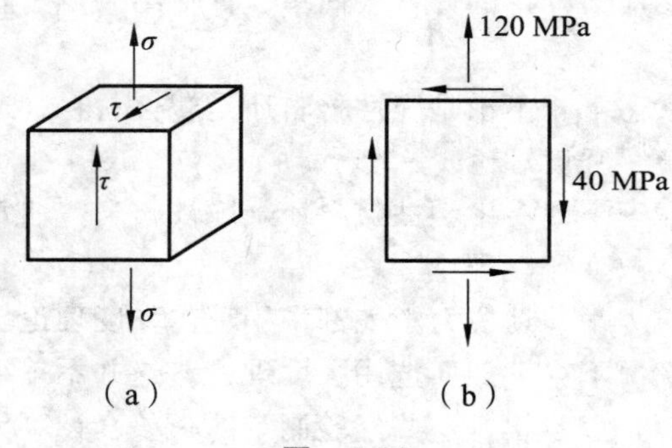

图 7.20

【解题分析】 在已知的单元体图中，左右平面无应力，故单元体可简化为平面应力状态，按平面应力状态求解。

【解】 （1）单元体的主应力。

单元体受力简化，如图 7.20（b）所示，可得

$$\sigma_{\substack{1\\3}}=\frac{\sigma}{2}\pm\frac{1}{2}\sqrt{\sigma^2+4\tau^2}=\frac{120}{2}\pm\frac{1}{2}\sqrt{120^2+4\times40^2}=\begin{cases}132.11\ \text{MPa}\\-12.11\ \text{MPa}\end{cases}$$

$$\sigma_2=0$$

（2）用第三强度理论校核。

第三强度理论的相当应力：

$$\sigma_{r3}=\sigma_1-\sigma_3=132.11-(-12.11)=144.22\ \text{MPa}<[\sigma]=160\ \text{MPa}$$

所以，第三强度理论满足。

（3）用第四强度理论校核。

第四强度理论的相当应力：

$$\begin{aligned}\sigma_{r4}&=\sqrt{\frac{1}{2}[(\sigma_1-\sigma_2)^2+(\sigma_2-\sigma_3)^2+(\sigma_1-\sigma_3)^2]}\\&=\sqrt{\frac{1}{2}[(132.11-0)^2+(0+12.11)^2+(132.11+12.11)^2]}\\&=138.56\text{ MPa}<[\sigma]\\&=160\text{ MPa}\end{aligned}$$

所以，第四强度理论也满足。

【例 7.7】　焊接工字形截面钢梁如图 7.21（a）、（c）所示。已知梁的许用应力 $[\sigma]=170\text{ MPa}$，$[\tau]=100\text{ MPa}$，截面的惯性矩 $I_z=88\times10^6\text{ mm}^4$，试对梁进行全面的强度校核。

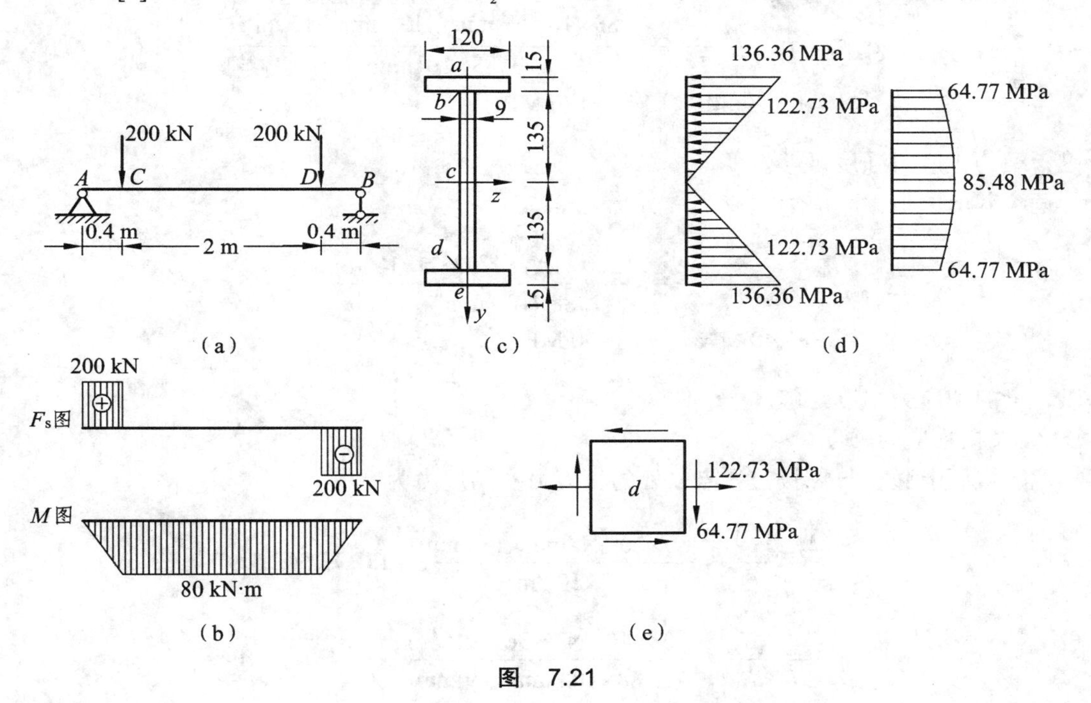

图　7.21

【解题分析】　所谓全面的强度校核，是指正应力强度校核、切应力强度校核、主应力强度校核三个方面的强度计算。本例的工字钢截面梁为自行焊接而成，对翼缘与腹板交接处的危险点必须校核其主应力强度。欲进行强度校核，需先确定梁的危险截面、危险点，并计算相应的截面几何参数。

【解】　（1）确定危险截面、危险点。

绘制梁的剪力图和弯矩图，如图 7.21（b）所示。由图可见：$F_{S\max}=200\text{ kN}$，发生在 C 左、D 右截面上；$M_{\max}=80\text{ kN}\cdot\text{m}$，发生在 CD 段截面上，所以，C、D 两截面为危险截面。

绘制危险截面上正应力和切应力的分布图，如图 7.21（d）所示。由图可见：

① 正应力危险点为 C、D 两截面的上下边缘处，如图 7.21（c）的 a 点、e 点所示。

② 切应力危险点为 C、D 两截面的中性轴处，如图 7.21（c）的 c 点所示。

③ 主应力危险点为C、D两截面的腹板与上下翼缘交接处处，如图 7.21（c）的b点、d点。

（2）校核正应力强度和切应力强度。

① 截面的几何参数为

$$S_{zc}^{*}=\sum A_i\cdot y_{ci}=120\ \text{mm}\times 15\ \text{mm}\times\left(135\ \text{mm}+\frac{15\ \text{mm}}{2}\right)+135\ \text{mm}\times 9\ \text{mm}\times\frac{135\ \text{mm}}{2}$$
$$=338.5\times 10^{3}\ \text{mm}^{3}$$

$$S_{zd}^{*}=\sum A_i\cdot y_{ci}=120\ \text{mm}\times 15\ \text{mm}\times\left(135\ \text{mm}+\frac{15\ \text{mm}}{2}\right)=256.5\times 10^{3}\ \text{mm}^{3}$$

② 校核梁的正应力强度、切应力强度。

危险截面的最大正应力为

$$\sigma_{\max}=\sigma_{\text{e}}=\frac{M_{\max}\cdot y_{\text{e}}}{I_z}=\frac{80\times 10^{6}\ \text{N}\cdot\text{mm}\times(135\ \text{mm}+15\ \text{mm})}{88\times 10^{6}\ \text{mm}^{4}}$$
$$=136.36\ \text{MPa}<[\sigma]=170\ \text{MPa}$$

所以，梁的正应力强度足够。

危险截面的最大切应力为

$$\tau_{\max}=\tau_c=\frac{F_{\text{S}\max}\cdot S_{zc}^{*}}{I_z\cdot d}=\frac{200\times 10^{3}\ \text{N}\times 338.5\times 10^{3}\ \text{mm}^{3}}{88\times 10^{6}\ \text{mm}^{4}\times 9\ \text{mm}}$$
$$=85.48\ \text{MPa}<[\tau]=100\ \text{MPa}$$

所以，梁的切应力强度足够。

③ 校核主应力强度。

危险截面上腹板与翼板交界点d处的正应力和切应力为

$$\sigma_d=\frac{M_{\max}\cdot y_d}{I_z}=\frac{80\times 10^{6}\ \text{N}\cdot\text{mm}\times 135\ \text{mm}}{88\times 10^{6}\ \text{mm}^{4}}=122.73\ \text{MPa}$$

$$\tau_d=\frac{F_{\text{S}\max}\cdot S_{zd}^{*}}{I_z\cdot d}=\frac{200\times 10^{3}\ \text{N}\times 256.5\times 10^{3}\ \text{mm}^{3}}{88\times 10^{6}\ \text{mm}^{4}\times 9\ \text{mm}}=64.77\ \text{MPa}$$

在d点取出的单元体如图 7.21（e）所示，利用式（7.18）、式（7.19）得

$$\sigma_{\text{r}3}=\sqrt{\sigma^2+4\tau^2}=\sqrt{122.73^2+4\times 64.77^2}=178.45\ \text{MPa}>[\sigma]=170\ \text{MPa}$$

$$\sigma_{\text{r}4}=\sqrt{\sigma^2+3\tau^2}=\sqrt{122.73^2+3\times 64.77^2}=166.28\ \text{MPa}<[\sigma]=170\ \text{MPa}$$

可见，交界点d处不满足第三强度理论的要求，而满足第四强度理论的要求，印证了前面所述第三强度理论偏于保守，而第四强度理论更加经济的结论。

需要说明的是，本例的工字钢截面梁为自行焊接而成，对翼缘与腹板交接处的危险点必须校核其主应力强度。而对于符合国家标准的型钢，由于其腹板与翼缘交界处不仅有圆弧，而且翼缘内侧还有 1：6 的斜度，因而增加了交界处的截面宽度，保证了在截面上、下边缘处的正

应力和中性轴处的切应力都不超过许用应力的情况下，腹板与翼缘交界处附近各点一般不会发生强度不够的问题。所以，标准型钢一般不必进行翼缘与腹板交界处的主应力强度校核。

小 结

本章主要介绍了受力构件内一点处应力状态的概念、应力状态的分析、广义胡克定律和四个基本的强度理论以及莫尔强度理论。着重研究平面应力状态分析，给出主平面、主应力和最大切应力的计算公式及危险点处于复杂应力状态时构件的强度计算问题。其中应力状态的概念、平面应力状态的分析（解析法和图解法）、广义胡克定律和强度理论是本章的重点知识。具体内容概括如下：

1. 应力状态的概念

（1）受力构件内一点处各个不同方位截面上应力的大小和方向情况，称为一点处的应力状态。为了研究受力构件内一点处的应力状态，可围绕该点取出一个微小的正六面体，称为单元体，并分析单元体六个面上的应力。

（2）当围绕一点所取单元体的方位不同时，单元体各个面上的应力也不同。但总可以找到三对互相垂直的平面，在这些面上只有正应力而没有切应力，这些切应力为零的平面称为主平面，其上的正应力称为主应力。围绕一点按三个主平面取出的单元体称为主应力单元体。

2. 平面应力状态的分析

（1）解析法。

求解 α 斜截面上的应力、主平面方位及主应力大小的计算公式如下：

$$\sigma_{\alpha}=\frac{\sigma_x+\sigma_y}{2}+\frac{\sigma_x-\sigma_y}{2}\cos 2\alpha-\tau_x\sin 2\alpha$$

$$\tau_{\alpha}=\frac{\sigma_x-\sigma_y}{2}\sin 2\alpha+\tau_x\cos 2\alpha$$

$$\tan 2\alpha_0=-\frac{2\tau_x}{\sigma_x-\sigma_y}$$

$$\sigma_{\substack{\max\\ \min}}=\frac{\sigma_x+\sigma_y}{2}\pm\sqrt{\left(\frac{\sigma_x-\sigma_y}{2}\right)^2+\tau_x^2}$$

式中各量均为代数量，注意 σ_x、σ_y、τ_x 及 α 的正、负号规定。主应力按代数值大小排序，即 $\sigma_1>\sigma_2>\sigma_3$。

（2）图解法（应力圆法）。

① 应力圆的绘制方法、步骤。

② 单元体与相应应力圆之间的对应关系。

掌握图解法的关键，是正确理解单元体与相应应力圆之间的对应关系。应力圆上任一点的横、纵坐标，分别代表单元体相应截面上的正应力和切应力。应力圆上一个点，是单元体上的一个面。应力圆直径上的两个点，是单元体上相互垂直的两个面。也即是，点面对应，夹角 2 倍，转向相同。

3. 强度理论

（1）四个基本的强度理论。

① 最大拉应力理论：引起材料发生脆性断裂破坏的主要因素是最大拉应力。

② 最大拉应变理论：引起材料发生脆性断裂破坏的主要因素是最大拉应变。

③ 最大切应力理论：引起材料发生塑性屈服破坏的主要因素是最大切应力。

④ 形状改变比能理论：引起材料发生塑性屈服破坏的主要因素是形状改变比能。

（2）强度理论的相当应力：

$$\begin{cases} \sigma_{r1} = \sigma_1 \\ \sigma_{r2} = \sigma_1 - \mu(\sigma_2 + \sigma_3) \\ \sigma_{r3} = \sigma_1 - \sigma_3 \\ \sigma_{r4} = \sqrt{\dfrac{1}{2}[(\sigma_1 - \sigma_2)^2 + (\sigma_2 - \sigma_3)^2 + (\sigma_3 - \sigma_1)^2]} \end{cases}$$

对于钢梁，由于 $\sigma_y = 0$，则

$$\sigma_{r3} = \sqrt{\sigma^2 + 4\tau^2}$$
$$\sigma_{r4} = \sqrt{\sigma^2 + 3\tau^2}$$

（3）莫尔强度理论。

强度条件：$\sigma_1 - \dfrac{[\sigma_t]}{[\sigma_c]}\sigma_3 \leqslant [\sigma_t]$；

相当应力：$\sigma_{rM} = \sigma_1 - \dfrac{[\sigma_t]}{[\sigma_c]}\sigma_3$

第八章　组合变形

第一节　组合变形的概念及其分析方法

实际工程中许多杆件受荷载作用后，往往同时产生两种或两种以上的基本变形，这种情况称为组合变形。例如图 8.1（a）所示屋架上的檩条，在横向力 q 作用下，分别在 y、z 两个垂直方向产生平面弯曲变形，称为斜弯曲；图 8.1（b）所示挡土墙，除因自重引起的压缩变形外，还有土壤的水平压力的作用而引起弯曲变形，因而挡土墙产生压缩与弯曲的组合变形。图 8.1（c）所示厂房排架柱，在不沿柱轴线的纵向力 F_1、F_2 作用下，产生偏心压缩；图 8.1（d）所示平台梁在扶梯梁荷载作用下，产生弯曲与扭转的组合变形。

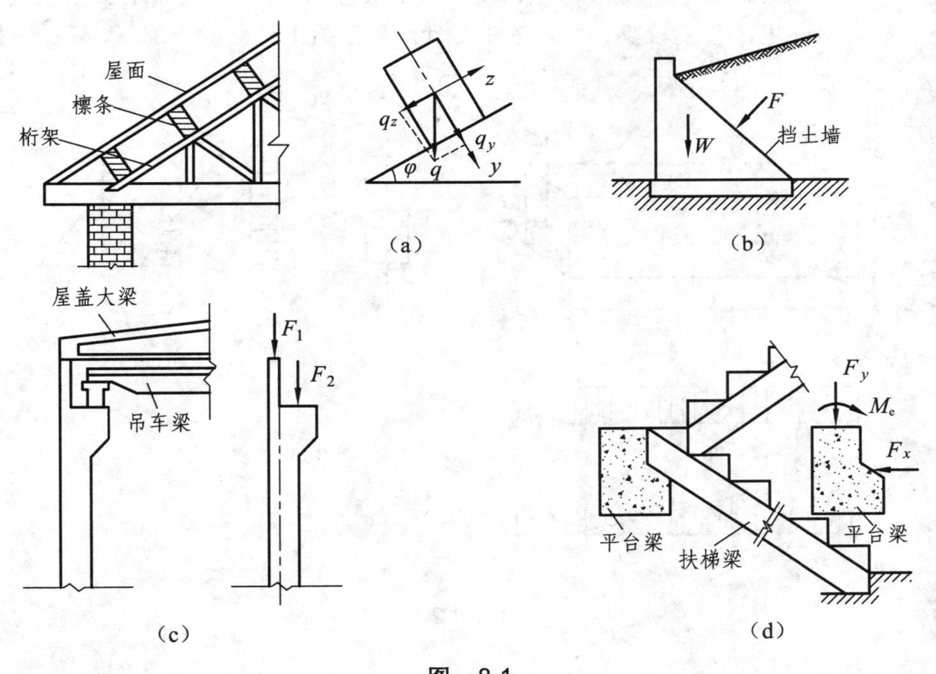

图　8.1

对于小变形且材料符合胡克定律的组合变形杆件，虽然同时产生几种基本变形，但每一种基本变形都各自独立，互不影响，因此可以应用叠加原理。其强度和刚度计算的步骤如下：

（1）将杆件承受的荷载进行分解或简化，使每一种荷载各自只产生一种基本变形。

（2）分别计算每一种基本变形下的应力和变形。

（3）利用叠加原理，将每一种基本变形下的应力进行叠加，计算杆件危险点处的应力，即可进行强度计算；将每一种基本变形下的变形进行叠加，计算杆件的最大变形，即可进行刚度计算。

本章着重研究工程中常见的拉伸（压缩）与弯曲、斜弯曲、偏心压缩（拉伸）以及弯曲与扭转组合变形的应力和强度计算。

第二节　拉伸（压缩）与弯曲的组合变形

如果杆件除了在通过其轴线的纵向平面内受到横向外力的作用外，还受到轴向外力的作用，则杆件将发生拉伸（压缩）与弯曲的组合变形。

现以受横向力 F_1 和轴向力 F_2 作用的矩形截面悬臂梁为例［见图 8.2（a）、（b）］，说明杆件在轴向拉伸（压缩）与弯曲组合变形时的强度计算问题，并通过对这种简单组合变形的研究，给出解决组合变形问题的一般思路和方法。

1．内力分析

拉伸（压缩）与弯曲的组合变形杆件，其内力一般存在轴力 F_N、弯矩 M 和剪力 F_S，通常情况下，剪力对强度的影响较小，可以忽略不计。只需绘出杆件的 F_N 图和 M 图，如图 8.2（b）、（c）所示。

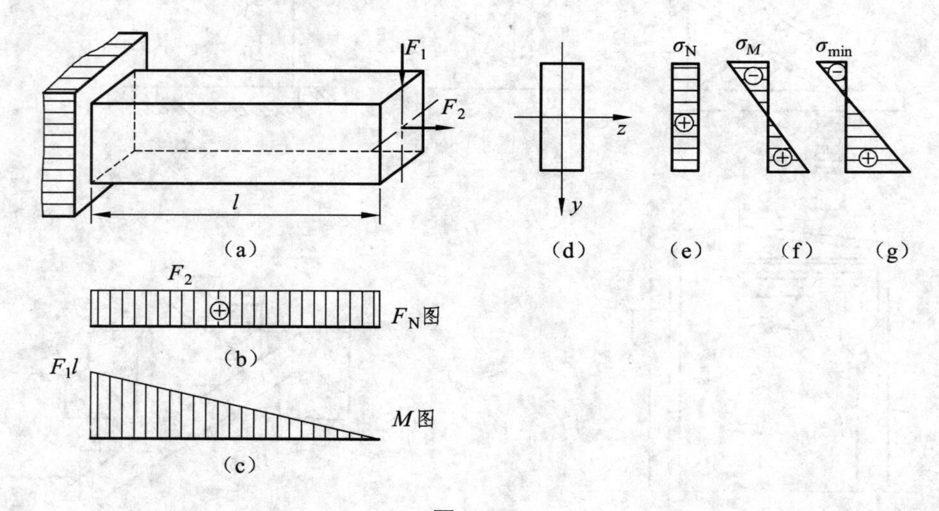

图　8.2

2．应力分析

轴力 F_N 引起的正应力在横截面上均匀分布，如图 8.2（e）所示，其值为

$$\sigma_N = \frac{F_N}{A}$$

式中　A——横截面面积。

F_N、σ_N 均以拉为正，压为负。

弯矩 M 引起的正应力在横截面上呈线性分布，如图 8.2（f）所示，其值为

$$\sigma_{W}=\pm\frac{M}{I_z}y$$

式中的 M 、 y 均以绝对值代入，正应力 σ_{W} 的符号通过观察变形判断：以拉应力为正，压应力为负。

横截面上离中性轴为 y 处的总的正应力为两项应力的叠加，其值为

$$\sigma=\sigma_{N}+\sigma_{W}=\pm\frac{F_{N}}{A}\pm\frac{M}{I_z}y$$

横截面上的最大（最小）正应力为

$$\sigma_{\substack{\max\\ \min}}=\pm\frac{F_{N}}{A}\pm\frac{M}{W_z} \tag{8.1}$$

若设 $\sigma_{W\max}>\sigma_{N}$，则横截面上的正应力分布如图 8.2（g）所示。

3. 强度条件

梁的最大正应力和最小正应力将发生在最大弯矩所在截面（即危险截面）上离中性轴最远的边缘各点处。因为这些点均处于单向应力状态，所以拉伸（压缩）与弯曲组合变形杆件的强度条件可表示为：

$$\sigma_{\max}=\left|\pm\frac{F_{N}}{A}\pm\frac{M_{\max}}{W_z}\right|\leqslant[\sigma] \tag{8.2}$$

若材料的抗拉、压强度不同，则须分别对拉、压强度进行计算。

应当指出，上述计算中假定杆的弯曲刚度较大，引起的挠度 ω 较小，因而由轴力 F_{N} 乘以挠度 ω 所得附加弯矩 $F_{N}\cdot\omega$ 的影响可不加考虑。如杆的弯曲刚度较小，则必须考虑附加弯矩，请读者参考有关书籍。

【例 8.1】 已知矩形截面构件 AB 横截面尺寸如图 8.3（a）所示，构件 AB 受力分别如图 8.3（b）、（c）、（d）所示。材料的许用应力 $[\sigma]=170$ MPa，试分别校核构件 AB 的强度。

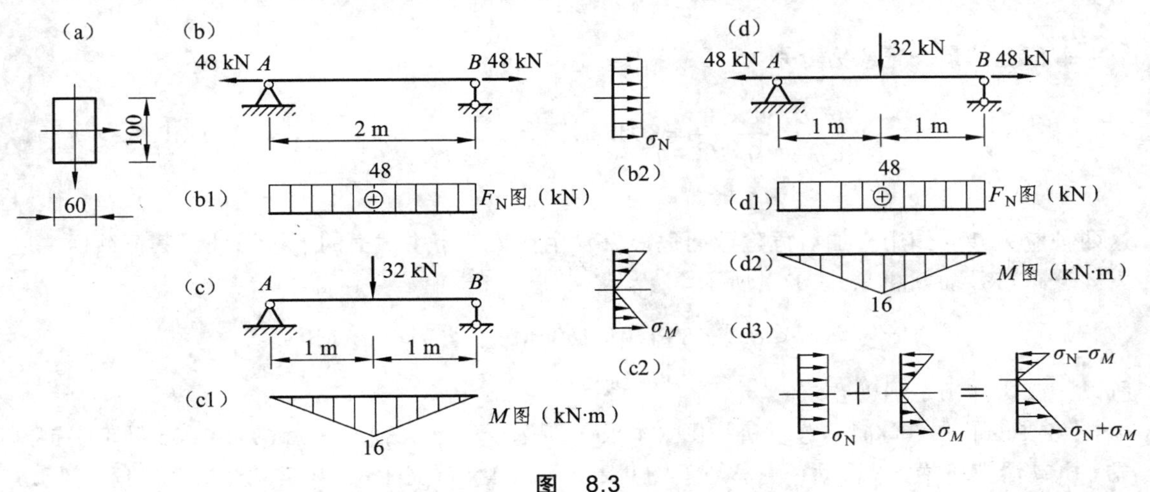

图 8.3

【解题分析】 无论构件是基本变形还是组合变形，要校核构件的强度，必须先分析构件所受的外力。由外力计算内力，并绘制内力图；确定危险截面、危险点，绘出截面上的应力分布图。再计算危险点处的应力，即可进行强度校核。图 8.3（d）为两种基本变形的组合——拉伸与弯曲，是图 8.3（b）与图 8.3（c）的组合。而图 8.3（b）的受力是轴向拉伸，图 8.3（c）的受力是平面弯曲。这里对图 8.3（b）与图 8.3（c）的计算，实际上是对前期所学知识的复习与巩固，也是对本章所学知识的分解，通过化繁为简再组合，完成对组合变形求解方法的理解与掌握。

【解】（1）对图 8.3（b）中的 AB 构件进行强度校核：

绘制轴力图如图 8.3（b1），由图知：$F_{\text{N}}=48\ \text{kN}$

截面上的正应力为

$$\sigma_{\text{N}}=\frac{F_{\text{N}}}{A}=\frac{48\times10^{3}}{60\times100}=8\ (\text{MPa})\leqslant[\sigma]=170\ \text{MPa}$$

其横截面上应力的分布规律如图 8.3（b2）所示，可见该构件满足强度要求。

（2）对图 8.3（c）中的 AB 构件进行强度校核：

绘制弯矩图如图 8.3（c1）所示，由图知：$M_{\max}=\dfrac{Fl}{4}=\dfrac{32\times2}{4}=16\ (\text{kN}\cdot\text{m})$

截面上的最大正应力为

$$\sigma_{M}=\pm\frac{M}{W_z}=\frac{16\times10^{6}}{\dfrac{60\times100^{2}}{6}}=\pm160\ (\text{MPa})\leqslant[\sigma]=170\ \text{MPa}$$

危险截面危险点发生在梁的跨中截面的上、下边缘处，其横截面上应力的分布如图 8.3（c2）所示，可见该构件满足强度要求。

（3）对图 8.3（d）中的 AB 构件进行强度校核

分别绘制轴力图和弯矩图，如图 8.3（d1）、（d2）所示，由图可知内力分别为

$$F_{\text{N}}=48\ \text{kN}\,,\quad M_{\max}=\frac{Fl}{4}=\frac{32\times2}{4}=16\ (\text{kN}\cdot\text{m})$$

截面上的最大正应力分别为

$$\sigma_{\text{N}}=\frac{F_{\text{N}}}{A}=\frac{48\times10^{3}}{60\times100}=8\ \text{MPa}\,,\quad \sigma_{M}=\pm\frac{M}{W_z}=\frac{16\times10^{6}}{\dfrac{60\times100^{2}}{6}}=\pm160\ \text{MPa}$$

这两种应力共同作用叠加后危险截面危险点发生在梁的跨中截面的下边缘处，其横截面上应力的分布与叠加如图 8.3（d3）所示。

$$\sigma_{\max}=|\sigma_{\text{N}}+\sigma_{M}|=|8+160|=168\ (\text{MPa})\leqslant[\sigma]=170\ \text{MPa}$$

所以，该构件满足强度要求。

【例 8.2】 一台简易起重机如图 8.4（a）所示，横梁 AB 长 $l=3\ \text{m}$，用 20b 号工字钢制成，电动滑车可沿 AB 移动，滑车与重物共重 $W=50\ \text{kN}$，拉杆 BC 与梁轴线成 30° 角。梁 AB

的许用应力 $[\sigma]=170\ \text{MPa}$。当滑车移动到梁 AB 的中点时，试校核梁的强度。

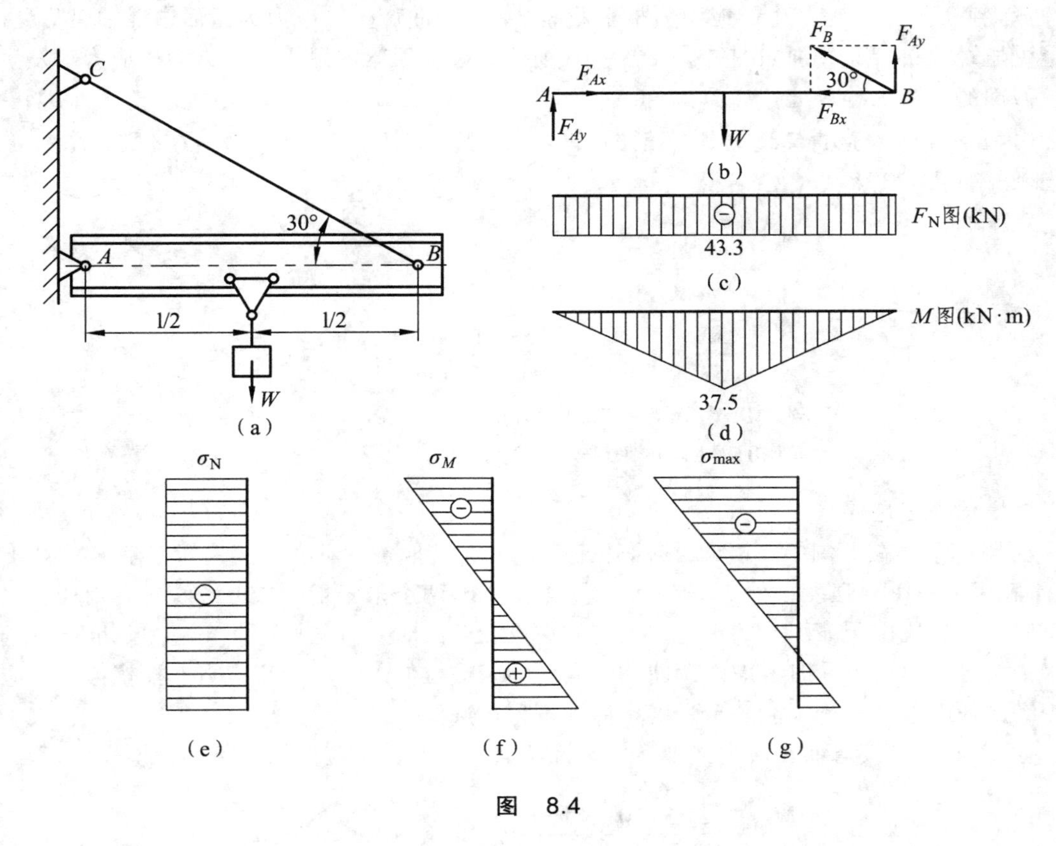

图　8.4

【解题分析】　校核 AB 梁的强度，首先应对梁进行受力分析。确定梁的受力使其产生哪些基本变形，确定每一种变形的危险截面和危险点。然后，根据每种基本变形在截面上的应力分布规律，用叠加法计算梁的最大应力，即可进行强度计算。

【解】　（1）外力分析。分析梁 AB 的受力，如图 8.4（b）所示。列出平衡方程：

$$\sum M_A=0,\quad (F_B\sin30°)\cdot l-W\frac{l}{2}=0$$

得　　$F_B=50\ \text{kN}$

$$\sum F_x=0,\quad F_{Ax}-F_B\cos30°=0$$

得　　$F_{Ax}=43.30\ \text{kN}$

可见梁 AB 在外力 W 作用下发生轴向压缩和弯曲的组合变形。

（2）内力计算。绘出梁的轴力图和弯矩图，如图 8.4（c）、（d）所示。由图可知，危险截面为梁的跨中 D 截面，其上的轴力和弯矩分别为

$$F_N=43.30\ \text{kN}$$

$$M_{max}=\frac{Wl}{4}=\frac{50\ \text{kN}\times3\ \text{m}}{4}=37.50\ \text{kN}\cdot\text{m}$$

（3）校核梁的强度。

危险截面上，压缩产生的应力为整个截面受压，弯曲产生的应力为截面中性轴以下受拉、以上受压，分布情况分别如图 8.4（e）、（f）所示。叠加后梁的最大正应力为压应力，发生在危险截面的上边缘各点处，如图 8.4（g）所示。

由型钢规格表查得 20b 号工字钢的横截面面积 $A = 39.5\times10^2\ \text{mm}^2$，弯曲截面系数 $W_z = 250\times10^3\ \text{mm}^3$，代入式（8.1）得

$$\begin{aligned}\sigma_{\max} &= \left|-\frac{F_{\text{N}}}{A}-\frac{M_{\max}}{W_z}\right| \\ &= \left|-\frac{43.3\times10^3\ \text{N}}{39.5\times10^2\ \text{mm}^2}-\frac{37.5\times10^6\ \text{N}\cdot\text{mm}}{250\times10^3\ \text{mm}^3}\right| \\ &= \left|-10.96\ \text{MPa}-150.00\ \text{MPa}\right| \\ &= 160.96\ \text{MPa} < [\sigma] = 170\ \text{MPa}\end{aligned}$$

所以该横梁强度足够。

【例 8.3】 在上例中，横梁 AB 采用工字钢，若其他条件不变，试选择工字钢的型号。

【解题分析】 强度条件式（8.1）中包含 A 和 W 两个未知量。从上例看出，由弯曲引起的正应力比远比由压缩引起的正应力大，故在设计截面时，可先按弯曲正应力强度条件选择工字钢型号，然后再同时考虑由弯曲和轴向压缩（或拉伸）引起的正应力，校核最大正应力是否满足强度条件；若不能满足强度条件，再另行选择。

【解】 （1）按弯曲正应力强度条件设计截面。由弯曲正应力强度条件，得

$$W_z \geqslant \frac{M_{\max}}{[\sigma]} = \frac{37.5\times10^6\ \text{N}\cdot\text{mm}}{170\ \text{MPa}} = 220.58\times10^3\ \text{mm}^3 = 220.58\ \text{cm}^3$$

查型钢规格表，取 20a 号工字钢，其弯曲截面系数 $W_z = 237\times10^3\ \text{mm}^3$，横截面面积 $A = 35.5\times10^2\ \text{mm}^2$。

（2）校核强度。梁的最大正应力为

$$\begin{aligned}\sigma_{\max} &= \left|-\frac{F_{\text{N}}}{A}-\frac{M_{\max}}{W_z}\right| \\ &= \left|-\frac{43.3\times10^3\ \text{N}}{35.5\times10^2\ \text{mm}^2}-\frac{37.5\times10^6\ \text{N}\cdot\text{mm}}{237\times10^3\ \text{mm}^3}\right| \\ &= \left|-12.27\ \text{MPa}-158.23\ \text{MPa}\right| \\ &= 170.50\ \text{MPa} > [\sigma] = 170\ \text{MPa}\end{aligned}$$

由于单向应力状态的强度条件偏于安全，工程中当 $\dfrac{\sigma_{\max}-[\sigma]}{[\sigma]}\times100\% < 5\%$ 时，可以认为强度满足要求。本例中：

$$\frac{\sigma_{\max}-[\sigma]}{[\sigma]}\times100\% = \frac{170.50\ \text{MPa}-170\ \text{MPa}}{170\ \text{MPa}}\times100\% = 0.29\% < 5\%$$

故选用 20a 号工字钢也能满足强度要求。

【例 8.4】 某一桥墩如图 8.5（a）所示，已知上部结构传递给桥墩的轴向压力 $F_1 = 1\,900$ kN，墩身自重 $F_2 = 350$ kN，基础自重 $F_3 = 1450$ kN，车辆的水平制动力 $F_4 = 300$ kN。试绘出基础底部截面上的正应力分布图。

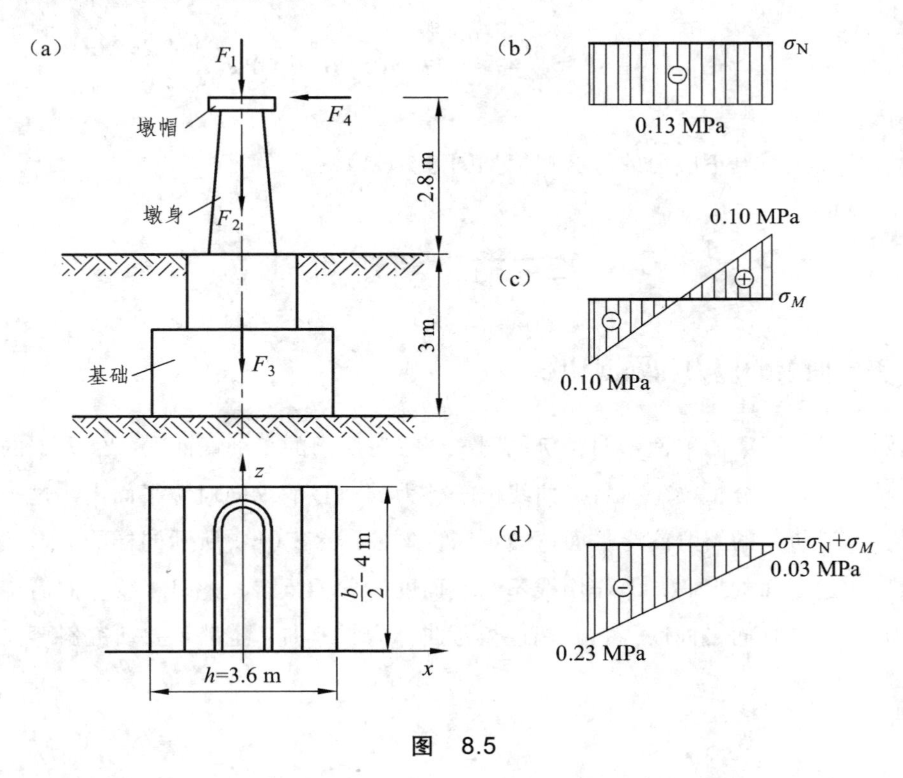

图　8.5

【解题分析】 绘制基础底部截面上的正应力分布图，需对基础底部的受力进行分析。基础底面的受力为 F_1、F_2、F_3 作用的压力和 F_4 作用的弯曲组合。先分别考虑每种荷载单独作用下基础底部截面上的正应力分布图，再应用叠加原理，即可绘出压、弯组合作用下基础底部截面上的正应力分布图。

【解】（1）内力分析。基础底部截面上的轴力和弯矩为

$$F_N = -(F_1 + F_2 + F_3) = -(1\,900\text{ kN} + 350\text{ kN} + 1\,450\text{ kN}) = -3\,700\text{ kN}$$
$$M_z = F_4(2.8\text{ m} + 3\text{ m}) = 300\text{ kN} \times 5.8\text{ m} = 1\,740\text{ kN}\cdot\text{m}$$

（2）应力分析。

由轴力 F_N 在基础截面引起的正应力为压应力，分布规律如图 8.5（b）所示。其值为

$$\sigma_N = \frac{F_N}{A} = \frac{3\,700\times10^3\text{ N}}{3.6\times10^3\text{ mm}\times8\times10^3\text{ mm}} = -0.13\text{ MPa}$$

由弯矩 M_z 在基础左边缘引起的正应力为压应力，在基础右边缘引起的正应力为拉应力，分布规律如图 8.5（c）所示。其值为

$$\sigma_{\rm W}=\mp\frac{M_z}{W_z}=\mp\frac{1\,740\times10^6\ \rm N\cdot mm\times6}{3.6^2\times10^6\ \rm mm\times8\times10^3\ mm}=\mp0.10\ \rm MPa$$

应用叠加原理，可得在基础左、右边缘处的应力分别为

$$\sigma=\sigma_{\rm N}+\sigma_{\rm W}=\frac{F_{\rm N}}{A}\mp\frac{M_z}{W_z}=-0.13\ \rm MPa\mp0.10\ MPa=\begin{cases}-0.23\ \rm MPa\\-0.03\ \rm MPa\end{cases}$$

所以，基础截面上正应力的分布规律如图 8.5（d）所示。

第三节 斜弯曲

一、斜弯曲梁的应力和强度计算

在第六章讨论了梁的平面弯曲，例如图 8.6（a）所示的矩形截面梁，外力 F 的作用线与截面的纵向对称轴重合，梁弯曲后挠曲线位于外力 F 所在的纵向对称平面内，这类弯曲称为平面弯曲。本节研究的斜弯曲与平面弯曲不同，例如图 8.6（b）所示同样的矩形截面梁，外力 F 虽然也通过截面的形心，但作用线不与截面的对称轴重合，此时，梁弯曲后挠曲线不再位于外力 F 所在的纵向平面内，我们把这类弯曲称为斜弯曲。本节主要研究斜弯曲时的应力和强度计算。

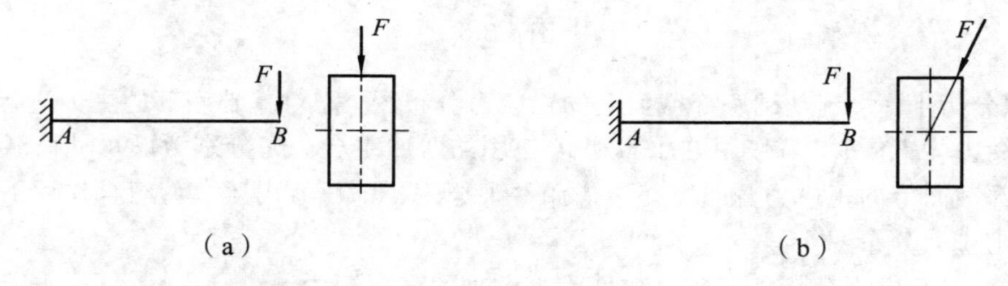

图 8.6

现以矩形截面悬臂梁为例，分析斜弯曲时的应力和强度问题。如图 8.7（a）所示，梁的自由端处作用一个垂直于梁轴线并通过截面形心的集中力 F，力 F 与对称轴 y 的夹角为 φ。由于力 F 不在纵向对称面内，梁将产生斜弯曲变形。为了便于计算，我们将倾角为 φ 的力 F 向截面的形心主惯性轴 y、z 轴分解，分解后的两个力均在梁的对称平面内，如图 8.7（a）所示。F_y 将使梁在 Oxy 纵向对称面内发生平面弯曲，z 轴为中性轴；F_z 将使梁在 Oxz 纵向对称面内发生平面弯曲，y 轴为中性轴。而每一个平面弯曲都是一种基本变形。这样通过荷载的分解，将斜弯曲分解成了两个互相垂直的平面弯曲。运用第七章所学知识，分别计算两个平面弯曲时横截面上的应力，利用叠加原理即可得到斜弯曲时相应横截面上的应力。

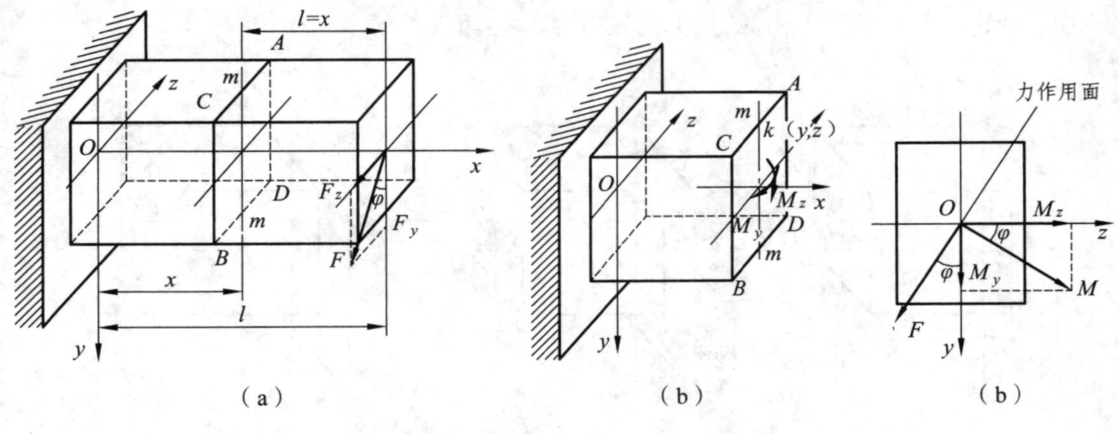

图 8.7

1. 内力分析

首先将荷载 F 沿截面的两个对称轴 y、z 分解为两个分量：

$$F_y = F\cos\varphi,\quad F_z = F\sin\varphi$$

平面弯曲时，梁的横截面上存在着剪力和弯矩两种内力，由于剪力的影响很小，可以忽略不计，只讨论弯矩的作用。

F_y 和 F_z 在距固定端为 x 处横截面 m—m 上引起的弯矩如图 8.7（b）所示，分别为

$$M_z = F_y(l-x) = F(l-x)\cos\varphi = M\cos\varphi$$
$$M_y = F_z(l-x) = F(l-x)\sin\varphi = M\sin\varphi$$

式中　M——力 F 引起的 m—m 截面上的总弯矩。

其与分弯矩 M_z、M_y 的关系也可以用矢量表示，如图 8.7（c）所示。

2. 应力分析

现在来求图 8.7（b）所示横截面 m—m 上任一点 $K(y,\ z)$ 处的应力。

利用弯曲正应力公式，求得由 M_z 和 M_y 和引起的 K 点处的正应力分别为

$$\sigma' = \pm\frac{M_z}{I_z}\cdot y\,,\qquad \sigma'' = \pm\frac{M_y}{I_y}\cdot z$$

根据叠加原理，K 点处的正应力 σ 等于 σ' 与 σ'' 的代数和，即

$$\sigma = \sigma' + \sigma'' = \frac{M_z}{I_z}\cdot y + \frac{M_y}{I_y}\cdot z = M\left(\frac{y\cos\varphi}{I_z} + \frac{z\sin\varphi}{I_y}\right) \tag{8.3}$$

式中　M——截面上的总弯矩；

y——K 点到 z 轴的距离；

z——K 点到 y 轴的距离；

式中的 M_z、M_y、y 和 z 均以绝对值代入，求得 σ' 或 σ'' 的正负，则根据梁的变型来判断，拉应力为正，压应力为负。例如图 8.8（a）、（b）所示，K 点在 z 轴以上、y 轴以右，由

M_z 引起的正应力 σ' 为正，由 M_y 引起的正应力 σ'' 也为正。

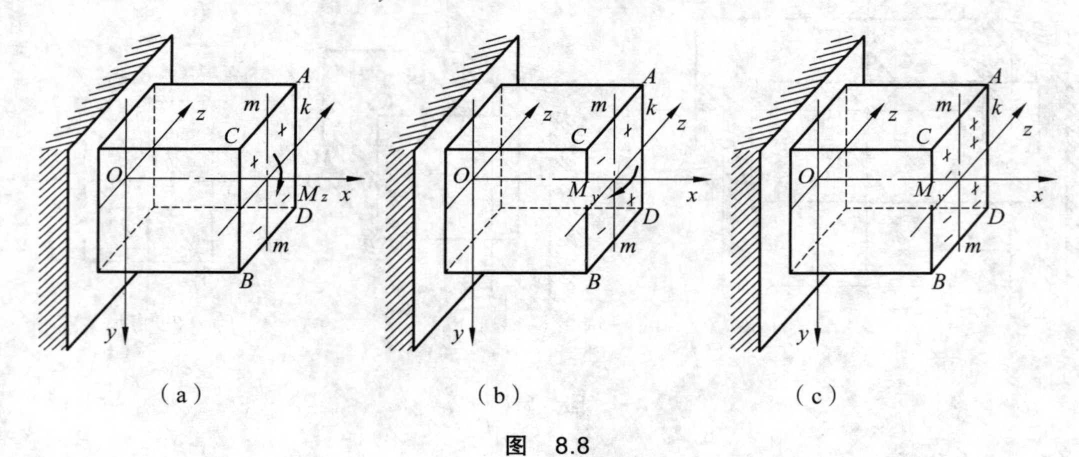

图 8.8

3. 强度计算

为了进行强度计算，需要确定梁的危险截面和危险点。对于图 8.7（a）所示的悬臂梁，固定端截面的弯矩值最大，为危险截面。由 M_z 产生的最大拉应力发生在该截面的 AC 边上，由 M_y 产生的最大拉应力发生在该截面的 AD 边上，由叠加原理可知，最大拉应力发生在 AC 边和 AD 边的交点 A 处。同理可判断，最大压应力发生在 BD 边和 BC 边的交点 B 处。A、B 两点就是危险点，如图 8.8（c）所示。

若梁的材料抗拉、压性能相同，则可建立斜弯曲梁的强度条件下：

$$\sigma_{\max}=\pm\frac{M_{z\max}}{W_z}\pm\frac{M_{y\max}}{W_y}\leqslant[\sigma] \tag{8.4}$$

应当注意，如果材料的抗拉、压强度不同，则须分别对拉、压强度进行计算。

上述强度条件，可以解决工程实际中的三类问题，强度校核、设计截面尺寸、确定许用荷载。但是在设计截面尺寸时，会出现弯矩截面系数 W_z 和 W_y 两个未知量。此时，可采用试算法：即先假设一个 W_z/W_y 的比值，然后由式（8.4）计算出 W_z（或 W_y）值，并进一步确定杆件所需要的截面形状和尺寸，再按式（8.4）计算进行强度校核，这样逐次渐进才能得出最后的合理尺寸。对于矩形截面，因为 $W_z/W_y=h/b$，所以在设计截面时，先假设一个 h 与 b 的比值（一般取 1.2～2），对于工字钢截面，从型钢表可知 W_z/W_y 的比值为 5～15，可在此范围内假设一个比值（一般取 8～10）。

二、斜弯曲梁的挠度和刚度计算

斜弯曲梁的挠度也可看做两个平面弯曲的挠度叠加。例如要计算图 8.7（a）所示悬臂梁自由端的挠度，可先计算出在分荷载 F_y 和 F_z 作用下在自由端引起的挠度 ω_y 和 ω_z：

$$\omega_y=\frac{F_yl^3}{3EI_z}=\frac{F\cos\varphi\cdot l^3}{3EI_z},\quad \omega_z=\frac{F_zl^3}{3EI_y}=\frac{F\sin\varphi\cdot l^3}{3EI_y}$$

自由端的总挠度为上述两个分挠度的矢量和，如图 8.9 所示，其大小为

$$\omega=\sqrt{\omega_y^2+\omega_z^2} \tag{8.5}$$

总挠度的方向可由 ω 与 y 轴夹角的正切来表示，即

$$\tan\beta=\frac{\omega_z}{\omega_y}=\frac{\sin\varphi\cdot I_z}{\cos\varphi\cdot I_y}=\frac{I_z}{I_y}\tan\varphi \tag{8.6}$$

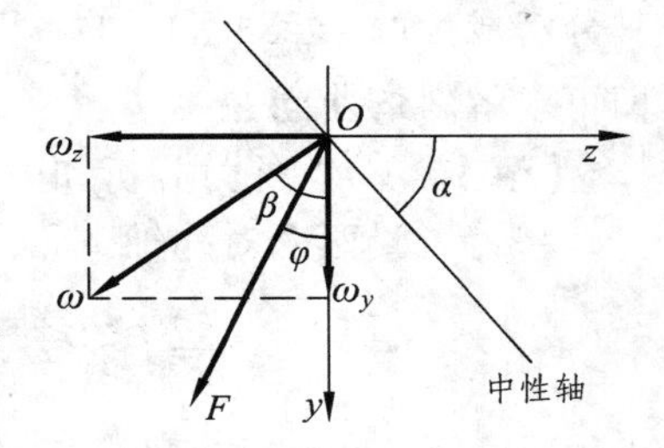

图 8.9

一般情况下，$I_y\neq I_z$，由式（8.6）知 $\beta\neq\varphi$，故总挠度方向与外力方向不一致，即外力作用平面与挠度曲线平面不重合，这正是斜弯曲的特点。只有当 $I_z=I_y$（截面为正方形或圆形）时，有 $\beta=\varphi$，外力作用平面与挠曲线平面重合，梁将发生平面弯曲。可见，对这类截面形状的梁来说，无论横向外力作用在通过形心的哪一个纵向平面内，都将发生平面弯曲而不发生斜弯曲。求出了斜弯曲梁的最大挠度后，其刚度条件和刚度计算就与以前一样，此处不再赘述。

以上讨论虽然是以图 8.7（a）所示悬臂梁为例，但其原理同样适用于其他支承形式的梁和荷载情况。

【例 8.5】 跨度为 $l=4$ m 的简支梁，用 32a 号工字钢制成。作用在梁跨中点的集中力 $F=32$ kN，其与横截面竖向对称轴 y 的夹角 $\varphi=15°$，如图 8.10（a）、（b）所示。已知钢梁的弹性模量 $E=2\times10^5$ MPa，许用应力 $[\sigma]=170$ MPa，梁的许用挠跨比 $[\omega/l]=1/200$，试校核此梁的强度和刚度。

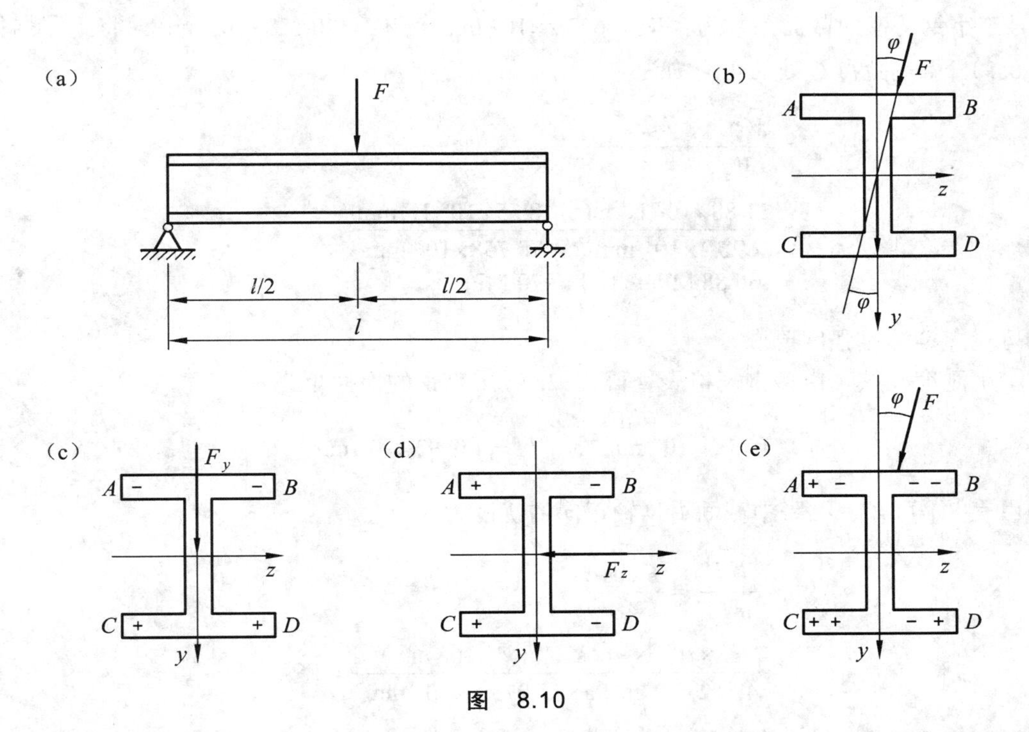

图 8.10

【解题分析】 求解组合变形问题的基本思路，是将组合变形分解为基本变形。本例由于

力 F 不与 y 轴或 z 轴重合，梁将产生斜弯曲组合变形。将力 F 沿两个对称轴 y 和 z 分解，使其分解成为两个互相垂直的平面弯曲，分别求出两个分弯矩 M_y 和 M_z。然后，利用叠加原理，即可求解斜弯曲问题。

【解】（1）外力分析和内力分析。

将力 F 沿两个对称轴 y 和 z 分解，可得

$$F_y = F\cos\varphi, \qquad F_z = F\sin\varphi$$

由 F_y 引起的最大弯矩发生在梁的跨中截面，其值为

$$M_{z\max} = \frac{F_y \cdot l}{4} = \frac{F\cos\varphi \cdot l}{4} = \frac{33\ \text{kN} \times \cos 15° \times 4\ \text{m}}{4} = 31.88\ \text{kN} \cdot \text{m}$$

由 F_z 引起的最大弯矩发生在梁的跨中截面，其值为

$$M_{y\max} = \frac{F_z \cdot l}{4} = \frac{F\sin\varphi \cdot l}{4} = \frac{33\ \text{kN} \times \sin 15° \times 4\ \text{m}}{4} = 8.55\ \text{kN} \cdot \text{m}$$

（2）应力分析和强度校核。

由图 8.10（c）、（d）可知，力 F 分解后，F_y 使截面产生绕 z 轴的弯曲，截面上侧受压，下侧受拉；F_z 使截面产生绕 y 轴的弯曲，截面左侧受拉、右侧受压。叠加后由图 8.10（e）可知，工字钢截面上，角点 C 和 B 处是最大正应力所在的点。

因为钢的抗拉和抗压强度相同，所以只取其中 C 点进行强度校核。由型钢规格表查得，32a 号工字钢的弯曲截面系数为：$W_z = 692.2 \times 10^3\ \text{mm}^3$，$W_y = 70.758 \times 10^3\ \text{mm}^3$。将上数据代入式（8.4），得危险点 C 处的正应力为

$$\begin{aligned}\sigma_{\max} &= \frac{M_{z\max}}{W_z} + \frac{M_{y\max}}{W_y} \\ &= \frac{31.88 \times 10^6\ \text{N} \cdot \text{mm}}{692.2 \times 10^3\ \text{mm}^3} + \frac{8.55 \times 10^6\ \text{N} \cdot \text{mm}}{70.758 \times 10^3\ \text{mm}^3} \\ &= 166.88\ \text{MPa} < [\sigma] = 170\ \text{MPa}\end{aligned}$$

可见此梁满足强度要求。

（3）刚度校核。由型钢规格表查得，32a 号工字钢的惯性矩为

$$I_z = 11\,075.5 \times 10^4\ \text{mm}^4, \quad I_y = 459.93 \times 10^4\ \text{mm}^4$$

由表 8.1 可知，梁跨中截面沿 y 轴正向的挠度为

$$\begin{aligned}\omega_{y\max} &= \frac{F_y l^3}{48EI_z} = \frac{F\cos\varphi \cdot l^3}{48EI_z} \\ &= \frac{33 \times 10^3\ \text{N} \times \cos 15° \times (4 \times 10^3\ \text{mm})^3}{48 \times 2 \times 10^5\ \text{MPa} \times 11\,075.5 \times 10^4\ \text{mm}^4} = 1.92\ \text{mm}\end{aligned}$$

梁跨中截面沿 z 轴负向的挠度为

$$\omega_{z\max}=\frac{F_z l^3}{48EI_y}=\frac{F\sin\varphi\cdot l^3}{48EI_y}$$

$$=\frac{33\times10^3\ \text{N}\times\sin15°\times(4\times10^3\ \text{mm})^3}{48\times2\times10^5\ \text{MPa}\times459.93\times10^4\ \text{mm}^4}=12.38\ \text{mm}$$

由式（8.5）知梁的最大挠度为

$$\omega_{\max}=\sqrt{\omega_{y\max}^2+\omega_{z\max}^2}=\sqrt{1.92^2+12.38^2}=12.53\ \text{mm}$$

因为：

$$\frac{\omega_{\max}}{l}=\frac{12.53\ \text{mm}}{4\times10^3\ \text{mm}}=0.003\,13<\left[\frac{\omega}{l}\right]=\frac{1}{200}=0.005$$

可见此梁也满足刚度要求。

讨论：在此例题中，若力F作用线与y轴重合，即$\varphi=0$，此时梁的弯曲为平面弯曲。则梁的最大正应力为$\sigma_{\max}=33\times10^6\ \text{N}\cdot\text{mm}/(692.2\times10^3\ \text{mm}^3)=47.67\ \text{MPa}$，仅为斜弯曲时最大正应力$\sigma_{\max}=166.88\ \text{MPa}$的 28.6%；梁的最大挠度$\omega_{\max}=\omega_{y\max}=33\times10^3\ \text{N}\times4^3\times10^9/(48\times200\times10^3\times11\,075.5\times10^4\ \text{mm}^4)=1.986\ \text{mm}$，仅为斜弯曲时最大挠度的 15.9%。由此可知，对于工字钢截面梁，当外力偏离y轴一个很小的角度时，就会使最大正应力和最大扰度增加很多。其原因是工字钢截面的I_y远小于I_z。因此，对于截面的I_y与I_z相差很大的梁，应使外力尽可能作用在梁的纵向对称面Oxy内，以防止因斜弯曲而产生过大的应力和变形。

第四节　偏心压缩（拉伸）

在第二章中，我们讨论过轴向拉伸（压缩），所谓的轴向拉伸（压缩），是指外力的作用线与杆件轴线重合的情况，如图 8.11（a）所示。而一般工业厂房的柱子，如图 8.11（b）所示，它所受的总压力$F=F_1+F_2$的作用线与柱子的轴线平行，但并不重合。这种受力情况称为偏心压缩。偏心压力的作用点到截面形心的距离e称为偏心距。偏心压缩（拉伸）可以分解为轴向压缩（拉伸）和弯曲两种基本变形，所以也是一种组合变形。下面讨论这类问题的强度计算：

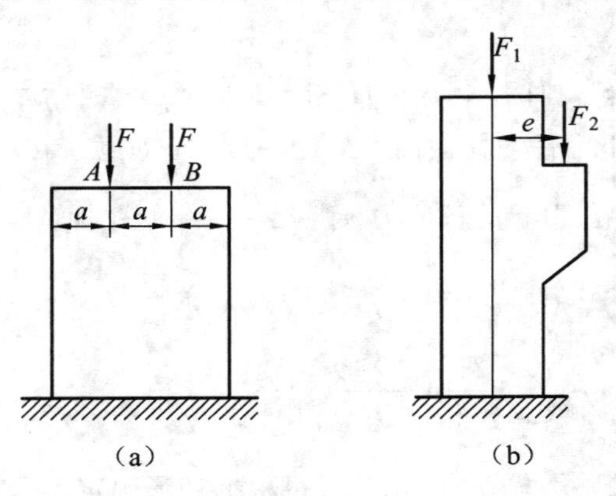

图　8.11

一、单向偏心压缩（拉伸）时的正应力计算

平行于杆件轴线的压（拉）力作用于截面的一个形心主轴（对称轴 y）上，称为单项偏心压缩（拉伸），如图 8.12（a）所示。现以图 8.12（a）所示矩形截面柱为例讨论单项偏心压缩（拉伸）时的正应力计算。

1. 荷载简化与内力分析

首先将偏心力 F 向截面的形心简化，得到一个与轴线重合的压力 F 和一个力偶矩 M_e，如图 8.12（b）所示。此时，力 F 使柱产生轴向压缩，而力偶矩 M_e 使柱产生绕 z 轴的平面弯曲，从而可知，单向偏心压缩就是轴向压缩与平面弯曲的组合。由截面法可求得任意横截面上的内力为 $F_N = F$，$M_z = M_e = F \cdot e$。显然，各横截面上的内力相同。

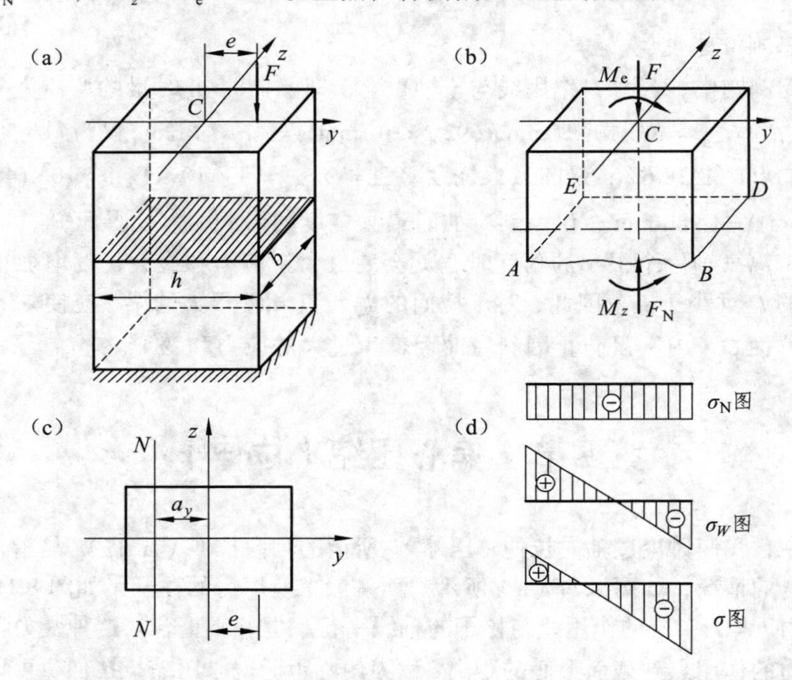

图 8.12

2. 应力分析

由于柱子为等截面直杆，且各个横截面上的轴力 F_N 和弯矩 M_z 都是相同的，所以各个横截面上的应力也相同。因此，任意横截面上的任一点的正应力，可以看成是由轴力 F_N 引起的正应力 $\sigma_N = \dfrac{F_N}{A}$ 和由弯矩 M_z 引起的正应力 $\sigma_M = \pm\dfrac{M_z \cdot y}{I_z}$ 的叠加，其应力分布规律的叠加如图 8.12（d）所示。其计算公式为

$$\sigma = \sigma_N + \sigma_M = \pm\frac{F_N}{A} \pm \frac{M_z \cdot y}{I_z} \tag{8.7}$$

式中各量均以绝对值代入，σ_N 与 σ_M 的正负号可根据变形确定，仍然是拉应力取正号，压应

力取负号。截面的最大正应力和最小正应力分别发生在截面的左、右两个边缘上，其计算公式为

$$\sigma_{\substack{\max \\ \min}} = \pm \frac{F_N}{A} \pm \frac{M_z}{W_z} \tag{8.8}$$

【例 8.6】 某混凝土立柱受力及截面尺寸如图 8.13（a）所示，已知偏心距 $e = 100$ mm，$F = 180$ kN，混凝土的许用压应力 $[\sigma_c] = 10$ MPa。试校核该立柱的强度。

【解题分析】 荷载 F 偏离轴心作用在 y 轴上，该立柱受力为单向偏心受压。首先应将偏心力向截面的形心简化，得到一个与轴线重合的压力 F 和一个力偶矩 M_e。此时，力 F 使柱产生轴向压缩，而力偶矩 M_e 使柱产生绕 z 轴的平面弯曲。分别计算各基本变形的最大应力，然后按叠加原理叠加，即可得到柱偏心压缩时的最大工作应力，进而进行柱的强度校核。

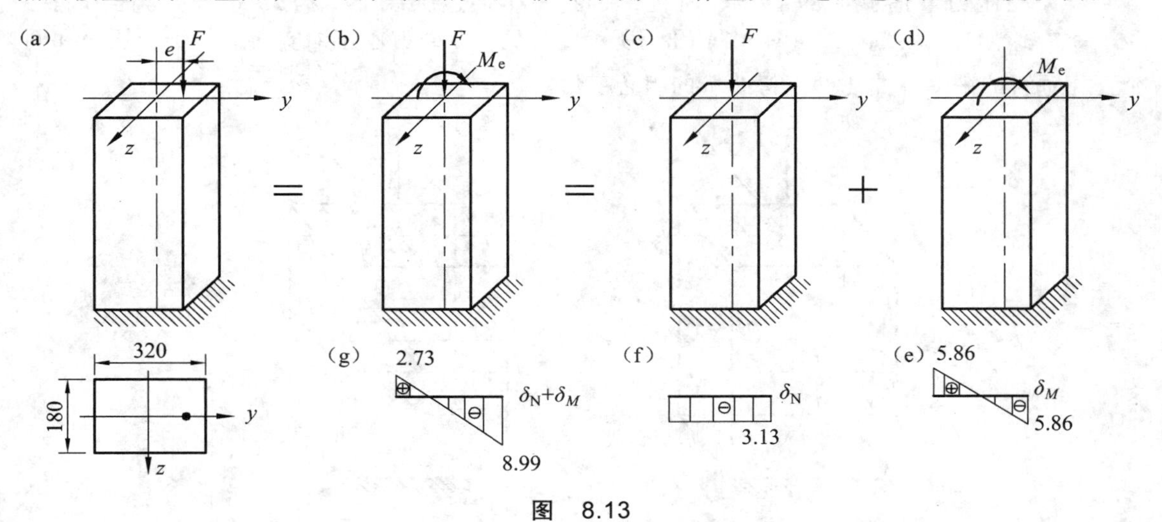

图　8.13

【解】 （1）将偏心力向截面的形心简化，得到一个与轴线重合的压力 F 和一个力偶矩 M_e，如图 8.13（b）所示。

此时：$M_e = F \cdot e = 180 \times 10^3 \times 100 = 18 \times 10^6$ (N·mm)

（2）分解荷载如图 8.13（c）、（d），分别计算立柱轴向受压和平面弯曲时的最大工作应力。

立柱轴向受压时：$\sigma_{\max} = \dfrac{F}{A} = -\dfrac{180 \times 10^3}{320 \times 180} = -3.13$ (MPa)

立柱平面弯曲时：$\sigma_{\max} = \dfrac{M_e}{W_z} = \pm \dfrac{18 \times 10^6}{\dfrac{180 \times 320^2}{6}} = \pm 5.86$ (MPa)

截面上的应力分布如图 8.13（e）、（f）所示。

（3）校核立柱的强度。

利用叠加原理可得立柱的最大工作应力为

$$\sigma_{\max} = \frac{F}{A} + \frac{M_e}{W_z} = |-3.13 - 5.86| = 8.99 \text{ (MPa)} \leqslant [\sigma] = 10 \text{ MPa}$$

叠加后立柱截面的应力分布如图 6.13（g）所示。

所以，该立柱满足强度要求。

二、双向偏心压缩（拉伸）时的正应力和强度计算

设矩形截面柱所受压力 F 的作用线与柱轴线平行，但力 F 的作用点不在横截面的任一形心主轴上，距离 y 轴为 e_z，距离 z 轴为 e_y，如图 8.14（a）所示。这种受力情况称为双向偏心压缩。下面以图 8.14（a）所示矩形截面柱为例，研究双向偏心压缩（拉伸）时的正应力计算。研究的方法步骤与单向偏心压缩时相同。

1. 载荷简化

将偏心压力 F 向截面的形心 C 简化，得到一个通过轴线的压力 F 和两个弯曲力偶距 $M_{ey}=F\cdot e_z$、$M_{ez}=F\cdot e_y$，如图 8.14（b）所示。可见，双向偏心压缩实质上是轴向压缩和两个互相垂直的平面弯曲（即斜弯曲）的组合变形。

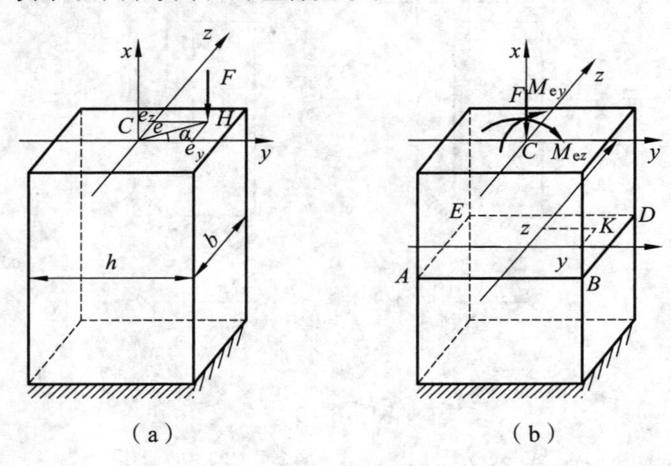

图 8.14

2. 内力分析

由截面法可求得任意截面上的内力为

$$F_{\mathrm{N}}=-F,\quad M_y=M_{ey}=F\cdot e_z,\quad M_z=M_{ez}=F\cdot e_y$$

3. 应力分析

由内力分析可知，柱子各截面上的内力相同，它又是等直杆，所以各截面上的应力也相同。由轴力 F_{N}、弯距 M_y 和 M_z 引起的截面上任一点的应力分别为

$$\sigma_{\mathrm{N}}=\pm\frac{F_{\mathrm{N}}}{A},\quad \sigma_{My}=\pm\frac{M_y}{I_y}\cdot z,\quad \sigma_{Mz}=\pm\frac{M_z}{I_z}\cdot y$$

根据叠加原理，可得到柱任一横截面上任一点的正应力为

$$\sigma=\pm\frac{F_{\mathrm{N}}}{A}\pm\frac{M_y}{I_y}\cdot z\pm\frac{M_z}{I_z}\cdot y \tag{8.9}$$

式中各量均以绝对值代入，正负号仍然是根据变形判定。各项应力在截面上的分布情况分别如图 8.15（a）（b）（c）所示。

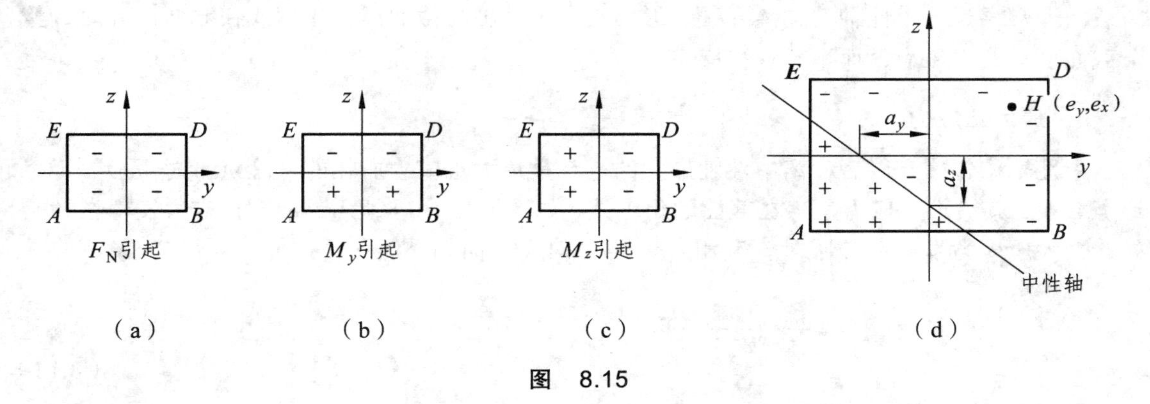

图 8.15

横截面上任一点 $H(y, z)$ 处的正应力为

$$\sigma=-\frac{F}{A}-\frac{F\cdot e_z}{I_y}z-\frac{F\cdot e_y}{I_z}y=-\frac{F}{A}\left(1+\frac{A\cdot e_z\cdot z}{I_y}+\frac{A\cdot e_y\cdot y}{I_z}\right)$$

引进惯性半径的定义：$i_y=\sqrt{\frac{I_y}{A}}$，$i_z=\sqrt{\frac{I_z}{A}}$，则有

$$\sigma=-\frac{F}{A}\left(1+\frac{e_z}{i_y^2}\cdot z+\frac{e_y}{i_z^2}\cdot y\right) \tag{8.10}$$

4. 中性轴的位置

为了进行强度计算，需求出横截面上的最大正应力。为此，先来确定中性轴的位置。设中性轴上任一点的坐标为（y_0，z_0），利用式（8.10），令正应力 $\sigma=0$，可得中性轴方程为

$$1+\frac{e_z z_0}{i_y^2}+\frac{e_y y_0}{i_z^2}=0 \tag{8.11}$$

中性轴有如下特点:

（1）由式（8.11）可知，中性轴是一直线方程，坐标（y_0, z_0）不可能同时为零，故中性轴为不通过横截面形心的直线，如图 8.13（d）所示。

（2）将 $y_0=0$ 和 $z_0=0$ 分别代入式（8.11），可得到中性轴在坐标轴 y 和 z 上的截距为

$$\left.\begin{aligned}a_y&=-\frac{i_z^2}{e_y}\\ a_z&=-\frac{i_y^2}{e_z}\end{aligned}\right\} \tag{8.12}$$

由上式可知，截距 a_y 和偏心距 e_y、截距 a_z 和偏心距 e_z 的正负号相反，说明中性轴与偏心压力 F 的作用点分别处于截面形心的相对两边，如图 8.13（d）所示。中性轴把截面分成

拉应力和压应力两个区域。

（3）由式（8.12）可以看出，e_y、e_z越小，则a_y、a_z就越大，即偏心压力F的作用点越向截面形心靠近，中性轴就越离开截面形心。当中性轴与截面周边相切或在截面以外时，整个截面上只产生压应力而不出现拉应力。

5. 最大正应力

中性轴位置确定以后，离中性轴最远的点就是最大正应力所在的危险点。对矩形、工字形等截面，其最大正应力发生在截面的角点处，如图 8.13（d）所示，最大拉应力发生在A点处，最大压应力发生在D点处。利用式（8.9）对于双向偏心压缩（拉伸）可得

$$\left.\begin{aligned}\sigma_{\mathrm{t\,max}}&=\mp\frac{F}{A}+\frac{M_y}{W_y}+\frac{M_z}{W_z}\\\sigma_{\mathrm{c\,max}}&=\mp\frac{F}{A}-\frac{M_y}{W_y}-\frac{M_z}{W_z}\end{aligned}\right\}\tag{8.13}$$

6. 强度计算

偏心受压杆的强度条件为

$$\sigma_{\max}=\left|-\frac{F}{A}-\frac{M_y}{W_y}-\frac{M_z}{W_z}\right|\leqslant[\sigma]\tag{8.14}$$

若材料的抗拉、抗压能力不同，则须分别对拉、压强度进行计算。

【例 8.7】 最大起吊重量$F_1=80\ \mathrm{kN}$的起重机，安装在混凝土基础上，如图 8.16 所示。起重机支架的轴线通过基础的中心，平衡锤重$F_2=50\ \mathrm{kN}$。起重机自重$F_3=180\ \mathrm{kN}$（不包含F_1和F_2），偏心距$e=0.6\ \mathrm{m}$，且F_1、F_2、F_3的作用线都通过基础底面的y轴。已知混凝土的容重$\gamma=22\ \mathrm{kN/m^3}$，混凝土基础的高$H=2.4\ \mathrm{m}$，基础截面的尺寸$b=3\ \mathrm{m}$。

求：（1）基础截面的尺寸h应为多少才能使基础截面上不产生拉应力；

（2）若地基的许用压应力$[\sigma_{\mathrm{c}}]=0.2\ \mathrm{MPa}$，用所选的$h$值，校核地基的强度。

【解题分析】 首先分析外力，确定组合变形的性质。因为F_1、F_2、F_3的作用线都通过基础底面的y轴，而不通过基础的截面形心O，故为单向偏心压缩。将各力向基础截面中心简化，得到轴向压力F_{N}及对z轴的力矩M_z。F_{N}使基础底面全部受压，如图 8.16（b）所示；M_z使基础底面左侧受拉，右侧受压，最大拉应力发生在AC边上，如图 8.16（c）所示；要使基础截面上不产生拉应力，就要求M_z作用产生的受拉侧的最大拉应力，在与轴向压力F_{N}产生的压应力叠加后的总应力要小于或等于零。

【解】 （1）求截面尺寸h。基础底部截面上的轴力和弯矩分别为

$$\begin{aligned}F_{\mathrm{N}}&=-F=-(F_1+F_2+F_3+\gamma\cdot A\cdot h)\\&=-(80+50+180+22\times3h\times2.4)\ \mathrm{kN}\\&=-(310+158.4h)\ \mathrm{kN}\\M_z&=F_1\cdot e_1+F_2\cdot e_2+F_3\cdot e_3\\&=(80\ \mathrm{kN}\times8\ \mathrm{m}-50\ \mathrm{kN}\times4\ \mathrm{m}+180\ \mathrm{kN}\times0.6\ \mathrm{m})=548\ \mathrm{kN\cdot m}\end{aligned}$$

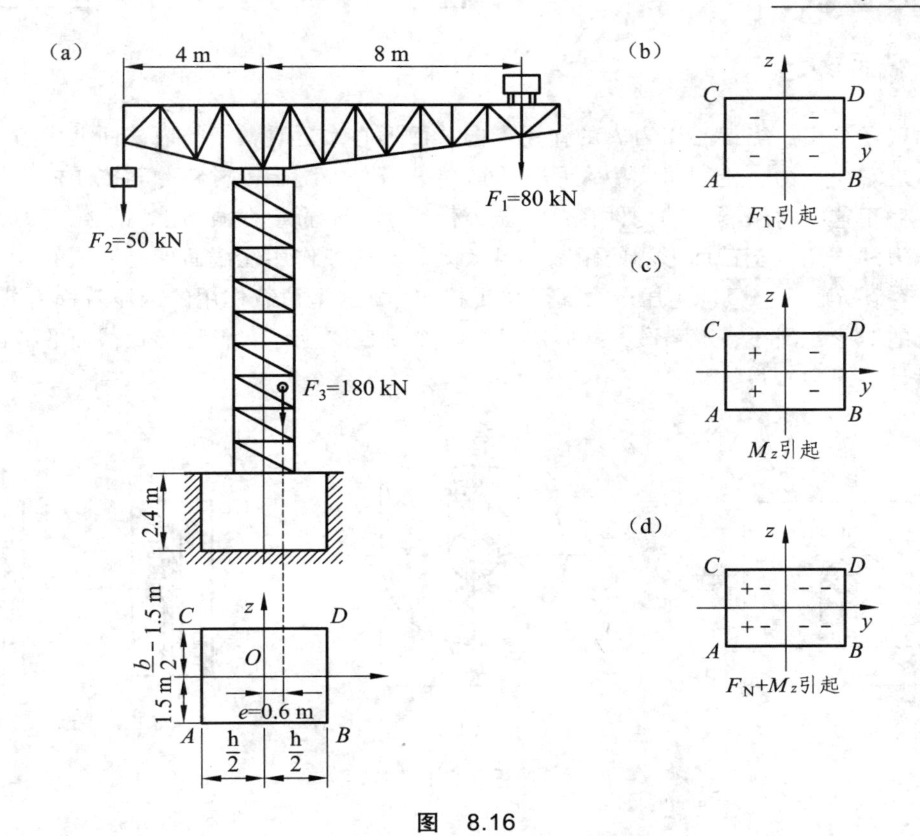

图　8.16

根据式（8.8）可知要使基础截面上不产生拉应力，必须满足：

$$\sigma_{\mathrm{t\,max}}=-\frac{F}{A}+\frac{M_z}{W_z}\leqslant 0$$

将 $A=3h$ 、$W_z=\dfrac{3h^2}{6}$ 及有关数据代入，可得

$$\sigma_{\mathrm{t\,max}}=-\frac{F_{\mathrm{N}}}{A}+\frac{M_z}{W_z}=-\frac{(310+158.4h)\times10^3\ \mathrm{N}}{3h\ \mathrm{m}^2}+\frac{548\times10^3\ \mathrm{N\cdot m}}{\dfrac{3h^2}{6}\ \mathrm{m}^3}\leqslant 0$$

由此解得 $h\geqslant 3.68\ \mathrm{m}$ ，取 $h=3.7\ \mathrm{m}$ 。

（2）校核地基的强度。基础底面上的最大压应力，发生在基础底面的右侧 BD 边上，由式（8.8）知

$$\sigma_{\mathrm{c\,max}}=\left|-\frac{F}{A}-\frac{M_z}{W_z}\right|$$

$$=\left|-\frac{(310+158.4\times3.7)\times10^3\ \mathrm{N}}{3\times10^3\ \mathrm{mm}\times3.7\times10^3\ \mathrm{mm}}-\frac{548\times10^6\ \mathrm{N\cdot mm}}{\dfrac{3\times10^3\ \mathrm{mm}\times(3.7\times10^3)^2\ \mathrm{mm}^2}{6}}\right|$$

$$=0.16\ \mathrm{MPa}<[\sigma_{\mathrm{c}}]=0.2\ \mathrm{MPa}$$

可见地基的强度足够。

二、截面核心

前面曾经指出，当偏心压力 F 的作用点向截面形心靠近时，杆的横截面上应力全部为压应力而不出现拉应力。土建工程中大量使用的砖、石、混凝土等材料，其抗压能力远比抗拉能力高。对于这些材料制成的构件在偏心压力作用下，不希望在截面上出现拉应力。这就要求偏心压力的作用点至截面形心的距离不可太大。当荷载作用在截面形心周围的一个区域内时，杆件整个横截面上只产生压应力而不出现拉应力，这个荷载作用的区域就称为截面核心。

常见的矩形、圆形、工字形、槽形截面核心如图 8.17 所示，各种形状截面的截面核心可从有关设计手册中查得。

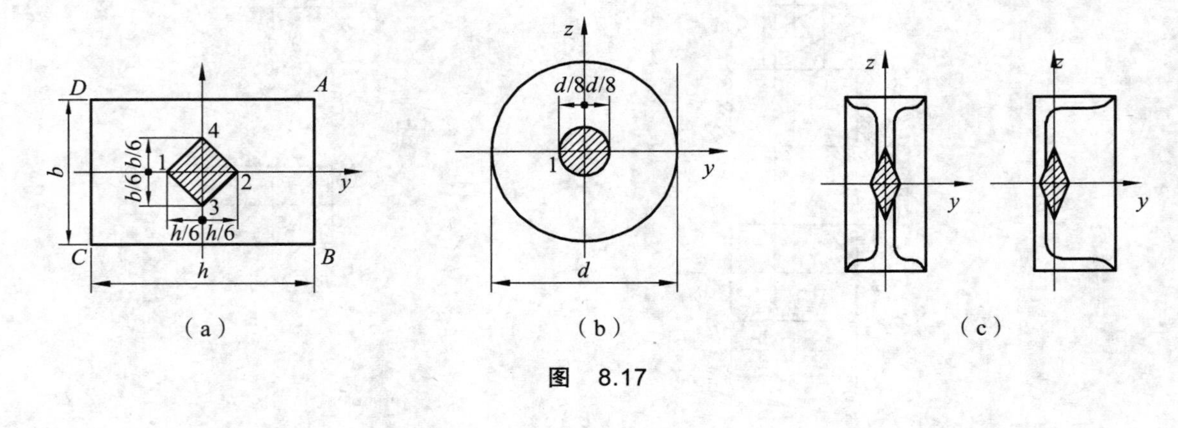

图 8.17

小 结

本章主要讨论杆件在组合变形下的应力和强度计算。计算应力采用的基本方法是叠加法，即首先将组合变形分解为有关的基本变形，分别计算在各基本变形下的应力，最后再进行叠加。本章没有更多的新内容，主要是将前面各章介绍过的拉、压、弯、扭各基本变形以及应力状态，强度理论的知识做了进一步的具体运用。

1. 组合变形的分解及应力计算

解决组合变形问题最关键的一步，是将复杂的组合变形分解为基本变形。下面对讨论过的几类组合变形作一简要归纳。

（1）拉伸（压缩）与弯曲的组合变形分解为轴向拉伸（压缩）与平面弯曲（由弯曲引起的剪力较小，可忽略不计）。横截面上的应力叠加为

$$\sigma_{\substack{\max\\\min}}=\pm\frac{F_{\mathrm{N}}}{A}\pm\frac{M}{W_z}$$

（2）斜弯曲分解为两个相互垂直的平面弯曲。横截面上的应力叠加为

$$\sigma_{\max}=\pm\frac{M_{z\max}}{W_z}\pm\frac{M_{y\max}}{W_y}$$

（3）偏心压缩（拉伸）

① 单向偏心压缩（拉伸）分解为轴向压缩（拉伸）与一个平面弯曲。横截面上的应力叠加为

$$\sigma_{\substack{\max \\ \min}} = \pm\frac{F_{\mathrm{N}}}{A} \pm \frac{M}{W_z}$$

② 双向偏心压缩（拉伸）分解为轴向压缩（拉伸）与两个相互垂直的平面弯曲。横截面上的应力叠加为

$$\left.\begin{aligned} \sigma_{\mathrm{t}\max} &= \mp\frac{F}{A} + \frac{M_y}{W_y} + \frac{M_z}{W_z} \\ \sigma_{\mathrm{c}\max} &= \mp\frac{F}{A} - \frac{M_y}{W_y} - \frac{M_z}{W_z} \end{aligned}\right\}$$

从分解后的基本变形、截面应力计算来看，偏心压缩（拉伸）和拉伸（压缩）与弯曲组合本质上属于同一种类型。

2. 截面应力正负号的判别

在截面应力的计算过程中，相关公式中的各量均以绝对值代入，而应力的正负则由杆件的变形来判别，仍然是拉应力为正、压应力为负。

3. 强度计算的一般步骤

（1）将组合变形分解为基本变形，画出杆件在基本变形下的内力图，从而找出危险截面。

（2）分析危险截面上危险点的位置，用叠加法计算危险点的应力（注意：各应力的正负号用直观法根据变形判定）。

（3）对危险点进行强度计算（若危险点为复杂应力状态，应考虑强度理论）。

第九章　压杆稳定

第一节　压杆稳定的概念

在前面讨论受压直杆的强度问题时，认为只要满足杆受压时的强度条件，就能保证压杆的正常工作。然而，事实上这个结论只适用于短粗压杆。细长压杆在轴向压力作用下，其破坏的形式却呈现出与强度问题截然不同的现象。例如，一根长 300 mm 的钢制直杆，其横截面的宽度和厚度分别为 20 mm 和 1 mm，材料的抗压许用应力等于 140 MPa，如果按照抗压强度计算，其抗压承载力应为 2.8 kN。但是实际上，在压力尚不到 40 N 时，杆件就发生了明显的弯曲变形，丧失了其在直线形状下保持平衡的能力从而导致破坏。在工程史上，曾发生过不少类似长杆的突然弯曲破坏导致整个结构毁坏的事故。其中最有名的是 1907 年北美魁北克圣劳伦斯河上的大铁桥，因桁架中的一根受压杆突然弯曲，引起整座大桥的坍塌。

显然，这不属于强度性质的问题，而属于下面即将讨论的压杆稳定的范畴。

为了说明问题，取如图 9.1（a）所示的等直细长杆，在其上端施加轴向压力 F，使杆在直线形状下处于平衡，此时，如果给杆以微小的侧向干扰力，使杆发生微小的弯曲，然后撤去干扰力，则当杆承受的轴向压力数值不同时，其结果也截然不同。当杆承受的轴向压力数值 F 小于某一数值 F_{cr} 时，在撤去干扰力以后，杆能自动恢复到原有的直线平衡状态而保持平衡，如图 9.1（a）、（b）所示，这种原有的直线平衡状态称为稳定的平衡；当杆承受的轴向压力数值 F 逐渐增大到（甚至超过）某一数值 F_{cr} 时，即使撤去干扰力，杆仍然处于微弯形状，不能自动恢复到原有的直线平衡状态，如图 9.1（c）、（d）所示。原有的直线平衡状态为不稳定的平衡。如果力 F 继续增大，则杆继续弯曲，产生显著的变形，甚至发生突然破坏。

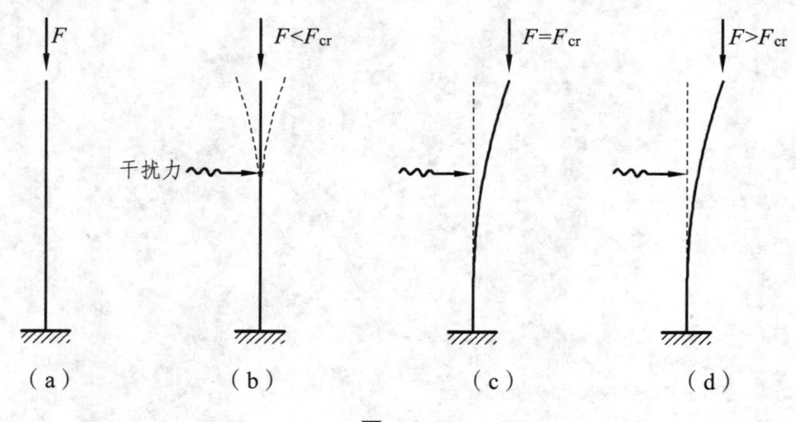

图　9.1

上述现象表明，在轴向压力 F 由小逐渐增大的过程中，压杆由稳定的平衡转变为不稳定的平衡，这种现象称为压杆丧失稳定性或者压杆失稳。显然压杆是否失稳取决于轴向压力的大小。压杆由直线形状的稳定的平衡过渡到不稳定的平衡，具有临界的性质，此时所对应的轴向压力，称为压杆的临界压力或临界力，用 F_{cr} 表示。当压杆所受的轴向压力 F 小于 F_{cr} 时，杆件就能够保持稳定的平衡，这种性能称为压杆具有稳定性；而当压杆所受的轴向压力 F 等于或者大于 F_{cr} 时，杆件就不能保持稳定的平衡而失稳。

压杆经常被应用于各种工程实际中，例如内燃机的连杆和液压装置的活塞杆，此时必须考虑其稳定性，以免引起压杆失稳破坏。工程中的柱、桁架中的压杆、薄壳结构及薄壁容器等，有压力存在时，都可能发生失稳。

第二节　细长压杆的临界压力

一、细长压杆临界力计算公式——欧拉公式

确定压杆的临界力是研究压杆稳定问题的关键。下面介绍不同约束条件下压杆临界力的计算公式。

1. 两端铰支细长压杆的临界力计算公式——欧拉公式

设两端铰支长度为 l 的细长杆，在轴向压力 F 的作用下保持微弯平衡状态，如图 9.2 所示。并假设压杆失稳时只发生平面弯曲变形，这样，通过建立并求解压杆挠曲线的近似微分方程就可以确定临界力。

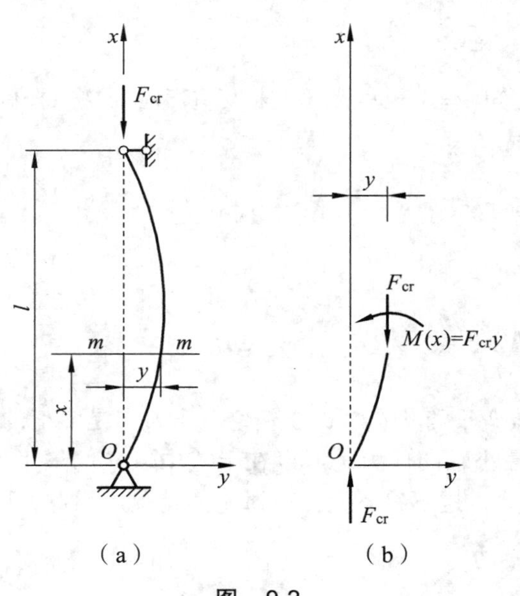

图　9.2

根据前面讨论结果，杆件小变形时挠曲线近似微分方程为

$$EI\frac{d^2y}{dx^2}=-M(x) \tag{a}$$

在图 9.2 所示的坐标系中，坐标 x 处 $m—m$ 横截面上的弯矩为

$$M(x)=F_{\mathrm{cr}}y \tag{b}$$

将式（b）代入式（a），得

$$EI\frac{\mathrm{d}^2y}{\mathrm{d}x^2}=-F_{\mathrm{cr}}y \tag{c}$$

若令：

$$k^2=\frac{F_{\mathrm{cr}}}{EI} \tag{d}$$

式（c）可写成：

$$\frac{\mathrm{d}^2y}{\mathrm{d}x^2}+k^2y=0 \tag{e}$$

此微分方程的通解为

$$y=A\sin kx+B\cos kx \tag{f}$$

上式中的 A 和 B 为待定常数，可由压杆的边界条件确定。边界条件为：在 $x=0$ 处，$y=0$；在 $x=l$ 处，$y=0$。将第一个边界条件代入（f），得 $B=0$，于是，式（f）改写为

$$y=A\sin kx \tag{g}$$

上式表示挠曲线为一正弦曲线，若将第二个边界条件代入式（g）则 $A\sin kl=0$，可得

$$A=0 \quad 或 \quad \sin kl=0$$

若 $A=0$，则由式（g）可知 $y=0$，表示压杆未发生弯曲，这与杆件产生微弯曲的前提矛盾，因此必有 $\sin kl=0$，可知：

$$kl=n\pi \quad 或 \quad k=\frac{n\pi}{l}\ (n=0,\ 1,\ 2,\ \cdots) \tag{h}$$

将式（h）代入式（d），可得

$$F_{\mathrm{cr}}=\frac{n^2\pi^2EI}{l^2}\ (n=0,\ 1,\ 2,\ \cdots) \tag{i}$$

上式表明，当压杆处于微弯平衡状态时，在理论上压力 F 是多值的。由于临界力应是压杆在微弯形状下保持平衡的最小轴向压力，所以在上式中取 F 的最小值。但若取 $n=0$，则压力 $F=0$，表明杆上并无压力，这不符合上面所讨论的情况。因此，取 $n=1$，可得临界力为

$$F_{\mathrm{cr}}=\frac{\pi^2EI}{l^2} \tag{9.1}$$

上式即为两端铰支细长杆的临界压力计算公式，称为欧拉公式。

从欧拉公式可以看出，细长压杆的临界力 F_{cr} 与压杆的弯曲刚度 EI 成正比，而与杆长 l 的平方成反比。

应当指出，若杆两端为球铰支座，则它对端截面任何方向的转角均没有限制，此时式(9.1)中的 I 应为横截面的最小惯性矩。在临界力作用下，即 $k=\pi/l$，由式(g)可得 $y=A\sin\dfrac{\pi x}{l}$，即两端铰支压杆在临界力作用下的挠曲线为半波正弦曲线，A 为杆中点的挠度，可为任意的微小位移。

2. 其他约束情况下细长压杆的临界力

杆端为其他约束的细长压杆，其临界力计算公式可参考前面的方法导出，也可以采用类比的方法得到。经验表明，具有相同挠曲线形状的压杆，其临界力计算公式也相同。于是，可将两端铰支约束压杆的挠曲线形状取为基本情况，而将其他杆端约束条件下压杆的挠曲线形状与之进行对比，从而得到相应杆端约束条件下压杆临界力的计算公式。为此，可将欧拉公式写成统一的形式：

$$F_{cr}=\frac{\pi^2 EI}{(\mu l)^2} \tag{9.2}$$

式中，μl 称为折算长度，表示将杆端约束条件不同的压杆计算长度 l 折算成两端铰支压杆的长度，μ 称为长度系数。几种不同杆端约束情况下的长度系数 μ 值列于表 9.1 中。

表 9.1　四种典型细长压杆的临界力

杆端弯矩	两端铰支	一端铰支，一端固定	两端固定	一端固定，一端自由
失稳时挠曲线的形状	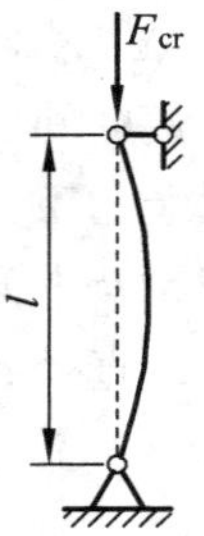 F_{cr} l	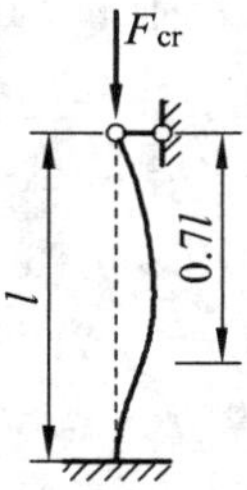 F_{cr} l　$0.7l$	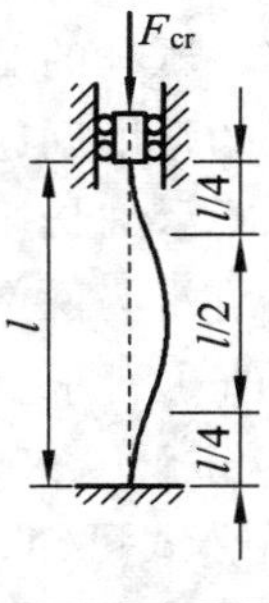 F_{cr} l　$l/4$　$l/2$　$l/4$	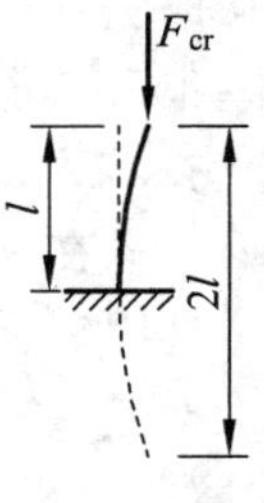 F_{cr} l　$2l$
临界力	$F_{cr}=\dfrac{\pi^2 EI}{l^2}$	$F_{cr}=\dfrac{\pi^2 EI}{(0.7l)^2}$	$F_{cr}=\dfrac{\pi^2 EI}{(0.5l)^2}$	$F_{cr}=\dfrac{\pi^2 EI}{(2l)^2}$
长度系数	$\mu=1$	$\mu=0.7$	$\mu=0.5$	$\mu=2$

从表 9.1 可以看出，两端铰支时，压杆在临界力作用下的挠曲线为半波正弦曲线；而一端固定、另一端铰支时，计算长度为 l 的压杆的挠曲线，其部分挠曲线 $(0.7l)$ 与长为 l 的两端铰支的压杆的挠曲线的形状相同，因此，在这种约束条件下，折算长度为 $0.7l$。其他约束条件下的长度系数和折算长度可以依此类推。

【例 9.1】　如图 9.3 所示细长压杆，两端约束为球形铰支，截面形状为矩形，横截面尺寸为 80 mm × 140 mm，材料的弹性模量 $E=10$ GPa。试分别计算 $l=3$ m，$l=5$ m，$l=7$ m 时压杆的临界力。

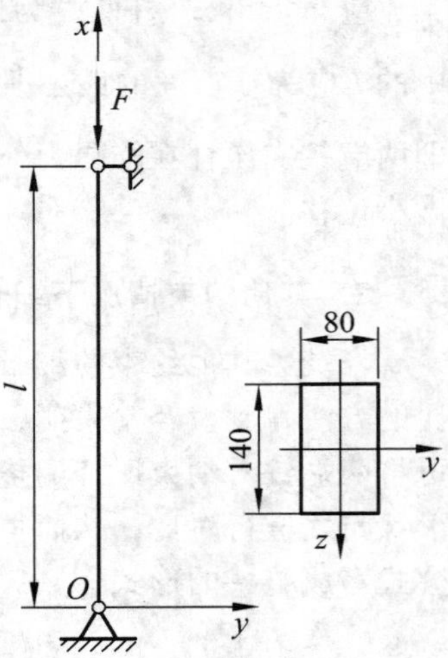

【解题分析】 临界力为使压杆发生失稳所需要的最小压力，求解临界力，应首先判断压杆的失稳方向。压杆两端约束为球形铰支，表示两端在各个方向的约束都相同，均为铰支。长度系数应取 $\mu=1$。截面形状为矩形，由图可知 $I_z<I_y$，即压杆将绕 z 轴失稳，所以应由 $I_{\min}=I_z$ 求解 F_{cr}。

【解】（1）计算截面最小惯性矩：

$$I_{\min}=I_z=\frac{hb^3}{12}=\frac{140\ \text{mm}\times 80^3\ \text{mm}}{12}=597.3\times 10^4\ \text{mm}^4$$

（2）分别计算 $l=3\ \text{m}$，$l=5\ \text{m}$，$l=7\ \text{m}$ 时的临界力：

$$F_{\text{cr1}}=\frac{\pi^2 EI_{\min}}{(\mu l)^2}=\frac{\pi^2\times 10\times 10^3\ \text{MPa}\times 597.3\times 10^4\ \text{mm}^4}{(1\times 3\times 10^3\ \text{mm})^2}$$
$$=65\ 435\ \text{N}=65.44\ \text{kN}$$

$$F_{\text{cr2}}=\frac{\pi^2 EI_{\min}}{(\mu l)^2}=\frac{\pi^2\times 10\times 10^3\ \text{MPa}\times 597.3\times 10^4\ \text{mm}^4}{(1\times 5\times 10^3\ \text{mm})^2}$$
$$=23\ 557\ \text{N}=23.56\ \text{kN}$$

$$F_{\text{cr3}}=\frac{\pi^2 EI_{\min}}{(\mu l)^2}=\frac{\pi^2\times 10\times 10^3\ \text{MPa}\times 597.3\times 10^4\ \text{mm}^4}{(1\times 7\times 10^3\ \text{mm})^2}=12\ 019\ \text{N}=12.02\ \text{kN}$$

x
F
l
80
140
y
z
O
y

图 9.3

从以上计算可以看出，压杆的截面面积 A 和刚度 EI 相同，但长度 l 不同时，它们的临界力相差很大。这说明压杆的强度问题完全不同于杆件的轴向拉、压强度问题。

【例 9.2】 如图 9.4 所示细长压杆，上端约束为球形铰支，下端约束情况如图 9.4（a）所示。压杆在 xOy 平面内可视为两端铰支，如图 9.4（b）所示；在 xOz 平面内可视为一端铰支、一端固定，如图 9.4（c）所示。杆长 $l=4\ \text{m}$，截面形状为圆形，直径 $d=120\ \text{mm}$，材料的弹性模量 $E=200\ \text{GPa}$。试计算该压杆的临界力。

【解题分析】 由欧拉公式可知，影响临界力的因素有：E、I、μ、l。本例压杆的 E、I、l 均相同，但不同方向的杆端约束不同，即 μ 不同。由已知条件，在 xOy 平面内为两端铰支，$\mu=1$；在 xOz 平面内为一端铰支、一端固定，$\mu=0.7$；压杆将在约束条件较弱的 xOy 平面内失稳，所以临界力 F_{cr} 应由 $\mu=1$ 求解。

【解】（1）计算截面惯性矩：

$$I_y=I_z=\frac{\pi d^4}{64}=\frac{\pi\times(120\ \text{mm})^4}{64}=1\ 017.36\times 10^4\ \text{mm}^4$$

（2）计算临界力：

$$F_{\text{cr}}=\frac{\pi^2 EI}{(\mu l)^2}=\frac{\pi^2\times 200\times 10^3\ \text{MPa}\times 1017.36\times 10^4\ \text{mm}^4}{(1\times 4\times 10^3\ \text{mm})^2}$$
$$=1\ 253.85\times 10^3\ \text{N}=1\ 253.85\ \text{kN}$$

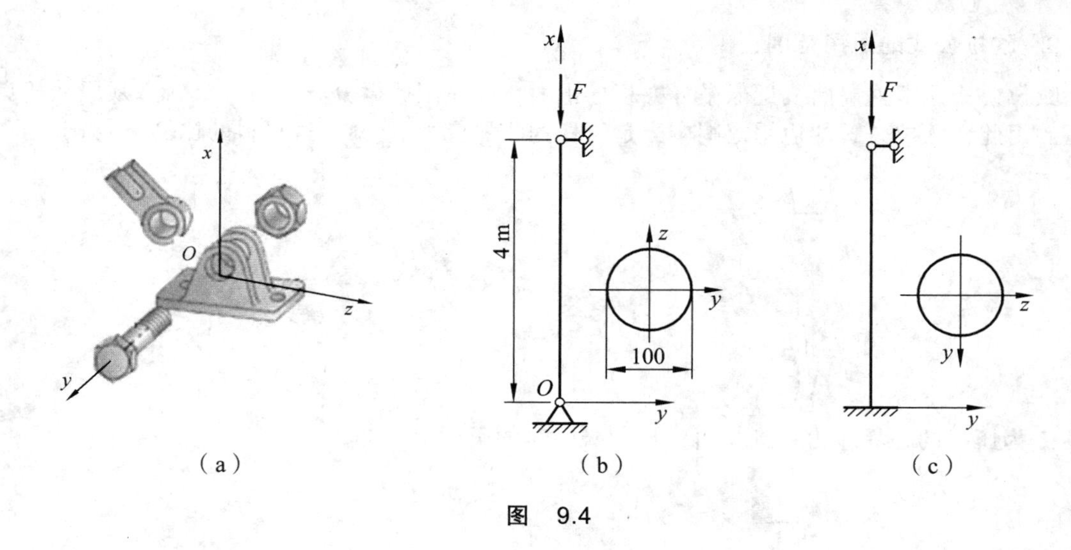

(a) (b) (c)

图 9.4

二、欧拉公式的适用范围

1. 临界应力和柔度

前面导出了计算压杆临界力的欧拉公式，当压杆在临界力 F_{cr} 作用下处于直线状态的平衡时，其横截面上的压应力等于临界力 F_{cr} 除以横截面面积 A，称为临界应力，用 σ_{cr} 表示，即

$$\sigma_{cr}=\frac{F_{cr}}{A}$$

将式（9.2）代入上式，得

$$\sigma_{cr}=\frac{\pi^2 EI}{(\mu l)^2 A}$$

引入惯性半径的概念，即 $I=i^2A$，或 $i=\sqrt{\frac{I}{A}}$，代入上式，则临界应力可写为

$$\sigma_{cr}=\frac{\pi^2 Ei^2}{(\mu l)^2}=\frac{\pi^2 E}{\left(\frac{\mu l}{i}\right)^2}$$

令：
$$\lambda=\frac{\mu l}{i} \tag{9.3}$$

$$\sigma_{cr}=\frac{\pi^2 E}{\lambda^2} \tag{9.4}$$

上式为计算压杆临界应力的欧拉公式，式中 λ 称为压杆的柔度（或称长细比）。柔度 λ 是一个无量纲的量，其大小与压杆的长度系数 μ、杆长 l 及惯性半径 i 有关。由于压杆的长度系数 μ 取决定压杆的支承情况，惯性半径 i 取决于截面的形状与尺寸，所以，从物理意义上看，柔度 λ 综合地反映了压杆的长度、截面的形状与尺寸以及支承情况对临界力的影响。从式（9.4）还可以看出，如果压杆的柔度值越大，则其临界应力越小，压杆就越容易失稳。

2. 欧拉公式的适用范围

欧拉公式是根据挠曲线近似微分方程导出的，而应用此微分方程时，材料必须服从胡克定理。因此，欧拉公式的适用范围应当是压杆的临界应力 σ_{cr} 不超过材料的比例极限 σ_p，即

$$\sigma_{cr}=\frac{\pi^2 E}{\lambda^2}\leqslant\sigma_p$$

则有

$$\lambda\geqslant\pi\sqrt{\frac{E}{\sigma_p}}$$

若设 λ_p 为压杆的临界应力达到材料的比例极限时的柔度值，即

$$\lambda_p=\pi\sqrt{\frac{E}{\sigma_p}} \tag{9.5}$$

则欧拉公式的适用范围为

$$\lambda\geqslant\lambda_p \tag{9.6}$$

上式表明，当压杆的柔度不小于 λ_p 时，才可以应用欧拉公式计算临界力或临界应力。这类压杆称为大柔度杆或细长杆，欧拉公式只适用于较细长的大柔度杆。从式（9.5）可知，λ_p 的值取决于材料性质，不同的材料都有自己的 E 值和 σ_p 值，所以，不同材料制成的压杆，其 λ_p 也不同。例如 Q235 钢，$\sigma_p=200\ \text{MPa}$，$E=200\ \text{GPa}$，由式（9.5）即可求得 $\lambda_p=100$。

三、中长杆的临界力计算——经验公式、临界应力总图

1. 中长杆的临界力计算——经验公式

上述指出，欧拉公式只适用于较细长的大柔度杆，即临界应力不超过材料的比例极限（处于弹性稳定状态）。当临界应力超过比例极限时，材料处于弹塑性阶段，此类压杆的稳定属于弹塑性稳定（非弹性稳定）问题，此时，欧拉公式不再适用。对这类压杆，各国大都采用经验公式计算临界力或临界应力。经验公式是在试验和实践资料的基础上，经过分析、归纳而得到的。各国采用的经验公式多以本国的试验为依据，因此计算不尽相同。我国比较常用的经验公式有直线公式和抛物线公式等，本书只介绍直线公式，其表达式为

$$\sigma_{cr}=a-b\lambda \tag{9.7}$$

式中，a 和 b 是与材料有关的常数，其单位为 MPa。一些常用材料的 a、b 值可见表 9.2 所列。

应当指出，经验公式（9.7）也有其适用范围，它要求临界应力不超过材料的受压极限应力。这是因为当临界应力达到材料的受压极限应力时，压杆已因为强度不足而破坏。因此，对于由塑性材料制成的压杆，其临界应力不允许超过材料的屈服应力 σ_s，即

$$\sigma_{cr}=a-b\lambda\leqslant\sigma_s$$

表 9.2　几种常用材料的 a、b 值

材　料	a/MPa	b/MPa	λ_p	λ'_p
Q235 钢	304	1.12	100	62
硅　钢	577	3.74	100	60
铬钼钢	980	5.29	55	0
硬　铝	372	2.14	50	0
铸　铁	331.9	1.453		
松　木	39.2	0.199	59	0

或

$$\lambda \geqslant \frac{a-\sigma_s}{b}$$

令：

$$\lambda'_p = \frac{a-\sigma_s}{b} \tag{9.8}$$

得

$$\lambda \geqslant \lambda'_p$$

式中，λ'_p 表示当临界应力等于材料的屈服点应力时压杆的柔度值。与 λ_p 一样，它也是一个与材料的性质有关的常数。因此，直线经验公式的适用范围为

$$\lambda'_p < \lambda < \lambda_p \tag{9.9}$$

计算时，一般把柔度值介于 λ'_p 与 λ_p 之间的压杆称为中长杆或中柔度杆，而把柔度小于 λ'_p 的压杆称为短粗杆或小柔度杆。对于柔度小于 λ'_p 的短粗杆或小柔度杆，其破坏则是因为材料的抗压强度不足而造成的，如果将这类压杆也按照稳定问题进行处理，则对塑性材料制成的压杆来说，可取临界应力 $\sigma_{cr} = \sigma_s$。

2. 临界应力总图

由上述可知，根据 λ 所处的范围可以把压杆分为三类，即细长杆（$\lambda \geqslant \lambda_p$）、中长杆（$\lambda_s \leqslant \lambda \leqslant \lambda_p$）和短粗杆（$\lambda \leqslant \lambda_s$）。实际压杆的柔度值不同，临界应力的计算公式将不同。为了直观地表达这一点，可以绘出临界应力随柔度的变化曲线，如图 9.5 所示。这种图线称为压杆的临界应力总图。

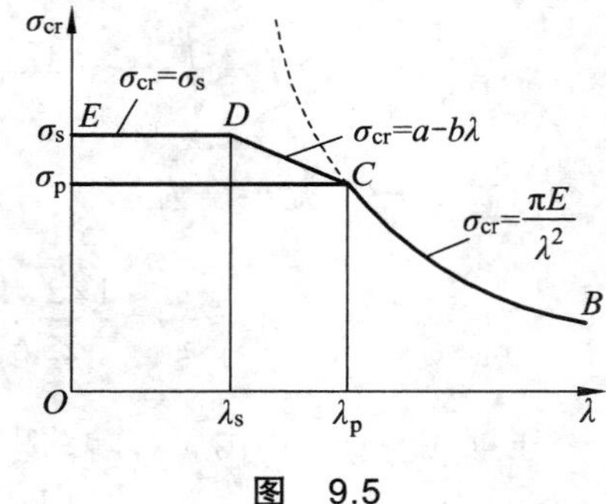

图　9.5

【例 9.3】 图 9.6 所示压杆的截面为矩形，$h = 82$ mm，$b = 50$ mm，杆长 $l = 2$ m，材料为 Q235 钢，$\sigma_s = 235$ MPa，$\sigma_p = 200$ MPa，$E = 200$ GPa。在图 9.6（a）平面内，杆端约束为两端铰支；在图 9.6（b）平面内，杆端约束为两端固定。求此压杆的临界应力。

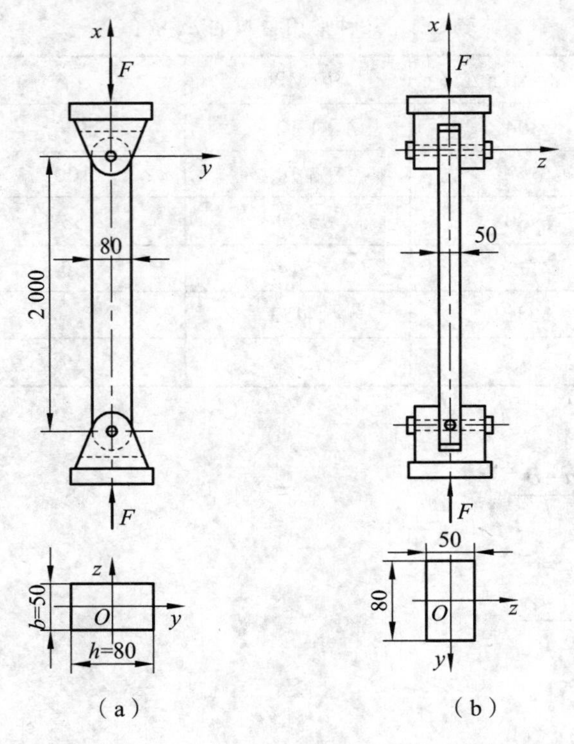

图　9.6

【解题分析】　求解稳定问题，首先要判断压杆的失稳平面。因为压杆在各个纵向平面内的杆端约束和弯曲刚度都不同，故需计算压杆在两个形心主惯性平面内的柔度值。压杆将在柔度较大的平面内失稳。其次，还要确定压杆的类型，注意欧拉公式、经验公式的使用范围，压杆的柔度值不同，临界应力的计算公式将不同。

【解】　（1）判断压杆的失稳平面。

压杆在 xOy 平面内，杆端约束为两端铰支，$\mu=1$。惯性半径为

$$i_z=\sqrt{\frac{I_z}{A}}=\sqrt{\frac{\frac{bh^3}{12}}{A}}=\frac{h}{\sqrt{12}}=\frac{82\ \text{mm}}{\sqrt{12}}=23.67\ \text{mm}$$

由式（9.3）知柔度为

$$\lambda_z=\frac{\mu l}{i_z}=\frac{1\times 2\times 10^3\ \text{mm}}{23.67\ \text{mm}}=84.50$$

压杆在 xOz 平面内，杆端约束为两端固定，$\mu=0.5$，惯性半径为

$$i_y=\sqrt{\frac{I_y}{A}}=\sqrt{\frac{\frac{hb^3}{12}}{A}}=\frac{b}{\sqrt{12}}=\frac{50\ \text{mm}}{\sqrt{12}}=14.43\ \text{mm}$$

由式（9.3）知柔度为

$$\lambda_y = \frac{\mu l}{i_y} = \frac{0.5 \times 2 \times 10^3\ \text{mm}}{14.43\ \text{mm}} = 69.30$$

由于 $\lambda_z > \lambda_y$，故压杆将在 xOy 平面内失稳。

（2）确定压杆类型的临界应力。

由式（9.5）可得

$$\lambda_{\text{p}} = \pi\sqrt{\frac{E}{\sigma_{\text{p}}}} = \pi\sqrt{\frac{200 \times 10^3\ \text{MPa}}{200\ \text{MPa}}} = 99.30 > \lambda_z = 84.50$$

查表 9.2 可知 $a = 304\ \text{MPa}$，$b = 1.12\ \text{MPa}$，又由式（9.8）得

$$\lambda'_{\text{p}} = \frac{a - \sigma_{\text{s}}}{b} = \frac{304 - 235}{1.12} = 61.61 < \lambda_z = 84.50$$

因为 $\lambda'_{\text{p}} < \lambda_z < \lambda_{\text{p}}$，压杆在 xOy 平面内为中柔度杆。

（3）计算压杆的临界应力。

根据上述计算结果，应采用经验公式计算其临界应力。利用直线公式（9.7）可得

$$\sigma_{\text{cr}} = a - b\lambda_z = 209.36\ \text{MPa}$$

第三节　压杆的稳定计算

工程上通常采用安全因数法或稳定因数法进行压杆的稳定计算。

一、安全因数法

为了保证压杆能够安全的工作而不失稳，并具有一定的安全储备，压杆的稳定条件可表示为

$$n_{\text{f}} = \frac{F_{\text{cr}}}{F} = \frac{\sigma_{\text{cr}}}{\sigma} \geqslant [n_{\text{st}}] \tag{9.10}$$

式中　n_{st}—— 压杆的稳定安全因数；

F—— 为压杆的工作载荷；

F_{cr}—— 压杆的临界载荷；

$[n_{\text{st}}]$—— 压杆的许用稳定安全因数。

许用稳定安全因数 $[n_{\text{st}}]$ 的取值除了要考虑在确定强度安全因数时的因素外，还要考虑实际压杆不可避免地存在初曲率和载荷偏心等不利因素的影响。这些因素会使压杆的临界力显著减小，并且压杆的柔度越大，影响越显著。但这些因素对于杆件强度的影响不是很显著，所以，许用稳定安全因数的取值一般要大于强度安全因数。例如，钢压杆的强度安全因数 n 的取值一般为 1.4 ~ 1.7，而许用稳定安全因数 $[n_{\text{st}}]$ 的取值一般为 1.8 ~ 3.0，甚至更大。许用稳定安全因数 $[n_{\text{st}}]$ 的具体取值可从有关设计手册中查到。在机械、动力、冶金等工业部门，由于载荷情况复杂，一般都采用安全因数法进行稳定计算。

二、稳定因数法

压杆的稳定条件有时用应力的形式表达为

$$\sigma = \frac{F}{A} \leqslant [\sigma]_{st} \tag{9.11}$$

式中 F——压杆的工作载荷；

A——压杆的横截面面积；

$[\sigma]_{st}$——为稳定许用应力，$[\sigma]_{st} = \frac{\sigma_{cr}}{n_{st}}$，它总是小于强度许用应力$[\sigma]$。

于是式（9.11）又可表达为

$$\sigma = \frac{F}{A} \leqslant \varphi[\sigma] \tag{9.12}$$

其中，φ称为稳定因数，可由下式确定：

$$\varphi = \frac{[\sigma]_{st}}{[\sigma]} = \frac{\sigma_{cr}}{n_{st}} \cdot \frac{n}{\sigma_u} = \frac{\sigma_{cr}}{\sigma_u} \cdot \frac{n}{n_{st}} < 1$$

式中，σ_u为强度计算中的危险应力，一般情况下，$\sigma_{cr} < \sigma_u$，且$n < n_{st}$，故φ为小于1的因数，φ也是柔度λ的函数。表9.3所列为几种常用工程材料的φ-λ对应数值。对于柔度为表中两相邻λ值之间的φ，可由直线内插法求得。由于考虑了杆件的初曲率和载荷偏心的影响，即使对于粗短杆，仍应在许用应力中考虑稳定因数φ。在土建工程中，一般按稳定因数法进行稳定计算。

表9.3 压杆的稳定系数

$\lambda = \frac{\mu l}{i}$	φ			
	3号钢	16锰钢	铸　铁	木　材
0	1.000	1.000	1.00	1.00
10	0.995	0.993	0.97	0.99
20	0.981	0.973	0.91	0.97
30	0.958	0.940	0.81	0.93
40	0.927	0.895	0.69	0.87
50	0.888	0.840	0.57	0.80
60	0.842	0.776	0.44	0.71
70	0.789	0.705	0.34	0.60
80	0.731	0.627	0.26	0.48
90	0.669	0.546	0.20	0.38
100	0.604	0.462	0.16	0.31
110	0.536	0.384		0.26

续表

$\lambda=\frac{\mu l}{i}$	φ			
	3 号钢	16 锰钢	铸　铁	木　材
120	0.466	0.325		0.22
130	0.401	0.279		0.18
140	0.349	0.242		0.16
150	0.306	0.213		0.14
160	0.272	0.188		0.12
170	0.243	0.168		0.11
180	0.218	0.151		0.10
190	0.197	0.136		0.09
200	0.180	0.124		0.08

还应指出，在压杆计算中，有时会遇到压杆局部有截面被削弱的情况，如杆上有开孔、切槽等。由于压杆的临界载荷是从研究整个压杆的弯曲变形来决定的，局部截面的削弱对整体变形影响较小，故稳定计算中仍用原有的截面几何量。但强度计算是根据危险点的应力进行的，故必须对削弱了的截面进行强度校核。按下式进行强度校核，即

$$\sigma_{\max}=\frac{F_{\mathrm{N\,max}}}{A}\leqslant[\sigma]$$

注意，式中的 A 是横截面的净面积。

【例 9.4】　图 9.7 所示木屋桁架中，AB 杆承受的轴向压力为 $F=33\ \mathrm{kN}$，杆长 $l=4\ \mathrm{m}$。横截面为边长 $a=120\ \mathrm{mm}$ 的正方形，材料是木材，许用应力 $[\sigma]=10\ \mathrm{MPa}$。若只考虑在桁架平面内的失稳，试校核 AB 杆的稳定性。

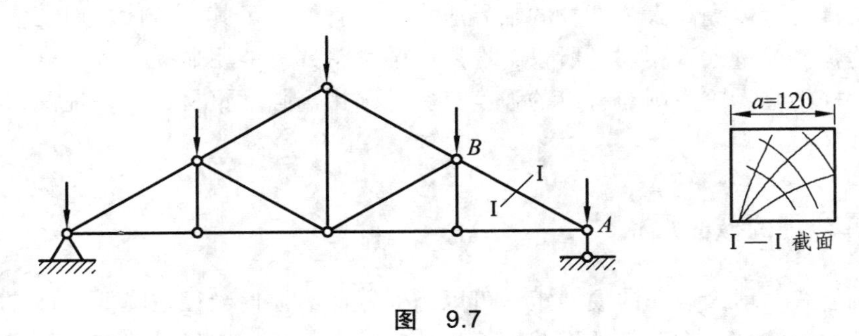

图　9.7

【解题分析】　在土建工程中，一般按稳定因数法进行稳定计算。而稳定因数法的关键是确定稳定因数 φ，φ 又是柔度 λ 的函数，所以应首先计算压杆的柔度 λ。

【解】　（1）计算压杆的柔度 λ。

正方形截面的惯性半径：

$$i=\sqrt{\frac{I}{A}}=\sqrt{\frac{\frac{a^4}{12}}{a^2}}=\frac{a}{\sqrt{12}}=\frac{120\ \text{mm}}{\sqrt{12}}=34.64\ \text{mm}$$

由于在桁架平面内 AB 杆两端为铰支，故 $\mu=1$。所以，AB 杆的柔度为

$$\lambda=\frac{\mu l}{i}=\frac{1\times4\times10^3\ \text{mm}}{34.64\ \text{mm}}=115$$

（2）确定稳定因数 φ。

查表 9.3，由直线内插法可求得 $\varphi=0.24$。

（3）校核 AB 杆的稳定性。

AB 杆的工作应力为

$$\sigma=\frac{F}{A}=\frac{33\times10^3\ \text{N}}{120^2\ \text{mm}^2}=2.29\ \text{MPa}<\varphi[\sigma]=2.40\ \text{MPa}$$

满足稳定条件，所以 AB 杆在桁架平面内是稳定的。

第四节　提高压杆稳定性的措施

要提高压杆的稳定性，关键在于提高压杆的临界力或临界应力。而压杆的临界力和临界应力，与压杆的长度、横截面形状、尺寸、支承条件以及压杆所用材料等有关。因此，可以从以下几个方面考虑：

一、合理选择材料

由欧拉公式可知，大柔度杆的临界应力，与材料的弹性模量 E 成正比。所以选择弹性模量较高的材料，就可以提高大柔度杆的临界应力，也就提高了其稳定性。但是，对于钢材而言，各种钢的弹性模量大致相同，所以，选用高强度钢并不能明显提高大柔度杆的稳定性。而中、小柔度杆的临界应力则与材料的强度有关，采用高强度钢材，可以提高这类压杆抵抗失稳的能力。

二、选择合理的截面形状

根据欧拉公式，增大截面的惯性矩，可以增大截面的惯性半径，降低压杆的柔度，从而可以提高压杆的稳定性。在压杆的横截面面积一定的条件下，应尽可能使材料远离截面形心轴，以取得较大的轴惯性矩。从这个角度出发，空心截面要比实心截面合理，如图 9.8（b）所示的布置方式，相比图 9.8（a）所示的布置方式，在压杆的横截面面积相同的条件下可以取得较大的惯性矩或惯性半径。

另外，由于压杆总是在柔度较大（临界力较小）的纵向平面内首先失稳，所以应注意尽可能使压杆在各个纵向平面内的柔度都相同，以充分发挥压杆的稳定承载力。

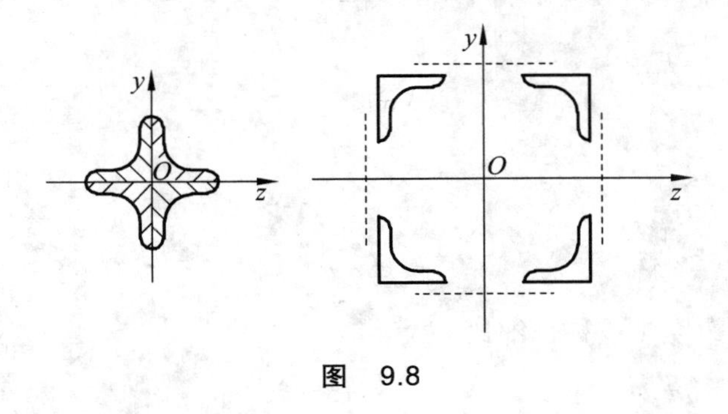

图　9.8

三、改善约束条件、减小压杆长度

由欧拉公式可知，压杆的临界力与其计算长度的平方成反比，而压杆的计算长度又与其约束条件有关。因此，改善约束条件，可以减小压杆的长度系数和计算长度，从而增大临界力。在相同条件下，由表 9.1 可知，自由支座最不利，铰支座次之，固定支座最有利。

小　结

杆件的破坏不仅会因强度不够而引起，由于稳定性的丧失同样会导致结构的失效，所以在设计杆件体系（尤其是受压杆件）时，除了要进行强度方面的考虑，还必须进行稳定计算以满足其稳定条件。稳定性的概念、临界力与临界应力的计算、稳定性的计算是本章应该着重掌握的知识。

1. 稳定性的概念

压杆在轴向压力 F 由小逐渐增大的过程中，由稳定的平衡转变为不稳定的平衡，这种现象称为压杆丧失稳定性或者压杆失稳。压杆由直线形状的稳定的平衡过渡到不稳定的平衡时，所对应的轴向压力，称为压杆的临界压力或临界力，用 F_{cr} 表示。当压杆所受的轴向压力 $F < F_{cr}$ 时，杆件就能够保持稳定的平衡，这种性能称为压杆具有稳定性。

2. 细长压杆临界力计算公式—— 欧拉公式

（1）欧拉公式的统一形式为

$$F_{cr} = \frac{\pi^2 EI}{(\mu l)^2}$$

长度系数 μ 的取值见表 9.4 所列。

表 9.4　长度系数 μ 的取值

两端铰支	一端铰支，一端固定	两端固定	一端固定，一端自由
$\mu = 1$	$\mu = 0.7$	$\mu = 0.5$	$\mu = 2$

（2）临近应力和柔度。

压杆的临界力 F_{cr} 除以横截面面积 A，称为临界应力，用 σ_{cr} 表示：

$$\sigma_{cr}=\frac{F_{cr}}{A}$$

也可写为

$$\sigma_{cr}=\frac{\pi^2 E}{\lambda^2}$$

其中，λ 称为压杆的柔度（或称长细比）：

$$\lambda=\frac{\mu l}{i}$$

（3）欧拉公式的适用范围：

$$\lambda \geqslant \pi\sqrt{\frac{E}{\sigma_p}}$$

3. 压杆的稳定计算

（1）安全因数法。压杆的稳定条件可表示为

$$n=\frac{F_{cr}}{F}\geqslant n_{st}$$

（2）稳定因数法：

$$\sigma=\frac{F}{A}\leqslant[\sigma]_{st} \text{或} \sigma=\frac{F}{A}\leqslant\varphi[\sigma]$$

其中，φ 称为稳定因数。

4. 提高压杆稳定性的措施

要提高压杆的稳定性，关键在于提高压杆的临界力或临界应力。可以从以下几个方面考虑：

（1）合理选择材料；

（2）选择合理的截面形状；

（3）改善约束条件，减小压杆长度。

第十章　静定结构的内力计算

第一节　多跨静定梁及斜梁的内力计算

一、多跨静定梁的内力计算

1．多跨静定梁的概念

若干根梁用中间铰连接在一起，并以若干支座与地基相连或者搁置于其他构件上而组成的静定梁，称为多跨静定梁。在实际的建筑工程中，多跨静定梁常用来跨越几个相连的跨度。如图 10.1（a）所示为公路或城市桥梁中常采用的多跨静定梁结构形式之一，其计算简图如图 10.1（b）所示。

房屋建筑结构中的木檩条也是多跨静定梁的结构形式，如图 10.2（a）所示为木檩条的构造图，其计算简图如图 10.2（b）所示。

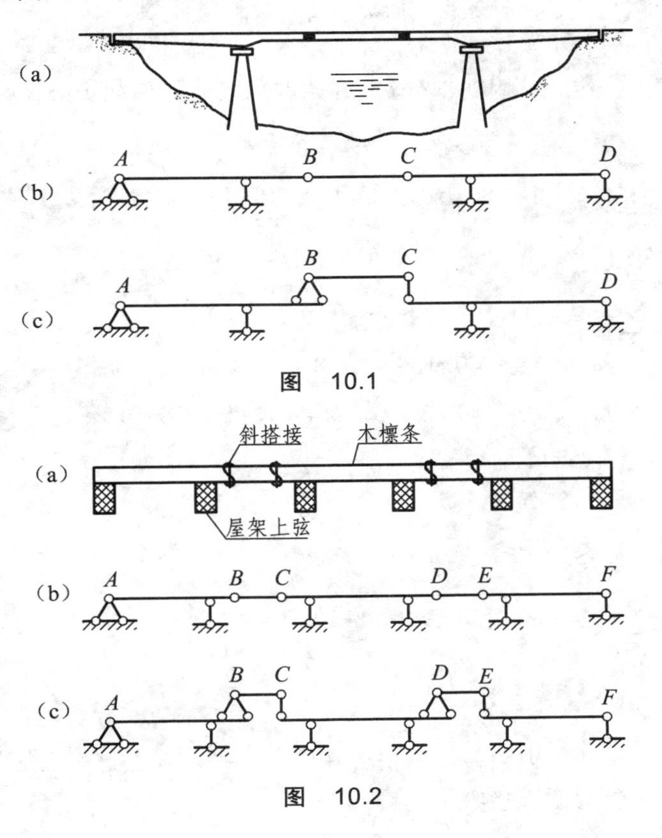

图　10.1

图　10.2

2. 多跨静定梁的结构特点和受力特点

结构特点：图 10.1（b）中 *AB* 梁直接由链杆支座与地基相连，是几何不变的。且梁 *AB* 本身不依赖梁 *BC* 和 *CD* 就可以独立承受荷载，因此称为基本部分。如果仅受竖向荷载作用，*CD* 梁也能独立承受荷载维持平衡，同样可视为基本部分。短梁 *BC* 依靠基本部分的支承才能承受荷载并保持平衡，因此称为附属部分。

受力特点：图 10.2（b）中梁 *AB*、*CD* 和 *EF* 均为基本部分，梁 *BC* 和 *DE* 为附属部分。为了更清楚地表示各部分之间的支承关系，将基本部分画在下层、附属部分画在上层，分别如图 10.1（c）和图 10.2（c）所示，我们称它们为关系图或层叠图。

因此，计算多跨静定梁时，应遵守以下原则：先计算附属部分后计算基本部分；将附属部分的支座反力反向指向，作用在基本部分上，把多跨梁拆成多个单跨梁，依次解决；将单跨梁的内力图连在一起，就是多跨梁的内力图；多跨梁弯矩图和剪力图的画法与单跨梁的相同。

3. 多跨静定梁的实例分析

【例 10.1】 试作如图 10.3（a）所示多跨静定梁的内力图。

【解题分析】 根据多跨梁基本部分和附属部分的定义进行结构分析，画出层次图；对附属部分进行受力分析，再分析基本部分的受力，求出支座反力，进一步绘制出内力图。

【解】（1）结构分析和绘层次图。

如图 10.3（b）所示，梁 *AC* 为基本部分；梁 *CE* 是通过铰 *C* 和支座链杆 *D* 连接在梁 *AC* 上，要依靠梁 *AC* 才能保证其几何不变性，所以梁 *CE* 为附属部分。

（2）计算支座反力。

由层叠图可看出，应先从附属部分 *CE* 开始取隔离体，如图 10.3（c）所示。

$$\sum M_C=0,\quad 80\times6-F_{VD}\times4=0,\quad F_{VD}=120\ \text{kN}\ (\uparrow)$$
$$\sum M_D=0,\quad 80\times2-F_{VC}\times4=0,\quad F_{VC}=40\ \text{kN}\ (\downarrow)$$

将 F_{VC} 反向，作用于梁 *AC* 上，计算基本部分：

$$\sum F_x=0,\quad F_{HA}=0$$
$$\sum M_A=0,\quad -40\times10+F_{VB}\times8+10\times8\times4-64=0$$
$$\sum M_B=0,\quad -40\times2-10\times8\times4-64+F_{VA}\times8=0$$
$$F_{VA}=58\ \text{kN}\ (\uparrow)$$
$$F_{VB}=18\ \text{kN}\ (\downarrow)$$

校核：由整体平衡条件得

$$\sum F_y=-80+120-18+58-10\times8=0$$

无误。

（3）作内力图。

除分别作出单跨梁的内力图，然后拼合在同一水平基线上这一方法外，多跨静定梁的内力图也可根据其整体受力图直接绘出。

将整个梁分为 AB 、BD 、DE 三段，由于中间铰 C 处是外力的连续点，故不必将它选为分段点。

由内力计算法则，各分段点的剪力为

$$F_{SA}^{右}=58\ \text{kN} \qquad F_{SB}^{右}=58-10\times8=-22\ \text{kN}$$

$$F_{SB}^{右}=58-10\times8-18=-40\ \text{kN} \qquad F_{SD}^{左}=80-120=-40\ \text{kN}$$

$$F_{SD}^{右}=80\ \text{kN} \qquad F_{SE}^{左}=80\ \text{kN}$$

据此绘得剪力图，如图 10.3（d）所示，其中 AB 段剪力为 0 的截面 F 距 A 点为 5.8 m。

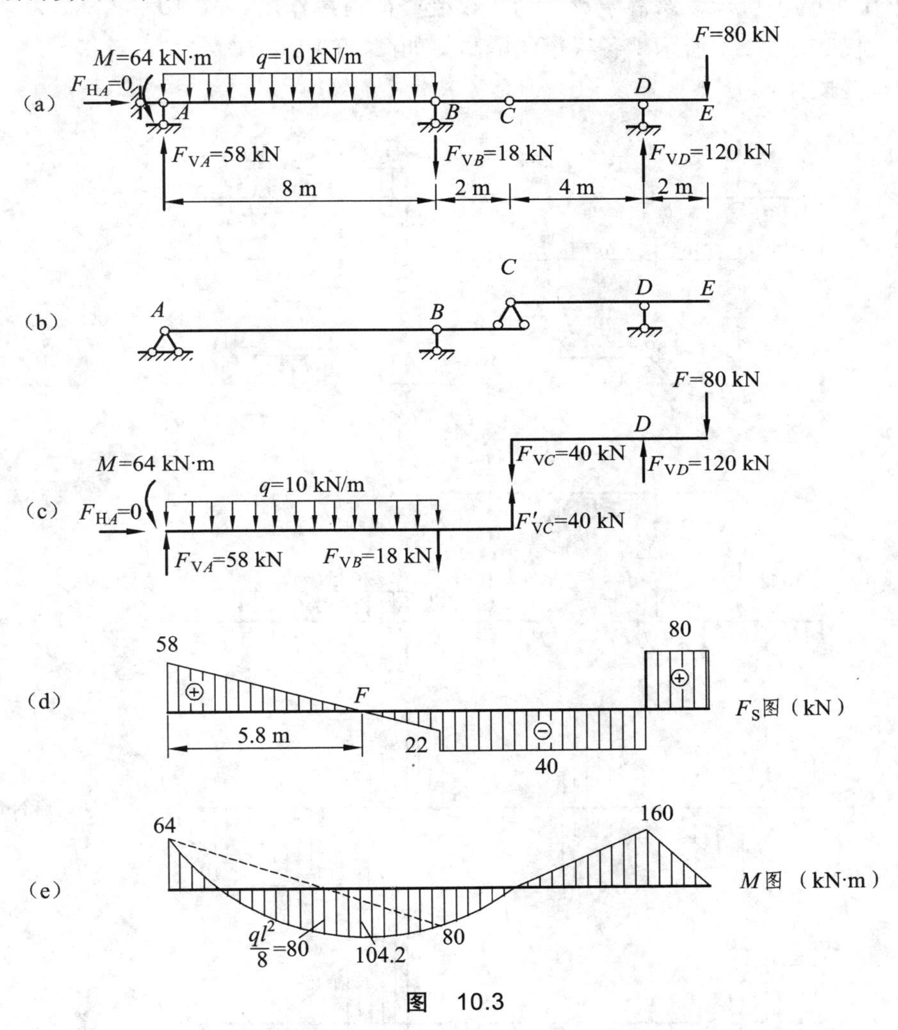

图　10.3

由内力计算法则，各分段点的弯矩为

$$M_{AB}=-64\ \text{kN}\cdot\text{m}$$

$$M_{BA}=-64+58\times8-10\times8\times4=80\ (\text{kN}\cdot\text{m})$$

$$M_{DE}=-80\times2=-160\ (\text{kN}\cdot\text{m})$$

$$M_{ED}=0$$

$$M_F = -64 + 58 \times 5.8 - 10 \times 5.8 \times 5.8 / 2 = 104.2 \text{ (kN} \cdot \text{m)}$$

据此作弯矩图，如图 10.3（e）所示，其中 AB 段内有均布荷载，故需在直线弯矩图（图中虚线）的基础上叠加相应简支梁在跨中间（简称跨中）荷载作用的弯矩图。

【例 10.2】 试作如图 10.4（a）所示多跨梁的弯矩图和剪力图。

【解题分析】 该题的分析方法与上题相同，该多跨梁的附属部分处于结构中间，但仍然是先分析附属部分的受力，再求出支座反力，最后绘制出内力图。

【解】（1）结构分析和绘层次图。

如图 10.4（a）所示多跨静定梁，由于仅受竖向荷载作用，故 AB 和 CE 都为基本部分，其层次图如图 10.4（b）所示，各根梁的隔离体如图 10.4（c）所示。

（2）计算支座反力。

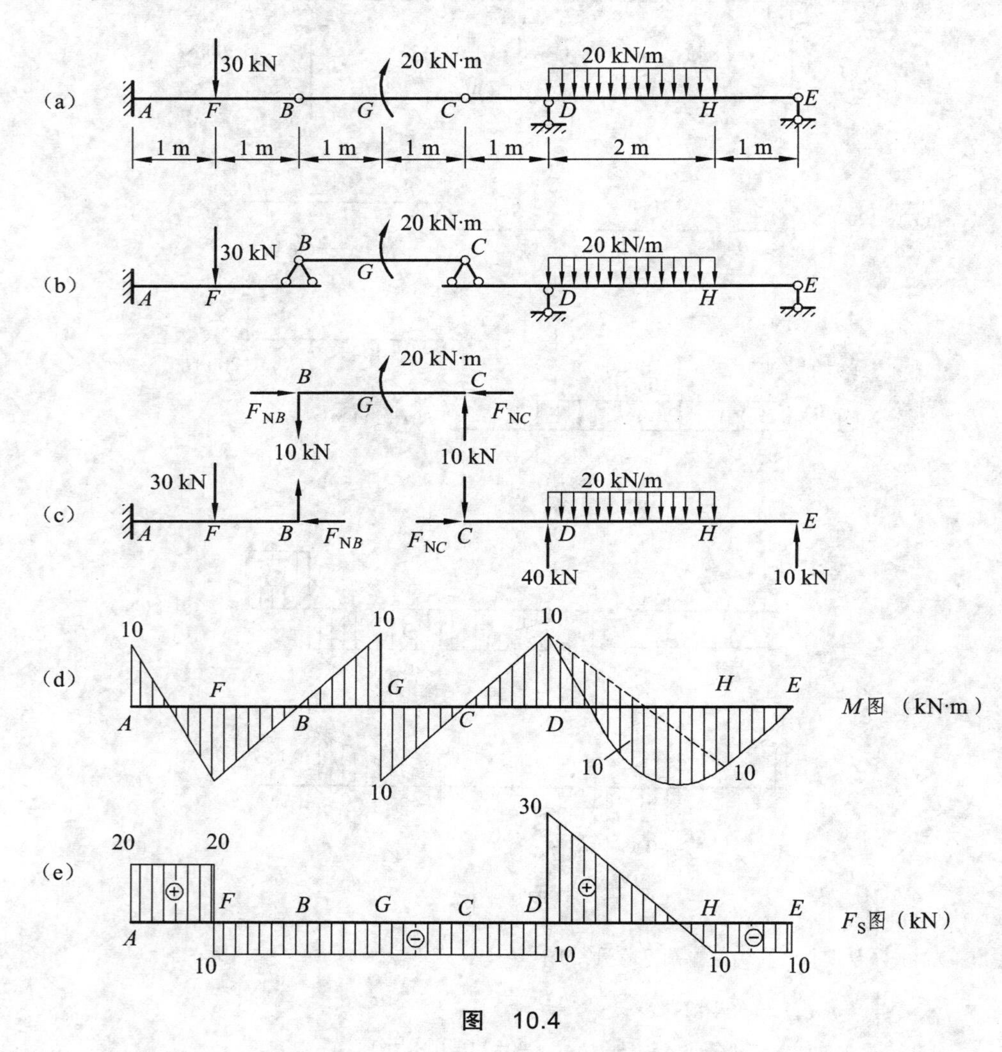

图 10.4

从附属部分 BC 开始，依次求出各根梁上的竖向约束力和支座反力。铰 C 处的水平约束力为 0，并由此得知铰 B 处的水平约束力也等于 0。

（3）作内力图。

求出各约束力和支座反力后，便可分别绘出各根梁的内力图。将各根梁的内力图置于同一基线上，得出该多跨静定梁的内力图如图 10.4（d）、（e）所示。

FG、GD 两区段，剪力 F_S 是同一常数，由微分关系 $\frac{dM}{dx}=F_S$ 可知这两区段内的弯矩图形有相同的斜率。因此，弯矩图中 FG 与 GD 两段斜直线相互平行。同样的，因为在 H 左、右相邻的截面的剪力 F_S 相等，所以弯矩图中 HE 区段内的直线与 DH 区段内的曲线在 H 点相切。

二、斜梁的内力计算

1. 斜梁的概念

斜梁的特点是，在竖直荷载作用下只产生竖向支座反力。梁不一定是水平放置的，斜梁在竖直荷载作用下横截面上的内力形式一般有三种：弯矩、剪力和轴力。如图 10.5 所示，是由楼梯简化成的斜梁。

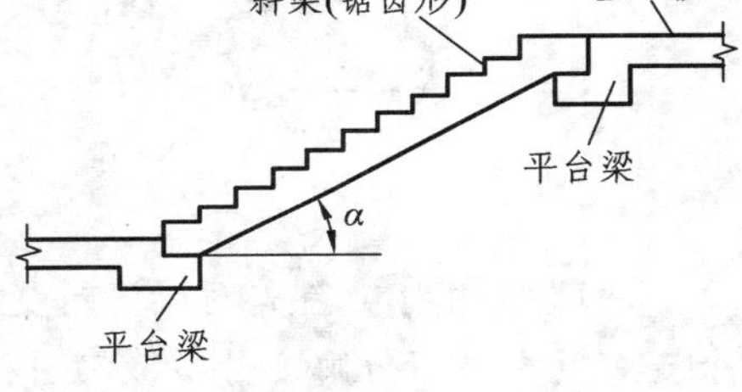

图　10.5

斜梁通常承受两种形式的均布荷载：

（1）沿水平方向均匀分布的荷载 q，如图 10.6（a）所示。楼梯斜梁承受的人群荷载就是沿水平方向均匀分布的荷载。

（2）沿斜梁轴线方向均匀分布的荷载 q'，如图 10.6（b）所示。等截面斜梁的自重就是沿梁轴均匀分布的荷载。

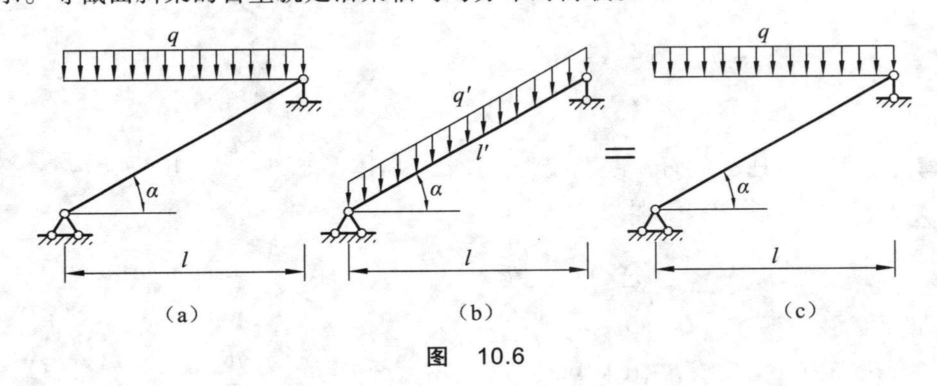

（a）　　（b）　　（c）

图　10.6

2. 荷载 q' 换算成 q

由于斜梁按水平均匀分布的荷载计算起来更为方便，故可根据总荷载不变的原则，将 q' 等效换算成 q 后再作计算，即由 $q'l'=ql$ 得

$$q=q'\frac{l'}{l}=q'\frac{1}{l/l'}=\frac{q'}{\cos\alpha} \tag{10.1}$$

式（10.1）表明：沿斜梁轴线分布的荷载 q' 除以 $\cos\alpha$ 就可化为沿水平分布的荷载 q。这样换算以后，对斜梁的一切计算都可按图 10.6（c）的简图进行。

【例 10.3】 如图 10.7（a）所示的斜梁，已知其倾角为 α，水平跨度为 l，承受沿水平方向集度为 q 的均布载荷作用。试作该斜梁的内力图，并与相应水平梁的内力图作比较。

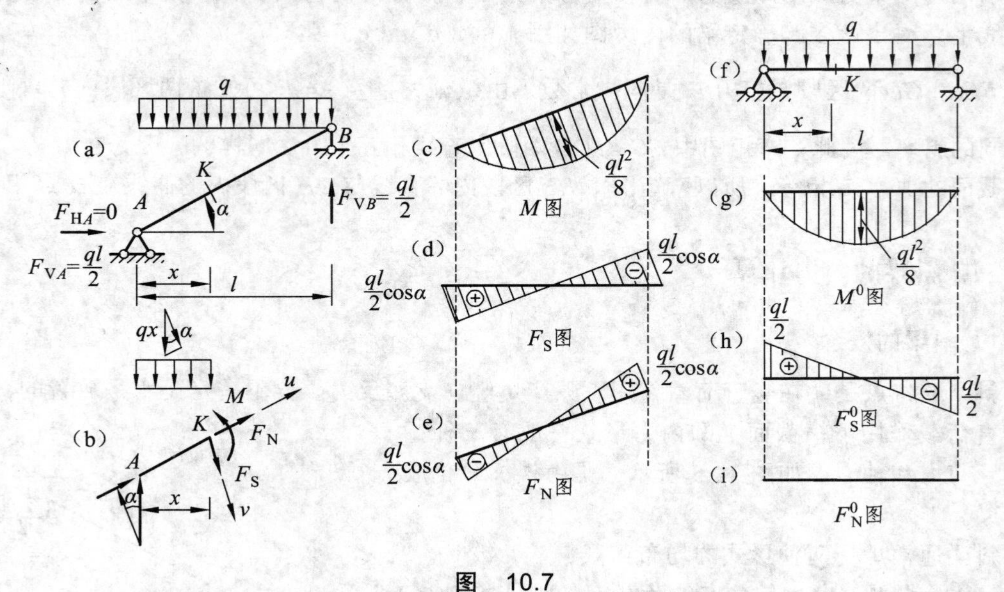

图 10.7

【解题分析】 首先对梁进行受力分析，求出各个支座反力，然后绘制内力图。注意将每个支座反力进行分解，分解成沿着杆件方向和垂直杆件方向的两个分力。

【解】（1）求支座反力。

以全梁为分离体，由静力平衡条件求得支座反力为

$$F_{HA}=0, \qquad F_{VA}=\frac{ql}{2}$$

（2）求内力。

列弯矩方程，设任一截面 K 距左端为 x，取分离体，如图 10.7（b）所示。

由 $\sum M_K=0$，可得弯矩方程为

$$M=F_{VA}x-qx\frac{x}{2}=\frac{ql}{2}x-\frac{q}{2}x^2 \tag{10.2}$$

故知弯矩图为一抛物线，如图 10.7（c）所示，跨中弯矩为 $\frac{ql^2}{8}$。可见斜梁中最大弯矩的位置（梁跨中）和大小 $\left(\frac{ql^2}{8}\right)$ 与直梁是相同的。

求剪力和轴力时，将反力 F_{VA} 和荷载 qx 沿截面方向（v 方向）和杆轴方向（u 方向）分解，如图 10.7（b）所示，由 $\sum F_V=0$，得

$$F_S=F_{VA}\cos\alpha-qx\cos\alpha=\left(\frac{ql}{2}-qx\right)\cos\alpha \tag{10.3}$$

由 $\sum u=0$，得

$$F_N = -F_{VA}\sin\alpha + qx\sin\alpha = -\left(\frac{ql}{2} - qx\right)\sin\alpha \tag{10.4}$$

根据式（10.3）、式（10.4）分别作出剪力图和轴力图，如图 10.7（d）、（e）所示。

如图 10.7（f）所示，为与上述斜梁的水平跨度相等并承受相同载荷的简支梁。由截面法可求得任一截面 K 的弯矩 M^0、剪力 F_S^0 和轴力 F_N^0 的方程为

$$M^0 = \frac{ql}{2}x - \frac{q}{2}x^2, \quad F_S^0 = \frac{ql}{2} - qx, \quad F_N^0 = 0$$

作出内力图，如图 10.7（g）、（h）、（i）所示。

将斜梁与水平梁的内力加以比较，可知二者有如下关系：

$$M = M^0, \quad F_S = F_S^0\cos\alpha \tag{10.5}$$

第二节　静定平面刚架的内力计算

一、平面刚架的概念

刚架（也称框架）由横梁和柱组成，是具有刚结点（部分或全部）的结构。如果刚架所有杆件的轴线都在同一平面内，且荷载也作用在该平面内，这样的刚架称为平面刚架，如图 10.8 所示。

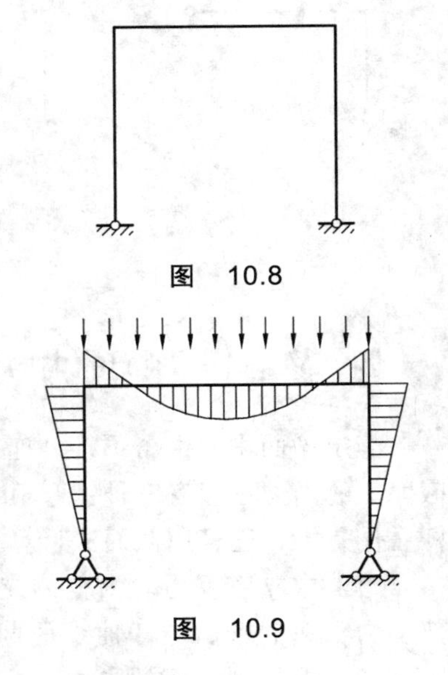

图　10.8

图　10.9

二、平面刚架的特征

（1）受力特征：从内力角度看，由于刚结点可以承受和传递弯矩，使得杆件的内力分布更均匀，横梁跨中弯矩的峰值得到削减，如图 10.9 所示。

（2）变形特征：从变形角度看，刚结点在变形后既产生角位移，又产生线位移，但变形前后各杆端之间的夹角保持不变，如图 10.10 所示。

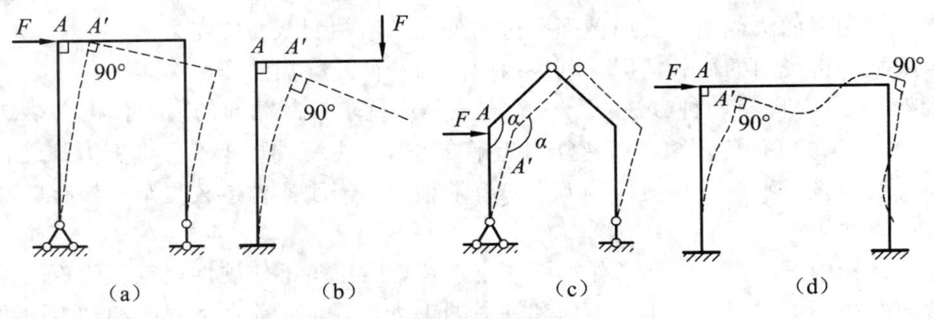

图　10.10

（3）几何特征：刚架依靠刚结点可用较少的杆件便能保持其几何不变性，而且可以使结构的内部具有较大的净空，便于使用。

三、静定平面刚架的类型

凡由静力平衡条件即可确定全部反力和内力的平面刚架，称为静定平面刚架。其常用的类型主要有以下四种：

（1）简支刚架，如图 10.11（a）所示。刚架本身为几何不变体系且无多余约束，它用一个固定铰支座和一个可动铰支座与地基相连，常用于起重机的钢支架等。

（2）悬臂刚架，如图 10.11（b）所示。刚架本身为几何不变体系且无多余约束，它用固定端支座与地基相连，常用于车站站台、雨棚等。

（3）三铰刚架，如图 10.11（c）所示。刚架本身由两构件组成，中间用铰相连，其底部用两个固定铰支座与地基相连，常用于小型厂房、仓库、食堂等。

（4）组合刚架，也称主从刚架，如图 10.11（d）所示。在此刚架中，一般有前述三种刚架中的一种作为基本部分，另一部分是根据几何不变体系的组成规则连接上去作为附属部分。

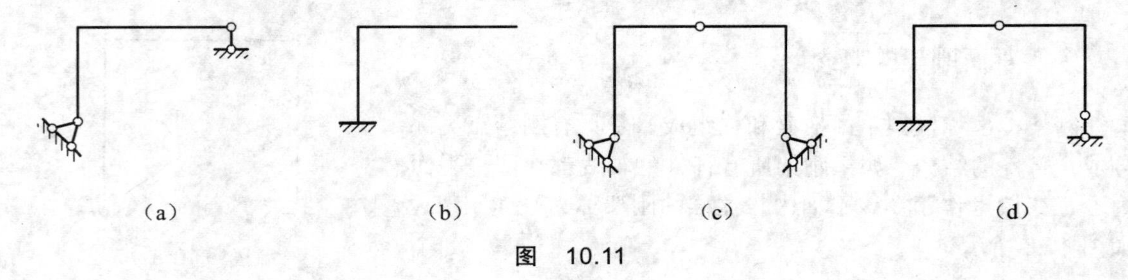

图 10.11

四、静定平面刚架的内力计算

静定平面刚架由若干杆件连接而成，其内力分析仍以单个杆件的内力分析为基础。杆件横截面上的内力一般有三种：弯矩、剪力、轴力，其计算方法与静定梁相同，只需将刚架的每根杆看作是梁，逐杆用截面法计算控制截面的内力，便可作出内力图。其解题步骤通常如下：

（1）求支座反力。由整体或某些部分的平衡条件求出；若为静定刚架，则不需要求出全部反力，只需求出与杆轴线垂直的反力。

（2）求控制截面的内力。控制截面一般为杆件两端点、集中荷载作用点、分布荷载的起点和终点。运用截面法或者直接由截面一边的外力求出控制截面的内力值。

（3）根据每区段内的荷载情况，利用内力图的特征及叠加法作出弯矩图。

作刚架 F_S、F_N 图有两种方法：第一种方法是通过求控制截面的内力作出。第二种方法是作出 M 图；再取杆件为隔离体，建立力矩平衡方程，由杆端弯矩求杆端剪力；最后取结点为分离体，利用投影平衡方程由杆端剪力求杆端轴力。当刚架构造较复杂（如有斜杆）时，采用第二种方法。

在土建结构中，内力符号通常作如下规定：弯矩的正负不作硬性规定；弯矩图绘在杆件受拉一侧，图中不标明正、负号；剪力和轴力的正负号规定同前；剪力图和轴力图可画在杆件的任意一侧，但必须标明正、负号；所有内力图必须标明图的名称、单位和控制截面内力的大小。

需要指出的是，在结构力学中，为了不使内力符号发生混淆，规定在内力符号的右下角用两个脚标：前一个脚标表示该内力所属杆端，后一个脚标表示该力杆段的另一端。例如，AB 杆的 A 端截面弯矩用 M_{AB} 表示，B 端截面弯矩用 M_{BA} 表示；CD 杆 C 端的剪力用 F_{SCD} 表示、D 端的剪力用 F_{SDC} 表示。轴力也采用同样的方法。

全部内力图作出后，可截取刚架的任一部分为隔离体，按静力平衡条件进行校核。

【例 10.4】 计算如图 10.12（a）所示刚架结点处各杆端截面的内力。

【解题分析】 首先根据平衡条件，求出结构的支座反力；然后利用截面法，截取指定截面进行内力计算。刚结点 C 有 C_1、C_2 两个截面，沿 C_1 和 C_2 切开，分别取 C_1 下边、C_2 右边，即 C_1A（包括 A 支座）和 C_2B（包括 B 支座）两个隔离体，分别建立平衡方程，确定杆端截面 C_1 和 C_2 的内力。

【解】（1）用整体的三个平衡方程求出支座反力，如图 10.12（a）所示。

（2）计算刚结点 C 处杆端截面内力。

对 C_1A 隔离体，如图 10.12（b）所示，则

$$\sum F_x = 0\,,\quad F_{SCA} - 8 = 0\,,\quad F_{SCA} = 8\text{ kN}$$

$$\sum F_y = 0\,,\quad F_{NCA} - 6 = 0\,,\quad F_{NCA} = 6\text{ kN}$$

$$\sum M_C = 0\,,\quad M_{CA} - 8\times 3 = 0\,,\quad M_{CA} = 24\text{ kN}\cdot\text{m}\quad（AC\text{ 杆内侧即右侧受拉}）$$

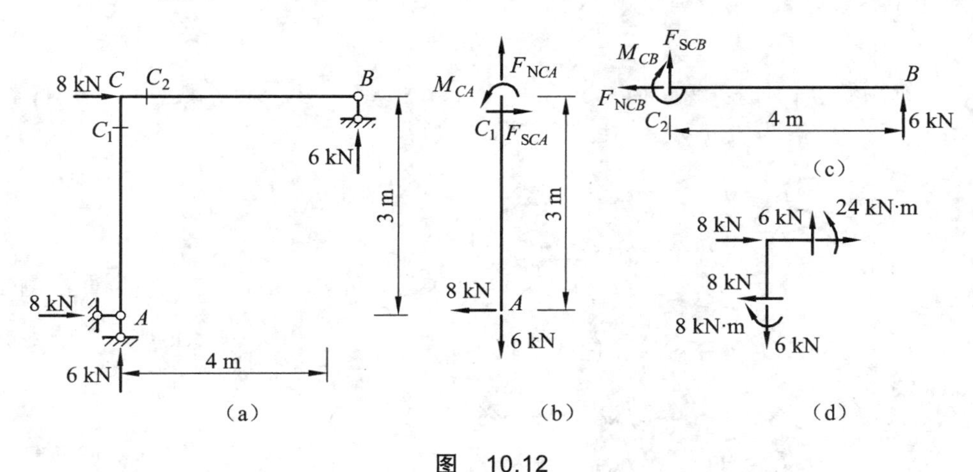

图　10.12

对 C_2B 隔离体，如图 10.12（c）所示，有

$$\sum F_x = 0\,,\quad F_{NCB} = 0$$

$$\sum F_y = 0\,,\quad F_{SCB} + 6 = 0\,,\quad F_{SCB} = -6\text{ kN}$$

$$\sum M_C = 0\,,\quad -M_{CB} + 6\times 4 = 0\,,\quad M_{CB} = 24\text{ kN}\cdot\text{m}\quad（CB\text{ 杆内侧即下侧受拉}）$$

（3）取结点 C 为隔离体校核，如图 10.12（d）所示。

校核时，作出分离体的受力图，此时应注意：① 必须包括作用在此分离体上的所有外力，

以及计算所得的 M 、F_S 和 F_N；② 图中的 M 、F_S 和 F_N 都应按求得的实际方向作出，并不再加注正、负号。

$$\sum F_x = 0, \quad 8-8=0$$
$$\sum F_y = 0, \quad 6-6=0$$
$$\sum M_C = 0, \quad 24-24=0$$

校核无误。

【例 10.5】 计算如图 10.13 所示刚架刚结点 C 、D 处杆端截面的内力。

【解题分析】 首先根据平衡条件，求出结构的支座反力；然后利用截面法，截取指定截面，对截取部分进行受力分析，求出内力。

【解】 利用平衡求出支座反力，如图 10.13 所示。

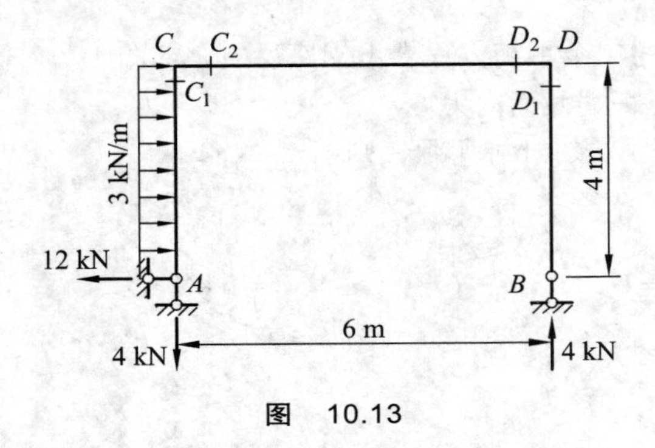

图 10.13

（1）计算刚结点 C 处杆端截面内力。

取 AC_1（取 AC_1 段为研究对象，包括支座 A），得

$$\sum F_y = 0, \qquad F_{NCA} = 4\ \text{kN}$$
$$\sum F_x = 0, \qquad F_{SCA} = 12 - 3\times 4 = 0$$
$$\sum M_C = 0, \qquad M_{CA} = 12\times 4 - 3\times 4\times 2 = 24\ \text{kN}\cdot\text{m}\ （AC\ 杆内侧即右侧受拉）$$

取 AC_2 杆（取 AC_2 为研究对象，包括支座 A），得

$$\sum F_x = 0, \qquad F_{NCD} = 12 - 3\times 4 = 0$$
$$\sum F_y = 0, \qquad F_{SCD} = -4\ \text{kN}$$
$$\sum M_C = 0, \qquad M_{CD} = 12\times 4 - 3\times 4\times 2 = 24\ \text{kN}\cdot\text{m}\ （CD\ 杆内侧即下侧受拉）$$

（2）计算刚结点 D 处杆端截面内力。

取 BD_1 杆（相当取 BD_1 为研究对象，包括支座 B），得

$$\sum F_y = 0, \qquad F_{NDB} = -4\ \text{kN}$$
$$\sum F_x = 0, \qquad F_{SCB} = 0\ \text{kN}$$
$$\sum M_D = 0, \qquad M_{DB} = 0$$

取 BD_2 杆（相当取 BD_2 为研究对象，包括刚结点 D 和支座 B），得

$$\sum F_x = 0 , \quad F_{NDC} = 0 \text{ kN}$$
$$\sum F_y = 0 , \quad F_{SDC} = -4 \text{ kN}$$
$$\sum M_D = 0 , \quad M_{DC} = 0$$

（3）取结点 C 或 D 为分离体进行校核。

【例 10.6】 试作如图 10.14（a）所示刚架的内力图。

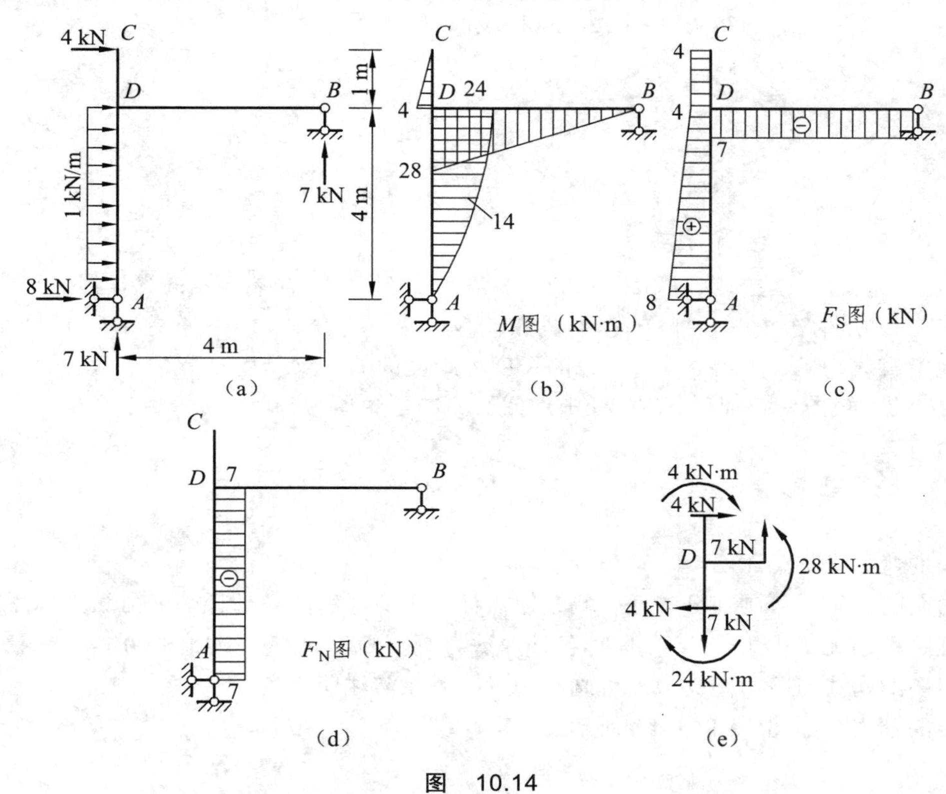

图　10.14

【解题分析】 根据结构受力图，列出平衡方程，求出结构中的支座反力；利用截面法，截取部分杆件进行分析，求出杆端内力，进一步绘制出内力图。

【解】（1）计算支座反力，如图 10.14（a）所示。

（2）计算各杆端内力。

取 CD 杆：

$$M_{CD} = 0$$
$$M_{DC} = 4 \times 1 = 4 \text{ kN} \cdot \text{m} \text{（左侧受拉）}$$
$$F_{SCD} = F_{SDC} = 4 \text{ kN}$$
$$F_{NCD} = F_{NDC} = 0$$

取 DB 杆：

$M_{BD}=0$

$M_{DB}=7\times4=28\ \text{kN}\cdot\text{m}$（下侧受拉）

$F_{SBD}=F_{SDB}=-7\ \text{kN}$

$F_{NBD}=F_{NDB}=0$

取 AD 杆：

$M_{AD}=0$

$M_{DA}=8\times4-1\times4\times2=24\ \text{kN}\cdot\text{m}$（右侧受拉）

$F_{SAD}=8\ \text{kN}$

$F_{SDA}=8-1\times4=4\ \text{kN}$

$F_{NAD}=F_{NDA}=7\ \text{kN}$

（3）作 M 、F_S 、F_N 内力图。

弯矩图画在杆的受拉侧，杆 CD 和 BD 上无荷载，将杆的两杆端弯矩的纵坐标以直线相连，即得杆 CD 和 BD 的弯矩图。杆 AD 上有均布荷载作用，将杆 AD 两端杆端弯矩值以虚直线相连，以此虚直线为基线，叠加以杆 AD 的长度为跨度的简支梁受均布荷载作用下的弯矩图，即得杆 AD 的弯矩图。叠加后，AD 杆中点截面 E 的弯矩值为

$$M_E=\frac{1}{2}(0+24)+\frac{1}{8}\times1\times4^2=14\ \text{kN}\cdot\text{m}\ （右侧受拉）$$

刚架的弯矩图如图 10.14（b）所示。

剪力图的纵坐标可画在杆的任一侧，但需标注正负号。将各杆杆端剪力纵坐标用直线相连（各杆跨中均无集中力作用），即得各杆的剪力图。刚架的剪力图如图 10.14（c）所示。

轴力图的作法与剪力图类似，可画在任意一侧，需注明正负号。

刚架的轴力图如图 10.14（d）所示。

（4）校核。

取结点 D 为隔离体，如图 10.14（e）所示。

$$\sum F_x=0,\quad 4-4=0$$

$$\sum F_y=0,\quad 7-7=0$$

$$\sum M_D=0,\quad 4+24-28=0$$

无误。

【例 10.7】 试作如图 10.15（a）所示刚架的弯矩图。

【解题分析】 进行受力分析，求出支座反力，进一步根据杆件的受力特点，绘制出内力图。

【解】（1）利用平衡方程计算支座反力。

（2）计算杆端弯矩。

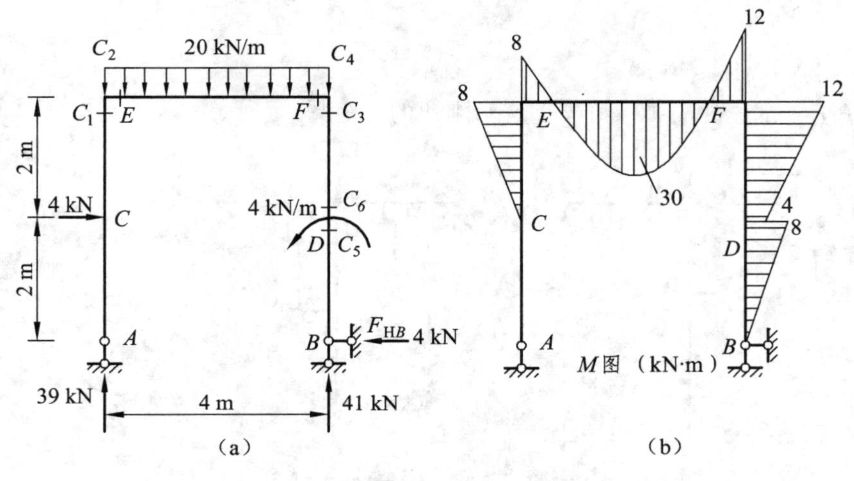

图　10.15

取 AC 杆：

$$M_{AC}=M_{CA}=0$$

求 CE 杆 E 端弯矩时，可取 ECA 隔离体（从 C_1 面截开）：

$$M_{EC}=-4\times2=-8\ \text{kN}\cdot\text{m}\text{（左侧受拉）}$$

$$M_{CE}=M_{CA}=0$$

取 EA 杆（包括刚结点 E，从 C_2 面截开）：

$$M_{EF}=-4\times2=-8\ \text{kN}\cdot\text{m}\text{（上侧受拉）}$$

取 DB 杆（从 C_5 面截开）：

$$M_{BD}=0，\quad M_{DB}=-4\times2=-8\ \text{kN}\cdot\text{m}\text{（右侧受拉）}$$

取 DB 杆（从 C_6 面截开）：

$$M_{DF}=-4\times2+4=-4\ \text{kN}\cdot\text{m}\text{（右侧受拉）}$$

取 FB 杆（从 C_3 面截开）：

$$M_{FD}=-4\times4+4=-12\ \text{kN}\cdot\text{m}\text{（右侧受拉）}$$

取 FB 杆（从 C_4 面截开）：

$$M_{FE}=-4\times4+4=-12\ \text{kN}\cdot\text{m}\text{（上侧受拉）}$$

（3）作弯矩图。

杆 EF 上作用均布荷载，将杆 EF 两端的弯矩值用虚线相连，以虚直线为基线，叠加简支梁受均布荷载作用的弯矩图[杆中央截面弯矩叠加值为 $\frac{1}{8}\times20\times4^2-\frac{1}{2}(8+12)=30\ \text{kN}\cdot\text{m}$]，由此得杆 EF 上的弯矩图。其余各杆，用直线将杆端弯矩的纵坐标连接起来。注意，D 截面弯矩有突变。刚架的弯矩图如图 10.15（b）所示。

（4）校核。

取结点 E 为隔离体。（略）

【例 10.8】 试作如图 10.16（a）所示刚架的弯矩图。

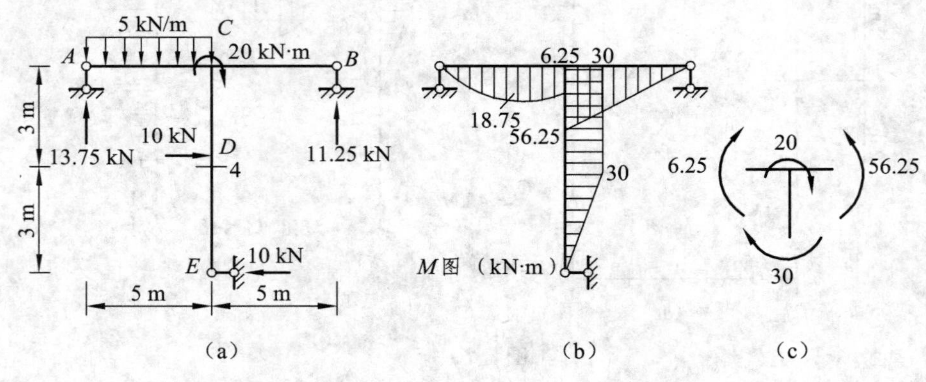

（a） （b） （c）

图 10.16

【解题分析】 先利用平衡方程求出支座反力，再求出杆端弯矩，最后绘制出弯矩图。

【解】 （1）利用平衡方程计算支座反力。

（2）计算杆端弯矩。

取 AC 杆（杆上荷载不包括力偶），有

$$M_{AC}=0$$

$$M_{CA}=5\times13.75-\frac{1}{2}\times5\times5^2=6.25\ \text{kN}\cdot\text{m}\text{（下侧受拉）}$$

取 BC 杆（从 C 左边截开，杆上荷载不包括力偶），有

$$M_{BC}=0$$

$$M_{CB}=11.25\times5=56.25\ \text{kN}\cdot\text{m}\text{（下侧受拉）}$$

取 DE 杆，有

$$M_{ED}=0$$

$$M_{DE}=10\times3=30\ \text{kN}\cdot\text{m}\text{（右侧受拉）}$$

DC 杆的 D 端弯矩与 ED 杆 D 端弯矩值相同，即

$$M_{DC}=M_{DE}=30\ \text{kN}\cdot\text{m}\text{（右侧受拉）}$$

求 DC 杆 C 端弯矩时，可取 CDE 隔离体（杆上荷载不包括力偶），则

$$M_{CD}=10\times6-10\times3=30\ \text{kN}\cdot\text{m}\text{（右侧受拉）}$$

（3）作弯矩图。

AC 杆中央截面弯矩：

$$M_{中}=\frac{1}{8}\times5\times5^2+\frac{1}{2}\times6.25=18.75\ \text{kN}\cdot\text{m}$$

（4）校核。

取结点 C 为隔离体，如图 10.16（c）所示。显然满足 $\sum M_C = 0$。

通过以上例题可看出，作刚架内力图的常规步骤，一般是先求反力，再逐杆分段、定点、连线作出。在作弯矩图之前，如果先作一番判断，则常常可以少求一些反力（有时甚至不求反力），而迅速作出弯矩图。

特别强调：

（1）熟练掌握 M、F_S、F_N 之间的关系。

（2）铰结点处弯矩为 0。

（3）刚结点力矩平衡。各杆端弯矩与力偶荷载的代数和应等于 0，如图 10.17（a）所示。对于两杆刚结点，如结点上无力偶荷载作用时，则两杆端弯矩数值必相等且受拉侧相同（即同为外侧受拉或同为内侧受拉），如图 10.17（b）所示。在刚结点处，除某一杆端弯矩外，其余各杆端弯矩若均已知，则该杆端弯矩的大小和受拉侧便可根据刚结点力矩平衡条件推出。

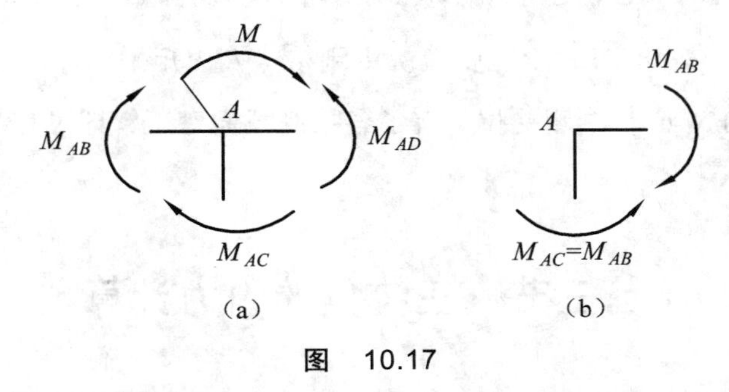

图　10.17

【例 10.9】　试作如图 10.18（a）所示结构的弯矩图。

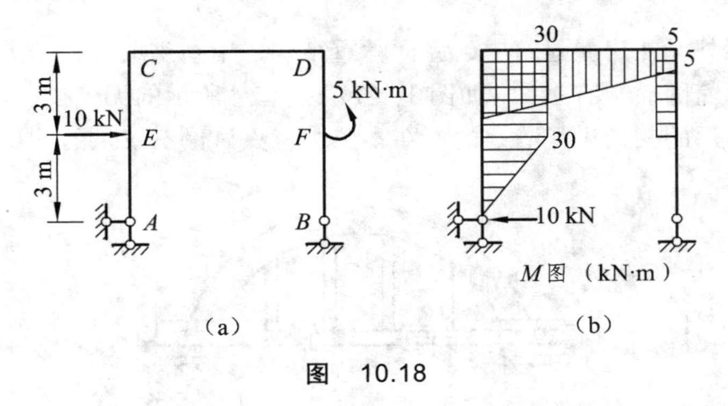

图　10.18

【解题分析】　首先分析整体受力，求出支座反力，再计算出杆端弯矩，最后画出弯矩图。

【解】　由整体水平力平衡可知 $F_{Ax} = 10\ \text{kN}$（←），则 $M_{EA} = 30\ \text{kN}\cdot\text{m}$，右侧受拉；$M_{CE} = 10\times6-10\times3 = 30\ \text{kN}\cdot\text{m}$，右侧受拉。根据结点 C 力矩平衡，$M_{CD} = 30\ \text{kN}\cdot\text{m}$，下侧受拉；$BD$ 杆无剪力，则 BF 段无 M 图；FD 段 M 保持常数，为 $5\ \text{kN}\cdot\text{m}$，左侧受拉。根据刚结点力矩平衡，$M_{DC} = 5\ \text{kN}\cdot\text{m}$，下侧受拉。有了各控制截面的弯矩竖标，根据无荷载区间 M 图为直线，集中力偶处弯矩有突变。作出整个 M 图，如图 10.18（b）所示。

上述过程无须笔算，仅根据 M 图特点即可作出 M 图。

【例 10.10】　试作如图 10.19（a）所示刚架的弯矩图。

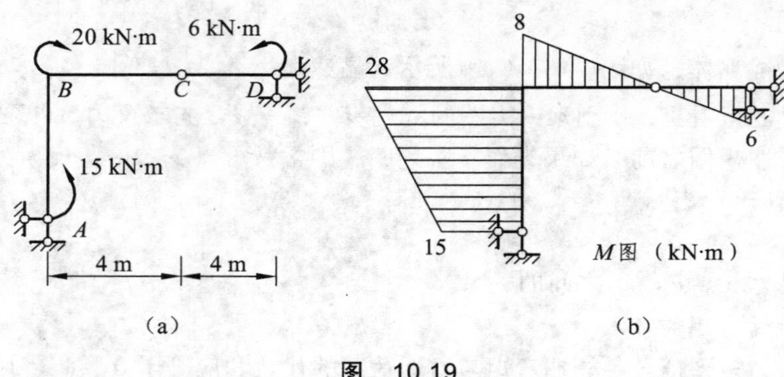

（a）　　　　（b）

图　10.19

【解题分析】　该结构所受主动力均是外力偶，对铰接点求力矩之和，可以直接求得杆端的弯矩，最后绘制内力图。

【解】　AB 和 BD 杆段间无荷载，故 M 图均为直线。因 $M_{DC}=6\ \text{kN}\cdot\text{m}$，下侧受拉；$M_{CD}=0$，故 $M_{BC}=\dfrac{4}{3}\times 6=8\ \text{kN}$，上侧受拉。由刚结点 B 力矩平衡，$M_{BA}=8+20=28\ \text{kN}\cdot\text{m}$，左侧受拉；$M_{AB}=15\ \text{kN}\cdot\text{m}$，左侧受拉。有了各控制截面弯矩，即可作出整个结构 M 图，如图 10.19（b）所示。

第三节　三铰拱的内力计算

一、与拱结构有关的概念

除隧道、桥梁外，在房屋建筑中，屋面承重结构也用到拱结构，如图 10.20 所示。

拱结构的计算简图通常有三种，如图 10.21（a）、（b）所示的无铰拱和两铰拱是超静定的，如图 10.21（c）所示的三铰拱是静定的。在本节中，只讨论三铰拱的计算。

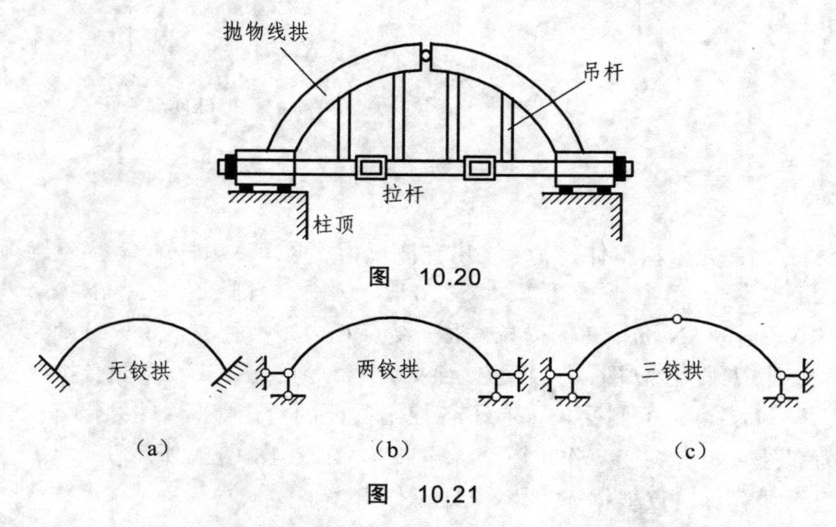

图　10.20

（a）　　（b）　　（c）

图　10.21

拱结构的特点是：杆轴为曲线，而且在竖向荷载作用下支座将产生水平反力，这种水平反力又称为水平推力，简称推力。拱结构与梁结构的区别，不仅在于外形不同，更重要的还在于在竖向荷载作用下是否产生水平推力。如图 10.22 所示的两个结构，虽然它们的杆轴都是曲线，但如图 10.22（a）所示结构在竖向荷载作用下不产生水平推力，其弯矩与相应简支梁（同跨度、同荷载的梁）的弯矩相同，因此这种结构不是拱结构而是一根曲梁。如图 10.22（b）所示结构，由于其两端都有水平支座链杆，在竖向荷载作用下将产生水平推力，所以属于拱结构。

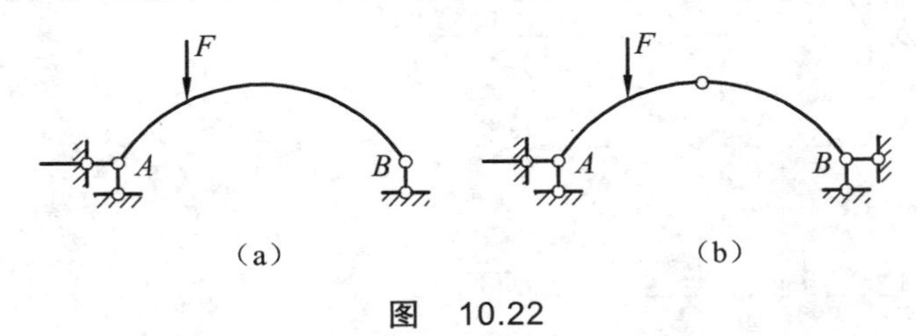

图　10.22

用做屋面承重结构的三铰拱，常在两支座铰之间设水平拉杆，如图 10.23（a）所示。这样，拉杆内所产生的拉力代替了支座推力的作用，在竖向荷载作用下，使支座只产生竖向反力。但是这种结构的内部受力情况与三铰拱完全相同，故称为具有拉杆的拱，简称拉杆拱。

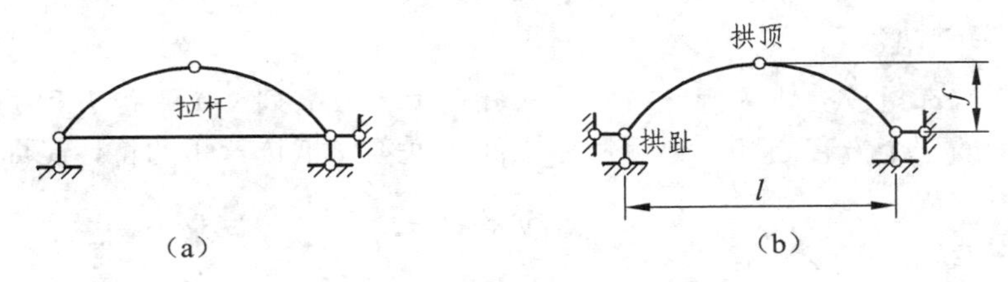

图　10.23

拱结构最高的一点称为拱顶，如图 10.24（b）所示。三铰拱的中间铰通常是安置在拱顶处。拱的两端与支座连接处称为拱趾，或称拱脚；两个拱趾间的水平距离 l 称为跨度；拱顶到两拱趾连线的竖向距离 f 称为拱高；拱高与跨度之比 f/l 称为高跨比，拱的主要力学性能与高跨比有关。

二、拱的内力特点

与简支梁相比，拱的弯矩、剪力较小，轴力（压力）较大，应力沿截面高度分布较均匀。

优点：节省材料，减轻自重，能跨越较大跨度，宜采用抗压性能好而又相对廉价的材料（如砖、石、混凝土等材料）来修建；且拱式结构能够营造一种曲线美。

缺点：拱对基础或下部结构施加水平推力，增加了下部结构的材料用量，对地基要求高；且由于杆件是曲线，故施工较麻烦。

三、反力和内力计算

分析竖向荷载作用下三铰拱的内力和反力时，与同跨度、同荷载的简支梁相对比，便于计算和对比分析拱的受力特点。现以最常见的承受竖向荷载作用且两拱趾位于同一水平面上的三铰拱（见图 10.24）为例，介绍三铰拱的受力分析方法和受力特点。

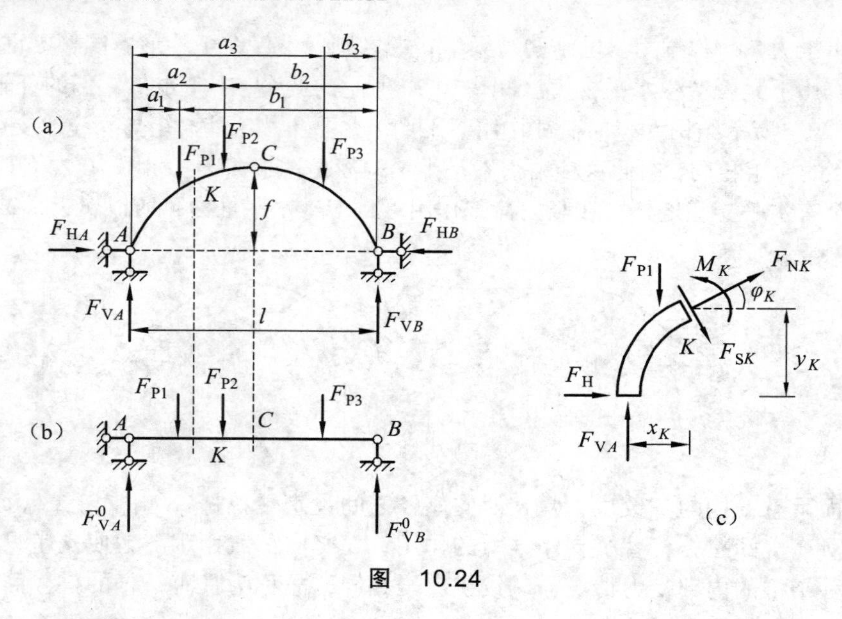

图 10.24

1. 支座反力计算公式

三铰拱的两端都是铰支座，因此有 4 个未知反力，故需列 4 个平衡方程进行计算。除了三铰拱整体平衡的三个方程之外，还可利用中间铰处不能抵抗弯矩的特性（即弯矩 $M_C=0$）来建立一个补充方程。

首先考虑三铰拱的整体平衡，由

$$\sum M_B = F_{VA}l - F_{P1}b_1 - F_{P2}b_2 - F_{P3}b_3 = 0$$

可得左支座竖向反力：

$$F_{VA} = \frac{F_{P1}b_1 + F_{P2}b_2 + F_{P3}b_3}{l} \tag{a}$$

同理，由 $\sum M_A = 0$ 可得右支座竖向反力：

$$F_{VB} = \frac{F_{P1}a_1 + F_{P2}a_2 + F_{P3}a_3}{l} \tag{b}$$

由 $\sum x = 0$，可知：

$$F_{HA} = F_{HB} = F_H$$

再考虑 $M_C=0$ 的条件，取左半拱上所有外力对 C 点的力矩来计算，则有：

$$M_C = F_{VA}\frac{l}{2} - F_{P1}\left(\frac{l}{2}-a_1\right) - F_{P2}\left(\frac{l}{2}-a_2\right) - F_{HA}f = 0$$

所以：

$$F_H = F_{HA} = F_{HB} = \frac{F_{VA}\dfrac{l}{2} - F_{P1}\left(\dfrac{l}{2}-a_1\right) - F_{P2}\left(\dfrac{l}{2}-a_2\right)}{f} \tag{c}$$

式（a）和式（b）右边的值，恰好等于图 10.24（b）所示相应简支梁的支座反力 F_{VA}^0 和 F_{VB}^0。式（c）右边的分子，等于相应简支梁上与拱的中间铰位置相对应的截面 C 的弯矩 M_C^0。由此可得

$$F_{VA} = F_{VA}^0 \tag{10.6}$$

$$F_{VB} = F_{VB}^0 \tag{10.7}$$

$$F_H = F_{HA} = F_{HB} = \frac{M_C^0}{f} \tag{10.8}$$

由式（10.8）可知，推力 F_H 等于相应简支梁截面 C 的弯矩 M_C^0 除以拱高 f。其值只与三个铰的位置有关，而与各铰间的拱轴形状无关。换句话说，只与拱的高跨比 f/l 有关。当荷载和拱的跨度不变时，推力 F_H 将与拱高 f 反比，即 f 越大则 F_H 越小；反之，f 越小则 F_H 越大。

2. 内力的计算公式

计算内力时，应注意到拱轴为曲线这一特点，所取截面与拱轴正交，即与拱轴的切线相垂直，任意 K 点处拱轴线切线的倾角为 φ_K。截面 K 的内力可以分解为弯矩 M_K、剪力 F_{SK} 和轴力 F_{NK}，其中 F_{SK} 沿截面方向，即沿拱轴法线方向作用；轴力 F_{NK} 沿垂直于截面的方向，即沿拱轴切线方向作用。下面分别研究这三种内力的计算：

（1）弯矩的计算公式。

弯矩的符号，规定以使拱内侧纤维受拉的为正，反之为负。取 AK 段为隔离体，如图 10.24（c）所示。由

$$\sum M_K = F_{VA}x_K - F_{P1}(x_K - a_1) - F_H y_K - M_K = 0$$

得截面 K 的弯矩：

$$M_K = F_{VA}x_K - F_{P1}(x_K - a_1) - F_H y_K$$

根据 $F_{VA} = F_{VA}^0$，可见等式右端前两项代数和等于相应简支梁 K 截面的弯矩 M_K^0，所以上式可改写为

$$M_K = M_K^0 - F_H y_K \tag{10.9}$$

即拱内任一截面的弯矩，等于相应简支梁对应截面的弯矩减去由于拱的推力 F_H 所引起的弯矩 $F_H y_K$。由此可知，因推力的存在，三铰拱中的弯矩比相应简支梁的弯矩小。

（2）剪力的计算公式。

剪力的符号，通常规定以使截面两侧的隔离体有顺时针方向转动趋势的为正，反之为负。以 AK 段为隔离体，如图 10.24（c）所示，由平衡条件得

$$F_{SK} + F_{P1}\cos\varphi_K + F_H \sin\varphi_K - F_{VA}\cos\varphi_K = 0$$

$$F_{SK} = (F_{VA} - F_{P1})\cos\varphi_K - F_H \sin\varphi_K$$

式中，$(F_{VA} - F_{P1})$ 等于相应简支梁在截面 K 的剪力 F_{SK}^0，于是上式可改写为

$$F_{SK} = F_{SK}^0 \cos\varphi_K - F_H \sin\varphi_K \tag{10.10}$$

式中，φ_K 为截面 K 处拱轴线的倾角。

（3）轴力的计算公式。

因拱轴通常为受压，所以规定使截面受压的轴力为正，反之为负。取 AK 段为隔离体，如图 10.24（c）所示，由平衡条件得

$$F_{NK}+F_{P1}\sin\varphi_K-F_{VA}\sin\varphi_K-F_H\cos\varphi_K=0$$

得
$$F_{NK}=(F_{VA}-F_{P1})\sin\varphi_K+F_H\cos\varphi_K$$

即
$$F_{NK}=F_{SK}^0\sin\varphi_K+F_H\cos\varphi_K \tag{10.11}$$

有了上述公式，就可以求得任一截面的内力，从而作出三铰拱的内力图。

【例 10.11】 试求如图 10.25 所示三铰拱截面 K 和 D 的内力值。拱轴线方程 $y=\dfrac{4f}{l^2}x(l-x)$。

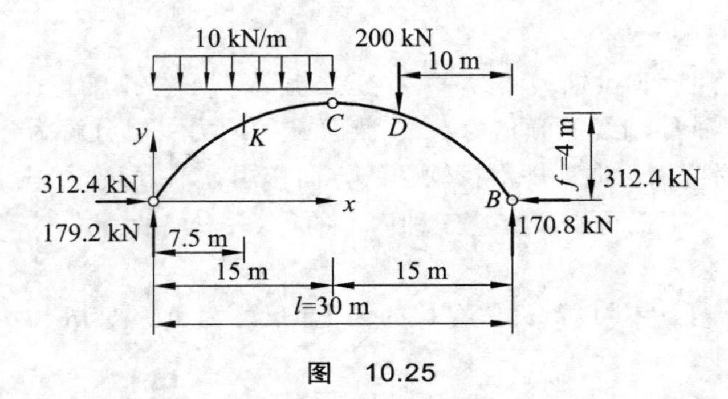

图 10.25

【解题分析】 首先利用平衡方程求出支座反力；再根据拱曲线方程及截面 K、D 的坐标，求出切线倾角；最后利用公式（10.9）~（10.11）求出轴力、剪力和弯矩。

【解】（1）利用平衡方程求各支座反力：

$$F_{VA}=179.2\ \text{kN}\ (\uparrow)$$
$$F_{VB}=170.8\ \text{kN}\ (\uparrow)$$
$$F_{HA}=312.4\ \text{kN}\ (\rightarrow)$$

（2）根据拱轴线方程，分别计算 K、D 截面的纵坐标及拱轴线的切线倾角。

$$y_K=\frac{4f}{l^2}x(l-x)=\frac{4\times5}{30^2}\times7.5\times(30-7.5)=3.75\ \text{m}$$

$$y_D=\frac{4\times5}{30^2}\times20\times(30-20)=4.44\ \text{m}$$

因为
$$\frac{dy}{dx}=\frac{4f}{l^2}(l-2x)$$

所以
$$\tan\varphi_K=\left.\frac{dy}{dx}\right|_{x=7.5}=\frac{4\times5}{30^2}(30-2\times7.5)=\frac{1}{3}$$

$$\varphi_K=18°26'$$

故
$$\sin\varphi_K=0.316\,2,\quad \cos\varphi_K=0.948\,7$$

同理得

$$\tan\varphi_D = \left.\frac{dy}{dx}\right|_{x=20} = \frac{4\times5}{30^2}(30-2\times20) = -0.222$$

$$\varphi_D = -12°31'$$

故 $\sin\varphi_D = -0.216\ 7$， $\cos\varphi_D = 0.976\ 2$

由式（10.6）~（10.8）及以上数据，计算 K 、D 截面的内力：

$$M_K = M_K^0 - F_H y_K = \left(179.2\times7.5-\frac{1}{2}\times10\times7.5^2\right)-312.4\times3.75 = -110\ \text{kN}\cdot\text{m}$$

$$F_{SK} = F_{SK}^0\cos\varphi_K - F_H\sin\varphi_K$$
$$= (179.2-10\times7.5)\times0.948\ 7-312.4\times0.316\ 2 = 0.07\ \text{kN}$$

$$F_{NK} = F_{SK}^0\sin\varphi_K + F_H\cos\varphi_K$$
$$= (179.2-10\times7.5)\times0.316\ 2+312.4\times0.948\ 7 = 329.3\ \text{kN}$$

同理

$$M_D = M_D^0 - F_H y_D = 170.8\times10-312.4\times4.44 = 320.9\ \text{kN}\cdot\text{m}$$

因为截面 D 位于集中力作用点，所以计算该截面的剪力和轴力时，应该分别计算该截面稍左和稍右两个截面的剪力和轴力值，即 $F_{SD}^{左}$ 、$F_{SD}^{右}$ 和 $F_{ND}^{左}$ 、$F_{ND}^{右}$ 。

$$F_{SD}^{左} = (F_{SD}^{左})^0\cos\varphi_D - F_H\sin\varphi_D$$
$$= (200-170.8)\times0.976\ 2-312.4\times(-0.216\ 7) = 96.2\ \text{kN}$$

$$F_{SD}^{右} = (F_{SD}^{右})^0\cos\varphi_D - F_H\sin\varphi_D$$
$$= -170.8\times0.976\ 2-312.4\times(-0.216\ 7) = -98.3\ \text{kN}$$

$$F_{ND}^{左} = (F_{SD}^{左})^0\sin\varphi_D + F_H\cos\varphi_D$$
$$= (200-170.8)\times(-0.216\ 7)+312.4\times0.976\ 2 = 298.6\ \text{kN}$$

$$F_{ND}^{右} = (F_{SD}^{右})^0\sin\varphi_D + F_H\cos\varphi_D$$
$$= -170.8\times(-0.216\ 7)+312.4\times0.976\ 2 = 342.0\ \text{kN}$$

【例 10.12】 图 10.26（a）所示为一三铰拱其拱轴为一抛物线，当坐标原点选在左支座时，拱轴方程为 $y=\frac{4f}{l^2}x(l-x)$，试绘制其内力图。

【解题分析】 首先利用平衡方程求出支座反力；然后将拱曲线进行八等分，根据拱曲线方程和等分点的坐标求出每个等分点的切线倾角，计算出每个等分点的轴力、剪力和弯矩；最后绘制出内力图。

【解】 先求支座反力，根据式（10.6）~（10.8）可得

$$F_{VA}=F_{VA}^{0}=\frac{100\times 9+20\times 6\times 3}{12}=105\ \text{kN}$$

$$F_{VB}=F_{VB}^{0}=\frac{100\times 3+20\times 6\times 9}{12}=115\ \text{kN}$$

$$F_{H}=\frac{M_{C}^{0}}{f}=\frac{105\times 6-100\times 3}{4}=82.5\ \text{kN}$$

求出反力后，即可根据式（10.9）~（10.11）绘制内力图。为此，将拱跨分成八等分，列表（见表10.1）算出各截面上的 M 、F_S 、F_N 值，然后根据表中所得数值绘制 M 、F_S 、F_N 图，如图10.26（c）、（d）、（e）所示。这些内力图是以水平线为基线绘制的。图10.26（b）为相应简支梁的弯矩图。

表10.1　三铰拱的内力计算

拱轴分点	纵坐标/m	$\tan\varphi_K$	$\sin\varphi_K$	$\cos\varphi_K$	F_{QK}^{0}
0	0	1.333	0.800	0.599	105.0
1	1.75	1.000	0.707	0.707	105.0
2（左，右）	3	0.667	0.555	0.832	105.0，5.0
3	3.75	0.333	0.316	0.948	5.0
4	4	0.000	0.000	1.000	5.0
5	3.75	−0.333	−0.316	0.948	−25.0
6	3	−0.667	−0.555	0.832	−55.0
7	1.75	−1.000	−0.707	0.707	−85.0
8	0	−1.333	−0.800	0.599	−115.0

M/kN·m			F_S/kN			F_N/kN		
M_K^0	$-F_H y_K$	M_K	$F_{SK}^0\cos\varphi_K$	$-F_H\sin\varphi_K$	F_{SK}	$F_{SK}^0\sin\varphi_K$	$F_H\cos\varphi_K$	F_{NK}
0.00	0.00	0.00	63.0	−66.0	−3.0	84.0	49.5	133.5
157.5	−144.4	13.1	74.2	−58.3	15.9	74.2	58.3	132.5
315.0	−247.5	67.5	87.4，4.2	−45.8	41.6，−41.6	58.3，2.8	68.6	126.9，71.4
322.5	−309.4	13.1	4.7	−26.1	−21.4	1.6	78.3	79.9
330.0	−330.0	0.00	5.0	0.00	5.0	0.00	82.5	82.5
315.0	−309.4	5.6	−23.7	26.1	2.4	7.9	78.3	86.2
255.0	−247.5	7.5	−45.8	45.8	0.00	30.5	68.6	99.1
150.0	−144.4	5.6	−60.1	58.3	−1.8	60.1	58.3	118.4
0.00	0.00	0.00	−68.9	66.0	−2.9	92.0	49.5	141.5

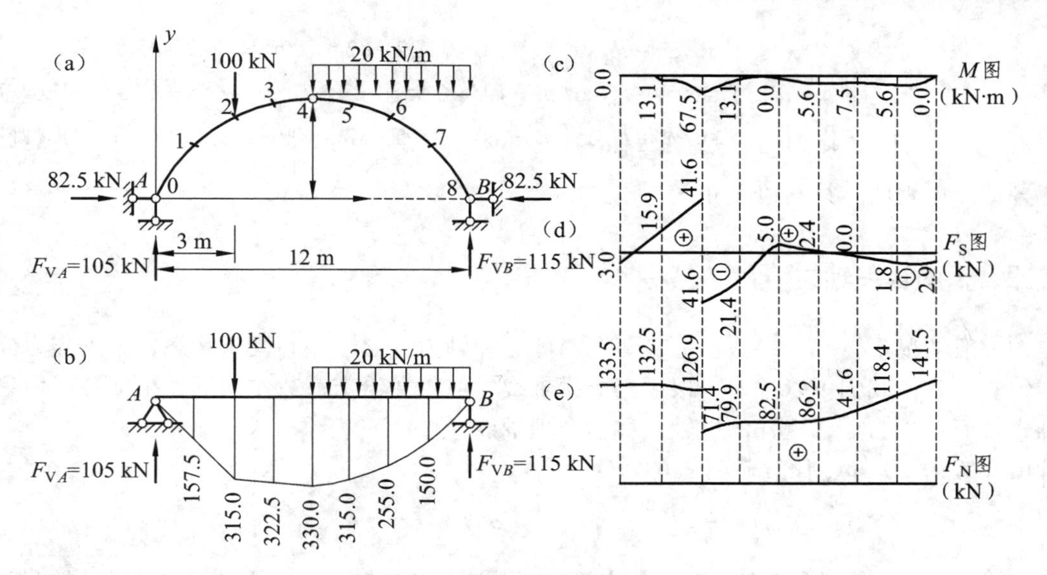

图　10.26

以截面 1（离左支座 1.5 m 处）和截面 2（离左支座 3.0 m 处）的内力计算为例，对表 3.1 说明如下。在截面 1 处，有 $x = 1.5$ m，由拱轴方程求得

$$y = \frac{4f}{l^2}x_1(l - x_1) = \frac{4\times4}{12^2}\times1.5\times(12-1.5) = 1.75\ \text{m}$$

截面 1 处切线斜率为

$$\tan\varphi_1 = \frac{\mathrm{d}y}{\mathrm{d}x} = \frac{4f}{l^2}(l - 2x_1) = \frac{4\times4}{12^2}(12 - 2\times1.5) = 1$$

于是

$$\sin\varphi_1 = \frac{\tan\varphi_1}{\sqrt{1+\tan^2\varphi_1}} = \frac{1}{\sqrt{2}} = 0.707$$

$$\cos\varphi_1 = \frac{1}{\sqrt{1+\tan^2\varphi_1}} = \frac{1}{\sqrt{2}} = 0.707$$

根据式（10.9）、（10.10）、（10.11）求得该截面的弯矩、剪力和轴力分别为

$$M_1 = M_1^0 - F_H y_1 = 105\times1.5 - 82.5\times1.75 = 157.5 - 144.4 = 13.1\ \text{kN}\cdot\text{m}$$

$$F_{S1} = F_{S1}^0\cos\varphi_1 - F_H\sin\varphi_1 = 105\times0.707 - 82.5\times0.707 = 74.2 - 58.3 = 15.9\ \text{kN}$$

$$F_{N1} = F_{S1}^0\sin\varphi_1 + F_H\cos\varphi_1 = 105\times0.707 + 82.5\times0.707 = 74.2 + 58.3 = 132.5\ \text{kN}$$

在截面 2 处，因有集中荷载作用，该截面两边的剪力和轴力不相等，此处 F_S、F_N 图将发生突变。现计算该截面内力如下：

$$M_2 = M_2^0 - F_H y_2 = 105\times3 - 82.5\times3 = 315 - 247.5 = 67.5\ \text{kN}\cdot\text{m}$$

$$F_{S2}^{左} = (F_{S2}^{左})^0\cos\varphi_2 - F_H\sin\varphi_2 = 105\times0.832 - 82.5\times0.555 = 87.4 - 45.8 = 41.6\ \text{kN}$$

$$F_{S2}^{右}=(F_{S2}^{右})^0\cos\varphi_2-F_H\sin\varphi_2=5.0\times0.832-82.5\times0.555=4.2-45.8=-41.6\ \text{kN}$$
$$F_{N2}^{左}=(F_{S2}^{左})^0\sin\varphi_2+F_H\cos\varphi_2=105\times0.555+82.5\times0.832=58.3+68.6=126.9\ \text{kN}$$
$$F_{N2}^{右}=(F_{S2}^{右})^0\sin\varphi_2+F_H\cos\varphi_2=5.0\times0.555+82.5\times0.832=2.8+68.6=71.4\ \text{kN}$$

其他各截面内力的计算与以上相同。

四、拱的合理轴线

在一般情况下，三铰拱截面上有弯矩、剪力和轴力，处于偏心受压状态，其正应力分布不均匀。但是，我们可以选取一根适当的拱轴线，使得在给定荷载作用下，拱上各截面只承受轴力，而弯矩为零，这样的拱轴线称为合理轴线。

由式（10.9）知，任意截面 K 的弯矩为

$$M_K=M_K^0-F_H y_K$$

上式说明，三铰拱的弯矩 M_K 由相应简支梁的弯矩 M_K^0 与 $-F_H y_K$ 叠加而得。当拱的跨度和荷载为已知时，M_K^0 不随拱轴线改变而改变，而 $-F_H y_K$ 则与拱轴线有关。因此，我们可以在三个铰之间恰当地选择拱的轴线形式，使拱中各截面的弯矩 M 都为 0。为了求出合理轴线方程，根据各截面弯矩都为零的条件应有：

$$M=M^0-F_H y=0$$

所以得

$$y=\frac{M^0}{F_H} \tag{10.12}$$

由式（10.12）可知：合理轴线的竖标 y 与相应简支梁的弯矩竖标成正比，$\frac{1}{F_H}$ 是这两个竖标之间比例系数。当拱上所受荷载已知时，只需求出相应简支梁的弯矩方程，然后除以推力 F_H，便可得到拱的合理轴线方程。

【例 10.13】 试求如图 10.27（a）所示对称三铰拱在均匀荷载 q 作用下的合理轴线。

【解题分析】 首先求出相应简支梁的弯矩方程和横向反力，然后根据公式（10.12）得出拱合理曲线方程。

【解】 作出相应简支梁如图 10.27（b）所示，其弯矩方程为

$$M^0=\frac{1}{2}qlx-\frac{1}{2}qx^2=\frac{1}{2}qx(l-x)$$

由式（10.12）求得

$$F_H=\frac{M_C^0}{f}=\frac{\frac{ql^2}{8}}{f}=\frac{ql^2}{8f}$$

所以由式（10.8）得到合理轴线方程为

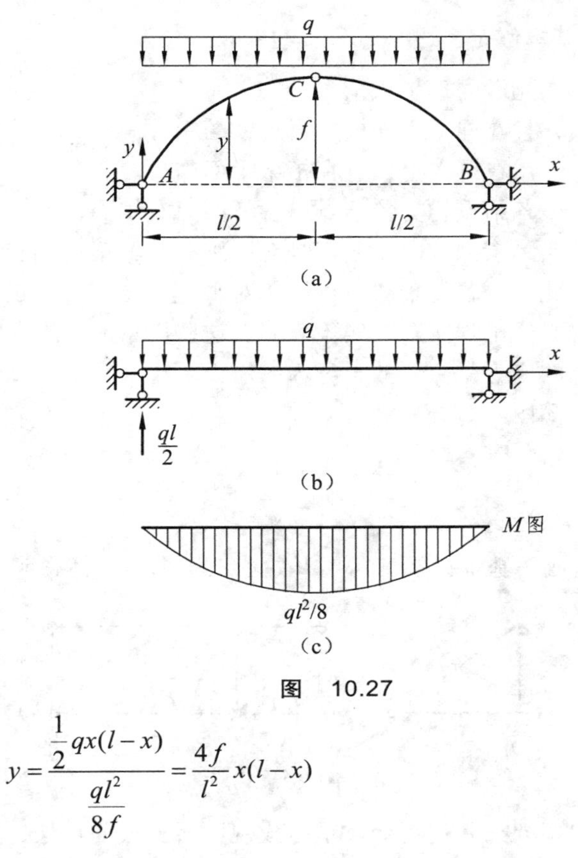

图　10.27

$$y=\frac{\frac{1}{2}qx(l-x)}{\frac{ql^2}{8f}}=\frac{4f}{l^2}x(l-x)$$

由此可见，在满跨的竖向均布荷载作用下，三铰拱的合理轴线是一根抛物线。因此，拱轴线常采用抛物线。

第四节　静定平面桁架的内力计算

一、桁架的概念

桁架是由若干直杆在其两端用铰连接而成的结构，是大跨度结构常用的一种结构形式，广泛用于桥梁、塔架及工业与民用建筑屋盖等。

桁架的杆件按其所在位置分为弦杆和腹杆。弦杆又分为上弦杆和下弦杆，腹杆也分为斜杆和竖杆，如图 10.28 所示。两支座之间的水平距离 l 称为跨度，支座连线至桁架最高点的距离 H 称为桁高。弦杆上相邻两结点之间的区间称为节间，其间距 d 称为节间长度。

图　10.28

1. 桁架的特点

所有结点都是铰结点，在结点荷载作用下，各杆内力中只有轴力。

2. 桁架计算中引用的基本假定

（1）桁架中的各结点都是光滑的理想铰结点。

（2）各杆轴线都是直线，且在同一平面内并通过铰的中心。

（3）荷载及支座反力都作用在结点上，且在桁架平面内。

上述假定，保证了桁架中各结点均为铰结点，各杆内只有轴力，都是二力杆。符合上述假定的桁架，是理想桁架。实际桁架与上述假定是有差别的，如钢桁架和钢筋混凝土桁架中的结点都具有很大的刚性。此外，各杆轴线不可能绝对平直，也不一定正好都过铰中心，荷载也不完全作用在结点上等。但工程实践及实验表明，这些因素所产生的应力是次要的，称为次应力。按理想桁架计算的应力是主要的，称为主应力。本节只讨论产生主应力的内力计算，并取理想桁架作为计算简图。

二、桁架的分类

（1）简单桁架：由地基或一基本铰接三角形开始依次增加二元体得到，如图 10.29 所示。

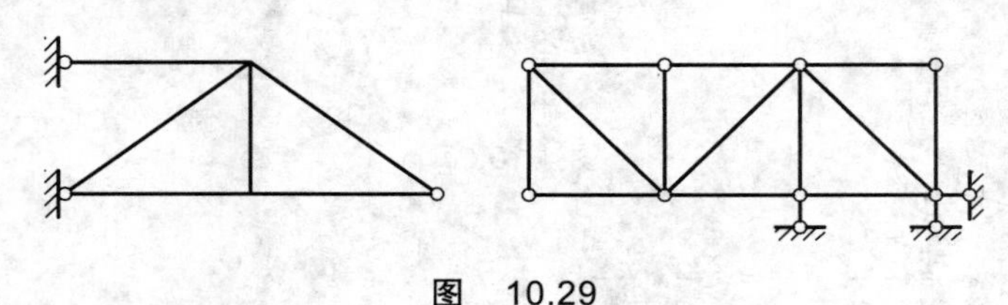

图 10.29

（2）联合桁架：由简单桁架按几何不变体系组成规则所连成的桁架，如图 10.30 所示。

（3）复杂桁架：除了上述两种桁架以外均为复杂桁架，在结构中应用比较少，不予讨论，如图 10.31 所示。

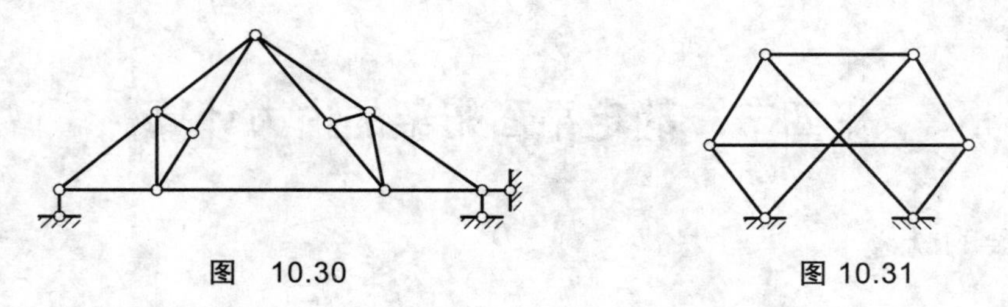

图 10.30　　图 10.31

三、桁架的内力计算方法

1. 结点法

桁架计算一般是先求支座反力后计算内力。计算内力时，可截取桁架中的一部分为隔离体，根据隔离体的平衡条件求解各杆的轴力。如果截取的隔离体包含两个及以上的结点，这种方法叫截面法。如果所取隔离体仅包含一个结点，这种方法叫结点法。

当取某一结点为隔离体时，由于结点上的外力与杆件内力组成一平面交会力系，则独立的平衡方程只有两个，即 $\sum F_x = 0$，$\sum F_y = 0$，解出两个未知量。因此，在一般情况下，用结点法进行计算时，其上的未知力数目不宜超过两个，以避免在结点之间解联立方程。

结点法用于计算简单桁架很方便。因为简单桁架是依次增加二元体组成的，每个二元体只包含两个未知轴力的杆，完全可由平衡方程确定。计算顺序按几何组成的相反次序进行，即从最后一个二元体开始计算。

桁架杆件内力的符号规定：轴力以使截面受拉为正、受压为负。在取隔离体时，轴力均先假设为正，轴力方向用离开结点表示。计算结果为正，则为拉力；反之，则为压力。

桁架中常有一些特殊形式的结点，掌握这些特殊结点的平衡条件，可使计算大为简化。把内力为零的杆件称为零杆。

（1）L 形结点。不在一直线上的两杆结点，当结点不受外力时，两杆均为零杆，如图 10.32（a）所示。若其中一杆与外力 F 共线，则此杆内力与外力 F 相等，另一杆为零杆，如图 10.32（d）所示。

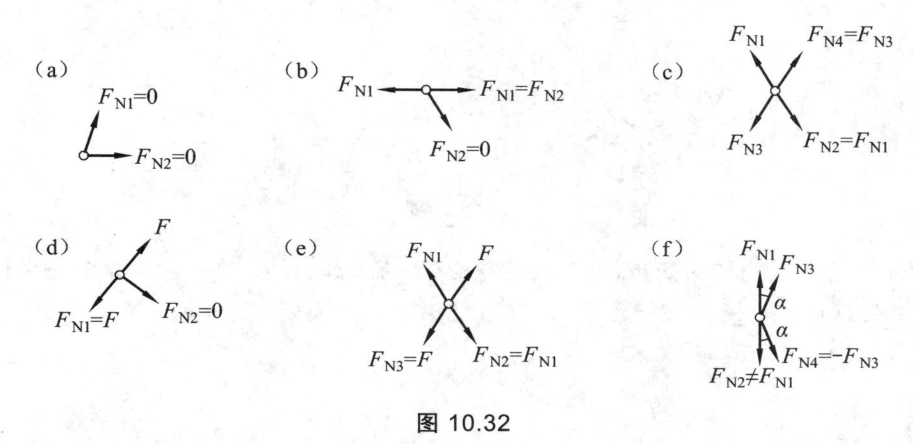

图 10.32

（2）T 形结点。两杆在同一直线上的三杆结点，当结点不受外力时，第三杆为零杆，如图 10.32（b）所示。若外力 F 与第三杆共线，则第三杆内力等于外力 F，如图 10.32（e）所示。

（3）X 形结点。四杆结点两两共线，如图 10.32（c）所示，当结点不受外力时，则共线的两杆内力相等且符号相同。

（4）K 形结点。这也是四杆结点，其中两杆共线，另两杆在该直线同侧且与直线夹角相等，如图 10.32（f）所示，当结点不受外力时，则非共线的两杆内力大小相等但符号相反。

以上结论，均可取适当的坐标由投影方程得出。

应用上述结论可得出图 10.33 所示结构中虚线各杆均为零杆。这里所讲的零杆是对某种荷载而言的，当荷载变化时，零杆也随之变化，如图 10.33（b）、（c）所示，此处的零杆也绝非多余联系。

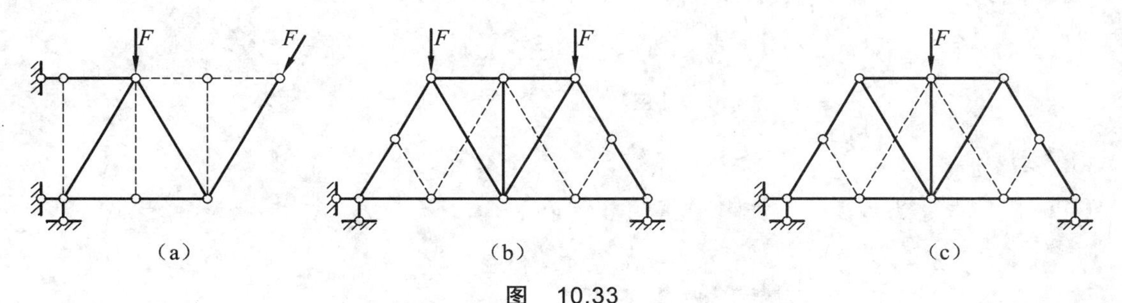

图 10.33

【例 10.14】 用结点法计算如图 10.34（a）所示桁架各杆的内力。

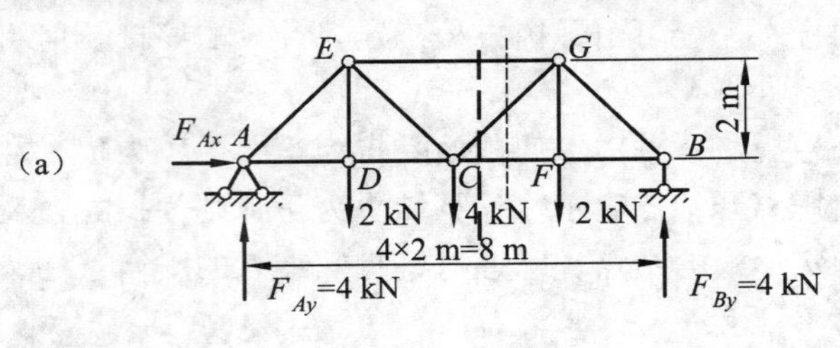

图 10.34

【解题分析】 该桁架为简单桁架，由于桁架及荷载都对称，故可计算其中一半杆件的内力，最后由结点 C 的平衡条件进行校核。

【解】 （1）计算支座反力：

$$\sum F_x = 0\text{，}\quad F_{Ax} = 0$$

由对称性可知

$$F_{Ay} = F_{By} = \frac{2+4+2}{2} = 4\ \text{kN}$$

（2）内力计算。

① 取结点 A 为隔离体，如图 10.34（b）所示，有

$$\sum F_y = 0\text{，}\quad F_{NAE} = -4\times\sqrt{2} = -5.66\ \text{kN}$$

$$\sum F_x = 0\text{，}\quad F_{NAE}\times\frac{\sqrt{2}}{2} + F_{NAD} = 0\text{，}\quad F_{NAD} = 4\ \text{kN}$$

② 取结点 D 为隔离体，如图 10.34（c）所示，有

$$\sum F_y = 0\text{，}\quad F_{NAE} = -4\times\sqrt{2} = -5.66\ \text{kN}$$

$$\sum F_x = 0\text{，}\quad F_{NDC} = 4\ \text{kN}$$

$$\sum F_y = 0\text{，}\quad F_{NDE} = 2\ \text{kN}$$

③ 取结点 E 为隔离体，如图 10.34（d）所示，有

$$4\sqrt{2}\times\frac{\sqrt{2}}{2} - 2 - F_{NEC}\times\frac{\sqrt{2}}{2} = 0$$

$$\sum F_y = 0,$$
$$F_{NEC} = 2.83\ \text{kN}$$
$$\sum F_x = 0,\quad 4\sqrt{2}\times\frac{\sqrt{2}}{2}+F_{NEC}\times\frac{\sqrt{2}}{2}+F_{NEG}=0,\quad F_{NEG}=-6\ \text{kN}$$

④ 由对称性可知另一半桁架杆件的内力。

⑤ 校核。取结点 C 为隔离体，如图 10.34（e）所示，则

$$\sum F_x = 0,\ \sum F_y = 0$$

C 结点平衡条件满足，故内力计算无误。

2. 截面法

截面法主要用于求取桁架结构中特定杆件轴力。用截面法计算内力时，由于隔离体上所作用的力为平面一般力系，故可建立三个平衡方程。若隔离体上的未知力数目不超过 3 个，则可将它们全部求出，否则需利用解联立方程的方法才能求出所有未知力。为此，可适当选取矩心及投影轴，利用力矩法和投影法，尽可能使建立的平衡方程只包含一个未知力，以避免解联立方程。

【例 10.15】 用截面法计算如图 10.35（a）所示桁架中 EG、CF 杆的内力。

【解题分析】 首先求出结构支座反力，欲求桁架中 EG、CF 杆的内力，因此沿虚线将桁架截开取右半部分为分析对象；最后利用平衡方程求出指定杆件的轴力。

【解】 利用截面以右为隔离体，如图 10.35（b）所示。对 G 点求矩，可得

$$\sum M_G = 0,\quad F_{By}\times 2 - F_{NCF}\times 2 = 0$$
$$F_{NCF} = 4\ \text{kN}$$

再利用隔离体的每个力在水平，竖直轴的投影之和为 0，可得

$$F_{NEG} = 2\ \text{kN},\quad F_{NCG} = 2\sqrt{2}\ \text{kN}$$

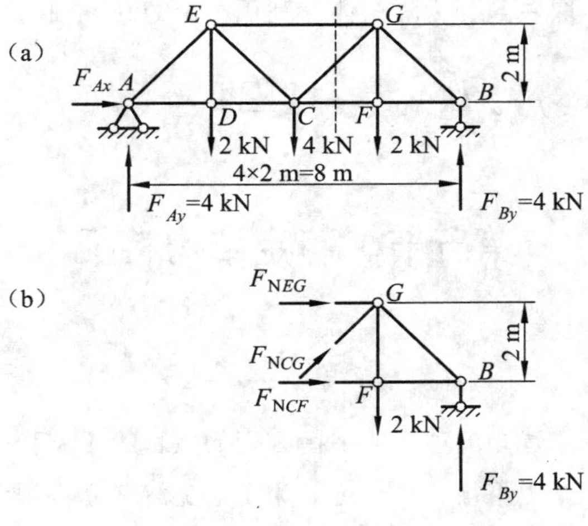

图　10.35

3. 截面法和结点法的联合应用

结点法和截面法是计算桁架内力的两种基本方法。两种方法各有所长，应根据具体情况灵活选用。

【例 10.16】 试求如图 10.36 所示桁架中 a、b 及 c 杆的内力。

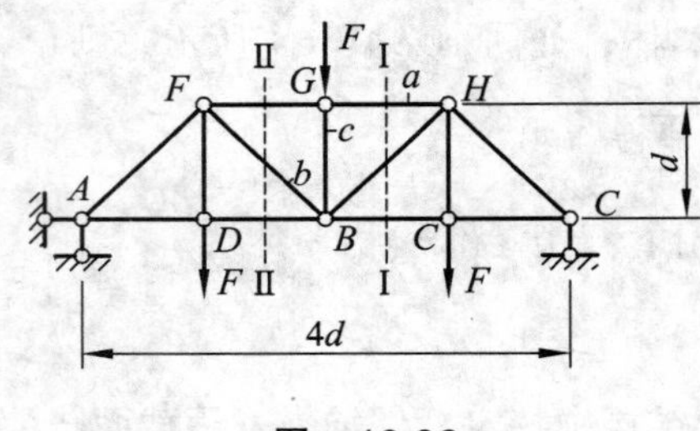

图 10.36

【解题分析】 首先沿虚线Ⅰ截开桁架，取右半边分析，求出 a 杆的轴力，再沿虚线Ⅱ揭开桁架；同理求出 b 杆内力。但是只利用截面法无法求出 c 杆内力，因此还必须利用结点法取 G 点为分析对象，求出 c 杆轴力。

【解】（1）作截面Ⅰ—Ⅰ，取右部分为隔离体，得

$$\sum M_B = 0\text{，}\ -F_{\mathrm{N}a} \times d - F \times d + \frac{3F}{2} \times 2d = 0\text{，}\ F_{\mathrm{N}A} = 2F$$

（2）取结点 G 为隔离体，得

$$\sum F_y = 0\text{，}\ F_{\mathrm{N}c} = F$$

$$\sum F_x = 0\text{，}\ F_{\mathrm{N}FG} = 2F$$

（3）作截面Ⅱ—Ⅱ，取左部分为隔离体，利用每个力在 y 轴的投影之和为 0，得

$$\frac{3F}{2} - F - F_{\mathrm{N}b} \times \frac{\sqrt{2}}{2} = 0\text{，}\ F_{\mathrm{N}b} = \frac{\sqrt{2}}{2} F$$

第五节 静定结构特征

一、受力分析方法

对静定结构来说，所能建立的独立的平衡方程的数目等于方程中所含的未知力的数目。因此，静定结构的内力完全由平衡条件确定。为了避免解联立方程组，应按一定的顺序截取分离体，尽量使一个方程中只含一个未知量。

二、一般特性

1. 结构类型

静定结构几种典型结构：梁、刚架、拱、桁架、组合结构，还可以从不同的角度加以分类。

（1）无推力结构：梁、梁式桁架
有推力结构：三铰拱、三铰刚架、拱式桁架、组合结构

（2）杆件

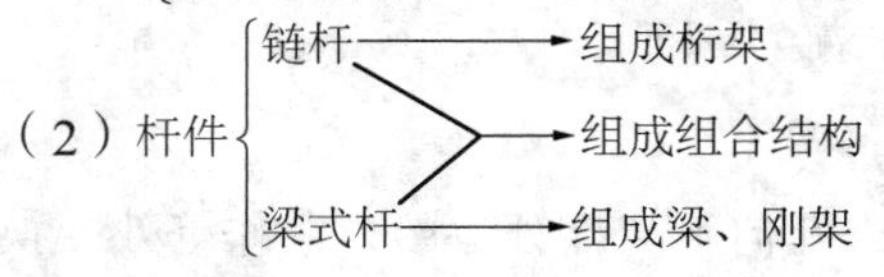

2. 减小截面弯矩的措施

链杆只有轴力，无弯矩，截面上正应力分布均匀，充分利用了材料的强度。梁式杆有弯矩，截面上正应力不均匀，没有充分利用材料强度。为达到物尽其用，应尽量减小杆件中的弯矩。减小截面弯矩的几种措施：

① 在多跨静定梁中，利用杆端负弯矩可减小跨中正弯矩。

② 在推力结构中，利用水平推力可减小弯矩峰值。

③ 在桁架中，利用杆件的铰接及荷载的结点传递，使各杆处于无弯矩状态；三铰拱采用合理拱轴线可处于无弯矩状态。

3. 基本特性

静定结构是无多余联系的几何不变体系，其全部内力和反力仅由平衡条件就可唯一确定；而超静定结构是有多余联系的几何不变体系，其全部内力和反力仅由平衡条件不能完全确定，需要同时考虑变形条件后才能确定。静定结构的基本静力特性是：满足平衡条件的内力解答是唯一的。

4. 一般特性

（1）支座移动、制造误差、温度改变等因素在静定结构中不产生内力，如图 10.37 所示。

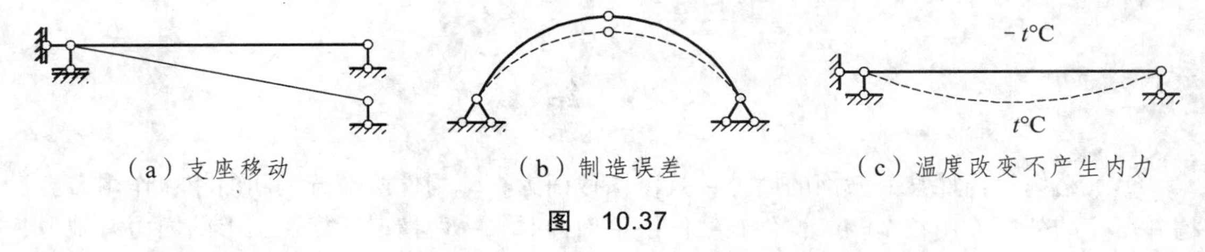

（a）支座移动　（b）制造误差　（c）温度改变不产生内力

图 10.37

（2）静定结构的局部平衡特性：在荷载作用下，如果静定结构中的某一局部可以与荷载平衡，则其余部分的内力必为零，如图 10.38 所示。

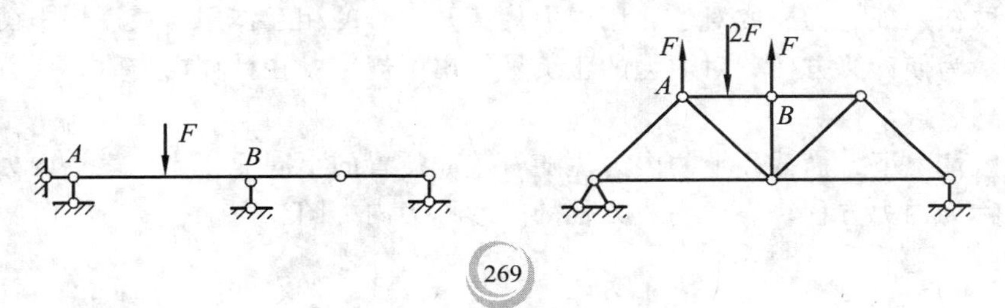

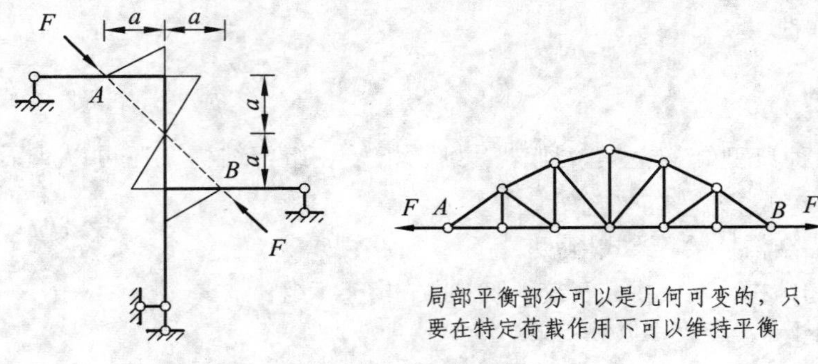

图　10.38

（3）静定结构的荷载等效特性：当静定结构的一个几何不变部分上的荷载作等效变换时，其余部分的内力不变，如图 10.39 所示。

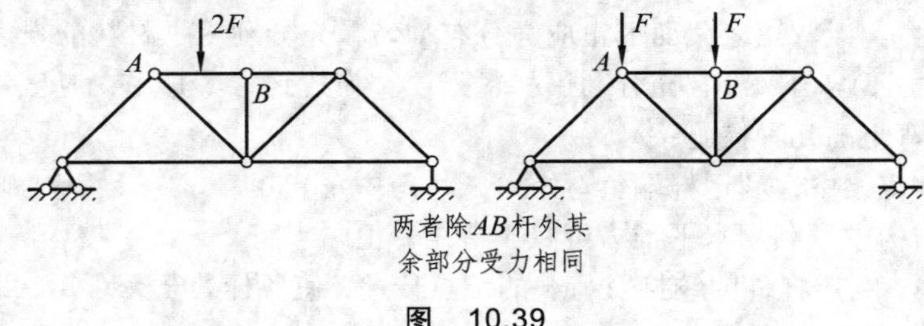

图　10.39

（4）静定结构的构造变换特性：当静定结构的一个内部几何不变部分作构造变换时，其余部分的内力不变，如图 10.40 所示。

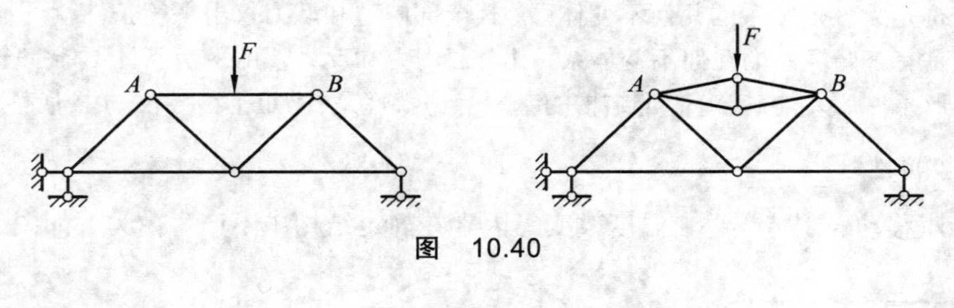

图　10.40

小　结

（1）结构、构件某一截面的内力，是以该截面为界，构件两部分之间的相互作用力。当构件所受的外力作用在结构、构件轴线同一平面内时，一般情况下横截面上的内力有轴力、剪力和弯矩。

（2）求内力的基本方法是截面法。用截面法求解内力的步骤为：以假想截面把构件断开为两部分，取任一部分为研究对象，用内力代替两部分的相互作用，最后用平衡方程求出截面上的内力。为使计算方便，对内力的正负号作出了规定：在计算内力时，应首先假设内力为正。

（3）一般情况下，横截面上的内力值随着截面位置的不同而变化。表达内力沿截面变化规律的函数称为内力方程，表达内力方程的图形称为内力图。

（4）计算多跨静定梁时，可以将其分成若干单跨梁分别计算。应首先计算附属部分，再计算基础部分，最后将各单跨梁的内力图连在一起，即得到多跨静定梁的内力图。

（5）作刚架内力图的基本方法是将刚架拆成单个杆件，求各杆件的杆端内力，分别作出各杆件的内力图，然后将各杆的内力图合并在一起，即得到刚架的内力图。在求解各杆的杆端内力时，应注意结点的平衡。

（6）三铰拱的内力计算应与相应简支梁的剪力和弯矩联系起来表示。这样求三铰拱的内力归结为求拱的水平推力和相应简支梁的剪力和弯矩，然后代入相应公式计算即可。

（7）求解静定平面桁架的基本方法是结点法和截面法。前者是以结点为研究对象，用平面交会力系的平衡方程求解内力，一般首先选取的结点未知内力的杆不超过 2 根；而截面法是用假想的截面把桁架断开，取一部分为研究对象，用平面一般力系的平衡方程求解内力，应注意假想的截面一定要把桁架断为两部分（即每一部分必须有一根完整的杆件），一个截面一般不应超过截断 3 根未知内力的杆件。

（8）静定平面结构的类型主要有：多跨静定梁、静定刚架、静定拱、静定桁架和组合结构。

多跨静定梁分为水平梁和斜梁。多跨静定梁是使用短梁小跨度的一种较合理的结构形式。

静定刚架分为简支刚架、悬臂刚架和三铰刚架。刚架是梁和柱由刚结点连接组成的结构。由于有刚结点，各杆之间可以传递弯矩，内力分布较为均匀，可以充分发挥材料的性能，同时刚结点处刚架杆数少，可以形成较大的内部空间。

关于静定拱，本章主要介绍了三铰拱。三铰拱是在竖向荷载作用下，支座处有水平反力的结构。水平推力使拱上的弯矩比相同情况下梁的弯矩小得多，因而材料可以得到充分利用。又由于拱主要是受压，这样可以利用抗压性能好而抗拉性能差的砖、石和混凝土等建筑材料。

静定桁架是由等截面直杆相互用铰连接组成的结构。理想桁架各杆均为只受轴向力的二力杆，内力分布均匀，可以用较少的材料跨越较大的跨度。

（9）静定结构特性：静定结构是没有多余联系的几何不变体系；静定结构的反力和内力是只用静力平衡条件就可以确定的；静定结构在支座位移、制造误差、温度改变等因素的影响下，不会产生内力和反力，但能使结构产生位移；当平衡力系作用在静定结构的某一内部几何不变部分上时，其余部分的内力和反力不受其影响；当静定结构的某一内部几何不变部分上的荷载作等效变换时，只有该部分的内力发生变化，其余部分的内力和反力均保持不变。

第十一章　静定结构位移计算

结构在荷载作用、温度变化、支座位移等因素影响下，将产生变形或结构位置的变化。如图 11.1 所示，刚架在荷载作用下发生如图中虚线所示变形，截面从 A 移动到 A' 点，我们将 Δ_A 称为 A 点的线位移，其中水平分量 Δ_A^{H} 称为 A 点的水平线位移，竖向分量 Δ_A^{V} 称为 A 点的竖向线位移，φ_A 称为 A 截面的角位移。这里的线位移和角位移都是绝对位移。

如图 11.2 所示，刚架在荷载作用下发生如图中虚线所示变形。其中，A、B 两点分别产生绝对线位移 Δ_A、Δ_B，则 A 点相对于 B 点产生线位移 $\Delta_{AB}=\Delta_A+\Delta_B$，称为 A 点与 B 点的相对线位移；C、D 两截面分别产生绝对角位移 φ_C、φ_D，则 C 截面相对于 D 截面产生转角 $\varphi_{CD}=\varphi_C+\varphi_D$，称为 C 截面与 D 截面的相对角位移。这里，相对线位移和相对角位移都是相对位移。

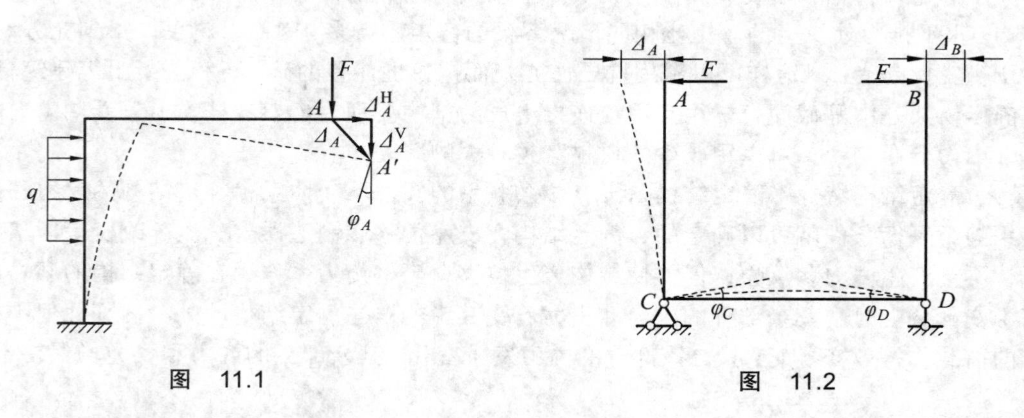

图　11.1　　　　图　11.2

我们在前面讨论过单个杆件的位移计算，如利用胡克定律计算轴向拉压构件变形、利用积分法求梁的挠度和转角等。但这些方法对于计算杆件结构（如刚架、桁架、组合结构和拱等）的位移是很不方便的。本章将从虚功原理出发，导出计算杆件结构位移计算的一般方法——虚功法（也称单位荷载法）。

工程中，结构位移计算主要有两个目的：一是为了校核结构的刚度，保证其在施工和使用过程中不产生过大的变形；二是因为在计算超静定结构支座反力和内力时，仅利用静力平衡条件不能得出唯一解，必须考虑变形协调条件，所以也要进行结构位移计算。

第一节　外力在变形体上的实功·虚功与虚功原理

一、功的概念

以前在物理课中已经学过功的概念。例如，图 11.3（a）所示物体上 M 点受到力 F 的作用，若 M 点发生线位移 Δ，则力 F 在线位移 Δ 上所做的功为

$$W = F\Delta\cos\theta$$

式中，θ 是力的方向与位移方向之间的夹角。

当力 F 与位移 Δ 方向一致（即 $\theta = 0$）时，则

$$W = F\Delta$$

又如，物体受力偶 $M = Fd$ 作用而发生角位移 φ，如图 11.3（b）所示，则力偶 M 所做的功可以用构成力偶的两个力所做功的和来计算：

$$W = 2F\frac{d}{2}\varphi = Fd\varphi = M\varphi$$

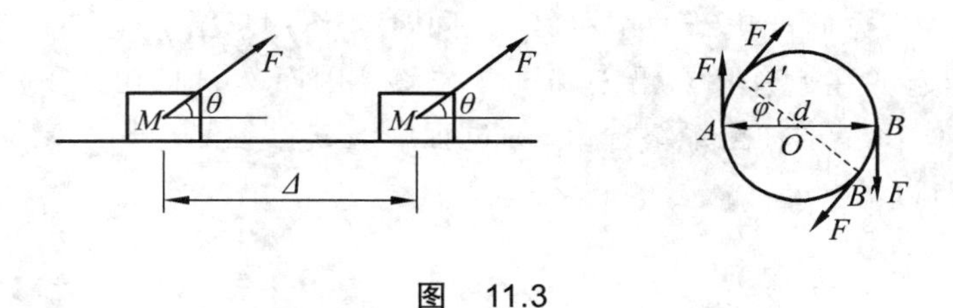

图　11.3

即力偶所做的功等于力偶矩与角位移的乘积。

由上述可见，做功的力可以是一个力，也可以是一个力偶，有时甚至可能是一对力或一个力系。我们将力或力偶做功用一个统一的公式来表达：

$$T = F\Delta$$

式中，F 称为广义力，既可代表力，也可代表力偶；Δ 称为广义位移，它与广义力相对应，如为集中力时代表线位移，为力偶时代表角位移。

由物理知识还可知，当力 F 与相应位移 Δ 方向一致时，做功为正；两者方向相反时，做功为负。

二、实功与虚功

功包含了两个要素：力和位移。当位移是由力本身引起时，即力与相应位移彼此相关时，力在位移上所做的功称为实功；当力与相应位移彼此无关时，力在位移上所做的功称为虚功。

如图 11.4（a）所示直杆，在荷载F作用下，这时杆轴温度为t。当温度升高Δt时，杆件伸长Δ_1，如图 11.4（b）所示，在位移Δ_1由零增加至最终值的过程中，F已经是作用在结构上的一个不变的常力。因此，荷载F在其相应位移上应当做功，其所做的功为$W_1 = F\Delta_1$。由于位移Δ_1是由温度变化引起的，与力F无关，所以W_1是力F做的虚功。“虚”字强调位移与力无关的特点。当位移与力的方向一致时，虚功为正；相反时，虚功为负。

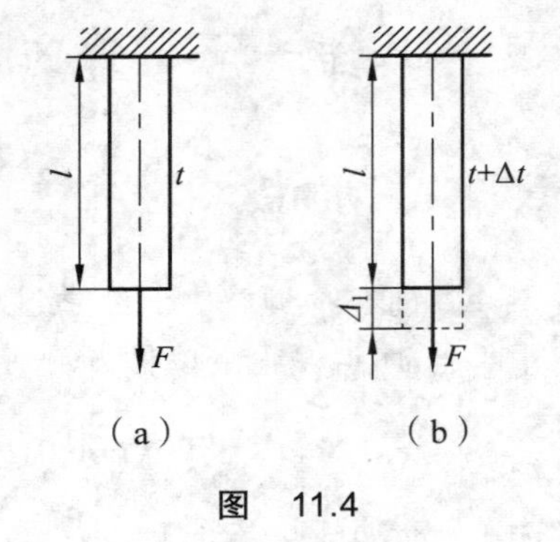

图 11.4

三、变形体的虚功原理

简支梁在荷载等因素作用下会产生变形，称为变形体。本章将利用变形体的虚功原理，推导位移计算的基本公式。

如图 11.5 所示，简支梁AB在第一组荷载F_1作用下，在F_1作用点沿F_1方向产生的位移记为Δ_{11}。位移Δ的第一个下标表示位移的地点和方向，第二个下标表示引起位移的原因。Δ_{11}的两个下标，表示位移Δ是在F_1作用点沿F_1方向，由于F_1的作用而引起的。当第一组荷载F_1作用于结构，并达到稳定平衡以后，再加上第二组荷载F_2，这时结构将继续变形，而引起F_1作用点沿F_1方向产生新的位移Δ_{12}，同时F_2作用点沿F_2方向产生位移Δ_{22}。其中Δ_{12}表示由于F_2引起的在F_1作用点沿F_1方向的位移。因而，F_1将在Δ_{12}位移上做功，以W_{12}表示，同样位移Δ_{12}由零增加至最终值Δ_{12}的过程中，F_1已经是作用在结构上的一个不变的常力，其所做的功为

$$W_{12} = F_1\Delta_{12}$$

式中，W_{12}是F_1力在由于F_2所引起的在F_1作用点的位移上做的功，这种外力在其他因素（如荷载作用、温度变化、支座位移等）引起的位移上所做的功，称为外力虚功。

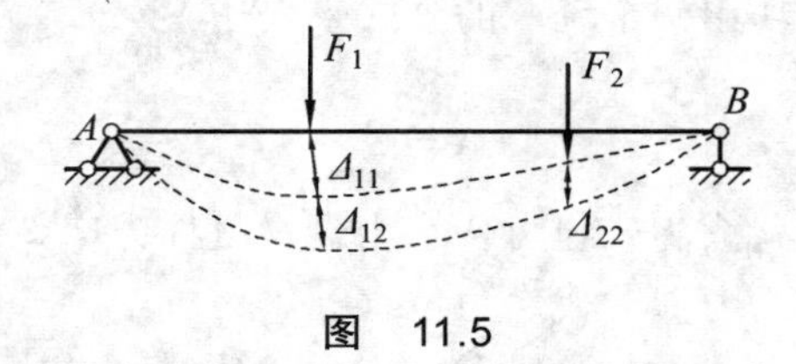

图 11.5

在F_2加载过程中，简支梁AB由于第一组荷载F_1作用产生的内力也将在第二组荷载F_2作用产生的内力所引起的相应变形上做功，称为内力虚功，用W'_{12}表示。

变形体虚功原理表明：结构的第一组外力在第二组外力所引起的位移上所做的外力虚功，等于第一组内力在第二组内力所引起的变形上所做的内力虚功，即

$$W_{12} = W'_{12} \tag{11.1}$$

在上述情况中，两组力F_1和F_2是彼此独立无关的。

第二节　结构位移公式及应用

一、结构位移计算的一般公式

利用虚功方程可推导出结构位移计算的一般公式。

以如图 11.6（a）所示刚架结构为例，该刚架由于某种实际原因（荷载作用、温度变化、支座位移等）而发生如图中虚线所示变形。现在要计算结构中任意一点沿任一方向的位移，如 K 点沿 $K—K$ 方向的位移 Δ_K 。

图 11.6（a）所示状态为实际发生的位移状态，称为实际状态。为了利用虚功方程求得 Δ_K ，可虚设如图 11.6（b）所示力状态，即在 K 点沿 $K—K$ 方向加上一个单位集中力 $F_K=1$。这时，A 点的支座反力和 C 点的支座反力 $\bar{R}_1$ 、$\bar{R}_2$ 与单位力 $F_K=1$ 构成一组平衡力系。由于力状态是虚设的，故称为虚拟状态。虚拟力系的全部外力（包括支座反力）在实际状态的位移上所做的外力虚功为

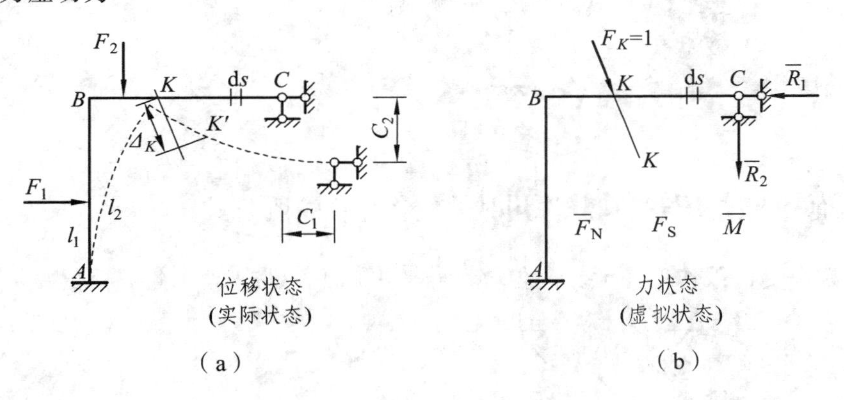

图　11.6

$$W_{外}=F_K\Delta_K+\bar{R}_1C_1+\bar{R}_2C_2=\Delta_K+\bar{R}_1C_1+\bar{R}_2C_2$$

简写为

$$W_{外}=\Delta_K+\sum\bar{R}_iC_i \tag{11.2}$$

式中，$\bar{R}_i$ 表示虚拟状态中的支座反力；C_i 表示实际状态中的支座位移；$\sum\bar{R}_iC_i$ 表示支座反力所做虚功之和。

以 $\mathrm{d}u$ 、$\mathrm{d}\varphi$ 、$\gamma\mathrm{d}s$ 分别表示实际位移状态中微段 $\mathrm{d}s$ 的轴向变形、弯曲变形和剪切变形，以 $\bar{F}_N$ 、$\bar{M}$ 、$\bar{F}_S$ 表示虚拟状态中同一微段 $\mathrm{d}s$ 的内力，则变形虚功为

$$W_{变}=\sum\int_0^l\bar{F}_N\mathrm{d}u+\sum\int_0^l\bar{M}\mathrm{d}\varphi+\sum\int_0^l\bar{F}_S\gamma\mathrm{d}s \tag{11.3}$$

将式（11.2）、式（11.3）代入虚功方程 $W_{外}=W_{变}$ ，得

$$\Delta_K+\sum\bar{R}_iC_i=\sum\int_0^l\bar{F}_N\mathrm{d}u+\sum\int_0^l\bar{M}\mathrm{d}\varphi+\sum\int_0^l\bar{F}_S\gamma\mathrm{d}s$$

即

$$\Delta_K=\sum\int_0^l \overline{F}_{\mathrm{N}}\mathrm{d}u+\sum\int_0^l \overline{M}\mathrm{d}\varphi+\sum\int_0^l \overline{F}_{\mathrm{S}}\gamma\mathrm{d}s-\sum\overline{R}_iC_i \tag{11.4}$$

这就是结构位移计算的一般公式。

这种沿所求位移方向虚设单位荷载（$F_K=1$），利用虚功原理求结构位移的方法，称为单位荷载法。应用这个方法，每次可以计算一种位移。虚拟单位力的指向可以任意假设，如计算结果为正值，即表示实际位移方向与所设的单位力指向相同；否则相反。单位荷载法不仅可以用于计算结构的线位移，而且可以计算结构的任意广义位移，只要所虚设的单位力与所计算的广义位移相对应即可。图 11.7 列出了常见的几种广义力与广义位移的情况。

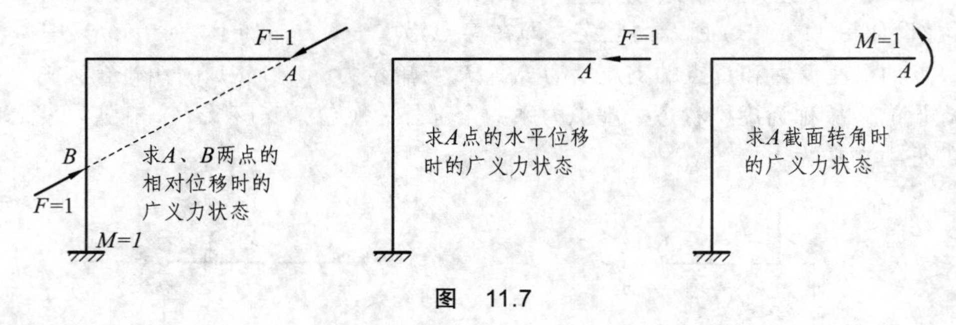

图 11.7

二、平面杆系结构仅受荷载作用时的位移计算一般公式

当结构只承受荷载作用而无支座位移（$C_i=0$）时，则式（11.4）简化为

$$\Delta_K=\sum\int_0^l \overline{F}_{\mathrm{N}}\mathrm{d}u+\sum\int_0^l \overline{M}\mathrm{d}\varphi+\sum\int_0^l \overline{F}_{\mathrm{S}}\gamma\mathrm{d}s \tag{11.5}$$

对于弹性结构，由材料力学可得实际状态中杆件微段 ds 的变形为

$$\mathrm{d}u=\frac{\overline{F}_{\mathrm{NP}}}{EA}\mathrm{d}s \tag{11.6}$$

$$\mathrm{d}\varphi=\frac{M_{\mathrm{P}}}{EI}\mathrm{d}s \tag{11.7}$$

$$\gamma\mathrm{d}s=k\frac{\overline{F}_{\mathrm{SP}}}{GA}\mathrm{d}s \tag{11.8}$$

式中，EA、EI、GA 分别为杆件截面的抗拉、抗弯、抗剪刚度；k 为剪应力不均匀分布系数（它与截面形状有关，矩形截面 $k=\frac{6}{5}$；圆形截面 $k=\frac{10}{9}$；薄壁圆环截面 $k=2$）。

如用 Δ_{KP} 表示荷载引起的 K 截面的位移，将式（11.6）~（11.8）代入式（11.5）得

$$\Delta_{KP}=\sum\int_0^l \frac{\overline{F}_{\mathrm{N}}\overline{F}_{\mathrm{NP}}}{EA}\mathrm{d}s+\sum\int_0^l \frac{\overline{M}M_{\mathrm{P}}}{EI}\mathrm{d}s+\sum\int_0^l k\frac{\overline{F}_{\mathrm{S}}\overline{F}_{\mathrm{SP}}}{GA}\gamma\mathrm{d}s \tag{11.9}$$

这就是平面杆系结构在荷载作用下结构位移计算的一般公式。其中，等号右侧的第一、二、三项分别表示实际状态中由杆件轴向变形、弯曲变形、剪切变形引起的 K 点沿 K—K 方向的位移。

三、几类常用结构仅受荷载作用时位移计算的简化公式

对于梁和刚架，位移主要是由杆件弯曲引起的，轴力和剪力的影响很小，故可只考虑弯矩的影响，其位移计算公式由式（11.9）简化为

$$\Delta_{KP}=\sum\int_0^l \frac{\bar{M}M_{\mathrm{P}}}{EI}\mathrm{d}s \tag{11.10}$$

对于桁架，因各杆只有轴向变形，且每一杆件的轴力 $\bar{N}$、N_{P} 及 EA 沿杆长 l 均为常数，故其位移计算公式可由式（11.9）简化为

$$\Delta_{KP}=\sum\int_0^l \frac{\bar{F}_{\mathrm{N}}\bar{F}_{\mathrm{NP}}}{EA}\mathrm{d}s=\sum\frac{\bar{F}_{\mathrm{N}}\bar{F}_{\mathrm{NP}}}{EA}l \tag{11.11}$$

组合结构由受弯杆和拉压杆组成。对受弯杆件可只考虑弯矩的影响，对链杆则只有轴力影响，故其位移计算公式可由式（11.9）简化为

$$\Delta_{KP}=\sum^{\text{全部受弯杆}}\int_0^l \frac{\bar{M}M_{\mathrm{P}}}{EI}\mathrm{d}s+\sum^{\text{全部链杆}}\int_0^l \frac{\bar{F}_{\mathrm{N}}\bar{F}_{\mathrm{NP}}}{EA}l \tag{11.12}$$

对曲梁和一般拱结构，因杆件的曲率对结构变形的影响很小，可以略去不计。通常也只需要考虑弯曲变形的影响，即其位移仍可近似地用式（11.10）计算。仅在计算扁平拱 $(f/l<1/5)$ 的水平位移或当拱轴形状与压力线接近时，才需要同时考虑弯曲变形和轴向变形的影响。

利用式（11.10）~（11.12）计算结构的基本步骤是：

（1）在欲求位移处沿所求位移方向虚设广义单位力，然后分别列各杆段内力方程。

（2）列实际荷载作用下各杆段内力方程。

（3）将各内力方程分别代入式（11.10）~（11.12）分段积分后再求总和，即可计算出所求位移。

【例 11.1】 悬臂梁 AB，作用均布荷载 q，EI 为常数，如图 11.8（a）所示。求 B 端的竖向位移 Δ_B。

【解题分析】 所求位移为 B 点的竖向位移，因此在 B 端加一竖向单位力，如图 11.8（b）所示。再分别求出单位荷载和实际荷载作用下梁的弯矩方程，代入公式（11.10）进行计算。

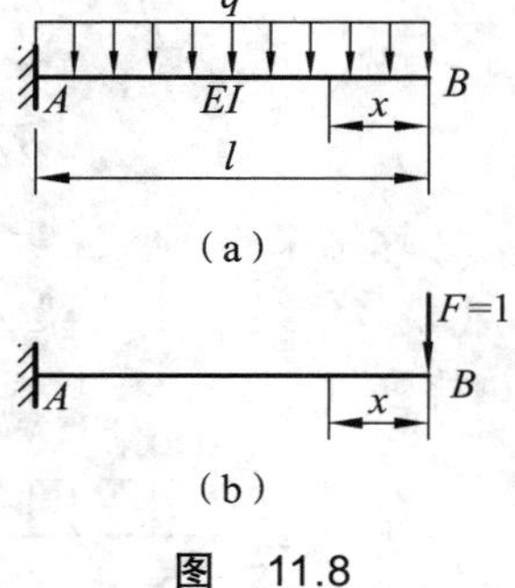

图　11.8

【解】（1）设以 B 为原点，则当 x 为 $0\leqslant x\leqslant l$ 时，弯矩方程为

$$\bar{M}=-x$$

（2）列实际荷载作用下梁的弯矩方程时，也应取 B 为原点，同时当 $0\leqslant x\leqslant l$ 时，弯矩方程为

$$M_{\mathrm{P}}=-\frac{1}{2}qx^2$$

（3）将 $\bar{M}$ 及 M_{P} 代入（11.10）得所求位移为

$$\Delta_B=\sum\int_0^l\frac{M_P\bar{M}}{EI}\mathrm{d}s=\frac{1}{EI}\int_0^l\left(-\frac{1}{2}qx^2\right)(-x)\mathrm{d}x=\frac{1}{EI}\int_0^l\left(\frac{qx^4}{8}\right)=\frac{ql^4}{8EI}\ (\downarrow)$$

计算结果为正，说明 Δ_B 的方向与虚拟单位力的方向一致。

【例 11.2】 悬臂刚架 ABC，在 C 端作用集中荷载，刚架的 EI 为常数，如图 11.9（a）所示。求悬臂端 C 截面的角位移 φ_C。

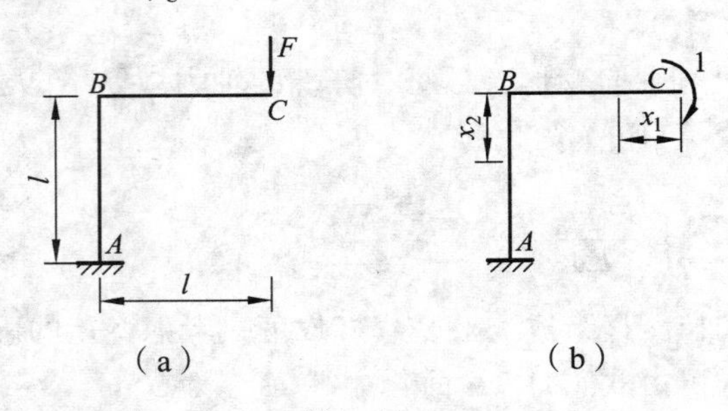

图 11.9

【解题分析】 根据题意，在 C 点加上一单位力偶，如图 11.9（b）所示。再分别求出单位荷载和实际荷载作用下梁的弯矩方程。列弯矩方程时，以使刚架内侧受拉的弯矩为正弯矩，外侧受拉的弯矩为负弯矩，

【解】（1）在 C 端加一单位力偶，CB 段以 C 为原点、BA 段以 B 为原点，则各段的单位弯矩方程为

CB 段：$\bar{M}=-1\ (0\leqslant x_1\leqslant l)$

BA 段：$\bar{M}=-1\ (0\leqslant x_2\leqslant l)$

（2）实际荷载作用下刚架各杆段的弯矩方程（同样应注意与单位荷载同坐标）为

CB 段：$M_P=-Fx_1\ (0\leqslant x_1\leqslant l)$

BA 段：$M_P=-Fl\ (0\leqslant x_2\leqslant l)$

（3）将 $\bar{M}$ 及 M_P 代入式（11.10）得所求位移为

$$\varphi_C=\sum\int\frac{M_P\bar{M}}{EI}\mathrm{d}s=\frac{1}{EI}\int_0^l(-Fx_1)\times(-1)\mathrm{d}x_1+\frac{1}{EI}\int_0^l(-Fl)\times(-1)\mathrm{d}x_2$$

$$=\frac{Fl^2}{2EI}+\frac{Fl^2}{EI}=\frac{3Fl^2}{2EI}\ (\curvearrowright)$$

计算结果为正，说明 φ_C 与虚拟单位力偶方向相同。

【例 11.3】 简支梁 AB，作用有均布荷载 q，梁的 EI 为常数，如图 11.10（a）所示。求跨中挠度 Δ_C。

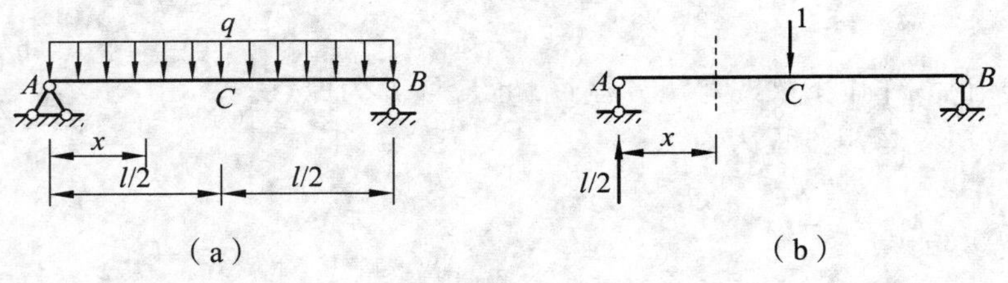

图 11.10

【解题分析】根据题意，在C截面加竖向单位力，如图 11.10（b）所示。

【解】（1）以A为原点，列单位荷载作用下的弯矩方程，对AC段为

$$\bar{M}=\frac{1}{2}x$$

（2）列实际荷载作用下梁的弯矩方程时，仍以A为原点如图 11.10（a）所示，则

$$M_{\mathrm{P}}=\frac{ql}{2}x-\frac{1}{2}qx^2=\frac{q}{2}(lx-x^2)$$

（3）将$\bar{M}$及M_{P}代入（11.10），本应分AC、BC段积分求和，但由于对称，可得

$$\Delta_C=\sum\int\frac{\bar{M}M_{\mathrm{P}}}{EI}\mathrm{d}s=2\sum\int_0^{\frac{l}{2}}\frac{\bar{M}M_{\mathrm{P}}}{EI}\mathrm{d}x=2\int_0^{\frac{l}{2}}\frac{1}{EI}\left[\frac{x}{2}\cdot\frac{q}{2}(lx-x^2)\mathrm{d}x\right]$$
$$=\frac{q}{2EI}\int_0^{\frac{l}{2}}(lx^2-x^3)\mathrm{d}x=\frac{5ql^4}{384EI}\ (\downarrow)$$

计算结果为正，说明Δ_C的实际方向与虚设单位力的方向一致。

【例 11.4】　试求图 11.11（a）所示屋架结点D竖向位移。图中右半部分各括号内数值为杆件的截面面积A，其单位符号为mm^2，$E=2.1\times10^2\ \mathrm{kN/mm}^2$。

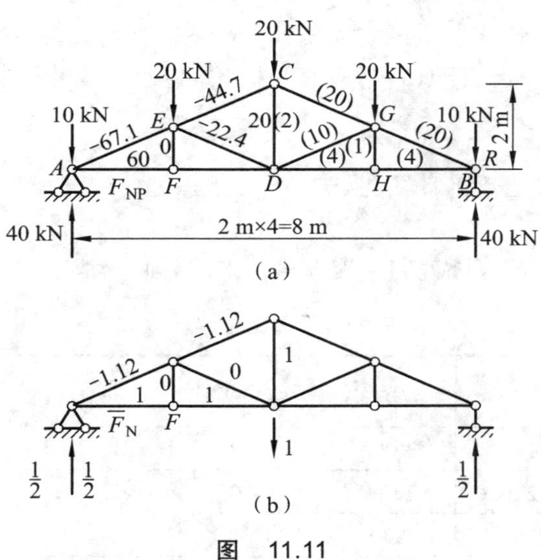

图　11.11

【解题分析】　由于结构为桁架，因此只能利用公式（11.11）进行计算。首先求出实际荷载下每个杆件的轴力；根据题意，在D点加上一竖向单位荷载，求出单位荷载下各杆的轴力，代入公式（11.11）进行计算。因结构对称，只需计算一半结构的轴力即可。

【解】（1）在D结点加竖向单位力，如图 11.11（b）所示。由于结构对称，只需计算半个屋架的杆件，用结点法或截面法算出杆件内力后（见表 11.1 第四栏$\bar{F}_{\mathrm{N}}$），将各杆内力值填入图 11.11（b）的左半部分。

（2）实际荷载作用下，同样只计算半个屋架的杆件，算出各杆内力后（见表 11.1 第五栏$\bar{F}_{\mathrm{NP}}$值）将各杆内力值填入图 11.11（a）的左半部分。

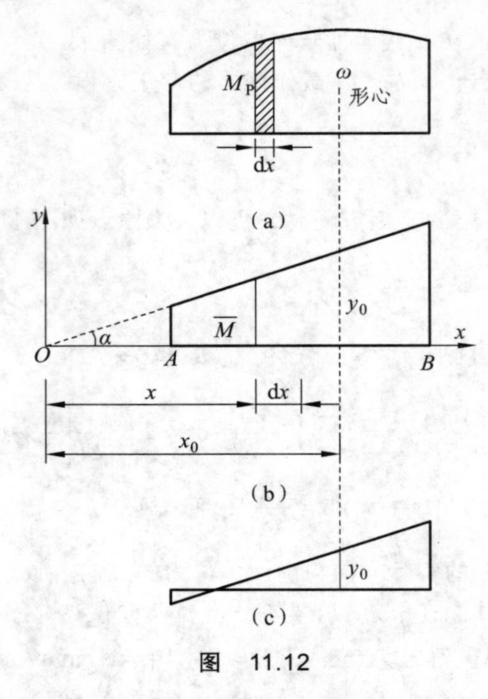

图 11.12

（3）利用式（11.11）计算 D 点的竖向位移，可把计算列成表格进行，见表 11.1。最后计算时将表中的总和值乘 2，但由于 CD 杆只有一根，故应减去多计算了的该杆数值，于是 Δ_D 的计算式如下：

$$\Delta_D = \sum \frac{\bar{F}_N F_{NP} l}{EA} = \frac{2\times 940.3-200}{2.1\times 10^2} = 8.0\ \text{mm}（\downarrow）$$

计算结果为正，说明的实际方向与虚设单位力的方向一致。

表 11.1 屋架位移计算

杆件		l/mm	A/mm²	$\frac{l}{A}$/mm⁻¹	F_N	F_{NP}/kN	$\frac{\bar{F}_N F_{NP} l}{A}$/(kN/mm²)
上弦	AE	2 240	2 000	1.12	−1.12	−67.1	84.2
	EC	2 240	2 000	1.12	−1.12	−44.7	56.1
下弦	AD	4 000	400	`10.0	1	60	600
斜杆	ED	2 240	1 000	2.24	0	−22.4	0
竖杆	EF	1 000	100	10.0	0	0	0
	CD	2 000	200	10.0	1	20	200
						Σ	940.3

第三节　静定梁与静定刚架位移计算的图乘法

在求解梁与刚架的位移时，首先要列出 M_P 和 $\bar{M}$ 的表达式，然后利用式（11.10）分段积分再求和。这个运算过程在荷载比较复杂或者杆件数目较多时，是很麻烦的，且易出错。但是，当组成结构的各杆段符合下述条件时则可用图乘法简化计算。

$$\Delta=\sum\int\frac{M_{\mathrm{P}}\bar{M}}{EI}\mathrm{d}s$$

（1）杆轴为直线。

（2）各杆段的 EI 分别等于常数。

（3）$\bar{M}$ 、M_{P} 两图中，至少有一个是直线图形。

若结构上 AB 段为等截面直杆，EI 为常数，其 $\bar{M}$ 、M_{P} 图如图 11.12（a）、（b）所示，这是符合上述三个条件的。取 $\bar{M}$ 的基线为 x 轴，以 $\bar{M}$ 图的延长线与 x 的交点 O 为坐标原点建立 Oxy 坐标系，如图 11.12（b）所示。则式（11.10）中，$\mathrm{d}s$ 可用 $\mathrm{d}x$ 代替，EI 可提出积分号外，并且因 $\bar{M}$ 为一直线图，其上的任一纵坐标 $\bar{M}=x\cdot\tan\alpha$ ，且 $\tan\alpha$ 为常数。积分式可演变为

$$\int_A^B\frac{\bar{M}M_{\mathrm{P}}}{EI}\mathrm{d}s=\int_A^B\frac{\tan\alpha}{EI}xM_{\mathrm{P}}\mathrm{d}x=\frac{\tan\alpha}{EI}\int_A^B x\mathrm{d}\omega \tag{11.13}$$

式中，$\mathrm{d}\omega=M_{\mathrm{P}}\mathrm{d}x$ 是 M_{P} 图中阴影部分的微面积；$x\mathrm{d}\omega$ 是该微面积对 y 轴的静矩；$\int_A^B x\mathrm{d}\omega$ 是整个 M_{P} 图形的面积对 y 轴的静矩，根据合力矩定理，它应等于 M_{P} 图的面积 ω 乘以其形心到 y 轴的距离 x_C ，即

$$\int_A^B x\mathrm{d}\omega=\omega x_C$$

代入式（11.13），则有

$$\int_A^B\frac{\bar{M}M_{\mathrm{P}}}{EI}\mathrm{d}s=\frac{\tan\alpha}{EI}\omega x_C=\frac{\omega y_C}{EI}$$

式中，y_C 是 M_{P} 图的形心 C 处所对应的 $\bar{M}$ 图的纵坐标。于是有

$$\Delta_{KP}=\sum\int\frac{\bar{M}M_{\mathrm{P}}}{EI}\mathrm{d}s=\sum\frac{\omega y_C}{EI} \tag{11.14}$$

式中，$\sum$ 表示各 EI 相同的杆段分别图乘，然后相加。

这种用 M_{P} 和 $\bar{M}$ 两个图形相乘求结构位移的方法叫图乘法。它将积分运算简化为图形面积、形心纵坐标的代数计算。

应用图乘法时应注意以下几点。

（1）图乘法的应用条件是：积分段为同材料等截面（ $EI=$ 常数）的直杆段，且 M_{P} 和 $\bar{M}$ 两个弯矩图中至少有一个是直线图形。

（2）取纵坐标 y_C 的图形必须是直线图形（ $\alpha=$ 常数），而不是折线或曲线图形。

（3）$\bar{M}$ 图纵坐标 y_C 与 M_{P} 图在杆轴同一侧时，其乘积 ωy_C 取正号，反之取负号。

（4）若两个图形（ M_{P} 图与 $\bar{M}$ 图）都是直线图形，则纵坐标取自哪个图形都可以。

（5）若 M_{P} 图是曲线图形，$\bar{M}$ 图是折线图形，则应将 $\bar{M}$ 分成若干直线段图乘。

（6）若为阶梯形杆（各段截面不同，而在每段范围内截面不变），则各段分别图乘。

（7）若 EI 沿杆长连续变化，或是曲杆，则不能利用图乘法，必须积分计算。

计算中经常遇到三角形、二次和三次抛物线图形面积及其形心位置的计算，为应用方便，将其列入图 11.13 中。需要指出的是，图 11.13 中所示抛物线均为标准抛物线，即含有顶点且顶点处的切线与基线平行的抛物线。

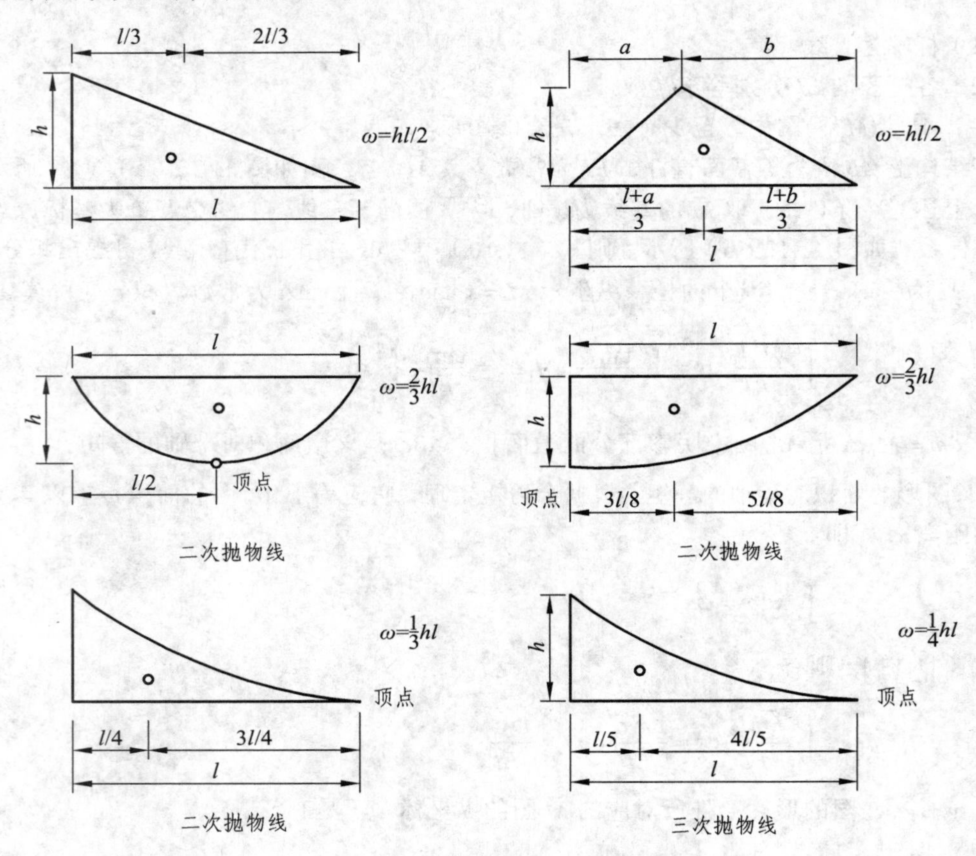

图 11.13

当图形复杂，其面积及形心位置无现成图表可查时，可将其分解为几个易于确定面积和形心的简单图形，将它们分别图乘然后累加。图 11.14（a）所示为一段直杆 AB 在均布荷载 q 作用下的弯矩图，图形较复杂，一般可将其视为相应的简支梁［见图 11.14（b）］，则弯矩图可分解为三个部分［见图 11.14（c）、（d）、（e）］。应当注意，分解后的图形与原弯矩图图形虽然不同，但面积与形心位置是相同的，故与原弯矩图等效。

根据上述图形分解原则，梯形［见图 11.15（a）］可分解为两个三角形（也可以分解为一个矩形和一个三角形）。

同样，反梯形［见图 11.15（b）］也可分解为两个三角形，但一个（ADB）在杆轴线上面、一个（ABC）在杆轴线下面。

计算直线图形纵坐标时，有时也需要作图形分解，求梯形的纵坐标（曲线图形形心所对应的纵坐标）y 时［见图 11.16（a）］，可分别求出三角形的纵坐标 y_1 及矩形的纵坐标 y_2 而后相加得 $y=y_1+y_2$。求反梯形的纵坐标［见图 11.16（b）］与此类似，但 $y=y_1-y_2$。

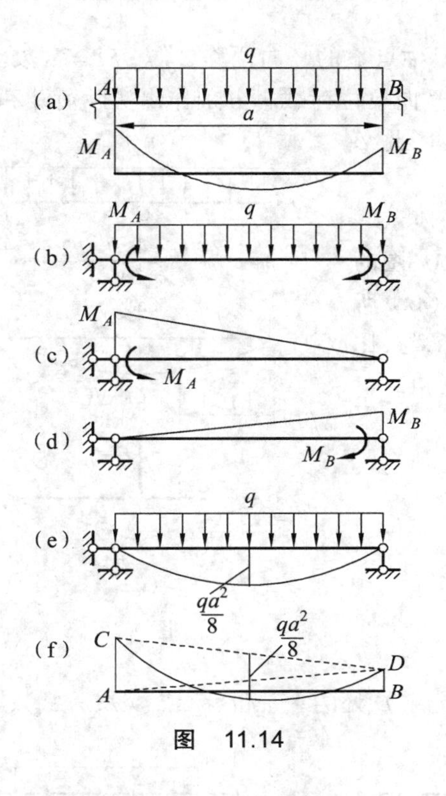

图　11.14

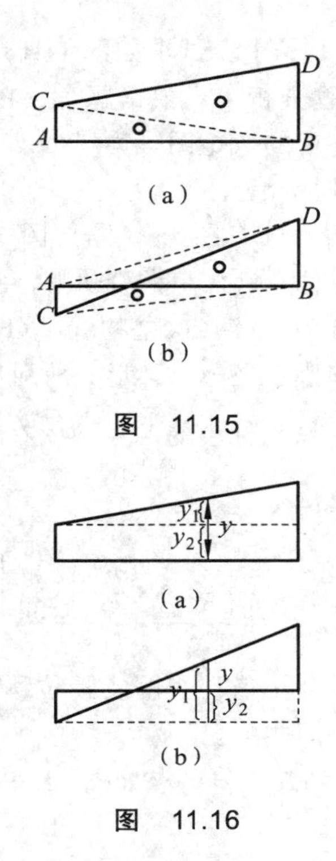

图　11.15

图　11.16

【例 11.5】　试求图示梁 B 端转角。

【解题分析】　由于求的位移是 B 点转角，因此应在 B 点加上一单位力偶。首先做出荷载和单位力偶引起的弯矩图。由于荷载 F 引起的弯矩是一折线，因此必须分段进行计算。

【解】　(1) 虚设力状态如图 11.17 (b) 所示。

(2) 绘制 M_P、$\bar{M}$ 图，如图 11.17 (a)、(b) 所示。

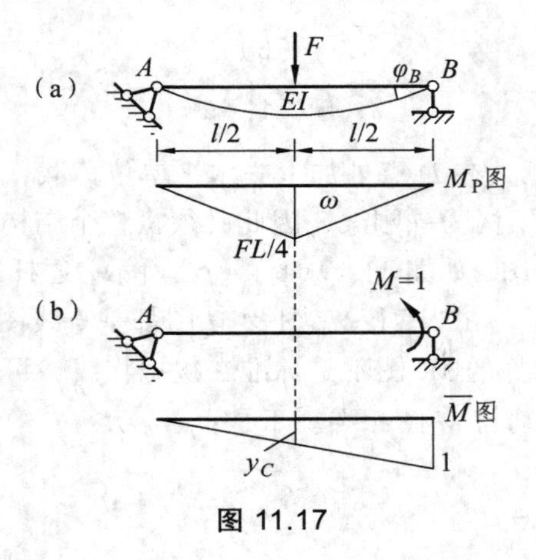

图 11.17

(3) 用图乘法计算：

$$\varphi_B = \sum \frac{\omega y_C}{EI} = \frac{1}{EI} \times \left(\frac{1}{2} \times l \times \frac{FL}{4}\right) \times \frac{1}{2} = \frac{Fl^2}{16EI}$$

【例 11.6】 试求如图 11.18（a）所示简支梁中点 C 的竖向位移 Δ_C^{V}。EI = 常数。

【解题分析】 根据题意，在 C 点处加上一竖向单位荷载，分别作出实际荷载和单位荷载作用下梁的弯矩图。由于 C 点处于杆件中间，因此必须分段进行计算。

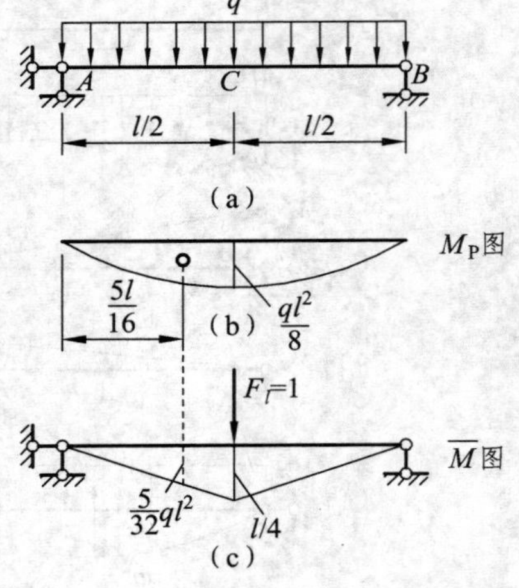

图 11.18

【解】 M_{P}图与 $\bar{M}$ 图如图 11.18（b）、（c）所示。由于结对称，只在左半跨图乘，再乘以 2 即可。M_{P}图的左半部分为标准二次抛物线，可应用如图 11.18（b）所示面积和形心坐标。其形心所对应 $\bar{M}$ 图的纵坐标，按比例为跨中纵坐标 $\frac{l}{4}$ 的 $\frac{5}{8}$。两图在杆轴线同侧，乘积取正号，由此得

$$\Delta_C^{\mathrm{V}}=\frac{1}{EI}\left[\left(\frac{2}{3}\times\frac{l}{2}\times\frac{ql^2}{8}\right)\times\frac{5l}{32}\right]\times 2=\frac{5ql^4}{384EI}\ (\downarrow)$$

结果为正值，表明实际位移方向与所设单位力指向相一致，即向下。

【例 11.7】 试求如图 11.19（a）所示刚架支座 D 处的水平位移 Δ_D^{H}。EI = 常数。

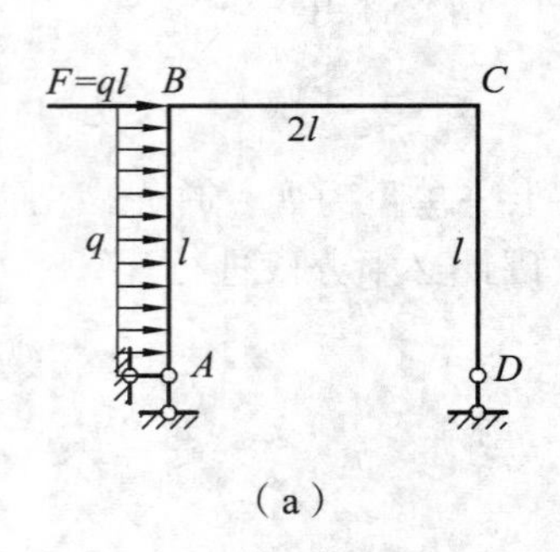

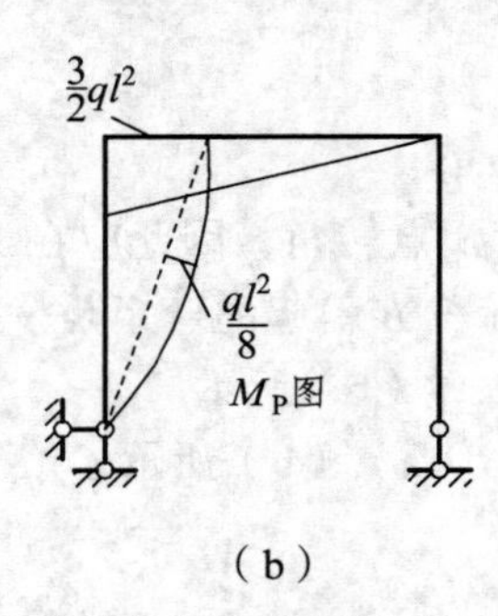

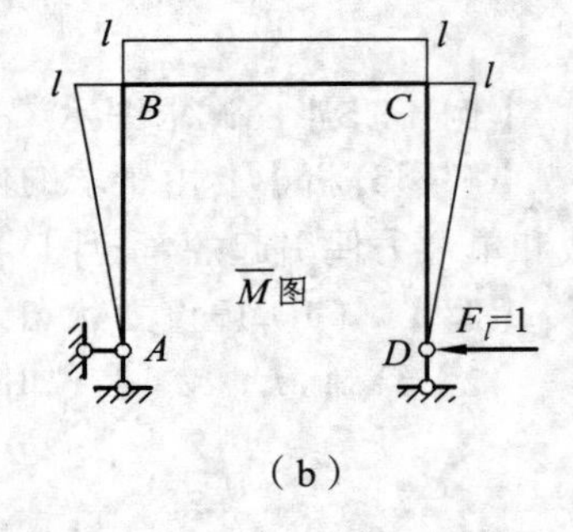

图 11.19

【解题分析】 根据题意，在 D 点处加上一水平单位荷载，分别作出实际荷载和单位荷载作用下梁的弯矩图。由于结构为一刚架，因此必须将整个结构分成三段计算再求和。

【解】 作出 M_{P}图与 $\bar{M}$ 图，如图 11.19（b）、（c）所示，逐杆进行图乘，然后相加。在 M_{P}图中 CD 杆无弯矩，图乘得零。BC 杆上 M_{P}图及 $\bar{M}$ 图都是直线图形，故可任取一图形作为面积，现取 M_{P}图为面积。AB 杆的 M_{P}图不是标准二次抛物线，可将其分解为一个三角形和一个标准二次抛物线图形，分别与 $\bar{M}$ 图相乘。于是：

$$\begin{aligned}\Delta_D^{\mathrm{H}}&=\sum\frac{\omega y_C}{EI}\\&=-\frac{1}{2EI}\left(\frac{1}{2}\times l\times\frac{3ql^2}{2}\right)\times l-\frac{1}{EI}\left[\left(\frac{1}{2}\times l\times\frac{3ql^2}{2}\right)\times\frac{2}{3}l+\left(\frac{2}{3}\times l\times\frac{ql^2}{8}\right)\times\frac{l}{2}\right]\\&=-\frac{11ql^4}{12EI}\ (\rightarrow)\end{aligned}$$

结果为负值，表明实际位移方向与所设单位力的指向相反，即向右。

【例 11.8】　试求如图 11.20（a）所示外伸梁 C 点的竖向位移 Δ_C^{V}。$EI=$常数。

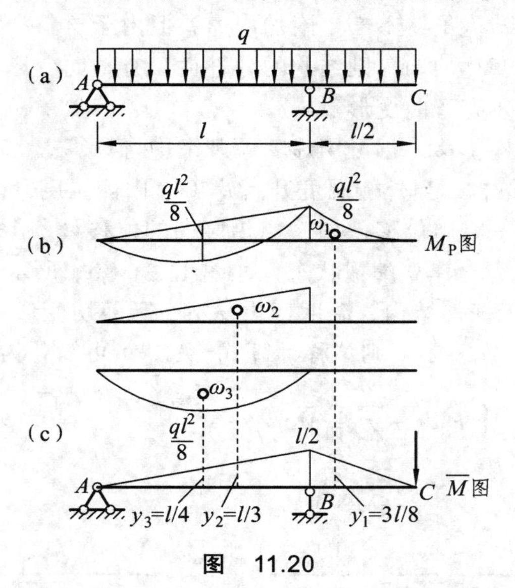

图　11.20

【解题分析】　由于结构为外伸梁，因此分成 AB、BC 段进行计算。BC 段的 M_{P} 图是标准二次抛物线；AB 段的 M_{P} 图较为复杂，将其分解为一个三角形和一个标准二次抛物线图形。

【解】　M_{P} 图与 $\bar{M}$ 图如图 11.20（b）、（c）所示。于是由图乘法得

$$\Delta_C^{\mathrm{V}}=\frac{1}{EI}(\omega_1 y_1+\omega_2 y_2-\omega_3 y_3)$$

其中

$$\omega_1=\frac{1}{3}\times\frac{l}{2}\times\frac{ql^2}{8},\quad y_1=\frac{3}{4}\times\frac{l}{2}$$

$$\omega_2=\frac{l}{2}\times\frac{ql^2}{8},\quad y_2=\frac{2}{3}\times\frac{l}{2}$$

$$\omega_3=\frac{2l}{3}\times\frac{ql^2}{8},\quad y_3=\frac{1}{2}\times\frac{l}{2}$$

故

$$\Delta_C^{\mathrm{V}}=\frac{1}{EI}\left(\frac{ql^3}{48}\times\frac{3}{8}l+\frac{ql^3}{16}\times\frac{l}{3}-\frac{ql^3}{12}\times\frac{l}{4}\right)$$

$$=\frac{ql^4}{128EI}\ (\downarrow)$$

第四节　温度改变和支座移动引起的结构位移计算

结构除了在荷载作用下会产生位移外，温度改变、支座移动等也会引起位移。本节讨论这两种外因作用下结构位移计算的问题。

一、温度改变引起的位移计算

当温度改变时，静定结构虽然不产生附加内力，但由于材料产生热胀冷缩，结构会有变形和位移的发生。若温度变化均匀，则结构的各杆件只有轴向变形；若各杆的温度非均匀改变，则除了轴向变形外，还有弯曲变形。

由温度改变引起的结构位移，仍可用虚功原理来进行计算。

如图 11.21（a）所示结构，当外侧温度升高 t_1 ℃、内侧温度升高 t_2 ℃时，要求计算由此引起的结构任意一点沿任一方向位移，如 K 点沿竖向的位移 Δ_K。图 11.21（a）为实际状态，在 K 点沿竖向虚设一单位力，建立虚拟状态，如图 11.21（b）所示。由于没有支座位移的影响，则 $C_i=0$。同时，对于杆件结构，温度变化并不引起剪切变形，即剪应变 $\gamma=0$。若将温度变化引起的结构位移用 Δ_{Ki} 表示，则位移计算式（11.4）可简化为

$$\Delta_{Ki}=\sum\int_0^l \overline{F}_{\mathrm{N}}\mathrm{d}u+\sum\int_0^l \overline{M}\mathrm{d}\varphi \tag{11.15}$$

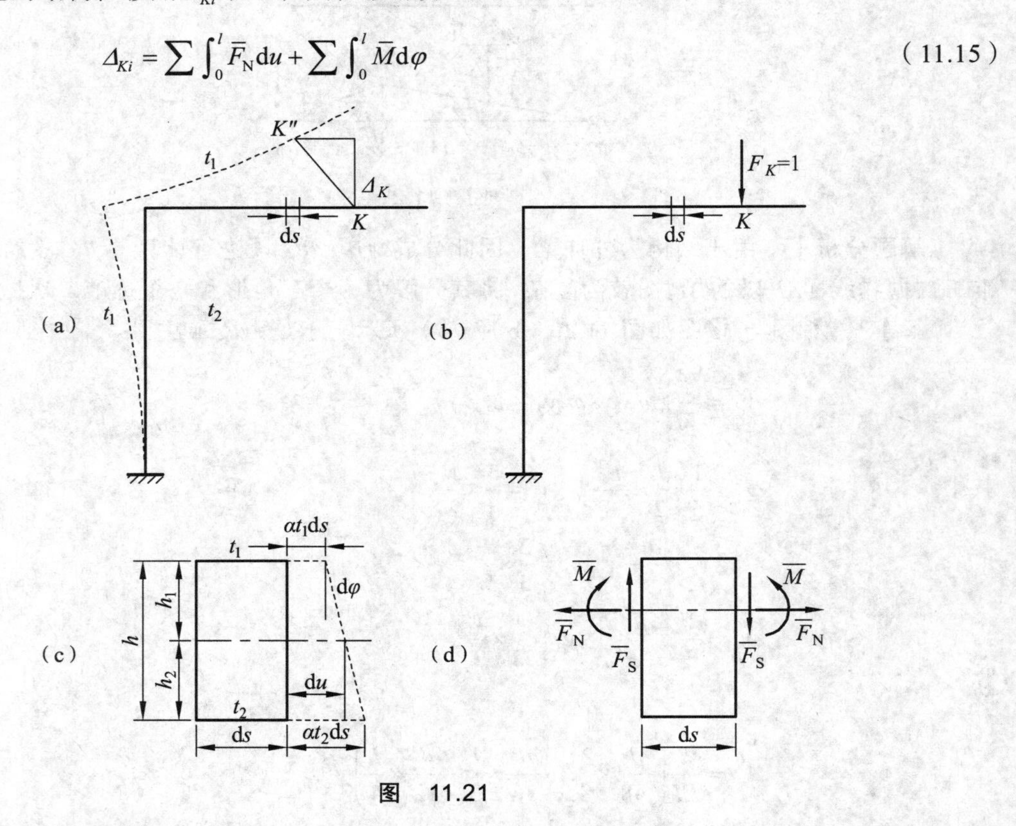

图 11.21

取实际状态中长度为 ds 的一微段分析。设材料的线膨胀系数为 α，则微段上、下边缘纤维伸长分别为 $\alpha t_1\mathrm{d}s$ 和 $\alpha t_2\mathrm{d}s$。为简化计算，假设温度沿横截面高度 h 呈直线规律变化。这样横截面在变形后仍保持为平面。由几何关系可求得微段在杆件形心处的伸长量为

$$\mathrm{d}u=\alpha t_1\mathrm{d}s+(\alpha t_2\mathrm{d}s-\alpha t_1\mathrm{d}s)\frac{h_1}{h}=\alpha\left(\frac{h_2}{h}t_1+\frac{h_1}{h}t_2\right)\mathrm{d}s=\alpha t_0\mathrm{d}s \tag{11.16}$$

式中，$t_0=\left(\frac{h_2}{h}t_1+\frac{h_1}{h}t_2\right)$为形心处的温度变化（对矩形等截面：$h_1=h_2=\frac{h}{2}$，则 $t_0=\frac{t_1+t_2}{2}$）。

微段两端横截面的相对转角为

$$d\varphi=\frac{\alpha t_2 ds-\alpha t_1 ds}{h}=\frac{\alpha(t_2-t_1)ds}{h}=\alpha\frac{\Delta t}{h}ds \tag{11.17}$$

式中，$\Delta t=t_2-t_1$ 为两侧温度变化之差。

于是由（11.15）可得

$$\varDelta_{Ki}=\sum(\pm)\int\bar{F}_N\alpha t_0 ds+\sum(\pm)\int\bar{M}\frac{\alpha\Delta t}{h}ds \tag{11.18}$$

式中，t_0，Δt 均取绝对值计算；“±”则按如下规定直接选取：若虚拟状态中的伸缩或弯曲变形与实际状态中温度改变引起的相应变形方向一致，则取“+”号，相反则取“-”号。

如各杆均为等截面直杆，沿其全长的温度变化相同，且截面高度不变，则

$$\varDelta_{Ki}=\sum\alpha t\int\bar{F}_N ds+\sum\alpha\frac{\Delta t}{h}\int\bar{M}ds=\sum(\pm)\alpha t_0\omega\bar{F}_N+\sum(\pm)\frac{\alpha\Delta t}{h}\omega\bar{M} \tag{11.19}$$

式中，$\omega\bar{N}(=\int\bar{F}_N ds=\bar{F}_N l)$ 为 $\bar{F}_N$ 图的面积；$\omega\bar{M}(=\int\bar{M}ds)$ 为 $\bar{M}$ 图的面积。

注意：与只承受荷载情况不同的是，在计算由温度改变引起的位移时不能忽略轴向变形的影响。

【例 11.9】 如图 11.22（a）所示结构，内部温度上升 t ℃，外部下降 $2t$ ℃，求 K 点的竖向位移 $\varDelta_{Ki}^{V}$。各杆截面相同，为矩形截面。

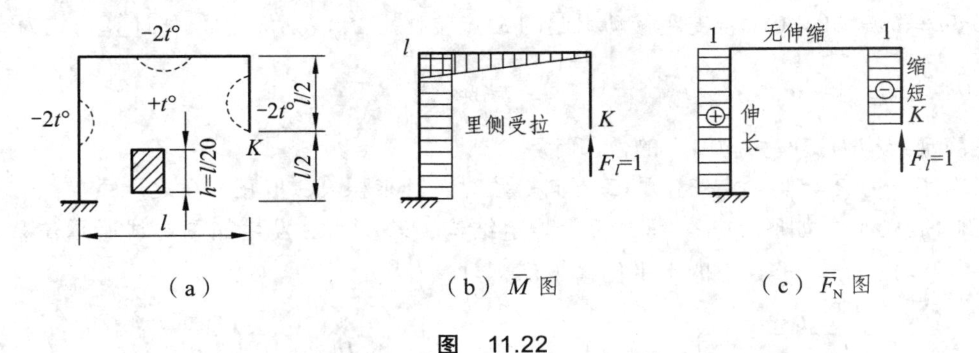

（a）　　（b）$\bar{M}$ 图　　（c）$\bar{F}_N$ 图

图　11.22

【解题分析】 根据题意，在 K 点沿竖向虚设一单位力建立虚拟状态，作 $\bar{M}$ 图、$\bar{F}_N$ 图。根据公式（11.19），分段进行计算：

【解】 $|\Delta t|=|t_2-t_1|=|t-(-2t)|=3t$（注意温变弯曲时各杆均为里侧伸长外侧缩短）

$|t_0|=\left|\frac{t_1+t_2}{2}\right|=\left|\frac{(-2t)+t}{2}\right|=\frac{t}{2}$　（注意温变时各杆轴处均降温产生轴向缩短）

$$\varDelta_{Ki}=\sum(\pm)\frac{\alpha\Delta t}{h}\omega\bar{M}+\sum(\pm)\alpha t_0\omega\bar{F}_N$$

$$=\frac{\alpha\times 3t}{l/20}\times\left(+l^2+\frac{l^2}{2}\right)+\alpha\frac{t}{2}\left(-l+\frac{l}{2}\right)=90\alpha tl-\frac{1}{4}\alpha tl=\frac{359}{4}\alpha tl\quad(\uparrow)$$

结果为正，故温度变化引起的 K 点沿竖向的位移与虚设单位力方向相同，即竖直向上。

二、支座移动引起的位移计算

对于静定结构，支座移动并不引起任何内力和变形，而只产生刚体位移。如图 11.23（a）所示结构，其支座发生水平位移 C_1、竖向位移 C_2 和转角位移 C_3，要求计算其上任意一点沿任一方向的位移，如 K 点的竖向位移 Δ_K。对于这种由支座移动引起的结构位移计算，仍可用虚功原理来进行。

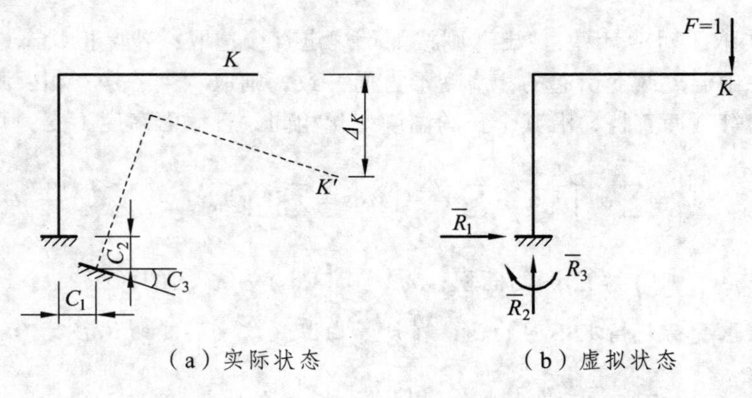

图 11.23

在 K 点沿竖向虚设一单位力建立虚拟状态，如图 11.23（b）所示。因静定结构微段 ds 上的变形 $\mathrm{d}u=\mathrm{d}\varphi=\gamma\mathrm{d}s=0$，若支座移动引起的 K 点位移用 Δ_{KC} 表示，则位移计算公式为

$$\Delta_{KC}=-\sum\bar{R}_iC_i \tag{11.20}$$

这就是静定结构因支座移动引起的位移计算公式。

当支座反力 $\bar{R}_i$ 与实际支座位移 C_i 方向一致时，其乘积 $\bar{R}_iC_i$ 取正，反之取负。

【例 11.10】 如图 11.24（a）所示静定结构，若支座 A 发生如图虚线所示位移：$a=1.0\ \mathrm{cm}$，$b=1.5\ \mathrm{cm}$。求 C 点的水平位移 Δ_C^{H}，竖向位移 Δ_C^{V}。

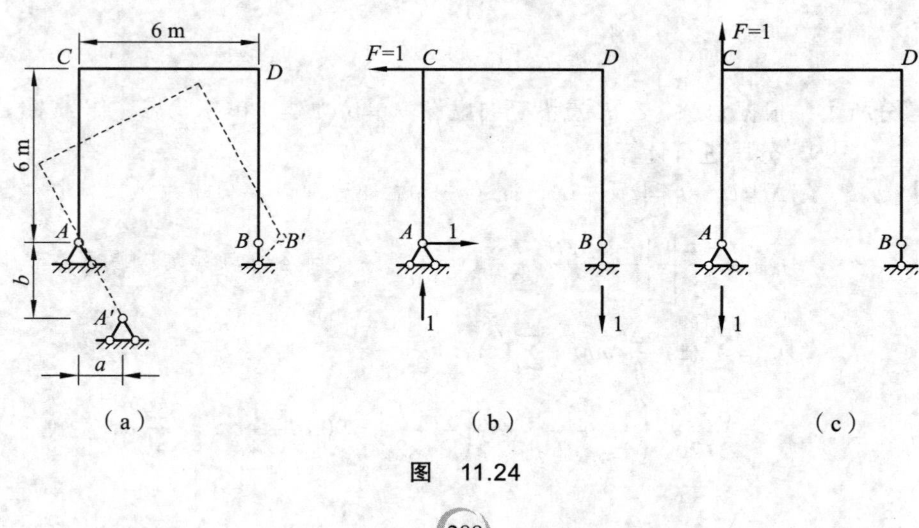

图 11.24

【解题分析】 根据题意，在 C 点处分别加一水平和竖向单位力，求出单位力引起的支座反力，代入公式（11.20）进行计算。

【解】 其支座反力如图 11.24（b）、（c）所示。由式（11.20）得

$$\varDelta_C^{\mathrm{H}} = -(1\times a - 1\times b) = -(1\times 1.0 - 1\times 1.5) = 0.5\ \mathrm{cm}\ (\leftarrow)$$

结果为正，说明支座移动引起的 C 点水平位移与虚拟单位力方向相同，即水平向左。

$$\varDelta_C^{\mathrm{V}} = -(1\times b) = -1.5\times 1 = -1.5\ \mathrm{cm}\ (\downarrow)$$

结果为负，说明支座移动引起的 C 点竖向位移与虚拟单位力方向相反，即竖直向下。

第五节　互等定理

本节讨论弹性结构的三个互等定理，即功的互等定理、位移互等定理、反力互等定理。其中最基本的是功的互等定理，其他两个互等定理都可由此定理推导出来。这些定理在计算结构位移、求解超静定结构等问题中经常用到。

一、功的互等定理

功的互等定理可直接由变形体虚功原理推导出来。

设有两组外力分别作用在同一结构上，如图 11.25 所示，分别称为状态 1 和状态 2。

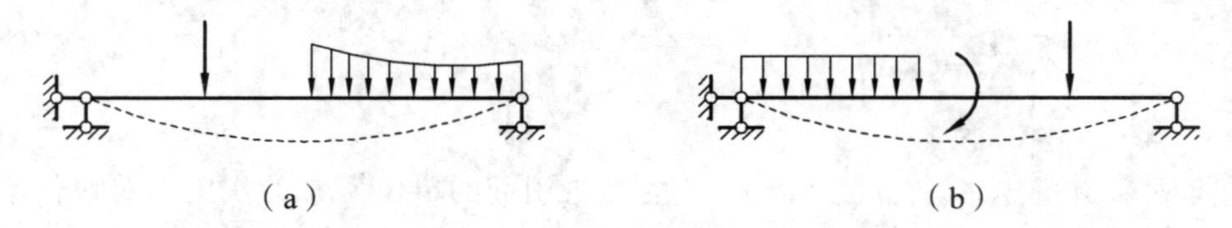

图　11.25

取状态 1 的力系作为做功的力系，状态 2 的位移作为做功的位移，则状态 1 的内力在状态 2 的变形上所做的变形虚功为

$$\begin{aligned} W_{12}^{变} &= \sum\int F_{\mathrm{N1}}\mathrm{d}u_2 + \sum\int M_1\mathrm{d}\varphi_2 + \sum\int F_{\mathrm{S1}}\mathrm{d}\eta_2 \\ &= \sum\int\frac{F_{\mathrm{N1}}F_{\mathrm{N2}}}{EA}\mathrm{d}s + \sum\int\frac{M_1M_2}{EI}\mathrm{d}s + \sum\int k\frac{F_{\mathrm{S1}}F_{\mathrm{S2}}}{GA}\mathrm{d}s \end{aligned} \tag{11.21}$$

再取状态 2 的力系作为做功的力系，状态 1 的位移作为做功的位移，则状态 2 的内力在状态 1 的变形上所做的变形虚功为

$$\begin{aligned} W_{21}^{变} &= \sum\int F_{\mathrm{N2}}\mathrm{d}u_1 + \sum\int M_2\mathrm{d}\varphi_1 + \sum\int F_{\mathrm{S2}}\mathrm{d}\eta_1 \\ &= \sum\int\frac{F_{\mathrm{N1}}F_{\mathrm{N2}}}{EA}\mathrm{d}s + \sum\int\frac{M_1M_2}{EI}\mathrm{d}s + \sum\int k\frac{F_{\mathrm{S2}}F_{\mathrm{S2}}}{GA}\mathrm{d}s \end{aligned} \tag{11.22}$$

对比式（11.21）、（11.22），得

$$W_{12}^{变}=W_{21}^{变}$$

由变形体虚功方程$W_{外}=W_{变}$，并设状态1上的外力在状态2位移上所做的外力虚功用W_{12}表示，状态2上的外力在状态1位移上所做的外力虚功用W_{21}表示，则

$$W_{12}=W_{21} \tag{11.23}$$

式（11.23）即称为功的互等定理。它可表述为：状态1上的外力在状态2的位移上所做的虚功，等于状态2上的外力在状态1的位移上所做的虚功。

二、位移互等定理

位移互等定理是功的互等定理的一种特殊情况。

如图11.26所示的两个状态中，设作用的荷载都是单位力，即$F_1=F_2=1$，与其相应的位移用δ_{12}和δ_{21}表示，则由功的互等定理式（11.23）得

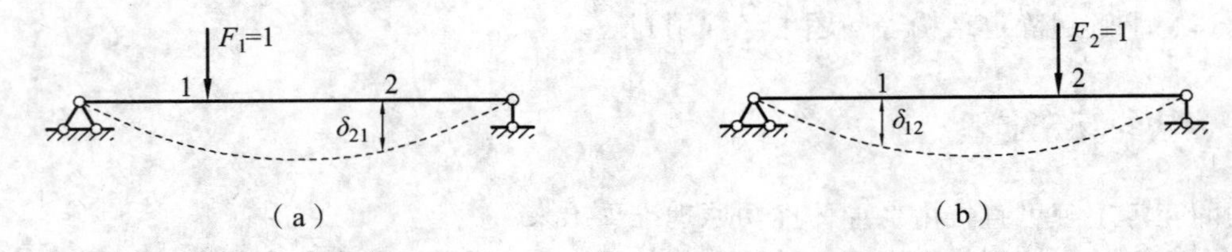

图 11.26

$$1\times\delta_{12}=1\times\delta_{21}$$

故

$$\delta_{12}=\delta_{21} \tag{11.24}$$

这就是位移互等定理。它可表述为：单位力F_2引起的单位力F_1的作用点沿F_1作用方向的位移δ_{12}，等于单位力F_1引起的单位力F_2的作用点沿F_2作用方向的位移δ_{21}。这里，F_1和F_2可以是任何广义单位力，与此相应，δ_{12}和δ_{21}也可以是任何对应的广义位移。

图11.27和图11.28所示为应用位移互等定理的两个例子。图11.27表示两个角位移互等的情况，即$\varphi_{12}=\varphi_{21}$；图11.28表示线位移与角位移的互等情况，即$\delta_{12}=\varphi_{21}$。后者只是数值上相等，量纲则不同。

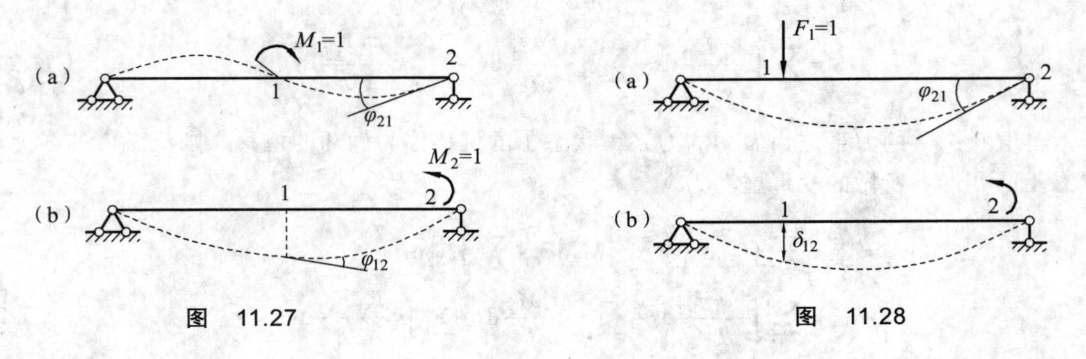

图 11.27　　图 11.28

三、反力互等定理

反力互等定理也是功的互等定理的一种特殊情况。

在一个结构的诸多约束中任取两个约束——约束 1 及约束 2，分别令约束 1 产生单位位移 $\varDelta_1=1$ 作为状态 1，约束 2 产生单位位移 $\varDelta_2=1$ 作为状态 2，并设状态 1 中支座 2 上产生的沿 $\varDelta_2$ 方向的支座反力为 r_{21}、状态 2 中支座 1 上产生的沿 $\varDelta_1$ 方向的支座反力为 r_{12}。这里，第一个下标表示反力的地点和方向，第二个下标表示引起反力的原因。根据功的互等定理，有

$$\left.\begin{aligned} r_{21}\times\varDelta_2 &= r_{12}\times\varDelta_2 \\ r_{21} &= r_{12} \end{aligned}\right\} \tag{11.25}$$

式（11.25）即为反力互等定理。可表述为：约束 1 的单位位移所引起的约束 2 上的反力 r_{21} 等于约束 2 的单位位移所引起的约束 1 上的反力 r_{12}。

小　结

1. 结构位移的概念

结构位置的变化称为结构的位移，包括线位移和角位移、绝对位移和相对位移等。线位移是指杆件横截面形心所移动的距离，常用水平位移和竖向位移两个分量来表示。角位移是指截面所转动的角度，常称为转角。结构上某两点水平（竖向）线位移的代数和（方向相反时相加），称为该两点的水平（竖向）相对线位移。某两个截面转角的代数和（方向相反时相加），称为该两截面的相对角位移。

2. 变形体虚功原理

处于平衡力系作用下的弹性变形体发生任何约束所允许的、微小的、连续的变形位移时，作用于体系上的所有外力（包括荷载和支座反力）在相应位移上所做虚功之和（称为外力虚功）$W_{外}$，等于全部内力在相应变形上所做虚功之和（称为内力虚功或变形虚功）$W_{变}$，即 $W_{外}=W_{变}$。

3. 位移计算的一般公式

结构由荷载作用引起的位移公式为

$$\varDelta_K=\sum\int_0^l\bar{F}_{\mathrm{N}}\mathrm{d}u+\sum\int_0^l\bar{M}\mathrm{d}\varphi+\sum\int_0^l\bar{F}_{\mathrm{S}}\gamma\mathrm{d}s-\sum\bar{R}_iC_i$$

$$\varDelta_{KP}=\sum\int_0^l\frac{\bar{F}_{\mathrm{N}}\bar{F}_{\mathrm{NP}}}{EA}\mathrm{d}s+\sum\int_0^l\frac{\bar{M}M_{\mathrm{P}}}{EI}\mathrm{d}s+\sum\int_0^l k\frac{\bar{F}_{\mathrm{S}}F_{\mathrm{SP}}}{GA}\mathrm{d}s$$

对梁和刚架：

$$\varDelta_{KP}=\sum\int_B^A\frac{\bar{M}M_{\mathrm{P}}}{EI}\mathrm{d}s$$

对桁架：

$$\Delta_{KP} = \sum \frac{\overline{F}_{N} F_{NP}}{EA} l$$

对组合结构：

$$\Delta_{KP} = \sum^{\text{全部受弯杆}} \int_0^l \frac{\overline{M} M_P}{EI} ds + \sum^{\text{全部链杆}} \frac{\overline{F}_N F_{NP}}{EA} l$$

上式等号右边第一项只对梁式杆求和，第二项只对链式杆求和。

对曲梁和拱：

$$\Delta_{KP} = \sum \int \frac{\overline{M} M_P}{EI} ds + \sum \int \frac{\overline{F}_N F_{NP}}{EA} ds$$

近似计算时仅取等号右侧第一项。

结构由温度变化引起的位移公式为

$$\Delta_{Kt} = \sum (\pm) \int \overline{F}_N \alpha t_0 ds + \sum (\pm) \int \overline{M} \frac{\alpha \Delta t}{h} ds$$

若各杆均为等截面杆，且温度改变沿杆长方向不变，则上式可简化为

$$\Delta_{Ki} = \sum (\pm) \alpha t_0 \omega \overline{F}_N + \sum (\pm) \frac{\alpha \Delta t}{h} \omega \overline{M}$$

结构由支座移动时引起的位移计算公式为

$$\Delta_{KC} = -\sum \overline{R}_i C_i$$

4. 互等定理

功的互等定理 $W_{12} = W_{21}$；位移互等定理 $\delta_{12} = \delta_{21}$；反力互等定理 $r_{12} = r_{21}$。

互等定理应用的条件是弹性结构和小变形。在上述诸公式中，功的互等定理是最基本的，其他两项定理均可由它导出。

第十二章　力　法

第一节　超静定结构

一、概　述

前面两章中，我们讨论了静定结构的计算。在工程实际中，还存在着另一类型的结构，即超静定结构。超静定结构的反力和内力只凭静力平衡条件是无法确定的，或者是不能全部确定的。如图 12.1 所示连续梁，其竖向反力只凭静力平衡条件就无法确定，因此也就不能进一步求出内力，所以这种结构就是超静定结构。

超静定结构是指只靠平衡条件不能求出全部反力和内力的结构，包括超静定梁、拱、刚架、桁架、组合结构等类型。超静定结构的构造特征是几何不变、有多余联系，其中多余联系对于保持结构的几何不变性来说是不必要的，但会改变结构的受力；多余未知力是指多余联系产生的力，如图 12.1 中的 X_1。

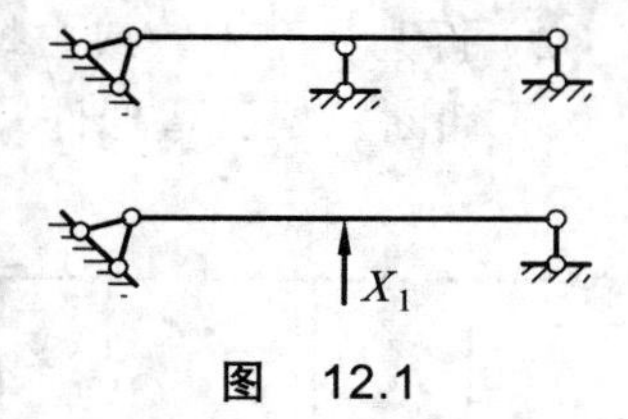

图　12.1

求解超静定问题，必须综合考虑以下三个条件。

（1）平衡条件：　结构整体或局部都应满足平衡条件。

（2）几何条件：（变形条件、协调条件、相容条件）结构的变形和位移必须符合支承约束条件和变形连续条件。

（3）物理条件：　变形或位移与力之间的物理关系。

求解超静定结构的基本方法有以下两种。

（1）力法（柔度法）：基本未知量是多余未知力。

（2）位移法（刚度法）：基本未知量是结点位移。

二、超静定结构的特性

与静定结构比较，超静定结构有如下特性：

	静定结构	超静定结构
几何特性	无多余联系的几何不变体系	有多余联系的几何不变体系
静力特性	满足平衡条件，内力解答唯一，即仅由平衡条件就可求出全部内力和反力	超静定结构仅由平衡条件求不出全部内力和反力，必须考虑变形条件
非荷载外因的影响	不产生内力	产生内力
内力与刚度的关系	无关	荷载引起的内力与各杆刚度的比值有关，非荷载外因引起的内力与各杆刚度的绝对值有关

结构的超静定次数＝结构的多余联系数＝多余未知力数目

确定超静定次数的思路是将超静定结构看做是在静定结构上增加若干个多余联系而成。

三、确定超静定次数最直接的方法

确定超静定次数最直接的方法是去掉多余联系法，即去掉多余联系，使原结构变成静定结构，则所去掉的多余联系数就是结构的超静定次数。

去掉多余联系法示例：

（1）去掉或切断一根链杆，相当于去掉一个联系，如图 12.2、12.3 所示。

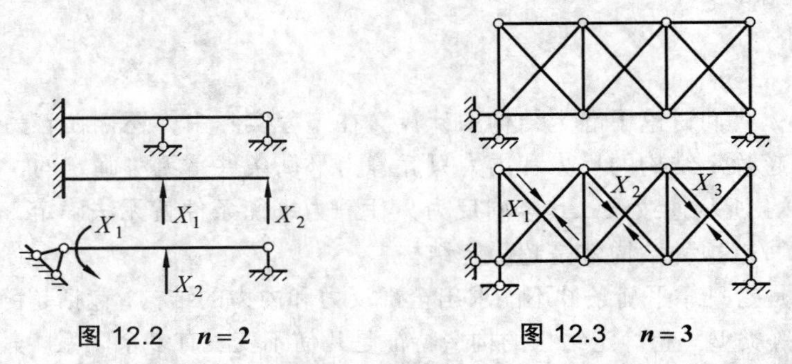

图 12.2　$n=2$　　图 12.3　$n=3$

（2）拆开一个单铰或去掉一个固定铰支座相当于去掉两个联系，如图 12.4 所示。

（3）切断一根受弯杆件，或去掉一个固定端支座，相当于去掉三个联系，如图 12.5 所示。

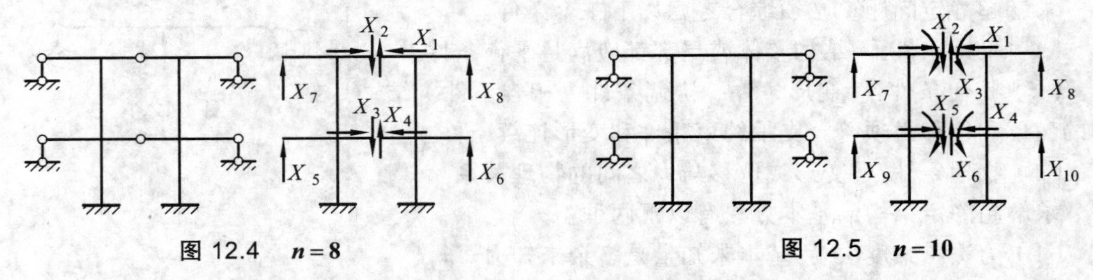

图 12.4　$n=8$　　图 12.5　$n=10$

（4）将受弯杆件的刚性连接改为铰接，或将固定支座改为固定铰支座，相当于去掉一个联系，如图 12.6 所示。

（5）确定超静定次数的特例：

f 个封闭无铰框格：$n=3f$，如图 12.7 所示；

f 个封闭无铰框格有 h 个单铰、$n=3f-h$，如图 12.8 所示；

一个封闭无铰框格：$n=3$，如图 12.9 所示。

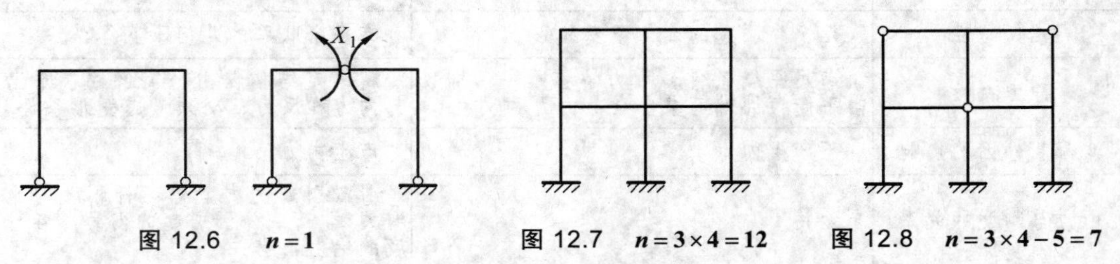

图 12.6　$n=1$　　图 12.7　$n=3\times4=12$　　图 12.8　$n=3\times4-5=7$

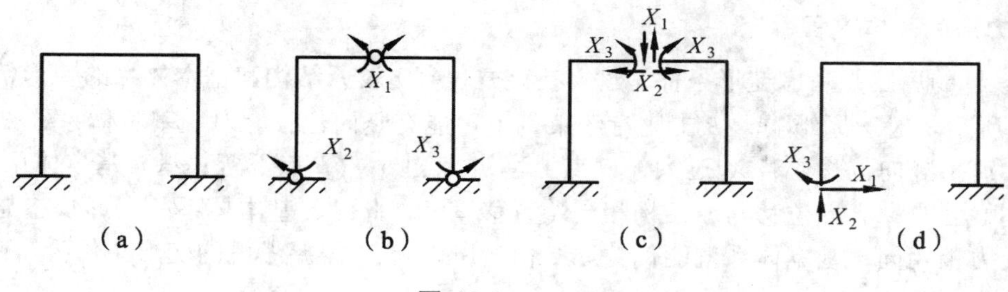

图 12.9　$n=3$

第二节　力法的基本原理和典型方程

一、力法的基本概念

假定：结构是线、弹性体，位移和荷载成正比，可直接用叠加原理。

超静定结构与静定结构的根本区别：超静定结构的未知力数目超出了静力平衡方程的数目，有多余未知力，如图 12.10（a）所示。

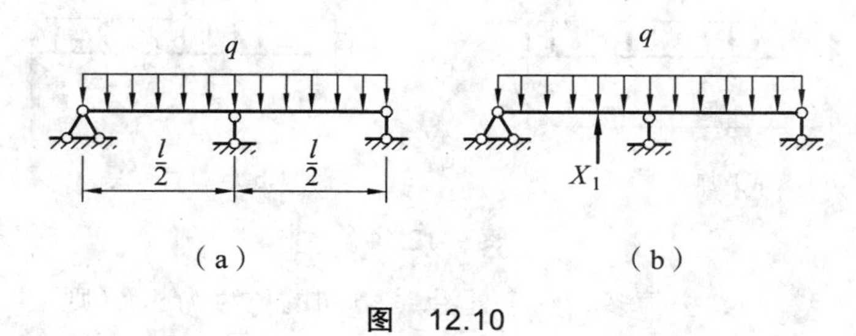

图　12.10

图 12.10（b）是带有多余未知力的静定结构。设法求出 X_1，剩下的反力和内力即可用平衡条件求出。简单地说，力法的基本思路就是将超静定结构转化为静定结构后再进行计算。

二、力法的基本原理

1. 力法的基本未知量——多余未知力

把多余未知力突出出来，作为重点解决的对象。

基本未知量数目 = 结构超静定次数

2. 力法的基本结构

原结构—— 原超静定结构，如图 12.11（a）所示。

基本结构—— 去掉多余约束后的静定结构。

基本体系—— 基本结构在原荷载和多余未知力共同作用下的体系，如图 12.11（b）所示。

基本体系与原结构比较：荷载完全相同，只是 X_1 由被动力变主动力，只要求出 X_1，余下的问题就是解静定结构了。

3. 力法的基本方程

确定 X_1 的思路是考虑变形条件，建立补充方程。比较原结构和基本体系的变形情况，如图 12.11 所示。对于原结构，B 支座有约束，不可能有竖向位移。对于基本体系，B 支座无约束，会产生竖向位移。若 X_1 过大，B 点上弯；X_1 过小，B 点下弯；只有基本体系上 X_1 的大小恰到好处时，B 点位移与原结构相同（位移 = 0），此时，基本体系的变形状态与原结构相同，受力也相同，基本体系就能代替原结构。所以求 X_1 需要考虑的变形条件为

$$\Delta_1 = 0 \tag{12.1}$$

式（12.1）是变形条件，也是位移条件，也是计算 X_1 所补充的方程。展开式（12.1）（用叠加原理）得

$$\Delta_1 = \Delta_{11} + \Delta_{1P} = 0 \tag{12.2}$$

式中 Δ_1 —— 总位移；

Δ_{11} —— X_1 引起的位移；

Δ_{1P} —— 荷载引起的位移，$\Delta_{1P} = \sum\int\frac{\bar{M}_1 M_P}{EI}\mathrm{d}s = \sum\frac{\omega y}{EI}$。

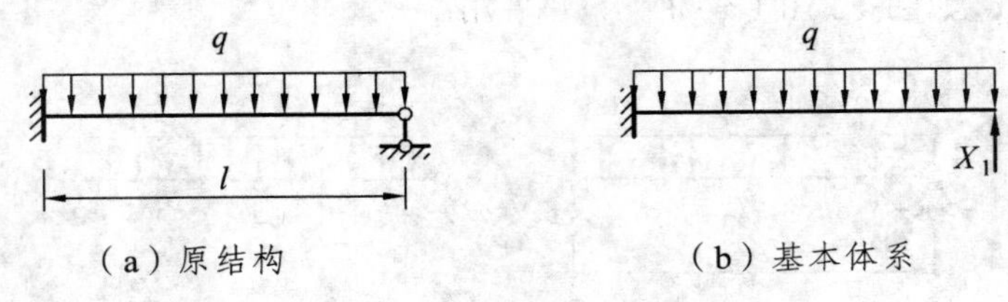

（a）原结构　　（b）基本体系

图 12.11

Δ_{11} 的计算：设 $X_1 = 1$，去掉多余约束处沿 X_1 方向的位移为 δ_{11}，则

$$\Delta_{11} = \delta_{11}X_1$$

式（12.2）可写成：

$$\delta_{11}X_1 + \Delta_{1P} = 0 \tag{12.3}$$

$$X_1 = -\frac{\Delta_{1P}}{\delta_{11}}$$

式（12.3）就是力法的基本方程。

它的物理意义：基本结构在荷载与未知力共同作用下，沿未知力方向的位移应与原结构在荷载作用下的相应位移相等。

4. 力法的基本特点

（1）解除超静定结构的多余联系，得到静定的基本结构。

（2）以多余未知力为基本未知量。

（3）根据所去掉的多余联系处的变形条件建立力法方程，从而求出多余未知力。

（4）根据平衡条件求出全部反力及内力。

（5）一切计算均在基本结构上进行。

三、力法的典型方程

用力法解超静定结构的关键：根据位移条件建立补充方程，以求解多余未知力。下面以二次超静定结构为例，讨论力法的典型方程，如图 12.12 所示。

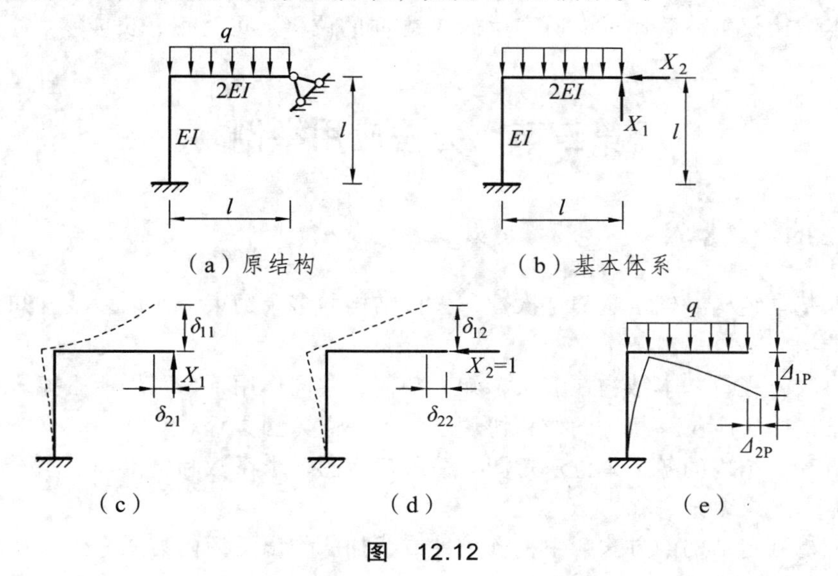

图 12.12

变形条件：

$$\Delta_1 = 0$$
$$\Delta_2 = 0$$

根据叠加原理展开：

$$\delta_{11}X_1 + \delta_{12}X_2 + \Delta_{1P} = 0$$
$$\delta_{21}X_1 + \delta_{22}X_2 + \Delta_{2P} = 0$$

n 次超静定结构，有 n 个多余未知力 n 个已知位移条件，可建立 n 个力法典型方程：

$$\delta_{11}X_1 + \delta_{12}X_2 \cdots \delta_{1n}X_n + \Delta_{1P} = 0$$
$$\delta_{21}X_1 + \delta_{22}X_2 \cdots \delta_{2n}X_n + \Delta_{2P} = 0$$
$$\vdots$$
$$\delta_{n1}X_1 + \delta_{n2}X_2 \cdots \delta_{nn}X_n + \Delta_{nP} = 0$$

四、力法典型方程的注意事项

（1）力法方程的物理含义是：基本结构在荷载和全部多余未知力共同作用下，去掉各多余联系处沿各多余未知力方向的位移后，应等于原结构相应的位移。

（2）主系数 δ_{ii} 表示基本结构在 $X_i = 1$ 单独作用下所产生的 X_i 方向的位移，$\delta_{ii} = \sum\int\frac{\bar{M}_i^2}{EI}\mathrm{d}s$；副系数 δ_{ij} 表示基本结构在 $X_j = 1$ 单独作用下所产生的 X_i 方向的位移，$\delta_{ij} = \sum\int\frac{\bar{M}_i\bar{M}_j}{EI}\mathrm{d}s = \delta_{ji}$。主系数恒大于零，副系数可为正、负或零。力法典型方程的系数只与结构本身和基本未知力的选择有关，与结构的外因无关。

（3）自由项：

$$\Delta_{iP}=\sum\int\frac{\bar{M}_i M_P}{EI}\mathrm{d}s$$

表示基本结构仅由荷载作用，所产生的 X_i 方向的位移，可为正、负或零。

第三节　力法应用举例

一、力法的计算步骤

（1）选取基本结构。确定超静定次数，去掉结构的多余约束，而以多余未知力代之，从而得到基本结构。

（2）列力法方程。基本结构在多余未知力和荷载共同作用下，利用所去掉多余约束处的位移应与原结构中相应位移相等的位移协调条件，建立力法方程。

（3）作出基本结构的各个单位弯矩图、荷载弯矩图，求系数和自由项。

（4）解方程，求多余未知力。

（5）按分析静定结构的方法，由平衡条件或叠加法作出最后内力图。

二、超静定梁计算

【例 12.1】　试用力法计算如图 12.13（a）所示超静定梁，并作弯矩图。

【解题分析】　首先确定超静定次数，再根据题意，去掉 B 点的可动铰支座，加上多余未知力，列出力法方程。分别作出各个单位力和荷载作用下的弯矩图，利用图乘法求出系数和自由项，代入力法方程进行计算。

【解】　（1）确定超静定次数：$n=1$。

（2）选基本体系，如图 12.13（b）所示。

（3）列力法方程：$\delta_{11}X_1+\Delta_{1P}=0$。

（4）求 δ_{11}、Δ_{1P}：

$$\delta_{11}=\sum\int\frac{\bar{M}_1^2}{EI}\mathrm{d}s=\frac{1}{EI}\left[\frac{1}{2}\cdot l\cdot l\cdot\frac{2}{3}l\right]=\frac{l^3}{3EI}$$

$$\Delta_{1P}=\sum\int\frac{\bar{M}_1 M_P}{EI}\mathrm{d}s=\frac{1}{EI}\left[-\frac{1}{3}\cdot l\cdot\frac{ql^2}{2}\cdot\frac{3}{4}l\right]=-\frac{ql^4}{8EI}$$

（5）求 X_1：

$$X_1=-\frac{\Delta_{1P}}{\delta_{11}}=\frac{ql^4}{8EI}\cdot\frac{3EI}{l^3}=\frac{3}{8}ql\ （\uparrow）$$

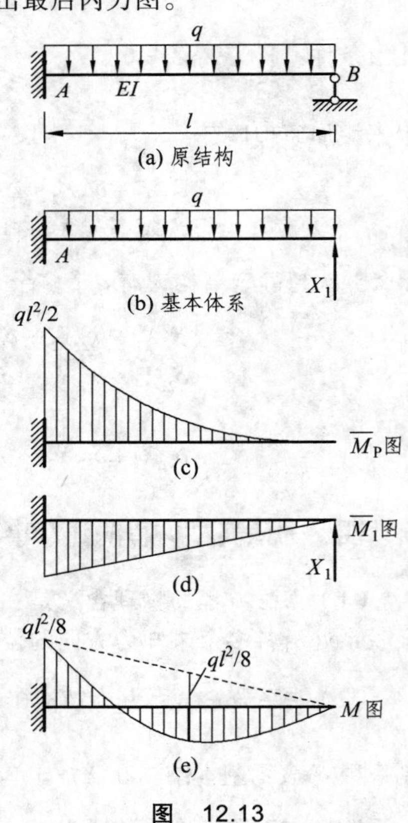

图　12.13

（6）作 M 图：

$$M=\bar{M}_1 x_1+M_P$$

$$M_A=l\cdot\frac{3}{8}ql-\frac{ql^2}{2}=-\frac{ql^2}{8}\text{（上侧受拉）}$$

【例 12.2】 求图 12.14（a）所示超静定刚架的反力和弯矩图。

【解题分析】 该刚架超静定次数为 1，去掉右端的链杆，将杆件变成基本结构，利用右端点的竖向位移之和为 0，求得右端的支座反力，最后利用叠加法作出弯矩图。

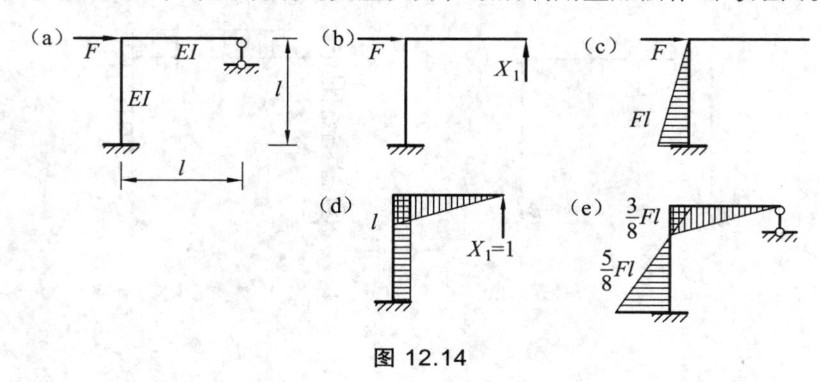

图 12.14

【解】（1）选基本体系。

（2）列力法方程：

$$\delta_{11}\cdot X_1+\Delta_{1P}=0$$

（3）作 M_P、M_1 图，有

$$\delta_{11}=4l^3/3EI,\ \Delta_{1P}=-Fl^3/2EI$$

得

$$X_1=3F/8$$

（4）利用叠加法作弯矩图，得

$$M=\overline{M_1}\cdot X_1+M_P$$

三、超静定刚架和排架的计算

计算刚架位移时，通常忽略轴力和剪力的影响，而只考虑弯矩的影响，因而使计算得到简化。轴力的影响在高层刚架的柱中比较大，剪力的影响当杆件短而粗时比较大，当遇到这种情况时要作特殊处理。

如图 12.15 所示为装配式单层厂房的排架计算简图。其中的柱是阶梯形变截面杆件，柱底为固定端，柱顶与横梁（屋架）为铰接。计算时常忽略横梁的变形，认为其刚度为无穷大。

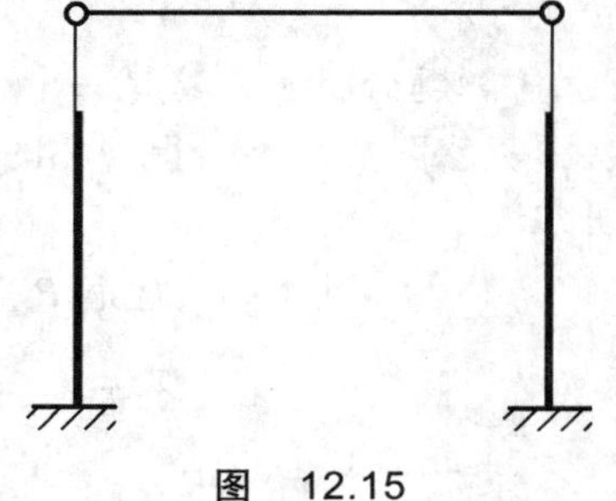

图 12.15

【例 12.3】 如图 12.16（a）所示为一超静定刚架，梁和柱的截面惯性矩分别为 I_1 和 I_2，$I_1:I_2=2:1$。当横梁承受均布荷载 $q=20\ \text{kN/m}$ 作用时，求作刚架的内力图。

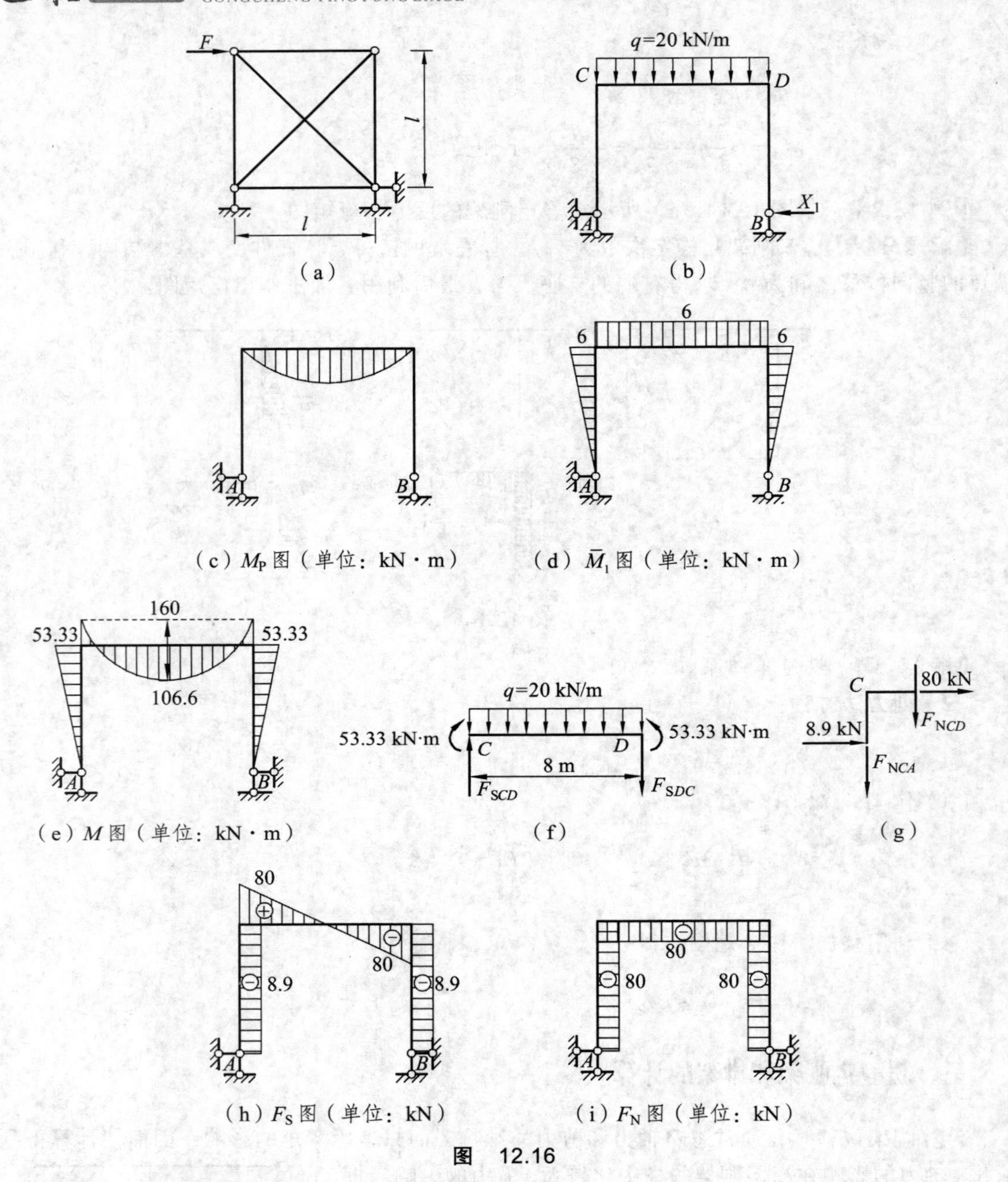

（a）　（b）

（c）M_P 图（单位：kN · m）　（d）$\bar{M}_1$ 图（单位：kN · m）

（e）M 图（单位：kN · m）　（f）　（g）

（h）F_S 图（单位：kN）　（i）F_N 图（单位：kN）

图　12.16

【解题分析】　这是一个一次超静定刚架，可以先取 B 处的水平反力为多余未知力，撤去 B 处水平支杆后，得到如图 12.16（b）所示的力法基本结构，再根据力法的计算方法逐步计算。

【解】　基本结构应满 B 点无水平位移的变形条件，故其力法方程为

$$\delta_{11}X_1 + \Delta_{1P} = 0$$

系数 δ_{11} 和自由项 Δ_{1P} 都是基本结构的位移。计算刚架位移时只考虑弯矩的影响。为此，

绘制基本结构在荷载作用下的弯矩图，即 M_P 图（即荷载弯矩图），以及在单位力 $X_1=1$ 作用下的弯矩图，即 $\bar{M}_1$ 图（即单位弯矩图），分别如图 12.16（c）和（d）所示。

计算位移时可采用图乘法：

$$\delta_{11}=\sum\int\bar{M}_1^2\mathrm{d}s/EI=\sum\omega y/EI$$
$$=\frac{1}{EI_1}\times(6\times8)\times6+\frac{2}{EI_2}\times\left(\frac{1}{2}\times6\times6\right)\times\left(\frac{2}{3}\times6\right)$$
$$=288/EI_1+144/EI_2$$

因 $I_1=I_2$，故

$$\delta_{11}=576/EI_1$$
$$\varDelta_{1P}=\sum\int\bar{M}_1M_P\mathrm{d}s/EI$$
$$=\sum\omega y/EI$$
$$=-\frac{1}{EI_1}\left(\frac{2}{3}\times8\times160\right)\times6$$
$$=-5\ 120/EI_1$$

将 $\delta_{11}\varDelta_{1P}$ 代入力法方程，得

$$X_1=-\varDelta_{1P}/\delta_{11}=-(-5\ 120/EI_1)/(576/EI_1)=8.9\ \text{kN}$$

求出多余未知力以后，作内力图的问题即属于静定问题。通常作内力图的次序为：首先利用已经做好的 $\overline{M_1}$ 和 M_P 图作为最后弯矩图，然后利用弯矩图作剪力图，最后利用剪力图作轴力图。现分述如下：

（1）作弯矩图。

利用弯矩叠加公式：

$$M=M_P+\bar{M}_1X_1 \tag{12.4}$$

任一截面的弯矩均可据此计算。将 $\bar{M}_1$ 弯矩图数据乘以 8.9 后，再与 M_P 图相加，即得到 12.16（e）所示的原结构的弯矩图。

（2）作剪力图。

作任一杆的剪力图时，可取此杆为隔离体，利用已知的杆端弯矩及荷载情况，由平衡条件求出杆端剪力，然后根据剪力图分布规律作出杆的剪力图。

以杆 CD 为例，其隔离体如图 12.16（f）所示（确定剪力时，不需考虑杆端轴力，故在隔离体图中未标出轴力）。杆端作用有已知的弯矩（其值可由 M 图查得）：

$$M_{CD}=53.33\ \text{kN}\cdot\text{m}\quad（上边受拉）$$
$$M_{DC}=53.33\ \text{kN}\cdot\text{m}\quad（上边受拉）$$

待定的杆端剪力 F_{SCD} 和 F_{SDC} 可由平衡方程求出：

$$\sum M_D=0，\ 53.33-8F_{SCD}+20\times8\times4-53.33=0，\ F_{SCD}=80\ \text{kN}$$

$$\sum M_C = 0, \quad 53.33 - 20\times8\times4 - 8F_{SCD} - 53.33 = 0, \quad F_{SCD} = -80\ \text{kN}$$

杆端剪力求出来后，根据杆 CD“承受均布荷载，其剪力图为一斜直线”，即可在图 12.16（h）中作杆 CD 的剪力图。剪力图必须注明正负号。

（3）作轴力图。

作杆件的轴力图时，可取其结点为隔离体，利用已知的杆端剪力，由结点平衡条件可求出杆端轴力，然后作此杆的轴力图。当杆件无沿杆轴方向的荷载时，杆件的轴力为常数，轴力图为杆轴平行线。

以结点 C 为例，其隔离体如图 12.16（g）所示（确定轴力时，不需考虑杆端弯矩，故在隔离体图中未标出弯矩）。在隔离体上作用有已知的剪力（其值可由 F_S 图查得）：

$F_{SCD} = 80\ \text{kN}$（使隔离体有顺时针方向转动的趋势）

$F_{SCA} = -8.9\ \text{kN}$（使隔离体有逆时针方向转动的趋势）

待定的杆端轴力 F_{NCD} 和 F_{NCA}（隔离体图中均假设为拉力），可由投影平衡方程求出：

$$\sum F_x = 0, \quad F_{NCD} = -8.9\ \text{kN}$$

$$\sum F_y = 0, \quad F_{NCA} = -80\ \text{kN}$$

每个结点有两个投影平衡方程。按照适当的次序截取结点，就可以求出所有杆端轴力。轴力图如图 12.16（i）所示，轴力图也必须注明正负号。

【例 12.4】 如图 12.17（a）所示一单层单跨的铰接排架计算简图，求作其弯矩图。

【解题分析】 杆 CD 时由屋架或大梁简化而来的，抗拉强度可视为无限大（即 $EA\to\infty$），故 C、D 两点间的距离不变。因此，对排架的计算实际是对柱子进行内力分析，外荷载 24.5 kN 为吊车水平制动力。此铰接排架内部有一个多余联系，是一个超静定的结构。现将横杆 CD 切断，代之以多余未知力 X_1，其基本结构如图 12.17（b）所示。

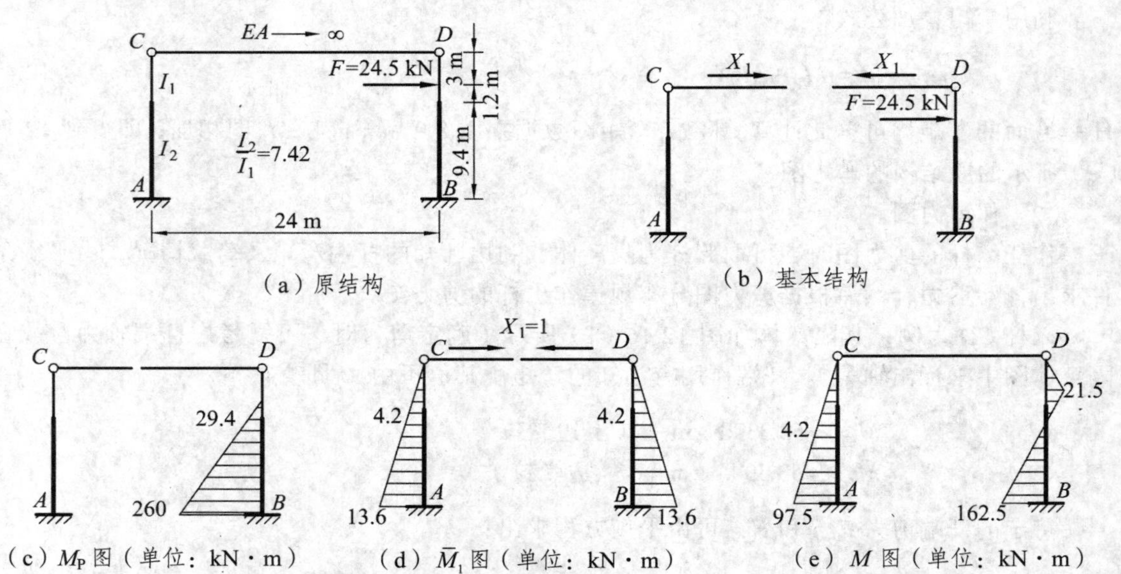

（a）原结构　（b）基本结构

（c）M_P 图（单位：kN·m）　（d）$\bar{M}_1$ 图（单位：kN·m）　（e）M 图（单位：kN·m）

图 12.17

【解】 根据基本结构在原有荷载和多余未知力共同作用下，横杆切口处两侧截面相对水平位移等于零的条件，列出力法方程：

$$\delta_{11}X_1+\Delta_{1P}=0$$

为了求得系数 δ_{11} 和自由项 Δ_{1P}，分别作相应的荷载弯矩图 M_P 和单位弯矩图 $\bar{M}_1$，即图 12.17（c）和（d）所示。应用图乘法得

$$\begin{aligned}\delta_{11}&=\sum\int\bar{M}_1\bar{M}_1\mathrm{d}s/EI=\sum\omega y/EI=\frac{2}{EI_1}\times\left(\frac{1}{2}\times4.2\times\frac{2}{3}\times4.2\right)+\\&\frac{2}{EI_2}\times\left[\frac{1}{2}\times9.4\times4.2\times\left(\frac{2}{3}\times4.2+\frac{1}{3}\times13.6\right)+\right.\\&\left.\frac{1}{2}\times9.4\times13.6\times\left(\frac{1}{3}\times4.2+\frac{2}{3}\times13.6\right)\right]\\&=49.4/EI_1+1\,625/EI_2\\&=\frac{1}{EI_2}\times(49.4\times7.42+1\,625)\\&=1\,992/EI_2\end{aligned}$$

$$\begin{aligned}\Delta_{1P}&=\sum\int\bar{M}_1M_P\mathrm{d}s/EI=\sum\omega y/EI\\&=-\frac{1}{EI_1}\times\left[\frac{1}{2}\times1.2\times29.4\times\left(4.2-\frac{1}{3}\times1.2\right)/4.2\right]-\frac{1}{EI_2}\times\\&\left[\frac{1}{2}\times9.4\times29.4\times\left(\frac{2}{3}\times4.2+\frac{1}{3}\times13.6\right)+\frac{1}{2}\times9.4\times260\times\left(\frac{1}{3}\times4.2+\frac{2}{3}\times13.6\right)\right]\\&=-67/EI_1-13\,770/EI_2\\&=-\frac{1}{EI_2}(67\times7.42+13\,770)\\&=-14\,267/EI_2\end{aligned}$$

将 δ_{11} 和 Δ_{1P} 代入力法方程中，得

$$X_1=-\Delta_{1P}/\delta_{11}=-(-14\,270/EI_2)/(1\,992/EI_2)=7.16\text{ kN}$$

按式 $M=M_P+\bar{M}_1X_1$，得出原结构的弯矩图，如图 12.17（e）所示。

注意：计算 δ_{11} 时，由于横梁 $EA\to\infty$，所以横梁虽然有 $F_N=1$，但其轴向变形 $F_Nl/EA=1\times l/\infty=0$，故只需计算 $X_1=1$ 作用下两边柱顶沿 X_1 方向的位移。

四、超静定桁架的计算

桁架是全部由链杆组成的承重结构，其外力都作用在结点上。因此，桁架各杆内力只有轴力，故力法方程中的系数和自由项的计算只考虑轴力的影响，其计算表达式为

$$\delta_{ii}=\sum\frac{\bar{F}_{Ni}^2l}{EA}$$

$$\delta_{ij} = \sum \frac{\overline{F}_{Ni}\overline{F}_{Nj}l}{EA}$$

$$\Delta_{iP} = \sum \frac{\overline{F}_{Ni}\overline{F}_{NP}l}{EA}$$

原结构中各杆轴力的叠加公式为

$$\overline{F}_{N} = \overline{F}_{N1}X_1 + \overline{F}_{N2}X_2 + \cdots + \overline{F}_{NP}$$

【例 12.5】 试求如图 12.18 所示超静定桁架中各杆的内力。设各杆 l/EA 相同。

【解题分析】 确定超静定次数之后，拆掉多余联系，求出多余未知力和外力 F 引起的轴力，代入公式分段计算在求和，最后将系数和自由项代入力法方程进行计算。

【解】

$$\Delta_1 = \delta_{11}X_1 + \Delta_{1P} = 0$$

$$\delta_{11} = \sum \frac{\overline{F}_{N1}^2 l}{EA} = \frac{l}{EA}(1\times1\times4) + \frac{\sqrt{2}}{EA}l\times(-\sqrt{2})^2\times2 = \frac{4l}{EA}(1+\sqrt{2})$$

$$\Delta_{1P} = \sum \frac{\overline{F}_{N1}F_{NP}l}{EA} = \frac{l}{EA}(1\times F) + \frac{\sqrt{2}l}{EA}[(-\sqrt{2})(-\sqrt{2}F)] = (1+2\sqrt{2})\frac{Fl}{EA}$$

$$X_1 = -\frac{\Delta_1}{\delta_{11}} = -\frac{(1+2\sqrt{2})F}{4+4\sqrt{2}} = -0.396F$$

$$F_N = \overline{F}_{N1}X_1 + F_{NP}$$

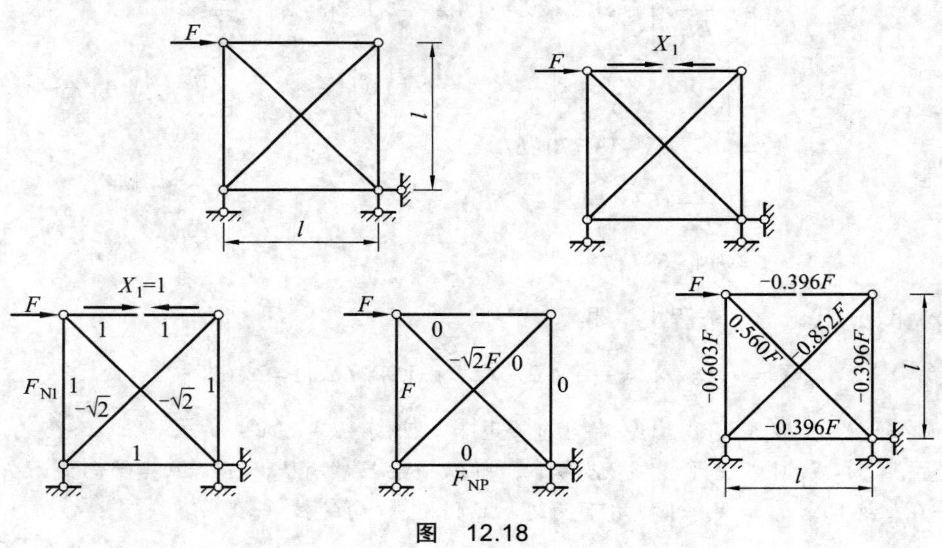

图 12.18

第四节　利用结构对称性简化计算

一、对称性

（1）结构的对称性：对称结构是指几何形状、支座情况、刚度都关于某轴对称，如图 12.19（a）所示。

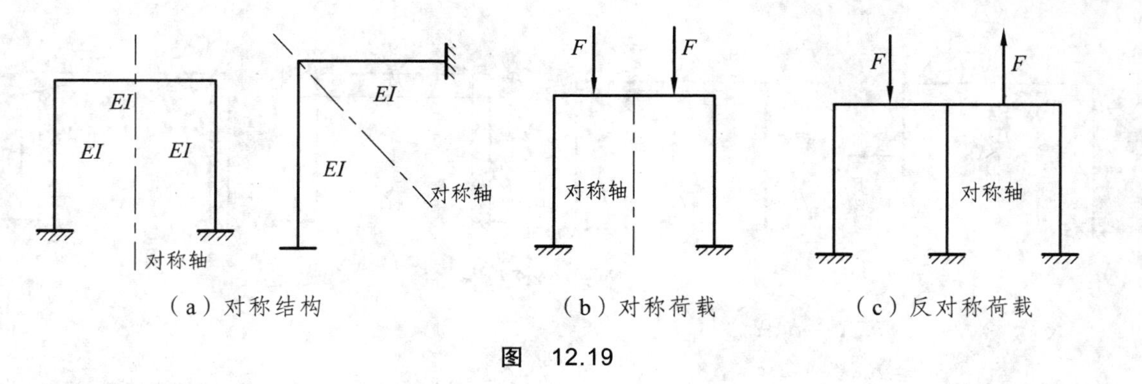

（a）对称结构 （b）对称荷载 （c）反对称荷载

图 12.19

（2）荷载的对称性：

对称荷载——绕对称轴对折后，对称轴两边的荷载等值、作用点重合、同向。在大小相等、作用点对称的前提下，与对称轴垂直反向布置的荷载、与对称轴平行同向布置的荷载、与对称轴重合的集中力是对称荷载，如图 12.19（b）所示。

反对称荷载——绕对称轴对折后，对称轴两边的荷载等值、作用点重合、反向。在大小相等、作用点对称的前提下，与对称轴垂直同向布置的荷载、与对称轴平行反向布置的荷载是反对称荷载，如图 12.19（c）所示。

任何荷载都可以分解成对称荷载和反对称荷载两部分，如图 12.20 所示。

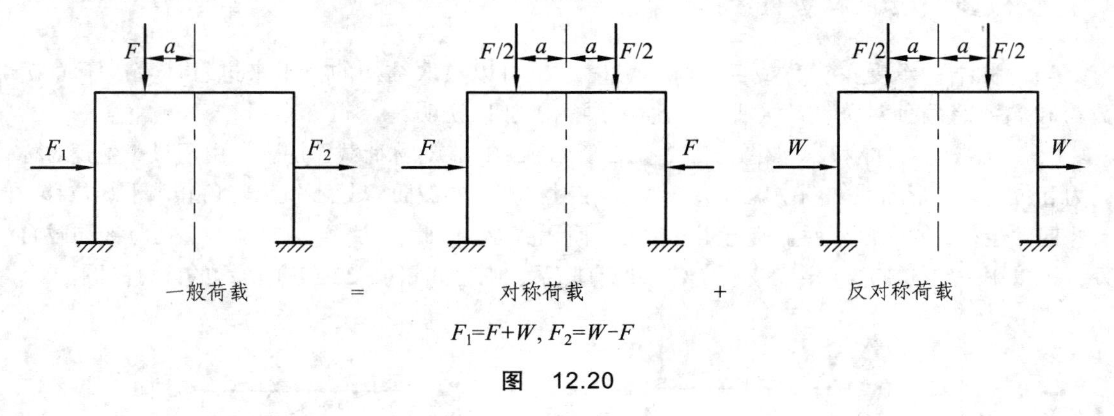

$F_1=F+W,\ F_2=W-F$

图 12.20

二、选取对称的基本结构

不论在何种外因作用下，对称结构应考虑利用对称的基本结构计算。沿对称轴将梁切开，三对多余未知力中，弯矩 X_1 和轴力 X_2 是对称未知力，剪力 X_3 是反对称未知力。对称未知力产生的单位弯矩图和变形图是对称的；反对称未知力产生的单位弯矩图和变形图是反对称的，如图 12.21 所示。

因此，力法方程中的系数：

$$\delta_{13}=\delta_{31}=\sum\int\frac{\bar{M}_1\bar{M}_3}{EI}\mathrm{d}s=0\,,\quad \delta_{23}=\delta_{32}=\sum\int\frac{\bar{M}_2\bar{M}_3}{EI}\mathrm{d}s=0$$

于是，力法方程可简化为

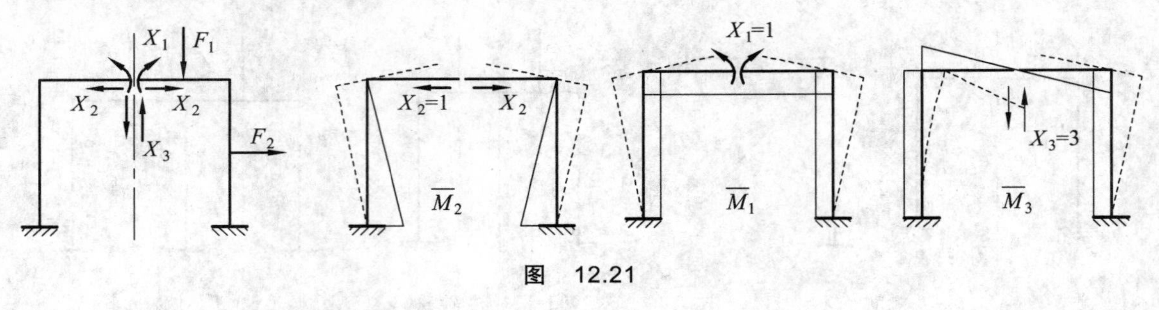

图　12.21

$$\delta_{11}X_1+\delta_{12}X_2+\varDelta_{1P}=0$$
$$\delta_{21}X_1+\delta_{22}X_2+\varDelta_{2P}=0$$
$$\delta_{33}X_3+\varDelta_{3P}=0$$

力法方程分解为独立的两组：一组只包含对称未知力，另一组只包含反对称未知力。

如果荷载对称，M_P 对称，$\varDelta_{3P}=0$，$X_3=0$，对称未知力不为零；如果荷载反对称，M_P 反对称，$\varDelta_{1P}=0$，$\varDelta_{2P}=0$，$X_1=X_2=0$，反对称未知力不为零。

一般地，对称结构在对称荷载作用下，内力、反力和变形及位移都是对称的。对称结构在反对称荷载作用下，内力、反力和变形及位移都是反对称的。

三、选取半边结构进行计算

当对称结构承受正对称或反对称荷载时，也可以只取结构的一半来进行计算。下面就奇数跨和偶数跨两种对称结构（刚架、连续梁等）加以说明：

（1）奇数跨对称刚架。如图 12.22（a）所示刚架，在对称荷载作用下，由于只产生正对称的内力和位移（变形曲线如图中虚线），故可知在对称轴上的截面 C 处不发生转角和水平线位移，但有竖向的位移；同时该截面上有弯矩和轴力，而无剪力。因此，取一半来计算时，在对称轴截面 C 处，可以用一定向支座（滑动支座）代替原有联系，则得如图 12.22（b）所示的计算简图。

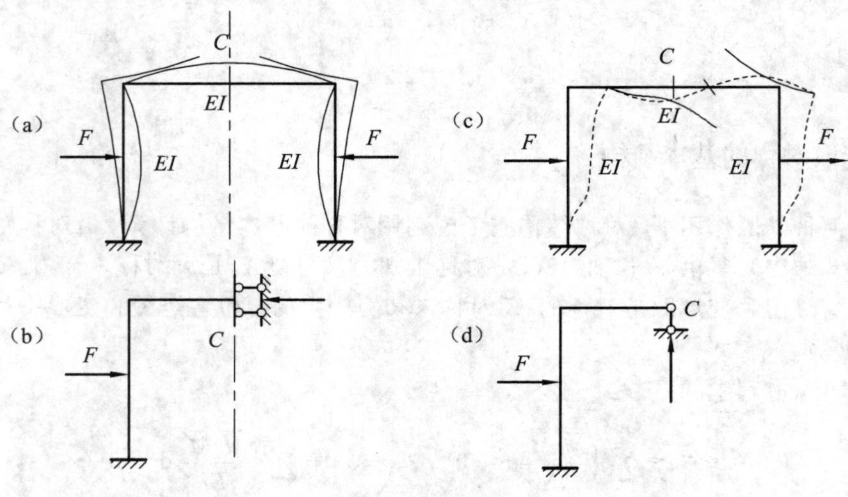

图　12.22

在反对称荷载的作用下，如图 12.22（c）所示，由于只产生反对称的内力和位移，故可知在对称轴上的截面C处无竖向的位移，但有水平的位移和转角，同时该截面上弯矩和轴力均为0，而只有剪力存在，故在对称轴截面C处可用一竖向链杆代替原有联系，则得如图12.22（d）所示的计算简图。

（2）偶数跨对称刚架。如图12.23（a）所示双跨对称刚架，在对称荷载作用下，对称轴上的结点C处将不产生任何的位移（也没有竖向位移，因略去杆件的轴向变形），故在C处横梁杆端有弯矩、剪力和轴力。因此，当取一半结构时，可将C处用固定端支座代替原来约束，其计算简图如图12.23（b）所示。

在反对称荷载作用下，如图12.23（c）所示，可设想刚架中柱是由两根各具$I/2$的竖柱所组成，它们分别在对称轴的两侧与横梁刚性连接，如图12.23（e）所示。显然，这与原结构是等效的。再设想将此两柱中间的横梁切开，由于荷载是反对称的，故该截面上只有剪力F_{SC}存在，如图12.23（f）所示。这对剪力只对中间两根竖柱产生大小相等而性质相反的轴力，并不影响其他杆件的弯矩。由于原来中间柱的内力是这两根柱的内力之和，故叠加后F_{SC}对原结构的内力和变形均无影响，因此可以不考虑F_{SC}的影响而选取如图12.23（d）所示一半刚架的计算简图。

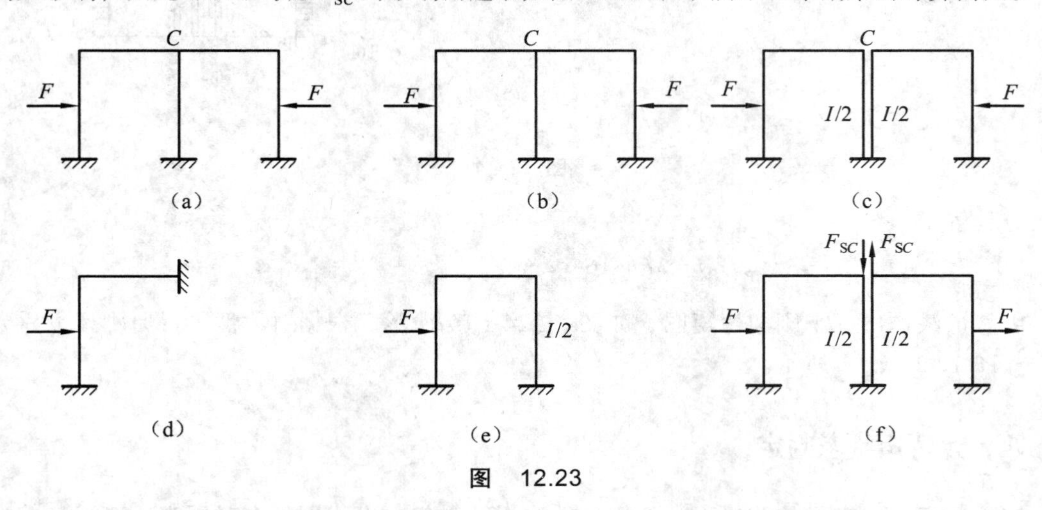

图　12.23

【例12.6】　试用选取半个结构的方法求作图12.24（a）所示刚架的弯矩图。设各杆$EI=$常数。

【解题分析】　这是一个三次超静定刚架，结构及荷载均具有两个共同的对称轴。无论是水平轴x还是竖轴y，均是对称变形，故可选取如图12.24（b）所示的1/4刚架计算简图来分析，显然其仅为一次超静定问题，取基本结构，如图12.24（c）所示。

【解】　多余未知力为弯矩X_1，利用截面A转角为0的变形条件，建立相应的力法典型方程为

$$\delta_{11}X_1+\Delta_{1P}=0$$

分别作出$\bar{M}_1$图和M_P图，如图12.24（d）和（e）所示。由图乘法求得

$$\delta_{11}=\frac{1}{EI}\times\left(1\times\frac{a}{2}\times1\times2\right)=a/EI$$

$$\Delta_{1P}=-\frac{1}{EI}\times\left(\frac{1}{2}\times\frac{Fa}{4}\times\frac{a}{2}\times1+\frac{Fa}{4}\times\frac{a}{2}\times1\right)=-3Fa^2/16EI$$

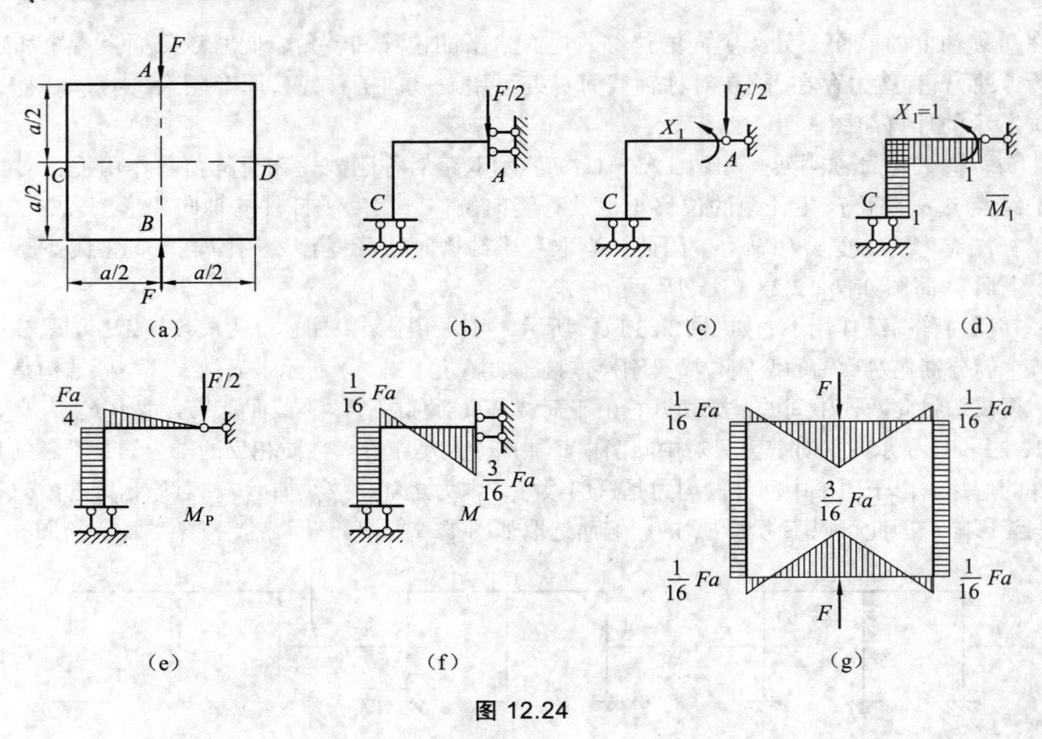

图 12.24

代入方程解得

$$X_1 = -\Delta_{1P} / \delta_{11} = 3Fa/16$$

由叠加法作出 1/4 刚架弯矩图，如图 12.24（f）所示。根据对称性可得原刚架最后弯矩图，如图 12.24（g）所示。

四、无弯矩状态判定

在不考虑轴向变形的前提下，超静定结构在结点集中力作用下有时不产生弯矩、剪力，只产生轴力。常见的无弯矩状态有以下三种：

（1）一对等值反向的集中力沿一直杆轴线作用，只有该杆有轴力，如图 12.25（a）所示。

（2）一集中力沿一柱子轴线作用，只有该柱有轴力，如图 12.25（b）所示。

（3）无结点线位移的结构，受结点集中力作用，只产生轴力，如图 12.25（c）所示。

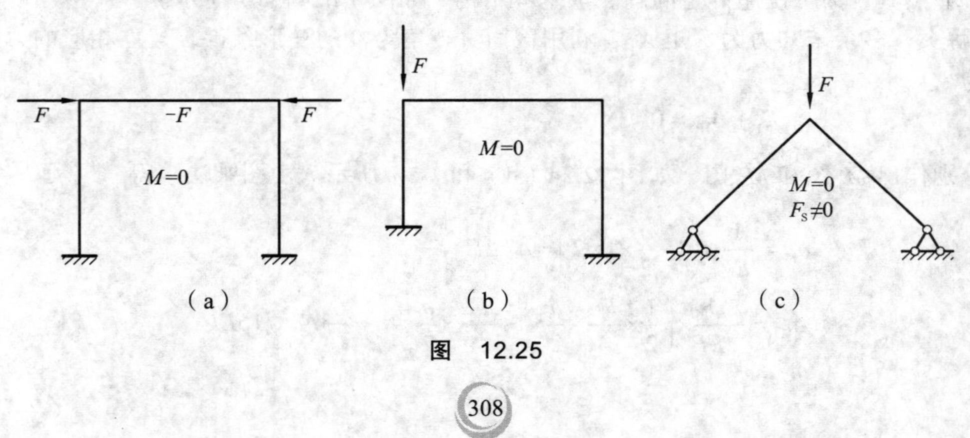

图 12.25

五、对称结构简化计算小结

（1）对称结构在对称（或反对称）荷载作用时的计算要点：

① 选取等代结构。

② 对等代结构进行计算，绘制弯矩图。

③ 利用对称或反对称性作原结构的弯矩图。

（2）对称结构在任意荷载作用时的处理方法：

① 在对称轴上解除多余约束，取对称和反对称未知力直接计算。

② 将荷载分为对称和反对称两组，选等代结构计算，再叠加。遇集中结点力作用的情况，常这样处理。

第五节　超静定结构的位移计算与最后内力图的校核

一、超静定结构的位移计算

用力法计算超静定结构，是根据基本结构在荷载和全部多余未知力共同作用下，其内力和位移与原结构完全一致这个条件来进行的。也就是说，在荷载及多余未知力共同作用下的基本结构与在荷载作用下的原结构是完全等价的，它们之间并不存在任何差别。因此，计算超静定结构的位移，就是求基本结构的位移。具体步骤如下：

（1）用力法求解超静定结构，作出其最后内力图，即得到基本结构的实际状态内力图。

（2）将单位力 $F=1$ 加在基本结构上建立虚拟状态，求出其相应内力或作出其内力图。因为基本结构是静定的，故此时的内力仅由平衡条件便可求得。

（3）对基本结构实际状态和虚拟状态，用虚功原理的位移计算公式或图乘法即可计算出所求位移。

由于超静定结构的最后内力图并不因所选取基本结构的不同而异，所以其实际内力可以看做是选取任一形式的基本结构求得的。因此，在求位移的时候，可以选择较简单的基本结构作为虚拟状态以简化计算。

【例 12.7】　如图 12.26（a）所示的超静定刚架，其最终弯矩图已经求出，如图 12.26（b）所示。设 $EI=$ 常数，试求刚架 D 点的水平位移 Δ_{HD} 和横梁中点 F 的竖向位移 $\Delta_{\mathrm{V}F}$。

【解题分析】　根据题意，求 D 点水平位移 Δ_{HD} 时，可选取如图 12.26（c）所示基本结构，在 D 点加水平单位荷载 $F=1$，得虚拟状态 $\bar{M}_1$ 图。求横梁中点 F 的竖向位移 $\Delta_{\mathrm{V}F}$ 时，为使计算简化，可选取如图 12.26（d）所示基本结构，在 F 点加竖向单位荷载 $F=1$，得虚拟状态的 $\bar{M}_1$ 图，也可选择图 12.26（e）所示基本结构。

【解】　将实际荷载和单位力作用下的弯矩图分别进行图乘。

将图 12.26（b）与图 12.26（c）互乘得

$$\Delta_{\mathrm{HD}}=\frac{1}{2EI}\left[\frac{1}{2}\times 6\times 6\times\left(\frac{2}{3}\times 30.6-\frac{1}{3}\times 23.4\right)\right]=113.4/EI$$

计算结果为正值，表示位移方向与所设单位荷载的方向一致，即水平向左。

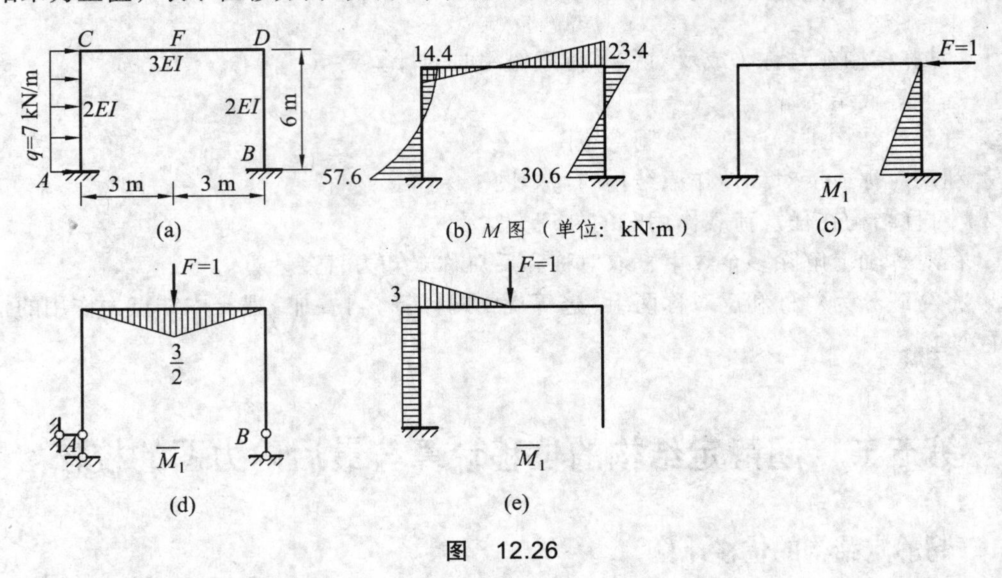

图 12.26

将图 12.26（b）与图 12.26（d）互乘得

$$\Delta_{VF}=\frac{1}{3EI}\left[\frac{1}{2}\times\frac{3}{2}\times6\times(14.4-23.4)\times\frac{1}{2}\right]=-6.75/EI$$

计算结果为负，表示 F 点的位移方向与所设单位荷载方向相反，即竖直向上。

若选用如图 12.26（e）所示基本结构，加单位荷载，作相应的 $\bar{M}_1$ 图，再与图 12.26（b）互乘得

$$\begin{aligned}\Delta_{VF}=&\frac{1}{2EI}\left[\frac{1}{2}\times(57.6-14.4)\times6\times3-\frac{2}{3}\times\frac{1}{8}\times7\times6\times6\times6\times3\right]-\\&\frac{1}{3EI}\times\frac{1}{2}\times3\times3\times\left[\frac{2}{3}\times14.4-\frac{1}{3}\times(23.8-14.4)\times\frac{1}{2}\right]\\=&-6.75/EI\end{aligned}$$

与上述计算结果完全相同。显然，选如图 12.26（e）所示基本结构计算 F 点的竖向位移，比选如图 12.26（d）所示基本结构计算更为麻烦。因此，在计算静定结构的位移时，选取合适的基本结构十分重要。

二、超静定结构最后内力图的校核

最后内力图是结构设计的依据，必须保证其正确性。对内力图的校核一般要包括以下两个方面。

1. 静力平衡条件的校核

所谓静力平衡条件的校核，就是看所求得的各种内力是否能够使结构的任何一个部分都满足静力平衡条件。校核的方法与静定结构相同，即切取结构的一个部分为脱离体，把作用

于该部分的荷载以及各切口处的内力（从 M 、F_S 、F_N 图可以得到这些值）都看成是作用于脱离体上的已知外力，然后计算它们是否满足静力平衡条件来进行校核。对于刚架，一般是切取它的刚结点为脱离体。

2. 位移条件校核

对于超静定结构，只进行静力平衡条件的校核是不够的。因为仅仅满足超静定结构的静力平衡条件的解答可以有无限多个。换句话说，错误的结果也可能会满足静力平衡条件。因此，除了进行平衡条件校核以外，还必须进一步进行位移条件的校核，即校核原超静定结构在各多余未知力方向的位移是否与实际情况相符合。校核时可以用上一节中所介绍的计算超静定结构位移的方法，取任一最简单基本结构来计算。

例如，如图 12.27（a）所示刚架，已知其弯矩图、剪力图和轴力图，分别如图 12.27（b）、（c）、（d）所示。要校核该刚架的内力图，先作静力平衡条件的校核，一般取刚架的各个刚结点为脱离体。

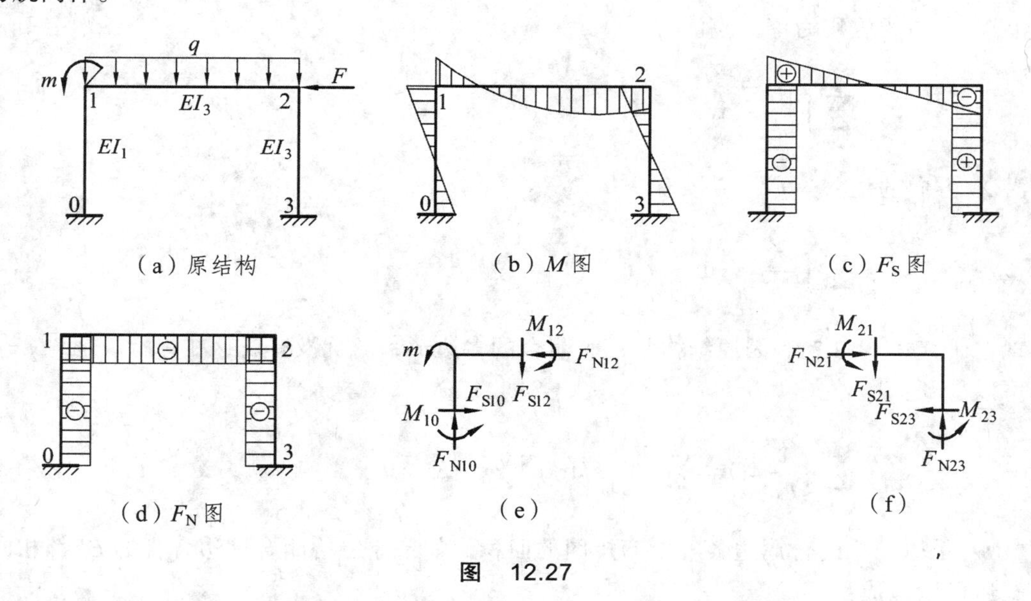

图　12.27

在此取结点 1 为脱离体，如图 12.27（e）所示，则应有

$$\sum F_x = F_{S10} - F_{N12} = 0$$

$$\sum F_y = F_{N10} - F_{S12} = 0$$

$$\sum M = M_{10} - M_{12} + M = 0$$

否则，计算结果就不正确。用同样的方法可以对结点 2 进行校核。

然后进行位移条件的校核。取如图 12.28（a）所示基本结构，并且只考虑弯矩一项对位移的影响。为此作出各单位弯矩图，分别如图 12.28（b）、（c）、（d）所示，以它们作为虚拟状态来研究位移条件，则

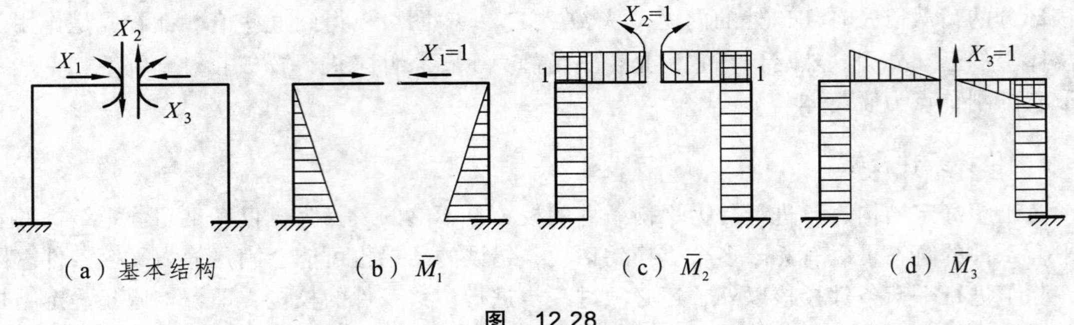

（a）基本结构　（b）$\bar{M}_1$　（c）$\bar{M}_2$　（d）$\bar{M}_3$

图 12.28

沿 X_1 方向的位移为零，应该有

$$\sum\int\frac{\bar{M}_1 M}{EI}\mathrm{d}x=0 \tag{12.6}$$

沿 X_2 方向的位移为零，应该有

$$\sum\int\frac{\bar{M}_2 M}{EI}\mathrm{d}x=0 \tag{12.7}$$

沿 X_3 方向的位移为零，应该有

$$\sum\int\frac{\bar{M}_3 M}{EI}\times\mathrm{d}x=0 \tag{12.8}$$

现在研究式（12.7），因原结构是一个闭合的多边形，而且没有铰存在，所以把 $\bar{M}_2=1$ 代入，可以得到：

$$\sum\int\frac{1}{EI}M\mathrm{d}x=\sum\frac{1}{EI}\int M\mathrm{d}x=\sum\omega_M/EI=0$$

式中，ω_M 是原结构闭合周边各杆上弯矩图的面积。如果原结构闭合周边各杆的 EI 都相同，则上式还可以写成：

$$\sum\omega_M=0$$

上面的论证，对于任何没有铰的闭合多边形结构也是适用的。因此，我们可以得到结论：任何一个没有铰的闭合多边形结构，如果将它在这个闭合部分的各杆的弯矩图面积除以本杆的 EI，其代数和应该等于零；如果各杆的 EI 也都相等，则此部分各杆弯矩图面积的代数和应该等于零。

小　结

掌握力法的基本原理，主要应了解力法的基本思路、力法的基本未知量、力法的基本结构和力法方程。在力法中，把多余未知力的计算作为突破口，求出了多余未知力，将超静定问题就转化为静定问题。

计算多余未知力的方法是：首先把多余约束拆除，析出多余未知力；然后使用位移协调条件，以解出多余未知力。前者是取基本结构；后者是列力法方程。

为了使力法计算简化，要选取恰当的力法基本结构。对于对称结构，要利用其对称性来简化力法计算。

计算超静定位移时，单位力可以加在任意基本体系上。

此外，我们不仅要掌握力法的计算方法，还要了解超静定结构的特性，以便在设计中利用它的优点，消除它的缺点。

第十三章　位移法

力法计算超静定结构是以多余未知力为基本未知量，当结构的超静定次数较高时，用力法计算比较麻烦。而位移法则是以独立的结点位移为基本未知量，未知量个数与超静定次数无关，故一些高次超静定结构用位移法计算比较简便。本章主要介绍采用位移法计算时的方法和步骤。

第一节　位移法的基本概念

如图 13.1（a）所示等截面连续梁，在均布荷载作用下产生如图中虚线所示的变形。其中杆 AB 和杆 BC 在 B 点处刚性连接，在 B 端两杆发生了共同的转角位移 θ_B。该连续梁的受力及变形的实际情况如图 13.1（b）所示，即杆 AB 相当于两端固定梁在 B 端发生转角位移 θ_B；杆 BC 相当于 B 端固定、C 端铰支的梁，在梁上受均布荷载作用，并在 B 端发生转角位移 θ_B。因此，如把结点 B 的转角 θ_B 作为支座移动的外因看待，则上述连续梁可转化为两个单跨超静定梁来计算。只要知道转角 θ_B 的大小，则可由力法计算出这两个单跨超静定梁的全部反力、内力。下面就研究如何计算转角 θ_B。

为了将图 13.1（a）转化为图 13.1（b）进行计算，我们假设在连续梁结点 B 处加入一附加刚臂［见图 13.1（c）］，附加刚臂的作用是约束 B 点的转动，而不能约束移动。由于结点处无线位移，所以加入此附加刚臂后，B 点任何位移都不能产生了，即相当于固定端。于是原结构变成了 AB 和 BC 两个单跨超静定梁组成的组合体，我们称该组合体为原结构按位移法计算的基本结构。在基本结构上施荷载作用，并使 B 点附加刚臂转过与实际变形相同的转角 $Z_1=\theta_B$，使基本结构的受力和变形与原结构取得一致［见图 13.1（c）］。

为了方便计算，把基本结构上的外界因素分为两种情况：一种情况是荷载的作用［见图 13.1（d）］；另一种情况是 B 点转角的影响［见图 13.1（e）］。分别单独计算以上各因素的作用，然后由叠加原理将计算结果叠加。在图 13.1（d）中，只有荷载 q 的作用，无转角 Z_1 的影响，AB 梁上无荷载也无内力，BC 梁相当于 B 端固定、C 端铰支，梁上受均布荷载 q 作用，其弯矩图可由力法计算出，如图 13.1（d）所示，在附加刚臂上产生的约束力矩为 R_{1P}。在图 13.1（e）中，只有 Z_1 的影响，AB 梁相当于两端固定梁，在 B 端产生一转角 Z_1 的支座移动，BC 梁相当于 B 端固定、C 端铰支，在 B 端产生一转角 Z_1 的支座移动，它们的弯矩图同样可由力法求出，如图 13.1（e）所示，在附加约束上产生的约束力矩 R_{11}。在基本结构上由荷载及转角两种因素引起的约束力矩由叠加原理可得为 $R_{1P}+R_{11}$。由于基本结构的受力和变形与原结构相同，在原结构上没有约束刚臂，所以基本结构附加刚臂上的约束力矩应为零，即

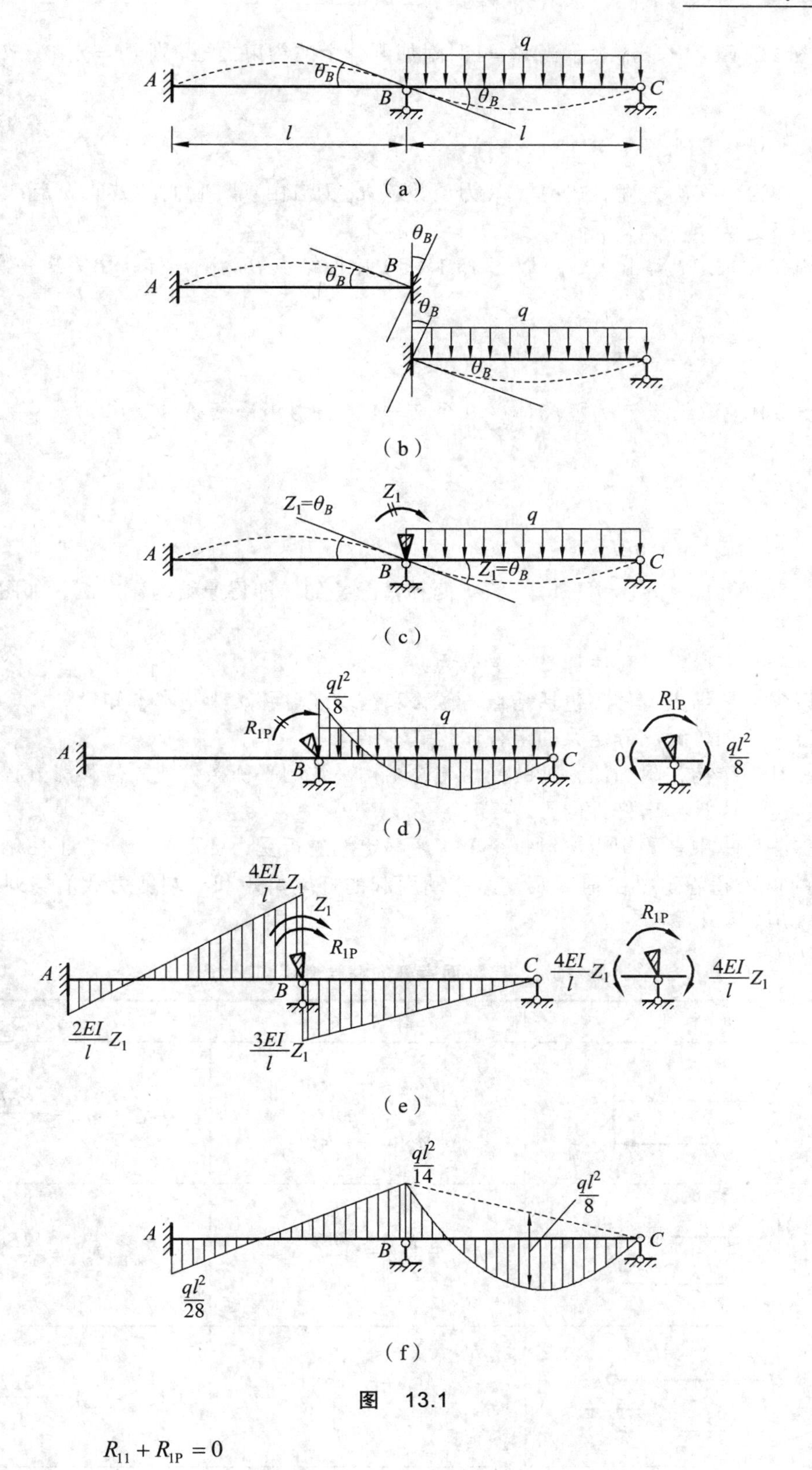

图　13.1

$$R_{11}+R_{1P}=0 \tag{13.1}$$

如在图 13.1（e）中令 r_{11} 表示当 $Z_1=1$ 时附加刚臂上的约束力矩，则 $R_{11}=r_{11}Z_1$，故式（13.1）改写为

$$r_{11}Z_1+R_{1P}=0 \tag{13.2}$$

式（13.2）称为位移法方程。式中，r_{11} 为系数；R_{1P} 为自由项。它们的方向规定：与 Z_1 方向相同为正，反之为负。

为了由式（13.2）解出 Z_1，可以图 13.1（d）中取结点 B 为隔离体，由力矩平衡条件得

$$R_{1P}=-\frac{ql^2}{8}$$

以图 13.1（e）中取结点 B 为隔离体，并令 $Z_i=1$，由力矩平衡条件得出 $r_{11}=\frac{7EI}{l}$。代入式（13.2），得

$$Z_1=\frac{ql^3}{56EI}$$

求出 Z_1 后，将图 13.1（d）和图 13.1（e）两种情况叠加，即得原结构弯矩图，如图 13.1（f）所示。

由以上分析，归纳位移法计算的要点为：

（1）以独立的结点位移（包括结点角位移和结点线位移）为基本本知量。

（2）以一系列单跨超静定梁的组合体为基本结构。

（3）由基本结构在附加约束处的受力与原结构一致的平衡条件建立位移法方程。先求出结点位移，进一步计算出杆件内力。

在位移法计算中，要用力法对每个单跨超静定梁进行受力变形分析。为了使用方便，对各种约束的单跨超静定梁由荷载及支座移动引起的杆端弯矩和杆端剪力数值均列于表 13.1 中，以备查用。

表 13.1 等截面直杆的杆端弯矩和剪力

编号	简图	杆端弯矩	杆端剪力
1	A θ=1 B l	$M_{AB}=\frac{4EI}{l}=4i$ $M_{BA}=\frac{2EI}{l}=2i$	$F_{SAB}=F_{SBA}=-\frac{6EI}{l^2}=-\frac{6i}{l}$
2	A B 1 l B′	$M_{AB}=M_{BA}=-\frac{6EI}{l^2}=-\frac{6i}{l}$	$F_{SAB}=F_{SBA}=\frac{12EI}{l^3}=\frac{12i}{l^2}$
3	A θ=1 B l	$M_{AB}=\frac{3EI}{l}=3i$ $M_{BA}=0$	$F_{SAB}=F_{SBA}=-\frac{3EI}{l^3}=-\frac{3i}{l}$

续表

编号	简　图	杆端弯矩	杆端剪力
4	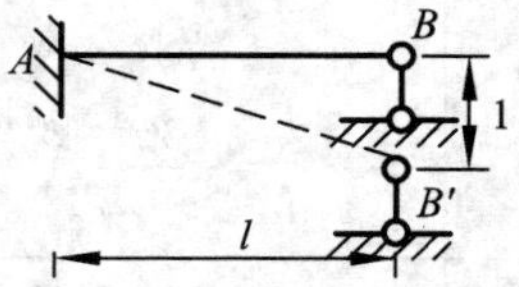 A, B, 1, B′, l	$M_{AB}=-\frac{3EI}{l^2}=-\frac{3i}{l}$ $M_{BA}=0$	$F_{SAB}=F_{SBA}=\frac{3EI}{l^3}=\frac{3i}{l^2}$
5	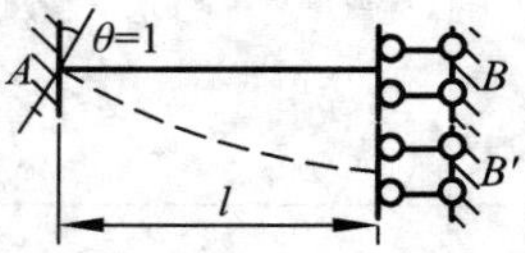 $\theta=1$, A, B, B′, l	$M_{AB}=i$ $M_{BA}=-i$	$F_{SAB}=F_{SBA}=0$
6	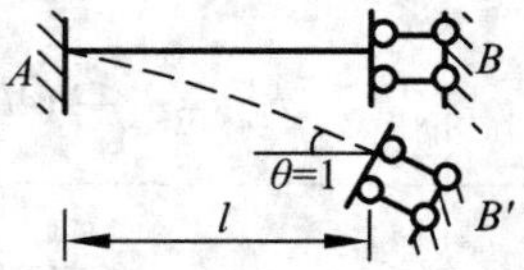 A, B, $\theta=1$, B′, l	$M_{AB}=-\frac{EI}{l}=-i$ $M_{BA}=\frac{EI}{l}=i$	$F_{SAB}=F_{SBA}=0$
7	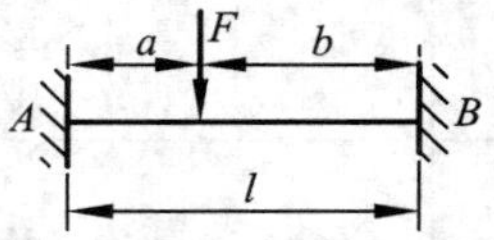 a, F, b, A, B, l	$M_{AB}^{F}=-\frac{Fab^2}{l^2}$ $M_{BA}^{F}=\frac{Fa^2b}{l^2}$	$F_{SAB}^{F}=\frac{Fb^2(l+2a)}{l^3}$ $F_{SBA}^{F}=-\frac{Fa^2(l+2b)}{l^3}$
8	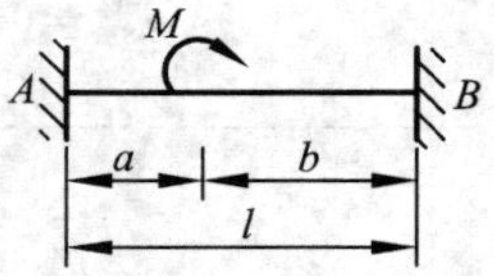 M, A, B, a, b, l	$M_{AB}^{F}=\frac{b(3a-l)}{l^2}M$ $M_{BA}^{F}=\frac{a(3b-l)}{l^2}M$	$F_{SAB}^{F}=F_{SBA}^{F}=-\frac{6ab}{l^3}M$
9	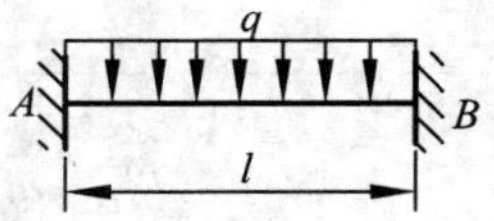 q, A, B, l	$M_{AB}^{F}=-\frac{ql^2}{12}$ $M_{BA}^{F}=\frac{ql^2}{12}$	$F_{SAB}^{F}=\frac{ql}{2}$ $F_{SBA}^{F}=-\frac{ql}{2}$
10	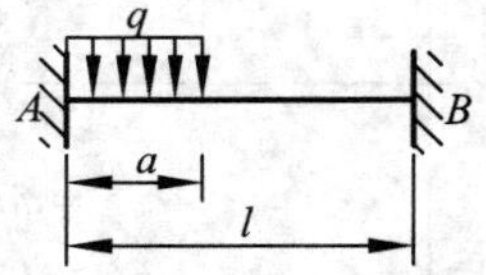 q, A, B, a, l	$M_{AB}^{F}=-\frac{qa^2}{12l^2}(6l^2-8la+3a^2)$ $M_{BA}^{2}=\frac{qa^3}{12l^2}(4l-3a)$	$F_{SAB}^{F}=\frac{qa}{2l^3}(2l^3-2la^2+a^3)$ $F_{SBA}^{F}=-\frac{qa^3}{2l^3}(2l-a)$
11	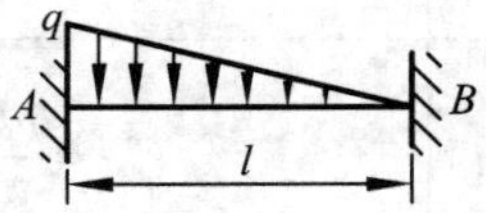 q, A, B, l	$M_{AB}^{F}=-\frac{ql^2}{20}$ $M_{BA}^{F}=\frac{ql^2}{30}$	$F_{SAB}^{F}=\frac{7}{20}ql$ $F_{SBA}^{F}=-\frac{3}{20}ql$
12	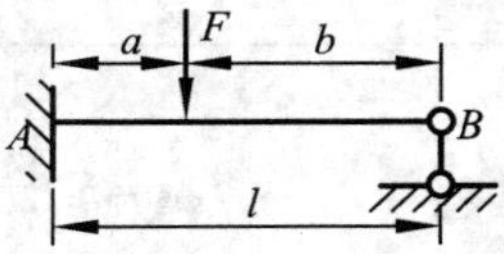 a, F, b, A, B, l	$M_{AB}^{F}=-\frac{Fab(l+b)}{2l^2}$ $M_{BA}^{F}=0$	$F_{SAB}^{F}=\frac{Fb(3l^2-b^2)}{2l^3}$ $F_{SBA}^{F}=-\frac{Fa^2(2l+b)}{2l^3}$

续表

编号	简图	杆端弯矩	杆端剪力
13	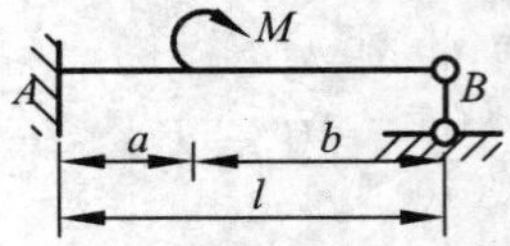	$M_{AB}^{F}=\frac{l^2-3b^2}{2l^2}M$ $M_{BA}^{F}=0$	$F_{SAB}^{F}=F_{SBA}^{F}$ $=-\frac{3(l^2-b^2)}{2l^3}M$
14	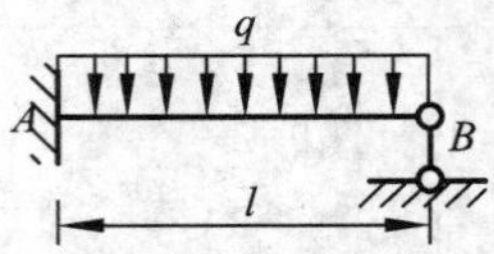	$M_{AB}^{F}=-\frac{ql^2}{8}$ $M_{BA}^{F}=0$	$F_{SAB}^{F}=\frac{5}{8}ql$ $F_{SBA}^{F}=-\frac{3}{8}ql$
15	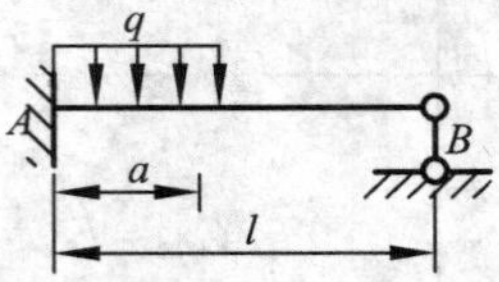	$M_{AB}^{F}=-\frac{qa^2}{8l^2}(4l^2-4al+a^2)$ $M_{BA}^{F}=0$	$F_{SAB}^{F}=\frac{qa}{8l^3}(8l^3-4a^2l+a^3)$ $F_{SBA}^{F}=-\frac{qa^3}{8l^3}(4l-a)$
16	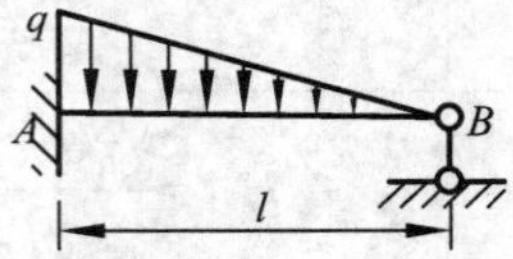	$M_{AB}^{F}=-\frac{1}{15}ql^2$ $M_{BA}^{F}=0$	$F_{SAB}^{F}=\frac{4}{10}ql$ $F_{SBA}^{F}=-\frac{ql}{10}$
17	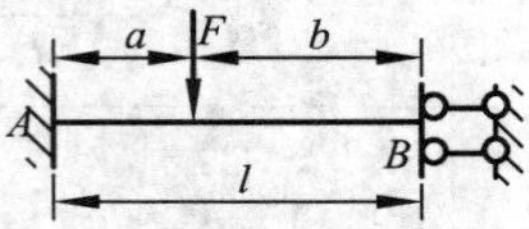	$M_{AB}^{F}=-\frac{Fa(l+b)}{2l}$ $M_{BA}^{F}=-\frac{Fa^2}{2l}$	$F_{SAB}^{F}=F$ $F_{SBA}^{F}=0$
18	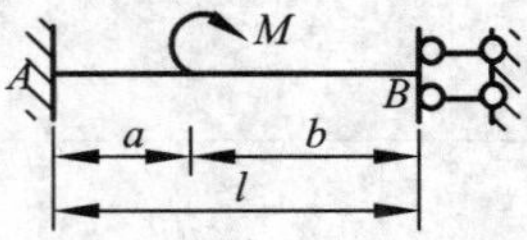	$M_{AB}^{F}=-\frac{Mb}{l}$ $M_{BA}^{F}=-\frac{Ma}{l}$	$F_{SAB}^{F}=F_{SBA}^{F}=0$
19	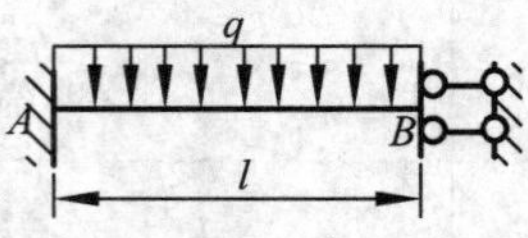	$M_{AB}^{F}=-\frac{ql^2}{3}$ $M_{BA}^{F}=-\frac{ql^2}{6}$	$F_{SAB}^{F}=ql$ $F_{SBA}^{F}=0$
20	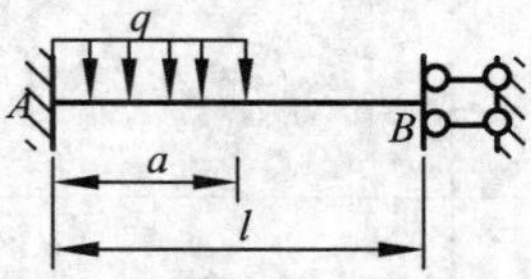	$M_{AB}^{F}=-\frac{qa^2}{6l}(3l-a)$ $M_{BA}^{F}=-\frac{qa^3}{6l}$	$F_{SAB}^{F}=qa$ $F_{SBA}^{F}=0$
21	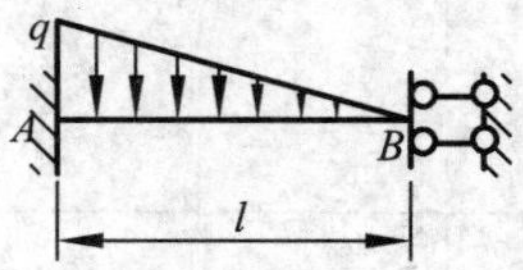	$M_{AB}^{F}=-\frac{ql^2}{8}$ $M_{BA}^{F}=-\frac{ql^2}{24}$	$F_{SAB}^{F}=\frac{ql}{2}$ $F_{SBA}^{F}=0$
22	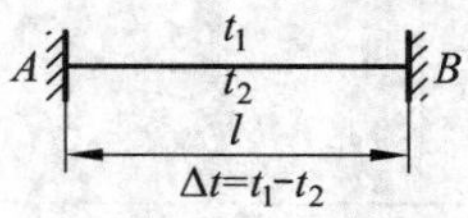 t_1, t_2, l, $\Delta t=t_1-t_2$	$M_{AB}=-\frac{EI\alpha\Delta t}{h}$ $M_{BA}=\frac{EI\alpha\Delta t}{h}$	$F_{SAB}=F_{SBA}=0$

续表

编号	简　　图	杆端弯矩	杆端剪力
23	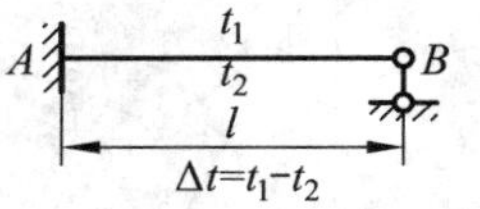 A t_1 t_2 B l $\Delta t=t_1-t_2$	$M_{AB}=-\dfrac{3EI\alpha\Delta t}{2h}$ $M_{BA}=0$	$F_{SAB}=F_{SBA}=\dfrac{3EI\alpha\Delta t}{2hl}$
24	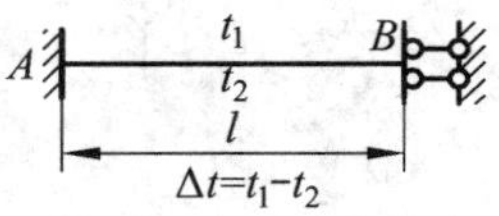 A t_1 t_2 B l $\Delta t=t_1-t_2$	$M_{AB}=-\dfrac{EI\alpha\Delta t}{h}$ $M_{BA}=\dfrac{EI\alpha\Delta t}{h}$	$F_{SAB}=F_{SBA}=0$

在表 13.1 中，$i=EI/l$，称为杆件的线刚度；杆端弯矩的正、负号规定为：对杆端而言，弯矩以顺时针转向为正（对支座或结点而言，则以逆时针转向为正），反之为负，如图 13.2 所示。

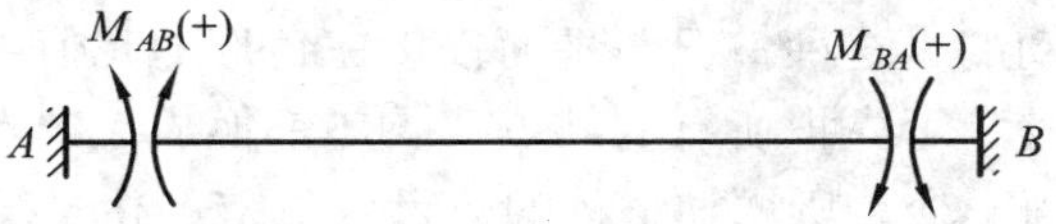

$M_{AB}(+)$　$M_{BA}(+)$　A　B

图　13.2

第二节　位移法基本未知量与基本结构

一、位移法计算的基本未知量

用位移法解题时，通常取刚结点的角位移（铰结点的角位移可由杆件另一端的位移求出，所以不作为基本未知量）和独立的结点线位移作为基本未知量。在结构中，一般情况下刚结点的角位移数目和刚结点的数目相同，但结构独立的结点线位移的数目则需要分析判断后才能确定。下面举例说明如何确定位移法的基本未知量。

如图 13.3 所示刚架，有一个刚结点和一个铰结点，现在两个结点都发生了线位移，但在忽略杆件的轴向变形时，这两个线位移相等，即独立的结点线位移只有一个。因此，用位移法求解时的基本未知量是一个角位移 θ_C 和一个线位移 Δ，共 2 个。

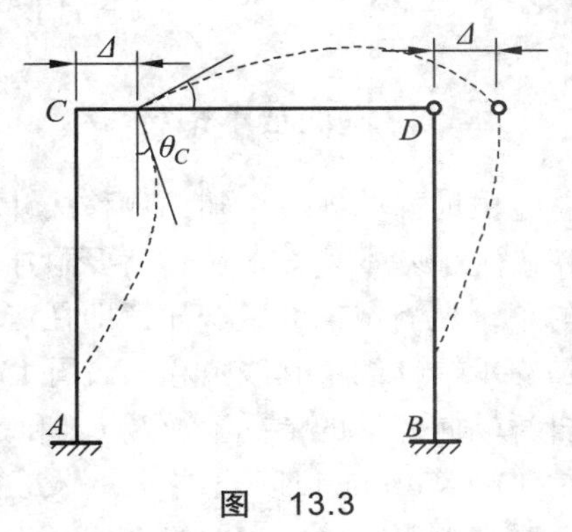

图　13.3

如图 13.4（a）所示刚架有 4 个刚结点和 2 个铰结点，在忽略轴向变形时，用位移法求解时的基本未知量是 4 个角位移和 2 个线位移，共 6 个。如图 13.4（b）所示刚架有 2 个结点，但结点 1 为组合结点，它包含了 2 个刚性结合，故结点 1 有 2 个独立的角位移，各结点都没有线位移，因此整个结构基本未知量的数目为 3。由此可见，可以认为位移法中结构基本未知量的数目为所有刚性结点的数目与独立的结点线位移的数目的总和。

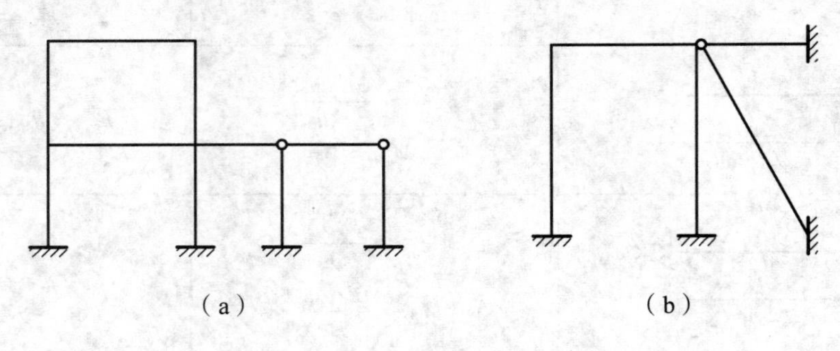

（a）　　（b）

图　13.4

当结构结点独立的线位移的数目由直观的方法判断不出时，可用“铰化结点，增加链杆”的方法判断。由于忽略杆件的轴向变形，即认为杆件两端之间的距离在变形后仍保持不变，所以在结构中，由两个已知不动的结点（或支座）引出两根不在一直线上的杆件形成的结点是不能发生移动的，这种情况与平面铰接三角形的几何组成相似。因此，为了确定结构独立的结点线位移，可先把所有的结点和支座都换成铰结点和铰支座，然后增加最少的链杆使结构变为几何不变，所增加链杆的数目就是结点独立线位移的数目。如图 13.5（a）所示结构，铰化结点后增加一根链杆可变为几何不变结构［见图 13.5（b）］，所以结点独立线位移的数目为 1，整个结构基本未知量的数目为 3。此外需要指出，当要考虑一杆件的轴向变形时，结点的独立线位移数目要根据具体情况来判断。如图 13.6 所示刚架，当要考虑杆 CD 的轴向变形时，点 C 和点 D 的水平位移一般不相等，因此结构的独立结点线位移数目为 3。

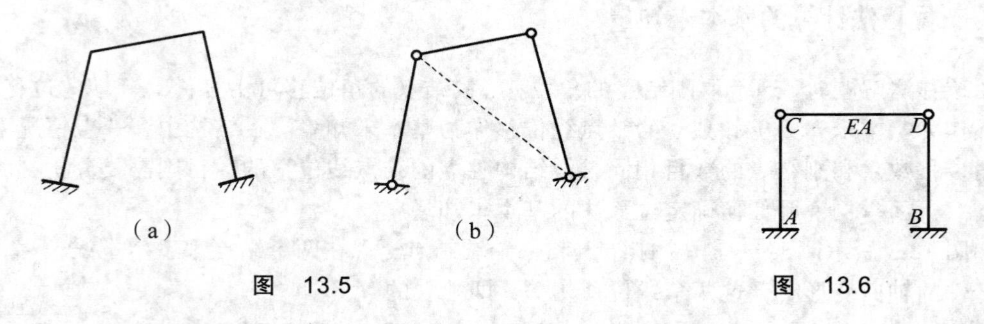

（a）　　（b）

图　13.5　　图　13.6

二、位移法基本结构

由前面的内容可知，位移法计算是以一系列单跨超静定梁的组合体为基本结构。因此，在确定了基本未知量后，就要附加约束限制所有结点位移，把原结构转化为一系列相互独立的单跨超静定梁的组合体，即在产生转角位移处附加刚臂约束转动，在产生结点线位移处附加支承链杆约束其线位移。如图 13.7（a）所示刚架有两个刚结点 A 点和 B 点，在忽略各杆件自身轴向变形的情况下，结点 A 和 B 都没有线位移，所以只要在结点 A 和 B 附加两个刚臂［见图 13.7（b）］，以阻止结点 A 及 B 的转动，这样就使得原结构变成无结点线位移及角位移的一系列单跨超静定梁的组合体。为了使组合体的受力、变形和原结构取得一致，我们还要把荷载作用在其上，并分别令 A、B 两处的附加刚臂产生与原结构相等的转角 Z_1、Z_2，这样得到的体系称为位移法计算的基本结构，如图 13.7（b）所示。

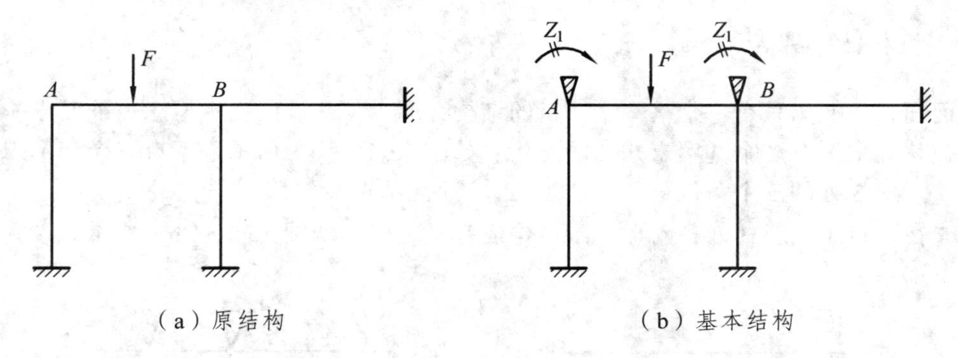

（a）原结构　　　（b）基本结构

图　13.7

如图 13.8（a）所示刚架有一个刚结点 A 点和一个铰结点 B，在 2 根竖杆弯曲变形的影响下，结点 A 和 B 将发生相同的水平位移，在刚结点 A 处附加刚臂，在结点 A 处或 B 处附加一水平链杆，以阻止结点 A、B 的水平位移。其基本结构如图 13.8（b）所示。

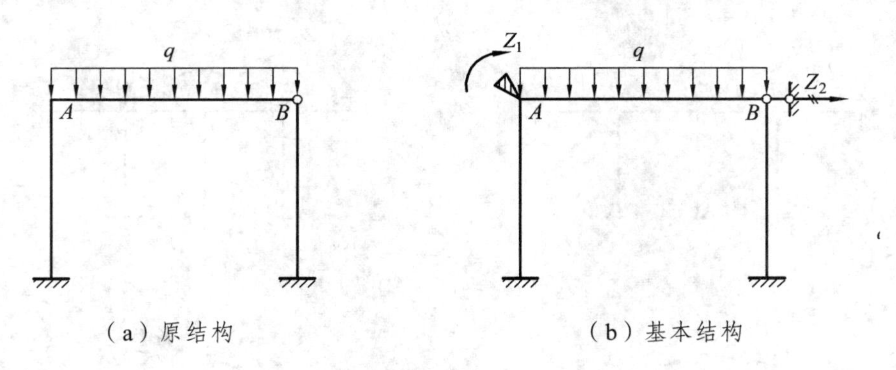

（a）原结构　　　（b）基本结构

图　13.8

如图 13.9（a）所示刚架有 4 个刚结点 A、B、D、C 和一个铰结点 C，在 4 根竖杆弯曲变形的影响下，5 个结点将产生相同的水平位移。此外，在水平杆件 BC 和 CD 的弯曲变形影响下，结点 C 将产生竖向位移。因此，要形成基本结构，需要在刚结点 A、B、D、E 处附加刚臂；再在结点 E 处附加一水平链杆，以阻止各结点的水平位移；在结点 C 处附加一竖向链杆，以阻止该结点的竖向位移。其基本结构如图 13.9（b）所示。

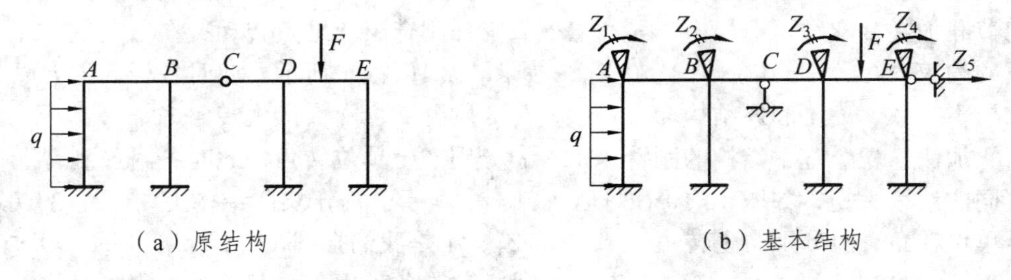

（a）原结构　　　（b）基本结构

图　13.9

第三节　位移法的典型方程与计算步骤

一、位移法的典型方程

在前面，我们以只有一个基本未知量的结构介绍了位移法的基本概念，下面进一步讨论如何用位移法求解有多个基本未知量的结构。如图 13.10（a）所示刚架有三个基本未知量，即结点 1、2、3 处的三个角位移 Z_1、Z_2、Z_3，而无结点线位移。

首先在结点 1、2、3 处各附加一刚臂构成基本结构，如图 13.10（b）所示。

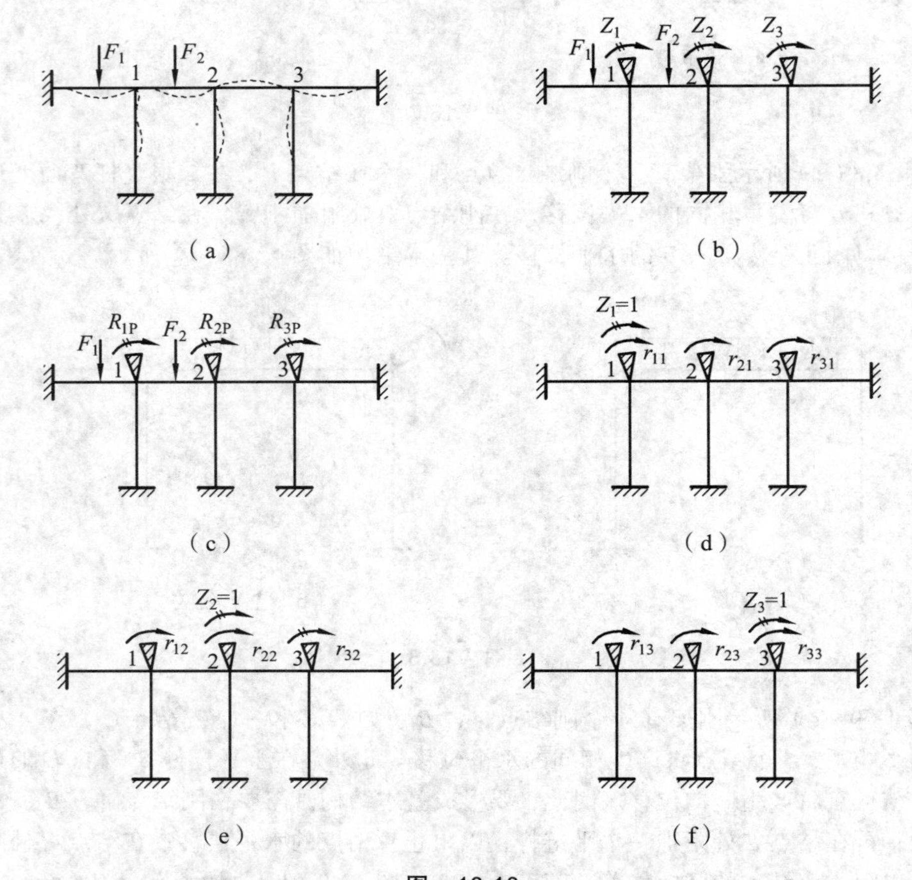

图　13.10

把荷载加在基本结构上，由于各结点处有附加刚臂阻止结点转动，在结点 1、2、3 处刚臂产生的约束力矩分别为 R_{1P}、R_{2P}、R_{3P}，如图 13.10（c）所示。此时各杆的内力以及变形和原结构不一致，为了和原结构取得一致，可令刚臂 1、2、3 产生转角 Z_1、Z_2、Z_3。

由叠加法，先令基本结构的刚臂 1、2、3 分别产生单位转角，此时各附加刚臂上将分别产生不同的约束力矩，如图 13.10（d）、（e）、（f）所示。由于实际结构上 1、2、3 点处产生的不是单位转角，而分别产生转角 Z_1、Z_2、Z_3，于是我们把图 13.10（d）、（e）、（f）分别扩大 Z_1、Z_2、Z_3 倍，即分别乘以 Z_1、Z_2、Z_3。把以上各种因素引起的附加刚臂上的约束力矩叠加后应与原结构一致，即把图 13.10（c）、（d）、（e）、（f）中各附加刚臂上的约束力矩对应叠加应等于 0，可列出三个位移法方程为

$$\left.\begin{aligned} r_{11}Z_1+r_{12}Z_2+r_{13}Z_3+R_{1P}=0 \\ r_{21}Z_1+r_{22}Z_2+r_{23}Z_3+R_{2P}=0 \\ r_{31}Z_1+r_{32}Z_2+r_{33}Z_3+R_{3P}=0 \end{aligned}\right\} \tag{13.3}$$

其中，系数和自由项可由结点隔离体的平衡条件求解，求得各系数及自由项后，代入位移法方程中，即可解出各结点角位移 Z_1、Z_2、Z_3 之值，最后可按式（13.4）叠加绘出最后弯矩图。

$$M=\bar{M}_1Z_1+\bar{M}_2Z_2+\bar{M}_3Z_3+M_P \tag{13.4}$$

式中，$\bar{M}_1$、$\bar{M}_2$、$\bar{M}_3$ 和 M_P 分别为 $Z_1=1$、$Z_2=1$、$Z_3=1$ 和荷载单独作用于基本结构上时的弯矩。

对于具有 n 个基本未知量的结构，则附加约束（附加刚臂或附加链杆）也有 n 个。由 n 个附加约束上的受力与原结构一致的平衡条件，可建立 n 个位移法方程为

$$\left.\begin{aligned} r_{11}Z_1+r_{12}Z_2+r_{1n}Z_3+R_{1P}=0 \\ r_{21}Z_1+r_{22}Z_2+r_{2n}Z_3+R_{2P}=0 \\ r_{n1}Z_1+r_{n2}Z_2+r_{nn}Z_3+R_{nP}=0 \end{aligned}\right\} \tag{13.5}$$

式（13.5）称为位移法的典型方程。式中，$r_{ii}>0$ 称为主系数，其物理意义为基本结构上 $Z_i=1$ 时，附加约束 i 上的反力，主系数恒为正值；r_{ij} 称为副系数，其物理意义为基本结构上 $Z_i=1$ 时，附加约束 i 上的反力，副系数可为正、负或零，并且由反力互等定理有 $r_{ij}=r_{ji}$；R_{iP} 为自由项，其物理意义为荷载作用于基本结构上时，附加约束 i 上的反力，其值可为正、负或零。

二、位移法计算步骤

根据前面所述，用位移法解超静定结构，解题步骤可归纳如下：

（1）确定基本未知量，形成基本结构；

（2）建立位移法方程；

（3）绘出基本结构上的单位弯矩图与荷载弯矩图，利用平衡条件求系数和自由项；

（4）解方程求出基本未知量；

（5）由 $M=\sum\bar{M}_iZ_i+M_P$ 叠加绘出最后弯矩图，进而绘出剪力图和轴力图；

（6）校核。

第四节　位移法应用举例

一、无结点线位移结构的计算

当刚架结点上只有角位移、无线位移时，称为无侧移刚架。用位移法求解无侧移刚架最为方便。

【例 13.1】 作如图 13.11（a）连续梁的 M 图，$EI=$ 常数。

【解题分析】 根据题意，首先将结构转换为基本结构，再根据杆件特征和结点的弯矩平衡，列出位移法方程，求出基本未知量，绘制出 $\overline{Z_1}=1$ 和荷载作用下的弯矩图，再叠加得到结构的弯矩图。

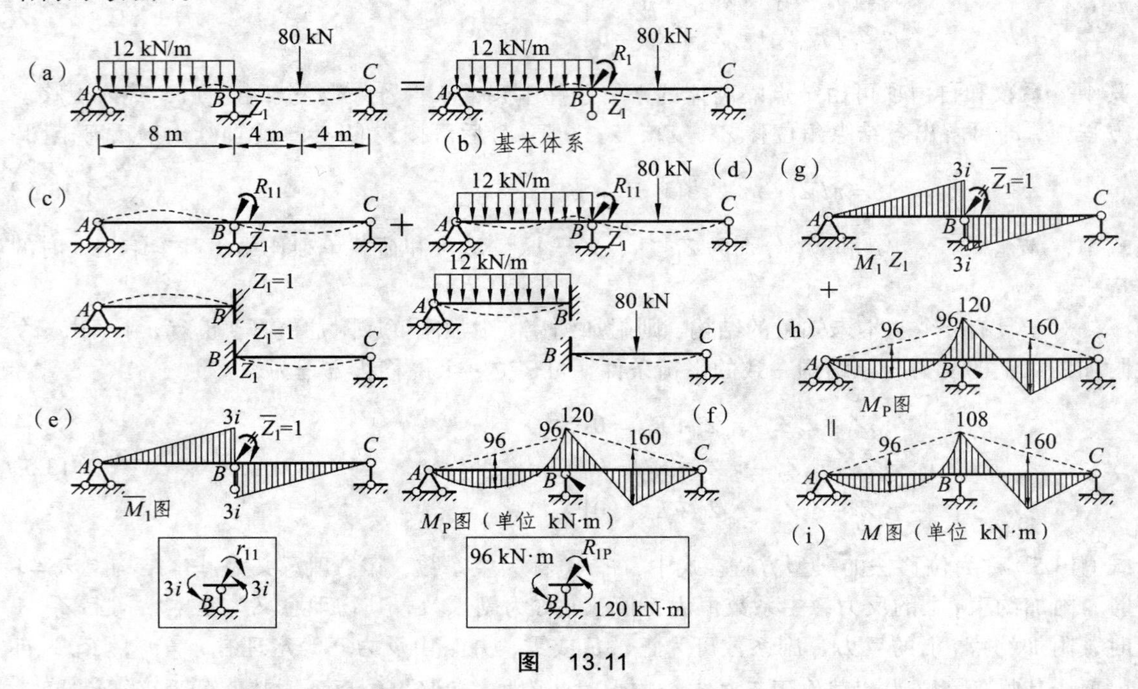

图 13.11

【解】（1）选取位移法基本体系，如图 13.11（b）所示。

（2）列位移法方程。

附加刚臂上的反力矩 $R_1=R_{11}+R_{1P}$

原结构没有附加刚臂，所以

$$R_1=R_{11}+R_{1P}=0$$

即

$$r_{11}Z_1+R_{1P}=0$$

（3）查表做出 $\overline{Z_1}=1$ 和荷载作用下的弯矩图，如图 13.11（e）、（f）所示。

由 13.11（e）图，取结点 B 为隔离体，由 $\sum M_B=0$，可得

$$r_{11}=3i+3i=6i$$

由 13.11（f）图，取结点 B 为隔离体，

由 $\sum M_B=0$，可得

$$R_{1P}=96-120=-24\ \text{kN}\cdot\text{m}$$

将 r_{11} 和 R_{1P} 代入方程得

$$Z_1=-\frac{R_{1P}}{r_{11}}=\frac{4\ \text{kN}\cdot\text{m}}{i}$$

（4）结构的最后弯矩图由叠加法绘制。

【例 13.2】　作图 13.12（a）所示刚架的 M 图，EI = 常数。

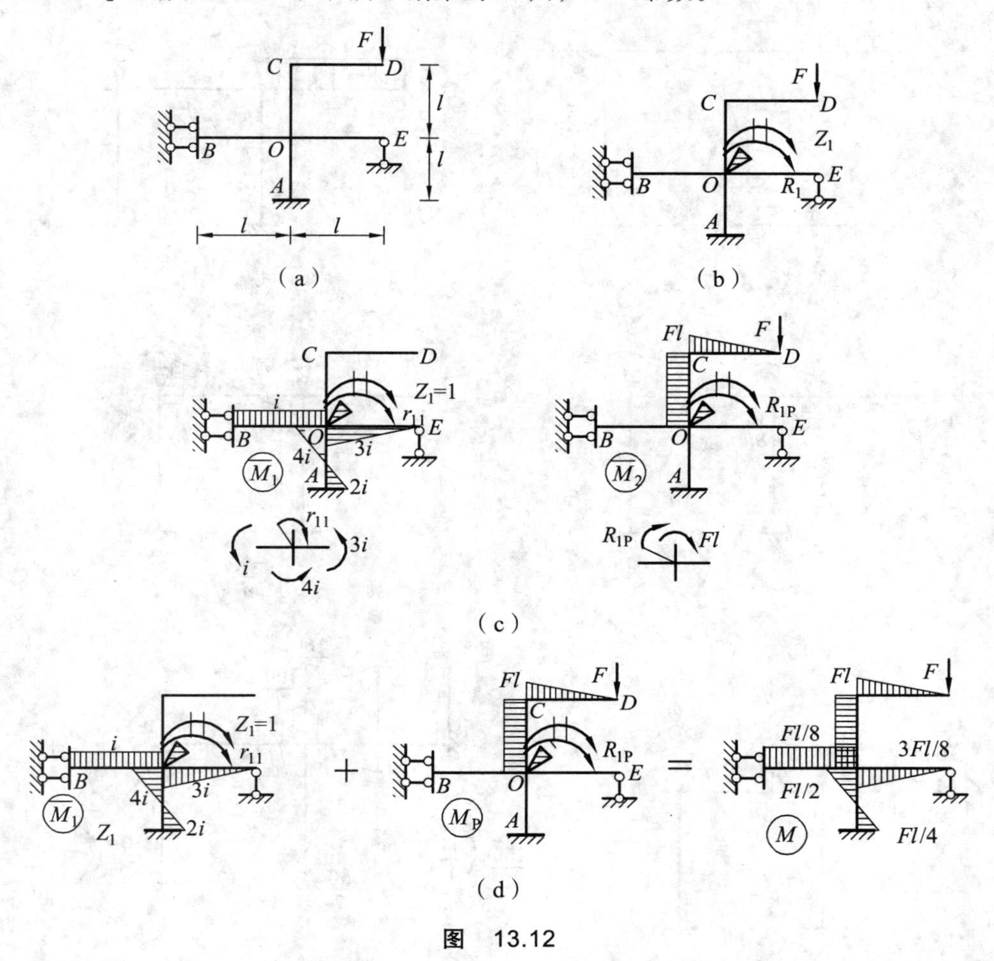

图　13.12

【解题分析】　该刚架有 1 个刚结点，因此在刚结点上加上刚臂形成基本结构。根据位移法建立位移方程，求出系数和自由项，再求出基本未知量。最后根据叠加法绘制出弯矩图。

【解】　（1）选取位移法基本体系，如图 13.12（b）所示。

（2）列位移法方程：

$$r_{11}Z_1 + R_{1P} = 0$$

（3）绘 M_1 和 M_P 图，如图 13.12（c）所示，再求系数和自由项：

$$r_{11} = 8i,\ R_{1P} = -Fl$$

（4）求 Z_1：

$$Z_1 = -\frac{R_{1P}}{r_{11}} = \frac{Fl}{8i},\quad M = M_1 Z_1 + M_P$$

由叠加原理绘 M 图，见图 13.12（d）。

【例 13.3】 试用位移法计算如图 13.13（a）所示刚架，并绘出 M 图。各杆的 EI 为常数。

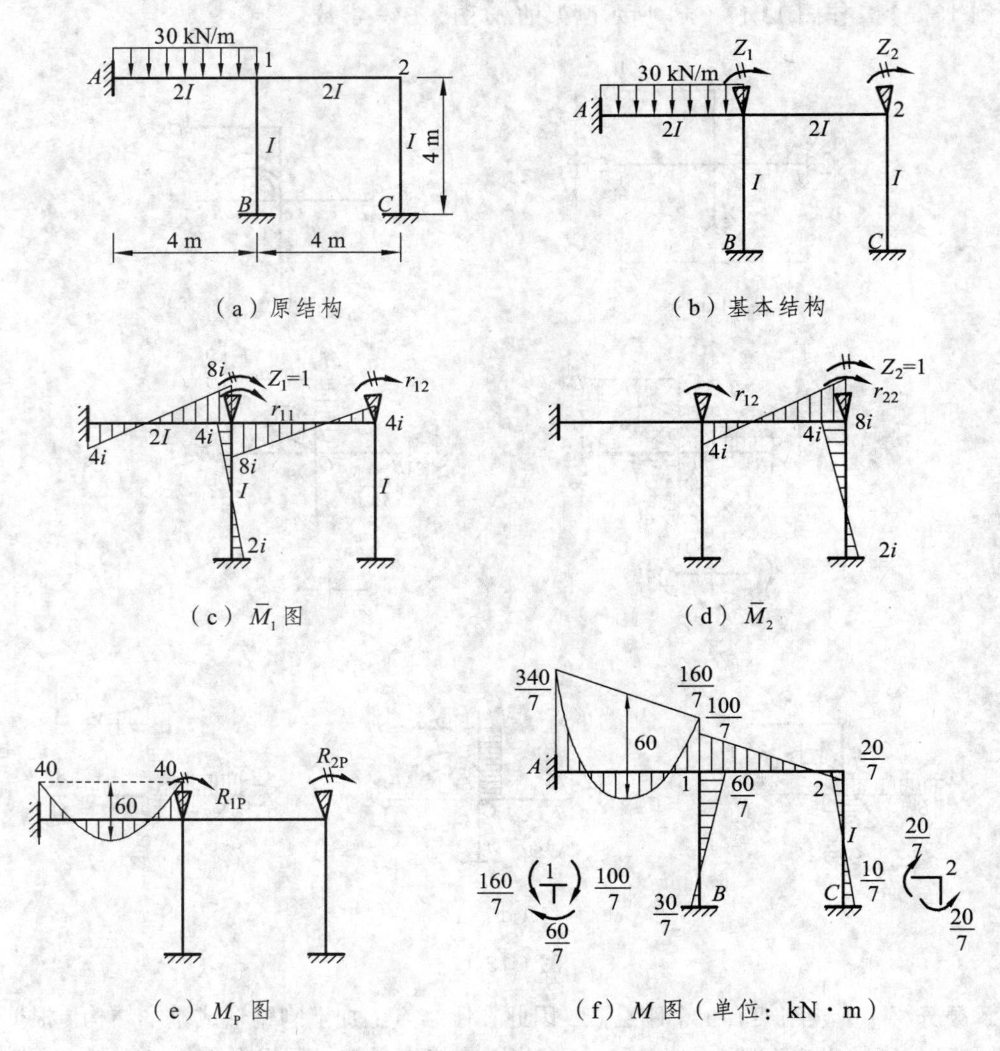

图 13.13

【解题分析】 该刚架有 2 个刚性结点，因此在两个刚结点上加上刚臂形成基本结构。根据位移法建立位移方程，求出系数和自由项，再求出基本未知量。最后根据叠加法绘制出弯矩图。

【解】 （1）形成基本结构。此刚架有 2 个刚性结点 1、2，无结点线位移。因此，基本未知量为结点 1 和 2 处的转角 Z_1 和 Z_2，基本结构如图 13.13（b）所示。

（2）建立位移方程，由 1、2 附加刚臂约束力矩总和为零，位移方程为

$$r_{11}Z_1 + r_{12}Z_2 + R_{1P} = 0$$
$$r_{21}Z_1 + r_{12}Z_2 + R_{2P} = 0$$

（3）求系数和自由项。令 $i = \dfrac{EI}{4}$，绘出 $Z_1 = 1$ 、$Z_2 = 1$ 和荷载单独作用于基本结构上时的

弯矩图 $\bar{M}_1$ 图、$\bar{M}_2$ 图和 M_P 图，如图 13.13（c）、（d）、（e）所示。

在图 13.13（c）、（d）、（e）中分别利用结点的平衡条件可计算出系数和自由项如下：

$$r_{11}=20i\ ,\quad r_{12}=4i=r_{21}\ ,\quad r_{22}=12i\ ,\quad R_{1P}=40\ ,\quad R_{2P}=0$$

（4）解方程求基本未知量。将系数和自由项代入位移法方程，得

$$20iZ_1+4iZ_2+40=0$$
$$4iZ_1+12iZ_2+0=0$$

解方程得

$$Z_1=-\frac{15}{7i}$$
$$Z_2=\frac{5}{7i}$$

（5）绘弯矩图。由 $M=\bar{M}_1Z_1+\bar{M}_2Z_2+M_P$ 叠加绘出最后 M 图，如图 13.13（f）所示。

（6）校核。在位移法计算中，只需作平衡条件校核。由图 13.13（f）中分别取结点 1 和 2 为隔离体，验算其是否满足平衡条件 $\sum M_1=0$ 和 $\sum M_2=0$。由

$$\sum M_1=\frac{160}{7}-\frac{100}{7}-\frac{60}{7}=0$$
$$\sum M_2=\frac{20}{7}-\frac{20}{7}=0$$

可知计算无误。

【例 13.4】　试用位移法计算如图 13.14（a）所示刚架。各杆的 EI 为常数。

【解题分析】　该刚架有 2 个刚性结点，加上刚臂形成基本结构。根据位移法建立位移方程，求出系数和自由项，要注意每个杆件的常数项 i 不同，进一步求出基本未知量。最后根据叠加法绘制出弯矩图。

【解】（1）形成基本结构。由分析可知，基本未知量为刚性结点 1 和 2 处的转角 Z_1 和 Z_2，基本结构如图 13.14（b）所示。

（2）列出位移法方程：

$$r_{11}Z_1+r_{12}Z_2+R_{1P}=0$$
$$r_{21}Z_1+r_{22}Z_2+R_{2P}=0$$

（3）求系数和自由项。绘出 $Z_1=1$、$Z_2=1$ 和荷载作用在基本结构上时的弯矩图 $\bar{M}_1$ 图、$\bar{M}_2$ 图和 M_P 图，如图 13.14（c）、（d）、（e）所示。

在图 13.14（c）、（d）、（e）中分别利用结点的平衡条件可计算出系数和自由项如下：

$$r_{11}=40\ ,\quad r_{12}=8=r_{21}\ ,\quad r_{22}=24\ ,\quad R_{1P}=16\ ,\quad R_{2P}=32$$

（4）解方程求基本本知量。将系数和自由项代入位移法方程，得

$$40Z_1+8Z_2+16=0$$
$$8Z_1+24Z_2+32=0$$

解方程得

$$Z_1 = -\frac{1}{7}$$

$$Z_2 = -\frac{9}{7}$$

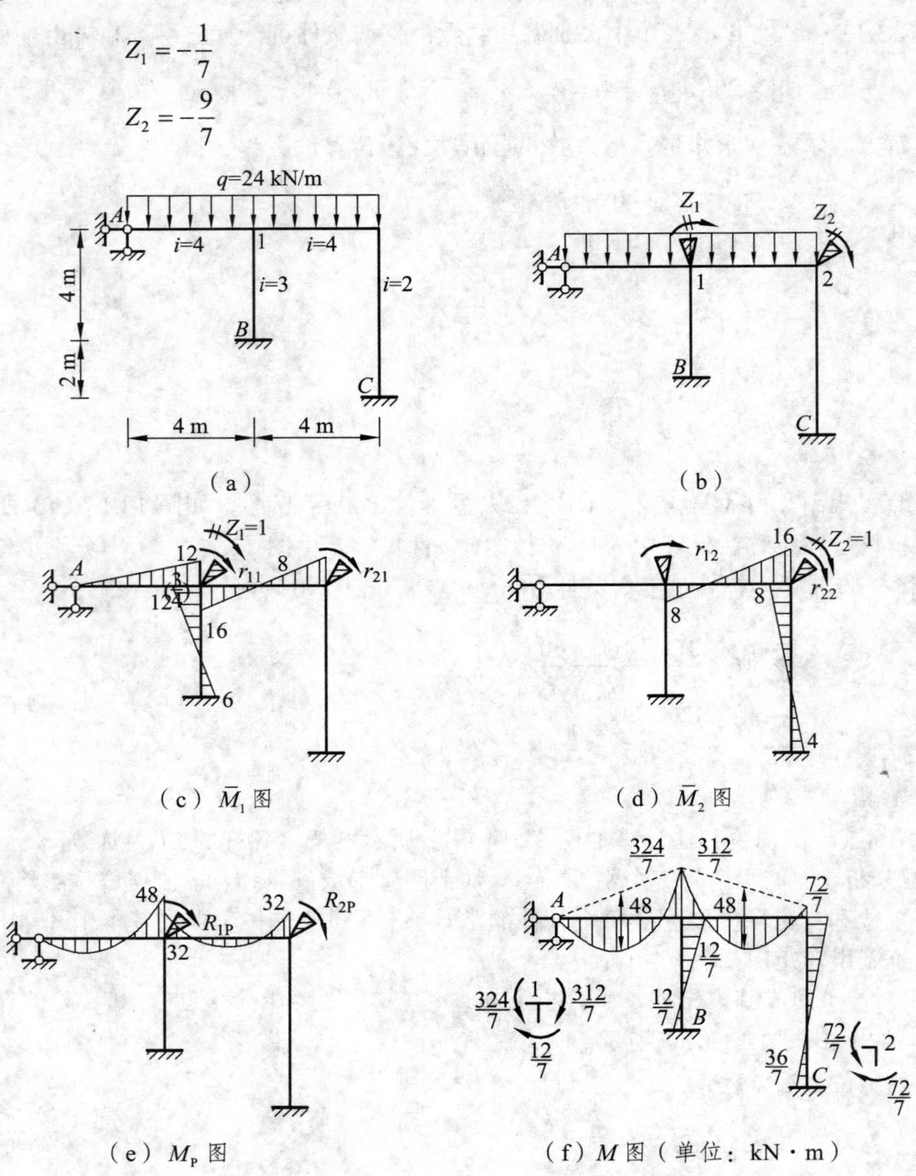

图 13.14

（5）绘弯矩图。由 $M = \bar{M}_1 Z_1 + \bar{M}_2 Z_2 + M_P$ 叠加绘出最后 M 图，如图 13.14（f）所示。

（6）校核。在图 13.14（f）中分别取结点 1 和 2 为隔离体，验算其是否满足平衡条件 $\sum M_1 = 0$ 和 $\sum M_2 = 0$。由

$$\sum M_1 = \frac{324}{7} - \frac{12}{7} - \frac{312}{7} = 0$$

$$\sum M_2 = \frac{72}{7} - \frac{72}{7} = 0$$

可知计算无误。

二、有结点线位移结构的计算

当刚架结点有线位移时，称为有侧移刚架。用位移法求解时，方法和无侧移刚架时基本一样；所不同的是阻止结点线位移的附加约束为附加链杆，附加约束中的内力为约束反力。下面举例说明解题的方法步骤：

【例 13.5】 试用位移法计算如图 13.15（a）所示刚架。各杆的 EI 为常数。

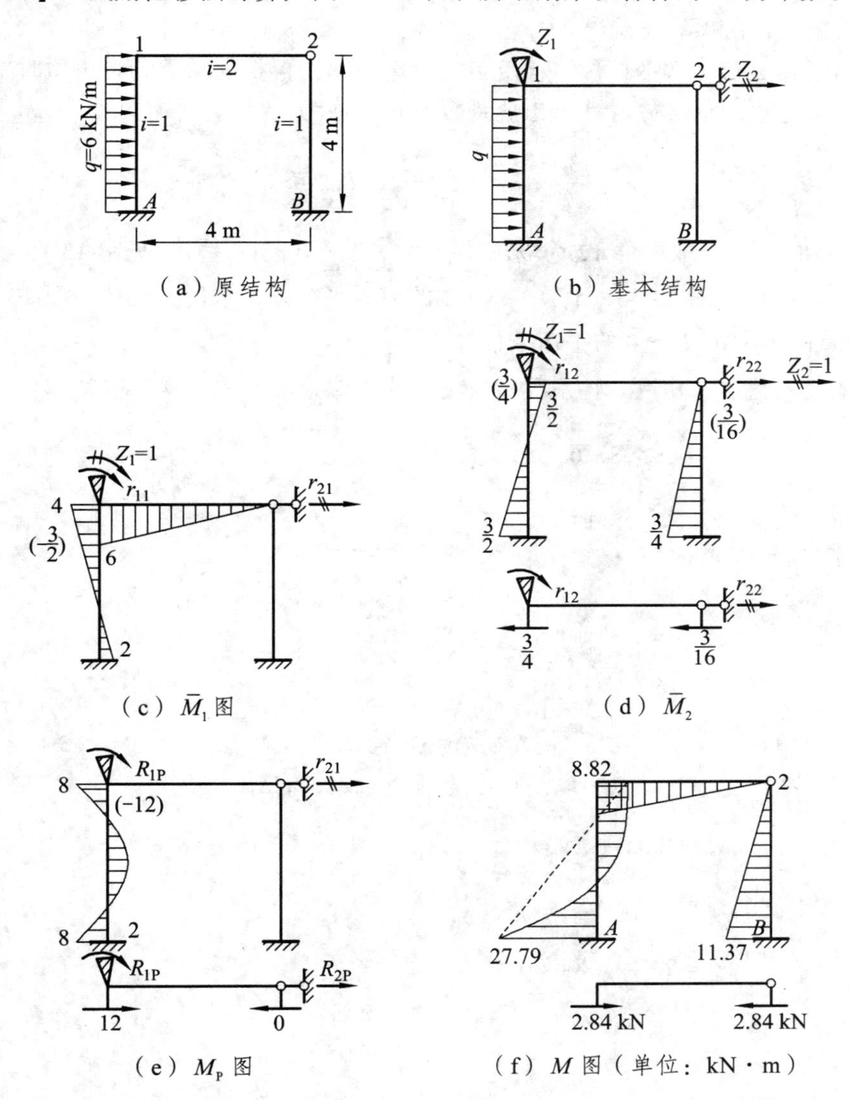

（a）原结构　（b）基本结构

（c）$\bar{M}_1$ 图　（d）$\bar{M}_2$

（e）M_P 图　（f）M 图（单位：kN · m）

图　13.15

【解题分析】 此刚架有一个刚结点 1 和一个铰结点 2，因此分别加上一刚臂和链杆形成基本结构，基本未知量分别是结点 1 的转角和结点 1、2 的水平位移，结点 1 的计算方法同上一例题。结点 1、2 有水平位移，因此取杆件 12 为隔离体，利用剪力之和等于 0 求解基本未知量。再列位移法方程求出基本未知量，利用叠加法作出弯矩图。

【解】 （1）形成基本结构，结点 1、2 有相同的水平位移。因此，基本未知量为结点 1

处的转角 Z_1 和结点 1、2 共同的水平位移 Z_2，基本结构如图 13.15（b）所示。

（2）列出位移法方程：

$$r_{11}Z_1 + r_{12}Z_2 + R_{1P} = 0$$
$$r_{21}Z_1 + r_{22}Z_2 + R_{2P} = 0$$

其中第二式是根据原结构结点 2 上没有水平约束力这一条件建立的。

（3）求系数和自由项。先绘出 $\bar{M}_1$、$\bar{M}_2$ 和 M_P 图［见图 13.15（c）、（d）、（e）］，其中 $\bar{M}_2$ 为基本结构的结点 2 产生水平单位位移所引起的弯矩图；再把求系数和自由项时要用到的杆端剪力标在杆端旁边的括号内，计算出各系数及自由项为

$$r_{11} = 10\text{，}\quad r_{12} = -\frac{3}{2} = r_{21}\text{，}\quad r_{22} = \frac{15}{16}\text{，}\quad R_{1P} = 8\text{，}\quad R_{2P} = -12$$

在求解 r_{22} 和 R_{2P} 时，取杆件 12 为隔离体，由 $\sum F_x = 0$ 进行计算［见图 13.15（d）］。对于副系数的计算，r_{12} 可由图 13.15（d）中结点 1 的力矩平衡条件求得，也可由图 13.15（d）中取杆 12 为隔离体，由 $\sum F_x = 0$ 的平衡条件计算。

（4）解方程求基本未知量。将系数和自由项代入位移法方程，得

$$10Z_1 - \frac{3}{2}Z_2 + 8 = 0$$
$$-\frac{3}{2}Z_1 + \frac{15}{16}Z_2 - 12 = 0$$

解方程得

$$Z_1 = 1.47$$
$$Z_2 = 15.16$$

（5）绘弯矩图。由 $M = \bar{M}_1 Z_1 + \bar{M}_2 Z_2 + M_P$ 叠加绘出最后 M 图，如图 13.15（f）所示。

（6）校核。在图 13.15（f）中取结点 1 为研究对象，有

$$\sum M_1 = 8.82 - 8.82 = 0$$

再取杆 12 为研究对象，有

$$\sum F_x = 2.84 - 2.84 = 0$$

可知计算无误。

三、对称结构的计算

在前面一章中，就如何利用结构的对称性来简化计算已作过介绍。对于对称的超静定结构，用位移法求解时，同样可利用其对称性简化计算。具体做法是，根据其受力、变形特点取半个结构进行计算。对于半刚架的选取方法，与用力法时的选取方法相同。

【例 13.6】 试用位移法计算如图 13.16（a）所示刚架。各杆 EI 为常数。

【解题分析】　该刚架受力和结构是对称的，因此选择左半边结构进行分析即可。根据其受力、变形特点，可取如图 13.16（b）所示半刚架进行计算，即先用位移法绘出图 13.16（b）所示半个刚架的 M 图，再用对称性得出原结构的 M 图。

【解】（1）选取半刚架并形成基本结构。

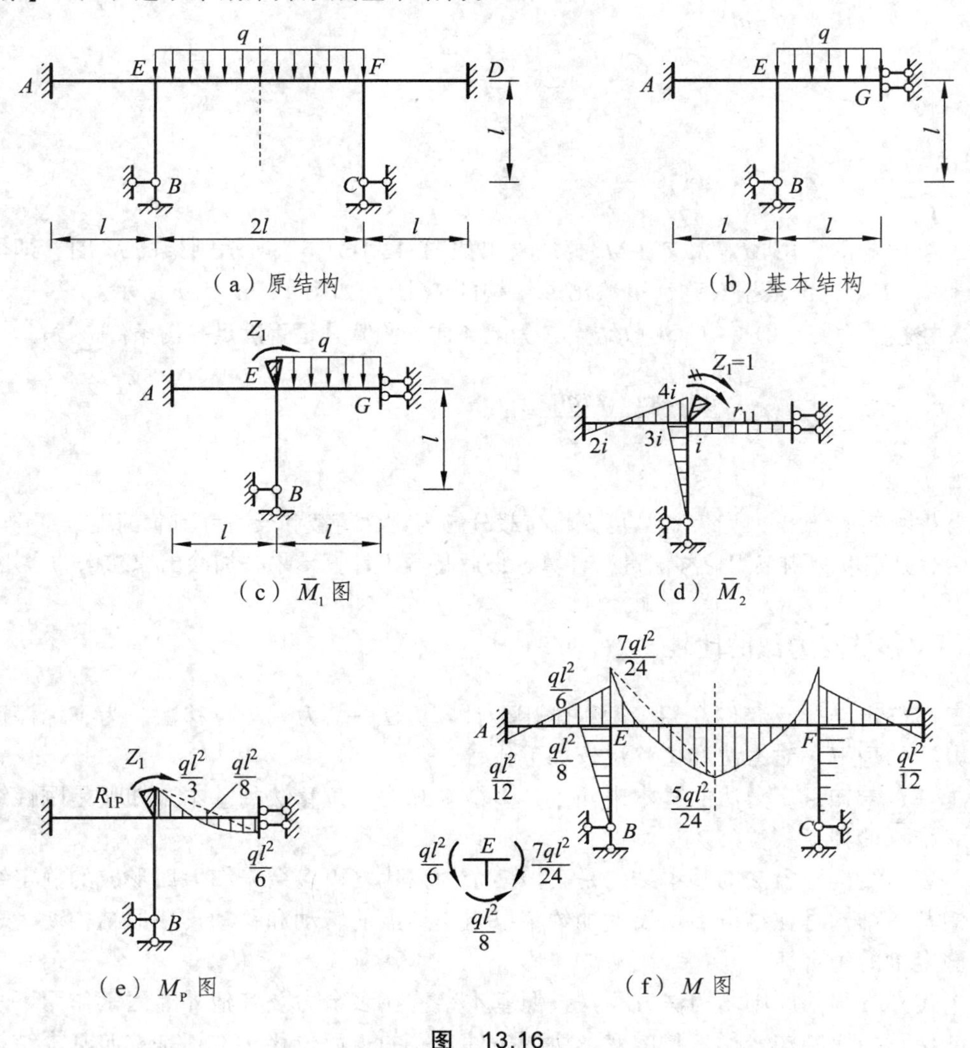

图　13.16

分析可知，用位移法求解如图 13.16（b）所示刚架时，基本未知量只有一个，基本结构如图 13.16（c）所示。

（2）列出位移法方程：

$$r_{11}Z_1 + R_{1P} = 0$$

（3）求系数自由项。绘出 $Z_1=1$ 和荷载作用在基本结构上时的弯矩图 $\bar{M}_1$ 图和 M_P 图，如图 13.16（d）、（e）所示。

在图 13.16（d）、（e）中分别利用结点的平衡条件可计算出系数和自由项为

$$R_{1P}=-\frac{ql^2}{3}，\ r_{11}=8i$$

（4）解方程求未知量。将系数和自由项代入位移法方程，得

$$8iZ_1-\frac{ql^2}{3}=0$$

解方程得

$$Z_1=\frac{ql^2}{24i}$$

（5）绘弯矩图。由 $M=\bar{M}_1Z_1+M_P$ 叠加绘出如图 13.16（b）所示刚架的 M 图，即原结构左半刚架的 M 图，再根据对称性可绘出原结构的 M 图，如图 13.16（f）所示。

（6）校核。在图 13.16（f）中取结点 E 为隔离体，验算其是否满足平衡条件 $\sum M_E=0$。由

$$\sum M_E=\frac{ql^2}{6}+\frac{ql^2}{8}-\frac{7ql^2}{24}=0$$

可知计算无误。

当对称刚架上作用一般荷载时，可先将荷载分解为对称荷载和反对称荷载两组分别作用于结构上，然后分别取半刚架用位移法进行计算，最后将两组计算结果叠加绘出原结构的弯矩图。

四、位移法与力法的比较

对于超静定结构，我们介绍了两种常用的计算方法——力法与位移法。为了加深读者对这两种方法的理解，对力法和位移法作如下比较：

（1）基本未知量。力法的基本未知量是多余未知力，位移法的基本未知量是刚性结点的角位移和结点的独立线位移。

（2）基本结构。力法的基本结构是去掉多余约束代之以多余未知力而形成的静定结构；位移法的基本结构是在结点上增设附加约束以阻止结点的转动和移动，使原结构变为若干个单跨越静定梁的组合体。

（3）建立方程的原则。力法方程是按照基本结构在多余力及其他外界因素作用下多余力方向上的位移与原结构变形一致的变形协调条件建立的；而位移法方程是按照基本结构由各因素引起的附加约束上的反力，与原结构的受力一致的平衡条件建立的。

（4）解题步骤。力法和位移法的解题步骤形式上是一一对应、基本相同的。

（5）力法和位移法的适用范围。力法和位移法是计算超静定结构的两种基本方法，都可适用于任何超静定结构，但从方便计算的角度来说，力法适合计算超静定次数较少，但刚结点数多、独立结点线位移数多的结构，而位移法适合计算超静定次数多、结点线位移数少的结构。

五、直接利用平衡条件建立位移法方程

按前面所述的思路，在建立位移法方程时，要构成一个基本结构。但实质上，位移法典

型方程反映的是原结构结点的力矩平衡条件或是截面的力的平衡条件。因此，我们也可不通过基本结构而直接利用这些平衡条件来建立位移法方程。

直接利用平衡条件建立位移法方程时，需要对每个杆件进行受力、变形分析，找出杆端内力与杆端位移及荷载之间的关系表达式，此关系式称为转角位移方程。

下面就以两端固定梁为例，介绍各种约束杆件的转角位移方程。

如图 13.17（a）所示两端固定梁受荷载作用，并在 A 端产生了一转角 θ_A，B 端产生了一转角 θ_B，同时 A、B 两端还产生一对线位移 Δ_{AB}，变形如图中虚线所示。由叠加原理可知，该梁的受力、变形情况可看成由图 13.17（b）、（c）、（d）、（e）各因素单独作用叠加而成。在各种因素单独作用下的杆端弯矩值可由表 6.1 查得，分别如图 13.17（b）、（c）、（d）、（e）所示。其中，荷载作用下的 A、B 端的杆端弯矩分别由符号 M_{AB} 及 M_{BA} 图表示，对于具体荷载作用下的数值可由表 13.1 查得。因此，图 13.17（a）所示两端固定梁的杆端弯矩为

$$M_{AB}=\frac{4EI}{l}\theta_A+\frac{2EI}{l}\theta_B-\frac{6EI}{l^2}\Delta_{AB}+M_{AB}^{\mathrm{F}}$$

$$M_{BA}=\frac{2EI}{l}\theta_A+\frac{4EI}{l}\theta_B-\frac{6EI}{l^2}\Delta_{AB}+M_{BA}^{\mathrm{F}}$$

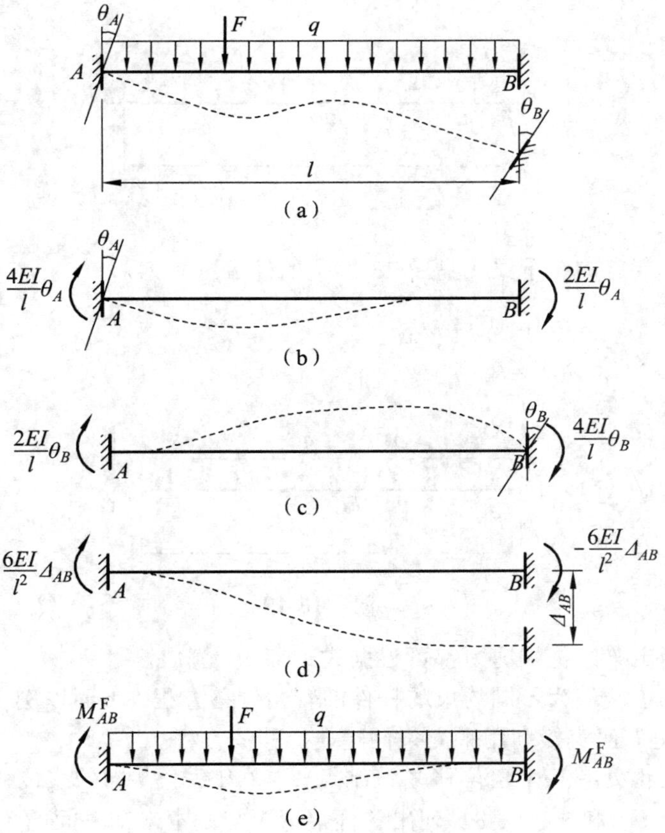

（a）

（b）

（c）

（d）

（e）

图　13.17

注意到 $i=\dfrac{EI}{l}$，故上式化为

$$M_{AB}=2i\left(2\theta_A+\theta_B-\frac{3\Delta_{AB}}{l}\right)+M_{AB}^{\mathrm{F}}$$

$$M_{BA}=2i\left(2\theta_B+\theta_A-\frac{3\Delta_{AB}}{l}\right)+M_{BA}^{\mathrm{F}} \tag{13.6}$$

而杆端剪力由平衡条件得

$$F_{\mathrm{S}AB}=-\frac{M_{AB}+M_{BA}}{l}+F_{\mathrm{S}AB}^{0}$$

$$F_{\mathrm{S}BA}=-\frac{M_{AB}+M_{BA}}{l}+F_{\mathrm{S}BA}^{0} \tag{13.7}$$

式中　$F_{\mathrm{S}AB}$，$F_{\mathrm{S}BA}$——相应简支梁 A、B 端的剪力值。

同理可得一端固定、一端铰支梁（见图 13.18）的杆端弯矩为

$$M_{AB}=3i\left(\theta_A-\frac{\Delta_{AB}}{l}\right)+M_{AB}^{\mathrm{F}}$$

$$M_{BA}=0 \tag{13.8}$$

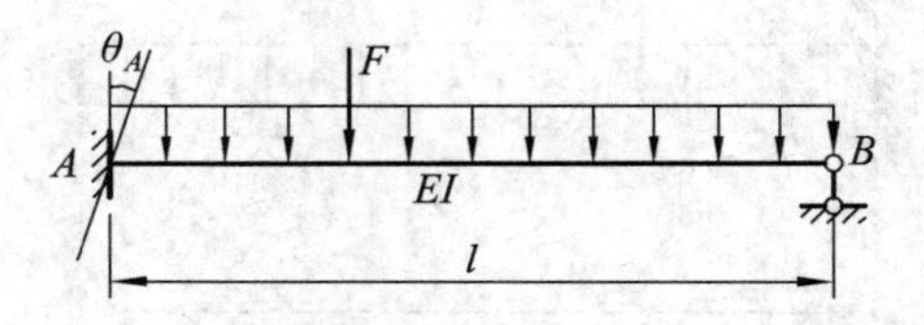

图　13.18

一端固定、一端定向支承梁（见图 13.19）的杆端弯矩为

$$M_{AB}=i(\theta_A-\theta_B)+M_{AB}^{\mathrm{F}}$$

$$M_{BA}=i(\theta_A-\theta_B)+M_{BA}^{\mathrm{F}} \tag{13.9}$$

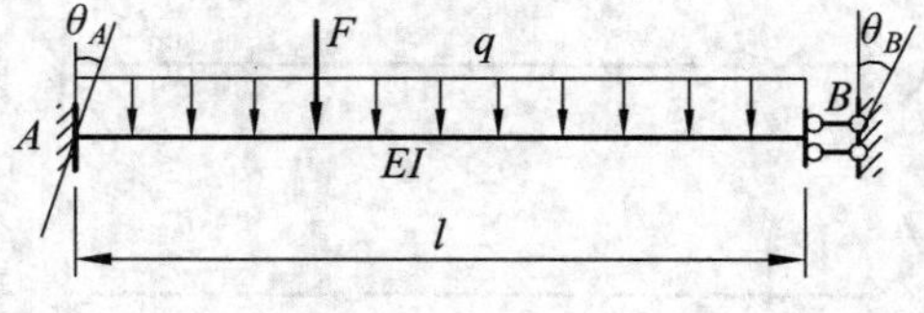

图　13.19

各种单跨超静定梁的杆端剪力都可根据式（13.7）算出。

上面我们导出了两端为不同约束的杆件的转角位移方程。下面以例 13.5 中的刚架（见图 13.20）为例，说明如何直接利用平衡条件建立位移法方程。

该刚架在结点 1 处有一个角位移 Z_1，结点 1、2 有一个共同的线位移 Z_2，共两个基本未知量。利用式（13.6）和式（13.8）列出各杆端弯矩与基本未知量间的关系：

$$M_{A1}=2i_{A1}\left(Z_1-\frac{3Z_2}{l_{A1}}\right)+M_{A1}^{\mathrm{F}}=2Z_1-\frac{3}{2}Z_2-8$$

$$M_{1A}=2i_{A1}\left(2Z_1-\frac{3Z_2}{l_{A1}}\right)+M_{1A}^{\mathrm{F}}=4Z_1-\frac{3}{2}Z_2+8$$
$$M_{12}=3i_{12}=3\times2Z_1=6Z_1$$
$$M_{21}=0$$
$$M_{2B}=0$$
$$M_{B2}=3i_{B2}\times\frac{Z_2}{l_{B2}}=3\times1\times\frac{Z_2}{4}=\frac{3}{4}Z_2$$

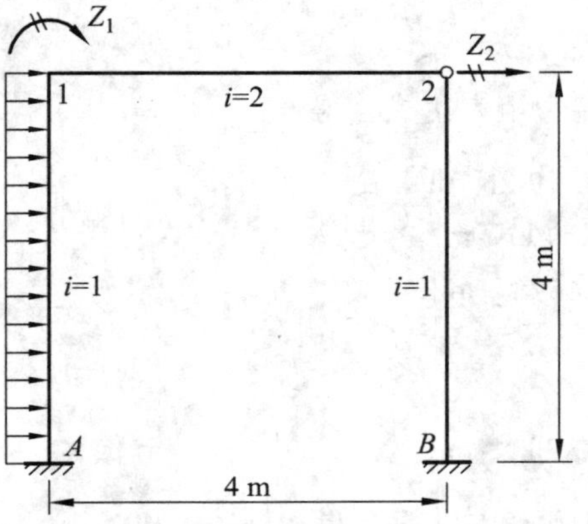

（a）

（b）

图　13.20

由以上关系式可见，只要求出结点位移 Z_1、Z_2，则可得出全部杆端弯矩。为了求出 Z_1、Z_2，可由结点 1 处的力矩平衡条件 $\sum M_1=0$ 以及横杆柱端剪力平衡条件 $\sum F_x=0$，建立方程：

$$\sum M_1=0\ ,\ M_{1A}+M_{12}=0 \tag{13.10a}$$
$$\sum F_x=0\ ,\ F_{S1A}+F_{S2B}=0 \tag{13.10b}$$

由式（13.7）得

$$F_{S1A}=-\frac{M_{1A}+M_{A1}}{l_{1A}}+F_{S1A}^{0}=-\frac{M_{1A}+M_{A1}}{4}-12$$
$$F_{S2B}=-\frac{M_{2B}+M_{B2}}{l_{2B}}+F_{S2B}^{0}=-\frac{M_{2B}+M_{B2}}{4}+0 \tag{13.10c}$$

将式（13.10c）代入式（13.10b），得

$$-\frac{M_{1A}+M_{A1}}{4}-12-\frac{M_{2B}+M_{B2}}{4}=0 \tag{13.10d}$$

将各杆端弯矩表达式代入式（13.10a）、式（13.10d）并加以整理，则有

$$10Z_1-\frac{3}{2}Z_2+8=0 \tag{13.10e}$$

$$-\frac{3}{2}Z_1+\frac{15}{16}Z_2-12=0 \tag{13.10f}$$

式（13.10e）、式（13.10f）即为位移法方程。可解出：

$$Z_1=\frac{84}{57}$$

$$Z_2=\frac{864}{57}$$

将 Z_1、Z_2 数值代回杆端弯矩表达式，得

$$M_{A1}=-27.79\ \text{kN}\cdot\text{m}$$
$$M_{1A}=-8.84\ \text{kN}\cdot\text{m}$$
$$M_{12}=-8.84\ \text{kN}\cdot\text{m}$$
$$M_{21}=0$$
$$M_{2B}=0$$
$$M_{B2}=11.37\ \text{kN}\cdot\text{m}$$

据此可绘出弯矩图，与例 13.5 计算结果相同。

小　结

掌握位移法的基本原理，主要应了解位移法的基本思路、位移法的基本未知量、位移法的基本结构和位移法方程。

位移法的基本思路是：根据结构的几何条件确定某些结点位移为基本未知量数，把每根杆件都看作单跨超静定梁并建立其内力与所求结点位移之间的关系，然后根据平衡条件求解结点位移，最后求出结构的内力。

位移法和力法的主要区别在于基本未知量的选择不同：前者是以刚性结点的角位移和结点的独立线位移作为基本未知量；后者是以多余未知力作为基本未知量。

第十四章　影响线及其应用

第一节　概　述

前面介绍了静定结构在固定荷载作用下的内力分析。所谓固定荷载，即荷载作用点的位置是固定不变的，所以结构上的反力、内力也是与之对应而不变的。其计算结果可用内力图表示。然而，在一般的工程结构中，除了承受固定荷载外，还会受到移动荷载的作用。所谓移动荷载，是指荷载的作用点在结构上的位置是变化的，但其方向和大小均保持不变。例如，桥梁上行驶的汽车、轨道上行走的龙门式起重机等。在这些移动荷载的作用下，结构上的反力、内力、位移等量值，都随着荷载位置的变化而不同。因此，应找出这些量值产生最大值时荷载的位置，这种荷载位置称为该量值的最不利荷载位置。

解决这些移动荷载有关的问题时，就要利用影响线这一概念。

对影响线的概念，我们通过生活中的实例进行说明：如图 14.1（a）所示桥梁，它上面作用有一汽车，其计算简图如图 14.1（b）所示。当汽车在桥梁上来回移动时，桥梁两端的竖向反力及梁上各截面的内力、位移等量值都将随之发生变化。为了求出这些量值的最大值以便设计结构，就必须先研究汽车的移动变化规律。不同量值有不同的变化规律，如当汽车从主梁的 A 端向 B 端移动时，反力 R_A 的数值由大逐渐变小，而反力 R_B 的数值由小逐渐变大。

在实际工程中所遇到的移动荷载是多种多样的，如上面所提到的起重小车、汽车等。这些荷载都具有大小和方向保持不变的特点，通常是由一组大小和间距保持不变的竖向荷载组成，如桥门式起重机的起重小车一般由两个或三个轮压组成。通过这一共同点，我们可以先研究最简单的荷载，即单位移动荷载 $F=1$ 在结构上移动时某一量值的变化规律，然后借助于叠加原理，便可解决各种实际荷载作用下某量值的计算问题。

如图 14.2（a）所示简支梁，当单位力 $F=1$ 分别移动到 A、1、2、3、B 几个点时，根据静力平衡条件可求得反力 R_A 的大小分别为 1、3/4、1/2、1/4 和 0。若以水平轴为基线，将以

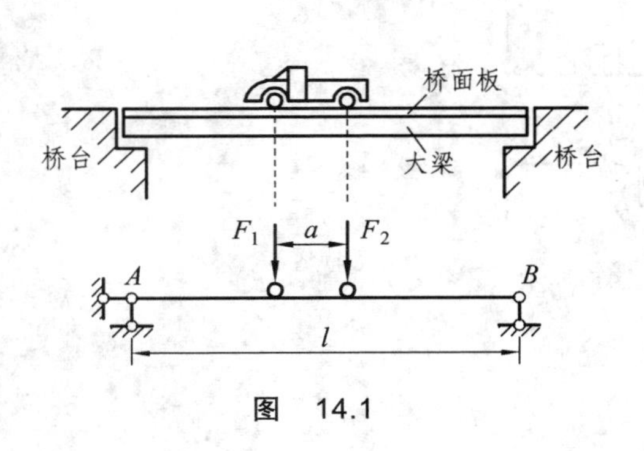

图　14.1

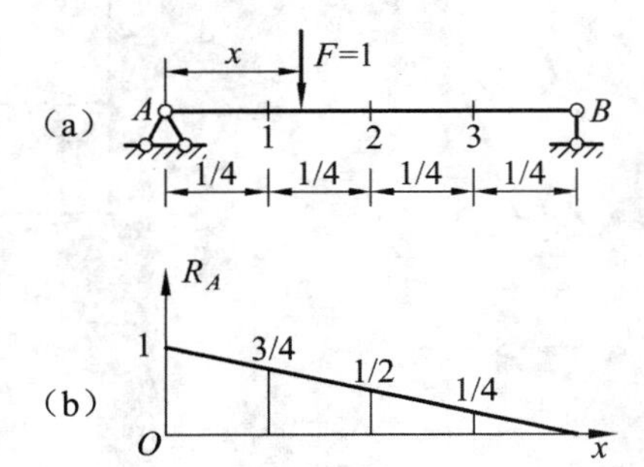

图　14.2

上各点数值用纵距表示出其大小，并将各顶点用曲线连起来，就得到表示单位力 $F=1$ 在梁上移动时反力 R_A 的变化规律图线，这一图形就称为 R_A 的影响线。

由此可得出影响线的定义：当一个指向不变的单位力（$F=1$）在结构上移动时，表示某指定截面的某一量值变化规律的图线，称为该量值的影响线。

第二节　用静力法绘制单跨梁的影响线

利用静力平衡条件建立影响线方程来绘制影响线的方法称为静力法。它是绘制影响线最基本的方法。

用静力法作结构某一量值的影响线时，可先把单位载荷 $F=1$ 放在结构的任意位置上，并根据所选定的坐标系统，以横坐标 x 表示载荷作用点的位置，然后由静力平衡条件求出量值 S 与 x 之间的函数关系，即 $S=f(x)$，表示这种关系的方程称为影响线方程。利用影响线方程，即可绘制相应量值的影响线。

一、简支梁的影响线

1. R_B 的影响线

如图 14.3（a）所示简支梁，单位力 $F=1$ 在梁上移动，用 x 表示它的位置。当绘制右支座反力 R_B 的影响线时，由梁的整体平衡条件有：

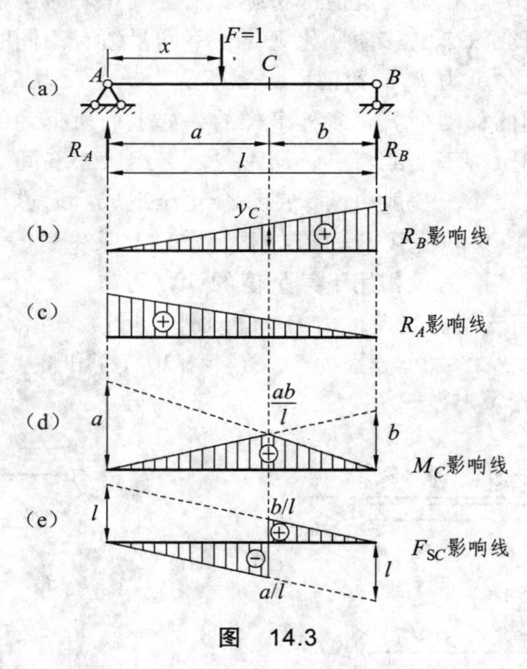

图　14.3

$$\sum M_A(F)=0\text{，}\quad 1\cdot x-R_Bl=0$$

得

$$R_B = x/l$$

这就是 R_B 的影响线方程，它表示 R_B 是一个 x 的一次函数，所以图像为一直线，绘图时只需两个纵坐标即可。

当 $x=0$ 时，$R_B=0$

当 $x=l$ 时，$R_B=1$

据此绘出 R_B 的影响线，如图 14.3（b）所示。

2. R_A 的影响线

同理可得，在求 R_A 的影响线时，同样由平衡条件得

$$\sum M_B(F)=0\text{，}\quad R_A l-1\cdot(l-x)=0$$

得

$$R_A=(l-x)/l$$

这就是 R_A 的影响线方程，其图像也是一条直线。绘出 R_A 的影响线，如图 14.3（c）所示。

通常假定单位力 $F=1$ 是一个无量纲量，所以从影响线方程可以看出，R_A 和 R_B 的纵坐标也都是无量纲量。

3. M_C 的影响线

当绘制某指定截面 C 的弯矩 M_C 的影响线时，可分别按截面左、右两段来考虑。当 $F=1$ 在 C 截面以左移动时（$0\leqslant x\leqslant a$），为了计算方便，可从 C 左边一段梁上的荷载计算 M_C。取截面 C 右边部分为隔离体，有

$$\sum M_C(F)=0\text{，}\quad R_B b-M_C=0$$

得

$$M_C=R_B\cdot b=(x\cdot b)/l$$

此为一直线方程，称为 M_C 影响线的左直线方程，其适用范围是 $0\leqslant x\leqslant a$。绘出其图像，即图 14.3（d）所示的左直线。

当 $F=1$ 在 C 截面以右移动时（$a\leqslant x\leqslant l$），取截面 C 左边部分为隔离体，有

$$\sum M_C(F)=0\text{，}\quad R_C-R_A\cdot a=0$$

得

$$M_C=R_A\cdot a=(l-x)a/l$$

此为一直线方程，称为 M_C 影响线的右直线方程，其适用范围是 $a\leqslant x\leqslant l$。绘出其图像，即图 14.3（d）所示的右直线。

综上所述，梁内指定截面 C 的弯矩 M_C 的影响线，由左、右两条斜直线和基线组成一个三角形。三角形的顶点在 C 截面的下方，纵坐标为 ab/l，弯矩影响线的纵坐标具有长度的单位。

4. F_{SC} 的影响线

在绘制指定截面 C 的剪力 F_{SC} 的影响线时，也应分别按截面左、右段来考虑。

当 $F=1$ 在 C 截面以左移动时（$0\leqslant x\leqslant a$），为了计算方便，取截面 C 右边部分为隔离体，有

$$\sum F_y=0\,,\quad F_{SC}+R_B=0$$

得

$$F_{SC}=-R_B=-x/l$$

此为一直线方程，称为 F_{SC} 影响线的左直线方程，其适用范围是 $0\leqslant x\leqslant a$。绘出其图像，即图 14.3（e）所示的左直线。

当 $F=1$ 在 C 截面以右移动时（$a\leqslant x\leqslant l$），取截面 C 左边部分为隔离体，有

$$\sum F_y=0\,,\quad R_A-F_{SC}=0$$

得

$$F_{SC}=R_A=(l-x)/l$$

此为一直线方程，称为 F_{SC} 影响线的右直线方程，其适用范围是 $a\leqslant x\leqslant l$。绘出其图像，即图 14.3（e）所示的右直线。

综上所述，梁指定截面 C 的剪力 F_{SC} 的影响线，由左、右两条斜直线和基线组成。其中，两条斜直线相互平行，分别位于基线两侧和基线形成两个直角三角形；顶点均在截面 C 的下方；纵坐标分别为 b/l 及 $-a/l$，表示在 C 截面处纵坐标发生突变，突变量为 l。剪力影响线的纵坐标也是无量纲量。

二、悬臂梁

1. R_A 的影响线

如图 14.4（a）所示的悬臂梁，无论单位力 $F=1$ 在梁上任何位置（$0\leqslant x\leqslant l$），固定端反力 R_A 均为

$$R_A=1$$

此为一水平直线，称为 R_A 的影响线。绘出其图像，如图 14.4（b）所示。

2. 端截面弯矩 M_A 的影响线

考虑整体平衡，有

$$\sum M_A(F)=0\,,\quad -M_A-1\cdot(l-x)=0$$

得

$$M_A=x-l$$

此为一直线方程，称为 M_A 的影响线。绘出图像，如图 14.4（c）所示。

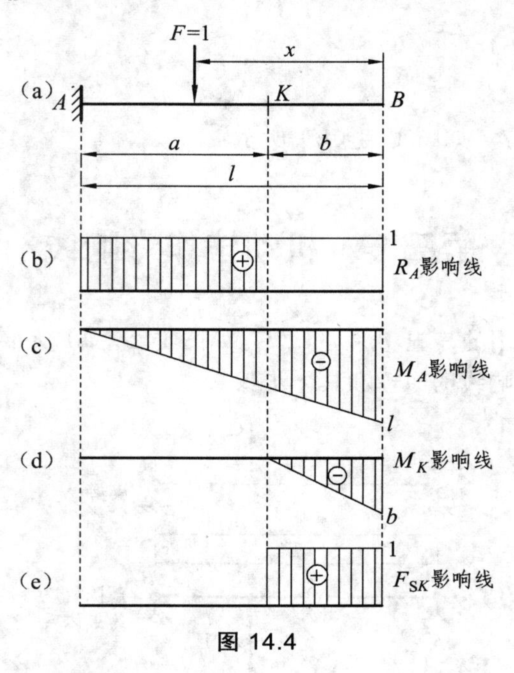

图 14.4

3. M_K 的影响线

当 $F=1$ 在截面以左移动时（ $b \leqslant x \leqslant l$ ），取截面 K 右部分为隔离体，得

$$M_K = 0$$

此时影响线与基线重合。

当 $F=1$ 在截面以右移动时（ $0 \leqslant x \leqslant b$ ），取截面以右部分为隔离体，有

$$\sum M_K(F) = 0\text{，}\ -M_K - 1\cdot(b-x) = 0$$

得

$$M_K = x - b$$

此为一条直线。

综上可绘出 M_K 的图像，如图 14.4（d）所示。

4. F_{SK} 的影响线

当 $F=1$ 在 K 截面以左移动时（ $b \leqslant x \leqslant l$ ），取截面 K 右部分为隔离体，得

$$F_{SK} = 0$$

此时影响线与基线重合。

当 $F=1$ 在截面以右移动时（ $0 \leqslant x \leqslant b$ ），取截面以右部分为隔离体，有

$$\sum F_y = 0\text{，}\ F_{SK} - 1 = 0$$

得

$$F_{SK}=1$$

此为一条直线。

综上可绘出 F_{SK} 的图像，如图 14.4（e）所示。

第三节　机动法作影响线

机动法作影响线，利用的是虚功原理。现以如图 14.5（a）所示简支梁弯矩 M_K 的影响线为例，介绍用机动法作影响线的原理和具体步骤。

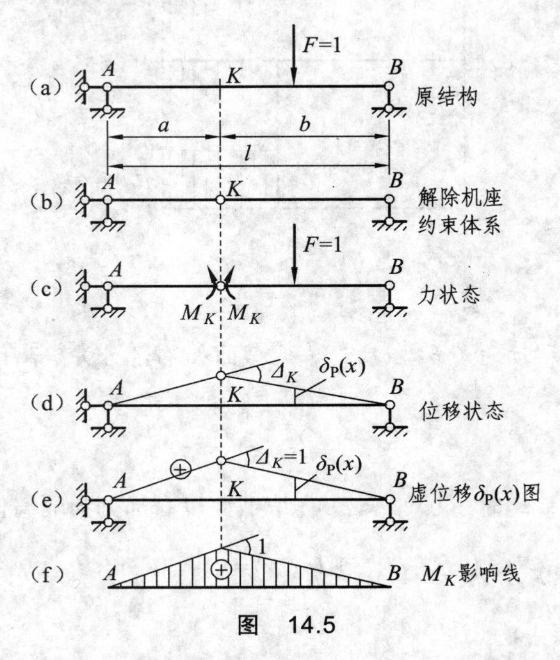

图　14.5

为了便于利用机动法作简支梁弯矩 M_K 的影响线，现假设将截面 K 改为铰接，则可以解除截面相对转动的约束，如图 14.5（b）所示，此时简支梁变成一个自由度的几何可变体系。但要用虚功原理，还需建立平衡的力状态和协调的位移状态。取力状态，如图 14.5（c）所示，单位移动荷载 $F=1$ 作用在体系上，同时在铰结点 K 的两侧截面加上一对力偶 M_K 以保持平衡。此时的 M_K 与 $F=1$ 作用下的简支梁中的弯矩 M_K 相同，即为所求弯矩影响系数。

根据虚功原理，取体系的虚拟位移状态，如图 14.5（d）所示，AK、BK 两部分沿 M_K 的方向发生微小的相对运动（转动）。由于 AK、BK 杆并没有变形，可视为刚性杆件，所以内力的虚功等于 0，得

$$W_i=0$$

而外力虚功为

$$W_e = M_K \Delta_K + 1 \times \Delta_P(x)$$

式中，Δ_K 是虚拟位移状态中 K 铰接两侧截面的相对转角；$\Delta_P(x)$ 是虚拟位移状态中对应于单位移动荷载 $F=1$ 的虚位移，它随 $F=1$ 的移动而变化。

由虚功原理得出虚功方程：

$$M_K \Delta_K + \Delta_P(x) = 0$$

得

$$M_K = -\frac{\Delta_P(x)}{\Delta_K} = -\delta_P(x) \tag{14.1}$$

$\Delta_P(x)$ 是虚拟位移状态中，当取 $\Delta_K = 1$ 时单位移动荷载 $F=1$ 作用点的竖向虚位移；单位虚位移 δ_P 与单位移动荷载 $F=1$ 的方向一致（向下）时为正，反之（向上）为负。故基线以上的单位虚位移 δ_P 为负，而 M_K 的影响线在基线以上为正；相反，在基线以下的单位虚位移 δ_P 为正，而 M_K 的影响线在基线以下为负。因此，由式（14.1）可知，单位虚位移 $\delta_P(x)$ 图即为 M_K 的影响线。

我们再来看看剪力的影响线的作法。

如图 14.6（a）所示的原结构图，首先将与 F_K 相应的约束解除，将截面 K 切开后用两根平行于梁轴的链杆相连，同时加上一对正向剪力 F_{SK} 代替原有的约束的作用，如图 14.6（b）、（c）所示，此为平衡的力状态。

虚拟位移状态如图 14.6（e）所示，K 截面两侧发生相对移动，相对竖向位移为 Δ_K。由虚功原理得

$$F_{SK} \cdot \Delta_K + 1 \cdot \Delta_P(x) = 0$$

由此得

$$F_{SK} = -\frac{\Delta_P(x)}{\Delta_K} = -\delta_P(x)$$

由上述可知，若取 $\Delta_K = 1$，则所得的单位虚位移 $\delta_P(x)$ 图［见图 14.6（e）］即为 F_{SK} 影响线，如图 14.6（f）所示。

需要注意的是，AK、BK 两段梁由两根等长且平行的链杆相连，它们之间只能作相对的平行移动，所以在图 14.6（e）所示的虚拟位移状态中 AK_1、BK_2 应平行。因此，F_{SK} 影响线的左、右直线也互相平行，如图 14.6（f）所示。

由以上分析可以知道，为了作某指定内力（或反力）的影响线，只需解除其相应的约束，并使所得体系沿指定内力的正向发生所允许的单位虚位移，则由此得到的虚位移图即为所要求的内力（或反力）影响线。

这种作影响线的方法称为机动法。用这种方法，可以不经过具体的计算就迅速绘出影响线的轮廓，十分方便。

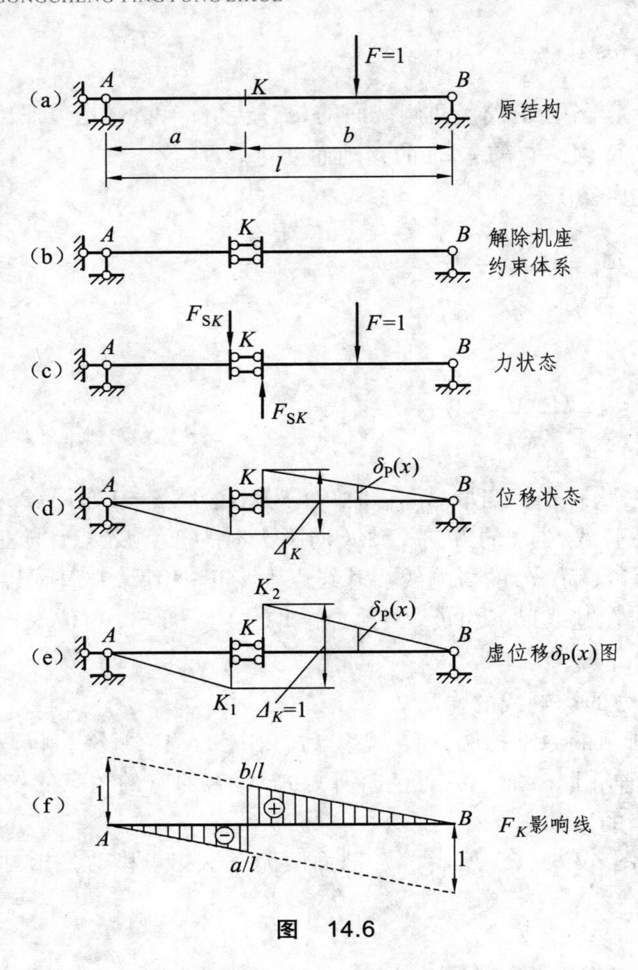

图 14.6

第四节 影响线的应用

一、利用影响线求量值

如图 14.7（a）所示简支梁，受到一组集中荷载 F_1 、F_2 和 F_3 的作用，试利用影响线来确定该梁反力 R_A 及截面 C 的剪力大小。

为此，可先绘出 R_A 和 F_{SC} 的影响线，如图 14.7（b）、（c）所示。设以 y_1 、y_2 和 y_3 分别表示荷载 F_1 、F_2 和 F_3 作用点下面 R_A 影响线的纵距，以 y_1' 、y_2' 和 y_3' 分别表示相应的 F_{SC} 影响线纵距。根据影响线的定义及叠加原理，可求得该组集中荷载作用下 R_A 和 F_{SC} 的量值分别为

$$R_A = F_1 y_1 + F_2 y_2 + F_3 y_3$$
$$F_{SC} = F_1 y_1' + F_2 y_2' + F_3 y_3'$$

如果将上述情况扩展到一般情况，设某结构承受一组集中荷载 F_1，F_2，…，F_n（见图 14.8），结构上某量值 S 的影响线已知，荷载作用点处相应的影响线纵距为 y_1，y_2，…，y_n，

则该组集中力作用下，量值S的大小为

$$S = F_1 y_1 + F_2 y_2 + F_3 y_3 + \cdots + F_n y_n = \sum F_y \qquad (14.2)$$

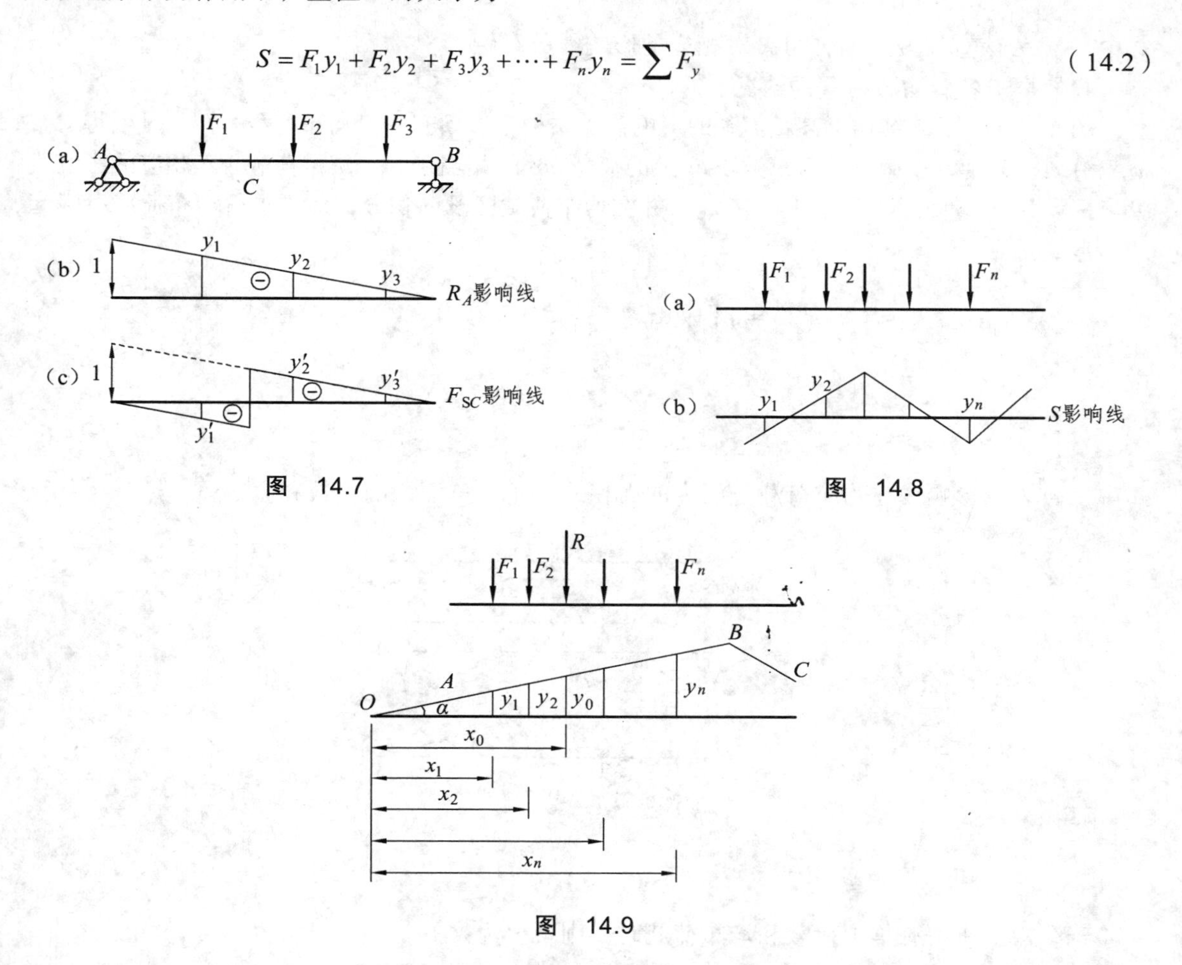

图　14.7

图　14.8

图　14.9

式（14.2）是利用影响线求集中荷载作用下结构内力的公式，式中的y值需要判断正负号。需要特别指出的是，当有一组集中力作用在影响线某一直线段上时（见图 14.9），可用它们的合力来代替这一组平行集中力，仍不改变所求量值的数值。显然，这将使计算得到简化，并对以上结论证明如下：

将影响线的直线段AB延长后与水平基线相交于O点，并取O点为坐标原点，根据式（14.2）有

$$\begin{aligned} S = \sum F_y = F_1 y_1 + F_2 y_2 + F_3 y_3 + \cdots + F_n y_n &= (F_1 x_1 + F_2 x_2 + F_3 x_3 + \cdots + F_n x_n)\tan\alpha \\ &= \tan\alpha \cdot \sum F_x \end{aligned} \qquad (14.3)$$

由合力矩定理，各分力对某点的力矩代数和等于合力R对该点的力矩，得

$$\sum F_x = R x_0 \qquad (14.4)$$

式中，R为该组集中力的合力；x_0为合力R至原点O的水平距离。

将式（14.4）代入式（14.3），得

$$S = Rx_0 \tan\alpha = Ry_0 \tag{14.5}$$

式中，y_0为该直线段上的合力R对相应的影响线的纵距。

我们再来看看均布荷载的情况。

图 14.10 所示为结构上某量值S的影响线。结构上作用有一段均布荷载q，此时可将均布荷载沿结构分为许多微段，每一微段$\mathrm{d}x$上的荷载$q\mathrm{d}x$，相当于一个集中荷载，其相应的影响线纵坐标设为y_x。因此，利用式（14.2），并在均布荷载区段内积分，即可求得均布荷载所引起的某量值：

$$S = \int_d^e q \cdot y_x \mathrm{d}x = q\int_d^e y_x \mathrm{d}x$$

则得

$$S = q\omega \tag{14.6}$$

式中，ω表示影响线在均布荷载范围内的面积，为正、负面积的代数和。

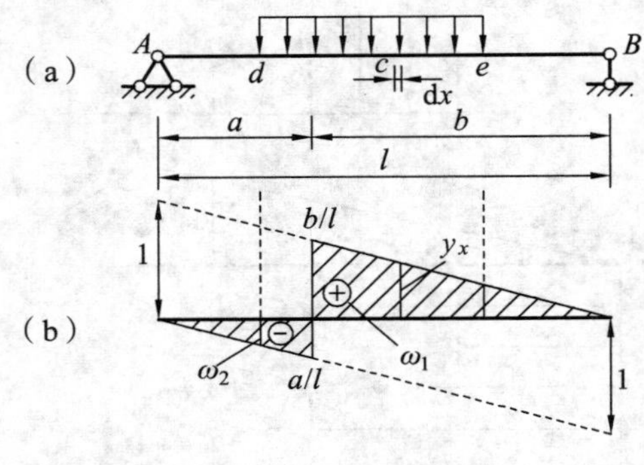

图 14.10

若结构上作用有集中荷载和均布荷载时，则量值为

$$S = \sum F_y + q\omega \tag{14.7}$$

【例 14.1】 利用影响线试求图 14.11（a）所示简支梁在荷载作用下的R_A、M_C、F_{SC}和F_{SD}的值。

【解题分析】 根据题意，绘制出的R_A、M_C、F_{SC}和F_{SD}的影响线，并求出荷载作用点处纵坐标，最后代入公式进行计算。注意F_{SD}影响线在D处有突变。

【解】 分别绘出R_A、M_C、F_{SC}和F_{SD}的影响线，并求出荷载作用点处纵坐标，如图 14.11（b）、（c）、（d）、（e）所示，于是有：

$$R_A = 20\times\frac{3}{5} - 10\times\frac{1}{5} + 10\times\frac{1}{2}\times\left(\frac{1}{5}+\frac{4}{5}\right)\times 3 = 25\ \text{kN}$$

$$F_{SC} = 20\times\frac{2}{5} + 10\times\frac{1}{5} + 10\times\frac{1}{2}\times\left(\frac{1}{5}+\frac{3}{5}\right)\times 2 - 10\times\frac{1}{2}\times\left(\frac{2}{5}+\frac{1}{5}\right)\times 1 = 15\ \text{kN}$$

$$M_C = 20\times\frac{4}{5} - 10\times\frac{3}{5} + 10\times\frac{1}{2}\times\left(\frac{6}{5}+\frac{2}{5}\right)\times 2 + 10\times\frac{1}{2}\times\left(\frac{6}{5}+\frac{3}{5}\right)\times 1 = 35\ \text{kN}\cdot\text{m}$$

由于 F_1 恰好作用在 D 截面，F_{SD} 影响线在 D 处有突变，因此 F_{SD} 应分为 $F_{SD左}$ 、$F_{SD右}$ 来计算。于是有

$$F_{SD左}=20\times\frac{2}{5}+10\times\frac{1}{5}-10\times\frac{1}{2}\times\left(\frac{3}{5}+\frac{1}{5}\right)\times2+10\times\frac{1}{2}\times\left(\frac{2}{5}+\frac{1}{5}\right)\times1=5\ \text{kN}$$

$$F_{SD右}=-20\times\frac{3}{5}+10\times\frac{1}{5}-10\times\frac{1}{2}\times\left(\frac{3}{5}+\frac{1}{5}\right)\times2+10\times\frac{1}{2}\times\left(\frac{2}{5}+\frac{1}{5}\right)\times1=-15\ \text{kN}$$

$D_{左}$ 和 $D_{右}$ 截面是在 D 稍左或稍右的截面。当求 $F_{SD左}$ 时，F_1 是在 F_S 左截面之右，其相应的影响线纵标为 $+\frac{2}{5}$；当求 $F_{SD右}$ 时，F_1 在 F_S 右截面之左，其相应的影响线坐纵标为 $-\frac{3}{5}$。

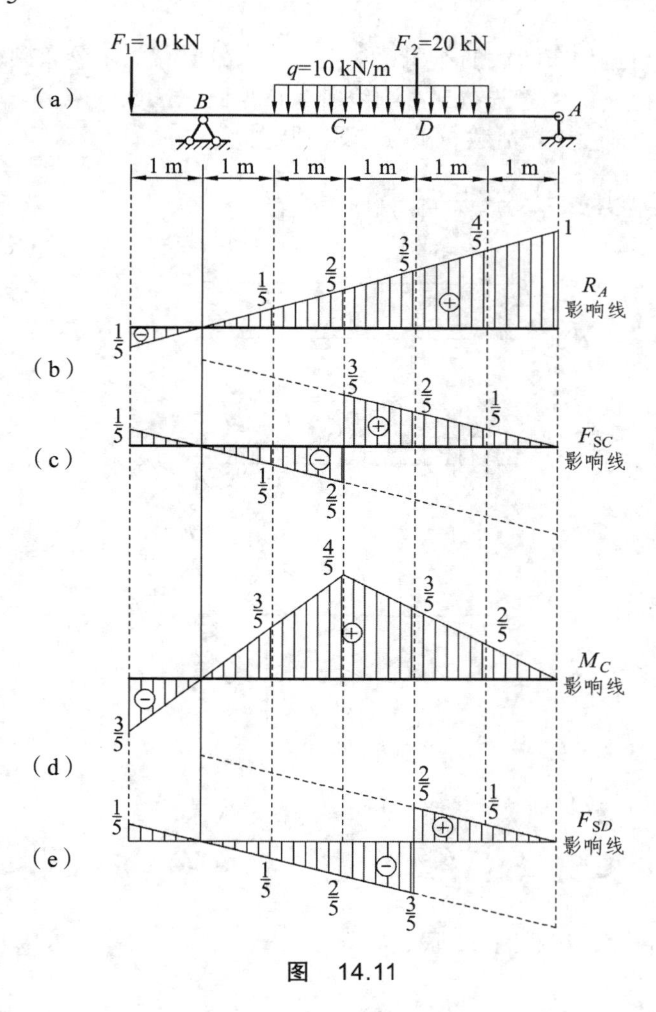

图　14.11

二、利用影响线确定最不利荷载位置

前面介绍了在固定荷载作用下，如何应用影响线求结构的反力和内力。现研究在一组移动荷载作用下，如何求结构反力及某一指定截面内力的最大值（最大绝对值）。由于移动荷载

在结构上的位置是变动的，结构的反力或指定截面内力也将随之变化。如能求出使结构的反力或指定截面内力产生最大值时的荷载位置，即所谓的最不利荷载位置，就可以用上述方法求出反力或内力的最大值，而确定最不利荷载位置需借助于影响线。

1. 均布活荷载作用

在任意断续布置的均布活荷载（如人群、车辆、材料等）的作用下，当求某量值的最大值时，可以将荷载布满到对应于影响线的所有正号面积内，以确定均布活载 q 的相应最不利荷载位置。

【例 14.2】 如图 14.12 所示伸臂梁 M_C 和 F_{SC} 的影响线，试求 $M_{C\max}$、$M_{C\min}$、$F_{SC\max}$、$F_{SC\min}$，已知均布活载 $q = 2\ \text{kN/m}$。

【解题分析】 根据均布活载的作用，求内力最大值时，将之分布到影响线所有正号面积区域；求内力最小值时，将之分布到影响线所有负号面积区域。

【解】 求 $M_{C\max}$ 时，均布活载布满 AB 段，得

$$M_{C\max} = 2 \times \frac{1}{2} \times 7 \times \frac{12}{7} = 12\ \text{kN} \cdot \text{m}$$

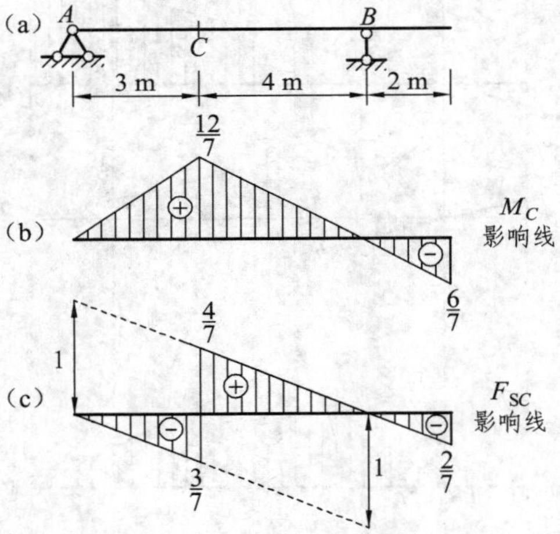

图 14.12

求 $M_{C\min}$ 时，均布活载仅布满 BD 段，得

$$M_{C\min} = -2 \times \frac{1}{2} \times 2 \times \frac{6}{7} = -\frac{12}{7}\ \text{kN} \cdot \text{m}$$

求 $F_{SC\max}$ 时，均布活载仅布满 BC 段，得

$$F_{SC\max} = 2 \times \frac{1}{2} \times 4 \times \frac{4}{7} = \frac{16}{7}\ \text{kN}$$

求 $F_{SC\min}$ 时，均布活载布满 AC 及 BD 段，得

$$F_{SC\min} = -2 \times \frac{1}{2} \times 3 \times \frac{3}{7} - 2 \times \frac{1}{2} \times 2 \times \frac{2}{7} = -\frac{13}{7}\ \text{kN}$$

2. 一组移动荷载作用时的一般情形

一组移动荷载中，各力的大小和相对间距应保持不变，如人群、车辆、材料等。

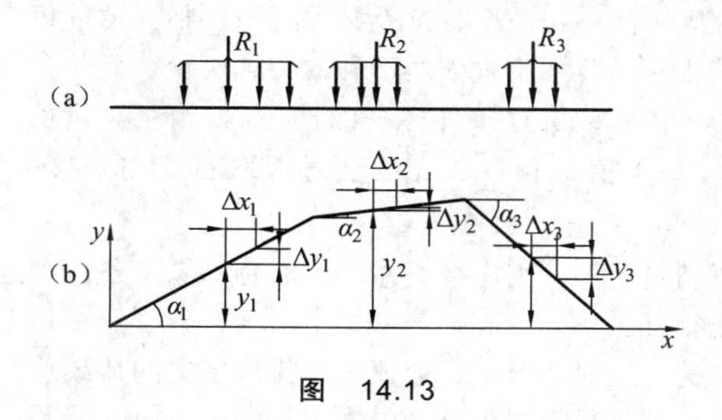

图 14.13

所谓某量值的最不利荷载位置，就是当荷载处于此位置时，该量值 S 的绝对值为最大，若荷载稍微向左或向右移动一微小距离 Δx，则量值 S 的绝对值都要减小，或者说其增量 ΔS 都是负值。

设某量值 S 的影响线如图 14.13（b）所示，其各段的倾角均以逆时针方向为正，以 R_1、R_2、R_3 表示每一直线段内各荷载的合力。当荷载处于图示位置时（此时并无任一集中荷载恰好位于影响线的转折点处），结构上某量值 S 为

$$S = R_1 y_1 + R_2 y_2 + R_3 y_3 \tag{14.8a}$$

如将所有荷载向左或向右移动一微小距离 Δx，则量值 S 的增量为

$$\begin{aligned}\Delta S &= R_1 \Delta y_1 + R_2 \Delta y_2 + R_3 \Delta y_3 \\ &= R_1 \Delta x \tan\alpha_1 + R_2 \Delta x \tan\alpha_2 + R_3 \Delta x \tan\alpha_3 \\ &= \Delta x (R_1 \tan\alpha_1 + R_2 \tan\alpha_2 + R_3 \tan\alpha_3) \\ &= \Delta x \sum R \tan\alpha \end{aligned} \tag{14.8b}$$

使 S 值为最大值的荷载位置，不管荷载向左或向右移动，S 值均应减小，即 $\Delta S < 0$（求最小值时，应 $\Delta S > 0$），当荷载向右移动时，为 Δx 正增量，则式（14.8b）中应取 $\sum R\tan\alpha < 0$；当荷载向左移动时，为 Δx 负增量，则式（14.8b）中应取 $\sum R\tan\alpha > 0$（求最小 S 值和最大 S 值时，结论刚好相反）。

总之，无论荷载向左移动还是向右移动，$\sum R\tan\alpha$ 必须改变符号，这是确定最不利荷载位置的条件之一。

但是 $\tan\alpha$ 是常数，欲使 $\sum R\tan\alpha$ 改变符号，必须改变每一段合力 R 的数值。只有当某一个集中荷载恰好作用在影响线的一个转折点处时，才有可能。因此最不利荷载位置的条件之二是：必须有一个荷载正好作用在影响线的转折点上。

满足上述两个条件，处于影响线转折点处的集中荷载称为临界荷载 F_K，此时的荷载位置称为临界位置。

欲确定临界位置，必须经过一系列的假定、计算。先假定临界荷载位于影响线某一转折点上，然后向左转动，计算相应的 $\sum R\tan\alpha$，看其是否改变符号（包括由正、负变为零或由

零变为正、负）。试算中，假定的临界荷载移动到转折点的哪一边时，即应将其计入哪一段的合力。试算如不满足变号要求，应重新设定临界荷载再计算，直到符合要求为止。

一般情况下临界位置可能不止一个，这就必须将与各临界位置相应的 S 值求出并加以比较，取其最大值，而其相应的荷载位置为最不利的荷载位置。

试算时，应注意最不利荷载位置条件之一的推导。如当某一量值影响线纵坐标全取正，则应对该量值取最大（小）值，且 $\sum R\tan\alpha$ 变号应取右（左）移小于零而左（右）移大于零。

试算时，若左移不满足条件，则应继续左移；右移不满足条件时也应继续右移，否则方向不对，试算效果就会相反。

试算总是比较麻烦的，一般情况下，数值大、排列密集的荷载总在影响线纵坐标最大处附近。因此，仍可通过直观判断来减少试算的次数。

3. 一组移动荷载作用时的特殊情形

（1）三角形影响线的情形。

如图 14.14 所示，设临界荷载 F_K 恰好位于三角形影响线的顶点处，以 $R_{左}$ 和 $R_{右}$ 分别表示以左及以右所有荷载的合力。由最不利荷载位置条件之一，即荷载向左与向右移动时，应由正变负的关系，得下列不等式：

$$\begin{aligned}&(R_{左}+F_K)\tan\alpha+R_{右}\tan\beta>0\\&R_{左}\tan\alpha+(P_K+R_{右})\tan\beta<0\end{aligned}\tag{14.9}$$

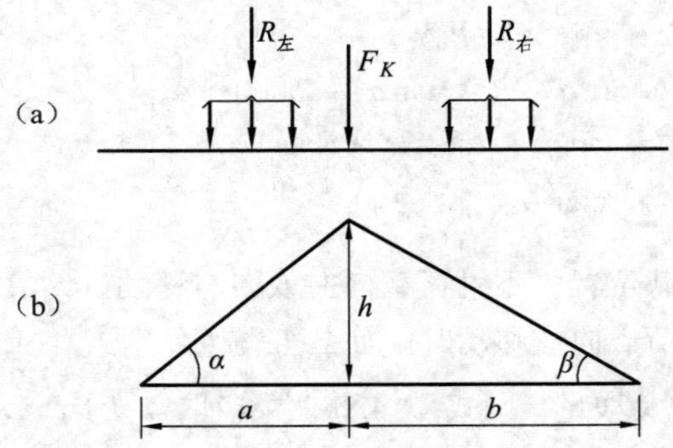

(a) $R_{左}$ F_K $R_{右}$

(b) h α β a b

图 14.14

将 $\tan\alpha=\dfrac{h}{a}$， $\tan\beta=-\dfrac{h}{b}$ 代入式（14.9），得

$$\begin{cases}\dfrac{R_{左}+F_K}{a}>\dfrac{R_{右}}{b}\\[2ex]\dfrac{R_{左}}{a}<\dfrac{F_K+R_{右}}{b}\end{cases}\tag{14.10}$$

这就是三角形影响线最不利荷载位置的判别式。它表明最不利荷载位置的特点是“临界荷载 F_K”移动到影响线顶点的哪一边，哪一边单位长度上的荷载就比较大。

对于连续均布移动荷载，作用在量值的影响线为三角形的结构上且荷载连续的长度又较影响线为短时，确定最不利的荷载位置，可将这种均布荷载看做一系列等于 $q\Delta x$ 的集中荷载。设其中某一 $q\Delta x$ 在三角形影响线顶点为最不利的荷载位置，根据上述判别式有

$$\begin{cases} \dfrac{R_{左}+q\Delta x}{a} > \dfrac{R_{右}}{b} \\ \dfrac{R_{左}}{a} < \dfrac{q\Delta x + R_{右}}{b} \end{cases}$$

由于 $q\Delta x$ 是一个微量，所以以上两个等式可以合并为一个等式：

$$\frac{R_{左}}{a} = \frac{R_{右}}{b} \tag{14.11}$$

即顶点左、右两边，单位长度上的荷载应相等，这是连续均布移动荷载作用下，确定最不利荷载位置的条件。

必须注意，对于影响线为三角形时，以上判别式均不适用。此时，应逐次假定 F_K 置于三角形顶点，并试算出 F_S 值，通过比较后，才能确定最不利的荷载位置。在积累了经验后，就不必每个力都要假定为 F_K，试算的次数也可以减少。

第五节　简支梁的绝对最大弯矩

在一组移动的集中荷载作用下，简支梁指定截面有最大弯矩，指定截面不同，最大弯矩的大小也不一样。这些大小不同的最大弯矩中的最大值，称为简支梁的绝对最大弯矩。

求简支梁上的绝对最大弯矩，理论上应对梁上的每一个截面求最大弯矩，然后加以比较，选择其中的最大者。但梁上的截面有无数个，要把每个截面的最大弯矩都求出来是不可能的。在一组移动的集中荷载的作用下，求梁的截面最大弯矩时，三角形影响线的顶点总是处于某一集中荷载的下面。据此，绝对最大弯矩也必定发生在某一集中荷载的作用点处，问题就转变为确定这个荷载和荷载的位置所在了。为此可以先选定一集中荷载，视荷载在任何位置时，其下面的截面弯矩为最大。

设有一组集中荷载，在如图 14.15 所示的简支梁上移动，某荷载 F_K 作用点 C 处的弯矩为最大，截面 C 称为临界截面。F_K 与左支点的距离为 x，设梁上的荷载合力为 R 在 F_K 之右，与 F_K 作用点距离为 a，则左支点的反力 R_A 由 $\sum M_B(F)=0$ 得

$$R_A = \frac{R}{l}(l-x-a)$$

如以 M_K 表示以左各荷载对点 C 的力矩的总和，则截面 C 的弯矩 M_C 为

$$M_C = R_A \cdot x - M_K = \frac{R}{l}(l-x-a)\cdot x - M_K$$

当梁上移动荷载的数目没有增减时，R 和 M_K 均为与 x 无关的常数。当 M_C 为最大时，则应满足：

$$\frac{\mathrm{d}}{\mathrm{d}x}\left[\frac{R}{l}(l-x-a)x-M_K\right]=0$$

$$\frac{R}{l}(l-2x-a)=0$$

$$x=\frac{l}{2}-\frac{a}{2}=\frac{1}{2}(l-a) \tag{14.12}$$

式（14.12）说明了 F_K 作用点（截面 C）处的弯矩为最大时，梁上所有荷载的合力 R 与 F_K 的距离 a 应被跨中线平分。此时最大弯矩为

$$M_{\max}=\frac{R}{l}(l-x-a)x-M_K=\frac{R}{l}\left(l-a-\frac{l-a}{2}\right)\left(\frac{l-a}{2}\right)x-M_K=\frac{R}{l}\left(\frac{l-a}{2}\right)^2-M_K$$

上式中，如 R 在 F_K 之右，a 取正号；如 R 在 F_K 之左，a 应取负号。

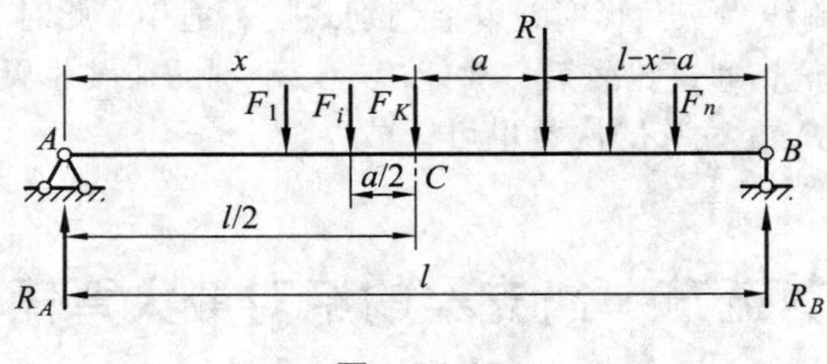

图 14.15

由于 F_K 选定的不同，可能出现几个 $M_{\max}$，须逐一进行比较，选择最大者，计算颇为烦琐。通常凭经验，选择使跨中截面 C 产生最大弯矩的临界荷载作为产生绝对最大弯矩的临界荷载 F_K，在它的下面产生绝对最大弯矩。

使跨中截面 C 产生最大弯矩的临界荷载 F_K，用试算方法来求非常不方便。对于这一特殊情况，判别式（14.10）可以进行简化：先顺次取梁上荷载个数并求出合力 R，然后取合力 R 的中点所对应的力为 F_K。

【例 14.3】 试求图 14.16 所示的简支梁在两台吊车作用下的最大弯矩。已知 $F_1=F_2=F_3=F_4=33\ \text{kN}$。

【解题分析】 分别考虑 4 个荷载和 3 个荷载作用在梁上的情况，分别计算出两种情况下的最大弯矩，进行比较，确定最大弯矩。

【解】（1）考虑到 4 个荷载全在梁上，计算静力等效力：

$$F_{\mathrm{R}}=33\times4=132\ \text{kN}$$

F_{R} 作用在 F_2、F_3 中间，到 F_2 的距离为

$$a=\frac{1.26}{2}=0.63\ \text{m}$$

将 F_{R}、F_2 对称放在梁中点 C 两侧，作用点所在截面即是可能发生绝对最大弯矩截面，其值为

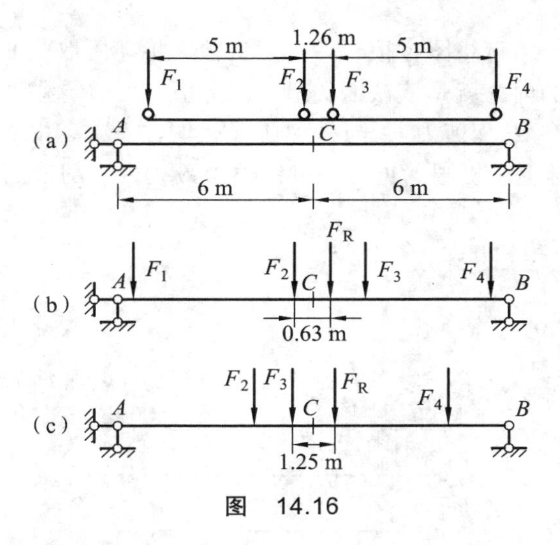

图　14.16

$$M_{\max}^{(b)} = \frac{132}{4\times12}\times(12-0.63)^2 - 33\times5 = 190.5\ \text{kN}\cdot\text{m}$$

（2）考虑 3 个荷载（ F_2 、 F_3 、 F_4 ）在梁上的情况，此时：

$$F_R = 33\times3 = 99\ \text{kN}$$

为求 F_R 和 F_3 的距离 a ，可对 F_3 作用点取矩，得

$$a = \frac{33\times5 - 33\times1.26}{99} = 1.25\ \text{m}$$

将 F_R 、 F_3 对称放在梁中点 C 的两侧，则荷载 F_3 作用点是可能发生绝对最大弯矩的截面，其值为

$$M_{\max}^{(c)} = \frac{99}{4\times12}\times(12-1.25)^2 - 33\times1.26 = 196.8\ \text{kN}\cdot\text{m}$$

比较 $M_{\max}^{(b)}$ 和 $M_{\max}^{(c)}$ 可知，梁的绝对最大弯矩发生在如图所示的荷载位置作用时的 F_3 作用截面上，其值为

$$M_{\max} = 196.8\ \text{kN}\cdot\text{m}$$

第六节　简支梁的内力包络图

在实际工程结构的设计中，时常需要用到简支梁在移动荷载作用下各截面的内力（弯矩和剪力）的最大值。由前面所讲内容可知，移动荷载某截面内力的最大值一定发生在某个集中荷载下面。如果对梁的一系列截面作出内力影响线后，再求出最大值，将各截面的内力最大值连成一条曲线，这条曲线就是表示该梁各截面最大内力值的图线，称为最大内力分布图，也称为内力包络图。

梁的内力包络图有弯矩图和剪力图两种。

如果按前面方法求内力包络图，很烦琐，并且精度将随所取截面的多少而不同。考虑到移动荷载作用点处截面的内力就是该截面的最大内力值，可假定移动荷载 F 距左支点距离为 x，用平衡方程列出弯矩 M_x 和剪力 F_{Sx} 与移动荷载 F 的关系式，由于所得内力方程是荷载位置 x 的函数，故可用数学上求极限的方法来确定梁上最大内力的截面位置。

一、简支梁的弯矩包络图

1. 一个集中荷载 F 的情况

如图 14.17（a）所示简支梁，集中力 F 距左支点 A 为 x，则该处截面弯矩为

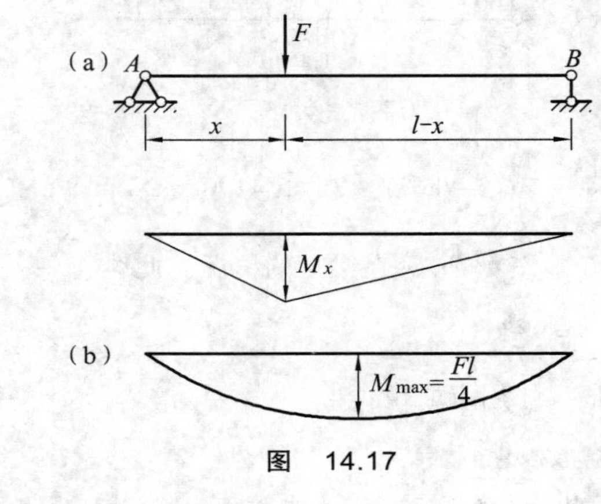

图 14.17

$$M_x = \frac{F}{l}x(l-x) \tag{14.13}$$

式（14.13）就是简支梁受一个集中力 F 作用时的弯矩包络图的曲线方程。欲求绝对最大弯矩的所在截面位置，可令方程的一阶导数为零，即

$$\frac{\mathrm{d}}{\mathrm{d}x}\left[\frac{F}{l}x(l-x)\right] = 0$$

得

$$\frac{F}{l}(l-2x) = 0$$

$$x = \frac{l}{2}$$

将 M_x 方程绘成曲线，即得弯矩包络图，如图 14.17（b）所示。将 $x=\frac{l}{2}$ 代入式（14.13），可得简支梁的绝对最大弯矩为 $\frac{1}{4}Fl$。

2. 两个集中荷载 F_1、F_2 同时作用情况

如图 14.18（a）所示简支梁，如前所述，最大弯矩既可能发生在 F_1 作用的截面上，也可

能发生在 F_2 作用的截面上。为此，应分别考虑两种情况并求绝对最大弯矩。

若 $F_1 \neq F_2$，假设 $F_1 > F_2$，设移动荷载 F_1、F_2 之间的间距为 a，F_1 距左支点 A 的距离为 x_1，R 为 F_1、F_2 的合力，则可求出 R 与 F_1 的距离 $a_1 = F_2\dfrac{a}{R}$，R 与 F_2 的距离 $a_2 = F_1\dfrac{a}{R}$。求得左支座反力为

$$R_A = R\frac{(l - x_1 - a_1)}{l}$$

F_1 作用点处截面弯矩（即该截面可能产生的最大弯矩）为

$$M_{x1} = R_A x_1 = R\frac{(l - x_1 - a_1)}{l}x_1 = R\left(x_1 - \frac{x_1^2}{l} - \frac{a_1 x_1}{l}\right) \tag{14.14}$$

将式（14.14）绘成图线，得到弯矩包络图，如图 14.18（b）所示，为一条二次抛物线。

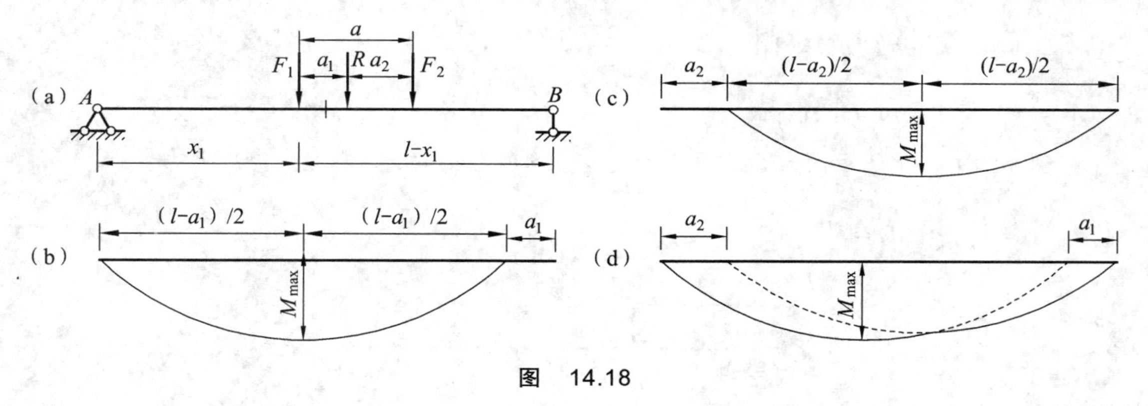

图 14.18

令 $\dfrac{dM_{x1}}{dx} = 0$，可得最大弯矩的截面位置为

$$x_1 = \frac{l}{2} - \frac{a_1}{2}$$

将 x_1 值代入式（14.14）可得

$$M_{1\max} = R_A x_1 = R\frac{(l - a_1)^2}{4l}$$

同理，最大弯矩也可能发生在 F_2 作用点处，若设 F_2 与右支座 B 的距离为 x_2，同样可以推出 F_2 的作用点处的截面弯矩为

$$M_{x2} = R\left(x_2 - \frac{x_2^2}{l} - \frac{a_2 x_2}{l}\right) \tag{14.15}$$

当 $x_2 = \dfrac{l}{2} - \dfrac{a_2}{2}$ 时，得

$$M_{2\max} = R\frac{(l - a_2)^2}{4l}$$

式（14.15）也是二次抛物线方程，同样也可作出一个弯矩包络图，如图 14.18（c）所示。

由于我们讨论的是简支梁 F_1 和 F_2 同时作用的，故实际的弯矩包络图应取图 14.18（b）、（c）所示的两条曲线的较大部分，即在梁的左半部取曲线Ⅰ、右半部分取曲线Ⅱ。这样，在 F_1、F_2 作用下，简支梁的弯矩包络图的实际部分如图 14.18（d）所示。由于 $F_1 > F_2$，则 $a_2 > a_1$，可知绝对最大弯矩 $M_{max} = M_{1max}$，其截面在中央截面偏左 $\frac{a_1}{2}$ 处。

若 $F_1 = F_2 = F$ 时，则 $R = 2F$，$a_1 = a_2 = \frac{a}{2}$，按上述方法可以得到图 14.18（e）所示弯矩包络图。由图可见，在距梁中央截面 $\frac{a}{4}$ 处的左、右对称截面有相同的绝对最大弯矩：

$$M_{max} = \frac{2F}{l}\left(l - \frac{a}{2}\right)^2$$

二、简支梁的剪力包络图

1. 一个集中荷载 F 的情况

如图 14.19（a）所示简支梁，设 F 距左支点 A 的距离为 x，则左支点反力为

$$R_A = F\frac{l-x}{l}$$

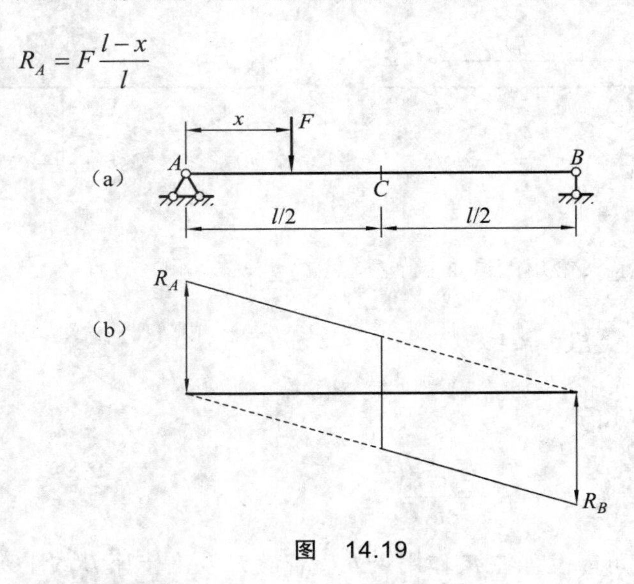

图 14.19

可以看出 R_A 为一直线方程，由两点即可定出：

当 $x = 0$ 时，$R_A = F$

当 $x = l$ 时，$R_A = 0$

由静力法求简支梁任一截面的剪力影响线可知，当移动荷载 F 作用点与某截面重合时，该截面的剪力可以达到最大值，由于 F 与左右支座之间无荷载段，故其值就等于左支座的反力 R_A 或右支座反力 R_B 的负值。当截面位于梁的左半部时，剪力最大值发生在 A 支座的偏右截面上，其值等于 R_A；当截面位于梁的右半部时，剪力最大值发生在 B 支座的偏左截面上，其值等于 R_B 的负值。用图 14.19（b）中的实线部分表示梁的剪力包络图。

2. 两个集中荷载 F_1、F_2 同时作用的情况

如图 14.20（a）所示，若 $F_1 \neq F_2$ 且 $F_1 > F_2$，设 F_1 和 F_2 的间距为 a，与合力的间距分别为 a_1 和 a_2，则 $a_1 = \frac{F_2 a}{R}$，$a_2 = \frac{F_1 a}{R}$，F_1 距左支点 A 的距离为 x，则左支点反力为

$$R_A = \frac{R}{l}[(l-a_1)-x] \tag{14.16}$$

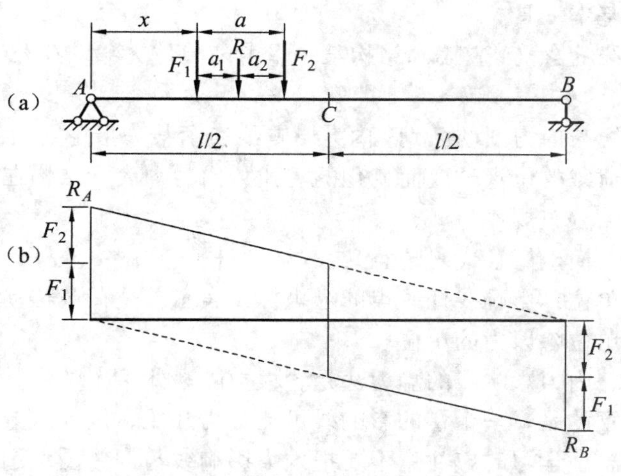

图　14.20

可以看出 R_A 为一直线方程，x 的范围为 $0 \sim (l-a)$。

当 $x=0$ 时，

$$R_A = \frac{R}{l}(l-a_1) = (F_1+F_2) - \frac{F_2 a}{l}$$

当 $x=l-a$ 时，

$$R_A = \frac{Ra_2}{l} = \frac{F_1 a}{l}$$

根据式（14.16）绘制图线，即得最大剪力分布图线，也称反力 R_A 线；同样，可以绘出反力 R_B 线。将两线合并，在梁的左半部取反力 R_A 线，在梁的右半部取反力 R_B 线，如图 14.20（b）所示，即得梁的剪力包络图。

当 $F_1 = F_2 = F$ 时，$R = 2F$，则

$$R_A = \frac{R}{l}\left(l - x - \frac{a}{2}\right)$$

当 $x=0$ 时，

$$R_A = \frac{R}{l}(l-2a) = 2F - \frac{Fa}{l}$$

当 $x=l-a$ 时，

$$R_A = \frac{Fa}{l}$$

小　结

本章讨论了移动荷载作用下静定结构的反力及内力的计算问题。影响线是在移动荷载作用下进行结构计算的基本工具。

首先要理解影响线的含义，它表示结构某一量值随单位为移动荷载 $P=1$ 位置改变而变化的规律。

要注意内力影响线与内力图的区别：内力影响线表示某一指定截面的某一内力值（弯矩、剪力或轴力）随单位荷载的位置改变而变化的规律；内力图表示结构在某种固定荷载作用下各个截面的某一内力的分布规律。

要弄清影响线纵、横坐标各代表的意义。影响线任一点的横坐标，表示单位移动荷载的位置，其单位为长度单位；影响线任一点的纵坐标，表示单位荷载移动到该点时某个量的数值，其单位为该量的单位除以力的单位。

作静定结构反力、内力影响线的静力法是，根据隔离体平衡条件列出影响线方程，再用图线表示出来。要注意的是，一个量的影响线可能分为几段，因此应分段列出方程。

影响线是个新概念，学习时应注意不要把内力影响线与内力图混淆起来。要用运动和变化的观点去分析问题，由易到难，做一定数量的习题，掌握影响线的作法。一些基本的影响线的特点应记住，以便于分析问题。

附录I　截面的几何性质

工程中，构件的横截面都是具有一定几何形状和尺寸的平面图形，例如圆形、矩形、T形、工字形等。与截面图形的几何形状和尺寸有关的几何量，称为截面图形的几何性质，如截面面积、静矩、惯性矩、极惯性矩、惯性积等。构件的强度、刚度和稳定性都与这些几何量有关。

第一节　静矩和形心

一、静　矩

设有一代表任意截面的平面图形，其面积为 A。在图形平面内建立直角坐标系 Oxy，如图 I.1 所示。在该截面上任取一微面积 $\mathrm{d}A$，设微面积 $\mathrm{d}A$ 的坐标为（x，y）。我们把乘积 $y\mathrm{d}A$ 和 $x\mathrm{d}A$ 分别称为微面积 $\mathrm{d}A$ 对 x 轴和 y 轴的静矩（或面积矩）。而把积分 $\int_A y\mathrm{d}A$ 和 $\int_A x\mathrm{d}A$ 分别定义为该截面对 x 轴和 y 轴的静矩，分别用 S_x 和 S_y 表示，即

$$\left.\begin{aligned} S_x &= \int_A y\mathrm{d}A \\ S_y &= \int_A x\mathrm{d}A \end{aligned}\right\} \tag{I.1}$$

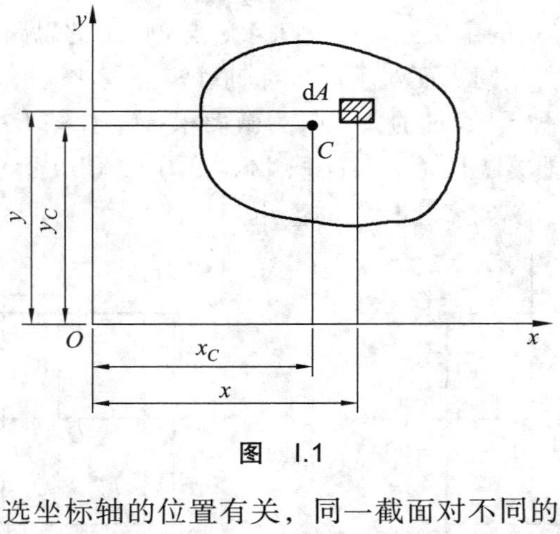

图　I.1

由定义知，静矩与所选坐标轴的位置有关，同一截面对不同的坐标轴有不同的静矩。静矩是一个代数量，其值可为正、为负或为零。静矩的常用单位是 mm^3 或 m^3 。

【例 I.1】　已知图 I.2 所示矩形截面的高为 h，宽为 b。试计算该矩形截面对 x 轴和 y 轴的静矩 S_x 与 S_y 。

【解题分析】 由静矩的定义式（I.1）入手，恰当地选取微面积 dA：如求截面对 x 轴的静矩，则取平行于 x 轴的狭长条为微面积 dA，如图 I.2（a）所示；如求截面对 y 轴的静矩，则取平行于 y 轴的狭长条为微面积 dA，如图 I.2（b）所示。采用高等数学的方法，将面积分化为线积分即可计算对各坐标轴的静矩。

【解】 计算截面对 x、y 轴的静矩。

由图 I.2（a）可知，$\mathrm{d}A=b\mathrm{d}y$，代入式（I.1）可得

$$S_x=\int_A y\mathrm{d}A=\int_0^h y\cdot b\mathrm{d}y=b\int_0^h y\mathrm{d}y=b\cdot\frac{h^2}{2}$$

同理，由图 I.2（b）可知，$\mathrm{d}A=h\mathrm{d}x$，代入式（I.1）可得

$$S_y=\int_A x\mathrm{d}A=\int_0^b x\cdot h\mathrm{d}x=h\int_0^b x\mathrm{d}x=h\cdot\frac{b^2}{2}$$

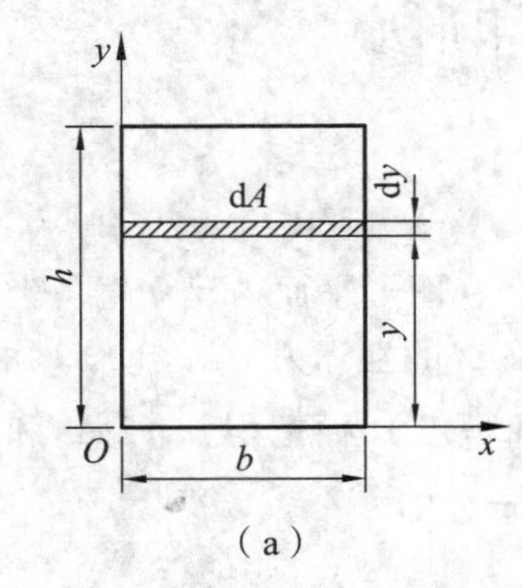

（a）

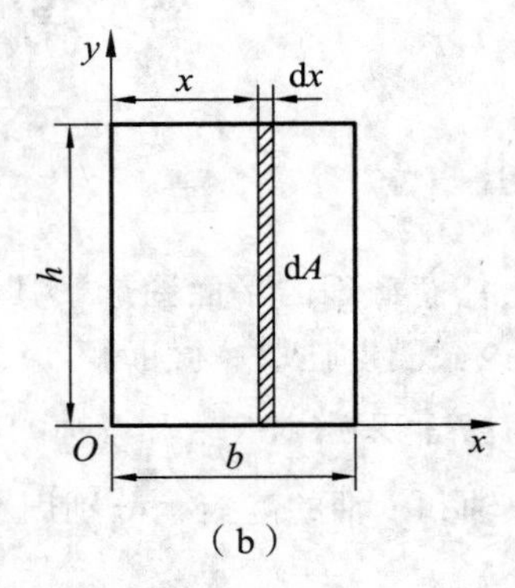

（b）

图 I.2

【例 I.2】 已知矩形截面的高为 h，宽为 b。试计算该矩形截面对图 I.3 所示 x 轴和 y 轴的静矩 S_x 与 S_y。

【解题分析】 仍由静矩的定义式（I.1）入手，与例 I.1 的思路方法相同，只是坐标轴的位置不同。通过本例可体会相同截面对不同坐标轴静矩的变化。恰当地选取微面积 dA，如求截面对 x 轴的静矩，则取平行于 x 轴的狭长条为微面积 dA，如图 I.3（a）所示；如求截面对 y 轴的静矩，则取平行于 y 轴的狭长条为微面积 dA，如图 I.3（b）所示。采用高等数学的方法，将面积分化为线积分即可计算对各坐标轴的静矩。

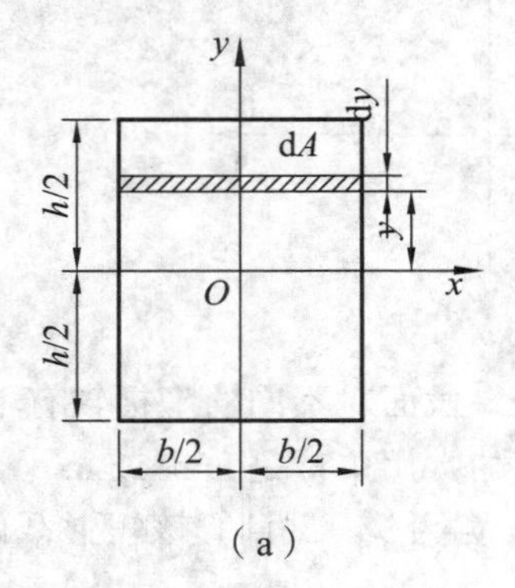

（a）

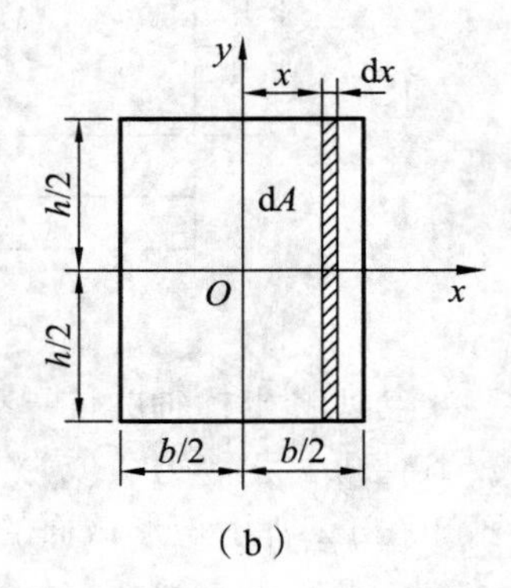

（b）

图 I.3

【解】 计算截面对 x 、y 轴的静矩。

由图 I.3（a）可知，$dA = bdy$，代入式（I.1）可得

$$S_x = \int_A y dA = \int_{-\frac{h}{2}}^{\frac{h}{2}} y \cdot y dy = b\int_{-\frac{h}{2}}^{\frac{h}{2}} y dy = 0$$

同理，由图 I.2（b）可知：$dA = hdx$ 代入式（I.1）可得

$$S_y = \int_A x dA = \int_{-\frac{b}{2}}^{\frac{b}{2}} x \cdot h dx = h\int_{-\frac{b}{2}}^{\frac{b}{2}} h dx = 0$$

比较例 I.1 和例 I.2 可得出如下结论：

（1）同一截面，若坐标轴的位置不同，则该截面对坐标轴的静矩也不同。

（2）截面对通过形心的坐标轴的静矩为零。

二、形 心

由静力学中均质薄板的形心公式可知，若截面的形心坐标为（x_C，y_C），则

$$\left.\begin{aligned} x_C &= \frac{\int_A x dA}{A} \\ y_C &= \frac{\int_A y dA}{A} \end{aligned}\right\} \tag{I.2}$$

式中 A——截面面积。

由式（I.2）可得截面的几何性质 1。

性质 1 若截面对称于某轴，则形心必在该对称轴上。若截面有两个对称轴，则形心必为这两对称轴的交点。

在确定形心位置时，利用这个性质可以减少计算工作量。

将静矩的定义（I.1）式代入（I.2）式，可得截面的形心坐标与静矩之间的关系为

$$\left.\begin{aligned} S_x &= y_C \cdot A \\ S_y &= x_C \cdot A \end{aligned}\right\} \tag{I.3}$$

由式（I.3）可得截面的几何性质 2。

性质 2 若截面对某轴（如 x 轴）的静矩为零（$S_x = 0$），则该轴一定通过截面的形心，即 $y_C = 0$；反之，截面对其形心轴的静矩一定为零。

利用式（I.3），若已知截面形心位置，可求截面的静矩；反之，若已知截面的静矩，也可确定截面形心的位置。

【例 I.3】 试确定图 I.4 所示半圆形截面的形心位置。

【解题分析】 因为截面关于 y 轴对称，所以可先利用截面的几何性质 1 判断出该截面的形心一定在 y 轴上，即 $x_C = 0$；然后，利用式（I.2）进行计算。所以应先求出截面对 x 轴的静矩 S_x。

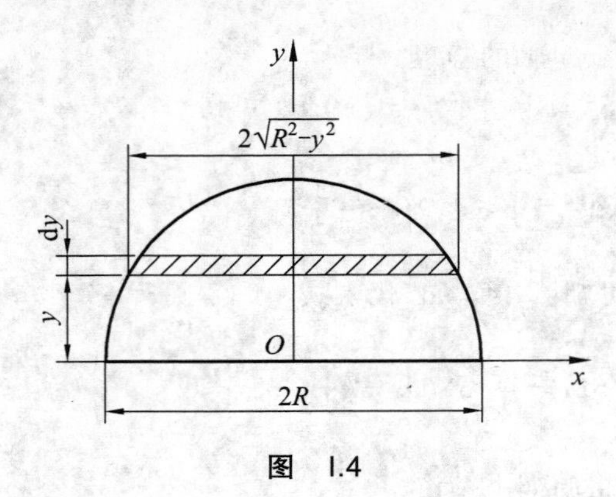

图 I.4

【解】 （1）计算截面对 x 轴的静矩，取微面积 $\mathrm{d}A=2\sqrt{R^2-y^2}\mathrm{d}y$，如图 I.4 所示，则

$$S_x=\int_A y\mathrm{d}A=\int_0^R 2y\sqrt{R^2-y^2}\mathrm{d}y=\frac{2}{3}R^3$$

（2）计算截面的形心位置。

由于截面关于 y 轴对称，由截面的几何性质 1 可知，形心必在 y 轴上，即

$$x_C=0$$

而

$$y_C=\frac{\int_A y\mathrm{d}A}{A}=\frac{\frac{2}{3}R^3}{\frac{\pi R^2}{2}}=\frac{4R}{3\pi}$$

三、组合截面的静矩和形心

在工程实际中经常会遇到一些由几个简单图形（如矩形、三角形、半圆形等）组合而成的截面，称为组合截面。图 I.5 所示为工程中常见的组合截面。

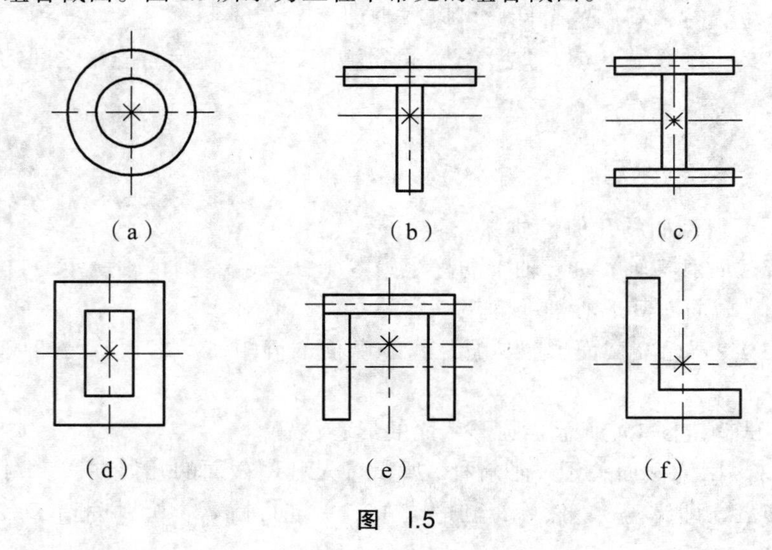

图 I.5

根据静矩的定义，组合截面对某轴的静矩应等于其各组成部分对该轴静矩之和，即

$$\left.\begin{aligned} S_x &= \sum S_{xi} = \sum A_i \cdot y_{Ci} \\ S_y &= \sum S_{yi} = \sum A_i \cdot x_{Ci} \end{aligned}\right\} \tag{I.4}$$

组合截面形心的计算公式为

$$\left.\begin{aligned} x_C &= \frac{S_y}{A} = \frac{\sum A_i \cdot x_{Ci}}{\sum A_i} \\ y_C &= \frac{S_x}{A} = \frac{\sum A_i \cdot y_{Ci}}{\sum A_i} \end{aligned}\right\} \tag{I.5}$$

式中 A_i，x_{Ci}，y_{Ci}——各个简单截面的面积及形心坐标。

【例 I.4】 试确定图 I.6 所示 T 形截面的形心位置。

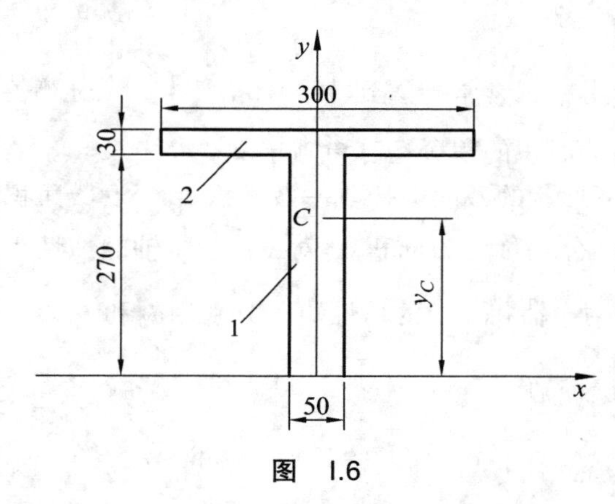

图 I.6

【解题分析】 T 形截面可以看成由两个矩形截面组成，如图 I.6 所示。将其分解为两个简单的矩形，并分别算出每个矩形的面积 A_1、A_2 和形心坐标 y_{C1}、y_{C2}，即可用组合截面形心的计算公式（I.5）式进行计算。

【解】 （1）将截面分解为矩形 1、矩形 2 两个简单的矩形，如图 I.6 所示，并分别算出每个矩形的面积 A_1、A_2 和形心坐标 y_{C1}、y_{C2}：

$$A_1 = 270\ \text{mm} \times 50\ \text{mm} = 13500\ \text{mm}^2$$

$$y_{C1} = \frac{270\ \text{mm}}{2} = 135\ \text{mm}$$

$$A_2 = 300\ \text{mm} \times 30\ \text{mm} = 9000\ \text{mm}^2$$

$$y_{C2} = 270\ \text{mm} + \frac{30\ \text{mm}}{2} = 285\ \text{mm}$$

（2）利用组合截面形心的计算公式计算形心位置。

由于截面关于 y 轴对称，由截面的几何性质 1 可知，形心必在 y 轴上，即

$$x_C = 0$$

由式（I.5）可知：

$$y_C=\frac{\sum A_i\cdot y_{Ci}}{\sum A_i}=\frac{A_1\cdot y_{C1}+A_2\cdot y_{C2}}{A_1+A_2}$$

$$=\frac{13\ 500\ \text{mm}^2\times 135\ \text{mm}+9\ 000\ \text{mm}^2\times 285\ \text{mm}}{13\ 500\ \text{mm}^2+9\ 000\ \text{mm}^2}=195\ \text{mm}$$

所以，图示T形截面的形心坐标是（0，195）。

第二节　惯性矩·极惯性矩和惯性积

一、惯性矩与惯性半径

1. 惯性矩

在材料力学的后续学习中，常常会遇到$\int_A y^2\cdot \text{d}A$、$\int_A x^2\cdot \text{d}A$等关于面积的积分运算，为了计算方便，常将这些有关面积的积分运算单独定义。

如图I.7所示，在任意形状的截面上任取一微面积$\text{d}A$，设微面积$\text{d}A$的坐标为（x，y），则我们把乘积$y^2\text{d}A$和$x^2\text{d}A$分别称为微面积$\text{d}A$对x轴和y轴的惯性矩。而把积分$\int_A y^2\cdot \text{d}A$和$\int_A x^2\cdot \text{d}A$分别定义为截面对$x$轴和$y$轴的惯性矩，分别用$I_x$和$I_y$表示，即

$$\left.\begin{aligned}I_x&=\int_A y^2\text{d}A\\I_y&=\int_A x^2\text{d}A\end{aligned}\right\}\tag{I.6}$$

由定义可知惯性矩恒为正值，其常用单位是mm^4或m^4。

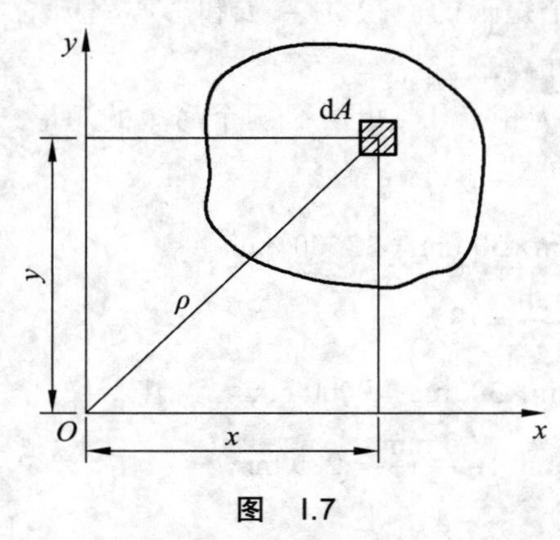

图　I.7

【例I.5】　试计算图I.8所示矩形截面对其形心轴x、y的惯性矩I_x和I_y。

【解题分析】　由惯性矩的定义式（I.6）入手，恰当地选取微面积$\text{d}A$：如求截面对x轴的惯性矩，则取平行于x轴的狭长条为微面积$\text{d}A$；如求截面对y轴的惯性矩，则取平行于y

轴的狭长条为微面积 dA，如图 I.8 所示。利用高等数学知识，将面积分化为线积分，即可计算截面对各形心坐标轴的惯性矩。

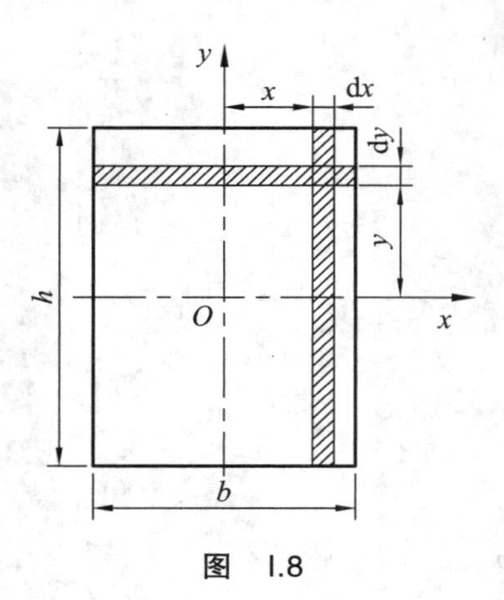

图 I.8

【解】（1）计算截面对 x 轴的惯性矩。

取平行于 x 轴的狭长条为微面积 dA，由图 I.8 可知 $\mathrm{d}A = b\mathrm{d}y$，代入式（I.6）可得

$$I_x = \int_A y^2 \mathrm{d}A = \int_{-\frac{h}{2}}^{\frac{h}{2}} y^2 \cdot b\mathrm{d}y = \frac{bh^3}{12}$$

（2）计算截面对 y 轴的惯性矩。

取平行于 y 轴的狭长条为微面积 dA，由图 I.8 可知 $\mathrm{d}A = h\mathrm{d}x$，代入式（I.6）可得

$$I_y = \int_A x^2 \mathrm{d}A = \int_{-\frac{b}{2}}^{\frac{b}{2}} x^2 \cdot h\mathrm{d}x = \frac{hb^3}{12}$$

【例 I.6】 试计算图 I.9 所示圆形截面对其形心轴 x 、y 的惯性矩 I_x 和 I_y 。

【解题分析】 仍由惯性矩的定义式（I.6）入手，恰当地选取微面积 dA：如求截面对 x 轴的惯性矩，则取平行于 x 轴的狭长条为微面积 dA；如求截面对 y 轴的惯性矩，则取平行于 y 轴的狭长条为微面积 dA，如图 I.9 所示。利用高等数学知识，将面积分化为线积分，即可计算截面对各形心坐标轴的惯性矩。

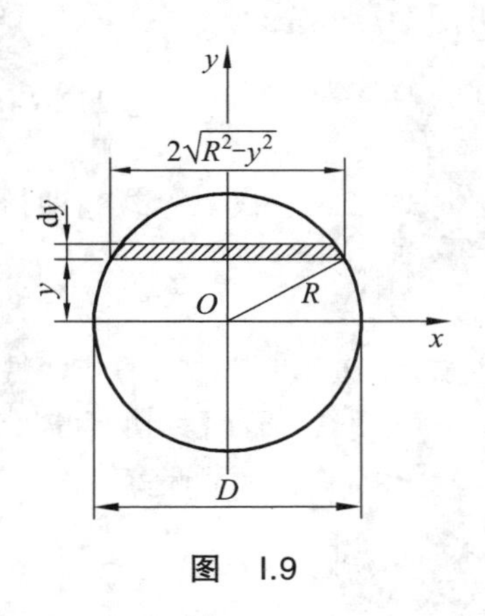

图 I.9

【解】（1）计算截面对 x 轴的惯性矩。

取平行于 x 轴的狭长条为微面积 dA，由图 I.9 可知 $\mathrm{d}A = 2\sqrt{R^2 - y^2} \cdot \mathrm{d}y$，代入式（I.6）可得

$$I_x = \int_A y^2 \mathrm{d}A = \int_{-R}^{R} y^2 \cdot 2\sqrt{R^2 - y^2}\mathrm{d}y = \frac{\pi R^4}{4} = \frac{\pi D^4}{64}$$

（2）计算截面对 y 轴的惯性矩。

根据对称性可知截面对 x 、y 的惯性矩相等，即

$$I_x = I_y = \frac{\pi D^4}{64}$$

2. **惯性半径**

在实际工程应用中为方便计算，有时也将惯性矩表示为某一长度平方与截面面积 A 的乘积，即

$$\left.\begin{aligned} I_x &= i_x^2 \cdot A \\ I_y &= I_y^2 \cdot A \end{aligned}\right\} \qquad (\text{I.7a})$$

或

$$\left.\begin{aligned} i_x &= \sqrt{\frac{I_x}{A}} \\ i_y &= \sqrt{\frac{I_y}{A}} \end{aligned}\right\} \tag{I.7b}$$

式中　i_x，i_y——截面对 x、y 轴的惯性半径，常用单位是 mm 或 m。

二、极惯性矩

在图 I.7 中，若将直角坐标系改为极坐标系，并以 ρ 表示微面积 $\mathrm{d}A$ 到坐标原点 O 的距离，则把 $\rho^2\mathrm{d}A$ 称为微面积 $\mathrm{d}A$ 对 O 点的极惯性矩，而把积分 $\int_A \rho^2\mathrm{d}A$ 定义为截面对 O 点的极惯性矩，用 I_p 表示。即

$$I_\mathrm{p} = \int_A \rho^2\mathrm{d}A \tag{I.8}$$

由式（I.8）可知，极惯性矩恒为正，常用单位为 mm^4 或 m^4。

由图 I.7 可知，$\rho^2 = x^2 + y^2$。将其代入（I.8）式，则有

$$I_\mathrm{p} = \int_A \rho^2\mathrm{d}A = \int_A (x^2+y^2)\mathrm{d}A = \int_A x^2\mathrm{d}A + \int_A y^2\mathrm{d}A$$

再将式（I.6）代入上式，即得惯性矩与极惯性矩的关系为

$$I_\mathrm{p} = I_x + I_y \tag{I.9}$$

由式（I.9）可得截面的几何性质 3。

性质 3　截面对某点的极惯性矩等于截面对通过该点的两个正交轴的惯性矩之和。

【例 I.7】　试计算图 I.10 所示圆形截面对圆心的极惯性矩。

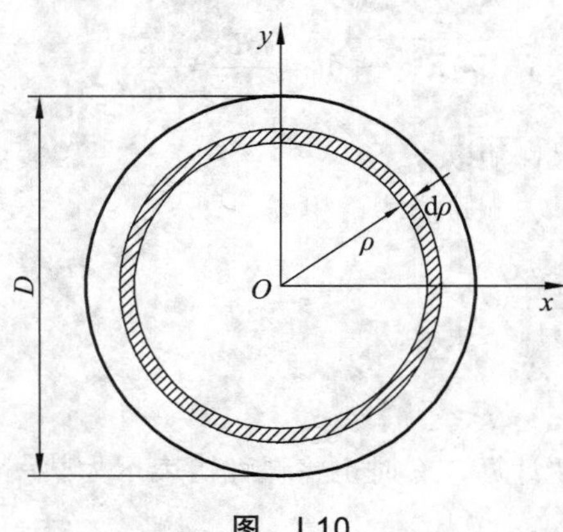

图　I.10

【解题分析】　该题有两种解法：方法一：根据极惯性矩的定义式（I.8），恰当地选取微面积 $\mathrm{d}A$，积分求解；方法二：先求出截面对 x、y 轴的惯性矩，再利用截面的几何性质 3 求出极惯性矩。

【解】　**方法一**：选取图示环形微面积 $\mathrm{d}A$（图中阴影部分），则 $\mathrm{d}A=2\pi\rho\cdot\mathrm{d}\rho$，由极惯性矩的定义知：

$$I_{\mathrm{p}}=\int_A\rho^2\mathrm{d}A=\int_0^{\frac{D}{2}}\rho^2\cdot2\pi\rho\mathrm{d}\rho=\frac{\pi D^4}{32}$$

方法二：由例 I.6 知：

$$I_x=I_y=\frac{\pi D^4}{64}$$

由截面的几何性质 3 知：

$$I_{\mathrm{p}}=I_x+I_y=\frac{\pi D^4}{64}+\frac{\pi D^4}{64}=\frac{\pi D^4}{32}$$

三、惯性积

在图 I.7 中，我们把微面积 $\mathrm{d}A$ 与其坐标（x, y）的乘积 $xy\mathrm{d}A$ 称为微面积 $\mathrm{d}A$ 对 x、y 两轴的惯性积，而将积分 $\int_A xy\mathrm{d}A$ 定义为截面对 x、y 两轴的惯性积，用 I_{xy} 表示。即

$$I_{xy}=\int_A x\cdot y\cdot\mathrm{d}A \tag{I.10}$$

由定义可知惯性积的值可为正，为负或为零。其常用单位是 mm^4 或 m^4。

由式（I.10）可得截面的几何性质 4。

性质 4　若截面具有一个对称轴，则截面对包括该对称轴在内的一对正交轴的惯性积恒等于零。

利用该性质，可迅速判断截面对坐标轴（x, y）的惯性积是否等于零。如图 I.11 所示，各截面对坐标轴 x、y 的惯性积 I_{xy} 均等于零。

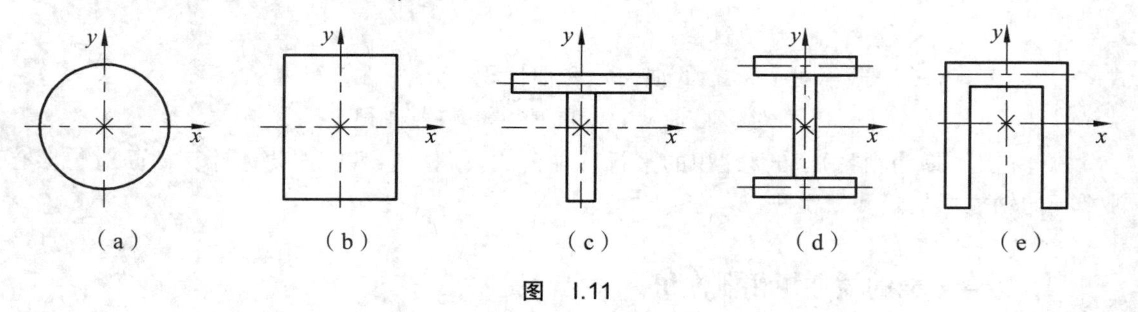

图　I.11

第三节　平行移轴公式·转轴公式

一、平行移轴公式

在计算组合截面对某轴的惯性矩时，为方便计算，常常要用到平行移轴公式。设图 I.12

所示截面面积为 A，x_C、y_C 为其形心坐标轴，x、y 为一对分别与 x_C、y_C 平行的坐标轴；微面积 $\mathrm{d}A$ 在坐标系 Ox_Cy_C 中的坐标为（x_C, y_C），在 Oxy 坐标系中的坐标为（x, y）；截面形心在 Oxy 坐标系中的坐标为（b，a）。由惯性矩的定义式（I.6）可知，截面对 x 轴的惯性矩为

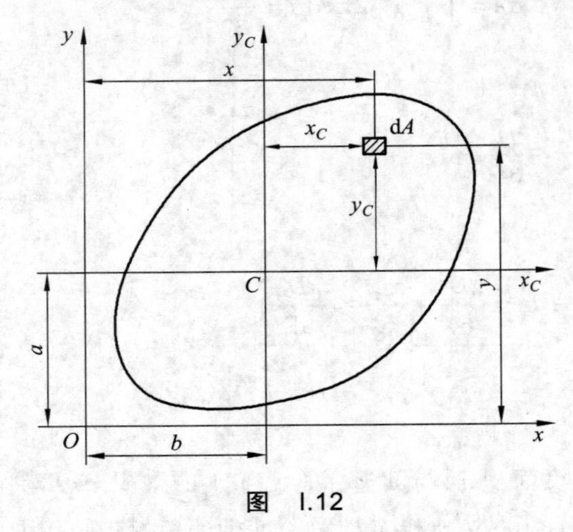

图 I.12

$$
\begin{aligned}
I_x &= \int_A y^2 \mathrm{d}A = \int_A (y_C + a)^2 \mathrm{d}A \\
&= \int_A y_C^2 \mathrm{d}A + 2a\int_A y_C \mathrm{d}A + a^2 \int_A \mathrm{d}A \\
&= I_{xC} + 2aS_{xC} + a^2 A
\end{aligned}
$$

式中，S_{xC} 为截面对形心轴 x_C 的静矩，由截面的几何性质 2 可知 $S_{xC} = 0$。

因此有

同理有

$$
\left.
\begin{aligned}
I_x &= I_{xC} + a^2 A \\
I_y &= I_{yC} + b^2 A \\
I_{xy} &= I_{xCyC} + abA
\end{aligned}
\right\} \tag{I.11}
$$

式中　I_x, I_y, I_{xy}——截面对 x、y 轴的惯性矩和惯性积；

I_{xC}, I_{yC}, I_{xCyC}——截面对形心轴 x_C、y_C 的惯性矩和惯性积。

式（I.11）即为惯性矩和惯性积的平行移轴公式。利用它可以方便地计算截面对与形心轴平行的轴之惯性矩和惯性积。

二、组合截面的惯性矩和惯性积

设组合截面由 n 个简单截面组成，根据惯性矩和惯性积的定义，组合截面对 x、y 轴的惯性矩和惯性积为

$$
\left.
\begin{aligned}
I_x &= \sum I_{xi} \\
I_y &= \sum I_y i \\
I_{xy} &= \sum I_{xyi}
\end{aligned}
\right\} \tag{I.12}
$$

式中 I_{xi}, I_{yi}, I_{xyi}——各个简单截面对 x、y 轴的惯性矩和惯性积。

【例 I.8】 图 I.13 所示截面由两个 25c 号槽钢截面组成，已知 $b = 100\ \text{mm}$。求此组合截面对形心轴 x、y 的惯性矩 I_x 和 I_y。

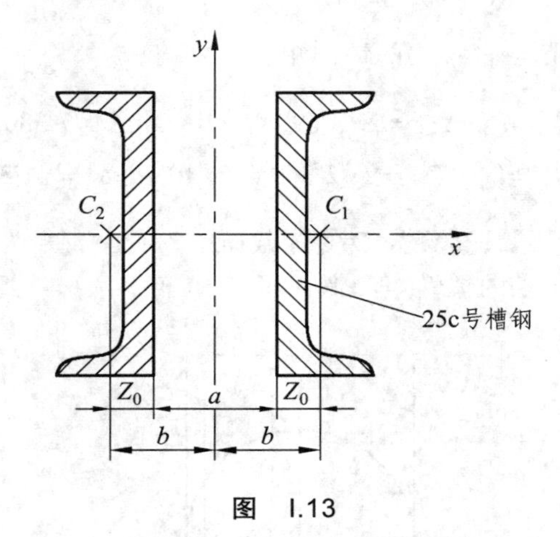

图 I.13

【解题分析】 该组合截面图形为对称图形，由对称性可知对称轴即为该截面的形心轴；该组合截面由两根型钢组成，型钢的截面面积、对自身形心轴的惯性矩均由附录中的型钢表列出，可直接查表获得。利用平行移轴公式可求出每个槽钢截面对形心轴的惯性矩，再按式（I.12）即可求出该组合截面对形心轴 x、y 的惯性矩 I_x 和 I_y。

【解】 （1）查型钢表可知槽钢 25c 的几何参数如下：截面面积为 $A = 44.91\ \text{cm}^2$，形心位置为 $Z_0 = 19.21\ \text{mm}$

对自身形心轴的惯性矩：

$$I_{xC1} = I_{xC2} = 3\,690.45\ \text{cm}^4\text{，}\quad I_{yC1} = I_{yC2} = 2\,18.415\ \text{cm}^4$$

每个槽钢截面形心到 y_C 轴的距离：

$$b = \frac{a}{2} + Z_0 = \frac{100}{2}\ \text{mm} + 19.21\ \text{mm} = 69.21\ \text{mm}$$

（2）计算每个槽钢截面对组合截面形心轴 x、y 的惯性矩。

由图可知，两个槽钢截面及组合截面的形心均在 x 轴上，所以

$$I_{x1} = I_{x2} = I_{xC1} = I_{xC2} = 3\,690.45 \times 10^4\ \text{mm}^4$$

利用移轴公式：

$$\begin{aligned} I_{y1} &= I_{yC1} + b^2 A \\ &= 218.415 \times 10^4\ \text{mm}^4 + 69.21^2\ \text{mm}^2 \times 44.91 \times 10^2\ \text{mm}^2 \\ &= 2\,369.615 \times 10^4\ \text{mm}^4 \end{aligned}$$

同理可得

$$\begin{aligned}I_{y2} &= I_{yC2} + b^2 A \\ &= 218.415\times10^4\ \text{mm}^4 + (-69.21\ \text{mm})^2 \times 44.91\times10^2\ \text{mm}^2 \\ &= 2\ 369.615\times10^4\ \text{mm}^4\end{aligned}$$

（3）计算组合截面对形心轴 x、y 的惯性矩：

$$I_x = \sum I_{xi} = I_{x1} + I_{x2} = 2\times3\ 690.45\times10^4\ \text{mm}^4 = 7\ 380.90\times10^4\ \text{mm}^4$$

$$I_y = \sum I_{yi} = I_{y1} + I_{y2} = 2\times2\ 369.615\times10^4\ \text{mm}^4 = 4\ 739.23\times10^4\ \text{mm}^4$$

【例 I.9】 如图 I.14 所示，直径为 D 的圆截面中，有一直径为 d 的偏心圆孔，其偏心距为 e。求该组合截面对 x、y 轴的惯性矩和惯性积。

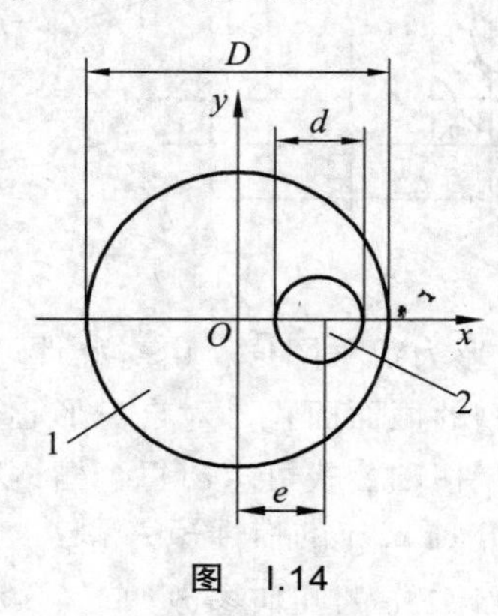

图 I.14

【解题分析】 在计算组合截面图的惯性矩和惯性积时，常常将挖去部分的惯性矩和惯性积设为负值，以简化计算；然后再利用式（I.12），即可求出组合截面对 x、y 轴的惯性矩和惯性积。此法称为负面积法。

【解】 （1）组合截面对 x 轴的惯性矩。

因为图形关于 x 轴对称，所以

$$I_x = I_{x1} - I_{x2} = \frac{\pi D^4}{64} - \frac{\pi d^4}{64} = \frac{\pi(D^4 - d^4)}{64}$$

（2）组合截面对 y 轴的惯性矩。

先利用移轴公式计算挖去部分对 y 轴的惯性矩：

$$I_{y2} = I_{yC2} + e^2 A = \frac{\pi d^4}{64} + e^2 \frac{\pi d^2}{4}$$

再利用式（I.12）计算组合截面对 y 轴的惯性矩：

$$I_y = I_{y1} - I_{y2} = \frac{\pi D^4}{64} - \left[\frac{\pi d^4}{64} + e^2 \frac{\pi d^2}{4}\right]$$

（3）组合截面对 x、y 轴的惯性积。

因为截面关于 x 轴对称，根据截面的几何性质 4 可知：$I_{xy} = 0$。

对于工程中常用的截面，其主要的几何性质列于表 I.1 中，以备查用。型钢截面的几何性质，请查附录Ⅱ。

表 I.1 常用截面的几何性质

截面及形心 C	面积 A	惯性矩 I	惯性半径 i
矩形（b，h）	bh	$I_x=\dfrac{bh^3}{12}$ $I_y=\dfrac{hb^3}{12}$	$i_x=\dfrac{\sqrt{3}}{6}h$ $i_y=\dfrac{\sqrt{3}}{6}b$
三角形（b，h，c，$h/3$，$(b+c)/3$）	$\dfrac{bh}{2}$	$I_x=\dfrac{bh^3}{36}$ $I_y=\dfrac{bh}{36}(b^2-bc+c^2)$	$i_x=\dfrac{\sqrt{2}}{6}h$ $i_y=\sqrt{\dfrac{b^2-bc+c^2}{18}}$
圆形（D）	$\dfrac{\pi D^2}{4}$	$I_x=I_y=\dfrac{\pi D^4}{64}$	$i_x=i_y=\dfrac{D}{4}$
圆环（D，d）	$\dfrac{\pi}{4}\times(D^2-d^2)$	$I_x=I_y=\dfrac{\pi}{64}(D^4-d^4)$ $=\dfrac{\pi D^4}{64}(1-a^4)$ $a=\dfrac{d}{D}$	$i_x=i_y=\dfrac{D}{4}\sqrt{1+a^2}$
半圆形（R，$4R/3\pi$）	$\dfrac{\pi R^2}{2}$	$I_x=\left(\dfrac{\pi}{8}-\dfrac{8}{9\pi}\right)R^4$ $I_y=\dfrac{\pi R^4}{8}$	$i_x=\dfrac{R}{6\pi}\sqrt{9\pi^2-64}$ $i_y=\dfrac{R}{2}$

三、转轴公式

当坐标轴绕原点旋转时，截面对具有不同转角的各坐标轴的惯性矩或惯性积之间存在着确定的关系，即转轴公式。在图 I.15 中，设截面的面积为 A，对 x、y 轴的惯性矩和惯性积分别为 I_x、I_y 和 I_{xy}。当坐标轴 x、y 绕 O 点逆时针转过 α 角后，得到一个新的坐标系 Ox_1y_1。

截面对 x_1、y_1 轴的惯性矩和惯性积分别为 I_{x1}、I_{y1} 和 I_{x1y1}，则截面对 x、y 轴的惯性矩和惯性积与截面对坐标轴转过 α 角后的 x_1、y_1 轴的惯性矩和惯性积之间的关系为

$$\left.\begin{aligned}I_{x1}&=\frac{I_x+I_y}{2}+\frac{I_x-I_y}{2}\cos 2\alpha-I_{xy}\sin 2\alpha\\I_{y1}&=\frac{I_x+I_y}{2}-\frac{I_x-I_y}{2}\cos 2\alpha+I_{xy}\sin 2\alpha\\I_{x1y1}&=\frac{I_x-I_y}{2}\sin 2\alpha+I_{xy}\cos 2\alpha\end{aligned}\right\}\qquad (\text{I}.13)$$

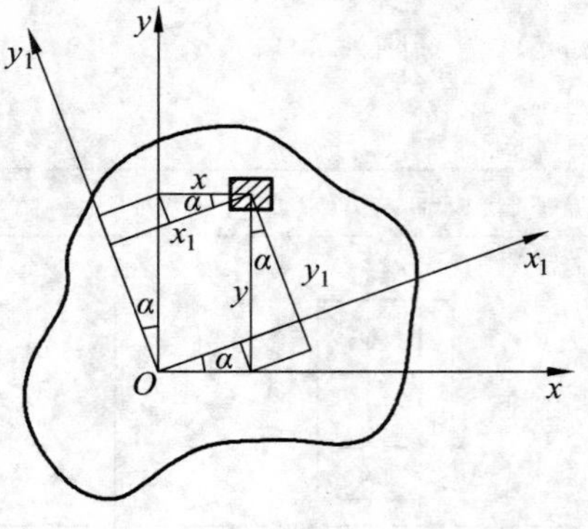

图 I.15

式（I.13）即为转轴公式，若将式（I.13）中的前两式相加，并利用式（I.9），则有

$$I_{x1}+I_{y1}=I_x+I_y=I_{\mathrm{p}}\qquad (\text{I}.14)$$

由上式可知截面的几何性质 5：

性质 5 截面对通过一点的任意两正交轴的惯性矩之和为常数，且等于截面对该点的极惯性矩。

第四节 形心主惯性轴和形心主惯性矩

由转轴公式（I.13）可知，当坐标轴绕其原点转动时，惯性积将随着角度 α 的改变而变化，且有正负。因此，总能找到一个角度 α_0 以及相应的 x_0、y_0 轴，使图形对于这一对坐标轴的惯性积等于零，这一对坐标轴就称为过这一点的主惯性轴，简称主轴。平面图形对主轴的惯性矩称为主惯性矩，简称主矩。如图 I.16 所示，由截面的几何性质 4 可知图中截面对 x_C、y_C，x_1、y_C，x_2、y_C 三对坐标轴的惯性积均为零，所以 x_C、y_C，x_1、y_C，x_2、y_C 这三对坐标轴均为该截面图形的主惯性轴，其中，由于 x_C、y_C 轴通过截面的形心，称为形心主惯性轴，简称形心主轴。

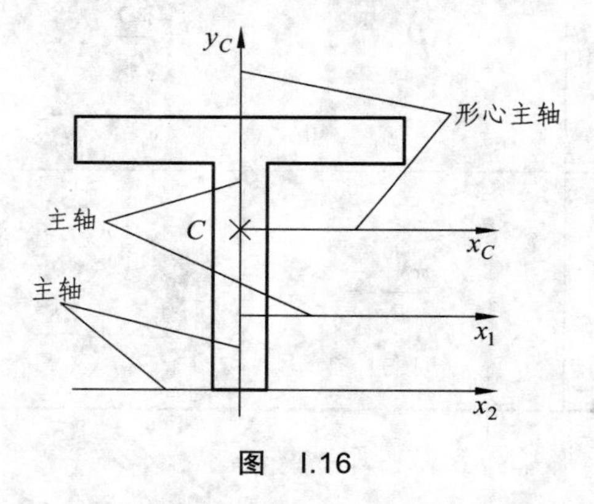

图 I.16

截面对形心主轴的惯性矩称为形心主惯性矩，简称形心主矩。在计算组合截面的形心主惯性轴和形心主惯性矩时，首先应确定其形心的位置，然后视其有无对称轴而采用不同的方法。若组合截面有一个或一个以上的对称轴，则通过形心且包括对称轴在内的两正交轴就是形心主惯性轴，再按平行移轴公式计算形心主惯性矩。

附录Ⅱ　型钢规格表

表 1　热轧等边角钢（GB 9787—88）

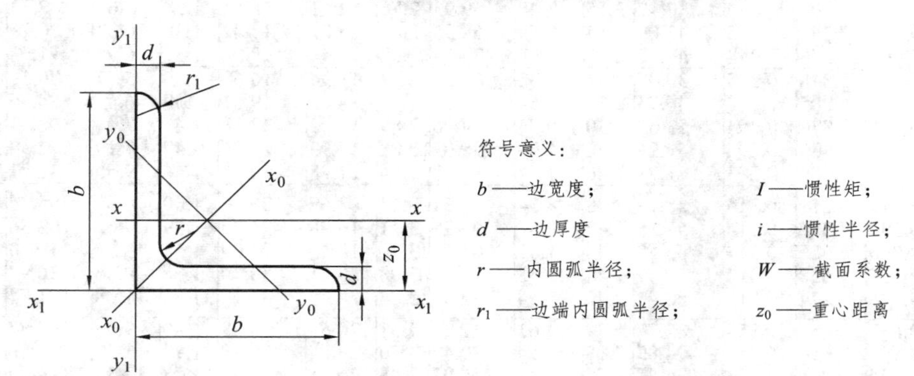

角钢号数	尺寸(mm)			截面面积 (cm^2)	理论重量 (kg/m)	外表面积 (m^2/m)	参考数值										z_0 (cm)
							x—x			x_0—x_0			y_0—y_0			x_1—x_1	
	b	d	r				I_x (cm^4)	i_x (cm)	W_x (cm^3)	I_{x0} (cm^4)	i_{x0} (cm)	W_{x0} (cm^3)	I_{y0} (cm^4)	i_{y0} (cm)	W_{y0} (cm^3)	I_{x1} (cm^4)	
2	20	3	3.5	1.132	0.889	0.078	0.40	0.59	0.29	0.63	0.75	0.45	0.17	0.39	0.20	0.81	0.60
		4		1.459	1.145	0.077	0.50	0.58	0.36	0.78	0.73	0.55	0.22	0.38	0.24	1.09	0.64
2.5	25	3		1.432	1.124	0.098	0.82	0.76	0.46	1.29	0.95	0.73	0.34	0.49	0.33	1.57	0.73
		4		1.859	1.459	0.097	1.03	0.74	0.59	1.62	0.93	0.92	0.43	0.48	0.40	2.11	0.76
3.0	30	3	4.5	1.749	1.373	0.117	1.46	0.91	0.68	2.31	1.15	1.09	0.61	0.59	0.51	2.71	0.85
		4		2.276	1.786	0.117	1.84	0.90	0.87	2.92	1.13	1.37	0.77	0.58	0.62	3.63	0.89
3.6	36	3	4.5	2.109	1.656	0.141	2.58	1.11	0.99	4.09	1.39	1.61	1.07	0.71	0.76	4.68	1.00
		4		2.756	2.163	0.141	3.29	1.09	1.28	5.22	1.38	2.05	1.37	0.70	0.93	6.25	1.04
		5		3.382	2.654	0.141	3.95	1.08	1.56	6.24	1.36	2.45	1.65	0.70	1.09	7.84	1.07
4.0	40	3	5	2.359	1.852	0.157	3.59	1.23	1.23	5.69	1.55	2.01	1.49	0.79	0.96	6.41	1.09
		4		3.086	2.422	0.157	4.60	1.22	1.60	7.29	1.54	2.58	1.91	0.79	1.19	8.56	1.13
		5		3.791	2.976	0.156	5.53	1.21	1.96	8.76	1.52	3.01	2.30	1.78	1.39	10.74	1.17
4.5	45	3	5	2.659	2.088	0.177	5.17	1.40	1.58	8.20	1.76	2.58	2.14	0.90	1.24	9.12	1.22
		4		3.486	2.736	0.177	6.65	1.38	2.05	10.56	1.74	3.32	2.75	0.89	1.54	12.18	1.26
		5		4.292	3.369	0.176	8.04	1.37	2.51	12.74	1.72	4.00	3.33	0.88	1.81	15.25	1.30
		6		5.076	3.985	0.176	9.33	1.36	2.95	14.76	1.70	4.64	3.89	0.88	2.06	18.36	1.33
5	50	3	5.5	2.971	2.332	0.197	7.18	1.55	1.96	11.37	1.96	3.22	2.98	1.00	1.57	12.50	1.34
		4		3.897	3.059	0.197	9.26	1.54	2.56	14.70	1.94	4.16	3.82	0.99	1.96	16.60	1.38
		5		4.803	3.770	0.196	11.21	1.53	3.13	17.79	1.92	5.03	4.64	0.98	2.31	20.90	1.42
		6		5.688	4.465	0.196	13.05	1.52	3.68	20.68	1.91	5.85	5.42	0.98	2.63	25.14	1.46
5.6	56	3	6	3.343	2.624	0.221	10.19	1.75	2.48	16.14	2.20	4.08	4.24	1.13	2.02	17.56	1.48
		4		4.390	3.446	0.220	13.18	1.73	3.24	20.92	2.18	5.28	5.46	1.11	2.52	23.43	1.53
5.6	56	5	6	5.415	4.251	0.220	16.02	1.72	3.97	25.42	2.17	6.42	6.61	1.10	2.98	29.33	1.57
		8	7	8.367	6.568	0.219	23.63	1.68	6.03	37.37	2.11	9.44	9.89	1.09	4.16	47.24	1.68

续表

角钢号数	尺寸(mm)			截面面积	理论重量	外表面积	参考数值										z_0 (cm)
							x—x			x_0—x_0			y_0—y_0			x_1—x_1	
	b	d	r	(cm^2)	(kg/m)	(m^2/m)	I_x (cm^4)	i_x (cm)	W_x (cm^3)	I_{x0} (cm^4)	i_{x0} (cm)	W_{x0} (cm^3)	I_{y0} (cm^4)	i_{y0} (cm)	W_{y0} (cm^3)	I_{x1} (cm^4)	
6.3	63	4	7	4.978	3.907	0.248	19.03	1.96	4.13	30.17	2.46	6.78	7.89	1.26	3.29	33.35	1.70
		5		6.143	4.822	0.248	23.17	1.94	5.08	36.77	2.45	8.25	9.57	1.25	3.90	41.73	1.74
		6		7.288	5.721	0.247	27.12	1.93	6.00	43.03	2.43	9.66	11.20	1.24	4.46	50.14	1.78
		8		9.515	7.469	0.247	34.46	1.90	7.75	54.56	2.40	2.25	14.33	1.23	5.47	67.11	1.85
		10		11.657	9.151	0.246	41.09	1.88	9.39	64.85	2.36	14.56	17.33	1.22	6.36	84.31	1.93
7	70	4	8	5.570	4.372	0.275	26.39	2.18	5.14	41.80	2.74	8.44	10.99	1.40	4.17	45.74	1.86
		5		6.875	5.397	0.275	32.21	2.16	6.32	51.08	2.73	10.32	13.34	1.39	4.95	57.21	1.91
		6		8.160	6.406	0.275	37.77	2.15	7.48	59.93	2.71	12.11	15.61	1.38	5.67	68.73	1.95
		7		9.424	7.398	0.275	43.09	2.14	8.59	68.35	2.69	13.81	17.82	1.38	6.34	80.29	1.99
		8		10.667	8.373	0.274	48.17	2.12	9.68	76.37	2.68	15.43	19.98	1.37	6.98	91.92	2.03
7.5	75	5	9	7.367	5.818	0.295	39.97	2.33	7.32	63.30	2.92	11.94	16.63	1.50	5.77	70.56	2.04
		6		8.797	6.905	0.294	46.95	2.31	8.64	74.38	2.90	14.02	19.51	1.49	6.67	84.55	2.07
		7		10.160	7.976	0.294	53.57	2.30	9.93	84.96	2.89	16.02	22.18	1.48	7.44	98.71	2.11
		8		11.503	9.030	0.294	59.96	2.28	11.20	95.07	2.88	17.93	24.86	1.47	8.19	112.97	2.15
		10		14.126	11.089	0.293	71.98	2.26	13.64	113.92	2.84	21.48	30.05	1.46	9.56	141.71	2.22
8	80	5	9	7.912	6.211	0.315	48.79	2.48	8.34	77.33	3.13	13.67	20.25	1.60	6.66	85.36	2.15
		6		9.397	7.376	0.314	57.35	2.47	9.87	90.98	3.11	16.08	23.72	1.59	7.65	102.50	2.19
		7		10.860	8.525	0.314	65.58	2.46	11.37	104.07	3.10	18.40	27.09	1.58	8.58	119.70	2.23
		8		12.303	9.658	0.314	73.49	2.44	12.83	116.60	3.08	20.61	30.39	1.57	9.46	136.97	2.27
		10		15.126	11.874	0.313	88.43	2.42	15.64	140.09	3.04	24.76	36.77	1.56	11.08	171.74	2.35
9	90	6	10	10.637	8.350	0.354	82.77	2.79	12.61	131.26	3.51	20.63	34.28	1.80	9.95	145.87	2.44
		7		12.301	9.656	0.354	94.83	2.78	14.54	150.47	3.50	23.64	39.18	1.78	11.19	170.30	2.48
		8		13.944	10.946	0.353	106.47	2.76	16.42	168.97	3.48	26.55	43.97	1.78	12.35	194.80	2.52
		10		17.167	13.476	0.353	128.58	2.74	20.07	203.90	3.45	32.04	53.26	1.76	14.52	244.07	2.59
		12		20.306	15.940	0.352	149.22	2.71	23.57	236.21	3.41	37.12	62.22	1.75	16.49	293.76	2.67
10	100	6	12	11.932	9.366	0.393	114.95	3.01	15.68	181.98	3.90	25.74	47.92	2.00	12.69	200.07	2.67
		7		13.796	10.830	0.393	131.86	3.09	18.10	208.97	3.89	29.55	54.74	1.99	14.26	233.54	2.71
		8		15.638	12.276	0.393	148.24	3.08	20.47	235.07	3.88	33.24	61.41	1.98	15.57	267.09	2.76
		10		19.261	15.120	0.392	179.51	3.05	25.06	284.68	3.84	40.26	74.35	1.96	18.54	334.48	2.84
		12		22.800	17.898	0.391	208.90	3.03	29.48	330.95	3.81	46.80	86.84	1.95	21.08	402.34	2.91
		14		26.256	20.611	0.391	236.53	3.00	33.73	374.06	3.77	52.90	99.00	1.94	23.44	470.75	2.99
		16		29.627	23.257	0.390	262.53	2.98	37.82	414.16	3.74	58.57	110.89	1.94	25.63	539.80	3.06
11	110	7	12	15.196	11.928	0.433	177.16	3.41	22.05	280.94	4.30	36.12	73.38	2.20	17.51	310.64	2.96
		8		17.238	13.532	0.433	199.46	3.40	24.95	316.49	4.28	40.69	82.42	2.19	19.39	355.20	3.01
		10		21.261	16.690	0.432	242.19	3.38	30.60	384.39	4.25	49.42	99.98	2.17	22.91	444.65	3.09
		12		25.200	19.782	0.431	282.55	3.35	36.05	448.17	4.22	57.62	116.93	2.15	26.15	534.60	3.16
		14		29.056	22.809	0.431	320.71	3.32	41.31	508.01	4.18	65.31	133.40	2.14	29.14	625.16	3.24
12.5	125	8	14	19.750	15.504	0.492	297.03	3.88	32.52	470.89	4.88	53.28	123.16	2.50	25.86	521.01	3.37
		10		24.373	19.133	0.491	361.67	3.85	39.97	573.89	4.85	64.93	149.46	2.48	30.62	651.93	3.45
		12		28.912	22.696	0.491	423.16	3.83	41.17	671.44	4.82	75.96	174.88	2.46	35.03	783.42	3.53
		14		33.367	26.193	0.490	481.65	3.80	54.16	763.73	4.78	86.41	199.57	2.45	39.13	915.61	3.61
14	140	10	14	27.373	21.488	0.551	514.65	4.34	50.58	817.27	5.46	82.56	212.04	2.78	39.20	915.11	3.82
		12		32.512	25.522	0.551	603.68	4.31	59.80	958.79	5.43	96.85	248.57	2.76	45.02	1 099.28	3.90
		14		37.567	29.490	0.550	688.81	4.28	68.75	1 093.56	5.40	110.47	284.06	2.75	50.45	1 284.22	3.98
		16		42.539	33.393	0.549	770.24	4.26	77.46	1 221.81	5.36	123.42	318.67	2.74	55.55	1 470.07	4.06
16	160	10	16	31.502	24.729	0.630	779.53	4.98	66.70	1 237.30	6.27	109.36	321.76	3.20	52.76	1 365.33	4.31
		12		37.441	29.391	0.630	916.58	4.95	78.98	1 455.68	6.24	128.67	377.49	3.18	60.74	1 639.57	4.39
		14		43.296	33.987	0.629	1 048.36	4.92	90.95	1 665.02	6.20	147.17	431.70	3.16	68.244	1 914.68	4.47
		16		49.067	38.518	0.629	1 175.08	4.89	102.63	1 865.57	6.17	164.89	484.59	3.14	75.31	2 190.82	4.55
18	180	12	16	42.241	33.159	0.710	1 321.35	5.59	100.82	2 100.10	7.05	165.00	542.61	3.58	78.41	2 332.80	4.89
		14		48.896	38.388	0.709	1 514.48	5.56	116.25	2 407.42	7.02	189.14	625.53	3.56	88.38	2 723.48	4.97
		16		55.467	43.542	0.709	1 700.99	5.54	131.13	2 703.37	6.98	212.40	698.60	3.55	97.83	3 115.29	5.05
		18		61.955	48.634	0.708	1 875.12	5.50	145.64	2 988.24	6.94	234.78	762.01	3.51	105.14	3 502.43	5.13
20	200	14	18	54.642	42.894	0.788	2 103.55	6.20	144.70	3 343.26	7.82	236.40	863.83	3.98	111.82	3 734.10	5.46
		16		62.013	48.680	0.788	2 366.15	6.18	163.65	3 760.89	7.79	265.93	971.41	3.96	123.96	4 270.39	5.54
		18		69.301	54.401	0.787	2 620.64	6.15	182.22	4 164.54	7.75	294.48	1 076.74	3.94	135.52	4 808.13	5.62
		20		76.505	60.056	0.787	2 867.30	6.12	200.42	4 554.55	7.72	322.06	1 180.04	3.93	146.55	5 347.51	5.69
		24		90.661	71.168	0.785	2 338.25	6.07	236.17	5 294.97	7.64	374.41	1 381.53	3.90	166.55	6 457.16	5.87

注：截面图中的 $r_1 = d/3$ 及表中 r 值的数据用于孔形设计，不作交货条件。

表 2　热轧不等边角钢（GB 9788—88）

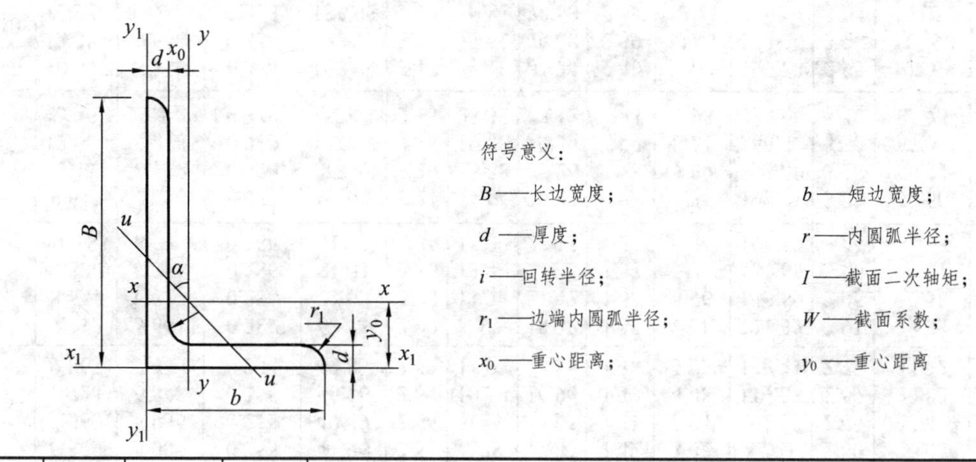

符号意义：

B——长边宽度；　　b——短边宽度；

d——厚度；　　r——内圆弧半径；

i——回转半径；　　I——截面二次轴矩；

r_1——边端内圆弧半径；　　W——截面系数；

x_0——重心距离；　　y_0——重心距离

角钢号数	尺寸 (mm)				截面面积 (cm²)	理论重量 (kg/m)	外表面积 (m²/m)	参考数值													
								x—x			y—y			x_1—x_1		y_1—y_1		u—u			
	B	b	d	r				I_x (cm⁴)	i_x (cm)	W_x (cm³)	I_y (cm⁴)	i_y (cm)	W_y (cm³)	I_{x1} (cm⁴)	y_0 (cm)	y_1 (cm⁴)	x_0 (cm)	I_u (cm⁴)	i_u (cm)	W_u (cm³)	tanα
2.5/1.6	25	16	3	3.5	1.162	0.912	0.080	0.70	0.78	0.43	0.22	0.44	0.19	1.56	0.86	0.43	0.42	0.14	0.34	0.16	0.392
			4		1.499	1.176	0.079	0.88	0.77	0.55	0.27	0.43	0.24	2.09	0.90	0.59	0.46	0.17	0.34	0.20	0.381
3.2/2	32	20	3		1.492	1.171	0.102	1.53	1.01	0.72	0.46	0.55	0.30	3.27	1.08	0.82	0.49	0.28	0.43	0.25	0.382
			4		1.939	1.522	0.101	1.93	1.00	0.93	0.57	0.54	0.39	4.37	1.12	1.12	0.53	0.35	0.42	0.32	0.374
4/2.5	40	25	3	4	1.890	1.484	0.127	3.08	1.28	1.15	0.93	0.70	0.49	6.39	1.32	1.59	0.59	0.56	0.54	0.40	0.386
			4		2.467	1.936	0.127	3.93	1.26	1.49	1.18	0.69	0.63	8.53	1.37	2.14	0.63	0.71	0.54	0.52	0.381
4.5/2.8	45	28	3	5	2.149	1.687	0.143	4.45	1.44	1.47	1.34	0.79	0.62	9.10	1.47	2.23	0.64	0.80	0.61	0.51	0.383
			4		2.806	2.203	0.143	5.69	1.42	1.91	1.70	0.78	0.80	12.13	1.51	3.00	0.68	1.02	0.60	0.66	0.380
5/3.2	50	32	3	5.5	2.431	1.908	0.161	6.24	1.60	1.84	2.02	0.91	0.82	12.49	1.60	3.31	0.73	1.20	0.70	0.68	0.404
			4		3.177	2.494	0.160	8.02	1.59	2.39	2.58	0.90	1.06	16.65	1.65	4.45	0.77	1.53	0.69	0.87	0.402
5.6/3.6	56	36	3	6	2.743	2.153	0.181	8.88	1.80	2.32	2.92	1.03	1.05	17.54	1.78	4.70	0.80	1.73	0.79	0.87	0.408
			4		3.590	2.818	0.180	11.45	1.79	3.03	3.76	1.02	1.37	23.39	1.82	6.33	0.85	2.23	0.79	1.13	0.408
			5		4.415	3.466	0.180	13.86	1.77	3.71	4.49	1.01	1.65	29.25	1.87	7.94	0.88	2.67	0.78	1.36	0.404

续表

角钢号数	尺寸 (mm)				截面面积 (cm^2)	理论重量 (kg/m)	外表面积 (m^2/m)	参考数值													
								x—x			y—y			x_1—x_1		y_1—y_1		u—u			
	B	b	d	r				I_x (cm^4)	i_x (cm)	W_x (cm^3)	I_y (cm^4)	i_y (cm)	W_y (cm^3)	I_{x1} (cm^4)	y_0 (cm)	y_1 (cm^4)	x_0 (cm)	I_u (cm^4)	i_u (cm)	W_u (cm^3)	$\tan\alpha$
6.3/4	63	40	4	7	4.058	3.185	0.202	16.49	2.02	3.87	5.23	1.14	1.70	33.30	2.04	8.63	0.92	3.12	0.88	1.40	0.398
			5		4.993	3.920	0.202	20.02	2.00	4.74	6.31	1.12	2.71	41.63	2.08	10.86	0.95	3.76	0.87	1.71	0.396
			6		5.908	4.638	0.201	23.36	1.96	5.59	7.29	1.11	2.43	49.98	2.12	13.12	0.99	4.34	0.86	1.99	0.393
			7		6.802	5.339	0.201	26.53	1.98	6.40	8.24	1.10	2.78	58.07	2.15	15.47	1.03	4.97	0.86	2.29	0.389
7/4.5	70	45	4	7.5	4.547	3.570	0.226	23.17	2.26	4.86	7.55	1.29	2.17	45.92	2.24	12.26	1.02	4.40	0.98	1.77	0.410
			5		5.609	4.403	0.225	27.95	2.23	5.92	9.13	1.28	2.65	57.10	2.28	15.39	1.06	5.40	0.98	2.19	0.407
			6		6.647	5.218	0.225	32.54	2.21	6.95	10.62	1.26	3.12	68.35	2.32	18.58	1.09	6.35	0.98	2.59	0.404
			7		7.657	6.011	0.225	37.22	2.20	8.03	12.01	1.25	3.57	79.99	2.36	21.84	1.13	7.16	0.97	2.94	0.402
(7.5/5)	75	50	5	8	6.125	4.808	0.245	34.86	2.39	6.83	12.61	1.44	3.30	70.00	2.40	21.04	1.17	7.41	1.10	2.74	0.435
			6		7.260	5.699	0.245	41.12	2.38	8.12	14.70	1.42	3.88	84.30	2.44	25.37	1.21	8.54	1.08	3.19	0.435
			8		9.467	7.431	0.244	52.39	2.35	10.52	18.53	1.40	4.99	112.50	2.52	34.23	1.29	10.87	1.07	4.10	0.429
			10		11.590	9.098	0.244	62.71	2.33	12.79	21.96	1.38	6.04	140.80	2.60	43.43	1.36	13.10	1.06	4.99	0.423
8/5	80	50	5	8	6.375	5.005	0.255	41.96	2.56	7.78	12.82	1.42	3.32	85.21	2.60	21.06	1.14	7.66	1.10	2.74	0.388
			6		7.560	5.935	0.255	49.49	2.56	9.25	14.95	1.41	3.91	102.53	2.65	25.41	1.18	8.85	1.08	3.32	0.387
			7		8.724	6.848	0.255	56.16	2.54	10.58	16.96	1.39	4.48	119.33	2.69	29.82	1.21	10.18	1.08	3.70	0.384
			8		9.867	7.745	0.254	62.83	2.52	11.92	18.85	1.38	5.03	136.41	2.73	34.32	1.25	11.38	1.07	4.16	0.381
9/5.6	90	56	5	9	7.212	5.661	0.287	60.45	2.90	9.92	18.32	1.59	4.21.	121.32	2.91	29.53	1.25	10.98	1.23	3.49	0.385
			6		8.557	6.717	0.286	71.03	2.88	11.74	21.42	1.58	4.96	145.59	2.95	35.58	1.29	12.90	1.23	4.18	0.384
			7		9.880	7.756	0.286	81.01	2.86	13.49	24.36	1.57	5.70	169.66	3.00	41.71	1.33	14.67	1.22	4.72	0.382
			8		11.183	8.779	0.286	91.03	2.85	15.27	27.15	1.56	6.41	194.17	3.04	47.93	1.36	16.34	1.21	5.29	0.380
10/6.3	100	63	6	10	9.617	7.550	0.320	99.06	3.21	14.64	30.94	1.79	6.35	199.71	3.24	50.50	1.43	18.42	1.38	5.25	0.394
			7		11.111	8.722	0.320	113.45	3.29	16.88	35.26	1.78	7.29	233.00	3.28	59.14	1.47	21.00	1.38	6.02	0.393
			8		12.584	9.878	0.319	127.37	3.18	19.08	39.39	1.77	8.21	266.32	3.32	67.88	1.50	23.50	1.37	6.78	0.391
			10		15.467	12.142	0.319	153.81	3.15	23.32	47.12	1.74	9.98	333.06	3.40	85.73	1.58	28.33	1.35	8.24	0.387
10/8	100	80	6	10	10.637	8.350	0.354	107.04	3.17	15.19	61.24	2.40	10.16	199.83	2.95	102.68	1.97	31.65	1.72	8.37	0.627
			7		12.301	9.656	0.354	122.73	3.16	17.52	70.08	2.39	11.71	233.20	3.00	119.98	2.01	36.17	1.72	9.60	0.626
			8		13.944	10.946	0.353	137.92	3.14	19.81	78.58	2.37	13.21	266.61	3.04	137.37	2.05	40.58	1.71	10.80	0.625
			10		17.167	13.476	0.353	166.87	3.12	24.24	94.65	2.35	16.12	333.63	3.12	172.48	2.13	49.10	1.69	13.12	0.622

续表

角钢号数	尺寸(mm)				截面面积 (cm^2)	理论重量 (kg/m)	外表面积 (m^2/m)	参考数值													
								x—x			y—y			x_1—x_1		y_1—y_1		u—u			
	B	b	d	r				I_x (cm^4)	i_x (cm)	W_x (cm^3)	I_y (cm^4)	i_y (cm)	W_y (cm^3)	I_{x1} (cm^4)	y_0 (cm)	y_1 (cm^4)	x_0 (cm)	I_u (cm^4)	i_u (cm)	W_u (cm^3)	$\tan\alpha$
11/7	110	70	6	10	10.637	8.350	0.354	133.37	3.54	17.85	42.92	2.01	7.90	265.78	3.53	69.08	1.57	25.36	1.54	6.53	0.403
			7		12.301	9.656	0.354	153.00	3.53	20.60	49.01	2.00	9.09	310.07	3.57	80.82	1.61	28.95	1.53	7.50	0.402
			8		13.944	10.946	0.353	172.04	3.51	23.30	54.87	1.98	10.25	354.39	3.62	92.70	1.65	32.45	1.53	8.45	0.401
			10		17.167	13.476	0.353	208.39	3.48	28.54	65.88	1.96	12.48	443.13	3.70	116.83	1.72	39.20	1.51	10.29	0.397
12.5/8	125	80	7	11	14.096	11.066	0.403	277.98	4.02	26.86	74.42	2.30	12.01	454.99	4.01	120.32	1.80	43.81	1.76	9.92	0.408
			8		15.989	12.551	0.403	256.77	4.01	30.41	83.49	2.28	13.56	519.99	4.06	137.85	1.84	49.15	1.75	11.18	0.407
			10		19.712	15.474	0.402	312.04	3.98	37.33	100.67	2.26	16.56	650.09	4.14	173.40	1.92	59.45	1.74	13.64	0.404
			12		23.351	18.330	0.402	364.41	3.95	44.01	116.67	2.24	19.43	780.39	4.22	209.67	2.00	69.35	1.72	16.01	0.400
14/9	140	90	8	12	18.038	14.160	0.453	365.64	4.50	38.48	120.69	2.59	17.34	730.53	4.50	195.79	2.04	70.83	1.98	14.31	0.411
			10		22.261	17.475	0.452	445.50	4.47	47.31	146.03	2.56	21.22	913.20	4.58	245.92	2.12	85.82	1.96	17.48	0.409
			12		26.400	20.724	0.451	521.59	4.44	55.87	169.79	2.54	24.95	1 096.09	4.66	296.89	2.19	100.21	1.95	20.54	0.406
			14		30.456	23.908	0.451	594.10	4.42	64.18	192.10	2.51	28.54	1 279.26	4.74	348.82	2.27	114.13	1.94	23.52	0.403
16/10	160	100	10	13	25.315	19.872	0.512	668.69	5.14	62.13	205.03	2.85	26.56	1 362.89	5.24	336.59	2.28	121.74	2.19	21.92	0.390
			12		30.054	23.592	0.511	784.91	5.11	73.49	239.06	2.82	31.28	1 635.56	5.32	405.94	2.36	142.33	2.17	25.79	0.388
			14		34.709	27.247	0.510	896.30	5.08	84.56	271.20	2.80	35.83	1 908.50	5.40	476.42	2.43	162.23	2.16	29.56	0.385
			16		39.281	30.835	0.510	1 003.04	5.05	95.33	301.60	2.77	40.24	2 181.79	5.48	548.22	2.51	182.57	2.16	33.44	0.382
18/11	180	110	10	14	28.373	22.273	0.571	956.25	5.80	78.96	278.11	3.13	32.49	1 940.40	5.89	447.22	2.44	166.50	2.42	26.88	0.376
			12		33.712	26.464	0.571	1 124.72	5.78	93.53	325.03	3.10	38.32	2 328.38	5.98	538.94	2.52	194.87	2.40	31.66	0.374
			14		38.967	30.589	0.570	1 286.91	5.75	107.76	369.55	3.08	43.97	2 716.60	6.06	631.95	2.59	222.30	2.39	36.32	0.372
			16		44.139	34.649	0.569	1 443.06	5.72	121.64	411.85	3.06	49.44	3 105.15	6.14	726.46	2.67	248.94	2.38	40.87	0.369
20/12.5	200	125	12		37.912	29.761	0.641	1 570.90	6.44	116.73	483.16	3.57	49.99	3 193.85	6.54	787.74	2.83	285.79	2.74	41.23	0.392
			14		43.867	34.436	0.640	1 800.97	6.41	134.65	550.83	3.54	57.44	3 726.17	6.02	922.47	2.91	326.58	2.73	47.34	0.390
			16		49.739	39.045	0.639	2 023.35	6.38	152.18	615.44	3.52	64.69	4 258.86	6.70	1 058.86	2.99	366.21	2.71	53.32	0.388
			18		55.526	43.588	0.639	2 238.30	6.35	169.33	677.19	3.49	71.74	4 792.00	6.78	1 197.13	3.06	404.83	2.70	59.18	0.385

注：① 括号内型号不推荐使用。

② 截面图中的 $r_1=d/3$ 及表中 r 值的数据用于孔型设计，不作交货条件。

表 3　热轧工字钢（GB 706—88）

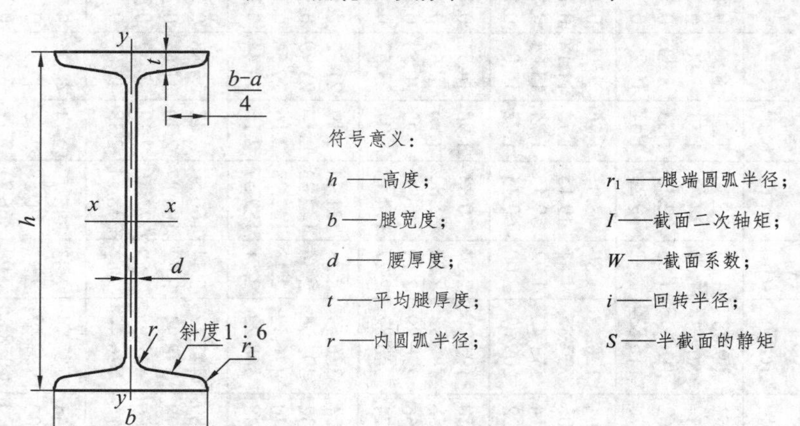

型号	尺寸 (mm)						截面面积 (cm^2)	理论重量 (kg/m)	参考数值						
									x—x				y—y		
	h	b	d	t	r	r_1			I_x (cm^4)	W_x (cm^3)	i_x (cm)	I_x∶S_x (cm)	I_y (cm^4)	W_y (cm^3)	i_y (cm)
10	100	68	4.5	7.6	6.5	3.3	14.3	11.2	245	49	4.14	8.59	33	9.72	1.52
12.6	126	74	5	8.4	7	3.5	18.1	14.2	488.43	77.529	5. 195	10.85	46. 906	12.677	1.609
14	140	80	5.5	9.1	7.5	3.8	21.5	16.9	712	102	5.76	12	64.4	16.1	1.73
16	160	88	6	9.9	8	4	26.1	20.5	1 130	141	6.58	13.8	93.1	21.2	1.89
18	180	94	6.5	10.7	8.5	4.3	30.6	24.1	1 660	185	7.36	15.4	122	26	2
20a	200	100	7	11.4	9	4.5	35.5	27.9	2 370	237	8.15	17.2	158	31.5	2.12
20b	200	102	9	11.4	9	4.5	39.5	31.1	2 500	250	7.96	16.9	169	33.1	2.06
22a	220	110	7.5	12.3	9.5	4.8	42	33	3 400	309	8.99	18.9	225	40.9	2.31
22b	220	112	9.5	12.3	9.5	4.8	46.4	36.4	3 570	325	8.78	18.7	239	42.7	2.27
25a	250	116	8	13	10	5	48.5	38.1	5 023.54	401.88	10.18	21.58	280.046	48.283	2.403
25b	250	118	10	13	10	5	53.5	42	5 283.96	422.72	9.938	21.27	309.297	52.423	2.404
28a	280	122	8.5	13.7	10.5	5.3	55.45	43.4	7 114.14	508.15	11.32	24.62	345.051	56.565	2.495
28b	280	124	10.5	13.7	10.5	5.3	61.05	47.9	7 480	534.29	11.08	24.24	379.496	61.209	2.493
32a	320	130	9.5	15	11.5	5.8	67.05	52.7	11 075.5	692.2	12.84	27.46	459.93	70.758	2.619
32b	320	132	11.5	15	11.5	5.8	73.45	57.7	11 621.4	726.33	12.85	27.09	501.53	75.989	2.614
32c	320	134	13.5	15	11.5	5.8	79.95	62.8	12 167.5	760.47	12.34	26.77	543.81	81.166	2.608
36a	360	136	10	15.8	12	6	76.3	59.9	15 760	875	14.4	30.7	552	81.2	2.69
36b	360	138	12	15.8	12	6	83.5	65.6	16 530	919	14.1	30.3	582	84.3	2.64
36c	360	140	14	15.8	12	6	90.7	71.2	17 310	962	13.8	29.9	612	87.4	2.6
40a	400	142	10.5	16.5	12.5	6.3	86.1	67.6	21 720	1 090	15.9	34.1	660	93.2	2.77
40b	400	144	12.5	16.5	12.5	6.3	94.1	73.8	22 780	1 140	15.6	33.6	692	96.2	5.71
40c	400	146	14.5	16.5	12.5	6.3	102	80.1	23 850	1 190	15.2	33.2	727	99.6	2.65
45a	450	150	11.5	18	13.5	6.8	102	80.4	32 240	1 430	17.7	38.6	855	114	2.89
45b	450	152	13.5	18	13.5	6.8	111	87.4	33 760	1 500	17.4	38	894	118	2.84
45c	450	154	15.5	18	13.5	6.8	120	94.5	35 280	1 570	17.1	37.6	938	122	2.79
50a	500	158	12	20	14	7	119	93.6	46 470	1 860	19.7	42.8	1 120	142	3.07
50b	500	160	14	20	14	7	129	101	48 560	1 940	19.4	42.4	1 170	146	3.01
50c	500	162	16	20	14	7	139	109	50 640	2 080	19	41.8	1 220	151	2.96
56a	560	166	12.5	21	14.5	7.3	135.25	106.2	65 585.6	2 342.31	22.02	47.73	1 370.16	165.08	3.182
56b	560	168	14.5	21	14.5	7.3	146.45	115	68 512.5	2 446.69	21.63	47.14	1 486.75	174.25	3.162
56c	560	170	16.5	21	14.5	7.3	157.85	123.9	71 439.4	2 551.41	21.27	46.66	1 558.39	183.34	3.158
63a	630	176	13	22	15	7.5	154.9	121.6	93 916.2	2 981.47	24.62	54.17	1 700.55	193.24	3.314
63b	630	178	15	22	15	7.5	167.5	131.5	98 083.6	3 163.38	24.2	53.51	1 812.07	203.6	3.289
63c	630	180	17	22	15	7.5	180.1	141	102 251.1	3 298.42	23.82	52.92	1 924.91	213.88	3.268

注：截面图和表中标注的圆弧半径 r、r_1 的数据用于孔形设计，不作交货条件。

表 4　热轧槽钢（GB 707—88）

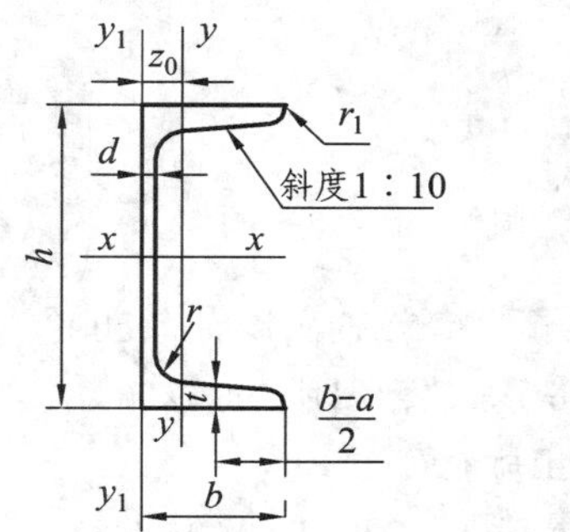

符号意义：

h ——高度；

b ——腿宽度；

d —— 腰厚度；

t ——平均腿厚度；

r ——内圆弧半径；

r_1 ——腿端圆弧半径；

I ——截面二次轴矩；

W ——截面系数；

i ——回转半径；

z_0 ——y—y 轴与 y_1—y_1 轴距离

型号	尺寸 (mm)						截面面积	理论重量	参考数值							
									x—x			y—y			y_1—y_1	z_0
	h	b	d	t	r	r_1	(cm^2)	(kg/m)	W_x (cm^3)	I_x (cm^4)	i_x (cm)	W_y (cm^3)	I_y (cm^4)	i_y (cm)	I_{y1} (cm^4)	(cm)
5	50	37	4.5	7	7	3.5	6.93	5.44	10.4	26	1.94	3.55	8.3	1.1	20.9	1.35
6.3	63	40	4.8	7.5	7.5	3.75	8.444	6.63	16.123	50.786	2.453	4.50	11.872	1.185	28.38	1.36
8	80	43	5	8	8	4	10.24	8.04	25.3	101.3	3.15	5.79	16.6	1.27	37.4	1.43
10	100	48	5.3	8.5	8.5	4.25	12.74	10	39.7	198.3	3.95	7.8	25.6	1.41	54.9	1.52
12.6	126	53	5.5	9	9	4.5	15.69	12.37	62.137	391.466	4.953	10.242	37.99	1.567	77.09	1.59
14a	140	58	6	9.5	9.5	4.75	18.51	14.53	80.5	563.7	5.52	13.01	53.2	1.7	107.1	1.71
14b	140	60	8	9.5	9.5	4.75	21.31	16.73	87.1	609.4	5.35	14.12	61.1	1.69	120.6	1.67
16a	160	63	6.5	10	10	5	21.95	17.23	108.3	866.2	6.28	16.3	73.3	1.83	144.1	1.8
16	160	65	8.5	10	10	5	25.15	19.74	116.8	934.5	6.1	17.55	83.4	1.82	160.8	1.75
18a	180	68	7	10.5	10.5	5.25	25.69	20.17	141.4	1 272.7	7.04	20.03	98.6	1.96	189.7	1.88
18	180	70	9	10.5	10.5	5.25	29.29	22.99	152.2	1 369.9	6.84	21.52	111	1.95	210.1	1.84
20a	200	73	7	11	11	5.5	28.83	22.63	178	1 780.4	7.86	24.2	128	2.11	244	2.01
20	200	75	9	11	11	5.5	32.83	25.77	191.4	1 913.7	7.64	25.88	143.6	2.09	268.4	1.95
22a	220	77	7	11.5	11.5	5.75	31.84	24.99	217.6	2 393.9	8.67	28.17	157.8	2.23	298.2	2.1
22	220	79	9	11.5	11.5	5.75	36.24	28.45	233.8	2 571.4	8.42	30.05	176.4	2.21	326.3	2.03
25a	250	78	7	12	12	6	34.91	27.47	269.597	3 369.62	9.823	30.607	175.529	2.243	322.256	2.065
25b	250	80	9	12	12	6	39.91	31.39	282.402	3 530.04	9.405	32.657	196.421	2.218	353.187	1.982
25c	250	82	11	12	12	6	44.91	35.32	295.236	3 690.45	9.065	35.926	218.415	2.206	384.133	1.921
28a	280	82	7.5	12.5	12.5	6.25	40.02	31.42	340.328	4 764.59	10.91	35.718	217.989	2.333	387.566	2.097
28b	280	84	9.5	12.5	12.5	6.25	45.62	35.81	366.46	5 130.45	10.6	37.929	242.144	2.304	427.589	2.016
28c	280	86	11.5	12.5	12.5	6.25	51.22	40.21	392.594	5 496.32	10.35	40.301	267.602	2.286	426.597	1.951
32a	320	88	8	14	14	7	48.7	38.22	474.879	7 598.06	12.49	46.473	304.787	2.502	552.31	2.242
32b	320	90	10	14	14	7	55.1	43.25	509.012	8 144.2	12.15	49.157	336.332	2.471	592.933	2.158
32c	320	92	12	14	14	7	61.5	48.28	543.145	8 690.33	11.88	52.642	374.175	2.267	643.299	2.092
36a	360	96	9	16	16	8	60.89	47.8	659.7	11 874.2	13.97	63.54	455	2.73	818.4	2.44
36b	360	98	11	16	16	8	68.09	53.45	702.9	12 651.8	13.63	66.85	496.7	2.7	880.4	2.37
36c	360	100	13	16	16	8	75.29	50.1	746.1	13 429.4	13.36	70.02	536.4	2.67	947.9	2.34
40a	400	100	10.5	18	18	9	75.05	58.91	878.9	17 577.9	15.30	78.83	592	2.81	1 067.7	2.49
40b	400	102	12.5	18	18	9	83.05	65.19	932.2	18 644.5	14.98	82.52	640	2.78	1 135.6	2.44
40c	400	104	14.5	18	18	9	91.05	71.47	985.6	19 711.2	14.71	86.19	687.8	2.75	I 220.7	2.42

注：截面图和表中标注的圆弧半径 r、r_1 的数据用于孔形设计，不作交货条件。

参考文献

[1] 哈尔滨工业大学理论力学教研组. 理论力学. 北京：高等教育出版社，2009.
[2] 重庆建筑大学理论力学教研组. 理论力学. 北京：高等教育出版社，2004.
[3] 孙训方. 材料力学（上、下册）. 北京：高等教育出版社，2013.
[4] 刘鸿文. 材料力学（上、下册）. 北京：高等教育出版社，2011.
[5] 李廉锟. 结构力学（上册）. 北京：高等教育出版社，2010.
[6] 包世华. 结构力学（上册）. 武汉：武汉理工大学出版社，2012.